보고 싶은 냉동공학

Refrigeration Engineering

최상곤, 홍성은 공저

도서출판 건기원

머 리 말

2000년 이후 오존층의 파괴와 지구온난화의 가속화로 범세계적으로 각종 에너지소비에 대한 규제가 더욱 강화되고 있다. 우리 모두는 규제에 앞서 스스로 에너지소비를 줄여야 한다는 데 이의가 있을 수 없다.

냉매에 대한 규제도 나날이 강화되어 80여년 동안 가장 많이 사용되었던 R-12 냉매를 비롯한 많은 냉매들이 사용금지된 것도 이미 오래전 일이다. 앞으로 협약에 따라 규제가 계속 진행되겠지만 HCFC 냉매 등에 대한 규제 일정이 앞당겨질 전망이다.

이러한 냉매들을 작동유체로 하는 냉동기가 여름 한철 냉동이나 냉방에 사용되었던 시대는 이미 지나고 지금은 사시사철 냉동기를 이용하여 냉동, 냉장, 냉방은 물론 난방까지도 하고 있다. 이러한 관점에서 냉동의 중요성을 올바르게 이해하는 것이 중요함은 말할 나위도 없다.

저자는 15년 전 냉동의 중요성을 인식하고 좀 더 냉동에 접근하고 싶은 독자들을 위하여 그 동안의 강의내용들을 바탕으로 『냉동공학』(세진사 발행)이란 책을 집필한 적이 있다. 그 동안 냉동에 관심이 많은 독자들로부터 많은 채찍과 격려와 호응을 받아오던 중 세계적인 추세와 정부의 시책에 맞춰 모든 내용을 SI단위(국제단위)로 하여 이번에 다시 책을 집필하게 되었다. 아직은 각종 자료가 공학단위로 된 것들이 너무 많아 집필에 어려운 점이 많았으나 풍부한 강의 경험과 평소 냉동에 관심이 많은 최상곤 박사와 같이 공동 집필하게 되어 저자에게는 큰 행운이라 생각한다.

부족한 자료를 메우기 위해 일부는 공학단위를 SI단위로 환산하여 사용한 것도 있어 불만족스러우나 자료가 갖추어지는 대로 다시 수정보완하려 한다. 많은 시간을 할애하여 집필하였다고는 하나 집필에 재주가 없고 깊은 지식이 없어 많은 우를 범하였으리라 생각하며 많은 선배 전문가와 독자들의 아낌없는 질책과 조언을 바라는 바이다.

끝으로 이 책의 출판을 위해 많은 노력을 아끼지 않으신 도서출판 건기원의 사장님과 편집실의 여러분께 감사드립니다. 그리고 긴 세월 동안 아낌없는 성원과 격려를 보내준 선후배 여러분, 이을종 님, 일러스트레이터 홍연주 님과 표지그림을 조건 없이 사용할 수 있도록 허락해 주신 이혜련 화백님께 깊은 감사를 드립니다.

2008년 12월 12일 버들동산에서

저자 零虎와 蝴眅

Chapter 1 냉동의 기초이론

1. 단위 ··· 11
2. 열과 온도 ·· 14
3. 열과 물질의 변화 ·· 16
4. 압력, 비체적 및 밀도 ··· 19
5. 일, 역학적 에너지 및 동력 ·· 22
6. 열역학의 기초 ··· 24
7. 증기 ·· 47
8. 냉동에 관한 단위 ·· 69
• 연습문제 ··· 75

Chapter 2 냉동원리

1. 냉동의 역사 ·· 79
2. 냉동의 정의 ·· 80
3. 냉동방법 ·· 81
4. 냉동기, 열펌프 및 물펌프의 비교 ······························· 90
5. 냉동의 이용 ·· 92
• 연습문제 ··· 94

Chapter 3 냉 매

1. 개요 ·· 97
2. 냉매의 구비조건 ·· 99
3. 냉매의 종류와 명명법 ··· 103
4. 주요 냉매의 특성 ·· 107
5. 냉매의 관리 ··· 115
6. 브라인(brine) ··· 116
7. 냉동기유(refrigeration oil) ··· 120
• 연습문제 ··· 122

Chapter 4 증기압축 냉동사이클

1. 이상적인 냉동사이클 ··· 126
2. 이론적인 증기압축 냉동사이클 ···················· 128
3. 일단압축 냉동사이클 ······································· 133
4. 증기압축 냉동사이클의 개량 ······················· 149
5. 다단압축 냉동사이클 ······································· 165
6. 다원 냉동사이클 ··· 225
- 연습문제 ··· 230

Chapter 5 압축기

1. 압축기 개요 ··· 237
2. 압축과정 ··· 237
3. 압축기의 여러 가지 효율 ······························· 241
4. 압축기의 종류 ··· 247
5. 왕복식 압축기 ··· 252
6. 회전식 압축기 ··· 272
7. 터보 압축기 ··· 274
8. 스크류 압축기 ··· 275
- 연습문제 ··· 277

Chapter 6 응축기

1. 응축기 개요 ··· 281
2. 응축기의 방열량과 냉각수량 ······················· 281
3. 열전달의 기초이론 ··· 285
4. 응축기에서의 열전달 ······································· 298
5. 응축기의 종류와 구조 ····································· 301
- 연습문제 ··· 317

Chapter 7 증발기

1. 증발과정 ·· 321
2. 증발기에서의 열전달 ··· 322
3. 증발기의 종류와 구조 ·· 327
• 연습문제 ··· 340

Chapter 8 팽창밸브

1. 개요 ·· 343
2. 팽창밸브의 원리 ·· 343
3. 팽창밸브의 구조와 작동원리 ································· 345

Chapter 9 부속장치

1. 유분리기 ··· 357
2. 액분리기 ··· 361
3. 수 액 기 ··· 362
4. 액반송장치(액회수장치) ·· 364
5. 윤활유 반송장치(윤활유 회수장치) ······················· 367
6. 건 조 기 ··· 368
7. 여 과 기 ··· 371
8. 냉매액-가스 열교환기 ·· 373
9. 중간냉각기 ··· 375
10. 가스 퍼어져 ·· 378
11. 제상장치 ··· 379

Chapter 10 흡수식 냉동기

1. 개요 ·· 385
2. 냉매와 흡수제 ·· 386
3. 혼합용액의 혼합 ··· 387
4. 혼합용액의 상태변화 ··· 389
5. 단효용 흡수식 냉동기 ··· 392
6. 다중효용 흡수식 냉동기 ··· 410
• 연습문제 ··· 422

연습문제 풀이 • 425

부 록

부록 1. 포화액의 열적 성질 ·· 453
부록 2. 기체의 열적 성질 ·· 454
부록 3. 물의 열적 성질 ·· 455
부록 4. 금속의 열적 성질 ·· 456
부록 5. 비금속의 열적 성질 ·· 457
부록 6. 냉매 일람표 ·· 458
부록 7. 냉매의 특성값 ·· 460
부록 8. R-12 포화증기표 ··· 461
부록 9. R-22 포화증기표 ··· 462
부록 10. R-23 포화증기표 ··· 464
부록 11. R-32 포화증기표 ··· 465
부록 12. R-124 포화증기표 ··· 466
부록 13. R-125 포화증기표 ··· 467
부록 14. R-134a 포화증기표 ··· 468
부록 15. R-143a 포화증기표 ··· 471
부록 16. R-152a 포화증기표 ··· 472
부록 17. R-170 포화증기표 ··· 473

부록 18. R-401A 포화증기표 ··· 474
부록 19. R-401B 포화증기표 ··· 476
부록 20. R-407C 포화증기표 ··· 477
부록 21. R-410B 포화증기표 ··· 478
부록 22. R-50 포화증기표 ·· 479
부록 23. R-502 포화증기표 ··· 480
부록 24. R-600a 포화증기표 ··· 481
부록 25. R-717 포화증기표 ··· 482
부록 26. R-718 포화증기표 ··· 485
부록 27. R-744 포화증기표 ··· 488
부록 28. 에틸렌그리콜과 프로필렌그리콜의 특성 ············· 489
부록 29. 염화나트륨 브라인의 특성 ································ 490
부록 30. 염화칼슘 브라인의 특성 ·································· 491
부록 31. R12 Mollier 선도 ·· 493
부록 32. R22 Mollier 선도 ·· 495
부록 33. R23 Mollier 선도 ·· 497
부록 34. R134a Mollier 선도 ··· 499
부록 35. R152a Mollier 선도 ··· 501
부록 36. R170 Mollier 선도 ··· 503
부록 37. R401A Mollier 선도 ·· 505
부록 38. R401B Mollier 선도 ·· 507
부록 39. R407C Mollier 선도 ·· 509
부록 40. R410B Mollier 선도 ·· 511
부록 41. R50 Mollier 선도 ·· 513
부록 42. R502 Mollier 선도 ··· 515
부록 43. R600a Mollier 선도 ··· 517
부록 44. R717 Mollier 선도 ··· 519
부록 45. R744 Mollier 선도 ··· 521
부록 46. 물-리튬브로마이드 Dhring 선도 ······················ 523
- 찾아보기(Index) ··· 525

제 1 장 냉동의 기초이론

1. 단위
2. 열과 온도
3. 열과 물질의 변화
4. 압력, 비체적 및 밀도
5. 일, 역학적 에너지 및 동력
6. 열역학의 기초
7. 증기
8. 냉동에 관한 단위

제1장 냉동의 기초이론

1 단 위

우리는 여러 가지 물리량(물리적 성질)들을 이용하여 어떤 물체의 물리적 특성을 표시한다. 이러한 물리량들을 나타내는 단위(unit)는 기본물리량과 유도물리량을 어떻게 결정하는가에 따라 절대단위계, 중력단위계, 국제단위계 등 세 단위계로 나눈다. 과거에는 편리성에 따라 절대단위계와 중력단위계를 사용하였으나 지금은 모든 분야에서의 혼돈을 방지하기 위하여 국제단위계만 사용하도록 법으로 규제하고 있다. 그러나 일찌감치 국제단위계만 사용하는 분야도 있지마는 아직도 냉동, 공기조화 등과 같이 국제단위계와 공학단위계를 혼용하는 분야도 있으므로 단위계에 대하여 확실히 알아둘 필요가 있다.

(1) 절대단위계(absolute unit system)

우주 어느 곳에서도 변함이 없는 질량(mass)과 길이(length), 시간을 기본물리량으로 정하고 나머지는 모두 유도물리량으로 정한 단위계로 물리단위계(physical unit system)라고도 한다. 많이 쓰이던 절대단위계로는 CGS, MKS, FPS, FSS 단위계 등이 있다.

[표 1-1] 절대단위계의 기본물리량과 단위

단위계	길이	질량	시간
CGS	cm	g	s
MKS	m	kg	s
FPS	ft	lb	s
FSS	ft	slug	s

주 : 1 slug = 32 lb = 14.51495766 kg
   1 ft = 1/3 yard = 0.3048 m
   1 lb = 0.4535924277 kg
   ※ lb는 pound, ft는 foot를 말함

[표 1-2] 중력단위계의 기본물리량과 단위

단위계	길이	힘(중량)	시간
CGS	cm	gf	s
MKS	m	kgf	s
FPS	ft	lbf	s

주 : 중량단위 끝의 f는 힘(force) 또는 중력을 뜻함

(2) 중력단위계(gravitational unit system)

장소에 따라 변하는 중량(weight) 또는 힘(force)과 길이, 시간을 기본물리량으로 정하고 나머지는 모두 유도물리량으로 정한 단위계로 공학단위계(technical unit system)라고도 하며, CGS, MKS, MKSA, FPS 단위계 등이 있다.

(3) 국제단위계(international unit system)

1948년 제 9회 국제도량형총회(CGPM)에서 모든 나라가 채택할 수 있는 실용적인 단위계를 확립할 것을 국제도량형위원회(CIPM)가 받아들여 확정된 단위계로 하나의 물리량의 단위는 한 개만 채택함을 원칙으로 한다. 국제단위계의 어원은 프랑스어인 Le Systeme International d'Unites 에서 유래되었으며 **SI단위계**라고도 한다. SI단위계는 MKS 절대단위계를 모체로 한 단위계로 그 동안 여러 차례 수정을 거듭하였으며 현재는 7개의 기본단위, 2개의 보조단위 및 기타 조립단위(고유명칭을 갖는 19개의 조립단위 포함)로 구성되어 있다.

[표 1-3] SI단위계의 기본물리량과 단위

물리량	길 이	질 량	시 간	전류의 세기	열역학적 온도	물질량	광 도
단위 명칭	meter	kilogram	second	ampere	kelvin	mole	candela
단위 기호	m	kg	s	A	K	mol	Cd

[표 1-4] SI단위계의 보조물리량과 단위

물 리 량	평 면 각	입 체 각
단위 명칭	radian	steradian
단위 기호	rad	sr

SI단위계는 절대단위계의 질량을 기본단위로 채택하여 그동안 습관적으로 많이 사용되었던 중력단위계의 힘(중량)의 단위와 혼돈하기 쉬우며, 근 50여 년간 질량과 힘의 단위를 무심코 kg으로 똑같이 사용하거나 중량을 kg, kg중, kgf, kgw 등으로 표기하여 왔다. 따라서 혼란을 피하기 위해 질량과 힘의 관계를 다시 한 번 정리할 필요가 있다.

힘은 질점의 운동에 관한 Newton의 제2법칙(가속도의 법칙)으로부터 정의된다. 즉

$$F = ma \tag{1-1-1}$$

에서 힘(F)은 질량(m)과 가속도(a)의 곱으로 표시되므로 질량 1 kg인 물체에 힘이 작용하여 그 물체의 가속도가 1 m/s^{2}로 될 때 그 물체에 가해진 힘을 1 N으로 정의한다. 따라서 1 N의 힘은 다음과 같다.

$$1\,\text{N} = 1\,\text{kg} \times 1\,\text{m/s}^2 = 1\,\text{kg} \cdot \text{m/s}^2 \tag{1-1-2}$$

[표 1-5] SI단위계의 조립물리량과 고유명칭을 갖는 단위

물 리 량	고유명칭	기호	표 시
주파수(frequency)	hertz	Hz	s^{-1}, 1/s
힘(force)	newton	N	$kg \cdot m/s^2$
압력(pressure), 응력(stress)	pascal	Pa	N/m^2
에너지(energy), 일(work), 열량(quantity of heat)	joule	J	$N \cdot m$
공률(工率), 동력(power), 방사속(flux of radiation)	watt	W	J/s
전기량(quantity of electricity), 전하(electric charge)	coulomb	C	$A \cdot s$
전위(electric potential), 전위차(electric potential differential), 기전력(electromotive force)	volt	V	W/A, J/C
정전용량(electric capacitance)	farad	F	C/V
전기저항(electric resistance)	ohm	Ω	V/A
콘덕턴스(conductance)	siemens	S	$Ω^{-1}$, A/V
자속(magnetic flux)	weber	Wb	$V \cdot s$
자속밀도	tesla	T	Wb/m^2
인덕턴스(inductance)	henry	H	Wb/A
광속(luminous flux)	lumen	lm	$Cd \cdot sr$
조도(illuminance)	lux	lx	lm/m^2
섭씨온도(셀시우스도)	degree celsius	℃	$(t)℃ = (T)K - 273.15$
방사능(radioactivity)	becquerel	Bq	s^{-1}, 1/s
흡수선량(吸收線量)	gray	Gy	J/kg
선량당량(線量當量)	sievert	Sv	J/kg

[표 1-6] SI단위 접두어

접두어	기호	크기	접두어	기호	크기
요타(yotta)	Y	10^{24}	데시(deci)	d	10^{-1}
제타(zetta)	Z	10^{21}	센치(centi)	c	10^{-2}
엑사(exa)	E	10^{18}	밀리(mili)	m	10^{-3}
페타(peta)	P	10^{15}	마이크로(micro)	μ	10^{-6}
테라(tera)	T	10^{12}	나노(nano)	n	10^{-9}
기가(giga)	G	10^9	피코(pico)	p	10^{-12}
메가(mega)	M	10^6	펨토(femto)	f	10^{-15}
킬로(kilo)	k	10^3	아토(atto)	a	10^{-18}
헥토(hecto)	h	10^2	젭토(zepto)	z	10^{-21}
데카(deca)	da	10^1	욕토(yocto)	y	10^{-24}

표 1-5는 SI 조립물리량 중 고유명칭을 갖는 19개의 조립단위를 나타낸 것이며 표 1-6은 단위 앞에 붙여 사용하는 접두어(prefix)를 나타낸 것이고 표 1-7은 SI단위와 같이 사용되는 단위들을 나타낸 것이다.

제 1 장 냉동의 기초 >> **13**

[표 1-7] SI단위와 병행하여 사용되는 단위

물리량	명칭	기호	SI단위로 나타낸 값
시 간	분	min	1 min = 60 s
	시	h	1 h = 60 min = 3600 s
	일	d	1 d = 24 h = 1440 min = 86,400 s
평면각	도	°	$1° = (\pi/180)$ rad
	분	′	$1′ = (1/60)° = (\pi/10,800)$ rad
	초	″	$1″ = (1/60)′ = (1/3600)° = (\pi/648,000)$ rad
부 피	리터	l 또는 L [1]	$1\ L = 10^{-3}\ m^3$
질 량	톤	t	$1\ t = 10^3\ kg$
에너지	전자볼트	eV [2]	$1\ eV = 1.6021773349 \times 10^{-19}$ J

위첨자 [1] : 리터의 기호 "L"은 글자 "l"(L의 소문자)과 숫자 "1"과 혼동할 염려가 있어 채택한 것으로 우리나라에서도 "L"을 사용하기로 결정하였음(l , ml 등은 틀림)

위첨자 [2] : 전자볼트는 하나의 전자가 진공 중에서 1 볼트의 전위차를 지날 때 얻어지는 운동 에너지임

2 열과 온도

열(heat)이란 물체를 구성하는 분자의 운동에너지의 한 형태이며 열이 한 물체에서 다른 물체로 이동할 때 **열에너지**(thermal energy)라 부른다. 접촉, 마찰, 충돌 등의 이유로 물체를 구성하는 분자의 운동이 활발해지면 물체는 뜨거워지고(온도가 올라간다) 반대로 분자 운동이 둔해지면 물체는 차가워진다(온도가 내려간다). 즉 물질을 구성하는 분자의 운동에너지가 클수록 온도가 높고 운동에너지가 작을수록 온도가 낮다. 그러므로 열은 물체의 온도를 변화시키는 원인이며 온도차에 의해 열이동이 일어난다.

또한 물이 중력에 의해 수위(물의 위치)가 높은 곳에서 낮은 곳으로 흐르듯 열도 온도가 높은 물체에서 낮은 물체로 흐르며, 열의 이동에 의해 두 물체의 온도가 같아지면 열이동이 정지된다. 그러나 물체의 열이 많고 적은 것과 열이동은 서로 관계가 없다. 즉, 물체의 온도가 같으면 열이 많고 적음에도 열이동이 일어나지 않는다. 그러므로 **온도**(temperature)란 물체가 가지고 있는 열(구성분자의 운동에너지)의 세기(강도)를 물리량으로 나타낸 것이며, 물체가 가지고 있는 열의 양(용량)을 물리량으로 나타낸 것이 **열량**(quantity of heat)이다.

2-1 온도 눈금

물질의 열팽창, 전기저항, 기전력, 복사에너지 등 여러 가지 물리적 성질을 이용하여 온도를 측정하는 계측기를 **온도계**(thermometer)라 하며 올바른 값(단위)을 나타내기 위하여 **온도눈금**(temperature scale)을 정의하여야 한다.

온도 눈금은 먼저 온도측정을 위한 두 개의 기준점을 정하고 두 기준점 사이의 간격을 일정하게 나누어 온도 단위에 해당하는 눈금으로 정해야 모든 온도계에서 측정한 온도가 서로 같아지며 이 기준점을 **온도정점**(fixed point of temperature)이라 한다. 1954년 이전에는 표준대기압(101.325 kPa)에서 순수한 물의 어는 점(빙점)과 끓는 점(비등점)을 온도정점으로 사용하였다.

(1) 섭씨온도(centigrade degree, or Celsius degree)

표준대기압 하에서 순수한 물의 **빙점**(ice point)을 0, **비등점**(boiling point)을 100으로 정하고 그 사이를 100등분 한 것을 1 **섭씨도**(기호 ℃)로 정한 것을 **섭씨온도**라 한다. 스웨덴의 천문학자인 A. Celsius가 제안한 것으로 미터단위를 쓰는 나라에서 많이 사용하였다.

(2) 화씨온도(Fahrenheit degree)

표준대기압 하에서 순수한 물의 **빙점**(ice point)을 32, **비등점**(boiling point)을 212로 정하고 그 사이를 180등분 한 것을 1 **화씨도**(기호 ℉)로 정한 것을 **화씨온도**라 한다. 독일의 D. Fahrenheit가 제안한 것으로 미국과 영국 등에서 주로 사용하였다. 같은 온도의 섭씨온도와 화씨온도를 각각 t_c℃, t_F℉로 표기하면 이들 사이에는 다음과 같은 관계가 성립한다.

$$t_c = \frac{5}{9}(t_F - 32), \qquad t_F = \frac{9}{5}t_c + 32 \qquad (1\text{-}2\text{-}1)$$

(3) 절대온도(absolute temperature, or Kelvin degree)

1954년 국제도량형총회에서 물의 빙점과 비등점 대신 단일 온도정점으로 물의 **3중점**(三重點, triple point)이 채택되었다. 순수한 물의 고상(얼음), 액상(물), 기상(수증기)이 평형을 유지하며 공존하는 상태를 물의 삼중점이라 하며 0.01℃(0.6117 kPa)이다.

절대온도란 물의 삼중점을 **273.16 켈빈**(기호 K)으로 하고 온도눈금을 섭씨온도와 같은 간격으로 정한 온도눈금으로 스코틀랜드의 L. Kelvin이 고안하였다. 온도눈금 간격이 섭씨와 같으므로 0 K(절대영도)은 -273.15℃와 같다. 따라서 절대온도는 모든 분자운동이 정지되는 온도인 **절대영도**(absolute zero point)로부터 섭씨와 같은 눈금간격으로 정한 온도눈금이라 할 수 있다. 절대온도를 T K으로 표기하면 섭씨온도 t_c℃와의 관계는 아래와 같다.

$$T = t_c + 273.15 ≒ t_c + 273 \tag{1-2-2}$$

2-2 열량의 단위

열이동에 의한 열에너지의 양을 열량이라 하며 단위로 **주울**(joule, 기호 J)을 사용한다(표 1-5). 1 J이란 어떤 물체를 1 N(뉴우톤)의 힘으로 힘의 방향과 같은 방향으로 물체를 1 m만큼 움직이게 하는 일에너지와 같다.

$$1 \text{ J} = 1 \text{ N} \times 1 \text{ m} = 1 \text{ N·m} \tag{1-2-3}$$

열량은 일량과 형태만 다를 뿐 같은 에너지이며 SI 단위에서는 모든 형태의 에너지 단위로 **주울**(joule, 기호 J로 표기)을 사용한다. J은 크기가 작아 실용단위로 kJ(10^3 J)을 많이 사용한다. 참고로 과거에 사용되던 열량의 공학단위인 kcal와 J의 관계는 아래와 같다.

$$1 \text{ kcal} ≒ 4186 \text{ J} ≒ 4.18 \text{ kJ} \tag{1-2-4}$$

3 열과 물질의 변화

물질은 고체, 액체, 기체 등 세 가지 상(phase) 중 어느 한 형태로 존재하며 열에너지를 얻거나 방출하면 온도가 변화하거나 **상변화**(change of phase)가 일어난다(그림 1-1). 일반적으로 일정한 압력 하에서 물체에 열을 가하면 구성분자의 운동이 활발해지므로 온도가 상승하고 계속 열을 가하면 어느 상태까지 온도가 상승한 후에는 더 이상 온도가 변하지 않고 상변화가 일어난다. 이렇게 온도가 변하지 않고 상변화가 일어나는 물질의 상태를 **포화상태**(saturated state)라 한다.

3-1 온도변화와 현열

일정한 압력 하에서 물체를 가열(또는 냉각)할 때 상변화 없이 온도만 증가(또는 감소)하는 경우, 물체 1 kg에 가한 열량(또는 냉각열량)을 **현열**(顯熱, sensible heat) 또는 **감열**(感熱)이라 한다. 여기서 질량이 m kg인 물체에 Q J의 열을 가했더니 온도가 T_1 K(t_1℃),에서 T_2

K(t_2℃)로 되었다면 현열량과 온도 변화 사이에는 다음의 관계가 성립한다.

$$Q \propto m(T_2 - T_1) = mc(T_2 - T_1), \text{ 또는 } \delta Q = mcdT \qquad (1\text{-}3\text{-}1)$$

윗 식에서 비례상수 c는 물체가 가지는 고유의 물리적 성질로서 **비열**(specific heat)이라 부르고 단위로 J/kgK 또는 kJ/kgK(실용단위, 10^3 J/kgK)을 사용한다. 비열은 물체에 열이 가해지는 상태에 따라 값이 달라진다. 기체는 고체나 액체와 달리 이러한 조건에 절대적인 영향을 받는다. 기체를 정압(압력이 일정한 상태) 하에서 가열할 때와 정적(체적을 일정하게 유지) 하에서 가열할 때 온도상승에 차이가 생기므로 조건에 따라 비열을 각각 정의한다. 여기서 정압에서의 비열을 **정압비열**(specific heat at constant pressure, 기호 c_p), 정적에서의 비열을 **정적비열**(specific heat at constant volume, 기호 c_v)이라 하며 항상 $c_p > c_v$이다. 그리고 정적비열에 대한 정압비열의 비를 **비열비**(ratio of specific heat, 기호 κ)라 한다. 그러나 기체와 달리 액체와 고체의 경우는 정압과 정적에서 비열의 차이가 거의 없으므로 실용상 구분하지 않는다.

$$\kappa = c_p/c_v > 1 \qquad (1\text{-}3\text{-}2)$$

>> **예제 1-1** 15℃인 공기 5 kg을 가열하였더니 온도가 10℃만큼 상승하였다. 공기의 정압비열이 1.005 kJ/kgK이라면 현열량은 얼마인가?

풀이 식 (1-2-2)에 의해 가열 전 공기의 온도는 $T_1 = t_1 + 273 = 15 + 273 = 288$ K, 공기의 질량이 $m = 5$ kg, 가열 후 공기의 온도는 $T_2 = T_1 + 10 = 298$ K, 비열이 $c = 1.005$ kJ/kgK이므로 현열량은 식 (1-3-1)로부터

$$Q = mc(T_2 - T_1) = 5 \times 1.005 \times (298 - 288) = 50.25 \text{ kJ}$$

>> **예제 1-2** 30℃인 공기 40 kg에 5℃인 공기 6 kg을 혼합하였다. 혼합과정 중 열손실이 없었다고 가정하고 혼합 후 공기의 온도를 구하여라.

풀이 30℃ 공기는 온도가 높으므로 열을 방출하고 5℃ 공기는 온도가 낮으므로 그 열을 흡수하며 열손실이 없으므로 두 열량은 같아야 한다.
여기서 혼합 후 공기의 온도를 t_m℃라 하면 식 (1-2-2)에 의해 방열량과 흡열량은

30℃ 공기의 방열량 : $-Q_{30} = -m_1 c(t_m - t_1) = -40c(t_m - 30)$ ········ ⓐ
5℃ 공기의 흡열량 : $Q_5 = m_2 c(t_m - t_2) = 6c(t_m - 5)$ ···················· ⓑ

식 ⓐ = ⓑ 이므로 $-40c(t_m - 30) = 6c(t_m - 5)$에서 혼합 후 온도 t_m은

$$t_m = \frac{40 \times 30 + 6 \times 5}{40 + 6} = 26.7℃$$

위의 식 ⓐ에서 앞에 "−" 부호를 붙인 것은 방열, 부호 "+"는 흡열을 뜻하므로 주의할 것

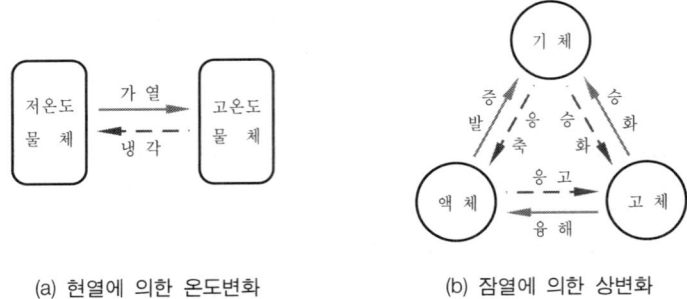

(a) 현열에 의한 온도변화 (b) 잠열에 의한 상변화

[그림 1-1] 열에 의한 물질의 물리적 변화

일반적으로 질량, 비열, 온도가 각각 m_1, c_1, t_1, m_2, c_2, t_2, $\cdots$, m_n, c_n, t_n인 물체가 혼합하여 **열평형**(온도가 다른 물체들이 접촉하여 일정한 시간이 경과한 후 온도가 같아지는 현상)을 이룬 후 온도 t_m은 다음 식으로 나타낼 수 있다.

$$t_m = \frac{m_1 c_1 t_1 + m_2 c_2 t_2 + \ldots + m_n c_n t_n}{m_1 c_1 + m_2 c_2 + \ldots + m_n c_n} = \frac{\sum m_i c_i t_i}{\sum m_i c_i} \qquad (1\text{-}3\text{-}3)$$

3-2 상변화와 잠열

그림 1-1(b)와 같이 물질의 상변화에는 6가지가 있으며 일정한 압력 하에서 단위질량(1 kg)의 물질이 온도 변화 없이 상변화 하는데 필요한 열을 **잠열**(latent heat)이라 한다.

액체가 일정한 압력 하에서 가열되면 온도가 상승하여 각 물질의 증기점(비등점 또는 증발점)에 도달하면 **증발**(vaporization)이 시작되며 온도의 상승이 정지된다. 증발이 진행되는 동안 가한 열에너지의 일부는 물질의 내부에 저장되고 나머지는 체적팽창에 소요된다. 이와 같이 일정한 압력에서 단위질량(1 kg)의 액체를 온도변화 없이 모두 증기로 상변화(증발)시키는데 필요한 열을 **증발의 잠열**(latent heat of evaporation) 또는 간단히 **증발열**이라 한다. 반대로 단위질량의 증기(기체)가 동일한 조건(정압, 등온)에서 액체로 **응축**(condensation)되는데 필요한 열(열을 방출)을 **응축의 잠열**(latent heat of condensation, **응축열**)이라 하며 절대값은 증발열과 같다.

또한 일정한 압력에서 단위질량의 고체가 온도 변화 없이 모두 액체로 **융해**(fusion)하는데 필요한 열을 **융해의 잠열**(latent heat of fusion, **융해열**)이라 하고 동일한 조건에서 액체가 고체로 **응고**(solidification)하는데 필요한 열을 **응고의 잠열**(latent of solidification, **응고열**)이라 하며 절대값은 융해열과 같다. 그리고 고체 이산화탄소(상품명 dry ice)와 같은 단위질량의 고체가 일정한 압력에서 온도 변화 없이 기체로 모두 **승화**(sublimation)하는데 필요한 열을 승화의 잠열(latent heat of sublimation, **승화열**)이라 하며, 단위질량의 기체가 동일한 조건(정압, 등온)에서 모두 고체로 승화하는데 필요한 열도 **승화열**이라 하며 절대값은 서로 같다. m kg인 물체의 증발열량, 융해열량, 승화열량을 각각 Q_{fg}, Q_{sf}, Q_{sg}라 하면

$$Q_{fg} = mh_{fg}, \quad Q_{sf} = mh_{sf}, \quad Q_{sg} = mh_{sg} \tag{1-3-4}$$

위의 식에서 h_{fg}, h_{sf}, h_{sg}는 각각 증발열, 융해열, 승화열이며 실용단위로 kJ/kg을 많이 사용한다.

> **≫ 예제 1-3** 표준대기압에서 $-20℃$의 얼음 16 kg을 서서히 가열하여 $30℃$의 물로 만들 때 가열량을 구하여라. 얼음의 융해열과 비열은 각각 333.6 kJ/kg, 2.093 kJ/kgK이고 물의 비열은 4.186 kJ/kgK이다. 단 가열 중 열손실은 없는 것으로 본다.
>
> **풀이** 얼음을 물로 가열하는 과정을 다음과 같이 3단계로 나누어 생각하면
> $-20℃$ 얼음 → $0℃$ 얼음 → $0℃$ 물 → $30℃$ 물
>
> (1) $-20℃$ 얼음이 $0℃$ 얼음으로 될 때까지의 가열량(현열량)
> $m = 16$ kg, $t_1 = -20℃$, $t_2 = 0℃$, $c_i = 2.093$ kJ/kgK 이므로 식 (1-3-1)을 이용하면
> $Q_{-20℃ \to 0℃} = mc_i(t_2 - t_1) = 16 \times 2.093 \times \{0 - (-20)\} = 669.76$ kJ
>
> (2) $0℃$ 얼음이 $0℃$ 물로 융해하는데 필요한 가열량(융해열량)
> 얼음의 융해열이 $h_{sf} = 333.6$ kJ/kg 이므로 식 (1-3-4)를 이용하면
> $Q_{sf} = mh_{sf} = 16 \times 333.6 = 5,337.6$ kJ
>
> (3) $0℃$ 물이 $30℃$ 물로 될 때까지의 가열량(현열량)
> $t_3 = 30℃$ 이고 물의 비열이 $c_w = 4.186$ kJ/kgK 이므로 식 (1-3-1)을 이용하면
> $Q_{0℃ \to 30℃} = mc_w(t_3 - t_2) = 16 \times 4.186 \times (30 - 0) = 2,009.28$ kJ
>
> 그러므로 필요한 가열량은 위의 3가지를 모두 합하면
> $Q_{total} = 669.76 + 5,337.6 + 2,009.28 = 8,016.64$ kJ

4 압력, 비체적 및 밀도

4-1 압 력

단위면적에 작용하는 수직방향의 힘(수직력)을 **압력**(pressure, 기호 P)이라 정의한다. 압력의 단위는 Pa(pascal)이며 측정 대상에 따라 여러 가지의 실용단위가 사용된다. 많이 쓰이는 실용단위로 kPa, MPa 및 bar가 있다. 1 Pa이란 1 m^2의 면적에 1 N의 힘이 수직으로

작용할 때의 압력이다. 즉, 1 Pa = 1 N/m²이며 1 bar = 10⁵ Pa이다. 수직으로 작용하는 힘(하중)을 F(N), 단면적을 A(m²)라 하면 압력 P는 다음과 같다.

$$P = F/A \tag{1-4-1}$$

(1) 대기압(atmospheric pressure)

단위면적을 수직으로 누르는 공기(대기)의 힘을 **대기압**(atmospheric pressure, 기호 P_a)이라 한다. 그림 1-2(a)와 같이 속이 절대진공이고 횡단면적이 1 cm²인 유리관을 수은이 담긴 그릇에 수직으로 세우면 대기가 수은을 누르는 힘에 의해 수은이 유리관 속으로 밀려 올라간다. 이때 그릇의 수은 표면으로부터 유리관 속으로 밀려 올라간 수은주의 높이가 바로 대기압이다. 대기압의 기준이 되는 **표준대기압**(standard atmospheric pressure)은 대기의 온도가 0℃이고 수은에 표준중력가속도(g = 9.80665 m/s²)가 작용하여 밀려 올라간 수은주(단면적이 1 cm²)의 높이가 760 mm만큼 될 때의 압력으로 정하였다. 즉 표준대기압은 760 mm 수은주(760 mmHg로 표기)와 같다.

$$\text{표준대기압} = 760 \text{ mmHg} = 101,325 \text{ Pa} = 101.325 \text{ kPa} = 1.01325 \text{ bar} \tag{1-4-2}$$

참고로 표준대기압을 과거에 사용하던 공학단위로 나타내면 다음과 같다.

$$\text{표준대기압} = 760 \text{ mmHg} = 1.03323 \text{ kgf/cm}^2 \tag{1-4-2a}$$

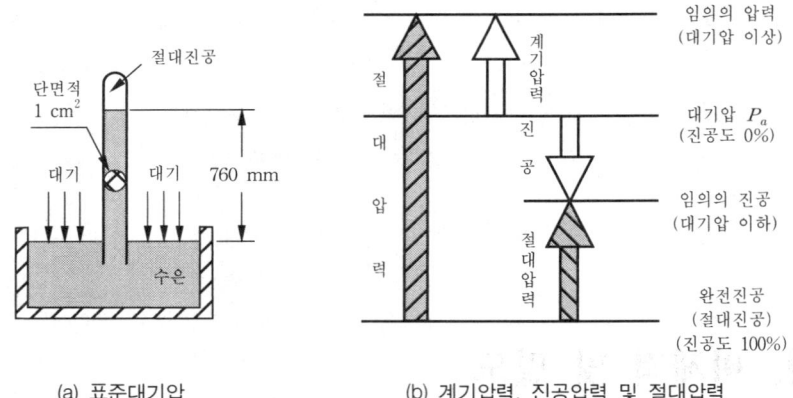

(a) 표준대기압　　　　(b) 계기압력, 진공압력 및 절대압력

[그림 1-2] 표준대기압과 대기압, 계기압력, 진공압력 및 절대압력의 관계

(2) 계기압력, 진공압력 및 절대압력(absolute pressure)

대기압보다 높은 압력을 대기압을 기준(값이 0)으로 압력계로 측정한 압력을 **계기압력** (gage pressure, 기호 P_g)이라 하고 특별히 구별할 필요가 있는 경우에는 단위 끝에 gage를

덧붙여 Pa,gage로 표기한다. 그리고 대기압 이하의 압력(진공)을 대기압을 기준(값이 0)으로 진공계로 측정한 압력을 **진공압력**(vacuum pressure, 기호 P_v)이라 한다.

그런데 대기압은 고도, 위도, 일시, 일기 등에 따라 변하므로 대기가 전혀 존재하지 않는 상태 즉 **완전진공**(perfect vacuum)을 기준(값이 0)으로 압력을 측정할 필요가 있다. 이와 같이 완전진공(또는 **절대진공** absolute vacuum)을 기준으로 측정하는 압력을 **절대압력** (absolute pressure, 기호 P)이라 하며 계기압력과 구별할 필요가 있는 경우에는 단위 끝에 abs를 덧붙여 Pa,abs라 표기한다. 절대압력과 대기압, 계기압력 및 진공압력 사이의 관계는 다음과 같다.

$$P = P_g + P_a = P_a - P_v \tag{1-4-3}$$

또 진공의 정도를 %로 나타내는 진공도를 사용하기도 하는데 완전진공은 진공도가 100% 이며 대기압은 진공도가 0%이다.

> **》 예제 1-4** 어떤 냉동기의 압축기 입구와 출구의 압력을 측정하였더니 각각 0.9 bar, 9.98 bar이었다. 압축기 입, 출구의 절대압력을 구하여라. 단, 대기압은 101 kPa이다.
>
> **[풀이]** (1) 압축기 입구의 절대압력
> 대기압력이 $P_a = 101$ kPa인데 입구의 측정압력이 0.9 bar = 90,000 Pa = 90 kPa $< P_a$ 이므로 진공압력임을 알 수 있다. 즉 $P_v = 90$ kPa이므로 식 (1-4-3)에서
> $$P = P_a + P_v = 101 - 90 = 11 \text{ kPa}$$
> (2) 압축기 출구의 절대압력
> 측정압력이 9.98 bar = 998 kPa $> P_a$ 이므로 식 (1-4-3)에서
> $$P = P_g + P_a = 998 + 101 = 1099 \text{ kPa,abs} ≒ 1.099 \text{ MPa}$$

4-2 비체적과 밀도

같은 질량의 물체라도 차지하는 체적이 다르고 또 체적이 같더라도 물질의 질량이 다르므로 물질을 서로 비교하기 위하여 비체적과 밀도라는 물리량을 사용한다. **비체적**(specific volume, 기호 v)이란 단위질량(1 kg)이 갖는 체적으로 정의하고 **밀도**(density, 기호 ρ)는 단위체적(1 m³)을 차지하는 질량으로 정의하므로 비체적과 밀도는 서로 역수이다. 어떤 물체의 질량을 m kg, 체적을 V m³라 하면 비체적(v)과 밀도(ρ)는 다음과 같다.

$$v = \frac{V}{m} = \frac{1}{\rho}, \quad \rho = \frac{m}{V} = \frac{1}{v} \tag{1-4-4}$$

그리고 **비중**(specific gravity, 기호 s)은 4℃의 순수한 물의 질량에 대한 물의 체적과 동일

한 체적을 갖는 어떤 물질의 질량의 비를 말하며 **무차원수**(無次元數, dimensionless number)이다. 비중과 밀도의 관계는 아래와 같다.

$$\rho = s \times 10^3 \quad (kg/m^3) \tag{1-4-5}$$

>> 예제 1-5 | 비중이 0.85인 어떤 물체의 밀도와 비체적을 구하여라.

풀이 (1) 밀도
$s = 0.85$ 이므로 식 (1-4-5)에서
$\rho = s \times 10^3 = 0.85 \times 1000 = 850 \ kg/m^3$

(2) 비체적
밀도가 $\rho = 850 \ kg/m^3$ 이므로 식 (1-4-4)로부터
$v = 1/\rho = 1/850 = 1.18 \times 10^{-3} \ m^3/kg$

5 일, 역학적 에너지 및 동력

5-1 일에너지와 역학적 에너지

물체에 힘을 가하면 물체는 힘의 방향과 같은 방향으로 움직인다. 이것을 물체가 힘에 의해 **변위**(變位, displacement)를 일으켰다고 하며, 어떤 물체가 힘에 의해 변위를 일으켰을 때 일을 하였다 한다. 여기서 물체에 가한 힘과 힘의 방향과 동일한 방향의 변위와의 곱을 **일에너지**(work) 또는 간단히 **일**이라 정의한다. 그러므로 일의 단위는 힘과 변위(거리)의 곱이므로 N·m 이며 표 1-5에서 열량의 단위와 같은 J(joule)임을 알 수 있다. 힘을 $F(N)$, 변위를 $x(m)$라 하면 일에너지 W는

$$W = Fx \quad (J) \tag{1-5-1}$$

에너지는 일과 열 뿐만이 아니라 역학적 에너지, 빛, 전기, 소리, 화학적 에너지 등 다양한 형태로 존재하나 단위는 모두 J이다. 본 책자에서는 역학적 에너지만 설명하도록 한다.

어떤 기준면에 대하여 높은 곳에 있는 물체가 갖는 **위치에너지**(potential energy)와 움직이는 물체가 갖는 **운동에너지**(kinetic energy)를 **역학적 에너지**(dynamic energy) 또는 **기계적 에너지**(mechanical energy)라 한다. 비교적 큰 물체의 위치 또는 운동에 의해 발생하는 에너지는 역학적 에너지에 속하고 물체를 구성하는 분자의 운동과 배치에 관계되는 에너지는

열에너지에 속한다. 질량이 m kg인 물체가 기준면으로부터 수직으로 z m 높이에 있을 때 그 물체가 지구 중력에 의해 갖는 힘은 mg (N) 이므로 그 물체의 위치에너지(E_p)는 다음과 같이 나타낼 수 있다.

$$E_p = mgz \qquad (1\text{-}5\text{-}2)$$

또 질량이 m kg인 물체가 $\bar{v}$ m/s의 속도로 움직일 때 갖는 운동에너지(기호 E_k)는 다음 식으로 정리된다.

$$E_k = \frac{m\bar{v}^2}{2} \qquad (1\text{-}5\text{-}3)$$

5-2 동 력

동력(動力, Load, 기호 L)이란 단위시간 동안에 소비(발생)하는 에너지의 양으로 정의한다. 동력은 일(에너지)의 능률을 나타내는 것으로 공률(工率)이라고도 한다. 어떠한 과정에서 소비(발생)하는 에너지를 W(J) 또는 Q(J)이라 하고 시간을 $\bar{t}$(s)라 하면 동력(L)은 다음의 식과 같이 나타낼 수 있다.

$$L = \frac{W}{t} = \frac{Q}{t} \qquad (1\text{-}5\text{-}4)$$

동력의 단위는 W(watt)이며 1초 동안에 1 J의 에너지를 소비(발생)하는 것을 1 W(=J/s)라 한다(표 1-5 참조). 1 W는 값이 작으므로 실용단위로 kW(kilo watt)를 많이 사용한다.

식 (1-5-4)에서 에너지의 단위는 J(joule)이나 동력과 시간의 곱도 에너지이므로 J 대신 W·s나 kWh를 사용하기도 한다. 참고로 1 kWh = 3600 kJ에 해당된다.

> **≫ 예제 1-6** 4 ton의 화물을 500 m/min의 속도로 이송하는 장치의 동력과 4분간 일량을 구하여라.
>
> **풀이** (1) 동력
> 질량이 $m = 4000$ kg, 이송속도가 $\bar{v} = x/\bar{t} = 500$ m/min 이며, 질량이 m인 물체가 중력에 의해 갖는 힘은 mg 이므로 식 (1-5-4)에 식 (1-5-1)을 대입, 정리하여 계산하면
>
> $$L = \frac{W}{t} = \frac{Fx}{t} = F\bar{v} = mg\bar{v} = 4000 \text{ kg} \times 9.80665 \text{ m/s}^2 \times \frac{500 \text{ m}}{60 \text{ s}}$$
> $$= 326{,}888 \text{ J/s} = 326{,}888 \text{ W} ≒ 326.9 \text{ kW}$$
>
> (2) 4분간 이송장치의 일량
> 식 (1-5-4)에서 일 W는
>
> $$W = L\bar{t} = 326.9 \text{ kW} \times (4 \times 60 \text{ s}) = 78{,}456 \text{ kJ} ≒ 78.46 \text{ MJ}$$

6 열역학의 기초

6-1 상태변화와 사이클

냉동기에서 온도가 낮은 내부의 냉장, 냉동실로부터 온도가 높은 외부로 열을 이동시키려면 내부에서 열을 흡수, 운반하여 외부로 방출시키는 매개체가 필요하다. 열을 운반하는 매개체는 유체(fluid)이어야 유리하며 이것을 **작동유체**(working fluid)라 부른다. 또한 작동유체가 존재하는 구역(공간)을 **계**(系, system), 계 외부를 **주위**(surrounding), 계와 주위를 구분하는 것을 **경계**(boundary)라 한다. 작동유체는 열에 의해 물리적 특성이 쉽게 변하며 특히 열에 의해 쉽게 변하는 물리적 특성을 **열역학적 상태**(thermodynamic state)라 한다. 열역학적 상태는 절대압력, 비체적(체적), 절대온도, 내부에너지, 엔탈피, 엔트로피와 같은 **열역학적 상태량**에 의해 그 특성을 나타낼 수 있다.

열역학적 상태량 중 내부에너지, 엔탈피, 엔트로피 등은 절대압력, 비체적, 절대온도의 함수로 나타낼 수 있으며, 절대압력, 비체적(체적), 절대온도는 서로 함수관계를 가지며 이들 사이의 관계식을 **상태식**(the equation of state) 또는 **특성식**(characteristic equation)이라 한다.

6-1-1 상태변화

계가 한 열역학적 상태에서 다른 열역학적 상태로 변화하는 것을 **상태변화**(the change of stste)라 하고 변화하는 경로를 **과정**(process)이라 한다.

상태변화는 계가 어떤 과정을 거쳐 하나의 열역학적 상태로부터 다른 열역학적 상태로 변화할 경우, 주위에 아무런 변화를 남기지 않고 다시 반대방향으로 변화하여 원래의 열역학적 상태로 되돌아갈 수 있는 **가역변화**(reversible change)와 되돌아갈 수 없는 **비가역변화**(irreversible change)가 있다. 그러나 엄밀히 따지면 자연계에서는 가역변화가 존재할 수 없으나 준정적 과정에 의한 변화나 해석의 단순화를 위해 가역변화로 취급하는 경우가 많다. 작동유체의 상태변화는 종류가 매우 다양하지만 열역학에서 다루는 중요한 변화로는 다음과 같은 것들이 있다.

① **정압변화**(constant pressure change) : 상태변화를 하는 동안 압력이 일정한 변화를 말하며 등압변화(isobaric change)라고도 한다.
② **정적변화**(constant volume change) : 상태변화를 하는 동안 비체적(체적)이 일정한 변화를 말하며 등적변화(isometric change)라고도 한다.

③ **등온변화**(isothermal change) : 상태변화를 하는 동안 온도가 일정한 변화를 말하며 **정온변화**(constant temperature change)라고도 한다.
④ **단열변화**(adiabatic change) : 상태변화를 하는 동안 계에 열의 출입이 없는 상태에서의 변화를 말하며 가역단열변화를 **등엔트로피변화**(isentropic change)라고도 한다.
⑤ **폴리트로픽변화**(polytropic change) : 상태변화를 하는 동안 작동유체의 압력과 체적의 관계가 $PV^n = C$를 만족시키는 일반적인 변화로 위의 4가지 상태변화를 모두 포함한다.
⑥ **등엔탈피변화**(isenthalpy change) : 밸브, 콕크, 오리피스 등에 의해 유로(流路)의 일부가 좁아지는 곳을 유체 특히 기체가 통과하며 상태변화하는 동안 엔탈피가 일정한 변화로서 기체의 압력과 온도는 감소한다. 이 변화를 **교축변화**(throttling)라고도 한다.

6-1-2 사이클

작동유체는 위의 상태변화 중 어느 두 가지 이상의 변화를 계속해서 되풀이함으로써 열에너지를 운반, 저장하거나 또는 일로 변환시킨다. 작동유체가 반복적으로 계속되는 상태변화들의 일정한 주기 즉 임의의 한 상태로부터 두 가지 이상의 상태변화를 거쳐 다시 처음의 상태로 되돌아오는 순환과정을 **사이클**(cycle)이라 한다.

사이클을 이루는 상태변화의 종류에 따라 사이클을 **가역사이클**(reversible cycle)과 **비가역사이클**(irreversible cycle)로 나눈다. 사이클을 이루는 상태변화가 모두 가역변화들로만 구성된 사이클을 가역사이클이라 하고, 사이클을 이루는 상태변화 중 어느 한 변화라도 비가역변화인 사이클을 비가역사이클이라 한다. 자연계에는 엄밀히 말하면 비가역변화만 존재하므로 비가역사이클만 존재한다. 그러나 열역학적 해석을 단순화하기 위해 준정적 과정을 조합하면 가역사이클로 생각할 수 있다.

6-2 열역학의 여러 법칙들

6-2-1 열역학 제0법칙

온도가 서로 다른 두 개의 물체를 접촉시키면 열은 온도가 높은 물체로부터 온도가 낮은 물체로 이동하며 일정한 시간이 지나면 두 물체의 온도가 같아지고 열이동도 정지된다. 즉 온도가 서로 다른 두 물체의 열적 비평형상태(unequilibrium state)가 시간의 경과에 따라 **열평형**(thermal equilibrium)상태에 이른다. 이 원리를 이용하면 『어떤 두 물체가 제3의 물체와 각각 열평형 상태에 있으면 두 물체도 서로 열평형 상태에 있다』고 말할 수 있다. 이것을 **열역학 제0법칙**(the zeroth law of thermodynamics)이라 한다. 열평형의 원리인 열역학 제0법칙을 이용하여 온도계로 열에너지의 강도인 온도를 측정한다.

6-2-2 열역학 제1법칙

에너지는 항상 같은 형태로 있는 것이 아니라 어떤 원인에 의해 한 형태로부터 다른 형태의 에너지로 변환되며 소멸되지 않는다. 특히 『열에너지는 일에너지, 일에너지는 열에너지로 변환된다』는 일종의 **에너지 보존의 원리**(the principle of the conservation of energy)가 **열역학 제1법칙**(the first law of thermodynamics)이다. 열역학 제1법칙을 **비유동과정**(non-flow process)과 **정상유동과정**(steady flow process)에 적용함으로써 6-3절에서 설명하는 내부에너지와 엔탈피가 정의되었다.

6-2-3 열역학 제2법칙

열역학 제 1 법칙은 열과 일은 서로 변환된다는 가역과정(에너지 보존의 원리)을 설명한 것으로 변환 방향과 에너지의 양이 동등함을 제시하고 있으나 실제 자연계에서는 항상 열이 일로 바뀌고 또 일이 열로 바뀌지 않는 비가역과정이다. **열역학 제2법칙**(the second law of thermodynamics)은 열과 일의 에너지 변환에 제한이 있음을 나타낸 법칙으로 그 동안 많은 학자들에 의해 꾸준히 연구되어 왔으며 이를 표현하는 방법도 많으나 그 중 몇 가지만 소개하면 다음과 같다.

(1) Clausius의 표현

「열은 그 자체만으로는 저온물체(저열원)로부터 고온물체(고열원)로 이동할 수 없다.」 이것은 열을 저온물체로부터 고온물체로 이동시키려면 제 3의 에너지가 필요하다는 뜻으로 열펌프(heat pump)나 냉장고의 원리가 좋은 예로 전기적인 에너지(동력)를 공급받아 열을 저온도물체로부터 고온도물체로 이동시키는 것이다.

(2) Kelvin-Planck의 표현

「자연계에 아무 변화도 남기지 않고 어느 열원(heat source)의 열을 계속해서 일로 바꿀 수는 없다.」 이 뜻은 열손실(주위에 변화를 남김)이 있어야 열이 일로 변환하는 것이 가능하다는 것이며 『고온물체의 열을 계속해서 일로 바꾸려면 저온물체로 열을 버려야만 가능하다』는 것이다. 열기관(熱機關, heat engine)의 경우 작동유체가 일을 하려면 반드시 저온물체로 열을 버려야 하므로 『열효율이 100%인 열기관은 있을 수 없다』는 뜻이다.

열역학 제2법칙을 적용함으로써 6-4에서 설명하는 엔트로피가 정의되었다.

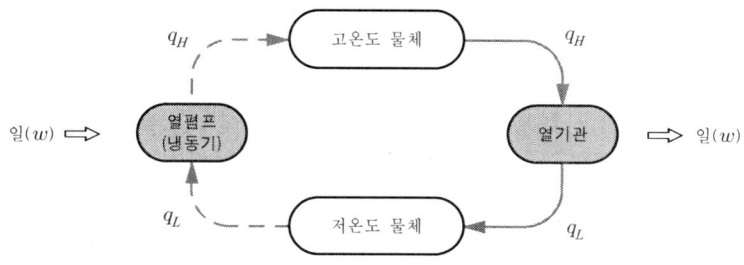

[그림 1-3] 열역학 제2법칙의 표현

6-2-4 열역학 제3법칙

독일의 Nernst는 분자의 친화력을 구하기 위한 실험을 하던 중 『어떠한 방법으로도 절대영도(0 K)까지 온도를 내릴 수 없다』는 결론을 얻었으며, 독일의 Planck는 『순수하고 완전한 결정체의 엔트로피는 절대영도 부근에서는 절대온도의 3승(T^3)에 비례하며 영에 접근한다』고 발표하였다. 이것을 **열역학 제3법칙**(the third law of thermodynamics) 또는 **Nernst의 열정리**(熱定理, Nernst's heat theorem)라 한다.

이 법칙에 의하면 절대영도(0 K)에서는 순수한 고체 또는 액체의 엔트로피와 정압비열의 증가량은 0이 된다. 즉 물체의 온도가 절대영도 부근에 가까워지면 엔트로피도 거의 0에 접근하므로 이 법칙을 이용하면 온도가 T(K)인 물질의 엔트로피를 구할 수 있다.

6-3 내부에너지와 엔탈피

열역학에서 다루는 계의 에너지는 주위(외부)에 확실히 나타나는 역학적 에너지(운동에너지와 위치에너지)와 계 내부에만 존재하는 에너지이며, 계 내부에만 존재하는 에너지를 총칭하여 **내부에너지**(internal energy, 기호 U)라 한다. 내부에너지는 계 내에 저장되는 에너지로서 계를 구성하는 구성분자들의 운동에너지와 위치에너지의 합과 같다. 계에 저장할 수 있는 에너지는 이 외에도 전기에너지, 화학에너지 등이 있으나 열역학에서는 무시한다.

열역학에서는 m kg의 계(물체) 전체가 갖는 에너지를 사용하는 것보다 다른 계가 갖는 내부에너지와 비교하기 위한 수단으로 단위질량(1 kg)의 작동유체(물체)가 갖는 내부에너지를 사용하는 것이 더 편리한 경우가 많다. 이와 같이 단위질량(1 kg)의 계(물체)가 갖는 내부에너지를 **비내부**(比內部)**에너지**(specific internal energy, 기호 소문자 u)라 정의하면 내부에너지 U와의 관계는 다음과 같다.

$$U = mu, \quad u = \frac{U}{m} \tag{1-6-1}$$

한편 작동유체가 유동하는데 필요한 에너지를 **유동에너지**(flow energy)라 하며 압력(기호 P)과 체적(기호 V)의 곱(PV)과 같으며, 작동유체가 가지는 전체에너지는 작동유체의 내부에너지(U)와 유동에너지(PV)의 합과 같다. 이것을 **엔탈피**(enthalpy, 기호 H)라 정의한다. 비교를 위해 단위 질량(1 kg)당 엔탈피인 **비엔탈피**(specific enthalpy, 기호 h)를 많이 사용한다. 엔탈피(H), 비엔탈피(h)의 정의와 이들 사이의 관계는 다음과 같다.

$$H = U + PV, \quad h = \frac{H}{m} = u + Pv \tag{1-6-2}$$

내부에너지와 엔탈피도 에너지이므로 단위로 J을 사용하며 실용단위로 kJ이나 MJ 등을 사용한다. 비내부에너지와 비엔탈피의 단위는 J/kg이며 실용단위는 kJ/kg, MJ/kg 등이다.

> **예제 1-7** 압력이 8 bar인 기체 5 kg의 체적이 1.2 m³이다. 이 기체의 내부에너지가 200 kJ이라면 엔탈피와 비엔탈피는 각각 얼마인가?
>
> **풀이** (1) 엔탈피
> 압력이 $P = 8$ bar $= 800$ kPa, 체적이 $V = 1.2$ m³, 내부에너지가 $U = 200$ kJ이므로 엔탈피 H는 식 (1-6-2)에서
> $$H = U + PV = 200 + 800 \times 1.2 = 1160 \text{ kJ}$$
> (2) 비엔탈피 : 질량이 $m = 5$ kg 이므로 식 (1-6-2)에서 비엔탈피 h는
> $$h = \frac{H}{m} = \frac{1160}{5} = 232 \text{ kJ/kg}$$

> **예제 1-8** 120 kPa, 2.5 m³인 가스 4 kg이 상태변화하여 1000 kPa, 0.4 m³로 되었다. 상태변화하는 동안 내부에너지가 60 kJ 증가하였다면 엔탈피는 얼마나 변하였는가?
>
> **풀이** 식 (1-6-2)를 변형시켜 상태변화 전을 아래첨자 1, 상태변화 후를 아래첨자 2로 나타내면
> $$H_1 = U_1 + P_1 V_1 \cdots \text{ⓐ}, \quad H_2 = U_2 + P_2 V_2 \cdots \text{ⓑ}$$
> 식 ⓑ에서 ⓐ를 빼면 상태변화 전, 후의 엔탈피 변화량 ΔH는
> $$\Delta H = H_2 - H_1 = (U_2 - U_1) + (P_2 V_2 - P_1 V_1) = \Delta U + (P_2 V_2 - P_1 V_1) \cdots \text{ⓒ}$$
> 문제에서 상태변화 전 압력과 체적이 각각 $P_1 = 120$ kPa, $V_1 = 2.5$ m³, 질량이 $m = 4$ kg,
> 상태변화 후 압력과 체적이 각각 $P_2 = 1000$ kPa, $V_2 = 0.4$ m³, 내부에너지 변화량이 $\Delta U = 60$ kJ 이므로 엔탈피 변화량은 식 ⓒ에서
> $$\Delta H = \Delta U + (P_2 V_2 - P_1 V_1) = 60 + (1000 \times 0.4 - 120 \times 2.5) = 160 \text{ kJ(증가)}$$

6-4 엔트로피

6-1절에서 언급한 절대압력, 체적, 절대온도, 내부에너지, 엔탈피, 엔트로피 등 열역학적 상태량 중에서 절대압력(P), 체적(V) 및 절대온도(T)는 감각을 통해 알 수 있으며 측정이 가능하다. 그러나 내부에너지(U)와 엔탈피(H)는 열역학적인 해석을 편리하게 하기 위해 도입된 상태량으로 측정할 수 없다. **엔트로피**(entropy)도 측정할 수 없으며 독일의 Clausius가 열역학 제2법칙에 도입한 상태량으로 다음 식으로 정의한다.

$$dS = \frac{\delta Q}{T} \tag{1-6-3}$$

이 식에서 대문자 S가 엔트로피이며, Q(J)는 열량, T(K)는 절대온도이다. 따라서 엔트로피의 단위는 J/K이고 실용단위로 kJ/K을 사용한다. 엔트로피도 비교를 위해 식 (1-6-4)와 같이 단위질량당 엔트로피를 **비엔트로피**(specific entropy, 기호 s)라 정의하여 사용하며 단위는 J/kgK이고 실용단위는 kJ/kgK이다.

$$ds = \frac{dS}{m} = \frac{\delta q}{T} \tag{1-6-4}$$

여기서 $q(=Q/m)$는 단위질량(1 kg)에 대한 열량으로 단위는 J/kg이다. 식 (1-6-3)과 식 (1-6-4)를 적분하면 엔트로피 변화량(ΔS)과 비엔트로피 변화량(Δs)을 구할 수 있다.

$$\Delta S = S_2 - S_1 = \int_1^2 \frac{\delta Q}{T}, \quad \Delta s = s_2 - s_1 = \int_1^2 \frac{\delta q}{T} \tag{1-6-5}$$

> **예제 1-9** 3 kg의 물을 10℃에서 50℃까지 가열하는 동안 엔트로피는 얼마나 증가하는가? 단 물의 비열은 4.186 kJ/kgK이다.
>
> **풀이** 식 (1-3-1)의 미분형 $\delta Q = mcdT$를 식 (1-6-5)에 대입하여 정리하면
>
> $$\Delta S = S_2 - S_1 = \int_1^2 \frac{\delta Q}{T} = \int_1^2 \frac{mcdT}{T} = mc\ln\left(\frac{T_2}{T_1}\right)$$
>
> 이며, 여기서 $m = 3$ kg, $c = 4.186$ kJ/kgK, $t_1 = 10$℃, $t_2 = 50$℃ 이므로 엔트로피 증가량은
>
> $$\Delta S = S_2 - S_1 = mc\ln\left(\frac{T_2}{T_1}\right) = 3 \times 4.186 \times \ln\left(\frac{50+273}{10+273}\right) = 1.66 \text{ kJ/K}$$

6-5 일반에너지식

6-5-1 비유동과정에 대한 일반에너지식

주위와 계 사이에 에너지는 출입할 수 있으나 작동유체는 출입할 수 없는 밀폐계에서는 모든 변화가 비유동과정이다. 이러한 밀폐계에 미소 열량(δQ)을 공급하면 계를 구성하는 분자들의 운동에너지와 위치에너지가 증가하여 내부에너지가 미세하게 증가(dU)하고 외부에 대해 미소 일(δW)을 하게 된다. 이러한 가정은 6-1-1에서 설명한 상태변화 중 어떤 조건하에 변화가 일어나는가에 따라 다르나 다음 식과 같이 포괄적으로 표현할 수 있다.

$$\delta Q = dU + \delta W \tag{1-6-6}$$

이 식을 **비유동과정**(밀폐계)**에 대한 열역학 제1법칙의 식** 또는 **일반에너지 식**이라 한다. 이 식을 상태 1(변화 전)에서 상태 2(변화 후)까지 적분하면 계에 공급한 전체 열량(Q)을 구할 수 있다.

$$Q = \int_1^2 dU + \int_1^2 \delta W = (U_2 - U_1) + W = \Delta U + W \tag{1-6-7}$$

식 (1-6-6)과 식 (1-6-7)에서 Q와 W는 질량 m kg에 대한 값이다. 비체적이나 비내부에너지와 같이 다른 값들과 비교하기 위해 단위 질량(1 kg)의 작동유체(물체)에 대한 열량이나 일량으로 나타내면 매우 편리하다. 단위 질량(1 kg)에 대한 열과 일을 각각 소문자 q와 w로 표기하면

$$q = \frac{Q}{m} \text{ (J/kg)}, \qquad w = \frac{W}{m} \text{ (J/kg)} \tag{1-6-8}$$

이다. 그러므로 식 (1-6-6)과 식 (1-6-7)을 단위 질량에 대한 값으로 나타내면 다음과 같다.

$$\delta q = du + \delta w, \qquad q = \Delta u + w \tag{1-6-9}$$

6-5-2 정상유동과정에 대한 일반에너지식

주위와 계 사이에 에너지는 물론 작동유체도 출입할 수 있는 개방계에 대한 일반에너지식을 유도하기 위해 개방계에서의 유동이 정상유동이라 가정한다. 그림 1-4와 같이 열 Q를 공급받아 외부에 일 W_t를 하는 개방계에 열역학 제1법칙(에너지 보존의 원리)을 적용하면 계로 들어오는 에너지(역학적 에너지, 내부에너지, 유동에너지, 열에너지)의 합과 나가는 에너지의 합이 같아야 하므로 다음의 식이 성립된다.

단면 ①을 통해 들어오는 작동유체가 갖는 에너지+공급되는 열에너지(Q)
=단면 ②를 통해 나가는 작동유체가 갖는 에너지+외부에 대한 일(W_t)

$$mgz_1 + \frac{m\overline{v_1}^2}{2} + U_1 + P_1V_1 + Q = mgz_2 + \frac{m\overline{v_2}^2}{2} + U_2 + P_2V_2 + + W_t$$

그런데 식 (1-6-2)에서 엔탈피는 $H = U + PV$ 이므로 위의 식은 다음과 같아진다.

$$mgz_1 + \frac{m\overline{v_1}^2}{2} + H_1 + Q = mgz_2 + \frac{m\overline{v_2}^2}{2} + H_2 + W_t \tag{1-6-10}$$

1 kg(단위 질량)에 대해서는

$$gz_1 + \frac{\overline{v_1}^2}{2} + h_1 + q = gz_2 + \frac{\overline{v_2}^2}{2} + h_2 + w_t \tag{1-6-11}$$

식 (1-6-10)과 식 (1-6-11)을 **정상유동과정(개폐계)에 대한 열역학 제1법칙의 식** 또는 **일반 에너지 식**이라 한다.

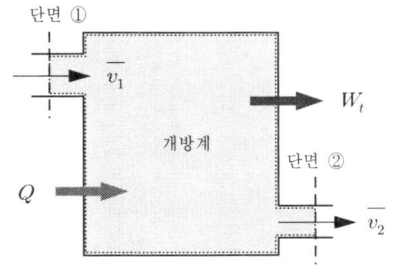

[그림 1-4] 정상유동을 하는 개방계

P_1, P_2 : 단면 ①과 ②에서 작동유체의 압력(Pa)
V_1, V_2 : 단면 ①과 ②에서 작동유체의 체적(m³)
U_1, U_2 : 단면 ①과 ②에서 작동유체의 내부에너지(J)
$\overline{v_1}, \overline{v_2}$: 단면 ①과 ②에서 작동유체의 유속(m/s)
z_1, z_2 : 기준면에서 단면 ①과 ②까지의 높이(m)
Q : 개방계로 유입되는 열에너지(J)
W_t : 개방계가 외부에 대하여 하는 일에너지(J)

이들 식에서 기준면에서의 높이 z_1과 z_2의 차가 크지 않고 입, 출구의 속도차가 크지 않으면 제1항과 2항의 위치에너지와 운동에너지를 생략해도 무방하므로 다음의 식으로 된다.

$$H_1 + Q = H_2 + W_t, \quad h_1 + q = h_2 + w_t \text{ (단위질량)} \tag{1-6-12}$$

그리고 냉동기의 증발기나 응축기 또는 보일러에서는 외부에 대한 일이 없으므로 위의 식은 다시 다음과 같아진다.

$$Q = H_2 + H_1, \quad q = h_2 - h_1 \text{ (단위질량)} \tag{1-6-13}$$

또 냉동기의 팽창밸브와 같은 밸브류에서는 공급열량도 없으므로 다음의 식이 된다.

$$H_1 = H_2, \quad h_1 = h_2 \text{ (단위질량)} \tag{1-6-14}$$

식 (1-6-14)는 등엔탈피변화를 의미하므로 밸브류에서는 교축변화임을 알 수 있다. 냉동기의 압축기나 증기터빈의 경우 $Q=0$이나 $W_t \neq 0$ 이므로 다음 식으로 된다.

$$W_t = H_1 - H_2, \quad w_t = h_1 - h_2 \text{ (단위질량)} \tag{1-6-15}$$

한편, 오리피스(orifice)나 노즐(nozzle)과 같이 운동에너지를 무시할 수 없는 경우는

$$\frac{m\left(\overline{v_2}^2 - \overline{v_1}^2\right)}{2} = H_1 - H_2, \quad \frac{\left(\overline{v_2}^2 - \overline{v_1}^2\right)}{2} = h_1 - h_2 \text{ (단위질량)} \tag{1-6-16}$$

과 같은 식을 적용하여야 한다.

6-6 P-V 선도와 일의 관계

6-6-1 절대일

그림 1-5(b)와 같이 열역학 상태량 중 절대압력(P)을 직교좌표의 세로축, 체적(V)을 가로축으로 하여 작동유체의 압력과 체적의 관계를 나타낸 그림을 P-V선도(P-V diagram)라 한다. P-V선도에서 체적 대신 비체적(v)을 가로축으로 하는 것을 P-v선도라 한다.

P-V선도는 아래에 설명하는 것과 같이 선도상의 면적을 알면 일량을 구할 수 있어 **일선도**라고도 하며 열역학의 선도 중 가장 기본적인 중요한 선도이다.

그림 1-5(a)와 같이 실린더 안 작동유체의 압력이 P(Pa)일 때 단면적이 A(m²)인 피스톤에 작용하는 힘(PA N)으로 인해 피스톤이 dx(m) 만큼 미소한 변위를 일으켰다면 작동유체가 한 미소한 일량(dW)은 $dW = PA\,dx$이다. 그런데 그림 1-5(b)에서 피스톤의 미소변위 dx에 의한 작동유체의 체적 변화량이 $dV = A\,dx$ 이므로 작동유체의 미소일량은

$$dW = P\,dV = \text{빗금친 면적} \tag{1-6-17}$$

그러므로 작동유체가 상태 1에서 상태 2까지 팽창하는 동안 외부(피스톤)에 대해 하는 일을 W라 하면 W는 식 (1-6-17)을 상태 1에서 2까지 적분하면 구할 수 있다. 즉

$$W = \int_1^2 P\,dV = \text{면적}(122'1') \tag{1-6-18}$$

단위질량(1 kg)의 작동유체가 하는 일(w)은 P-v선도에서 면적으로 구할 수 있으며

$$dw = P\,dv, \quad w = \int_1^2 P\,dv \tag{1-6-19}$$

이다. 일 $W(w)$를 밀폐계일, 비유동일, 팽창일 또는 **절대일**(absolute work)이라 한다. 따라서 비유동과정에 대한 일반에너지식 (1-6-6)~(1-6-9)은 다음과 같아진다.

$$\left.\begin{array}{l}\delta Q = dU + \delta W = dU + PdV \\ Q = (U_2 - U_1) + \int_1^2 PdV\end{array}\right\} \tag{1-6-20}$$

$$\left.\begin{array}{l}\delta q = du + \delta w = du + Pdv \\ q = (u_2 - u_1) + \int_1^2 Pdv\end{array}\right\} \text{(단위질량)} \tag{1-6-21}$$

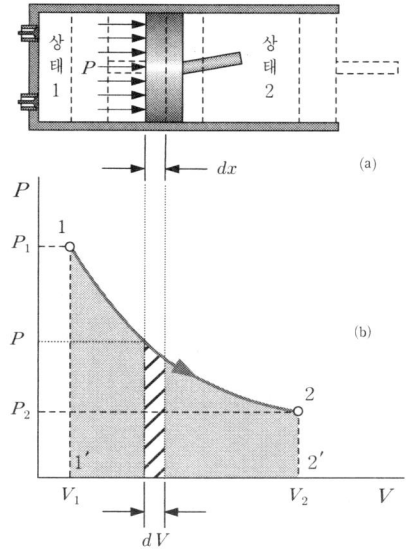

[그림 1-5] P-V선도와 절대일   [그림 1-6] P-V선도와 공업일

이번에는 계를 출입하는 일과 열에 대해 생각해 보자. 그림 1-3에서 고온도물체로부터 계인 열기관으로 열(q_H)이 들어가 그 중 일부의 열(q_L)을 저온도물체로 방출되고 나머지로 외부에 대해 일(w)을 한다. 그러나 열펌프의 경우는 외부로부터 일(w)을 공급받아 저온도물체로부터 열(q_L)을 흡수하여 고온도물체로 열(q_H)을 방출한다. 이와같이 계에 열과 일이 외부로부터 들어갈 수도 있으며 나갈 수도 있다. 따라서 계산상 혼란을 피하기 위해 열과 일의 출입에 대해 부호(방향)를 정할 필요가 있다. 열기관을 위주로 보면 계로 들어가는 열을 "+", **계에서 나가는 열**을 "−"로 하고 계에서 외부에 대해 하는 일을 "+", **외부로부터 공급받는 일**을 "−"로 정한다.

> **예제 1-10** 압력이 3 bar인 밀폐계에 420 kJ의 열을 가했더니 내부에너지가 84 kJ 증가하였다. 이 계가 외부에 대해 한 일과 일하는 동안의 체적변화량은 얼마인가? 단, 압력은 일정하다고 가정한다.
>
> **[풀이]** (1) 외부일량
> 식 (1-6-7)에서 $Q=420$ kJ, $\Delta U=84$ kJ 이므로 외부에 대한 일량 W는
> $$W = Q - \Delta U = 420 - 84 = 336 \text{ kJ}$$
>
> (2) 체적변화량
> 압력이 일정하므로 식 (1-6-18)을 정리하면
> $$W = \int_1^2 P dV = P(V_2 - V_1) = P\Delta V$$
> 에서 $P=3$ bar $=300$ kPa 이므로 체적변화량 ΔV는
> $$\Delta V = W/P = 336/300 = 1.12 \text{ m}^3 (증가)$$

6-6-2 공업일

이번에는 주위(외부)에서 공기를 흡입, 압축, 배출하는 그림 1-6과 같은 간극체적이 없는 공기압축기를 생각해 본다. 그림에서 흡입과정은 $1''→1$, 압축과정은 $1→2$, 배출과정은 $2→2''$이다. 각각의 상태변화과정에 대한 일을 $W_{1''-1}$, W_{1-2}, $W_{2-2''}$이라 하고 앞에서 정한 일과 열의 부호를 고려하면

$$W_{1''-1} = +면적(1''11'0), \quad W_{1-2} = -면적(122'1'), \quad W_{2-2''} = -면적(22''02')$$

이다. 그러므로 한 사이클 동안의 전체 일은 위의 세 가지 일을 합한 것이므로

$$W_{1''-1} + W_{1-2} + W_{2-2''} = -면적(122''1'')$$

여기서 "$-$"의 면적이 된 것은 부호약속에 의한 것으로 외부에서 계로 일이 들어간다는 뜻으로 절대일과는 또 다른 일이 된다. 이 일을 $W_t(w_t)$라 하면

$$W_t = -\int_1^2 V dP = -면적(122''1''), \quad dW_t = -VdP \qquad (1\text{-}6\text{-}22)$$

$$w_t = -\int_1^2 v dP, \quad dw_t = -vdP \text{ (단위질량)} \qquad (1\text{-}6\text{-}23)$$

여기서 일 $W_t(w_t)$를 개방계일, 유동일, 압축일 또는 **공업일**(technical work)이라 한다.

>> 예제 1-11 물펌프가 분당 1 bar의 물 500 kg을 5 bar로 압송한다. 이 펌프의 분당 공업일과 동력을 구하여라.

[풀이] (1) 분당 공업일
물은 비압축성 유체이므로 체적이 일정하다고 보고 식 (1-6-22)를 정리하면

$$W_t = -\int_1^2 VdP = -V(P_2 - P_1) = V(P_1 - P_2)$$

여기서 $P_1 = 1$ bar $= 100$ kPa, $P_2 = 5$ bar $= 500$ kPa이고, 물 $m = 500$ kg의 체적은 $V = 0.5$ m^3
이므로

$$W_t = V(P_1 - P_2) = 0.5 \times (100 - 500) = -200 \text{ kJ}$$

(답의 "−"는 부호 약속에 의해 펌프에 외부로부터 일을 공급해야 한다는 뜻임)

(2) 펌프의 동력
시간이 $\bar{t} = 60$ s 이므로 식 (1-5-4)에서

$$N = \frac{W_t}{\bar{t}} = \frac{-200}{60} = -3.33 \text{ kW} (\text{"−"부호는 공급하는 동력이라는 뜻임})$$

6-7 T-S 선도와 열의 관계

열역학 상태량 중 절대온도(T)를 세로축, 엔트로피(S)를 가로축으로 하는 선도를 T-S 선도(T-S diagram) 또는 **엔트로피 선도**라 하며 선도 상의 면적이 열량을 나타내므로 **열선도** (heat diagram)라고도 한다. T-S 선도는 P-V 선도와 함께 열역학의 기본적이고도 중요한 선도이다.

그림 1-7에서 상태 1에서 상태 2로 변화할 때 변화 중인 미소구간 a-b 사이에서 엔트로피가 dS 만큼 증가하였고 온도가 T 라면 변화하는 동안 출입한 미소 열은 엔트로피 정의식 (1-6-3)에서 $\delta Q = TdS$ 이므로 빗금 친 면적 abb'a' 과 같음을 알 수 있다. 즉

$$\delta Q = TdS = \text{면적 (abb'a')}$$

따라서 상태 1에서 상태 2까지 출입한 열 Q는 위의 식을 적분하면 구할 수 있으며 전체 음영부분의 면적과 같다.

$$Q = \int_1^2 TdS = \text{면적 } (122'1')$$

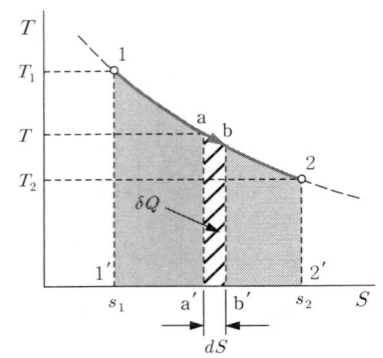

[그림 1-7] T-s 선도에서의 열량

6-8 완전가스(이상기체)

기체 중에서 공기, 질소, 산소, 연소가스 등과 같이 쉽게 액화(응축)되지 않는 것을 **가스**(gas)라 하고 열펌프나 냉동기에 사용되는 냉매, 수증기 등과 같이 쉽게 액화되거나 증발되는 것을 **증기**(vapor)라 한다. 가스는 대기압에서는 기체로 존재하며 아주 낮은 저온에서만 액화되나 증기는 대기압에서 약간의 압력이나 온도변화에 의해 쉽게 액화되거나 증발된다.

완전가스(perfect gas)란 보일(Boyle)의 법칙, 샬(Charles)의 법칙 및 줄(Joule)의 법칙 등 완전가스의 특성식(상태식)이 엄밀히 성립되는 기체를 말하며 실제로 존재하지 않는 기체이므로 **이상기체**(理想氣體, ideal gas)라고도 한다. 그러나 공기, 수소, 산소, 질소, 연소가스 등 **실제가스**(real gas)들은 엄밀히 말하면 완전가스가 아니나 완전가스에 아주 가까운 성질을 가지고 있으므로 완전가스로 취급한다.

한편, 암모니아(ammonia), 할로겐 가스(상품명 Freon 가스), 탄산가스 등과 같이 냉매로 사용되는 가스나 수증기는 대기압에서도 쉽게 증발, 액화되며 완전가스로 취급할 수 없어 불완전가스(imperfect gas)라 부른다. 그러나 이들도 포화온도보다 훨씬 높은 온도에서는 완전가스에 가까운 성질을 갖는다.

6-8-1 완전가스의 특성식(상태식)

1662년 영국의 물리학자인 R. Boyle(보일)은 「모든 완전가스는 온도가 일정하면 그 비체적(체적)은 절대압력에 반비례한다」고 발표하였으며 이를 **Boyle의 법칙**이라 한다. 보일의 법칙을 식으로 나타내면 다음과 같다.

$$\left. \begin{array}{l} Pv = C \quad (P_1 v_1 = P_2 v_2) \\ PV = C \quad (PV_1 = P_2 V_2) \end{array} \right\} \tag{1-6-24}$$

> **예제 1-11** 물펌프가 분당 1 bar의 물 500 kg을 5 bar로 압송한다. 이 펌프의 분당 공업일과 동력을 구하여라.
>
> **[풀이]** (1) 분당 공업일
> 물은 비압축성 유체이므로 체적이 일정하다고 보고 식 (1-6-22)를 정리하면
>
> $$W_t = -\int_1^2 VdP = -V(P_2 - P_1) = V(P_1 - P_2)$$
>
> 여기서 $P_1 = 1$ bar $= 100$ kPa, $P_2 = 5$ bar $= 500$ kPa이고, 물 $m = 500$ kg의 체적은
> $V = 0.5$ m³
> 이므로
>
> $$W_t = V(P_1 - P_2) = 0.5 \times (100 - 500) = -200 \text{ kJ}$$
>
> (답의 "−"는 부호 약속에 의해 펌프에 외부로부터 일을 공급해야 한다는 뜻임)
> (2) 펌프의 동력
> 시간이 $\bar{t} = 60$ s 이므로 식 (1-5-4)에서
>
> $$N = \frac{W_t}{\bar{t}} = \frac{-200}{60} = -3.33 \text{ kW} (\text{"−"부호는 공급하는 동력이라는 뜻임})$$

6-7 T-S 선도와 열의 관계

열역학 상태량 중 절대온도(T)를 세로축, 엔트로피(S)를 가로축으로 하는 선도를 T-S**선도**(T-S diagram) 또는 **엔트로피 선도**라 하며 선도 상의 면적이 열량을 나타내므로 **열선도**(heat diagram)라고도 한다. T-S선도는 P-V선도와 함께 열역학의 기본적이고도 중요한 선도이다.

그림 1-7에서 상태 1에서 상태 2로 변화할 때 변화 중인 미소구간 a-b 사이에서 엔트로피가 dS만큼 증가하였고 온도가 T라면 변화하는 동안 출입한 디소 열은 엔트로피 정의식 (1-6-3)에서 $\delta Q = TdS$이므로 빗금 친 면적 abb′a′과 같음을 알 수 있다. 즉

$$\delta Q = TdS = \text{면적 (abb′a′)}$$

따라서 상태 1에서 상태 2까지 출입한 열 Q는 위의 식을 적분하면 구할 수 있으며 전체 음영부분의 면적과 같다.

$$Q = \int_1^2 TdS = \text{면적 (122′1′)}$$

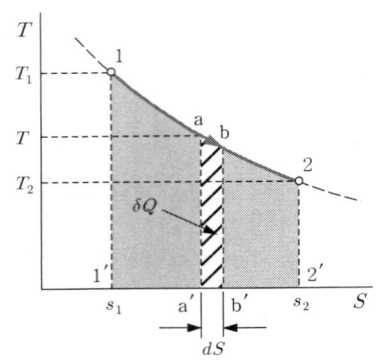

[그림 1-7] $T\text{-}s$ 선도에서의 열량

6-8 완전가스(이상기체)

　기체 중에서 공기, 질소, 산소, 연소가스 등과 같이 쉽게 액화(응축)되지 않는 것을 **가스**(gas)라 하고 열펌프나 냉동기에 사용되는 냉매, 수증기 등과 같이 쉽게 액화되거나 증발되는 것을 **증기**(vapor)라 한다. 가스는 대기압에서는 기체로 존재하며 아주 낮은 저온에서만 액화되나 증기는 대기압에서 약간의 압력이나 온도변화에 의해 쉽게 액화되거나 증발된다.

　완전가스(perfect gas)란 보일(Boyle)의 법칙, 샬(Charles)의 법칙 및 줄(Joule)의 법칙 등 완전가스의 특성식(상태식)이 엄밀히 성립되는 기체를 말하며 실제로 존재하지 않는 기체이므로 **이상기체**(理想氣體, ideal gas)라고도 한다. 그러나 공기, 수소, 산소, 질소, 연소가스 등 **실제가스**(real gas)들은 엄밀히 말하면 완전가스가 아니나 완전가스에 아주 가까운 성질을 가지고 있으므로 완전가스로 취급한다.

　한편, 암모니아(ammonia), 할로겐 가스(상품명 Freon 가스), 탄산가스 등과 같이 냉매로 사용되는 가스나 수증기는 대기압에서도 쉽게 증발, 액화되며 완전가스로 취급할 수 없어 **불완전가스**(imperfect gas)라 부른다. 그러나 이들도 포화온도보다 훨씬 높은 온도에서는 완전가스에 가까운 성질을 갖는다.

6-8-1 완전가스의 특성식(상태식)

　1662년 영국의 물리학자인 R. Boyle(보일)은 「모든 완전가스는 온도가 일정하면 그 비체적(체적)은 절대압력에 반비례한다」고 발표하였으며 이를 **Boyle의 법칙**이라 한다. 보일의 법칙을 식으로 나타내면 다음과 같다.

$$\left. \begin{array}{l} Pv = C \quad (P_1 v_1 = P_2 v_2) \\ PV = C \quad (PV_1 = P_2 V_2) \end{array} \right\} \tag{1-6-24}$$

또 1782년 프랑스의 Charles(샬)은 「모든 완전가스는 압력이 일정할 때 그 비체적(체적)은 절대온도에 비례한다」고 주장하였으며 이것을 **Charles의 법칙** 또는 **Gay-Lussac의 법칙**이라 한다. 샬의 법칙을 식으로 나타내면 다음과 같다.

$$\frac{v}{T} = C \quad \left(\frac{V}{T} = C\right) \tag{1-6-25}$$

위의 두 법칙을 나타내는 식 (1-6-24)와 (1-6-25)에서 다음과 같은 P, $v(V)$, T의 관계식을 얻을 수 있다. 즉

$$Pv = RT \quad (\text{또는} \quad PV = mRT) \tag{1-6-26}$$

이 식을 완전가스의 **특성식**(characteristic equation) 또는 **상태식**(the equation of state) 또는 **Boyle-Charles의 법칙**이라 한다. 특성식에서 R은 완전가스의 종류에 따라 고유의 값을 가지며 **가스정수**(gas constant) 또는 **기체상수**라 부른다. 가스정수는 단위질량(1 kg)의 완전가스를 단위온도(1 K 또는 1℃)만큼 변화시키는데 필요한 에너지를 뜻한다. R의 단위는 J/kgK이고 실용단위로는 kJ/kgK을 많이 사용한다.

가스정수 R은 가스의 분자량을 알면 다음 식을 이용하여 개략적인 값을 구할 수 있다.

$$R = \frac{R_u}{M} = \frac{8.3143}{M} \text{ kJ/kgK} = \frac{8314.3}{M} \text{ J/kgK} \tag{1-6-27}$$

식 (1-6-27)에서 $R_u = 8314.3$ J/kmolK을 **만유기체상수**(universal gas constant) 또는 **일반가스정수**라 하며 M은 완전가스의 분자량이다.

> **예제 1-12** 분자량이 30인 완전가스 6 kg이 5 m³인 압력용기에 들어있다. 용기 안의 압력이 0.2 MPa이라면 가스의 온도는 얼마인가?
>
> **풀이** $M=30$ 이므로 이 가스의 가스정수는 식 (1-6-27)로부터
>
> $$R = \frac{R_u}{M} = \frac{8314.3}{30} = 277.14 \text{ J/kgK} ≒ 0.2771 \text{ kJ/kgK}$$
>
> 이고 $m = 6$ kg, $V = 5$ m³, $P = 0.2$ MPa $= 200$ kPa 이므로 완전가스의 특성식 (1-6-26)에서
>
> $$T = \frac{PV}{mR} = \frac{200 \times 5}{6 \times 0.2771} = 601.47 \text{ K} (328.47℃)$$

6-8-2 완전가스의 내부에너지, 엔탈피 및 비열

1843년 영국의 물리학자인 J. P. Joule은 실험을 통해 완전가스의 내부에너지는 절대온도만의 함수라는 결론을 얻었다. 즉 아래의 식에 나타낸 바와 같이 절대온도가 변해야만 내부에너지도 변한다는 뜻이다.

$$dU = mc_v dT, \quad du = c_v dT \text{(단위질량)} \tag{1-6-28}$$

위의 식 (1-6-28)에서 c_v는 완전가스의 정적비열이며 이 식을 적분하면 내부에너지 변화량(ΔU)과 비내부에너지 변화량(Δu)은 다음의 식과 같다.

$$\left. \begin{array}{l} \Delta U = U_2 - U_1 = mc_v(T_2 - T_1) \\ \Delta u = u_2 - u_1 = c_v(T_2 - T_1) \end{array} \right\} \tag{1-6-29}$$

내부에너지뿐 만이 아니라 완전가스의 엔탈피도 절대온도만의 함수임이 밝혀졌으며

$$dH = mc_p dT, \quad dh = c_p dT \text{(단위질량)} \tag{1-6-30}$$

식 (1-6-30)에서 c_p는 완전가스의 정압비열이며 이 식을 적분하면 엔탈피 변화량(ΔH)과 비엔탈피 변화량(Δh)은 다음과 같다.

$$\left. \begin{array}{l} \Delta H = H_2 - H_1 = mc_p(T_2 - T_1) \\ \Delta h = h_2 - h_1 = c_p(T_2 - T_1) \end{array} \right\} \tag{1-6-31}$$

냉매는 완전가스가 아니므로 이 식으로 엔탈피를 구할 수 없으며 후에 설명하도록 한다.
한편 완전가스의 정압비열(c_p), 정적비열(c_v) 및 가스정수 사이에는 다음과 같은 관계가 성립한다.

$$c_p = c_v - R, \quad c_p - c_v = R \tag{1-6-32}$$

$$c_p = \frac{\kappa R}{\kappa - 1}, \quad c_v = \frac{R}{\kappa - 1} \tag{1-6-33}$$

식 (1-6-33)에서 비열비 $\kappa(=c_p/c_v)$는 구성분자의 원자수에 관계되며, 1원자 분자(He, Ne, Ar)의 비열비는 $\kappa = 1.67$, 2원자 분자(H_2, N_2, O_2, CO, HCl, 공기 등)는 $\kappa = 1.40$, 그리고 3원자 분자(H_2O, CO_2, N_2O 등)의 비열비가 $\kappa = 1.33$이다.

6-8-3 완전가스의 상태변화

열역학에서 다루는 완전가스의 상태변화는 모두 가역변화로 정압변화, 정적변화, 등온변화, 단열변화(등엔트로피 변화)와 폴리트로픽 변화가 있다. 상태변화 전(상태 1)을 아래첨자 1, 상태변화 후(상태 2)를 아래첨자 2로 표기하여 작동유체 1 kg(단위질량)에 대하여 상태변화하는 동안의 ⓐ특성식, ⓑ절대일, ⓒ공업일, ⓓ계를 출입하는 열량, ⓔ내부에너지 변화량, ⓕ엔탈피 변화량, ⓖ엔트로피 변화량 등을 간략하게 정리해 본다.

(1) 정압변화

그림 1-8과 같이 상태변화가 정압선을 따라 이루어지는 변화이다. 고속디젤기관의 연소과정이 이에 속한다.

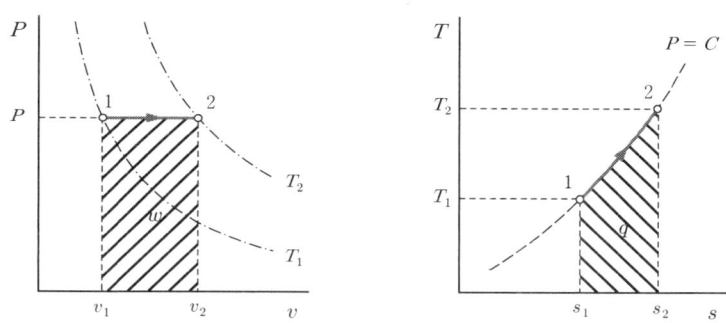

[그림 1-8] 완전가스의 정압(등압)변화

$$\begin{aligned}
&ⓐ \ \frac{v}{T} = C \text{ 이므로 } \frac{v_1}{T_1} = \frac{v_2}{T_2} = C \text{ 또는 } \frac{T_2}{T_1} = \frac{v_2}{v_1} \\
&ⓑ \ w = \int_1^2 Pdv = P(v_2 - v_1) = R(T_2 - T_1) \\
&ⓒ \ w_t = -\int_1^2 vdP = 0 \ (\text{정압이므로 } P = C, \ dP = 0) \\
&ⓓ \ q = c_p(T_2 - T_1) \\
&ⓔ \ \Delta u = u_2 - u_1 = c_v(T_2 - T_1) \\
&ⓕ \ \Delta h = h_2 - h_1 = c_p(T_2 - T_1) = q \\
&ⓖ \ \Delta s = s_2 - s_1 = c_p \ln\left(\frac{T_2}{T_1}\right)
\end{aligned}$$

(1-6-34)

이상과 같이 정압변화에서는 계를 출입하는 열 q는 작등유체의 엔탈피 변화량 Δh와 같으며 내부에너지 변화량 Δu와 절대일 w의 합과 같다.

(2) 정적변화

그림 1-9와 같이 정적선을 따라 상태변화가 이루어지는 변화이다. 가솔린기관의 연소과정이 여기에 속한다.

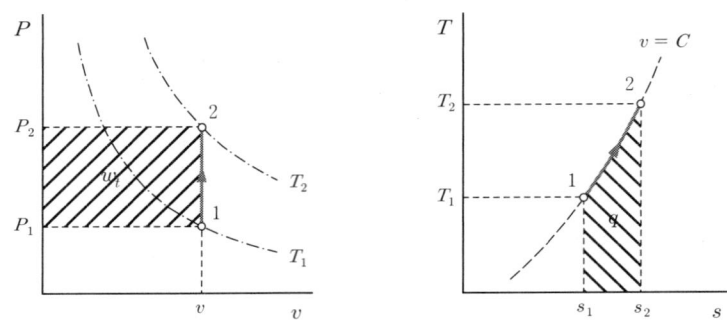

[그림 1-9] 완전가스의 정적(등적)변화

$$\left.\begin{aligned}
&\text{ⓐ } \frac{P}{T}= C \text{ 이므로 } \frac{P_1}{T_1} = \frac{P_2}{T_2} = C \text{ 또는 } \frac{T_2}{T_1} = \frac{P_2}{P_1} \\
&\text{ⓑ } w = \int_1^2 Pdv = 0 \text{ (정적이므로 } v = C, \ dv = 0) \\
&\text{ⓒ } w_t = -\int_1^2 vdP = v(P_1 - P_2) = R(T_1 - T_2) \\
&\text{ⓓ } q = c_v(T_2 - T_1) \\
&\text{ⓔ } \Delta u = u_2 - u_1 = c_v(T_2 - T_1) = q \\
&\text{ⓕ } \Delta h = h_2 - h_1 = c_p(T_2 - T_1) \\
&\text{ⓖ } \Delta s = s_2 - s_1 = c_v \ln\left(\frac{T_2}{T_1}\right)
\end{aligned}\right\} \quad (1\text{-}6\text{-}35)$$

이상과 같이 정적변화에서는 계를 출입하는 열 q는 모두 내부에너지 변화(Δu)에만 사용되며 외부에 대해 절대일(w)을 하지 않는다.

(3) 등온변화

그림 1-10과 같이 등온선을 따라 상태변화가 이루어지는 변화이다. 이론적으로 가능한 변화이며 실제 가스를 등온변화시키는 것은 불가능하다.

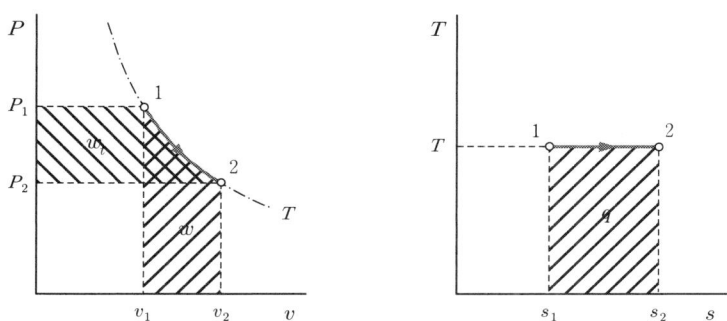

[그림 1-10] 완전가스의 등온(정온)변화

$$
\begin{aligned}
&\text{ⓐ} \quad Pv = C \text{ 이므로 } P_1 v_1 = P_2 v_2 = C \quad \text{또는} \quad \frac{P_2}{P_1} = \frac{v_1}{v_2} \\
&\text{ⓑ} \quad w = \int_1^2 P dv = P_1 v_1 \ln\left(\frac{v_2}{v_1}\right) = P_1 v_1 \ln\left(\frac{P_1}{P_2}\right) \\
&\text{ⓒ} \quad w_t = -\int_1^2 v dP = P_1 v_1 \ln\left(\frac{P_1}{P_2}\right) = w \\
&\text{ⓓ} \quad q = RT \ln\left(\frac{v_2}{v_1}\right) = P_1 v_1 \ln\left(\frac{v_2}{v_1}\right) = w = w_t \\
&\text{ⓔ} \quad \Delta u = u_2 - u_1 = c_v (T_2 - T_1) = 0 \quad (T = C,\ dT = 0) \\
&\text{ⓕ} \quad \Delta h = h_2 - h_1 = c_p (T_2 - T_1) = 0 \quad (T = C,\ dT = 0) \\
&\text{ⓖ} \quad \Delta s = s_2 - s_1 = R \ln\left(\frac{P_1}{P_2}\right)
\end{aligned}
\tag{1-6-36}
$$

이상에서 완전가스가 등온변화를 하는 경우, 계를 출입하는 열 q는 모두 외부에 대한 절대일 w나 공업일 w_t로 바뀌고 내부에너지나 엔탈피가 변하지 않으므로 가장 이상적인 상태변화이다.

(4) 단열(등엔트로피) 변화

그림 1-11과 같이 등엔트로피선을 따라 상태변화가 이루어지며 변화하는 동안 열의 출입이 없다. 가솔린기관, 디이젤기관, 가스터빈기관 등 내연기관의 압축과정이나 팽창과정이 거의 다 단열변화로 이루어지나 엄격히 단열변화는 아니지만 해석의 단순화를 위해 단열변화로 취급한다.

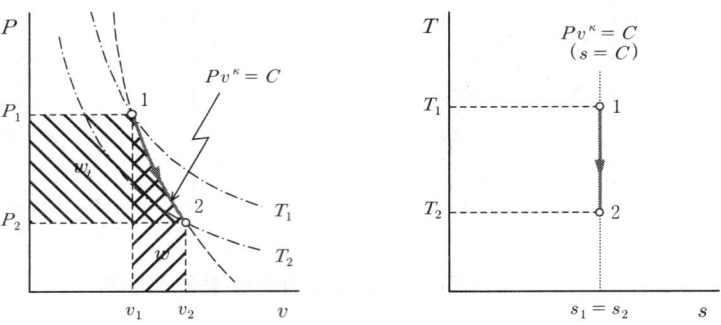

[그림 1-11] 완전가스의 가역단열(등엔트로피)변화

ⓐ $Pv^\kappa = C$ 이므로 $P_1 v_1^\kappa = P_2 v_2^\kappa = C$
또는 $Tv^{\kappa-1} = C$, $TP^{(1-\kappa)/\kappa} = C$ 이므로
$$\frac{T_2}{T_1} = \left(\frac{v_1}{v_2}\right)^{\kappa-1} = \left(\frac{P_2}{P_1}\right)^{(\kappa-1)/\kappa}$$

ⓑ $w = \int_1^2 P dv = \frac{R}{\kappa-1}(T_1 - T_2) = \frac{RT_1}{\kappa-1}\left(1 - \frac{T_2}{T_1}\right)$
$= \frac{RT_1}{\kappa-1}\left\{1 - \left(\frac{v_1}{v_2}\right)^{\kappa-1}\right\} = \frac{RT_1}{\kappa-1}\left\{1 - \left(\frac{P_2}{P_1}\right)^{\frac{\kappa-1}{\kappa}}\right\}$
$= \frac{1}{\kappa-1}(P_1 v_1 - P_2 v_2)$

ⓒ $w_t = -\int_1^2 v dP = \frac{\kappa R}{\kappa-1}(T_1 - T_2) = \frac{\kappa RT_1}{\kappa-1}\left(1 - \frac{T_2}{T_1}\right)$
$= \frac{\kappa}{\kappa-1}(P_1 v_1 - P_2 v_2) = \kappa w$

ⓓ $q = 0$
ⓔ $\Delta u = u_2 - u_1 = c_v(T_2 - T_1) = -w$
ⓕ $\Delta h = h_2 - h_1 = c_p(T_2 - T_1) = -w_t$
ⓖ $\Delta s = s_2 - s_1 = 0$

(1-6-37)

이상을 종합하면 완전가스가 단열변화를 하는 경우는 외부로부터의 에너지 공급이 없으므로 내부에너지가 감소되어 외부에 대해 절대일을 하며, 엔탈피가 감소되어 공업일을 한다.

(5) 폴리트로픽 변화

그림 1-12에서와 같이 정압, 정적, 등온, 단열변화를 포함하는 모든 변화를 총괄적으로 **폴리트로픽 변화**라 하며 $Pv^n = C$로 표시한다. 여기서 n을 **폴리트로픽 지수**라 하며 n의 값에 따라 정압변화($n=0$), 등온변화($n=1$), 단열변화($n=\kappa$), 정적변화($n=\infty$)로 된다.

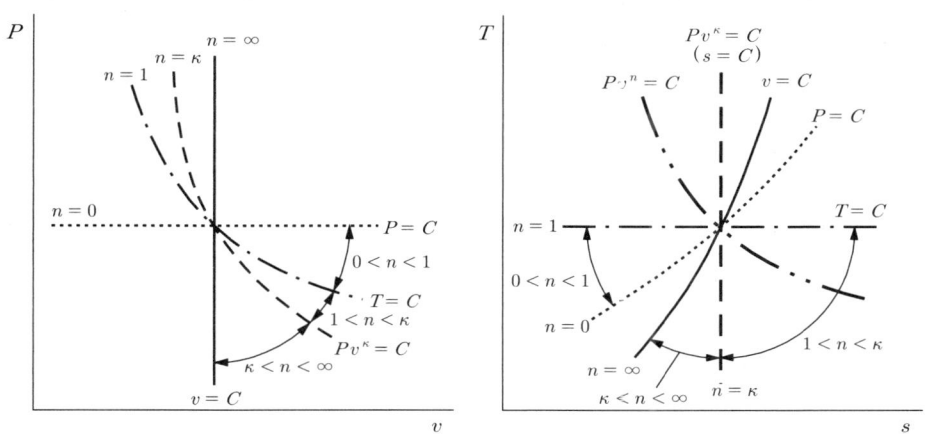

[그림 1-12] 폴리트로픽 지수 n과 상태변화곡선

$$
\begin{aligned}
&ⓐ\ Pv^n = C \text{ 이므로 } P_1 v_1^n = P_2 v_2^n = C \\
&\quad \text{또는 } Tv^{n-1} = C,\ TP^{(1-n)/n} = C \text{ 이므로}\\
&\quad \frac{T_2}{T_1} = \left(\frac{v_1}{v_2}\right)^{n-1} = \left(\frac{P_2}{P_1}\right)^{(n-1)/n} \\
&ⓑ\ w = \int_1^2 P dv = \frac{R}{n-1}(T_1 - T_2) = \frac{RT_1}{n-1}\left(1 - \frac{T_2}{T_1}\right) \\
&\quad = \frac{1}{n-1}(P_1 v_1 - P_2 v_2) \\
&ⓒ\ w_t = -\int_1^2 v dP = \frac{nR}{n-1}(T_1 - T_2) = \frac{nRT_1}{n-1}\left(1 - \frac{T_2}{T_1}\right) \\
&\quad = \frac{n}{n-1}(P_1 v_1 - P_2 v_2) = nw \\
&ⓓ\ q = c_n(T_2 - T_1) = c_v\left(\frac{n-\kappa}{n-1}\right)(T_2 - T_1) \\
&ⓔ\ \Delta u = u_2 - u_1 = c_v(T_2 - T_1) \\
&ⓕ\ \Delta h = h_2 - h_1 = c_p(T_2 - T_1) \\
&ⓖ\ \Delta s = s_2 - s_1 = c_n \ln\left(\frac{T_2}{T_1}\right) \quad \text{단 } c_n : \text{폴리트로픽 비열}
\end{aligned}
\tag{1-6-37}
$$

6-9 열효율과 성적계수

자동차와 같은 내연기관 및 증기기관과 같은 외연기관을 열기관이라 하며 열기관은 그림 1-3에 나타낸 바와 같이 고열원(고온도 물체)로부터 열(q_H)을 공급받아 저열원(저온도 물체)로 열(q_L)을 버리고 나머지 에너지를 일(w)로 변환시킨다. 그러므로 같은 열을 공급받더라도 일을 많이 얻을수록 효과적이다. 이와 같이 열기관이 효과적인가를 나타내는 척도를 **열효율**(thermal efficiency, 기호 η)이라 하고 다음과 같이 정의한다.

$$\text{열효율}(\eta) = \frac{\text{열기관이 유효한 일로 변환시킨 에너지}(w)}{\text{열기관이 고열원으로부터 공급받은 에너지}(q_H)}$$

그림 1-3에서 열기관에 대해 에너지 보존의 원리를 적용하면 $q_H = q_L + w$ 이므로 열효율은 다음의 식으로 표현된다.

$$\eta = \frac{w}{q_H} = 1 - \frac{q_L}{q_H} \tag{1-6-38}$$

열펌프는 외부로부터 일(w)을 공급받아 저열원으로부터 열(q_L)을 흡수하여 고열원으로 열(q_H)을 방출하므로 열기관과 다르게 **성적계수**(coefficient of performance, 기호 cop)로 효과적인가를 나타낸다. 그런데 열펌프는 2가지 용도로 사용된다. 즉 냉동기와 같이 저열원의 온도를 낮추는 냉각작용과 열펌프와 같이 고열원의 온도를 높이는 가열작용을 하므로 각각 다르게 성적계수를 정의하고 있다.

① 가열시 성적계수(열펌프가 히터로 사용되는 경우)

$$\text{성적계수}(cop_h) = \frac{\text{열펌프가 고열원으로 방출한 에너지}(q_H)}{\text{열펌프가 외부로부터 공급받은 에너지}(w)}$$

② 냉각시 성적계수(냉동기나 열펌프가 냉각에 사용되는 경우)

$$\text{성적계수}(cop_c) = \frac{\text{열펌프가 저열원으로부터 흡수한 에너지}(q_H)}{\text{열펌프가 외부로부터 공급받은 에너지}(w)}$$

따라서

$$cop_h = \frac{q_H}{w} = \frac{q_H}{q_H - q_L}, \quad cop_c = \frac{q_L}{w} = \frac{q_L}{q_H - q_L} \tag{1-6-39}$$

≫ 예제 1-13 냉동기에 2 kW의 동력을 공급하여 저열원으로부터 시간당 12.6 MJ의 열을 제거한다면 냉동기의 성적계수는 얼마인가?

[풀이] $W = 2 \text{ kW} = 2 \text{ kJ/s}$, $Q_L = (12.6 \text{ MJ})/(1 \text{ h}) = (12,600 \text{ kJ})/(3600 \text{ s}) = 3.5 \text{ kJ/s}$ 이므로 냉동기의 성적계수는 식 (1-6-39)로부터

$$cop_c = \frac{q_L}{w} = \frac{Q_L}{W} = \frac{3.5}{2} = 1.75$$

≫ 예제 1-14 열효율이 30%인 열기관을 가역적으로 열펌프로 사용할 수 있다면 성적계수는 얼마나 되는가?

[풀이] 고열원에서 공급되는 열을 $Q_H = 100 \text{ kJ}$이라 하면 식 (1-6-38)에서 $\eta = 0.3$ 이므로 $W = \eta Q_H = 30 \text{ kJ}$이다. 그러므로 $Q_H = Q_L + W$로부터 $Q_L = Q_H - W = 100 - 30 = 70 \text{ kJ}$이다.

(1) 가열의 경우 : 식 (1-6-39)에서

$$cop_h = \frac{q_H}{w} = \frac{Q_H}{W} = \frac{100}{30} = 3.33$$

(2) 냉각의 경우 : 식 (1-6-39)에서

$$cop_c = \frac{q_L}{w} = \frac{Q_L}{W} = \frac{70}{30} = 2.33$$

6-10 카르노 사이클과 역카르노 사이클

6-10-1 카르노 사이클(Carnot cycle)

열효율을 크게 하려면 고열원으로부터 공급받은 열(Q_H)을 가능한 한 많이 유효일(W)로 변환시켜야 하므로 저온도물체로 방출되는 열(Q_L)은 적을수록 좋다. 따라서 보다 높은 열효율을 갖는 열기관 사이클은 손실이 없는 가역사이클이어야만 한다. 이러한 점에 착안하여 1824년 프랑스의 Sadi Carnot는 열효율이 가장 좋은 이론적인 가역사이클을 발표하였으며 이 사이클을 **카르노 사이클**이라 한다.

그림 1-13은 카르노 사이클을 P-V선도에 나타낸 것으로 2개의 가역등온변화와 2개의 가역단열변화로 구성된다. 등온(T_H)하에 고열원으로부터 열(Q_H)을 공급받아 상태 1에서 상태 2로 팽창한 후 다시 단열팽창하며 일을 하고 상태 3으로 된다. 일을 마친 작동유체는 등온(T_L)하에 저열원으로 열(Q_L)을 방출하며 상태 3에서 상태 4로 압축된 후 다시 단열압축되며 상태 1로 되어 한 사이클을 마친다. 여기서 카르노 사이클의 열효율을 η_c라 하면

$$\eta_c = \frac{W}{Q_H} = 1 - \frac{Q_L}{Q_H} = 1 - \frac{T_L}{T_H} \tag{1-6-40}$$

와 같으며 시계방향의 사이클을 이루는 카르노 사이클은 다음과 같은 특징을 가지고 있다.
① 카르노 사이클의 열효율은 작동유체의 종류와 관계없이 작동하는 열원의 절대온도에만 관계된다.
② 동일한 온도범위에서 작동하는 가역사이클의 열효율은 항상 카르노 사이클의 열효율과 같다.
③ 카르노 사이클의 열효율은 항상 비가역사이클의 열효율보다 크다.
④ 카르노 사이클은 열기관의 이상적(理想的)인 사이클(ideal cycle)이며 실현될 수 없다.

>> 예제 1-15
−50~2200℃ 범위에서 작동하는 카르노 사이클 열기관의 열효율은 얼마인가?

풀이 $t_L = -50℃$, $t_H = 2200℃$ 이므로 식 (1-6-40)으로부터
$$\eta_c = 1 - \frac{T_L}{T_H} = 1 - \frac{-50+273}{2200+273} = 0.9098 \;(즉\; \eta_c = 90.98\%이다)$$

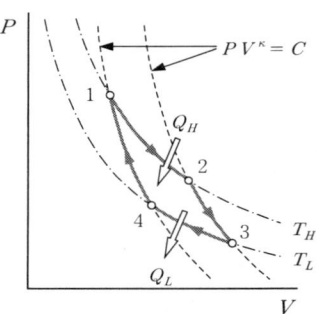

[그림 1-13] Carnot 사이클

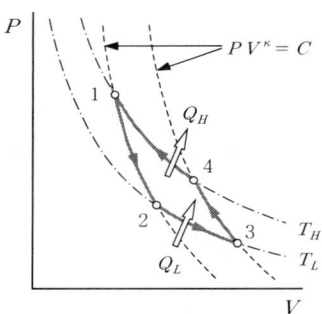

[그림 1-14] 역Carnot 사이클

6-10-2 역카르노 사이클(Reversed Carnot cycle)

시계방향의 사이클을 이루는 카르노 사이클은 가역사이클이므로 반시계방향의 사이클도 성립된다. 이와 같이 카르노 사이클의 역방향 사이클을 **역카르노 사이클**이라 한다.

그림 1-14는 역카르노 사이클을 나타낸 것으로 카르노 사이클과 같이 2개의 가역등온변화와 2개의 가역단열변화로 구성된다. 상태 1에서 단열팽창되어 상태 2로 된 후 등온(T_L)하에 저열원으로부터 흡열(Q_L)하여 상태 3으로 팽창된다. 팽창을 마친 작동유체가 외부 일에 의해 단열압축되어 상태 4로 된 후 다시 등온(T_H)하에 고열원으로 방열(Q_H)하여 상태 1로

됨으로써 한 사이클을 마친다. 이와 같은 역카르노 사이클은 열펌프의 이상적인 사이클이 되며 성적계수는 다음과 같다.

① 가열시 성적계수(열펌프가 히터로 사용되는 경우)

$$cop_h = \frac{Q_H}{W} = \frac{Q_H}{Q_H - Q_L} = \frac{T_H}{T_H - T_L} \tag{1-6-41}$$

② 냉각시 성적계수(냉동기나 열펌프가 냉각에 사용되는 경우)

$$cop_c = \frac{Q_L}{W} = \frac{Q_L}{Q_H - Q_L} = \frac{T_L}{T_H - T_L} \tag{1-6-42}$$

>> 예제 1-16 −15~30℃에서 역카르노 사이클로 작동하는 냉동기의 성적계수를 구하여라.

풀이 $t_L = -15℃$, $t_H = 30℃$ 이므로 식 (1-6-42)로부터

$$cop_c = \frac{Q_L}{W} = \frac{T_L}{T_H - T_L} = \frac{(-15) + 273}{\{30 + 273\} - \{(-15) + 273\}} = 5.73$$

7 증 기

7-1 증발과 응축

7-1-1 포화액과 불포화액

물이나 암모니아와 같은 냉매액을 정압 하에 가열하면 열에너지의 대부분은 내부에너지 증가로 소비되어 액체의 온도가 증가하며 일부의 에너지는 미약하나마 체적 증가에 이용된다. 계속 가열하면 내부에너지는 액체로서 저장할 수 있는 최대한도, 즉 **포화상태**에 도달하고 포화상태인 액체에 조금이라도 열을 가하면 증발이 시작되며 가한 열은 모두 액체가 증발하는데 소비되므로 온도는 더 이상 증가하지 않는다. 이와 같이 포화상태에 도달한 액체를 **포화액**(saturated liquid), 포화상태의 온도를 **포화온도**(saturated temperature), 포화상태의 압력을 그 온도에 대한 **포화압력**(saturated pressure)이라 하고 포화온도에 도달하지 못한 액체를 **불포화액**(unsaturated liquid) 또는 **압축액**(compressed liquid)이라 한다.

그림 1-15에서 a, a_1, a_2, a_3은 각 압력에서 불포화액을 나타내는 상태점들이며 점 b, b_1,

b_2, b_3은 각 압력에서 포화액을 나타내는 상태점들이다. 또 각 압력에서 포화액을 나타내는 상태점들을 이은 선 B~K를 **포화액선**(saturated liquid line), 불포화액들이 있는 영역(그림에서 음영부분)을 **불포화액 구역**(압축액 구역)이라 한다.

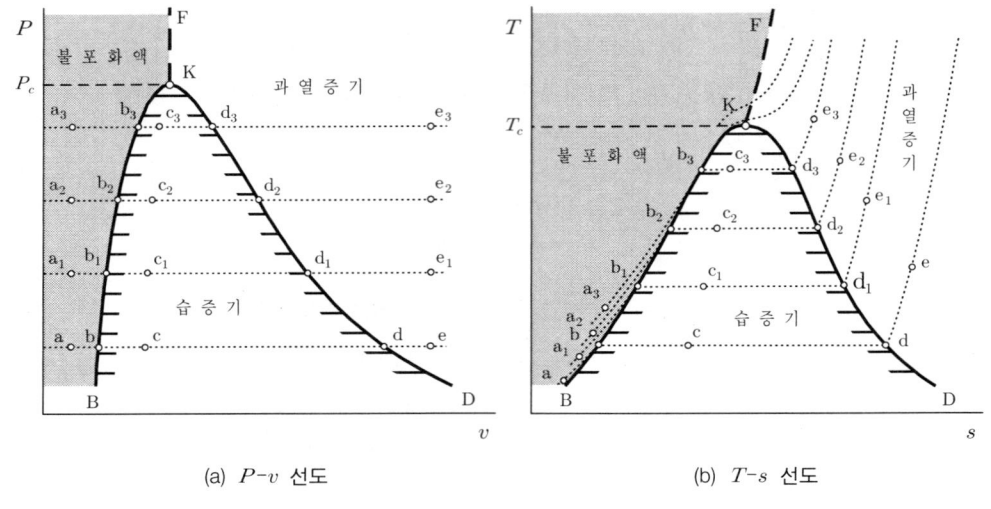

(a) P-v 선도   (b) T-s 선도

[그림 1-15] P-v 선도와 T-s 선도에서의 증발과정

7-1-2 습증기, 건포화증기 및 과열증기

포화액을 계속 가열하면 증기의 양이 점점 많아져 나중에는 포화액이 모두 증발하며 이때까지 온도는 일정하고 체적만 증가한다. 즉 포화상태에서 증발이 시작되어 완료되기 전까지는 포화액과 증기가 섞여 있는 상태가 지속되며 이 상태를 **습포화증기**(wet saturated vapor) 또는 간단히 **습증기**라 하고 포화액이 모두 증발한 상태를 **건포화증기**(dry saturated vapor) 또는 **건증기**, **포화증기**라 부른다. 건포화증기를 계속 가열하면 온도가 다시 상승하며 체적도 계속 증가한다. 이와 같이 포화온도보다 더 높은 온도로 가열하는 것을 **과열**(super heating)이라 하며 과열된 증기를 **과열증기**(superheated vapor), 같은 압력에서 과열증기 온도와 포화온도와의 차를 **과열도**(degree of superheated)라 한다.

그림 1-15에서 c, c_1, c_2, c_3는 습증기를 나타내는 상태점들이며 이 점들이 있는 구역을 **습증기 구역**(수평선 아래쪽), d, d_1, d_2, d_3은 건포화증기를 나타내는 상태점들이며 이 점들을 이은 선 D~K를 **포화증기선**(saturated vapor line), e, e_1, e_2, e_3는 과열증기를 나타내는 상태점들이며 이 점들이 있는 구역을 **과열증기 구역**이라 한다.

과열증기를 정압 하에 냉각시켜 응축시키는 과정은 증발과정과 정반대로 진행된다. 응축된 포화액을 정압 하에 더 냉각시키면 포화온도보다 온도가 낮은 불포화액으로 된다. 이렇게 정압 하에 포화온도보다 더 낮은 온도로 냉각시키는 것을 **과냉**(supercooling) 또는 **과냉각**, 같은 압력에서 포화온도와 과냉각액 온도(과냉각 온도라 함)의 차를 **과냉각도**(degree of supercooled)라 한다.

7-1-3 임계점

증발과정은 포화액이 습증기를 거쳐 건포화증기, 과열증기로 되는 것이 보통이다. 그러나 이러한 증발과정은 압력이 커짐에 따라 습증기 구간이 점점 좁아져 어느 압력이 되면 습증기 구간이 없어진다. 즉 포화액이 증발이 시작됨과 동시에 건포화증기로 변한다. 그림 1-15에서 점 K가 바로 이러한 점이며 이 점은 포화액선과 건포화증기선이 만나는 점으로 **임계점**(critical point)이라 한다. 그리고 이 점에 해당하는 압력, 온도 및 비체적을 각각 **임계압력**(critical pressure), **임계온도**(critical temperature), **임계비체적**(critical specific volume)이라 한다.

7-2 증기의 열역학적 상태량

액체나 증기의 열역학적 상태량 중 P, v, T는 측정할 수 있으나 h, s, u는 그 값을 측정할 수 없으므로 기준을 정하여 어떤 상태의 값을 상대적으로 구해야 한다. 물의 경우는 물의 3중점(0.01℃, 0.6117 kPa)을 기준으로 하여 0.01℃ 포화수의 비엔탈피와 비엔트로피를 각각 0 kJ/kg, 0 kJ/kgK으로 정하였다. 거의 대부분의 냉매는 0℃를 기준으로 0℃ 포화액의 비엔탈피와 비엔트로피를 각각 200 kJ/kg, 1 kJ/kgK으로 정하였다.

7-2-1 포화액

기준온도인 0℃(273.15 K)에서 포화온도(기호 T_s)까지 단위질량(1 kg)의 냉매액을 가열하는데 필요한 열을 액체열(heat of liquid, 기호 q_l)이라 한다. 액체의 비열은 온도의 함수이므로 비열을 $c = c(T)$라 하고 식 (1-3-1)을 이용하면 액체열 q_l은 다음과 같은 식으로 된다.

$$q_l = \int_{273.15}^{T_s} c(T)\,dT \fallingdotseq \int_{273}^{T_s} c(T)\,dT \tag{1-7-1}$$

그림 1-16에서 상태변화 0~1 아래 빗금 친 ▧의 넓이가 액체열이다.

7-2-2 습증기

그림 1-16에서 1 kg의 포화액(상태점 1)이 건포화증기(상태점 2)로 증발하는 과정에서 임의의 점 x는 습증기를 나타내는 상태점이다. 습증기는 포화액과 건포화증기의 혼합물이며 이들의 혼합비를 **습증기의 건도**(dryness fraction, or degree of dryness) 또는 **습증기의 질**(quality)이라 하며 다음과 같이 정의한다.

$$습증기의\ 건도(x) = \frac{습증기\ 중에\ 있는\ 건포화증기의\ 질량(m_g)}{습증기\ 질량(m_x)}$$
$$= 습증기\ 1\ kg\ 중에\ 있는\ 건포화증기의\ 질량$$

여기서 포화액, 건도가 x인 습증기, 건포화증기의 질량을 각각 m_f, m_x, m_g라 하면

$$x = \frac{m_g}{m_x} = 1 - \frac{m_f}{m_x} \tag{1-7-2}$$

식 (1-7-2)에서 $(1-x) = m_f/m_x$를 **습증기의 습도**(wetness fraction)라 한다.

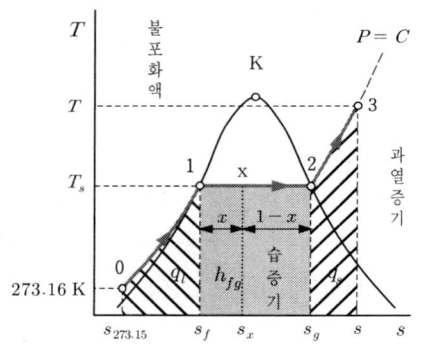

[그림 1-16] 액체열, 증발열 및 과열의 열

건도가 x인 습증기에 아래첨자 x, 포화액에 아래첨자 f, 건포화증기에 아래첨자 g를 붙여 습증기의 상태량을 나타내면 다음 식과 같다.

$$\left. \begin{array}{l} v_x = v_f + (v_g - v_f)x \\ h_x = h_f + (h_g - h_f)x = h_f + h_{fg}x \quad (단,\ h_{fg}는\ 증발열) \\ s_x = s_f + (s_g - s_f)x = s_f + h_{fg}x/T_s \quad (단,\ T_s는\ 포화온도) \\ u_x = u_f + (u_g - u_f)x \end{array} \right\} \tag{1-7-3}$$

≫ 예제 1-17   −15℃에서 R-134a 냉매의 포화압력은 164.13 kPa이다. 같은 온도에서 습증기의 비체적이 0.04 m³/kg이다. 이 습증기의 건도, 비엔탈피, 비엔트로피 및 비내부에너지를 구하여라. 단, −15℃에서 R-134a의 물성치는 다음과 같다.

$v_f = 0.0007445$ m³/kg $v_g = 0.11991$ m³/kg
$h_f = 180.54$ kJ/kg $h_g = 388.32$ kJ/kg
$s_f = 0.9271$ kJ/kgK $s_g = 1.7320$ kJ/kgK

풀이 (1) 습증기의 건도 : $v_x = 0.04$ m³/kg 이므로 식 (1-7-3)으로부터 건도 x는

$$x = \frac{v_x - v_f}{v_g - v_f} = \frac{0.04 - 0.0007445}{0.11991 - 0.0007445} = 0.3294 \text{ (또는 } 32.94\%)$$

(2) 비엔탈피 : 식 (1-7-3)에서

$$h_x = h_f + (h_g - h_f)x = 180.54 + (388.32 - 180.54) \times 0.3294 = 248.98 \text{ kJ/kg}$$

(3) 비엔트로피 : 식 (1-7-3)에서

$$s_x = s_f + (s_g - s_f)x = 0.9271 + (1.7320 - 0.9271) \times 0.3294 = 1.1922 \text{ kJ/kgK}$$

(4) 비내부에너지 : 포화압력이 $P_s = 164.13$ kPa 이므로 엔탈피 정의식 $h_x = u_x + P_s v_x$ 에서

$$u_x = h_x - P_s v_x = 248.98 - 164.13 \times 0.04 = 242.41 \text{ kJ/kg}$$

7-2-3 건포화증기

단위질량(1 kg)의 포화액을 정압(등온) 하에 모두 건포화증기로 증발시키는데 필요한 **증발열**(기호 h_{fg})는 $\delta q = du + Pdv$를 상태 1에서 상태 2까지 적분하면 구할 수 있다.

$$h_{fg} = \int_1^2 du + \int_1^2 Pdv = (u_g - u_f) + P(v_g - v_f) = h_g - h_f \tag{1-7-4}$$

이와 같이 증발열 h_{fg}는 건포화증기와 포화액의 엔탈피 차로 표시되며 윗 식에서

$$\rho = u_g - u_f, \quad \phi = P(v_g - v_f) \tag{1-7-5}$$

로 놓으면 증발열을 나타내는 식 (1-7-4)는 다음과 같이 쓸 수 있다.

$$h_{fg} = h_g - h_f = \rho + \phi \tag{1-7-6}$$

여기서 ρ를 **내부증발열**(internal latent heat of evaporation), ϕ를 **외부증발열**(external latent heat of evaporation)이라 한다. 증발열 h_{fg}는 그림 1-16에서 상태점 1~2 아래 음영부분의 직사각형 면적과 같음을 알 수 있다.

≫ 예제 1-18 앞의 예제 1-17에서 외부증발열과 내부증발열을 구하여라.

풀이 (1) 외부증발열 : $P_s = 164.13$ kPa 이므로 식 (1-7-5)에서 외부증발열 ϕ는

$$\phi = P(v_g - v_f) = 164.13 \times (0.11991 - 0.0007445) = 19.56 \text{ kJ/kg}$$

(2) 내부증발열 : 식 (1-7-6)으로부터 내부증발열 ρ는

$$\rho = h_{fg} - \phi = (h_g - h_f) - \phi = (388.32 - 180.54) - 19.56 = 188.22 \text{ kJ/kg}$$

또는 식 (1-7-5)에서

$$\rho = u_g - u_f = (h_g - Pv_g) - (h_f - Pv_f) = (h_g - h_f) - P(v_g - v_f)$$
$$= h_{fg} - \phi \text{로 되어 위의 계산과 같다.}$$

7-2-4 과열증기

질량 1 kg의 건포화증기를 정압 하에 포화온도(T_s)로부터 임의의 온도가 T인 과열증기로 만드는데 필요한 열을 **과열의 열**(heat of superheating, 기호 q_{sh})이라 한다. 과열증기의 정압비열 c_p를 알면 그림 1-16의 상태 2에서 상태 3까지 비열방정식 $\delta q = c_p dT$를 적분하면 과열의 열을 구할 수 있다.

$$q_{sh} = \int_2^3 c_p dT = \int_{T_s}^T c_p dT \tag{1-7-7}$$

과열의 열은 그림 1-16의 상태변화 2~3 아래 빗금 친 ▨의 면적과 같다.

과열증기의 엔탈피 h는 정압과정($dP = 0$) 이므로 엔탈피 정의식 $h = u + Pv$ 양변을 미분한 식 $dh = du + Pdv + vdP = \delta q$를 상태 2에서 상태 3까지 적분하면 구할 수 있다.

$$h = h_g + q_{sh} = h_g + \int_{T_s}^T c_p dT \tag{1-7-8}$$

한편, 과열증기의 엔트로피 s도 정압과정($dP = 0$) 이므로 엔트로피 정의식을 상태 2에서 상태 3까지 적분하여 구한다. 즉

$$s = s_g + \int_{T_s}^T c_p \frac{dT}{T} \tag{1-7-9}$$

7-3 증기의 상태식

증기의 성질은 대단히 복잡하여 완전가스 특성식 $Pv = RT$를 적용할 수가 없다. 완전가스의 특성식은 기체분자 상호간에 분자력(인력)이 작용하지 않고 분자도 크기가 없는 질점이라는 가정아래 유도되었다. 그러나 증기는 분자 상호간에 인력도 작용하며 분자의 크기를 무시할 수 없어 그동안 많은 학자들은 완전가스 특성식 $Pv = RT$를 증기에 적용시키기 위해 많은 연구를 하였다. 즉 $Pv = RT$를 적당히 수정하여 증기의 상태를 구하는 방법 중 대표적인 몇 가지를 소개한다.

(1) van der Waals 상태식

1872년 J. D. van der Waals는 분자의 운동학적 고찰을 통하여 증기에 적용할 수 있도록 특성식 $Pv = RT$를 수정한 **van der Waals 상태식**을 발표하였다.

$$\left(P + \frac{a}{v^2}\right)(v - b) = RT \tag{1-7-10}$$

이 식에서 a와 b는 기체의 종류에 따라 정해지는 상수이며 v에 관해 정리하면 v에 관한 3차방정식이 된다. $P-v$ 선도에서는 임계점이 변곡점이므로 임계압력을 P_c, 임계비체적을 v_c, 임계온도를 T_c라 하면 상수 a, b 및 R의 값은

$$a = 3P_c v_c^2, \quad b = \frac{v_c}{3}, \quad R = \frac{8}{3}\frac{P_c v_c}{T_c} \tag{1-7-11}$$

이 됨으로 특정한 값으로 상수를 표시할 수 있다. 따라서 이것을 이용하면 $P-v$ 선도에서 포화한계선을 구할 수 있다.

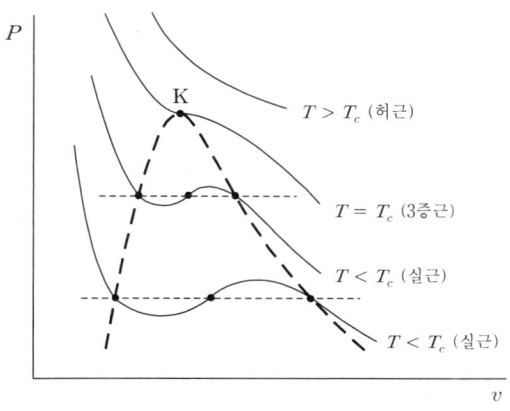

[그림 1-17] van der Waals 식에 의한 등온선과 포화한계선

그림 1-17 van der Waals 상태식에 의해 등온선과 포화한계선을 구하는 방법을 나타낸 것으로 왼쪽과 오른쪽 실근의 궤적이 포화액선 및 건포화증기선이 된다.

(2) Clausius 상태식과 Berthelot 상태식

van der Waals 상태식의 상수 a와 b는 실제로는 상수가 아니며 압력과 온도의 함수이다. 즉 상수 a와 b는 특정한 압력과 온도에서만이 상수이므로 이들을 압력과 온도의 함수로 수정한 식들이 있다. 아래 식 중에 있는 a', b', a, b 및 R은 상수이다.

① Clausius 상태식

$$\left\{P + \frac{a'}{T(v+b')^2}\right\}(v-b) = RT \tag{1-7-12}$$

② Berthelot 상태식

$$\left(P + \frac{a}{Tv^2}\right)(v-b) = RT \tag{1-7-13}$$

(3) virial 상태식

증기의 성질을 완전가스와 비교하기 위해 편의상 **압축계수**(compressibility factor)로 불리우는 $Z = Pv/RT$를 많이 이용한다. 즉 완전가스의 압축계수는 $Z=1$ 이므로 이것을 기준으로 실제 증기의 상태를 나타내는 식이 **비리알 상태식**(virial equation of state)이다. 1901년 네델란드의 Kammerlingh Onnes가 발표한 비리알 상태식은 다음과 같다.

$$\left.\begin{aligned}Z &= \frac{Pv}{RT} = 1 + \frac{B(T)}{v} + \frac{C(T)}{v^2} + \frac{D(T)}{v^3} + \cdots \\ Z &= \frac{Pv}{RT} = 1 + B'(T)P + C'(T)P^2 + D'(T)P^3 + \cdots \end{aligned}\right\} \tag{1-7-14}$$

여기서 B, C, D, $\cdots$ 및 B', C', D', $\cdots$은 절대온도의 함수로서 각각 제2비리알 계수, 제3비리알 계수, 제4비리알 계수라 한다. 식 (1-7-14)에서 위의 식을 v**전개형 비리알 상태식**, 아래 식을 P**전개형 비리알 상태식**이라 한다. 이 외에도 **실용국제상태식**(1967년) 등이 있다.

7-4 증기표와 증기선도

수증기, 암모니아, 할로겐탄화수소 냉매 등의 증기는 액체 상태와 증기 상태 등 2상(二相, two-phase)에 대한 열역학적 상태량(성질)들을 필요로 한다. 그러나 앞 절에서 설명한 여러 가지 상태식들을 이용하여도 이들의 열역학적 상태를 나타내기에는 불편하고도 불충분하다. 따라서 실험에 의해 실제 액체나 증기에 대한 상태량들을 측정하고, 측정값을 기초로 실험식을 만들어 계산한 자료를 종합하여 표를 만들거나 선도를 그려 이용하고 있다. 이것을 **증기표**(steam table), **증기선도**(steam diagram)라 한다.

7-4-1 증기표

증기표에는 **포화증기표**와 **과열증기표**가 있다. 포화증기표에는 포화액과 건포화증기의 포화온도나 포화압력에 대한 비체적, 밀도, 비내부에너지, 비엔탈피, 증발열, 비엔트로피 등 여러 가지 값들이 수록되어 있으며 습증기에 대한 값들은 식 (1-7-3)을 이용하여 구한다. 포화증기표는 물질의 사용 목적에 따라 **온도기준 포화증기표**와 **압력기준 포화증기표**가 있다. H_2O(물)의 경우는 두 가지 모두 사용하며 냉매의 경우는 특성상 온도기준 포화증기표만 사용한다. 그리고 과열증기표에는 각각의 압력에 대해 온도별로 과열증기의 비체적, 비내부에너지, 비엔탈피 및 비엔트로피가 수록되어 있다. H_2O는 과열증기표도 많이 이용되지마는 냉매의 과열증기표는 극히 일부 냉매에 대한 것만 있으므로 대부분 증기선도를 이용하여 상태값들을 구한다.

증기표에 나타나 있지 않은 값들은 그 온도나 압력에 대하여 가장 가까운 값들을 이용하여 **보간법**(補間法, interpolation)으로 구한다.

> **예제 1-19** R-134a 증기표를 이용하여 압력이 100 kPa이고 건도가 65%인 습증기 3 kg의 온도, 체적, 엔탈피 및 엔트로피를 구하여라.
>
> **풀이** 부록에 있는 R-134a 냉매의 포화증기표에서 압력이 100 kPa이 없으므로 100 kPa 전,후의 값을 찾아 표를 만들면 아래와 같다.
>
> | 온도 $t(\text{℃})$ | 포화압력 $P(\text{kPa})$ | 비체적 (m^3/kg) 액 | 비체적 증기 | 비엔탈피 (kJ/kg) 액 | 비엔탈피 증기 | 증발열 | 비엔트로피 (kJ/kgK) 액 | 비엔트로피 증기 |
> |---|---|---|---|---|---|---|---|---|
> | −27 | 97.44 | 0.0007249 | 0.19645 | 165.57 | 380.97 | 215.40 | 0.8679 | 1.7430 |
> | t | 100 | v_f | v_g | h_f | h_g | h_{fg} | s_f | s_g |
> | −26 | 101.99 | 0.0007264 | 0.18817 | 166.80 | 381.59 | 214.79 | 0.8729 | 1.7420 |
>
> 먼저 보간법을 이용하여 $t, v_f, v_g, h_f, h_g, s_f, s_g$를 계산한다.

$$\frac{100-97.44}{101.99-97.44} = \frac{t-(-27)}{(-26)-(-27)} = \frac{v_f - 0.0007249}{0.0007264 - 0.0007249} = \frac{v_g - 0.19645}{0.18817 - 0.19645}$$

$$= \frac{h_f - 165.57}{166.80 - 165.57} = \frac{h_g - 380.97}{381.59 - 380.97} = \frac{s_f - 0.8679}{0.8729 - 0.8679} = \frac{s_g - 1.7430}{1.7420 - 1.7430}$$

의 관계로부터

$$v_f = 0.0007249 + (0.0007264 - 0.0007249) \times \frac{100 - 97.44}{101.99 - 97.44} = 0.0007257 \text{ m}^3/\text{kg}$$

$$v_g = 0.19645 + (0.18817 - 0.19645) \times \frac{100 - 97.44}{101.99 - 97.44} = 0.19179 \text{ m}^3/\text{kg}$$

$$h_f = 165.57 + (166.80 - 165.57) \times \frac{100 - 97.44}{101.99 - 97.44} = 166.26 \text{ kJ/kg}$$

$$h_g = 380.97 + (381.59 - 380.97) \times \frac{100 - 97.44}{101.99 - 97.44} = 381.32 \text{ kJ/kg}$$

$$s_f = 0.8679 + (0.8729 - 0.8679) \times \frac{100 - 97.44}{101.99 - 97.44} = 0.8707 \text{ kJ/kgK}$$

$$s_g = 1.7430 + (1.7420 - 1.7430) \times \frac{100 - 97.44}{101.99 - 97.44} = 1.7424 \text{ kJ/kgK}$$

(1) 온도 : 위의 관계식으로부터

$$t = (-27) + \{(-26) - (-27)\} \times \frac{100 - 97.44}{101.99 - 97.44} = -26.44 \text{℃}$$

(2) 체적 : $x = 0.65$, $m = 3$ kg 이므로 식 (1-4-4)와 식 (1-7-3)을 이용하면 체적 V_x는

$$\begin{aligned} V_x &= mv_x = m\{v_f + x(v_g - v_f)\} \\ &= 3 \times \{0.0007257 + 0.65 \times (0.19179 - 0.0007257)\} \\ &= 0.375 \text{ m}^3 \end{aligned}$$

(3) 엔탈피 : 식 (1-6-2)와 식 (1-7-3)을 이용하면 엔탈피 H_x는

$$\begin{aligned} H_x &= mh_x = m\{h_f + x(h_g - h_f)\} = 3 \times \{166.26 + 0.65 \times (381.32 - 166.26)\} \\ &= 918.147 \text{ kJ} \end{aligned}$$

(4) 엔트로피 : 식 (1-6-4)와 식 (1-7-3)을 이용하면 엔트로피 S_x는

$$\begin{aligned} S_x &= ms_x = m\{s_f + x(s_g - s_f)\} = 3 \times \{0.8707 + 0.65 \times (1.7424 - 0.8707)\} \\ &= 4.3119 \text{ kJ/K} \end{aligned}$$

7-4-2 증기선도

증기원동기, 열펌프나 냉동기 등의 설계에서 작동유체가 이루는 사이클에 대한 열계산을 하는 경우, 증기표를 사용하기도 하지만 사이클의 열역학적 상태변화를 쉽게 알아보기 위해서는 **증기선도**(vapor diagram or vapor chart)를 이용하는 것이 편리하다.

열역학적 상태량 P, v, T, h, s 중에서 임의의 2개나 3개의 상태량을 직교 좌표축으로 하여 나머지 상태량들을 나타낸 그림을 **증기선도**라 한다. 이들 중 면적으로 일량과 열량을

알 수 있는 $P-v$ 선도와 $T-s$ 선도가 기본적인 선도이다. 그리고 증기원동소의 수증기에 대해서는 두 선도 이외에 $h-s$ 선도를 이용하면 증기사이클을 쉽게 해석할 수 있으며, 냉매(냉동기)나 열매(열펌프)에 대해서는 $P-h$ 선도를 이용하면 사이클을 해석하는데 보다 편리하다.

(1) $P-v$ 선도

6-6절에서 설명한 것과 같이 **일선도**라 부르는 $P-v$ 선도(압력-비체적 선도)는 상태변화 중 작동유체의 일량을 면적으로 표시할 수 있는 편리한 선도로서 증기나 완전가스에 대한 열역학적 해석에 매우 중요한 선도이다.

증기에 대한 $P-v$ 선도를 잘 이용하려면 선도 상에 정압선, 정적선, 등온선, 등엔탈피선, 등엔트로피선, 등건조도선 등 **등성곡선**(等性曲線)이 어떻게 표시되는가를 잘 알아두어야 한다. 그림 1-18(a)는 $P-v$ 선도 상에 등성곡선들을 나타낸 것이다.

(2) $T-s$ 선도

6-7절에서 설명한 것과 같이 **열선도**라 부르는 $T-s$ 선도(온도-엔트로피 선도)는 상태변화 중 작동유체가 주고 받는 열량을 면적으로 표시할 수 있어 $P-v$ 선도와 더불어 기초적이고도 중요한 선도이다. 그림 1-18(b)에 $T-s$ 선도 상에 등성곡선들을 나타내었다.

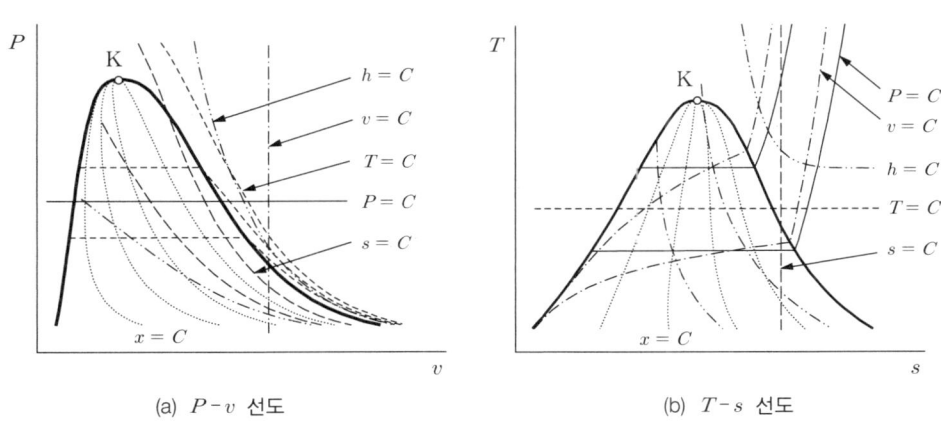

[그림 1-18] $P-v$ 선도와 $T-s$ 선도 상의 등성곡선

(3) $h-s$ 선도

$h-s$ 선도(엔탈피-엔트로피선도)는 1904년 독일의 Mollier 교수가 최초로 고안한 선도로 **몰리어 선도**(Mollier diagram or Moiller chart)라고도 한다. 증기원동소의 증기터빈, 보일러

복수기를 출입하는 에너지를 면적이 아닌 선분의 길이로 나타낼 수 있어 증기사이클을 해석하는데 매우 편리한 선도이다. 그림 1-19는 $h-s$ 선도에 등성곡선들을 나타낸 것이다.

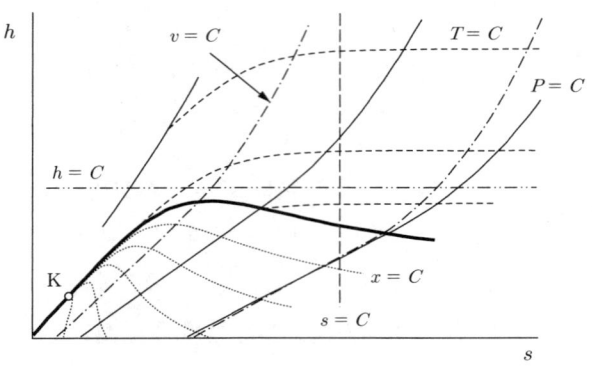

[그림 1-19] $h-s$ 선도 상의 등성곡선

(4) $P-h$ 선도

$P-h$(압력-엔탈피)선도 역시 **몰리어 선도**라 하며 암모니아, 할로카본 냉매 등의 냉동 사이클 해석에 매우 편리하므로 **냉매선도**라고도 한다. $h-s$ 선도와 $P-h$ 선도를 모두 몰리어 선도라 하며 특별히 구별이 필요할 때에는 $h-s$ 선도를 **수중기에 대한 몰리어 선도**, $P-h$ 선도를 **냉매에 대한 몰리어 선도**라 한다. $P-h$ 선도는 보통 세로축을 압력 P의 대수눈금($\log P$)으로 하고 가로축을 비엔탈피 h로 한다. 그림 1-20은 $P-h$ 선도 상에 등성곡선들을 나타낸 것이다.

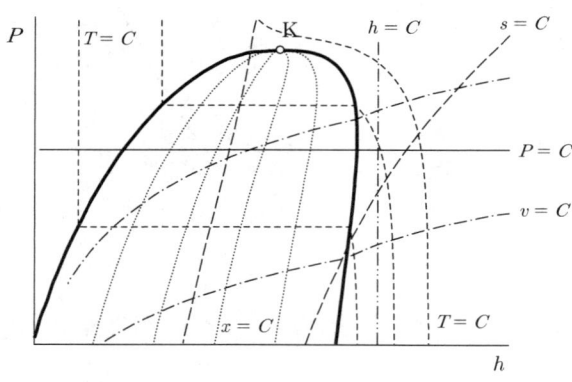

[그림 1-20] $P-h$ 선도 상의 등성곡선

> **예제 1-20** R-134a 증기선도를 이용하여 압력이 100 kPa이고 온도가 30℃인 증기의 비엔탈피와 비엔트로피를 구하여라.

[풀이] 부록에 있는 R-134a 냉매의 Mollier 선도에서 그림 2-21과 같이 압력이 100 kPa인 선과 온도가 30℃인 선의 교점(굵은 타원)을 구하여 보간법으로 구한다.

(1) 비엔탈피 : h

$$h = 420 + (440 - 420) \times \frac{17.4}{40} = 428.7 \text{ kJ/kg}$$

(2) 비엔트로피 : s

$$s = 1.90 + (1.95 - 1.90) \times \frac{9}{29} = 1.9155 \text{ kJ/kgK}$$

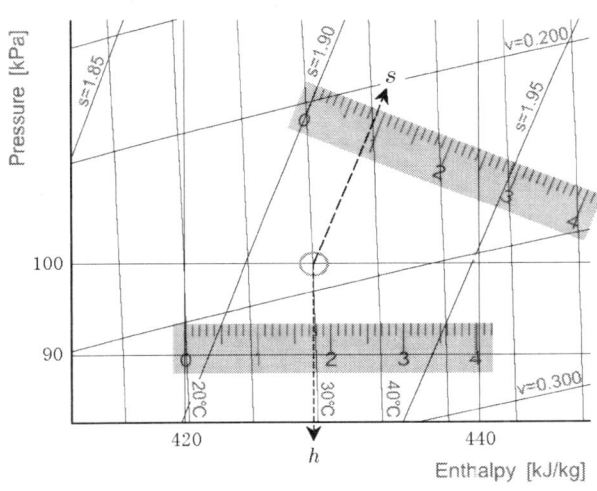

[그림 1-21] P-h 선도에서 보간법을 사용하는 방법

7-5 증기의 상태변화

증기의 상태변화를 해석하는 데는 일반적으로는 증기선도를 활용하는 것이 편리하다. 그러나 정밀한 계산을 필요로 하는 경우에는 증기표를 이용하는 것이 유리하나 과열증기표를 구할 수 없는 경우에는 습증기 구역에서는 증기표, 과열증기 구역에서는 증기선도를 이용한다.

7-5-1 정압변화

증기의 정압변화는 그림 1-22와 같이 표시되며 습증기 구역에서는 정압선과 등온선이 일치한다. 증기의 정압변화는 냉동기의 증발기, 응축기와 증기원동소의 보일러와 복수기 등에서 일어난다.

(1) 계를 출입하는 열량(수수열)

일반에너지식 $\delta q = du + Pdv$를 상태 1에서 상태 2까지 적분하면 $P = C$ 이므로 수수열 q는 다음 식과 같다.

$$q = \int_1^2 (du + Pdv) = (u_2 - u_1) + P(v_2 - v_1) = h_2 - h_1 \qquad (1\text{-}7\text{-}15)$$

습증기 구역에서만 상태변화 한다면 $h_1 = h_f + x_1(h_g - h_f)$, $h_2 = h_f + x_2(h_g - h_f)$ 이므로 수수열 q는 다음 식으로 된다.

$$q = h_2 - h_1 = (x_2 - x_1)(h_g - h_f) = (x_2 - x_1)h_{fg} \qquad (1\text{-}7\text{-}16)$$

여기서 x_1, x_2는 각각 상태변화 전, 후의 습증기 건도(질)이다.

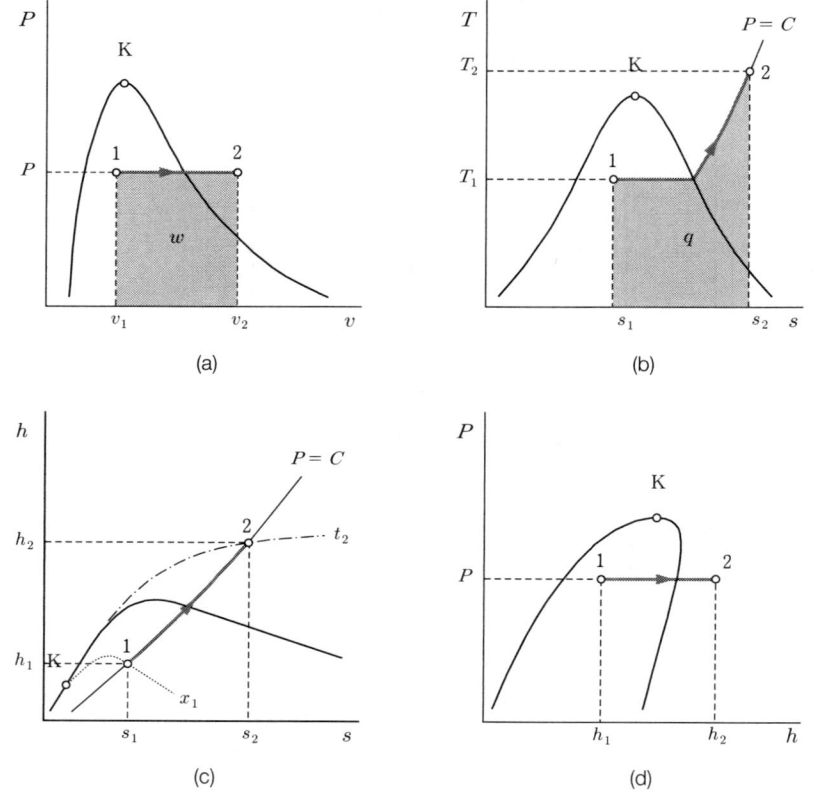

[그림 1-22] 증기의 정압변화

(2) 절대일

절대일의 정의식 $\delta w = P dv$를 상태 1에서 2까지 적분하면 $P = C$ 이므로 절대일 w는

$$w = \int_1^2 P dv = P(v_2 - v_1) \tag{1-7-17}$$

(3) 공업일

$P = C(dP = 0)$ 이므로 공업일의 정의식 $\delta w_t = -v dP$에서 공업일 w_t는

$$w_t = -\int_1^2 v dP = 0 \tag{1-7-18}$$

>> 예제 **1-21** 건도가 0.2인 R-134a 냉매가 증발기로 유입되어 정압 하에 건포화증기 상태로 증발기를 나간다. 증발하는 동안 냉매가 흡수하는 열은 얼마인가? 단, 같은 압력에서 R-134a 냉매의 포화액과 건포화증기의 비엔탈피는 각각 174.24 kJ/kg, 385.28 kJ/kg이다.

풀이 $x_1 = 0.2$, $h_f = 174.24$ kJ/kg, $h_g = 385.28$ kJ/kg 이므로 증발기로 유입되는 냉매의 비엔탈피 h_1은 식 (1-7-3)을 이용하면

$$h_1 = h_f + x_1(h_g - h_f) = 174.24 + 0.2 \times (385.28 - 174.24) = 216.45 \text{ kJ/kg}$$

그런데 $h_2 = h_g = 385.28$ kJ/kg 이므로 수수열 q는 식 (1-7-15)로부터

$$q = h_2 - h_1 = 385.28 - 216.45 = 168.83 \text{ kJ/kg}$$

또는 건포화증기의 건도를 $x_2 = 1$로 보고 식 (1-7-16)을 이용하여 계산하면

$$q = (x_2 - x_1)(h_g - h_f) = (1 - 0.2) \times (385.28 - 174.24) = 168.83 \text{ kJ/kg}$$

이므로 위의 계산 결과와 같다.

7-5-2 정적변화

보일러와 같이 밀폐된 용기에 습증기를 넣고 가열하면 체적이 일정한 정적변화를 하며 그림 1-23은 증기의 정적변화를 나타낸 것이다.

(1) 계를 출입하는 열량(수수열)

일반에너지식 $\delta q = du + P dv$에서 $v = C(dv = 0)$ 이므로 $\delta q = du$이다. 이것을 상태 1에서 상태 2까지 적분하면 수수열 q는 다음과 같다.

$$q = \int_1^2 du = u_2 - u_1 = (h_2 - h_1) - v(P_2 - P_1) \tag{1-7-19}$$

만일 습증기 구역에서만 상태변화 한다면

$$v_1 = v_{1f} + x_1(v_{1g} - v_{1f}), \ v_2 = v_{2f} + x_2(v_{2g} - v_{2f}) \tag{1-7-19a}$$

이고 $v_1 = v_2 = C$ 이므로 변화 후 증기의 건도 x_2는 다음과 같다.

$$x_2 = x_1 \frac{v_{1g} - v_{1f}}{v_{2g} - v_{2f}} + \frac{v_{1f} - v_{2f}}{v_{2g} - v_{2f}} \tag{1-7-20}$$

일반적으로 포화액의 비체적은 큰 변화가 없으므로 $v_{1f} ≒ v_{2f}$로 놓으면

$$x_2 ≒ x_1 \left(\frac{v_{1g} - v_{1f}}{v_{2g} - v_{2f}} \right) \tag{1-7-20a}$$

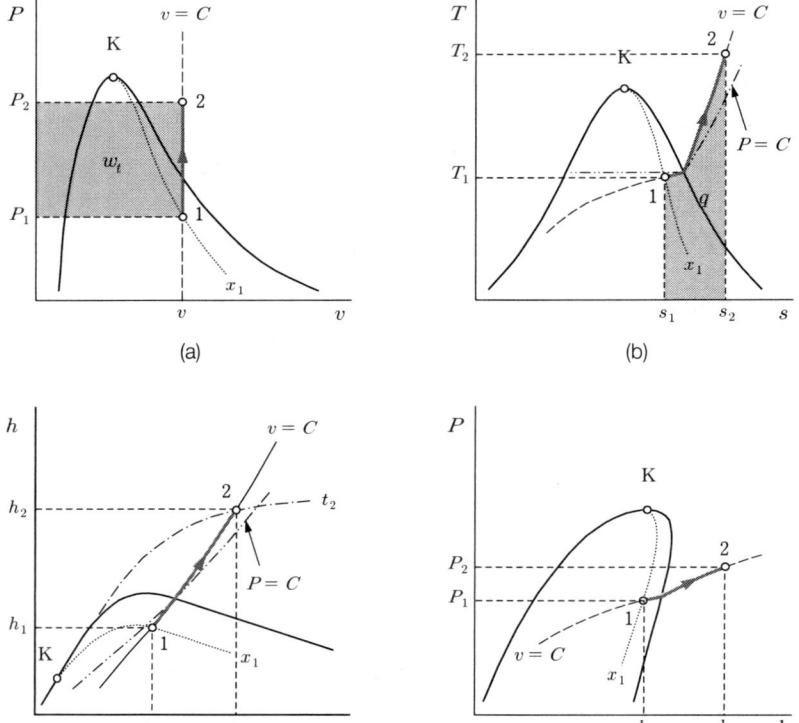

[그림 1-23] 증기의 정적변화

(2) 절대일

절대일의 정의식 $\delta w = P dv$에서 $v = C(dv = 0)$ 이므로 절대일 w는

$$w = \int_1^2 P dv = 0 \tag{1-7-21}$$

(3) 공업일

공업일의 정의식 $\delta w_t = -v dP$를 상태 1에서 상태 2까지 적분하면 공업일 w_t는

$$w_t = -\int_1^2 v dP = v(P_1 - P_2) \tag{1-7-22}$$

》예제 1-22

건도가 0.3이고 온도가 $-20°C$인 R-134a 냉매 습증기가 정적 하에 가열되어 건포화증기로 되었다. 부록의 증기표를 이용하여 습증기가 흡수한 열을 구하여라.

풀이 먼저 R-134a 포화증기표에서 $t_1 = -20°C$일 때 압력은 $P_1 = 132.99$ kPa이고
$v_{1f} = 0.0007361$ m³/kg, $v_{1g} = 0.14641$, $h_{1f} = 174.24$ kJ/kg, $h_{1g} = 385.28$ kJ/kg이므로 비체적 건도가 $x_1 = 0.3$인 습증기의 비체적 v_1은 식 (1-7-19a)로부터

$v_1 = v_{1f} + x_1(v_{1g} - v_{1f}) = 0.0007361 + 0.3 \times (0.14641 - 0.0007361) = 0.044438$ m³/kg

변화 전 증기의 엔탈피 h_1은 식 (1-7-3)을 이용하면

$h_1 = h_{1f} + x_1(h_{1g} - h_{1f}) = 174.24 + 0.3 \times (385.28 - 174.24) = 237.55$ kJ/kg

또한 정적변화 이므로 $v_1 = v_2 = 0.044438$ m³/kg이며, 변화 후 증기가 건포화증기이므로 포화증기표에서 건포화증기의 비체적이 0.044438 m³/kg인 온도 범위는 13°C~14°C 임을 알 수 있다. 그러므로 아래의 표와 같이 정적변화 후 엔탈피 h_2와 압력 P_2를 보간법으로 계산하면

온도 $t(°C)$	포화압력 P(kPa)	비체적 (m³/kg)		비엔탈피 (kJ/kg)	
		액	증기	액	증기
13	457.69	0.0007994	0.04458	217.54	404.55
t_2	P_2	—	$v_2 = 0.044438$	—	h_2
14	472.80	0.0008016	0.04318	218.92	405.10

$$\frac{0.044438 - 0.04458}{0.04318 - 0.04458} = \frac{P_2 - 457.69}{472.80 - 457.69} = \frac{h_2 - 404.55}{405.10 - 404.55}$$

의 관계로부터

$h_2 = 404.55 + (405.10 - 404.55) \times \dfrac{0.044438 - 0.04458}{0.04318 - 0.04458} = 404.61$ kJ/kg

$P_2 = 457.69 + (472.80 - 457.69) \times \dfrac{0.044438 - 0.04458}{0.04318 - 0.04458} = 459.22$ kPa

따라서 흡열량은 식 (1-7-19)로부터

$q = (h_2 - h_1) - v(P_2 - P_1) = (404.61 - 237.55) - 0.044438 \times (459.22 - 132.99)$
$= 152.56$ kJ/kg

7-5-3 등온변화

증기의 등온변화는 그림 1-24와 같으며 습증기 구역에서는 정압선과 등온선이 일치하므로 정압변화와 같다.

(1) 계를 출입하는 열량(수수열)

일반에너지식 $\delta q = du + Pdv$, 엔트로피 정의식에서 $\delta q = Tds$ 이며 등온($T = C$)이므로 두 식을 상태 1에서 상태 2까지 적분하면 수수열 q는 다음과 같다.

$$q = \int_1^2 (du + Pdv) = (u_2 - u_1) + \int_1^2 Pdv = T(s_2 - s_1) \tag{1-7-22}$$

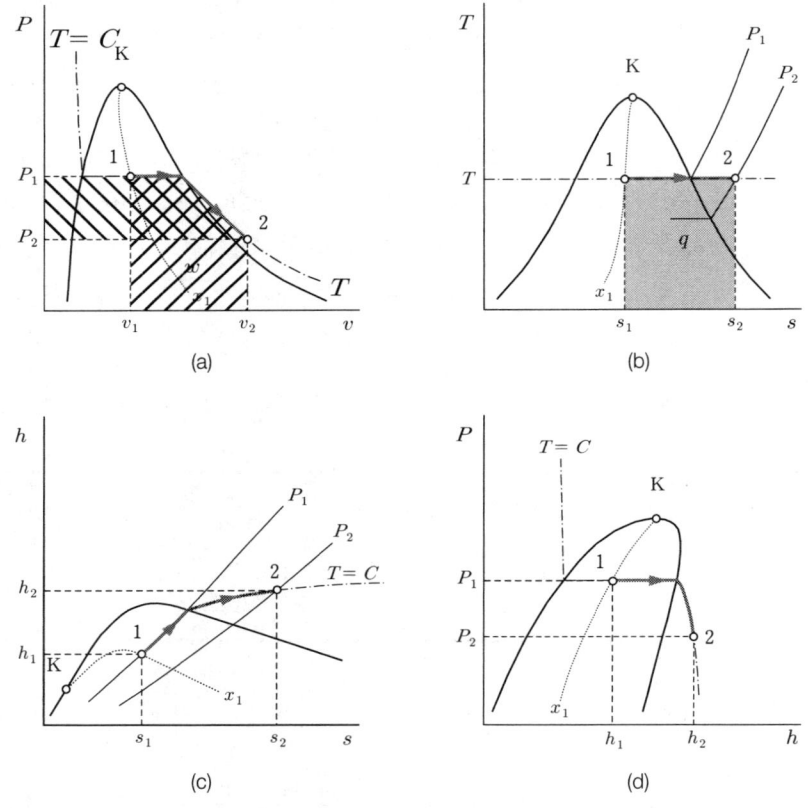

[그림 1-24] 증기의 등온변화

(2) 절대일

일반에너지식 $q = (u_2 - u_1) + w$에서 절대일은 $w = q - (u_2 - u_1)$ 이므로 윗 식을 대입하여 정리하면 절대일 w는 아래와 같다.

$$\begin{aligned} w &= q - (u_2 - u_1) = T(s_2 - s_1) - (u_2 - u_1) \\ &= T(s_2 - s_1) - \{(h_2 - h_1) + (P_2 v_2 - P_1 v_1)\} \end{aligned} \quad (1\text{-}7\text{-}23)$$

(3) 공업일

엔탈피 정의식 $h = u + Pv$의 전미분에서 $-v dP = \delta q - dh$ 이므로 공업일의 정의식은 $\delta w_t = -v dP = \delta q - dh$이다. 이것을 상태 1에서 상태 2까지 적분하면 공업일 w_t는

$$\begin{aligned} w_t &= q - (h_2 - h_1) = T(s_2 - s_1) - (h_2 - h_1) \\ &= T(s_2 - s_1) - \{(u_2 - u_1) + (P_2 v_2 - P_1 v_1)\} \end{aligned} \quad (1\text{-}7\text{-}24)$$

만일 상태변화가 습증기 구역에서만 일어난다면 위의 식들은 정압변화의 식과 같아진다.

》예제 1-23 R-134a 냉동기가 습압축사이클로 작동한다. 증발기 입구에서 냉매의 비엔탈피가 234.29 kJ/kg이고 출구에서 냉매의 비엔트로피가 1.7100 kJ/kgK이 될 때까지 등온팽창하며 열을 흡수한다. 증발온도가 15℃일 때 포화액과 건포화증기의 엔탈피와 엔트로피가 아래와 같을 때 증발 후 건도와 흡열량을 구하여라.

h_f = 180.54 kJ/kg, h_g = 388.32 kJ/kg, s_f = 0.9271 kJ/kgK, s_g = 1.7320 kJ/kgK

풀이 (1) 증발 후 건도
식 (1-7-3)을 변형하면 $s_2 = s_f + x_2(s_g - s_f)$이며 s_2 = 1.7100 kJ/kgK 이므로 건도 x_2는

$$x_2 = \frac{s_2 - s_f}{s_g - s_f} = \frac{1.7100 - 0.9271}{1.7320 - 0.9271} = 0.9727$$

(2) 흡열량
식 (1-7-3)에서 $h_1 = h_f + x_1(h_g - h_f)$이고 건도는 $x_1 = (h_1 - h_f)/(h_g - h_f)$이다. 그리고 h_1 = 234.29 kJ/kg 이므로 위의 x_1을 $s_1 = s_f + x_1(s_g - s_f)$에 대입하면 증발기 입구에서 습증기의 비엔트로피는

$$\begin{aligned} s_1 &= s_f + x_1(s_g - s_f) = s_f + \{(h_1 - h_f)/(h_g - h_f)\}(s_g - s_f) \\ &= 0.9271 + \frac{234.29 - 180.54}{388.32 - 180.54} \times (1.7320 - 0.9271) = 1.1353 \text{ kJ/kgK} \end{aligned}$$

$T = (-15) + 273 = 258$ K 이므로 흡열량은 식 (1-7-22)에서

$$q = T(s_2 - s_1) = 258 \times (1.7100 - 1.1353) = 148.27 \text{ kJ/kg}$$

7-5-4 단열변화

편의상 단열변화는 가역변화로 생각하여 **등엔트로피변화**(isentropic change)로 해석하면 T-s 선도나 h-s 선도 상에서 수직선으로 표시되므로 편리하다. 그림 1-25와 같이 과열증기를 단열팽창시키면 습증기가 되며 증기터빈의 단열팽창이 이에 해당된다. 이와 반대로 습증기나 건포화증기를 단열압축시키면 건포화증기나 과열증기로 되며 냉동기의 압축기가 냉매를 단열압축할 때이다. 그리고 대부분의 펌프도 단열압축과정으로 생각한다.

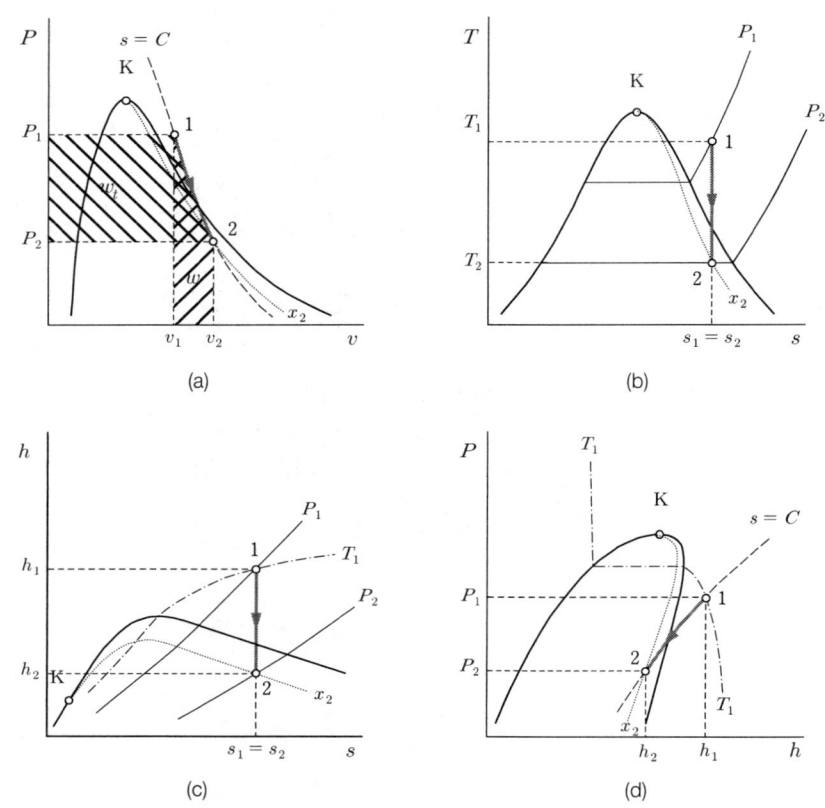

[그림 1-25] 증기의 가역단열변화(등엔트로피변화)

(1) 계를 출입하는 열량(수수열)

단열변화이므로 수수열 q는

$$q = 0 \tag{1-7-25}$$

(2) 절대일

일반에너지식 $\delta q = du + Pdv = du + \delta w$에서 $\delta q = 0$ 이므로 절대일 w는

$$w = \int_1^2 Pdv = -\int_1^2 du = u_1 - u_2 = (h_1 - h_2) - (P_1 v_1 - P_2 v_2) \qquad (1\text{-}7\text{-}26)$$

(3) 공업일

엔탈피 정의식의 전미분 $dh = \delta q + vdP = \delta q - \delta w_t$에서 $\delta q = 0$ 이므로 공업일 w_t는

$$w_t = -\int_1^2 dh = h_1 - h_2 \qquad (1\text{-}7\text{-}27)$$

이 식은 냉동기의 압축기, 증기터빈, 펌프에서 일을 구하는 중요한 식이다.

만일 단열변화가 습증기 구역에서만 일어난다면

$$s_1 = s_{1f} + (s_{1g} - s_{1f})x_1 = s_{1f} + \frac{h_{1fg}}{T_1}x_1,$$

$$s_2 = s_{2f} + (s_{2g} - s_{2f})x_2 = s_{2f} + \frac{h_{2fg}}{T_2}x_2$$

에서 $s_1 = s_2$로 놓으면 단열변화 후 습증기의 건도 x_2는 다음 식과 같다.

$$x_2 = \frac{s_{1g} - s_{1f}}{s_{2g} - s_{2f}}x_1 + \frac{s_{1f} - s_{2f}}{s_{2g} - s_{2f}} = \frac{T_2\{h_{1fg}x_1 + T_1(s_{1f} - s_{2f})\}}{T_1 h_{2jg}} \qquad (1\text{-}7\text{-}28)$$

≫ 예제 1-24 R-134a 냉동기가 습압축사이클로 작동한다. $-15℃$인 습증기를 압축기에서 단열압축시켜 $35℃$의 건포화증기로 만든다. 아래 표를 이용하여 압축기의 압축일을 구하여라.

온도 $t(℃)$	포화압력 P(kPa)	비체적 (m³/kg)		비엔탈피 (kJ/kg)			비엔트로피 (kJ/kgK)	
		액	증기	액	증기	증발열	액	증기
-15	164.13	0.0007445	0.11991	180.54	383.32	207.78	0.9271	1.7320
35	886.82	0.0008560	0.02290	248.75	415.90	167.15	1.1661	1.7085

풀이 단열압축 후 온도가 $t_2 = 35℃$이고 건포화증기이므로 $s_1 = s_2 = 1.7085$ kJ/kgK이다. 여기서 단열압축 전에 대해 식 (1-7-3)을 적용하면 $s_1 = s_f + x_1(s_g - s_f)$이므로 예제 1-23과 같은 방법으로 압축 전 건도 x_1을 구해 $h_1 = h_f + x_1(h_g - h_f)$에 대입하면 압축 전 비엔탈피 h_1은

$$h_1 = h_{1f} + x_1(h_{1g} - h_{1f}) = h_{1f} + \{(s_2 - s_{1f})/(s_{1g} - s_{1f})\}(h_{1g} - h_{1f})$$
$$= 180.54 + \frac{1.7085 - 0.9271}{1.7320 - 0.9271} \times (388.32 - 180.54) = 382.25 \text{ kJ/kg}$$

압축 후 비엔탈피는 35℃인 건포화증기의 비엔탈피와 같으므로 표에서 $h_2 = 415.90$ kJ/kg이다. 그러므로 식 (1-7-27)에서 압축기의 압축일 w_t는

$$w_t = h_1 - h_2 = 382.25 - 415.90 = -33.65 \text{ kJ/kg}$$

※ 위의 답 앞의 "−" 부호는 6-6절의 부호약속에 의해 계에 공급하는 일이라는 뜻임

7-5-5 교축변화(등엔탈피변화)

증기가 밸브(valve)나 오피리스(orifice) 등 작은 단면을 통과할 때는 외부에 대해서 일은 하지 않고 압력강하만 일어나는 현상을 **교축현상**(絞縮現像, throttling)이라고 한다. 유체가 교축되면 유체의 마찰이나 와류(eddy current) 등의 난류(turbulent flow)현상이 일어나 압력의 감소와 더불어 속도가 감소한다. 이때 속도에너지의 감소는 열에너지로 바뀌어 유체에 회수되므로 엔탈피는 원래 상태로 복귀되어 **등엔탈피 과정**으로 된다. 즉

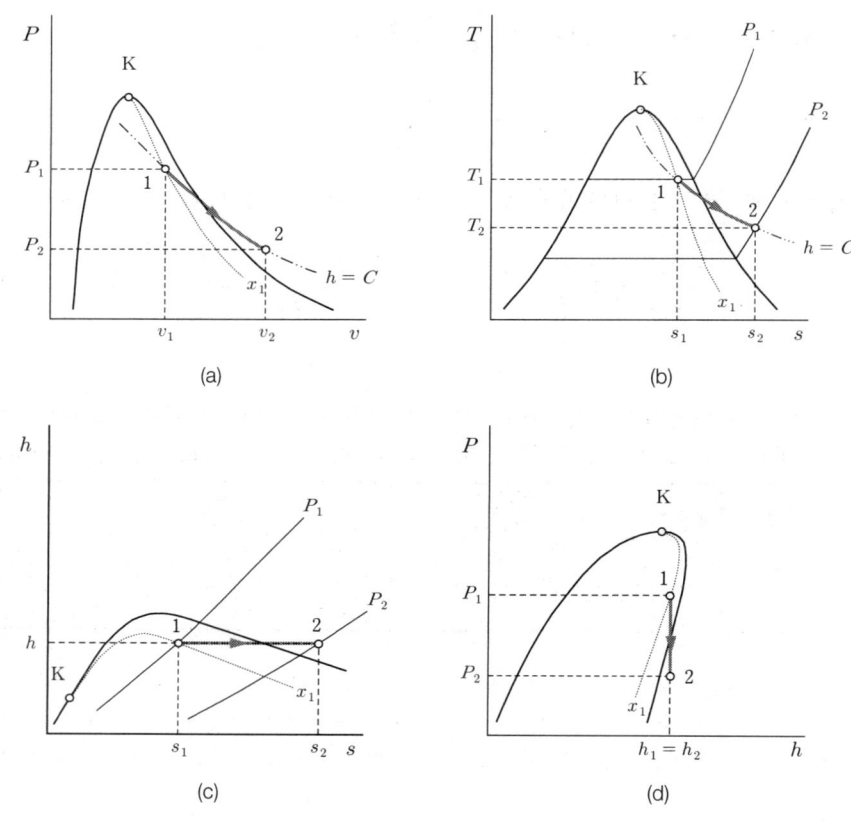

[그림 1-26] 증기의 교축변화(등엔탈피변화)

$$h_1 = h_2 = C \tag{1-7-29}$$

그림 1-26은 교축변화(등엔탈피변화)를 선도에 나타낸 것으로 교축 전, 후 엔탈피가 일정하므로 $h-s$ 선도 상에서는 수평선으로 된다. 교축과정은 비가역변화이므로 압력이 감소되는 방향으로 일어나며 엔트로피는 항상 증가한다. 한편 습증기를 교축시키면 건도가 증가하여 건도가 1인 건증기로 되며, 계속 교축시키면 과열증기로 된다. 이러한 현상을 이용하여 습증기의 건도를 측정하는 계측기를 **교축열량계**(throttling calorimeter)라 한다.

일반적으로 교축의 결과는 유체에 따라 다르다. 즉, 완전가스의 경우는 교축과정이 등엔탈피 과정이 되고 교축에 의해 온도도 변하지 않는다. 그러나 냉매인 암모니아, 할로카본 등 실제 가스는 교축에 의해 압력강하와 함께 온도도 낮아진다. 이러한 현상을 **줄-톰슨의 효과**(Joule-Thomson effect)라 한다.

냉동기의 팽창밸브(expansion valve)와 같이 고압의 포화액 냉매를 팽창밸브를 통해 교축팽창시키면 난류에 의한 마찰열은 유체에 회수되고 포화액의 일부가 증발되어 습증기로 되는데 이때의 상태변화도 등엔탈피변화이다.

8 냉동에 관한 단위

8-1 냉동효과

단위 질량(1 kg)의 냉매가 증발기에서 증발하며 주위(저열원)로부터 흡수하는 열을 **냉동효과**(冷凍效果, cooling effect, 기호 q_L)라 한다. 그림 1-27은 가장 간단한 증기압축식 냉동기의 개략도와 이론사이클을 몰리어 선도($P-h$) 상에 나타낸 것이다. 그림에서 팽창과정(상태변화 1→2)이 교축팽창(등엔탈피 팽창) 이므로 $h_1 = h_2$이고, 증발과정(상태변화 2→3)이 정압과정($P_e = C$) 이므로 식 (1-7-15)에 의해 냉동효과는 다음 식으로 나타낼 수 있다.

$$q_L = h_3 - h_2 = h_3 - h_1 \tag{1-8-1}$$

때로는 압축기 입구로 유입되는 단위체적(1 m³)의 냉매 증기가 증발기에서 흡수하는 열로 냉동효과를 나타내는 경우가 있으며 이것을 **체적냉동효과**(volumetric cooling efficiency, 기호 q_{Lv})라 한다. 압축기 입구(상태점 3)에서 냉매의 비체적을 v_3(m³/kg)이라 하면 체적냉동효과 q_{Lv}는 다음과 같아진다.

$$q_{Lv} = \frac{h_3 - h_1}{v_3} = \frac{q_L}{v_3} \tag{1-8-2}$$

그러므로 냉동효과와 체적냉동효과는 $q_L = q_{Lv} v_3$ 인 관계를 갖는다.

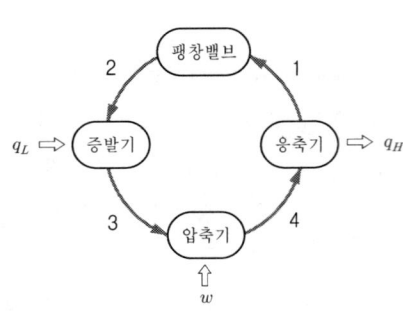

(a) 간단한 증기압축식 냉동기 개략도

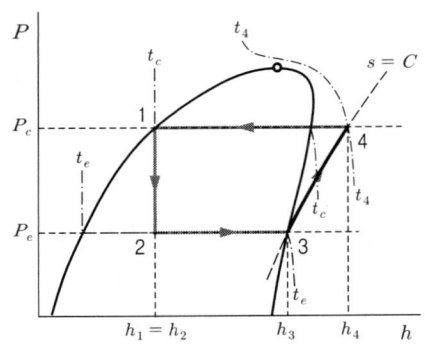

(b) Mollier 선도 상의 증기압축 냉동사이클

[그림 1-27] 증기압축식 냉동사이클의 예

> **예제 1-25**
>
> R-717 냉동기에서 증발온도가 $-20°C$이고 응축온도가 $30°C$이다. 응축 후 냉매의 상태는 포화액이며 증발 후 냉매의 상태는 건포화증기이다. 부록의 증기표를 이용하여 이 냉동기의 냉동효과와 체적냉동효과를 구하여라.
>
> **풀이** $-20°C$와 $30°C$일 때 물성치를 R-717 증기표에서 찾아보면 아래와 같다.
>
> | 온도 $t(°C)$ | 포화압력 P(kPa) | 비체적 (m³/kg) | | 비엔탈피 (kJ/kg) | | | 비엔트로피 (kJ/kgK) | |
> |---|---|---|---|---|---|---|---|---|
> | | | 액 | 증기 | 액 | 증기 | 증발열 | 액 | 증기 |
> | -20 | 190.11 | 0.0015036 | 0.62274 | 109.40 | 1436.51 | 1327.11 | 0.6570 | 5.8994 |
> | 30 | 1166.93 | 0.0016800 | 0.11069 | 339.04 | 1485.16 | 1146.12 | 1.4787 | 5.2594 |
>
> **(1) 냉동효과**
>
> 응축 후 상태가 $30°C$인 포화액이므로 응축 후 냉매의 비엔탈피는 $h_1 = 339.04$ kJ/kg이다. 그리고 증발 후 상태가 $-20°C$인 건포화증기이므로 증발 후 냉매의 비엔탈피는 $h_3 = 1436.51$ kJ/kg이다. 그러므로 냉동효과는 식 (1-8-1)로부터
>
> $$q_L = h_3 - h_1 = 1436.51 - 339.04 = 1097.47 \text{ kJ/kg}$$
>
> **(2) 체적냉동효과**
>
> 압축기 입구(증발기 출구)에서 냉매의 비체적이 $v_3 = 0.62274 \text{ m}^3/\text{kg}$이므로 식 (1-8-2)에서
>
> $$q_{Lv} = q_L / v_3 = 1097.47 / 0.62274 = 1762.32 \text{ kJ/m}^3$$

8-2 냉동능력

냉동능력(冷凍能力, refrigerating capacity, 기호 Q_L)이란 단위시간(1 s) 동안 증발기에서 냉매가 주위(저열원)로부터 흡수할 수 있는 열로 정의한다. 냉동능력의 단위는 W(J/s)이며 실용단위로 kW, MW를 사용한다. 그러나 일부에서는 **냉동톤**(refrigeration ton, 기호 RT)을 사용하고 있다. 1냉동톤(1 RT)이란 24시간 동안에 표준기압, 0℃의 순수한 물 1톤을 0℃의 얼음으로 얼리는 냉동능력을 말한다. 물의 응고열이 h_{sf} = 333.6 kJ/kg 이므로 1 RT(냉동톤)와 kW의 관계는 아래와 같다.

$$1 \text{ RT} = \frac{1000 \text{ kg} \times 333.6 \text{ kJ/kg}}{24 \text{ h} \times 3600} = 3.861 \text{ kW} \tag{1-8-3}$$

여기서 단위시간당 증발기에서 증발하는 냉매의 질량을 $\dot{m}_e$ (kg/s)라 하면 냉동효과(q_L)와 냉동능력(Q_L)의 관계는 다음과 같이 나타낼 수 있다.

$$Q_L = \dot{m}_e q_L, \quad q_L = \frac{Q_L}{\dot{m}_e} \tag{1-8-4}$$

그림 1-27과 같이 간단한 냉동기 경우 응축기에서 응축되는 냉매가 모두 팽창밸브, 증발기, 압축기를 거쳐 다시 응축기로 순환하므로 단위시간당 응축되는 냉매의 질량과 증발하는 냉매의 질량($\dot{m}_e$)이 같다. 여기서 단위시간당 응축기에서 응축되는 냉매의 질량을 **냉매순환량**(기호 $\dot{m}$)이라 정의한다.

> **예제 1-26** R-134a 냉매가 30℃에서 교축팽창되어 −30℃에서 증발한다. 팽창 전과 증발 후 엔탈피가 각각 241.46 kJ/kg, 379.11 kJ/kg이다. 냉동기의 냉동능력이 10 kW라면 냉동효과와 1분당 증발기에서 증발하는 냉매의 질량은 얼마인가?
>
> **풀이** (1) 냉동효과
> h_1 = 241.46 kJ/kg, h_3 = 379.11 kJ/kg 이므로 냉동효과는 식 (1-8-1)에서
> $q_L = h_3 - h_1 = 379.11 - 241.46 = 137.65 \text{ kJ/kg}$
>
> (2) 증발하는 냉매의 질량
> 냉동능력이 Q_L = 10 kW 이므로 증발하는 냉매의 질량 $\dot{m}_e$는 식 (1-8-4)에서
> $$\dot{m}_e = \frac{Q_L}{q_L} = \frac{10}{137.65} \times 60 = 4.36 \text{ kg/min}$$

8-3 제빙능력

얼음을 생산하는 제빙기의 냉동능력을 **제빙능력**(ice making capacity)이라 한다. 제빙능력의 단위도 W이며 실용단위는 kW, MW이다. 그러나 현장에서는 하루에 얼릴 수 있는 얼음의 질량(ton/day)이나 냉동톤(RT)을 실용단위로 많이 사용하고 있다.

제빙능력은 원수(얼음의 원료가 되는 물)의 온도와 얼음의 온도에 따라 다르나 우리나라에서는 25℃의 원수와 −9℃의 얼음을 기준으로 24시간 동안에 1톤의 얼음을 생산할 수 있는 냉동능력을 **1제빙톤**이라 한다.

물와 얼음의 온도를 각각 t_w, t_i(℃), 물과 얼음의 비열을 각각 c_w, c_i(kJ/kgK), 물의 응고열(얼음의 융해열)을 h_{sf}(kJ/kg), 제빙과정의 전체 열손실률을 η_l(%), 시간당 얻는 얼음의 질량을 m(kg/h)이라 하고 식 (1-3-1)과 식 (1-3-4)를 이용하여 시간당 제거하여야 할 열량(Q_L)을 구하면

① t_w℃의 물 m kg/h를 0℃의 물로 냉각시키는데 제거해야 할 현열량(Q_s)

$$Q_s = m c_w t_w \ \text{(kJ/h)}$$

② 0℃의 물 m kg/h를 0℃의 얼음으로 응고시키는데 제거해야 할 응고열량(Q_{sf})

$$Q_{sf} = m h_{sf} \ \text{(kJ/h)}$$

③ 0℃의 얼음 m kg/h를 t_i℃의 얼음으로 냉각시키는데 제거해야 할 현열량(Q_s')

$$Q_s = - m c_i t_i \ \text{(kJ/h)}$$

④ 제빙과정의 전체열손실열량(Q_l)

$$Q_l = 0.01 \eta_l (Q_s + Q_{sf} + Q_s')$$

그러므로 시간당 제거해야 할 전체열량 Q_L은 아래와 같다.

$$Q_L = m(c_w t_w + h_{sf} - c_i t_i)(1 + 0.01 \eta_l) \ \text{(kJ/h)}$$

여기서 c_w = 4.186 kJ/kgK ≒ 4.2 kJ/kgK, c_i ≒ 2.1 kJ/kgK, h_{sf} = 333.6 kJ/kg, 전체 열손실률을 η_l = 20%로 놓으면

$$Q_L = 1.2 m (4.2 t_w - 2.1 t_i + 333.6) \ \text{(kJ/h)} \tag{1-8-5}$$

1제빙톤은 m = (1000 kg)/(24 h) 이므로 윗 식에 대입하면

$$1제빙톤 = 1 \ \text{ton/day} = 50(4.2 t_w - 2.1 t_i + 333.6) \ \text{(kJ/h)}$$

$$= \frac{50}{3600}(4.2t_w - 2.1t_i + 333.6) \text{ (kW)} \qquad (1\text{-}8\text{-}6)$$

$$= \frac{50}{3600 \times 3.861}(4.2t_w - 2.1t_i + 333.6) \text{ (RT)}$$

표 1-8은 얼음온도가 $-9℃$일 때 원수온도에 대한 1제빙톤의 냉동능력을 kJ/h, kW, RT로 나타낸 것이다.

[표 1-8] 원수온도(얼음온도 $-9℃$)에 대한 제빙능력(1제빙톤)

원수온도	kJ/h	kW	RT	원수온도	kJ/h	kW	RT
5℃	18,675	5.185	1.34	25℃	22,875	6.354	1.65
10℃	19,725	5.479	1.42	30℃	23,925	6.646	1.72
15℃	20,775	5.771	1.49	35℃	24,975	6.938	1.80
20℃	21,825	6.063	1.57	40℃	26,025	7.229	1.87

≫ 예제 1-27 어떤 제빙기가 25℃의 물로 $-15℃$의 얼음을 제조한다. 4시간에 1톤의 얼음을 만든다면 이 제빙기의 제빙능력은 몇 kW인가? 또 몇 RT인가?

풀이 4시간에 1톤을 제빙하므로 $m = 1000/4 = 250$ kg/h이고 $t_w = 25℃$, $t_i = -15℃$ 이므로 식 (1-8-5)를 이용하면

$$Q_L = 1.2m(4.2t_w - 2.1t_i + 333.6) = 1.2 \times 250 \times \{4.2 \times 25 - 2.1 \times (-15) + 333.6\}$$
$$= 141,030 \text{ kJ/h} = 39.175 \text{ kW} = 10.15 \text{ RT}$$

또는 제빙기의 냉동능력이 6제빙톤이므로 식 1-8-6을 이용하면

$$Q_L = 6 \times \frac{50}{3600}\{4.2 \times 25 - 2.1 \times (-15) + 333.6\} = 39.175 \text{ kW} = 10.15 \text{ RT}$$

8-4 냉동기의 소요동력

냉동기에 필요한 동력은 증발기에서 증발한 냉매를 고온, 고압으로 압축시키는데 필요한 압축일로 전동기나 원동기에 의해 공급된다. 그림 1-27에서 압축과정(상태변화 3→4)은 이론 적으로 가역단열압축(등엔트로피 압축)이며 압축에 소요되는 일은 공업일(유동과정의 일)이다. 엔탈피 정의식 $h = u + Pv$의 전미분에서 $\delta q = 0$이고 공업일이 $\delta w_t = -vdP$로 정의되므로 다음과 같은 식이 유도된다.

$$dh = du + Pdv + vdP = \delta q + vdP = -\delta w_t$$

여기서 압축기의 이론 소요일을 w라 하면 위의 식으로부터 $\delta w = -dh$로 된다. 이것을 상태 3에서 4까지 적분하면 압축기의 이론 소요일은 다음과 같아진다.

$$-w = \int_3^4 \delta w = -\int_3^4 dh = -(h_4 - h_3)$$

(※ 압축기에 일을 공급해야 함으로 약속에 따라 앞에 "−"부호를 붙임)

$$w = h_4 - h_3 \tag{1-8-7}$$

한편, 압축기로 유입되는 냉매의 질량은 증발기에서 증발하는 냉매의 질량과 같으므로 압축기의 이론소요동력(W)은 다음과 같다.

$$W = \dot{m}_e w = \dot{m}_e (h_4 - h_3) \tag{1-8-8}$$

압축기의 효율이 η_c라면 압축기의 실제 소요동력 W_{act}은 다음 식으로 나타낼 수 있다.

$$W_{act} = \frac{W}{\eta_c} = \frac{\dot{m}_e w}{\eta_c} = \frac{\dot{m}_e (h_4 - h_3)}{\eta_c} \tag{1-8-9}$$

> **예제 1-28** 냉동능력이 10 kW인 냉동기의 R-134a 냉매가 −30℃에서 가역단열압축되어 응축기에서 30℃까지 응축된다. 압축 전, 후 엔탈피가 각각 379.11 kJ/kg와 424.66 kJ/kg이고 교축팽창 후 엔탈피가 241.46 kJ/kg이다. 압축기 효율이 86%일 때 이 냉동기의 이론소요동력과 실제소요동력을 구하여라.
>
> **풀이** (1) 이론소요동력
> $h_1 = 241.46$ kJ/kg, $h_3 = 379.11$ kJ/kg, $h_4 = 424.66$ kJ/kg, $Q_L = 10$ kW 이므로 식 (1-8-1)과 식 (1-8-4)에서 $\dot{m}_e = Q_L/q_L = Q_L/(h_3 - h_1)$ 이므로 이론소요동력 W는 식 (1-8-8)에서
>
> $$W = \dot{m}_e (h_4 - h_3) = \frac{Q_L}{h_3 - h_1}(h_4 - h_3) = \frac{10}{379.11 - 241.46} \times (424.66 - 379.11)$$
> $$= 3.31 \text{ kW}$$
>
> (2) 실제소요동력
> 압축기 효율이 $\eta_c = 0.86$ 이므로 실제소요동력은 식 (1-8-9)에서
>
> $$W_{act} = \frac{W}{\eta_c} = \frac{3.31}{0.86} = 3.85 \text{ kW}$$

연 습 문 제

1-1 20℃의 물 5kg을 90℃에서 모두 건포화증기로 증발시키는 데 필요한 가열량을 구하여라. 단 90℃에서 물의 증발열은 2,283kJ/kg이고 물의 비열은 4.186kJ/kgK이다.

  답 $Q = 12,880$ kJ

1-2 어떤 가스의 압력을 계측기로 측정하였더니 150 kPa이었다. 대기압이 1013 hPa이라면 가스의 절대압력은 몇 kPa인가?

  답 $P = 251.3$ kPa,abs

1-3 압력이 1.8 bar로 일정한 상태로 600 kJ의 열을 가했더니 내부에너지가 120 kJ 증가하였다. 가스의 체적은 어떻게 되었는가?

  답 $\Delta V = 2.67$ m^3 (증가)

1-4 앞의 문제 1-3에서 절대일과 엔탈피 변화량을 구하여라.

  답 (1) $W = 480$ kJ   (2) $\Delta H = 600$ kJ

1-5 용적이 0.4 m^{3}인 산소 탱크에 500 kJ의 열을 가했더니 엔탈피가 450 kJ 만큼 증가하였다. 압력은 어떻게 되었는가?

  답 $\Delta P = -125$ kPa (125 kPa 감소하였다.)

1-6 역 Carnot 사이클로 작동하는 냉동기가 시간당 108 MJ의 열을 30℃인 고열원으로 방출한다. 냉동기의 소요동력이 6 kW일 때 성적계수와 저열원의 온도를 구하여라.

  답 (1) $cop_c = 4$ (2) $T_L = 242.4$ K($t_L = -30.6$℃)

1-7 -25℃인 R-717(암모니아) 습증기의 비엔트로피가 2 kJ/kgK이다. 이 습증기의 건도와 비엔탈피를 구하여라. -25℃인 R-717 냉매의 물성값은 아래와 같다.
$h_f = 86.98$ kJ/kg, $h_g = 1429.64$ kJ/kg, $s_f = 0.5677$ kJ/kgK, $s_g = 5.9784$ kJ/kgK

  답 (1) $x = 0.2647(26.47\%)$
    (2) $h_x = 442.38$ kJ/kg

1-8 −20℃인 R-152a 냉매 4.2 kg이 정압 하에 흡열하여 0.126 m³에서 엔탈피가 2067.03 kJ로 되었다. 부록의 포화증기표를 이용하여 냉매의 흡열량을 구하여라.

　　답　$Q = 1182.22$ kJ

1-9 −20℃인 R-401C 냉매를 $s = 1.750$ kJ/kgK를 따라 등엔트로피압축을 하였더니 비엔탈피가 424.13 kJ/kg이 되었다. 아래의 물성값을 참고로 압축기의 소요일량을 구하여라.

온도 $t(℃)$	포화압력 P(kPa)	비체적 (m³/kg)		비엔탈피 (kJ/kg)		증발열	비엔트로피 (kJ/kgK)	
		액	증기	액	증기		액	증기
−20	110.90	0.7347	0.18151	169.82	389.26	219.45	0.8946	1.7615

　　답　$w = 37.77$ kJ/kg

1-10 R-134a 냉동기에서 팽창밸브 입·출구의 비엔탈피가 248.75 kJ/kg이고 압축기 입구와 출구의 비엔탈피가 각각 382.21 kJ/kg, 426.04 kJ/kg이다. 이 냉동기의 냉동능력이 5 kW일 때 다음을 구하여라.
　(1) 냉동효과　　(2) 냉매순환량　　(3) 압축기 소요일
　(4) 소요동력　　(5) 성적계수

　　답　(1) $q_L = 133.46$ kJ/kg
　　　　(2) $\dot{m} = 0.03746$ kg/s $= 2.248$ kg/min
　　　　(3) $w = 43.83$ kJ/kg
　　　　(4) $W = 1.642$ kW
　　　　(5) $cop_c = 3.045$

1-11 어떤 제빙기에 들어가는 원수의 온도가 20℃이고 생산되는 얼음의 온도가 −12℃이다. 제빙능력이 50 kW라면 하루에 생산하는 얼음의 양은 얼마나 되는가?

　　답　$m = 8.13$ ton/day

1-12 열펌프를 가열기로 사용할 때와 냉각기로 사용할 때의 차이점을 설명하여라.

1-13 냉동능력을 kW와 RT로 표시할 때의 차이점을 설명하여라.

1-14 냉동기의 소요동력과 소요일의 관계를 설명하여라.

　　※ 12~14번 답은 생략함.

냉동원리

1 냉동의 역사
2 냉동의 정의
3 냉동방법
4 냉동기, 열펌프 및 물펌프의 비교
5 냉동의 이용

제 2 장 냉동 원리

1 냉동의 역사

인간은 생활환경을 보다 쾌적하고 안락하게 영유하기 위하여 많은 노력을 기울여 왔다. 그 중에서도 온도 변화에 대비한 노력은 인간이 지구상에 존재하기 시작한 때부터 시작되었다고 하여도 과언이 아니다. 원시 시대에는 추우면 불을 사용하였고 더울 때는 시원한 곳을 찾아 이동하거나 차가운 물을 이용하였다. 인간의 두뇌가 발달함에 따라 천연얼음(天然氷)을 얼음 창고에 보관하였다가 더운 계절에 식용(食用)이나 식품 저장용으로 사용하였으며 눈(雪)을 사용하기도 하였다. 인구 증가와 더불어 천연얼음이나 눈의 수요가 급증하면서 천연얼음이나 눈을 대체할 방법을 모색한 끝에 얼음의 인공적인 제조에 착수하게 되었다. 그 후 많은 노력의 결과로 1880년 처음으로 인공 얼음(人工氷, artificial ice) 제조에 성공함으로써 냉동의 역사가 시작되었다. 이보다 앞서 1755년 영국의 William Cullen은 펌프를 이용한 기계식 냉동기로 제빙(製氷)을 시도하였으며 많은 사람들이 냉동기 제작에 노력을 기울였다. 그러나 초창기의 냉동기들은 대부분 속도가 느리고 수동으로 운전되며 크기가 너무 큰 것들이었다.

최초의 냉동기 특허는 1790년 영국의 Thomas Harris와 John Long이 취득하였다. 1834년 미국의 Jacob Perkins가 수동으로 작동되는 에테르(ether) 냉동기로 영국의 특허를 받았으며 그로부터 25년 후인 1859년 오스트레일리아의 James Harrison이 이것을 증기원동기로 운전되는 sulfuric ether 기계로 발전시켜 세계 최초로 맥주공장에 설치함으로써 실용화에 성공하였다. 한편 미국에서는 John Gorrie가 1845년부터 압축공기를 이용한 압축식 공기냉동기를 연구한 끝에 1851년 제빙기의 특허를 받았으며, 영국의 Alexander Kirk도 1861년 Gorrie와 같은 냉공기(冷空氣) 기계를 제작하였다. 1855년에는 프랑스의 Ferdinand Carré가 아황산가스를 이용한 흡수식 냉동기를 발명하였고 1860년에는 암모니아 흡수식 냉동기를 개발하였다. 이 흡수식 냉동기는 최초의 가열방식인 재생기, 증발기, 응축기, 흡수기, 순환펌프 등으로 구성되었으며, 암모니아를 냉매, 물을 흡수제로 사용하였다. 1866년에는 미국의 Lowe와 영국의 Windhausen이 탄산가스 압축식 냉동기, 1875년에는 스위스의 Pictet가 아황산가스 압축식 냉동기를 개발하였다. 1876년에는 독일의 H. Meidinger가 연구한 암모니아 압축식 냉동기를 Carl Linde가 완성시켰으며 미국에서도 David Boyle이 암모니아 압축식 냉동기를 개발하였다.

20세기에 들어와 1903년에 미국 냉동기협회(ARMA)가 설립되었고 이듬해에는 미국 냉동공학회(ASRE), 1908년에 국제 냉동공학회가 설립됨으로써 냉동기의 연구 개발에 박차를 가하였다. 당시의 냉동기는 식품저장 및 운반, 인공 스케이트장, 피혁가공, 음료수 냉각, 양조업, 공기조화 등에 주로 이용되었으며 각종 산업분야에 본격적으로 응용되기 시작하였다. 1905년에는 Gardne T. Voorhees가 다효압축기(多效壓縮機) 특허를 얻었고 뒤이어 로터리(rotary) 압축기, 증기분사식 냉동기, 터보(turbo) 냉동기 등이 개발되었으며, 1918년에는 가정용 냉장고가 처음으로 개발되었다.

한편, 그 동안 냉동기에 사용되어왔던 암모니아, 탄산가스, 아황산가스 등 냉매는 1921년 미국의 Willis H. Carrier가 개발을 시작한 할로겐화 탄화수소계 등 다른 냉매로 대체되기 시작하였으며, 21세기 들어와 지구 오존층의 보호와 온난화 방지를 위한 각종 냉매의 개발과 압축기의 발달로 오늘날 우리가 사용하는 냉동기의 면모를 갖추게 되었다.

2 냉동의 정의

방을 시원하게 유지하는 것을 냉방(冷房)한다고 하며, 야채나 우유와 같은 식품류를 차게 보관하는 것을 냉장(冷藏)이라 한다. 그리고 뜨거운 차를 마시기에 알맞은 온도로 식히는 것과 실온과 같이 일정한 온도(상온)의 물에 얼음을 넣어 차게 만드는 것을 냉각(冷却), 물이나 생선, 식육(식육) 등을 얼리는 것을 냉동(冷凍) 또는 동결(凍結)이라 한다.

이와 같은 방법들은 모두 물체의 온도를 내리게 하는 것으로 일반적으로 "<u>물질의 온도를 인위적으로 주위온도(상온, normal temperature)보다 낮게 유지시키는 것</u>"을 **넓은 의미의 냉동**(refrigeration)이라 하며 앞에서 설명한 냉방, 냉장, 냉각, 냉동(동결)을 포함한다. 그러나 냉각에는 뜨거운 차를 마시기에 알맞은 온도로 식히는 것과 상온의 차에 얼음을 넣어 더 낮은 온도로 만드는 등 두 가지가 있다. 즉 전자와 같이 상온보다 높은 고온의 물질을 상온으로 만드는 방법과 상온의 물질을 더 낮은 저온으로 만드는 두 가지로 나눌 수 있으나 고온을 상온으로 만드는 방법은 넓은 의미의 냉동이라 하지 않는다. 한편 **좁은 의미의 냉동**이란 "<u>어떤 물질을 단순히 얼리는 것</u>"을 뜻한다.

3 냉동방법

 미지근한 물에 얼음을 넣어 저으면 얼마 동안은 얼음물이 시원함을 유지하므로 미지근한 물이 얼음에 의해 냉각된 것이다. 즉 넓은 의미의 냉동이 이루어진 것이다. 그러나 얼음이 모두 녹아 일정한 시간이 지나면 물의 온도는 다시 주위의 온도와 같아진다. 이 과정에서 물이 냉각된 것은 얼음이 물로부터 열을 흡수하여 고체(얼음)에서 액체(물)로 상변화(phase change)하는 자연현상에 의한 것으로 얼음이 모두 상변화하면 냉각효과가 없어진다. 그러나 물을 냉장고 속에 넣어 두면 물은 냉장고가 작동을 지속하는 한 항상 시원함을 유지할 수 있다. 이와 같이 냉동을 유지하는 시간에 따라 **일시적 냉동법**(temporary refrigerating method)과 **연속적 냉동법**(continuous refrigerating method)으로 나눌 수 있다. 일시적 냉동은 대부분 열이동의 자연현상을 이용한 것으로 **자연냉동법**(natural refrigerating method)이라고도 하며, 연속적 냉동은 에너지를 소비하는 기계적인 방법에 의한 것이므로 **기계냉동법**(machinery refrigerating method)이라 한다.

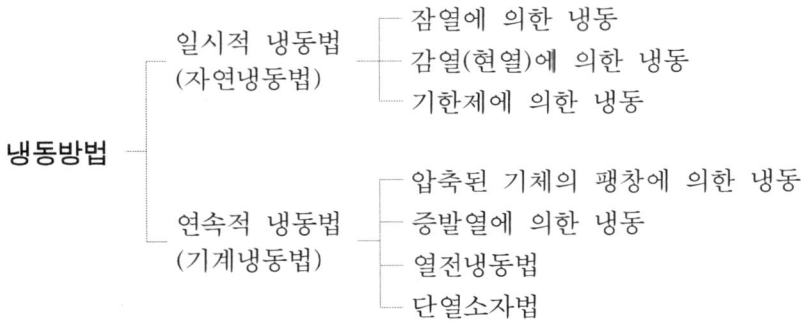

 넓은 의미의 **냉동**(冷凍, refrigeration)이란 물체나 계(system)로부터 열을 빼앗아 그 물체의 온도를 상온(常溫, normal temperature)보다 낮게 유지하는 것을 말하며, 단순히 물질을 얼리는 것(좁은 의미의 냉동)을 포함한다. 냉동을 하기 위해서는 얼음의 융해열, 고체 이산화탄소(dry ice)의 승화열이나 액체질소의 증발열 등 잠열과 온도차에 의한 현열을 이용한다. 이러한 방법은 얼음, 고체 이산화탄소, 액체질소 등이 모두 상변화와 온도차가 없어지면 냉동작용이 정지됨으로 **일시적**인 **냉동**(instantaneous refrigeration) 또는 **냉각**(冷却, cooling or chilling)이라 하며 자연적인 현상을 이용하므로 **자연냉동법**(natural refrigeration method)이라고도 한다. 일시적인 냉동법은 연속적인 냉동효과를 얻을 수 없을 뿐만 아니라 원하는 온도(저온)에 한계가 있다. 또한 온도조절이 거의 불가능하며 냉동품에 제한을 받는 등 단점이 있다. 따라서 냉동을 산업에 적용하려면 우선 냉동작용이 지속되어야 한다. 이러한 냉동

법을 **연속적인 냉동**(continuous refrigeration) 또는 **기계냉동법**(machinery refrigeration method)이라 한다.

1장의 열역학 제2법칙에 대한 설명에서 『열은 그 자체만으로는 저온물체로부터 고온물체로 이동할 수 없다』 하였으므로 연속적으로 냉동을 하려면 계속해서 저온물체로부터 열을 흡수하여 고온물체(주위)로 방출시키는 작동유체가 필요하며 이것을 **냉매**(refrigerants)라 하고, 냉동작용을 하는 냉매가 순환하는 장치를 **냉동기**(refrigerator)라 한다.

3-1 일시적 냉동법(자연냉동법)

(1) 잠열에 의한 냉동

물질의 상변화에 필요한 잠열(latent heat)을 주위에서 흡수하는 자연원리를 이용한 냉동방법으로 다음과 같은 것들이 있다.

① 증발열을 이용하는 냉동법

액체가 증발하여 기체로 될 때 필요한 **증발열**을 주위에서 흡수하는 성질을 이용하는 방법으로, 더운 여름철에 마당에 물을 뿌리거나 주사 놓을 때 알코올로 피부를 닦으면 시원해진다. 이것은 물이 증발하며 지면으로부터 증발열(표준기압에서 약 $2256\ kJ/kg$)을 흡수하기 때문이다. 0℃ 이하의 급속냉동에 많이 사용되는 액체 질소는 약 $201\ kJ/kg$ (-196℃)의 증발열을 이용하는 것이다.

② 융해열을 이용하는 냉동법

고체가 액체로 융해할 때 필요한 **융해열**을 주위에서 흡수하는 성질을 이용하는 냉동법이다. 얼음을 이용한 식품냉동은 얼음의 융해열(0℃에서 약 $334\ kJ/kg$)을 이용하는 것이다.

③ 승화열을 이용한 냉동법

고체가 기체로 승화할 때 필요한 **승화열**을 주위에서 흡수하는 성질을 이용하는 냉동법이다. 식품의 냉장이나 동결, 급속냉동, 육류의 냉동운반, 인공강우 등에 많이 사용되는 고체 이산화탄소(CO_2, dry ice)는 -78.5℃에서의 승화열(약 $577\ kJ/kg$)을 이용한다.

(2) 현열에 의한 냉동

열평형의 원리를 이용하는 것으로 여름철 차가운 계곡 물에 수박과 같은 과일을 담가 놓으면 시원해지는 원리이다. 이것은 수박보다 온도가 낮은 계곡 물이 수박으로부터 현열을 흡수하므로 온도가 낮아진다. 온도가 높은 실내에 차가운 공기를 공급하여 공조를 하는 경우도 더운 공기와 차가운 공기가 섞이며 열평형을 이루는 현열을 이용하는 것이다.

(3) 기한제에 의한 냉동

두 종류의 물질을 적당히 혼합하면 한 종류의 물질을 사용할 때보다 더 낮은 온도를 얻을 수 있다. 냉동에 이용되는 이러한 물질을 **기한제**(起寒劑, freezing mixture) 또는 **혼합냉각제**라고도 한다.

기한제는 대부분 얼음에 염류(salts)를 혼합한 것으로 잘게 부순 얼음과 식염(염화나트륨)의 혼합물이 대표적인 기한제이다. 이 혼합물에 의해 저온을 얻는 현상은 고체인 얼음과 식염이 주위로부터 각각 융해열과 용해열을 흡수하여 액체로 되려는 성질 때문이다. 얼음과 소금이 적당히 섞여 모두 액체상태로 되는 공융점(eutectic point)까지 온도($-21.2℃$)가 내려가면 두 물질의 융해와 용해가 정지됨으로 일정한 온도가 유지된다. 이러한 빙점강하(freezing point drop)의 정도는 얼음과 염류의 혼합비율에 따라 다르며 최적의 비율로 기한제를 혼합하면 공융온도의 저온을 얻을 수 있다. 예를 들면 질량비로 얼음(77.6%)과 식염(22.4%)을 섞으면 $-21.2℃$의 저온을 얻을 수 있으며 얼음 대신 고체 이산화탄소(dry ice)를 사용할 수도 있다. 표 3-1은 기한제를 나타낸 것이다.

[표 3-1] 기한제의 종류

얼음 (질량 %)	염 (질량 %)	최저온도 (℃)	얼음 (질량 %)	염 (질량 %)	최저온도 (℃)
80.25	KCl (19.75)	-11.1	41.2	$CaCl_2 \cdot 6H_2O$ (58.8)	-55.0
81.4	NH_4Cl (18.6)	-15.8	49.0	$ZnCl_2$	-62.1
77.6	NaCl (22.4)	-21.2	드라이 아이스	C_2H_5OH	-72.0
76.8	NaCl (23.0) $Na_2SO_4 \cdot 10H_2O$ (0.2)	-21.4	드라이 아이스	$(CH_3CH_2)_2O$ 디에틸에테르	-79.0
57.7	NaCl (21.8) $NaNO_3$ (20.5)	-25.2			

3-2 연속적 냉동법(기계냉동법)

(1) 압축기체의 팽창을 이용한 냉동법

압축된 기체를 팽창시키면 기체의 온도가 내려가 냉동효과를 얻을 수 있으며 팽창하는 방법에 따라 다음과 같은 냉동방법이 있다.

① 교축팽창을 이용하는 냉동법

압축된 기체를 작은 구멍을 통해 분출시키면 **교축**(throttling)작용에 의해 온도가 미세하나마 낮아지는 Joule Thomson의 냉각효과를 이용하는 냉동법이다. 압축된 기체의 교축팽창을 여러번 되풀이하면 온도를 극저온으로 내릴 수도 있으며 오래 전부터 이러한 방법을 이용하여 공기, 질소, 산소, 수소, 헬륨 등을 액화시켜 왔다.

그림 2-1(a)는 압축된 기체를 교축팽창시켜 공기 등을 액화시키는 장치로 1895년 Linde (독일)가 창안한 것이다. 압축기에서 고압으로 압축시킨 공기를 냉각, 교축시키면 온도가 약간씩 강하하며 이 과정을 계속 되풀이하면 약 -195℃ 정도에서 공기가 액화된다. 표 3-2는 주요 가스의 임계값 및 액화온도(비등점)을 나타낸 것이다.

[표 3-2] 주요 기체의 임계값과 비등점

가 스	화학식	임계값			비등점 (℃)
		온도(℃)	압력(MPa)	비체적(m³/kg)	
산 소	O_2	-118.8	5.035	0.2326	-182.97
알 곤	Ar	-122.4	4.862	0.1883	-185.9
공 기	-	-140.63	3.766	0.283	-194.5
질 소	N_2	-146.9	3.398	0.3215	-195.81
네 온	Ne	-228.7	2.726	0.2066	-246.1
수 소	H_2	-239.9	1.296	3.226	-252.78
헬 륨	He	-267.9	0.228	1.449	-268.93

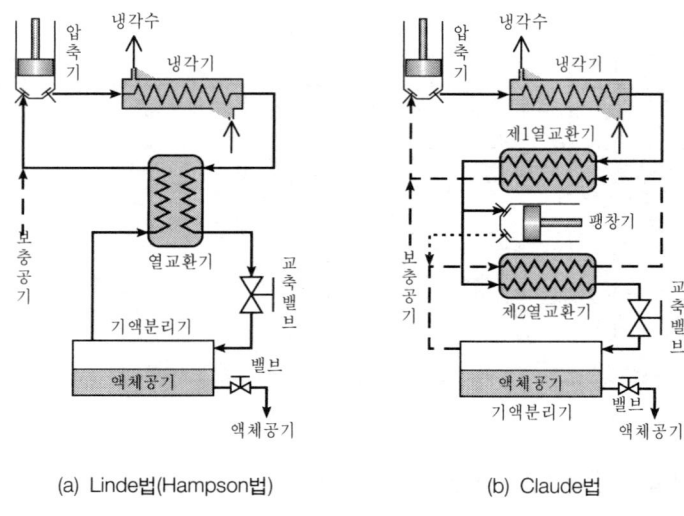

(a) Linde법(Hampson법) (b) Claude법

[그림 2-1] 압축기체의 팽창을 이용한 공기의 액화장치

② 단열팽창을 이용하는 냉동법

압축된 기체를 팽창기로 급격히 단열팽창 시키면 내부에너지가 감소되어 온도가 내려 가는 현상(1장 6-8-3의 단열변화 참조)을 이용하는 냉동법으로 공기냉동기나 항공기의 공기조화 및 공기액화에 이용된다.

그림 2-2(a)는 공기냉동기의 개략도이며 (b)는 항공기 공조에 응용되는 공기냉동기의 개요를 나타낸 것이다. 두 경우 모두 압축된 공기를 냉각시켜 단열팽창시키면 온도가 더욱 낮아져 냉장실이나 항공기 실내로 공급된다. 그림 2-1(b)는 비효율적인 Linde의 공기

액화장치(성적계수가 낮음)를 개선한 것으로 1902년 Claude(프랑스)가 고안하였다. 저압 압축, 냉각된 압축공기를 단열팽창시키면 교축팽창시킬 때보다 온도가 더 많이 내려가는 원리를 이용한 것으로 Joule-Thomson 효과에 의한 교축팽창을 조합한 것이다.

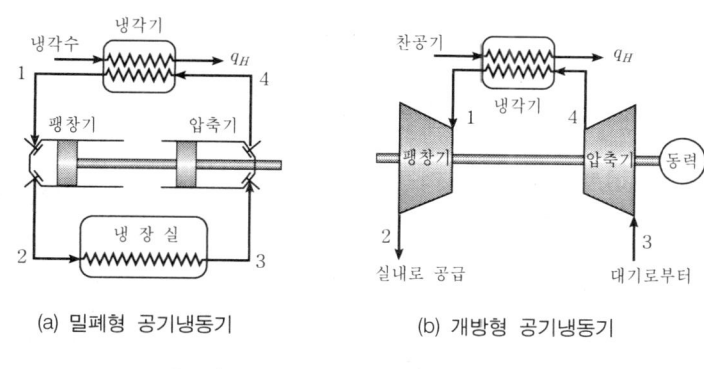

[그림 2-2] 공기냉동기 개략도

(2) 증발열을 이용한 냉동법

앞에서 설명한 것과 같이 액체가 기체로 증발할 때 주위로부터 증발열을 흡수하는 성질을 이용하는 냉동방법으로 증발열은 압력과 온도가 낮을수록 크며 응축열은 압력과 온도가 높을수록 작다. 따라서 압력과 온도를 낮추어 증발시키고 압력과 온도를 높여 응축시키면 냉매를 연속적으로 사용하며 냉동을 할 수 있다. 증발열을 이용하는 냉동법으로는 증기압축식 냉동, 흡수식 냉동, 증기분사 냉동 등이 있다.

① 증기압축식 냉동법(vapor compression refrigerating method)

중소형 냉동기에 많이 이용되는 냉동방법으로 간단한 것은 증발기, 압축기, 응축기, 팽창밸브 등으로 구성된다. 그림 2-3은 **증기압축식 냉동기**(vapor compression refrigerator)를 나타낸 것이며, 사진 2-1은 증기압축식 냉동기를 이용한 냉온수기를 보여준다.

그림에서 저온, 저압의 냉매액이 증발기에서 증발되어 저온, 저압의 냉매증기로 된 후 압축기에서 고온, 고압의 냉매증기로 단열압축된다. 압축된 냉매증기가 응축기에서 정압 하에 방열하여 고온, 고압의 냉매액으로 된 후 팽창밸브에서 저온, 저압의 냉매액으로 교축팽창된다. 소형냉동기에서는 팽창밸브 대신 모세관을 이용하여 팽창시킨다. 증기압축식 냉동에 대한 자세한 설명은 후에 다시 하도록 한다.

② 흡수식 냉동법(absorption refrigerating method)

증기압축식 냉동기에서는 응축이 쉽도록 응축기의 냉각재(공기, 물 등)보다 높은 온도로 냉매증기를 압축시키기 위해 물리적인 압축방식(압축기)을 이용한다. 그러나 **흡수식**

냉동기(absorption refrigerator)에서는 친화력을 갖는 두 물질(냉매와 흡수제)의 융해 및 유리(遊離)작용을 이용한 화학적 압축방식을 이용한다. 냉매가 흡수제에 융해되는 비율은 일반적으로 압력과 온도에 따라 다르다. 그러므로 흡수제를 필요한 만큼 가열하거나 냉각시키면 냉매증기가 흡수제에 흡수되거나 흡수제로부터 유리(분리)되는 양을 조절할 수 있으므로 흡수식 냉동사이클은 **열압축**(熱壓縮)을 한다고 할 수 있다. 자세한 것은 후에 설명하도록 하고 여기서는 간단히 설명한다.

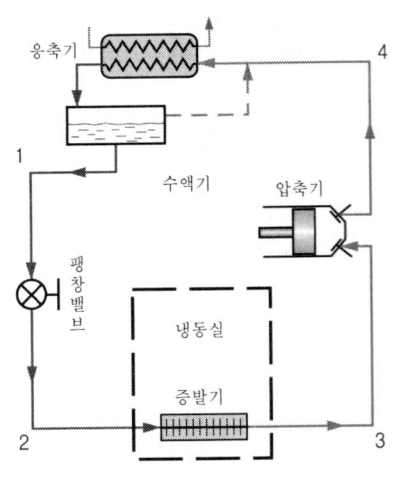

[그림 2-3] 간단한 증기압축식 냉동기

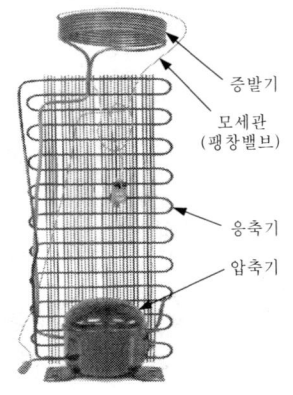

[사진 2-1] 증기압축식 냉동기 (냉온수기)

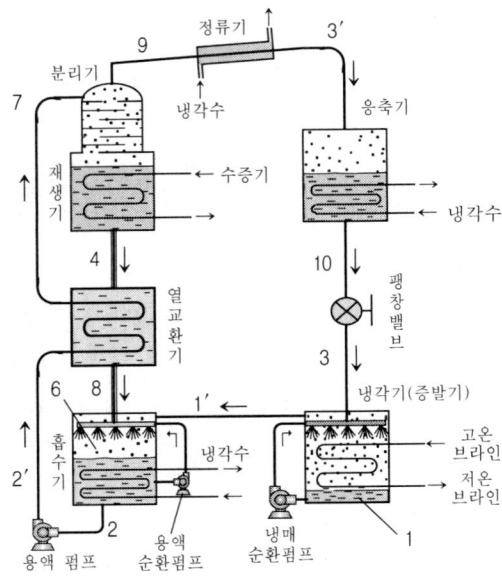

[그림 2-4] NH_3-H_2O 흡수식 냉동기 개략도

흡수식 냉동기는 1855년 프랑스의 F. Carré(까레)가 아황산가스를 이용하여 처음으로 흡수식 냉동기를 제작한 이후 많은 발전을 거듭하여 중대형 냉동기, 제빙산업, 원양어업, 공조기 등에 많이 사용되고 있는 냉동사이클이다. 대표적인 냉매와 흡수제로는 냉동, 냉장용으로 암모니아(NH_3)-물(H_2O)이 이용되며, 공기조화용으로 물-리튬브로마이드(LiBr)가 주로 이용된다.

그림 2-4는 암모니아를 냉매, 물을 흡수제로 사용하는 암모니아 흡수식 냉동기의 계통도를 나타낸 것이다. 냉각기(증발기)에서 브라인으로부터 흡열하여 증발한 저온, 저압의 암모니아 증기가 흡수기로 유입되어 물(흡수제)에 흡수된다. 농도가 짙어진 암모니아 수용액은 용액펌프에 의해 열교환기를 거쳐 재생기로 보내진다. 진한 용액은 재생기에서 수증기, 가스, 전열(電熱) 등에 의해 가열되어 다시 암모니아 증기와 묽은 용액으로 재생된다. 증발, 재생되는 암모니아 증기의 양에 따라 압력이 상승됨으로 재생기가 증기압축식의 압축기 역할을 하는 것이다. 압축된 암모니아 증기와 일부 수증기가 정류기를 거치는 동안 순수한 암모니아 증기만 응축기로 보내져 응축되어 암모니아 냉매액으로 되고 팽창밸브에서 교축팽창되어 저온 저압인 상태로 다시 냉각기(증발기)로 들어감으로써 냉동목적을 달성한다.

③ **증기분사식 냉동법**(steam jet refrigerating method)

그림 2-5와 같이 증기압축식의 압축기 대신 고압의 수증기를 분출하는 **이젝터**(ejector)를 이용하는 냉동법이다. 이젝터 안에 있는 노즐을 통해 수증기를 고속으로 분출시키면 분류(噴流)에 의해 증발기 안의 압력이 낮아지므로 포화온도도 내려가 증발기 안에 있는 물이 쉽게 증발한다. 냉매인 물의 증발에 필요한 열은 물 자체에서 흡수해야 함으로 물의 온도가 냉각되어 냉수로 된다. 이렇게 냉각된 물은 필요한 냉각작용(부하)을 하고 다시 증발기로 되돌아 온다.

한편, 증발기에서 증발된 냉매(수증기)는 이젝터의 노즐에서 분출된 고압의 증기와 혼합되어 **디퓨저**(diffuser)를 통해 감압되어 여러 개의 **복수기**(응축기에 해당)로 유입, 응축되어 물이 된다. 응축된 물은 급수펌프에 의해 보일러로 보내지며 일부는 증발기로 다시 공급된다. 화력발전소와 같은 증기원동소나 폐증기를 많이 버리는 산업체에서 유용하게 사용할 수 있는 방법으로 회전부가 없어 조용하며 지역냉방이나 대용량의 공조장치에 이용된다.

(3) 열전냉동법(thermo-electric refrigeration)

서로 다른 두 종류의 금속(도체)을 압착하여 직류전기를 흐르게 하면 한쪽 금속에는 열이 발생(발열)하여 뜨거워지고 다른 금속은 방열이 일어나 차가워진다. 이러한 현상을 발견한 프랑스의 Peltier의 이름을 따 **펠티어 효과**(Peltier effect)라 하며, 흡열반응이 일어나는 쪽을 이용하여 냉동을 실시한다. 이러한 냉동법을 **열전냉동법** 또는 **전자냉동법**(電子冷凍法, electronic refrigeration)이라고도 한다. 뻬루제 효과는 전류의 방향을 역으로 하면 발열부와 냉각부가 역으로 된다.

그림 2-6은 열전냉동기를 나타낸 것으로 n형 반도체에서 p형 반도체로 전류가 흐르는 접합부에서 흡열하고 p형 반도체에서 n형 반도체로 전류가 흐르는 접합부에서 발열된다. 사진 2-2는 이러한 반도체들을 여러 개 연결하여 만든 열전냉동소자로 보이는 윗면이 발열하고 밑면이 흡열한다.

증기압축 냉동법과 비교할 때 증발기에 해당하는 것이 흡열핀(흡열접합부), 응축기에 해당하는 것이 방열핀(발열접합부)이며 압축기에 해당하는 것이 직류전원이다.

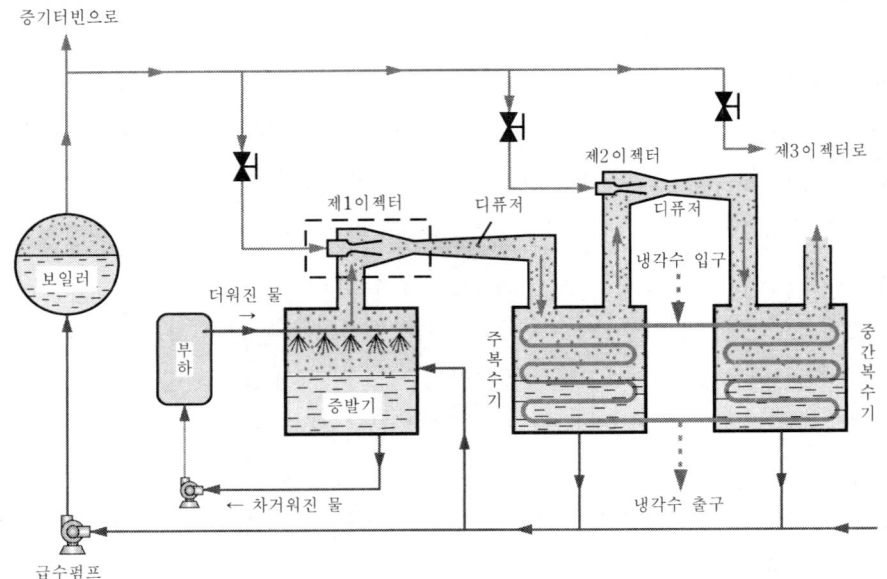

[그림 2-5] 증기분사식 냉동기 개략도

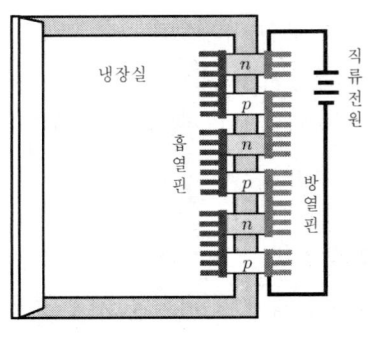

[그림 2-6] 열전냉동기의 원리

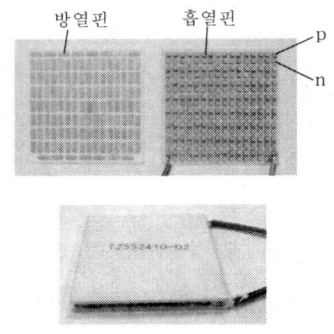

[사진 2-2] 열전냉동 소자

이 열전냉동법은 여러 가지 특징이 있으며 이를 열거하면 아래와 같다.

1. 운전부분이 없어 소음, 진동이 없다.
2. 냉매가 필요 없으므로 냉매 누설로 인한 독성, 폭발 및 환경오염(대기오염, 온난화 및 오존층 파괴 등)이 없고 배관이 필요없어 구조가 간단하다.
3. 열전소자의 크기가 작고 가벼워 냉동기를 소형, 경량으로 만들 수 있으며 상대적으로 냉동실 용량이 크다.
4. 열전소자에 공급하는 전류의 크기로 냉동능력을 마음대로 정밀하게 제어할 수 있다.
5. 고장이 별로 없고 수명이 길다.
6. 성적계수(= 냉동능력/소비전력)가 증기압축식에 비해 월등히 떨어진다.

(4) 자기냉각법(magnetic refrigerating method)

그림 2-7과 같이 상자성염(예를 들면 황산가돌리륨, Gd_2SO_4)을 캡슐에 넣어 강한 자장을 가하면 분자 배열이 자화(磁化)상태의 배열로 바뀌며 자화열이 발생한다. 이 자화열을 캡슐 주위의 액체 헬륨(-269℃)이 흡수하며 증발하므로 상자성 염은 약 3~1 K 정도의 일정한 온도를 유지한다. 이러한 상태에서 상자성염과 액체 헬륨 사이를 진공으로 만들어 단열시킨 후 갑자기 자장을 제거하면 분자의 배열이 다시 바뀐다. 이때 분자운동에 필요한 에너지는 상자성염 자체에서 흡수하여야 하므로 상자성염의 온도가 내려간다. 이 원리를 이용하여 네델란드의 물리학자인 H. Onnes(1924년)는 10^{-6} K의 극저온을 얻었다. 이러한 냉동방법을 **자기냉각법** 또는 **단열탈자법**(斷熱脫磁法, adiabatic demagnetization method)이라 한다.

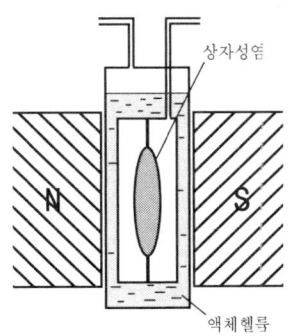

[그림 2-7] 자기냉각법의 원리

이상 열거한 방법 이외에도 고온, 고압에서 다공질 물질인 활성탄소 등에 다량의 가스를 흡착시킨 후 포화상태의 가스를 흡인하여 탈착시켜 극저온을 얻는 **기체의 탈착을 이용한 냉동법**, 기체 시료에 x, y, z축의 레이저를 쪼여 분자의 운동범위를 레이저의 교차점에 고정시키는 **레이저냉각법**으로 1 nK(10^{-9} K)의 극저온을 얻을 수 있다.

4 냉동기, 열펌프 및 물펌프의 비교

4-1 냉동기와 열펌프

1장 6-2절(그림 1-3)과 6-9절에서 설명한 것과 같이 냉동기와 열펌프가 유사성을 가지고 있음에도 불구하고 18세기 중반 영국의 W. Cullen이 최초로 냉동을 시도(1755년)한 이후 80여년 만인 19세기 중반 냉동장치가 상업화 되었으며, 열펌프의 경우는 19세기 중반 영국의 L. Kelvin(W. Thomson)이 최초로 제안(1852년)하였고 스코틀랜드의 Haldane이 제작에 성공하였다(1927년). 그 후 냉동기와 열펌프 모두 유사성, 오존층의 파괴 및 지구온난화, 오일쇼크 등 에너지 절약 차원에서 눈부신 발전을 거듭해왔다. 분명히 과거에는 냉동기가 먼저 개발, 발전되어 왔으나 최근에는 냉동(냉방)과 난방기능을 겸한 열펌프의 연구가 급격히 발전되고 있다. 특히 21세기 들어 지구온난화에 대한 국제적인 협약과 에너지 절약 차원에서 열펌프의 눈부신 발전이 계속될 전망이다.

최초의 열펌프는 냉동기를 이용하여 난방(가열)만을 행하는 단순한 시스템이었으나 현재는 가열(난방)과 냉각(냉동)작용을 복합적으로 이용하는 시스템으로 발전하였다. 물론 냉동기 없이 가열작용을 하는 열펌프(증기압축식 열펌프)도 있지마는 본 저서에서는 냉동기와 열펌프를 비교하기 위하여 냉동기를 이용하는 열펌프에 대해서만 간단히 설명하도록 한다.

그림 2-8(a)는 증발기, 압축기, 응축기, 팽창밸브로 구성된 가장 간단한 열펌프로서 실내에 설치된 조화기(증발기) 코일에서 저온, 저압의 작동유체(열펌프에서는 열매라 함)가 더운 실내공기의 열(q_L)을 흡수하며 증발하므로 냉각(냉방)작용을 한다. 냉각작용을 하며 열을 흡수한 저온, 저압의 열매 증기는 압축기에서 고온, 고압의 열매증기로 압축되고 실외에 설치된 외기(응축기) 코일에서 외부 공기에 열(q_H)을 방출하며 냉각 응축되므로 고온, 고압의 열매액으로 된다. 고온, 고압의 열매액이 팽창밸브에서 교축팽창되어 저온, 저압의 열매액 상태로 조화기 코일로 유입되어 열펌프 사이클을 이룬다. 그림에서 보듯이 실내를 냉장실(냉동실)로 한다면 냉동기와 똑같은 작동과 사이클을 이루므로 열펌프의 냉각작용과 냉동기는 같은 역할을 한다.

이와 반대로 그림 2-8(b)는 동일한 요소로 구성되었으나 열매의 순환방향이 그림 (a)와 반대이다. 이렇게 열매의 순환방향을 반대로 하면, 실외의 외기코일에서 외부 공기의 열(q_L)을 흡수, 증발한 열매증기가 압축기에서 압축되어 고온, 고압의 냉매증기로 된 후 실내의 조화기 코일에서 열(q_H)을 방출하며 응축되므로 가열(난방)작용을 한다. 가열작용을 마친 고온, 고압의 냉매액은 팽창밸브에서 교축팽창되어 저온, 저압의 상태로 외기코일로 유입되므로 열펌프 사이클을 이룬다.

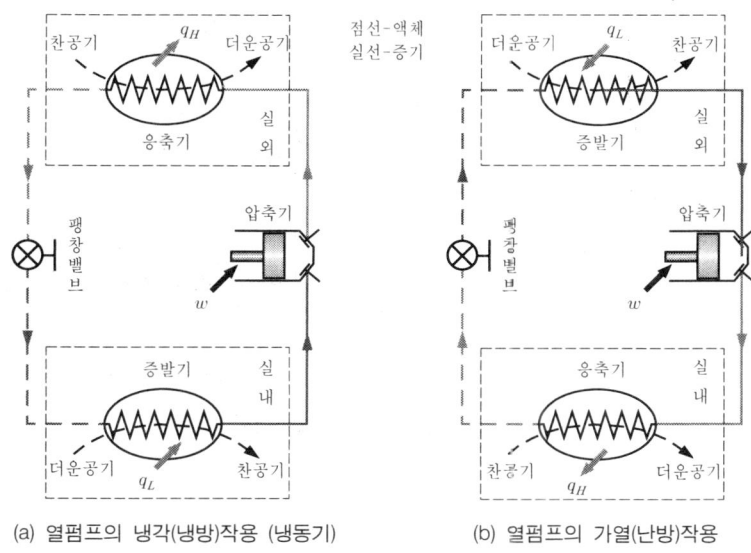

(a) 열펌프의 냉각(냉방)작용 (냉동기)　　(b) 열펌프의 가열(난방)작용

[그림 2-8] 열펌프의 가열, 냉각작용과 냉동기의 비교

이상에서 냉동기와 동일한 요소들의 위치를 바꾸지 않고 작동유체(열매)의 순환방향만 바꿈으로써 가열과 냉각작용을 할 수 있는 것이 열펌프이며, 냉동기는 열펌프의 냉각작용과 같다. 열매의 순환방향에 따라 저열원과 고열원의 위치가 바뀌며 열매의 순환방향은 4방밸브(four-way valve)를 설치하면 간단히 해결된다. 이러한 관점에서 냉동기는 열펌프의 2가지 작용 중 냉각(냉동)작용만 하는 기계로 볼 수 있다.

4-2 열펌프와 물펌프

열펌프와 물펌프의 역할은 무엇을 펌핑(pumping)하는가만 다를 뿐 기능은 같다고 할 수 있다. 즉 물펌프는 낮은 곳(저수위)의 물을 높은 곳(고수위)으로 이동시키는 물 이송장치이고, 열펌프는 저열원의 열을 고열원으로 이동시키는 열 이송장치이다. 물론 열펌프의 기능은 가열과 냉각 두 가지이며 물펌프의 기능도 낮은 곳의 수위를 더 낮게 하는 것과 높은 곳의 수위를 더 높게 하는 것 등 두 가지이다.

그림 2-9(a)는 물펌프의 기능을 나타낸 것으로 고가 탱크에 물이 적을 때 펌프를 가동하여 물을 퍼 올리면 수위가 높아지는 기능과 홍수 때 하천과 같이 낮은 곳(저수위)에 물이 많을 때 펌프를 가동하면 가동 후 하천의 수위가 내려가는 기능 등 2가지이다. 이것은 열펌프의 가열, 냉각 기능과 유사하다.

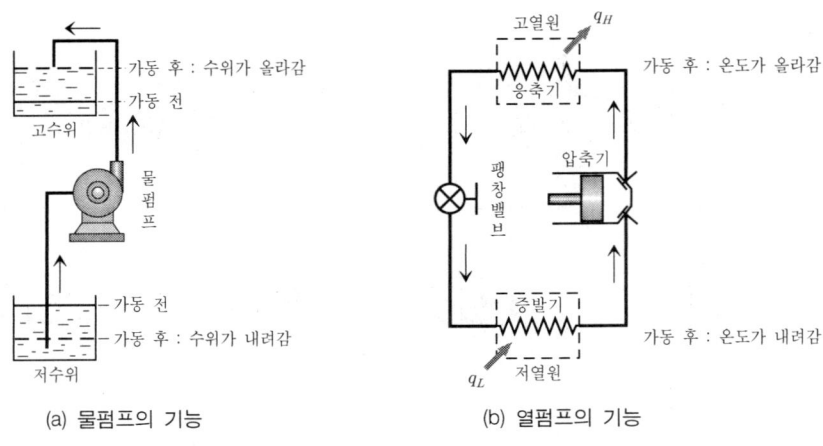

[그림 2-9] 물펌프와 열펌프의 비교

5 냉동의 이용

처음에는 단순히 얼음을 제조하기 위해 냉동기가 개발되었으나 점차 인류의 생활방식과 생활환경의 다양화, 고급화, 산업의 다양한 발전에 따라 냉동을 이용하는 분야도 식품, 제빙, 양조, 어업, 의학, 약학, 냉장창고, 실내 공기조화 등 여러 산업분야에 골고루 이용되고 있다.

(1) 식품 분야

소용량의 냉동기는 가정용 냉장고와 냉동고, 상점의 냉장 쇼케이스와 냉동고로 이용된다. 중대용량의 냉동기는 양조, 빙과류 제조업, 냉동조림 제조업, 냉동식품(만두 등) 제조업, 육류, 어패류의 급속냉동 및 냉장, 낙농제품 가공업, 식품 냉동창고, 저온냉장창고 등 산업용으로 이용된다. 또 수산업(연근해어업, 원양어업), 냉동물류산업(선박, 철도, 자동차) 등에도 이용된다.

(2) 제빙 분야

상업, 수산업용 괴빙(block of ice) 제조, 식용 육각얼음 제조, 특수용도의 얼음 제조, 인공 눈 제조기(snowmaker) 등에 이용된다.

(3) 공기조화

주거용, 업무용, 상업용 건물, 병원, 항공기, 철도, 선박, 자동차 등의 실내 공기조화, 크린룸, 무균실(bioclean room), 항온항습실 등의 공기조화, 기계공업, 화학공업, 제약업, 사진업 등 제품 공정상 공기조화 및 작업조건 최적화를 위한 공조조화 등에 이용된다.

(4) 산업 분야

기계부품 및 정밀기계 제작 및 열처리, 화학반응속도의 조절, 기체의 액화, 액체연료 제조업, 고체연료 제조업 등 기계, 화학, 항공, 원자력 공업 등에 이용된다.

(5) 기타

항공기의 고공실험실, 내연기관의 저온실험실, 저온화학실험실, 유전공학실험실, 생화학실험실 등 특수 실험실에 이용되며, 배아줄기세포 연구용 냉동난자, 종양치료를 위한 나노냉동치료학, 나노냉동외과수술 등 특수 의학용으로 이용된다.

연 습 문 제

2-1 냉방, 냉각, 냉장, 냉동을 각각 정의하여라.

2-2 자연냉동법의 장점과 단점을 설명하여라.

2-3 기계냉동법에서 가장 많이 이용하는 냉동의 원리에 대하여 설명하여라.

2-4 열전냉동법의 원리를 그림을 그려 설명하여라.

2-5 증기분사냉동의 원리를 그림을 그려 설명하여라.

2-6 암모니아-물 흡수식 냉동법에 대하여 설명하여라.

2-7 증기압축식 냉동법과 흡수식 냉동법의 차이점을 설명하여라.

2-8 단열소자법의 원리를 설명하여라.

2-9 물펌프와 열펌프의 유사성을 설명하여라.

2-10 냉동기와 열펌프의 관계를 설명하여라.

제 3 장 냉매

1. 개 요
2. 냉매의 구비조건
3. 냉매의 종류와 명명법
4. 주요 냉매의 특성
5. 냉매의 관리
6. 브라인(brine)
7. 냉동기유(refrigeration oil)

제 3 장 냉 매

1 개 요

1-1 냉매의 정의

　　냉동기에서 저열원으로부터 열을 흡수, 운반하여 고열원으로 방출하는 작동유체를 총칭하여 **냉매**(refrigerant)라 하며, 열을 흡수하기 위해 증발하고 열을 방출하기 위해 응축하는 **상변화**(phase change) 과정을 갖는다. 다시 말하면 냉매는 액체와 기체 상태에서 상변화를 반복적으로 행함으로써 그 목적을 수행한다. 그러나 냉동기에서 상변화를 하지 않고도 열을 흡수, 운반, 방출하는 물질이 있다. 3장 끝에서 설명할 브라인(braine)이 바로 이러한 물질이며 브라인은 항상 액체상태에서 감열을 이용하여 열을 흡수하고 방출하지만 냉매는 잠열을 이용하여 열을 흡수하고 방출한다. 그러므로 냉매와 브라인의 역할은 같지만 방법이 전혀 다르기 때문에 상변화를 하는 냉매를 **1차냉매**(primary refrigerant), 상변화를 하지 않는 냉매를 **2차냉매**(secondary refrigerant)라 한다. 2차냉매는 항상 1차냉매와 더불어 사용되며 공기냉동기의 냉매인 공기는 상변화를 하지 않지만 1차냉매이다.

1-2 냉매의 역사

　　인공적으로 얼음을 생산하기 위해 초창기에 사용된 냉매들은 휘발성 용제들이었다. 상업용으로 사용된 최초의 냉매는 1834년 미국의 J. Perkins가 수동으로 작동되는 냉동기에 적용한 에테르(ether)이다. 1855년 에테르를 이용한 냉동기로 하루 2000파운드의 얼음을 생산한 이래 증산을 위해 1860년대 후반에는 에테르 대신 암모니아를 이용한 흡수식 냉동장치를 이용하였다. 그리고 이산화탄소는 1850년에 A. Twining에 의해 증기 압축 냉매로 제안되었으며, 1860년대에 사용 가능성을 인정받아 냉동육 운반선에 설치된 냉동기에 적용되었다.

그리고 1875년에는 암모니아와 에테르 냉동기의 기계적 결함을 해결하기 위해 아황산가스가 냉매로 제안되었다. 이 냉매는 1940년대까지도 사용되었으며, 이후 염화메틸과 염화에틸을 이용한 냉동기가 상용화 되었으나 염화메틸은 호흡에 의한 마취, 염화에틸은 가연성 등 나쁜 영향 때문에 브롬화에틸이 1930년대까지 사용되었다. 이 외에도 1860년대에는 메틸아민과 에틸아민, 나프타와 같은 경유 증류수, 1870년대에 메틸 아세테이트, 메틸포메이트, 아산화질소 등이 냉매로 상용화되었다.

한편, 1920년대 후반에는 보다 안전한 냉매를 개발하기 위하여 T. Midgley, Jr.와 A. Henne, R. McNary의 연구에 의해 탄소, 질소, 산소, 황, 수소, 불소, 염소, 브롬 등 8가지 성분이 냉매에 적합한 것으로 밝혀졌다. 이 연구팀에 의해 합성된 최초의 할로카본(CFC)계 냉매가 $CHCl_2F$(Dichlorofluoromethane, R-21)이었다. 이후 가장 적합한 상업용 냉매로 개발한 CCl_2F_2(Dichlorodifluoromethane, R-12)에 "프레온(freon)"이란 상품명을 붙였다. 이후 계속된 연구에 의해 제너럴 모터스와 듀퐁사가 합작한 카이네틱사에 의해 50여 종의 할로카본(CFC)계 냉매가 개발, 사용되었다. 그러나 1974년 Rowland와 Molina가 CFC계 화합물이 오존층을 파괴한다고 주장하였으며, 항공관측에 의해 증명되었다. 공기 중에서 자외선에 의해 분해된 CFC계 냉매의 염소와 오존이 반응하여 일산화 염소를 생성함으로써 오존층이 파괴되며, 한번 반응한 염소는 촉매반응에 의해 반복적으로 다시 분해되고, 다른 오존과 반응하여 연쇄적인 오존파괴 현상을 가져온다. 이러한 오존층 파괴는 염소가 불활성화 되거나 성층권에서 이탈될 때 까지 지속되며, 오존이 감소됨으로 인해 인류와 생태계에 막대한 악영향을 미친다. 또한 대표적인 지구온난화 물질인 이산화탄소에 비하여 CFC계 냉매는 수천 배에서 수만 배에 이르는 적외선 흡수능력을 가지고 있으며, 이산화탄소와 더불어 CFC 냉매가 지구온난화에 상당한 원인 물질임이 미항공우주국(NASA)에 의해 보고되었다(1986년).

1987년 3월에 조인된 몬트리올 의정서는 오존층 파괴물질의 생산과 사용금지를 목적으로 조인되었으며, CFC계 냉매의 일부에 대한 연차적인 생산 감축 및 비가입국에 대한 수출과 수입 규제를 합의하였다. 그 후 1990년 런던대회에서는 모든 CFC계 냉매에 대해 이를 확대 적용하였으며 2000년 이후에는 생산을 전면 중단하는 것으로 합의 하였다. 1992년 제4차 코펜하겐 회의에서는 가입국에 대한 CFC계 냉매 생산과 소비에 대한 규제일정을 앞당겼으며, 경과물질인 HCFC계 냉매 또한 규제 대상에 포함시켰다. 그리고 1995년 제7차 비엔나회의에서는 1990년과 1992년에 가입한 개발도상국에 대한 규제일정을 확정하였다. 이에 따라 개발도상국에서는 CFC계 냉매에 대해 늦어도 2020년, HCFC계 냉매는 늦어도 2040년 까지는 소비를 금지하도록 하였다.

표 3-1은 CFC계 냉매와 HCFC계 냉매의 **오존파괴지수**(ODP, Ozone Depletion Potential)와 **지구온난화지수**(GWP, Global Waming Potiontial)를 나타낸 것이다. 표 3-1의 값들은 R-11을 기준으로 한 것이며, 사용이 규제된 냉매들을 대체하기 위하여 개발되는 냉매들을

대체냉매라 한다. 물, 암모니아, 이산화탄소 등과 같이 무기화합물 냉매에 대한 관심 또한 높아지고 있으며 차세대 대체냉매로 산소, 질소, 요오드, 규소 등이 더 많이 포함되는 친환경적인 물질이 각광을 받을 것으로 전망된다.

[표 3-1] 주요 냉매의 오존파괴지수 및 지구온난화지수

냉 매	오존파괴지수(ODP)	지구온난화지수(GWP)
R-11	1.0	1.0
R-12	1.0	2.9
R-113	0.8	1.4
R-114	1.0	4.3
R-115	0.6	8.2
R-22	0.05	0.34
R-123	0.02	0.02
R-124	0.02	0.1
R-141b	0.10	0.09
R-142b	0.06	0.36
R-125*	0	0.58
R-134a*	0	0.26
R-152a*	0	0.03
R-140a	0.11	0.02
R-10	1.11	0.34
R-12B1	3.0	2.3
R-13B1	10.0	2.3
R-114B2	6.0	2.3

(주) * 은 대체냉매임

2 냉매의 구비조건

냉매의 종류에 따라 임계온도, 응고점, 증발열 등 물리적 특성이 다르나 냉동기의 성적계수를 높일 수 있는 냉매가 좋은 냉매이다. 그러나 성적계수가 아무리 높아도 인체나 냉동, 냉장물에 나쁜 영향을 준다면 좋은 냉매라 할 수 없으므로 냉매에 대한 요구조건이 많아진다.

일반적으로 상온(실온)에서 액화시킬 수 있는 가스는 모두 냉매로 사용될 수 있지만 이상적인 냉매는 다음과 같은 요구조건을 만족시키는 것이어야 한다. 그러나 실제 사용되는 냉매는 아래의 조건들을 모두 만족시킬 수 없다.

2-1 물리적 특성

(1) 저온에서도 증발압력이 대기압 이상일 것.

증발압력이 대기압보다 낮으면 공기가 냉동장치 내에 침입하기 쉬우며 공기가 침입하면 압축기 출구압력이 높아지고 침입한 공기 중의 산소나 수분의 영향으로 윤활유가 산화되거나 침전물이 생기고 냉동기를 구성하는 재료를 부식시킨다.

(2) 응축압력이 가급적 낮을 것.

응축압력이 대기압보다 높으면 **축봉장치**(shaft seal)나 접합부 사이로 냉매가 누설되기 쉽고, 압축기 출구온도가 높아져 윤활유가 변질되거나 체적효율이 감소되어 동력손실이 증가하며 각종 부품이나 배관의 내압강도를 높여야 한다.

(3) 임계온도가 높고 상온에서 반드시 액화할 것.

임계온도 이상에서는 아무리 압력을 높여도 액화되지 않아 냉동기로서의 기능을 상실하므로 상온에서도 쉽게 액화되어야 한다. 예를 들면 탄산가스(CO_2)의 임계온도는 31℃이므로 냉각수의 온도를 약간만 높여도 액화되지 않는다.

(4) 응고점이 낮을 것.

냉매의 응고점이 높으면 냉매의 유동성이 떨어져 기능이 상실될 수도 있다. 따라서 응고점은 냉동기의 사용온도보다 낮아야 한다. 만일 암모니아를 냉매로 사용한다면 암모니아의 응고점이 −77℃이므로 이론적으로는 −77℃까지 사용할 수 있으나 실제로는 −60℃ 정도까지 사용하는 것이 안전하다.

(5) 증발열이 크고 액체의 비열이 작을 것.

증발열이 클수록 냉동효과가 커지므로 수액기나 배관의 지름이 작아도 되며, 액체의 비열이 작으면 팽창밸브를 통해 냉매액이 증발기로 유입될 때 증발하는 액의 양이 작아진다.(습증기의 건도가 낮아진다.)

(6) 점도가 작을 것.

점도가 커질수록 유동저항이 증가하고 특히 팽창밸브를 통과할 때 유동저항이 커지면 압축기의 체적효율이 감소하므로 냉동능력이 떨어진다.

(7) 전열작용이 양호할 것.

열전도계수(thermal conductivity)와 **열전달계수**(heat transfer conductivity)가 클수록 응축기, 증발기 및 열교환기의 전열면적과 온도차를 작게 할 수 있다. 또 표면장력이 작을수록 증발기에서 냉매가 증발할 때 전열작용이 양호해진다.

(8) 증기의 비열비가 작을 것.

증기의 **비열비**(比熱比 : $\kappa = C_p/C_v$)가 클수록 압축 후 냉매증기의 온도가 높아지므로 윤활유가 묽어지거나 변질될 염려가 있다(윤활유의 열화). 또한 온도가 높아진 압축기를 냉각시켜야 하므로 압축기의 압축비(응축압력/증발압력)를 높일 수 없고, 증발온도가 낮아지면 다단압축을 하여야 한다. 예를 들면 암모니아는 비열비가 크므로 $-35 \sim -40$℃ 이하가 되면 2단압축을 하여야 하지만 할로카본(프레온) 냉매는 비열비가 작으므로 -50℃에서도 1단압축으로 할 수 있다.

(9) 증기 및 액체의 밀도가 작을 것.

냉동기의 관 속을 흐르는 냉매의 마찰저항에 의한 압력강하는 다른 조건이 동일할 때 밀도에 비례하므로 압력강하를 줄이기 위해서는 밀도가 작은 냉매일수록 좋다. 그러나 원심식 압축기를 사용하는 냉동기에서는 증기의 밀도가 클수록 냉매의 압축일이 작아지므로 적당한 밀도의 냉매가 필요하다.

(10) 증기의 비체적이 작을 것.

증기의 비체적이 작을수록 단위 냉동능력당 **피스톤 배출량**(piston displacement)이 작아지고 수액기의 용량도 작게 할 수 있다.

(11) 전기저항이 클 것.

밀폐형 압축기에만 요구되는 성질로서 밀폐된 용기 속에 전동모터와 냉매가 들어 있으므로 누전의 위험을 줄이기 위해서는 냉매의 전기저항이 커야 한다.

(12) 단위 냉동능력당 소요동력이 작을 것.

단위 냉동능력당 소요동력이 작을수록 성적계수가 커지므로 경제적이다.

2-2 화학적 특성

(1) 화학적으로 안정되고 변질되지 않을 것.

화학적 결합이 양호하며 압축, 증발, 응축 등 어떠한 압력과 온도조건에서도 분해되지 않고 냉매의 성질이 변하지 않아야 한다.

(2) 불활성이고 부식성이 없을 것.

냉동기 윤활유나 가스, 수분 등 다른 물질과 화학작용이 일어나지 않아야 하며 냉매와 접하는 배관, 패킹 등 재료를 부식시켜서는 안된다.

(3) 윤활에 해가 없을 것.

냉매가 어느 정도 윤활유에 녹으면 기밀(밀폐)효과를 증진시켜 밸브 시트(seat)의 밀폐를 좋게 한다. 그러나 너무 많이 용해되면 윤활유의 점도가 감소되어 윤활작용을 방해하며 **슬러지**(slug)를 만들어 **열화**(劣化, degradation)시킨다. 그리고 왕복식 압축기에서는 **오일 포밍**(oil foaming) 현상을 발생시킨다.

(4) 인화 및 폭발성이 없을 것.

누설이 되었을 때 전기나 화기에 의해 인화되거나 폭발하지 않아야 한다.

2-3 그 밖의 특성

(1) 독성 및 자극성이 없을 것.

냉매가 누설되어도 눈, 코, 기관지 등 인체에 나쁜 영향을 주지 말아야 한다.

(2) 악취가 없을 것.

냉매가 누설되었을 때 악취를 풍기지 않아야 한다. 그러나 냄새가 전혀 없으면 누설이 되어도 알 수 없으므로 약간의 냄새가 있는 약품을 첨가하는 경우도 있다.

(3) 누설되어도 냉동, 냉장품 및 자연환경에 손상을 주지 않을 것.

누설된 냉매가 냉동, 냉장품에 손상을 주지 않아야 하며, 특히 오존파괴지수(ODP)와 지구온난화지수(GWP)가 작아 자연환경에 나쁜 영향을 주지 말아야 한다.

(4) 가급적 누설되지 말 것.

누설의 정도는 냉동기 안팎의 압력차, 냉매의 점도, 밀도, 확산 등에 관계된다. 밀폐형 이외의 압축기를 사용하는 냉동기는 누설을 방지할 수 없으나 가급적 누설이 적은 냉매일수록 좋다. 만일 누설이 되었을 때는 누설을 발견하기 쉬운 냉매이어야 한다.

(5) 자동운전이 용이할 것

자동운전이 용이하면 냉동기를 효율적으로 운전할 수 있으며 인건비가 절약되므로 경제적이다.

(6) 가격이 쌀 것

3 냉매의 종류와 명명법

3-1 냉매의 종류

냉매에는 무기화합물(inorganic compound)과 유기화합물(organic compound)이 있으며, 유기화합물 냉매는 유기화합물을 그대로 사용하는 것과 화합물을 구성하는 원소의 일부를 다른 원소로 치환한 것, 두 가지 이상의 유기화합물을 혼합한 것 등이 있다. 구성원소를 다른 원소로 치환한 대표적인 냉매가 **할로카본**(halocarbon) 냉매이며 공비혼합물(azeotrope)과 비공비혼합물(zeotrope)은 혼합냉매이다. 다음은 냉매의 종류를 나타낸 것으로 ASHRAE에서는 할로카본 냉매를 따로 분류하지 않고 메탄계, 에탄계, 프로판계 등으로 분류하고 있다. 부록에 냉매의 명칭, 화학식, 분자량, 비등점 및 안정성 등을 수록하였다.

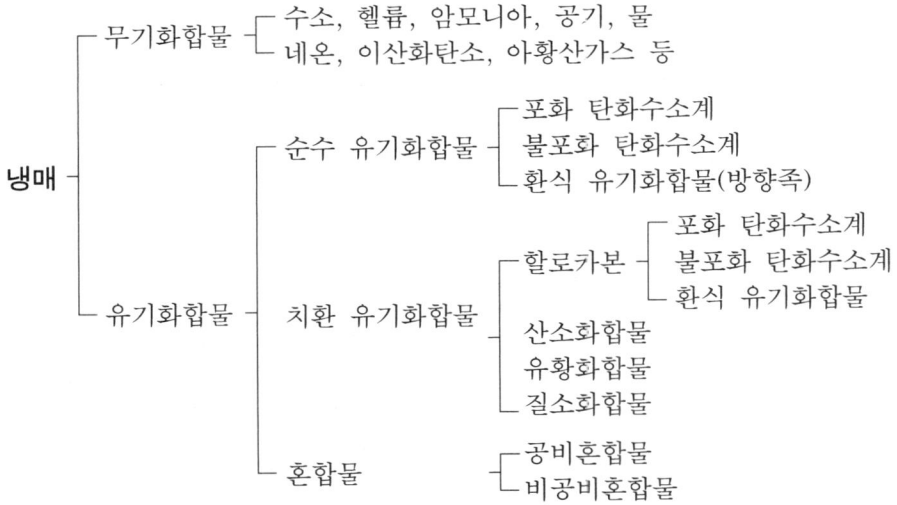

3-2 냉매의 명명법(命名法)

냉매는 종류도 많고 화학명도 복잡하고 길며, 화학식은 다르나 화학명이 같은 경우도 있으므로 화학명을 냉매 이름(명칭)으로 그대로 쓰는 것은 불편하고도 불합리하다. 따라서 냉매의 이름을 붙이기 위하여 일정한 규칙을 정해 다음과 같이 냉매에 고유번호를 부여한다.

3-2-1 할로카본 냉매와 탄화수소 냉매의 명명법

화학식이 $C_k H_l F_m Cl_n$인 포화탄화수소계 할로카본 냉매의 원자수 사이에는

$$2k + 2 = l + m + n \tag{3-3-1}$$

의 관계가 있으며 냉매번호를

$$R\text{-}xyz \tag{3-3-2}$$

로 명명하면(R은 "Refrigerant"의 머리글자) 다음과 같은 관계가 있다.

$$\left. \begin{array}{l} x = k-1 : 100단위\ 숫자\ \cdots\ 탄소(C)\ 원자수 - 1 \\ y = l+1 : 10단위\ 숫자\ \cdots\ 수소(H)\ 원자수 + 1 \\ z = m\ \ \ \ : 1단위\ 숫자\ \cdots\ 불소(F)\ 원자수 \end{array} \right\} \tag{3-3-3}$$

만일 화학식에 브롬(또는 취소, bromine, Br)이 들어 있는 냉매의 경우는 냉매번호 오른쪽 끝에 브롬의 영문 머리글자 B를 붙이고 브롬 원자수를 기입한다.

한편, 에탄(C_2H_6)의 수소원자 대신 할로겐 원소(F, Br, Cl, I 등)로 치환된 에탄계 할로카본 냉매의 경우는 이성체(isomer)가 존재하므로 치환된 할로겐 원소의 안정도에 따라 냉매번호 우측에 a, b, c 등을 붙인다.

> **≫ 예제 3-1** 화학식이 $CHClF_2$(Chlorodifluoromethane)와 $CBrClF_2$(Bromochlorodifluoromethane)인 물질의 냉매명칭은 무엇인가?
>
> **[풀이]** (1) $CHClF_2$
> 탄소(C)원자가 1개, 수소(H)원자가 1개, 불소(F)원자가 2개 이므로 식 (3-3-1)에서 $k=1,\ l=1,\ m=2$ 이다. 따라서 식 (3-3-3)에서
> $x=k-1=0,\ y=l+1=2,\ z=m=2$
> 이므로 냉매명칭은 R-22이다.
>
> (2) $CBrClF_2$
> 탄소(C)원자가 1개, 수소(H)원자가 0개, 불소(F)원자가 2개 이므로 식 (3-3-1)에서 $k=1,\ l=0,\ m=2$ 이다. 따라서 식 (3-3-3)에서
> $x=k-1=0,\ y=l+1=1,\ z=m=2$
> 이며 취소(Br)가 1개 있으므로 냉매명칭은 R-12B1이다.

> 예제 3-2 화학식이 CH_2FCF_3(1-1-1-2 Tetrafluoroethane)인 냉매명칭은 무엇인가?

> 풀이 탄소(C)원자가 2개, 수소(H)원자가 2개, 불소(F)원자가 4개 이므로 식 (3-3-1)에서
> $k=2$, $l=2$, $m=4$ 이다. 따라서 식 (3-3-3)에서
> $x=k-1=1$, $y=l+1=3$, $z=m=4$
> 이성체이므로 R-134a이다.

> 예제 3-3 R-30인 냉매의 화학식을 구하여라.

> 풀이 R-30인 냉매의 화학식을 $C_kH_lF_mCl_n$라 하면 식 (3-3-3)에서
> $l=2$, $m=0$ 이다. 따라서 식 (3-3-3)에서
> $x=k-1=0$, $y=l+1=3$, $z=m=0$ → $k=1$, $l=2$, $m=0$
> 이며, 식 (3-3-1)에서 $n=(2k+2)-(l+m)=2$ 이므로 화학식은 CH_2Cl_2이다.

3-2-2 기타 냉매의 명명법

(1) 불포화탄화수소 냉매

R-○○○○과 같이 4개 단위로 명명하며 1000단위에 1을 붙이고 나머지는 할로카본 명명법에 따른다. 예를 들면 $CH_3CH=CH_2$(프로필렌)은 R-1270, $CHCl=CCl_2$(3염화에틸렌)은 R-1120으로 명명한다.

(2) 공비혼합물 냉매

R-500부터 개발된 순서대로 R-501, R-502, … 와 같이 일련번호를 붙인다.

(3) 비공비혼합물 냉매

R-400부터 개발 순서대로 R-401, R-402, …와 같이 일련번호를 붙이되 혼합하는 냉매의 종류를 오른쪽에 병행하여 기입하기도 한다. 동일한 냉매를 다른 질량비로 혼합한 경우에는 냉매의 성질이 다르므로 개발된 순서대로 다시 A, B, C 등을 붙인다.

(4) 환식유기화합물 냉매

R-C○○○과 같이 할로카본 명명법 앞에 사이클로(환식, cyclo)의 머리글자 "C"를 붙인다. 예를 들면 C_4ClF_7은 R-C317로 명명한다.

(5) 기타 유기화합물 냉매

R-6○○과 같이 명명하되 **부탄계**는 R-60○, **산소화합물**은 R-61○, **유황화합물**은 R-62○, **질소화합물**은 R-63○으로 명명하며 개발된 순서대로 1단위에 0부터 차례로 일련번호를 붙인다.

(6) 무기화합물 냉매

R-700과 같이 명명하되 뒤의 2자리에는 냉매의 분자량을 쓴다. 예를 들면 암모니아(NH_3)는 분자량이 17이므로 R-717, 물(H_2O)은 분자량이 18이므로 R-718로 명명한다.

3-2-3 국제적으로 통용되는 냉매 명명법

염소(Cl)나 브롬(Br)를 포함하는 냉매의 일부, 메탄가스(CH_4), 아산화질소가스(N_2O), 탄산가스(CO_2) 등은 오존층을 파괴하고 오존의 재생성을 방해하므로 자연생태계에 막대한 악영향을 미치고, 또 지구온난화를 가속시켜 기상이변을 일으킨다. 특히 그 중에서도 염소나 브롬을 포함하는 냉매들은 1-2절에서 설명한 것과 같이 환경보호를 위하여 제조 및 사용을 규제하며 기타 냉매들도 규제를 더욱 강화하고 있다. 그러므로 냉매를 공식적인 명명법으로 부르는 것보다 환경파괴를 일으키는 원소들의 포함 여부를 쉽게 알 수 있도록 명명하는 것이 국제적으로 통용되고 있다. 따라서 여기에 공식적인 명명법 이외에 국제적으로 통용되는 냉매의 명명법들을 몇 가지 소개한다.

(1) CFC(chloro fluoro carbon) 냉매

염소(Cl, chlorine), 불소(F, fluorine) 및 탄소(C, carbon) 만으로 화합된 냉매를 **CFC 냉매**라 부르며 대부분의 냉매가 규제 대상이다. CFC 뒤의 숫자는 공식적인 명명법과 같은 방법으로 붙인다. 예를 들면 R-11(CCl_3F)은 CFC-11, R-12(CCl_2F_2)는 CFC-12로 명명한다.

(2) HFC(hydro fluoro carbon) 냉매

HFC 냉매란 수소(H, hydrogen), 불소, 탄소 만으로 구성된 냉매로 R-125(CHF_2CF_3)는 HFC-125, R-134a(CH_2FCF_3)는 HFC-134a, R-152a(CH_3CHF_2)는 HFC-152a로 명명한다. HFC냉매는 오존을 파괴하는 염소가 화합물 중에 없으므로 CFC 냉매의 대체냉매로 사용되고 있다.

(3) HCFC(hydro chloro fluoro carbone) 냉매

HCFC 냉매란 수소, 염소, 불소, 탄소로 구성된 냉매를 말하며, 염소가 포함되어 있어도 공기 중에서 쉽게 분해되지 않아 오존층에 대한 영향이 작으므로 역시 대체냉매로 한시적으로 쓰고 있으나 규제대상에 포함되어 있다.

R-22($CHClF_2$)는 HCFC-22, R-123($CHCl_2CF_3$)는 HCFC-123, R-124($CHClFCF_3$)는 HCFC-124, R-141b(CH_3CCl_2F)는 HCFC-141b로 명명한다.

(4) 할론(halon) 냉매

냉매를 구성하는 원소 중 브롬(Br)을 포함하는 냉매를 **halon 냉매**라 하며 halon-○○○○과 같이 4자리 숫자로 명명한다. 이 명명법을 알면 냉매에 포함되는 할로겐족 원소들의 성분과 개수를 확실히 구별할 수 있다. halon-1211, 1301, 2402 등이 규제 대상이다.

$$\left.\begin{array}{rl} \text{halon-}\bigcirc\bigcirc\bigcirc\bigcirc : & 1000\text{단위 숫자} \cdots \text{탄소(C) 원자수} \\ : & 100\text{단위 숫자} \cdots \text{불소(F) 원자수} \\ : & 10\text{단위 숫자} \cdots \text{염소(Cl) 원자수} \\ : & 1\text{단위 숫자} \cdots \text{취소(Br) 원자수} \end{array}\right\} \quad (3\text{-}3\text{-}4)$$

예를 들어 R-12B1($CBrClF_2$)은 halon-1211, R-13B1($CBrF_3$)은 halon-1301로 명명되며 R-114B2($CBrF_2CBrF_2$)는 halon-2402로 명명된다.

이상에서 언급한 것 이외에도 R-116(CF_3CF_3)과 같은 냉매는 불소와 탄소만으로 구성되어 있으므로 CF(fluro carbon)냉매라고도 한다.

4 주요 냉매의 특성

4-1 암모니아(ammonia : NH_3, R-717)의 특성

암모니아는 현재까지 알려진 냉매 가운데 이상적인 냉매의 구비조건 중 독성을 제외한 대부분을 만족시키는 냉매로서 제빙, 양조, 저온냉동, 냉장 등 산업용의 중, 대용량의 냉동기에 널리 이용되며 가장 오랫동안 사용되어 왔다. 암모니아는 할로카본 냉매의 출현으로 사용범위와 사용량이 격감하였으나 CFC 냉매의 대체냉매로 다시 각광받고 있다.

① 기준증발온도(-15℃)와 기준응축온도(30℃)에서 포화압력이 별로 높지 않으므로 냉동기 제작 및 배관에 큰 어려움이 없다.
② 현재 사용되는 냉매 중 냉동효과가 가장 크므로 냉매순환량을 줄일 수 있다. 또한 비체적이 상당히 큼에도 불구하고 중, 대용량의 냉동기에서는 배관이나 밸브의 크기를 작게 할 수 있어 경제적이다.
③ 응고점(-77.7℃)이 비교적 높은 냉매에 속하므로 극저온에서는 사용할 수 없다.
④ 비열비가 가장 큰 냉매로 압축 후 냉매증기의 온도가 높아 윤활유의 변질을 방지하기

위해 반드시 압축기를 수냉식으로 하여야 한다.
⑤ 암모니아수는 철 및 강을 부식시키지 않는다. 그러나 암모니아 증기가 수분을 함유하면 아연, 주석, 동 및 동합금을 부식시키므로 냉동기와 배관의 재료는 철이나 강을 사용하여야 한다.
⑥ 암모니아는 물에 잘 용해되지만 윤활유에는 잘 녹지 않는다. 그러나 증발기, 응축기, 수액기 등의 밑 부분에 기름 층을 만들므로 정기적으로 윤활유를 뽑아내 압축기로 보내야 한다.
⑦ 오존파괴지수(ODP)와 지구온난화지수(GWP)가 각각 ODP=0, GWP=0 이므로 누설에 의해 환경을 오염시킬 염려가 없다. 그러나 암모니아의 독성은 할로카본 냉매의 약 120배(독성순위 2위) 정도로 강한 자극성을 가진 가스이므로 조금만 누설되어도 눈, 코, 기관지 등을 심하게 자극한다.
⑧ 가연성으로 공기 중에 15~28%(체적비)가 존재하면 폭발의 위험이 있다.
⑨ 누설되어 저장 식품 등과 접촉하면 품질을 떨어뜨린다.
⑩ 전기절연도가 떨어져 밀폐식 압축기에는 부적당하다.
⑪ 페놀프탈레인(phenolphthalein) 시험지와 반응하면 빨간색, 리트머스(litmus) 시험지와 반응하면 청색을 띠며, 염산이나 유황의 불꽃과 반응하여 흰 연기를 발생시킨다.

4-2 할로카본 냉매의 특성

할로카본 냉매는 포화탄화수소(메탄, 에탄 등) 중의 수소원자가 할로겐 원소(F, Br, Cl)로 치환된 냉매를 총칭하는 것이다. 그동안 사용되었거나 현재 사용 중인 CFC와 HCFC 냉매들은 앞에서 설명한 것과 같이 규제대상 이므로 R-11, R-13, R-114, R-141b, R-142b, R-500, R-502, R-503, R720 등 규제대상 냉매에 대해서는 본 저서에서 언급하지 않는다. 다만 이전에 사용되었던 냉매 중 아직도 혼합냉매에 사용되는 CFC계의 R-12와 HCFC계의 R-22에 대해서만 언급한다. 현재 HFC계 중에 R-134a, R-152a가 대체냉매로 많이 사용되며, R-125와 R-32를 혼합한 R-410 등과 같은 혼합냉매가 대체냉매로 널리 사용된다.

4-2-1 할로카본 냉매의 일반적인 특성

① 화학적으로 안정되고 독성이 거의 없다.
② 연소되지 않고 폭발하지 않으므로 암모니아에 비해 안전하다.
③ 비열비가 작아 압축기를 공냉식으로 할 수 있으며 −50℃ 정도의 저온을 얻을 경우도 1단 압축으로 가능하다. 그러나 암모니아 냉매는 2단압축으로 하여야 한다.

④ 전기절연성이 양호하므로 압축기를 밀폐식으로 할 수 있다.
⑤ 누설되어도 저장 식품 등을 손상시키지 않는다.
⑥ 증발열이 작아 냉매순환량이 많아지므로 배관의 치수가 커진다.
⑦ 증기의 밀도가 커 배관에서의 압력강하가 크다.
⑧ 금속에 대한 부식성이 비교적 작다. 그러나 수분이 있으면 가수분해하여 산이 생성되고 철강재를 부식시키며, 납(Pb), 마그네슘(Mg), 마그네슘합금(2% 이상)도 부식시키므로 배관 재료를 동(Cu)으로 하여야 한다.
⑨ 물에 용해되지 않으므로 냉동기 배관 안에 수분이 흡수되면 팽창밸브 등에서 결빙되어 냉매의 흐름을 막아 냉동능력을 감소시킨다.
⑩ 전열작용이 암모니아보다 불량하여 같은 냉동능력일 경우 암모니아의 증발기와 응축기의 전열면적보다 더 크게 하여야 한다.
⑪ 무색, 무취의 기체이므로 전용 누설검지기인 헬라이드 토오치(halide torch)나 가스 누설검지기를 사용하여야 누설 여부를 발견할 수 있다.
⑫ 값이 비교적 비싸다.

4-2-2 주요할로겐화탄화수소 냉매의 특성

(1) R-12(CCl_2F_2, CFC-12)

화학명이 Dichlorodifluoromethane이며 할로카본 냉매 중 제일 먼저 상용화된 것으로 냉매로서의 특성이 매우 좋아 가장 많이 사용되어 왔으나 오존파괴지수와 지구온난화지수가 CFC냉매 중에서도 매우 높아 21세기 들어 제조와 사용이 금지된 냉매이다. 현재 우리 나라를 비롯한 많은 나라들이 대체냉매로 R-134a(HFC-134a)나 R-152a(HFC-152a)를 사용하고 있다. R-12의 특성은 다음과 같다.

① 비등점이 $-29.8℃$이며, 응고점($-158℃$)이 낮고 임계점($112℃$)이 충분히 높아 사용할 수 있는 온도 범위가 넓고, 공냉식 또는 수냉식으로 쉽게 액화된다.
② 포화압력이 암모니아에 비해 아주 낮아 $-30℃$까지 1단 압축으로 하여도 무리가 없고 냉동기나 배관 등에 내압(耐壓)이 큰 재료를 사용할 필요가 없다.
③ 증발열이 작으므로 표준냉동사이클에서의 냉동효과(121.28 kJ/kg)가 다른 냉매에 비해 상대적으로 작아(냉동효과가 1127.53 kJ/kg인 암모니아의 약 1/9) 냉매순환량이 커진다. 그러므로 설계할 때 냉매 액관을 굵게 하여야 하므로 냉동기 제작에 불리하다.
④ 표준증발온도($-15℃$)에서 냉매의 비체적(0.0910 m^3/kg)이 암모니아(0.5079 m^3/kg)의 약 1/6이므로 동일한 냉동능력일 경우 압축기의 피스톤배출량이 암모니아보다 약 65% 정도 많아지나 압축기의 소요동력은 암모니아와 거의 같다.

⑤ 증기의 밀도가 커 증발기에서의 압력강하가 커지므로 증발기관의 길이를 너무 길게 하여서는 곤란하며 압축기의 흡입관도 굵게 하여야 한다.
⑥ 천연고무는 잘 침식시키지만 합성고무는 침식시키지 않으며 전기저항이 커 밀폐식 왕복형 압축기에도 적합하여 가정용 냉장고와 같은 소형냉동기에도 널리 사용된다.
⑦ 액체의 비열이 커 팽창밸브를 지나면 증기(플래시 가스, flash gas)가 많이 발생한다.
⑧ 물에는 잘 용해되지 않지만 수분이 혼입되면 팽창밸브에서 결빙하므로 관로에 건조기(dryer)를 설치해야 하며 윤활유를 잘 용해시킨다.
⑨ 할로카본 냉매 중 가장 안전하여 누설되어도 인체나 냉동, 냉장품에 손상을 주지 않는다.
⑩ 자신은 불연성이나 공기 중에 2.4%(체적비) 이상 존재하면 불꽃과 반응하여 독성이 강한 포스겐(phosgene, $COCl_2$), 불화수소(HF), 염화수소(HCl)가스 등을 발생시킨다.

(2) R-22($CHClF_2$, HCFC-22)

화학명이 Chlorodifluoromethane인 R-22는 열역학적 성질이 암모니아와 흡사한 냉매로 R-12와 더불어 가장 많이 사용되어왔다. 그러나 염소를 포함하는 화합물이므로 경과물질로 규제를 받는다. R-134a와 R-152a 등과 더불어 다른 냉매와 혼합하여 비공비혼합물, 공비혼합물 냉매로도 많이 사용되고 있다. 주요 특성은 다음과 같다.

① 비등점(-40.8℃), 응고점(-160℃) 및 임계점(96℃)이 R-12보다 낮으며, -40℃ 이하에서는 암모니아보다 냉동능력이 우수하여 -50~-80℃ 정도의 2단압축 냉동장치에 저온측 냉매로 많이 쓰인다.
② 냉동능력이 1 kW인 표준냉동사이클에서의 피스톤배출량(1.652 m^3/h)이 암모니아(1.622 m^3/h)보다 약간 큰 정도이나 비체적(0.0776 m^3/kg)이 작아 냉매 액관은 암모니아보다 1.7배, 압축기 흡입관은 1.4배 정도 커야 한다.
④ 투명한 냉매로 에테르(ether)와 같은 냄새가 있으나 인체에는 큰 영향을 주지 않는다.
⑤ 액체일 경우 물에 대한 용해도가 할로카본 냉매 중 비교적 높은 편이다.
⑥ 금속에 대한 부식성은 R-12와 같으며, 일정한 고온에서는 윤활유에 잘 용해되며 저온에서는 잘 용해되지 않는다. 용해된 냉매는 압력과 온도 및 윤활유에 따라 2상(二相)으로 분리된다.

(3) R-134a(CH_2FCF_3, HFC-134a)

화학명이 Tetrafluoroethane인 R-134a는 열역학적 성질이 R-12와 유사하여 R-12의 대체 냉매로 사용이 점차 증가하고 있다. R-22와 R-152a 등과 더불어 비공비혼합물 냉매로 많이 사용되고 있다. 주요 특성은 다음과 같다.

① 약 20℃를 기준으로 그 이하의 압력에서는 저압특성을 그 이상의 압력에서는 고압특성을 보여 표준 냉동사이클에서의 압축비가 R-12에 비해 약 15% 정도 크다.
② 냉동능력이 같은 경우 표준 냉동사이클에서의 냉매순환량이 R-12에 비해 약 20% 정도 작아도 된다.
③ 응축기의 과냉각도를 R-12와 동일하게 하면 체적유량이 15% 정도 감소하고 점성계수도 약간 작아 모세관의 길이를 증가시키거나 모세관의 지름을 증가시켜야 한다.
④ 윤활유로 POE(polyol ester oil)을 사용하는 압축기는 마모가 촉진되며 모세관의 막힘이 발생할 수 있다. 따라서 POE의 대체 오일로 에테르 오일(ether oil)이 검토되고 있다.
⑤ 소형 냉장고에 적용하였을 경우 R-12에 비해 성적계수가 약간 떨어진다.
⑥ 비등점(-27℃)이 비교적 높아 자동차용 에어콘, 냉장고 등 가전제품 등에 주로 이용됨으로 용도가 제한된다.

(4) R-152a(CH_3CHF_2, HFC-152a)

화학명이 1,1-Difluorethane인 R-152a는 지구온난화지수가 R-134a의 1/10 정도로 같은 냉동능력에 대해 소비동력이 약간 작다. 무색의 R-152a는 인체에 대한 위험성이 작은 대신 인화성이 높아 누출되면 화재의 위험이 있다. R-22와 R-134a 등과 더불어 비공비혼합물 냉매로 많이 사용되고 있다.

(5) R-125(CHF_2CF_3, HFC-125)

화학명이 Pentafluoroethane인 R-125는 비등점(-49℃)이 비교적 낮아 공업용 냉동기에 활용할 수 있다. R-152a보다 인화성이 낮아 상대적으로 안정적이므로 기존의 소화용 Halon 가스를 대체하는 청정 소화약제로 사용된다. 그러나 R-134a에 비해 지구온난화지수가 약 2배 정도 높다.

(6) R-32(CH_2F_2, HFC-32)

화학명이 Difluoromethane인 R-32는 지구온난화지수가 R-152a 보다 크지만 R-125의 1/5 정도이다. 무색, 무취이나 인화성이 있어 단독으로 쓰는 경우는 거의 없으며 비공비혼합물 냉매로 사용된다.

(7) R-23(CHF_3, HFC-23)

화학명이 Trifluoromethane 인 R-23은 R-22를 생산하는 공정에서 나오는 대표적인 지구온난화 물질로서 이산화탄소에 비해 약 11700배 정도 온난화지수가 높다. R-22를 생산하는 공정 중에 발생하는 R-23을 열분해하여 발생량을 줄임으로서 국제적으로 거래되는 이산화탄소 배출권을 얻을 수 있다. 단독으로 냉매로 쓰이지 않으며 공비혼합물 냉매인 R-503, R-508A, R-508B 등의 주요 혼합냉매로 사용된다.

4-3 공비혼합물(azeotropes) 냉매의 특성

서로 다른 할로카본 냉매들을 혼합하면 가스와 액체 상태에서도 그 성질이 변하지 않고 서로의 결점이 보완되는 양질의 냉매를 얻을 수 있다. 각각의 냉매들을 적당한 비율로 혼합하면 혼합물의 비등점이 일치하는 냉매를 얻을 수 있으며, 이와 같은 냉매를 **공비혼합물**(共沸混合物) 냉매라 한다. 공비혼합물 냉매를 사용하면 응축압력을 감소시킬 수 있거나 압축기의 압축비를 줄일 수 있다.

(1) R-502(R-22/R-115)

R-22와 R-115가 48.8 : 51.2(질량비)로 혼합된 냉매가 R-502이며 R-22대신 사용하면 냉동능력이 약간 증가한다. 응축압력은 R-12와 거의 비슷하지만 표준 냉동사이클에서 압축 후 냉매 증기의 온도를 R-22보다 약 15℃ 정도 낮출 수 있다. 만일 −30℃의 저온을 30℃로 압축하는 경우에는 압축 후 냉매증기의 온도를 R-22보다 약 20℃ 정도 낮출 수 있으며 압축비도 7 정도로 1단압축이 가능하다. 특히 저온에서는 냉동능력이 R-22보다 약 10% 정도 향상된다.

(2) R-507A(R-125/143a)

R-125와 R-143a가 50:50(질량비)으로 혼합된 냉매가 R-507A이며 산업용의 중저온용 소형 냉동기 냉매로 사용된다. 피스톤배출량이 같을 경우 R-12보다 냉동능력이 다소 떨어진다.

4-4 비공비혼합물(zeotropes) 냉매의 특성

비공비혼합물(非共沸混合物) 냉매도 서로 다른 할로카본 냉매를 적당량 혼합하여 만드는 것은 공비혼합물 냉매와 같으나 혼합 후에도 할로카본 냉매 각각의 고유 특성을 유지하므로 각각의 냉매가 가지는 증발과 응축압력을 따로 가지는 점이 공비혼합물 냉매와 다르다. 이렇게 각각의 냉매가 증발, 응축하는 과정에서 증발압력과 응축압력이 서로 다르면 정압 하에 일어나는 증발과정과 응축과정 중 냉매의 조성이 변하므로 냉매액의 온도 또한 변한다.

그림 3-1은 비공비혼합물 냉매의 상변화곡선을 나타낸 것으로 과냉각 냉매(상태점 1)가 가열되어 기포점(bubble point, 상태점 2)에 도달하면 비등점이 낮은 냉매가 우선 증발하기 시작한다. 냉매가 증발하기 시작하면 증발한 냉매의 양만큼 기존의 비공비혼합물 냉매의

조성비가 달라진다. 증발과정이 진행 중인 상태점 3점의 경우 냉매증기(기체)의 상태는 3″(응축선), 냉매액은 3′(증발선) 상태이며 상대적으로 비등점이 낮은 냉매의 조성비가 높아진다. 상태점 4에서 증발이 완료되면 처음(상태점 1)과 같은 조성비를 가지는 증기가 되며, 상태점 5와 같은 과열증기로 가열되어도 조성비는 변하지 않는다. 그러나 비공비혼합물의 열전도율은 단일냉매에 비하여 다소 떨어진다. 이것은 혼합물의 농도 및 온도 경계층 때문으로 알려져 있다. 또한 누출되면 조성비를 맞추기 위하여 냉매 전량을 교체하여야하는 큰 단점이 있다.

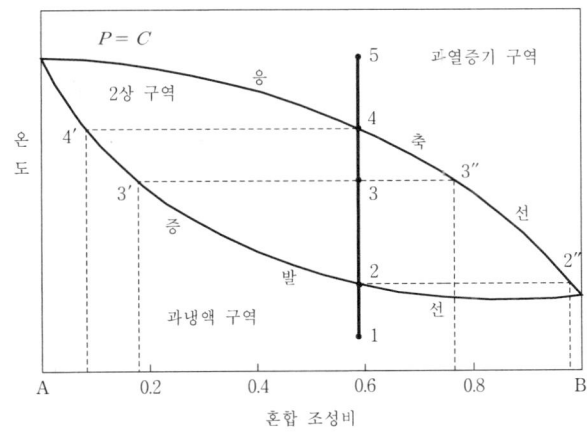

[그림 3-1] 비공비혼합물 냉매의 상변화

(1) R-407C (R-32/125/134a)

R-407C는 R-32, R-125, R-134a가 23:25:52(질량비)의 비율로 혼합된 냉매로 안전도가 높으며 대기압에서 상변화시 온도변화가 7℃ 정도 됨으로 대향류 방식의 냉각기를 사용하면 더 효과적이다. 현재 R-22의 대체 냉매로서 주목받고 있다.

(2) R-410a (R-32/125)

R-32와 R-125가 질량비로 반반씩 혼합된 냉매로 대기압에서 상변화시 온도변화가 약 0.1℃ 정도 발생한다. 상대적으로 상변화시 온도변화가 적어 공비혼합물과 거의 유사하기 때문에 대표적인 **근공비혼합물**(近共沸化合物, near-azeotrope) 냉매라고도 한다. 안전도가 높으며 R-22보다 약 40% 정도 높은 포화압력을 가지며 성적계수는 표준냉동사이클에서 R-22보다 약간 낮다. 근공비혼합물 냉매로 R-22를 이 냉매로 교환하여 사용하여도 응축기나 증발기에 영향을 거의 미치지 않는다는 장점을 가지고 있으며 중형 및 소형의 상업용 냉동기 냉매로 이용되고 있다.

(3) R-404A (R-125/143a/134a)

R-125, R-143a, R-134a가 44:52:4(질량비)의 비율로 혼합된 냉매로 대기압에서 상변화시 온도변화가 약 1℃ 정도이며, 기존의 공비혼합물 냉매인 R-502 대체냉매로 고려되고 있다. 연구에 의하면 R-502를 대체할 경우 약 10% 정도의 성적계수가 상승되는 것으로 알려져 있다.

4-5 기타 냉매의 특성

(1) 물(R-718)

가장 안전하고 투명한 무해, 무미, 무취, 무독의 냉매로 빙점(응고점)이 너무 높고, 비체적이 크므로 증기압축식 냉동기에는 사용이 불가능하며 흡수식 냉동기나 증기분사식 냉동기 등 공기조화용 냉동기의 냉방에 이용된다.

(2) 공기(R-729)

물과 같이 투명한 무해, 무미, 무취, 무독의 냉매이나 성적계수가 낮고 소요동력이 크므로 항공기의 냉방과 같은 특수한 목적의 냉방용 공기냉동기, 공기액화 등에 사용된다.

(3) 이산화탄소(R-744, Carbon Dioxide)

공기보다 무거운 투명한 무취, 무독의 부식성이 없고 연소 및 폭발성이 없는 냉매로 할로카본 냉매가 개발되기 전에는 선박용 냉동, 사무실이나 극장 등의 냉방용 냉매로 널리 사용되었으나 대부분 R-12로 대체 되었다가 현재는 대체냉매로 주목받아 다시 연구되고 있다. 인체에는 해가 없으나 공기 중에 평균농도(체적비로 약 0.05%)보다 많은 3% 정도 존재하면 호흡곤란을 느끼며(산결증:산소결핍증) 30%가 되면 1시간 내에 인체에 치명적일 수도 있다.

포화압력이 대단히 높으므로 냉동기의 모든 부분에 강(强) 내압성 재료를 사용하여야 하는 큰 결점이 있으나 가스의 비체적이 다른 냉매에 비해 대단히 작으므로 동일한 냉동능력당 피스톤 배출량이 적다. 그러므로 냉동장치의 크기가 작아져 좁은 공간에 적합하다. 그리고 임계온도(31℃)가 낮으므로 냉각수의 온도가 충분히 낮지 않으면 응축기에서의 액화가 곤란하고, 증발열도 작아 성적계수가 작아지므로 반대로 압축기 소요동력이 커진다.

이 밖에도 아황산가스(R-764), 메틸클로라이드(R-40), 메틸렌클로라이드(R-30), 에틸클로라이드(R-160) 등이 사용되어 왔으나 현재는 거의 사용되지 않는다.

이상에서 설명한 냉매를 포함한 기타 냉매의 열역학적 특성, 증기표와 몰리에르선도(Mollier diagram, $P-h$ 선도)를 부록에 수록하였다.

5 냉매의 관리

5-1 냉매의 안정성

　냉매는 누출되면 사용자가 직접 흡입할 수도 있고 접촉되는 물품이나 저장품에 나쁜 영향을 미칠 수 있다. 따라서 냉매의 안전성은 냉동기를 설계하는 사람들이 고려하여야 할 중대한 요소이다. ASHRAE에서는 사용상 예상되는 위험성을 독성과 인화성을 기준으로 A1, A2, A3, B1, B2, B3 등 6그룹으로 분류하였다. A1 그룹이 가장 안전하며 B3 그룹이 가장 위험성이 크다. 다음은 그룹에 대한 독성의 정도를 설명한 것으로 영문 대문자는 독성을 나타낸다.
* 그룹 A : 체적당 농도가 400ppm보다 적거나 같을 때 독성이 나타나지 않는 경우
* 그룹 B : 체적당 농도가 400ppm를 초과할 때 독성이 나타나는 경우로 숫자는 인화의 정도를 나타낸다.
  ◇ Class 1 : 대기압 21℃에서 불꽃의 전파가 없다.
  ◇ Class 2 : 대기압 21℃에서 인화 한계가 $0.1\ kg/m^3$을 초과하고 연소열이 19,000 kJ/kg 미만인 경우
  ◇ Class 3 : 대기압 21℃에서 인화 한계가 $0.1\ kg/m^3$ 이하이거나 연소열이 19,000 kJ/kg 이상인 경우

5-2 냉매 누설탐지

(1) 전자장치 탐지

　누설된 냉매의 분해로 발생되는 이온에 의해 백금전극 사이를 흐르는 전류의 크기변화로 누설여부를 알 수 있다. 이러한 전자탐지장치는 R-14를 제외한 모든 할로카본 냉매를 탐지할 수 있으나 전자탐지 장치를 인화성이나 폭발성 증기가 포함된 곳에서 사용하면 안된다. 또한 알코올류나 일산화탄소가 탐지장치에 흡입되는 경우에는 오작동이 일어날 수 있으므로 주의하여야 한다. 현재는 다양한 모델이 많이 개발되어 있으며 자동화시스템에 설치되는 경우도 있다.

(2) 거품 도포법

　가스배관에 흔히 사용하는 누기시험법과 동일하다. 배관에 일정 이상의 압력을 충전한 후 각각의 접합부에 비누거품과 같은 거품을 바르거나 분무하여 누설부위를 육안으로 쉽게 찾을 수 있으나 진공배관 등 배관내부로 비누거품이 유입될 수 있는 곳에는 사용하지 않아야 한다.

(3) 자외선 염료법

자외선 염료를 윤활유나 냉매에 혼합하여 시스템을 운전하면 염료가 누설부위를 통해 누출되는 경우 자외선 형광등을 비추면 색이 변하므로 누설 부위를 쉽게 발견할 수 있다. 염료는 시스템 부속기기들에 영향을 주지 않는 것을 선택하여야 하며 자외선이 사람에게 직접 노출되지 않도록 조심하여야 한다.

또 분산, 비분산 적외선 분석장치를 사용하는 방법이 있다. 이 분석장치는 고비용이긴 하지만 냉매의 누출 뿐만 아니라 냉매의 종류까지도 쉽게 알 수 있다.

(4) 시험용지를 이용하는 방법

암모니아의 경우 페놀프탈레인 시험지와 리트머스 시험지를 이용하여 누설을 탐지할 수 있다.

이 외에도 암모니아의 경우는 염화수소산 용액을 누설이 의심되는 부위에 가까이 하면 염화암모늄의 흰 연기가 생기므로 누설을 발견할 수 있다.

6 브라인(brine)

보통의 냉동기는 증발기에서 냉매가 증발하여 냉동품(냉장품)으로부터 직접 열을 흡수하지만 용량이 큰 냉동기 또는 냉동품이 크거나 특수한 목적에 사용하는 경우에는 매개체를 이용하여 냉동품으로부터 간접적으로 열을 흡수한다. 이와 같이 간접적으로 열을 흡수하는 냉동기에서 냉동품으로부터 열을 흡수하여 증발기(이 경우는 보통 냉각기라 함)로 열을 운반, 방출하는 작동유체(2차 냉매)를 총칭하여 **브라인**이라 한다. 그러므로 브라인은 상변화를 하지 않고 항상 액체(공기는 제외) 상태를 유지하며 저열원(피냉각체)으로부터 감열을 이용하여 열을 흡수, 운반하여 증발기(냉각기)에서 1차 냉매에 열을 방출한다.

6-1 브라인의 구비조건

① 비등점이 높고 응고점이 낮아 냉동장치 내에서는 항상 액체 상태를 유지할 것.
② 비열, 열전달율이 크고 열전달 특성이 좋을 것.
③ 비중이 적당하고 점도가 낮을 것.

④ 부식성이 없을 것.
⑤ 냉매나 다른 가스와 접촉하여도 변하지 않을 것.
⑥ 누설시 냉장, 냉동품에 손상을 입히지 않을 것.
⑦ 독성이 없을 것.
⑧ 값이 싸고 구입이 쉬우며 취급이 용이할 것.

6-2 브라인의 농도와 응고점

브라인은 어는 온도(응고점 또는 동결점)가 낮은 염류(salts)를 물에 용해시켜 만든다. 이러한 염류의 수용액은 용액의 농도에 따라 어는 온도가 달라지므로 특정한 온도에서 용액의 어는 온도가 최저로 되는 농도가 존재한다. 이 농도를 **공융농도**(eutectic concentration)라 하며, 공융농도가 나타나는 온도를 **공융온도**(eutectic temperature), 상태를 공융점(eutectic point), 공융농도 하의 용액을 **공융혼합물**(eutectic mixture)이라 부른다. 공융농도 이외의 농도에서는 용액의 온도를 점차 내리면 임의의 온도에서 순수한 얼음(공융농도보다 농도가 묽은 경우)이 얼거나 염이 석출(공융농도보다 진한 경우)되어 나머지 용액의 농도는 점점 공융농동에 근접하며 결국에는 공융농도에 도달하여 모두 동결된다.

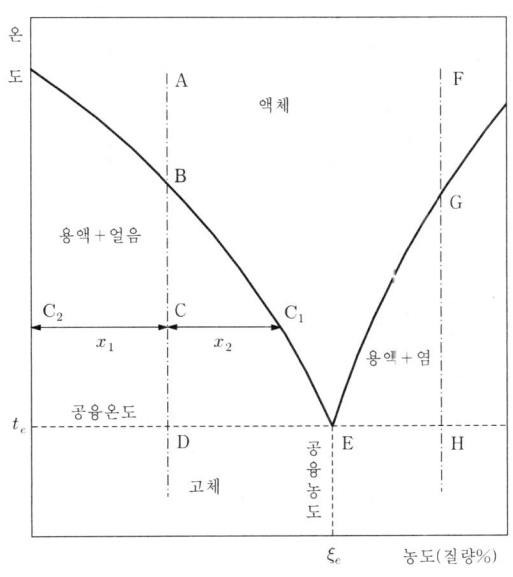

[그림 3-2] 공융혼합물의 상태도

그림 3-2는 용액의 농도와 온도의 관계를 표시한 것으로 점 E가 공융점이며 이에 해당하는 농도인 ξ_e를 공융농도, t_e를 공융온도라 한다. 그림에서 공융농도보다 낮은 농도의 용액을 점 A로부터 온도를 점차 내리면 점 B에서 순수한 얼음이 얼기 시작하며 계속 온도를 내리면 얼음의 양이 증가하고 용액과 얼음이 분리된 혼합체가 되며, 나머지 용액은 농도가 증가하므로 $\overline{BC_1}$선을 따라 공융점으로 접근한다. 만일 온도를 점 C까지 내렸다면 용액의 농도는 점 C_1에 해당하며 얼음의 양은 $x_2/(x_1+x_2)$, 용액의 양은 $x_1/(x_1+x_2)$으로 된다. 이와 반대로 공융농도보다 진한 용액을 점 F로부터 온도를 내리면 반대로 염이 석출되며 농도가 감소하여 공융점에 도달한다. 온도를 공융온도보다 더 낮게 내리면 모두 동결하여 고체가 된다. 따라서 브라인을 최적의 조건으로 하려면 수용액의 농도를 공융농도와 같게 하여야 한다.

표 3-2는 현재 주로 사용되는 브라인의 종류와 특성을 나타낸 것이다.

[표 3-2] 브라인의 종류와 특성

브라인 명칭	화 학 식	공융농도 용액 100 g 중 염의 질량(%)	공융온도 (℃)	사용온도 (℃)	용 도
염화칼슘용액	$CaCl_2$	29.9	-55	-40	제빙, 냉장, 예냉
식염수	$NaCl$	23.1	-21.2	-17	식품의 냉동, 냉장
염화마그네슘용액	$MgCl_2$	20.3	-33.6	-25	냉장, $CaCl_2$ 대용
에틸렌글리콜	$HOCH_2CH_2OH$	46.4	-33	-30	소형냉동기, 냉장
글리세린	$C_3H_5O_3$	66.9	-51.3	-40	소형냉동기, 냉장
프로필렌글리콜	$CH_3CH(OH)CH_2OH$	—	—	-20	식품의 냉동, 냉장
물	H_2O	—	0	5	냉방

6-3 브라인의 종류와 특성

6-3-1 무기질 브라인

무기질 염류의 수용액을 무기질 브라인이라 하며, 일반적으로 무기질 브라인은 유기질 브라인에 비해 부식성이 크다. 많이 사용되는 브라인의 특성은 다음과 같다.

(1) 염화칼슘($CaCl_2$) 수용액

가장 많이 사용되는 브라인으로 공융농도가 29.9%일 때 어는 점은 -55℃이다. 염화칼슘 수용액은 공기 중의 수분을 흡수하여 농도가 묽어지는 성질이 있으므로 취급에 주의를 요한다(부록 참조).

주로 제빙에 많이 사용되며 식품 등의 냉동, 냉장용으로 쓰이나 누설로 인해에 식품에 접촉되면 떫은 맛이나 품질을 저하시킨다. 부식성이 강하므로 냉동기 재료를 보호하기 위하여 방식제를 첨가한다. 방식제로는 보통 염화칼슘 브라인 1 L에 중크롬산소다($Na_2Cr_2O_7$) 1.6 g과 가성소다(NaOH)를 중크롬산소다 100 g당 27 g의 비율로 혼합한다. 요즈음에는 공해문제로 중크롬산소다 대신 독성이 없는 유기성 방식저인 레스콜이나 치히로가 쓰인다.

(2) 염화나트륨(NaCl) 수용액(식염수)

공융농도가 23.1%일 때 어는 점은 −21.2℃이며 점도가 알맞아 식품 등의 냉동, 냉장용으로 쓰인다(부록 참조). 그러나 누설이 되면 식품을 변질시키므로 취급에 주의를 요한다. 주로 어류 등 누설되어도 상품의 가치를 하락시키지 않는 식품 냉동에 많이 사용되며, 어류에 직접 식염수를 살포하여 동결시키는 액체침지식 동결법에 주로 쓰인다.

무기질 브라인 중 부식성이 가장 강하며 방식제로는 식염수 1 L당 중크롬산소다 3.2g을 용해시켜 사용한다.

(3) 염화마그네슘($MgCl_2$) 수용액

공융농도가 20.6%일 때 어는 점이 −33.6℃이며 부식성은 식염수보다 낮지만 염화칼슘보다 높아 염화칼슘 대용품으로 많이 사용되었으나 어는 점이 비교적 높아 요즈음에는 거의 사용하지 않는다.

위에 열거한 이외에도 무기질 브라인으로는 NH_4NO_3, NH_4Cl, Na_2SO_4, $NaNO_3$, Na_2CO_3, KCl, KNO_3, K_2SO_4, K_2CO_3 등이 있다.

6-3-2 유기질 브라인

유기질 브라인은 무기질 브라인에 비해 일반적으로 부식성이 거의 없으며 동결온도도 매우 낮아 요즈음 많이 사용되고 있다. 그러나 종류에 따라 점도가 큰 것이 흠이다. 많이 사용되는 것으로는 에틸알코올(C_2H_5OH)이 있으며 응고점이 −114.15℃, 비등점이 78.3℃이고 점도와 열전도율이 양호하고 부식성이 없어 −100℃까지 식품의 초저온 동결에 사용한다.

이 이외에도 메틸알코올(CH_3OH), 에틸글리콜($HOCH_2CH_2OH$), 프로필렌글리콜($CH_3CH(OH)CH_2OH$), 트리클로로에틸렌($Cl-CH=C-Cl_2$), 글리세린($C_3H_5O_3$) 등이 있다.

6-3-3 혼합 브라인

무기질 브라인과 유기질 브라인은 어느 것이나 사용상에 제한을 받으므로 이들 브라인들을 혼합하여 단점을 보완하여 사용할 수 있다. 이와 같이 두 가지 이상의 브라인 또는 특수한 물질을 혼합한 것을 혼합 브라인이라 한다. 혼합브라인으로 사용되는 것으로 식염수+옥수수 시럽(corn syrup), 프로필렌글리콜+식염수, 프로필렌글리콜+에틸알코올+식염수 등이 있다.

7 냉동기유(refrigeration oil)

냉동장치에 사용하는 윤활유(lubrication oil)를 일반적으로 냉동기유(refrigeration oil)라 부른다. 냉동기유는 압축기의 마찰부분(실린더벽과 피스톤링 사이, 밸브류, 각종 베어링 등)의 마모방지를 위한 윤활작용이 주목적이며, 냉매가스가 실린더 벽과 피스톤링 사이로 새는 것과 축봉장치로 새는 것을 방지하는 밀봉작용을 한다. 또한 냉동기유는 약간의 냉각작용과 청정(淸淨)작용도 한다.

7-1 냉동기유의 구비조건

냉동기유는 냉매에 따라 차이는 있으나 냉매와 더불어 응축기, 팽창밸브 및 증발기로 순환하므로 때로는 냉동장치의 성능에 나쁜 영향을 주기도 하며, 압축기에서의 압축으로 인한 고온에도 견뎌야 하므로 다음과 같은 조건을 만족시키는 것이어야 한다.

① 적당한 점도를 가질 것.
② 유성(油性, oiliness)이 좋아 유막(oil film) 형성능력이 뛰어날 것.
③ 응고점이 충분히 낮아 저온에서도 유동성(fluidity)이 좋을 것.
④ 인화점이 충분히 높아 고온에서도 변하지 않을 것(열적 안정성이 좋을 것).
⑤ 냉매나 다른 가스와 접하여도 화학반응을 일으키지 않으며, 특히 냉매로부터의 분리가 쉬울 것.
⑥ 쉽게 산화(oxidation)되지 않을 것.
⑦ 냉매, 수분이나 공기 등이 쉽게 용해되지 않으며, 만일 용해될 때에는 쉽게 유화(乳化, emulsification)하지 않을 것.
⑧ 왁스(wax) 성분이 적을 것.
⑨ 밀폐형 압축기에 사용하는 것은 전기절연도가 클 것.

7-2 냉동기유의 규격

윤활유의 종류에는 여러 가지가 있으나 많이 사용되는 냉동기유는 나프텐계유(naphthene series oil), 파라핀계유(paraffin series oil) 등과 같이 대부분 원유(原油, crude oil)로부터 얻어지는 광물성유이다. 표 3-3은 압축기의 형식에 따른 냉동기유의 KS 규격을 나타낸 것이다.

[표 3-3] 냉동기유의 규격

종류 (점도 등급)	항목	동점도 (40℃) (cSt)	색 (ASTM)	인화점 (℃)	유동점 (℃)	전산가 (mg KOH/g)	동판부식 (100℃, 3h)	절연파괴 전압(kV)	수분 함유량 (ppm)
ISO VG 10	1종	9.00~11.0	1.0 이하	140 이상	−40 이하	0.05 이하	1 이하	−	−
ISO VG 15	1종	13.5~16.5	2.0 이하	145 이상	−35 이하	0.05 이하	1 이하	−	−
	2종					−		25 이상	50 이하
ISO VG 22	1종	19.8~24.2	2.5 이하	155 이상	−27.5 이하	0.05 이하	1 이하	−	−
	2종					−		25 이상	50 이하
ISO VG 32	1종	28.8~35.2	2.5 이하	160 이상	−27.5 이하	0.05 이하	1 이하	−	−
	2종					−		25 이상	50 이하
ISO VG 46	1종	41.1~50.6	3.0 이하	165 이상	−27.5 이하	0.05 이하	1 이하	−	−
	2종					−		25 이상	50 이하
ISO VG 68	1종	61.2~74.8	3.5 이하	165 이상	−27.5 이하	0.05 이하	1 이하	−	−
	2종					−		25 이상	50 이하
ISO VG 101	1종	90.0~110	3.5 이하	180 이상	−27.5 이하	−	1 이하	25 이상	50 이하
VG 38	1종	35.2 초과 41.4 미만	3.0 이하	160 이상	−27.5 이하	0.05 이하	1 이하	−	−
	2종					−		25 이상	50 이하
VG 56	1종	50.6 초과 61.2 미만	3.0 이하	165 이상	−25 이하	0.05 이하	1 이하	−	−
	2종					−		25 이상	50 이하

연 습 문 제

3-1 냉매의 구비조건 중 물리적성질을 설명하라.

3-2 1차냉매와 2차냉매를 비교 설명하라.

3-3 브라인의 구비조건을 설명하라.

3-4 비공비혼합물과 공비혼합물의 특징을 설명하라.

3-5 R-30, R-40의 화학식을 구하라.
  - 답 CH_2Cl_2, CH_3Cl

3-6 $CHClF_2$와 CH_3F의 냉매번호를 구하라.
  - 답 R-22, R-41

3-7 냉동기유의 구비조건을 설명하라.

3-8 프레온 냉매의 독성에 대하여 설명하라.

3-9 브라인의 공융온도에 대하여 설명하라.

증기압축 냉동사이클

1. 이상적인 냉동사이클
2. 이론적인 증기압축 냉동사이클
3. 일단압축 냉동사이클
4. 증기압축 냉동사이클의 개량
5. 다단압축 냉동사이클
6. 다원 냉동사이클

제 4 장

제 4 장 증기압축 냉동사이클

저열원의 열을 고열원으로 이송하려면 먼저 저열원의 열을 흡수하여야 한다. 저열원의 열을 흡수한다는 것은 저열원의 열을 이동시키는 것이며 열을 이동시키려면 저열원 온도보다 더 낮은 온도의 물체가 필요하다(1장 2절 참조). 다시 말하면 저열원과 저열원보다 더 낮은 온도를 가진 물체(냉동기의 냉매)를 접촉시키면 저열원의 열을 흡수(현열)할 수 있으며, 다시 증발열을 이용하면 보다 많은 열을 흡수할 수 있다. 그러므로 저열원의 온도보다 더 낮은 온도의 냉매액을 증발시키면 저열원의 열을 많이 흡수할 수 있으며 냉동기에서 증발기를 필요로 하는 이유이다.

예를 들면 냉동시킬 물체의 온도가 −20℃라면 −20℃보다 더 낮은 온도의 냉매액을 증발시키면 저열원으로부터 열을 많이 흡수할 수 있다. 여기서 유념해야 할 것은 증발온도가 낮아질수록 냉매액이 흡수하는 증발열은 커지고 증발온도가 낮아질수록 냉매액의 포화압력도 낮아진다는 점이다. 따라서 저열원의 열을 많이 흡수하려면 저열원의 온도보다 온도가 많이 낮은 냉매액을 증발기에서 증발시키면 되며, 압력을 낮추려면 증발 전에 냉매액을 팽창시켜야 한다.

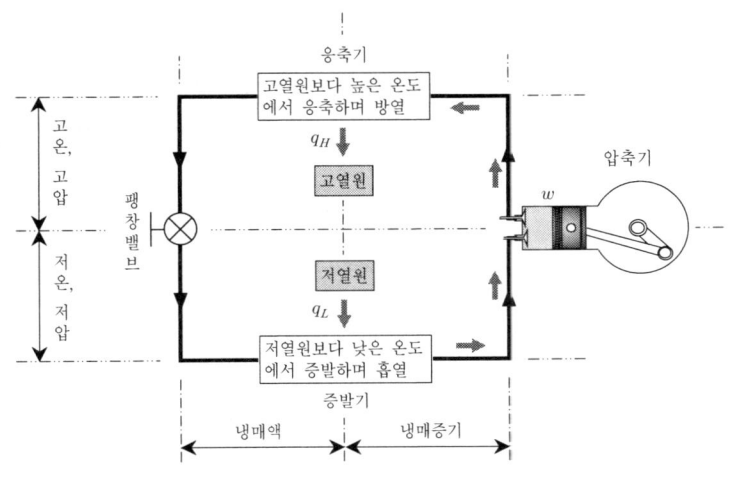

[그림 4-1] 증기압축식 냉동의 원리

냉매증기가 흡수한 열을 고열원으로 방출하려면 같은 원리에 의해 고열원의 온도보다 더 높은 온도로 냉매증기를 만들어야 하며(현열을 이용), 다시 응축열을 이용하면 보다 많은 열을 방출할 수 있으므로 응축기가 필요하다. 그러므로 저열원으로부터 열을 흡수하며 증발한 냉매증기를 고열원보다 더 높은 고온으로 만든 후 응축시키면 고열원으로 열이 방출된다. 그리고 낮은 온도의 냉매증기를 고열원보다 높은 고온으로 만들려면 압축기가 필요하다. 이상을 종합하여 그림으로 나타낸 것이 그림 4-1이다.

1 이상적인 냉동사이클

열기관의 이상사이클(ideal cycle)은 **카르노 사이클**(Carnot cycle)이며 시계방향의 사이클을 이룬다. 그러나 열펌프와 냉동기의 사이클 방향은 반시계방향이며 이상사이클은 **역카르노 사이클**(Reversed Carnot cycle)이다. 역카르노 사이클은 방향만 카르노 사이클과 다를 뿐 2개의 가역등온변화와 2개의 가역단열변화로 사이클을 구성하는 것은 같다. 그림 4-2는 역카르노 사이클을 P-v선도와 T-s선도에 나타낸 것으로 작동원리는 다음과 같다.

A. 이상적인 냉동사이클의 상태변화과정

(1) 과정 1-2 : 가역단열팽창과정으로 압력이 감소하고 온도가 T_H에서 T_L로 감소된다.
(2) 과정 2-3 : 저열원으로부터 흡열(q_L)하며 가역등온팽창된다. 흡열량 q_L은 그림 4-2(c)에서

$$q_L = T_L(s_3 - s_2) = T_L(s_4 - s_1) = \text{면적 23ba} \cdots \text{ⓐ}$$

(3) 과정 3-4 : 가역단열압축으로 압력이 증가하고 온도가 T_L에서 T_H로 상승된다.
(4) 과정 4-1 : 고열원으로 방열(q_H)하며 가역등온압축된다. 방열량 q_H는 그림 4-2(c)에서

$$q_H = T_H(s_4 - s_1) = \text{면적 41ab} \cdots \text{ⓑ}$$

B. 이상적인 냉동사이클의 성적계수

역카르노 사이클의 성적계수(cop)는

$$\text{성적계수} = \frac{\text{저열원으로부터의 흡열량}(q_L)}{\text{고열원으로의 방열량}(q_H) - \text{저열원 흡열량}(q_L)} \qquad (4\text{-}1\text{-}1)$$

로 정의되며, 열역학 제2법칙에서 $q_H - q_L = w$ 이므로 성적계수는 다음 식과 같다.

$$cop = \frac{q_L}{w} = \frac{q_L}{q_H - q_L} = \frac{T_L}{T_H - T_L} \tag{4-1-2}$$

식 (4-1-2)에서 $T_H > T_L$ 이므로
① 고열원과 저열원의 온도차($T_H - T_L$)가 작을수록 성적계수(cop)는 커진다.
② 온도차($T_H - T_L$)가 일정한 경우 저열원의 온도(T_L)가 높을수록 성적계수가 크다.
③ 성적계수는 항상 1보다 크다.

이상적인 냉동사이클이란 성적계수가 가장 큰 사이클을 말하므로 역카르노 사이클의 성적계수가 어떠한 냉동사이클의 성적계수보다 크다. 따라서 실제 냉동사이클은 비가역사이클이므로 가역사이클인 역카르노 사이클의 성적계수보다 당연히 작다.

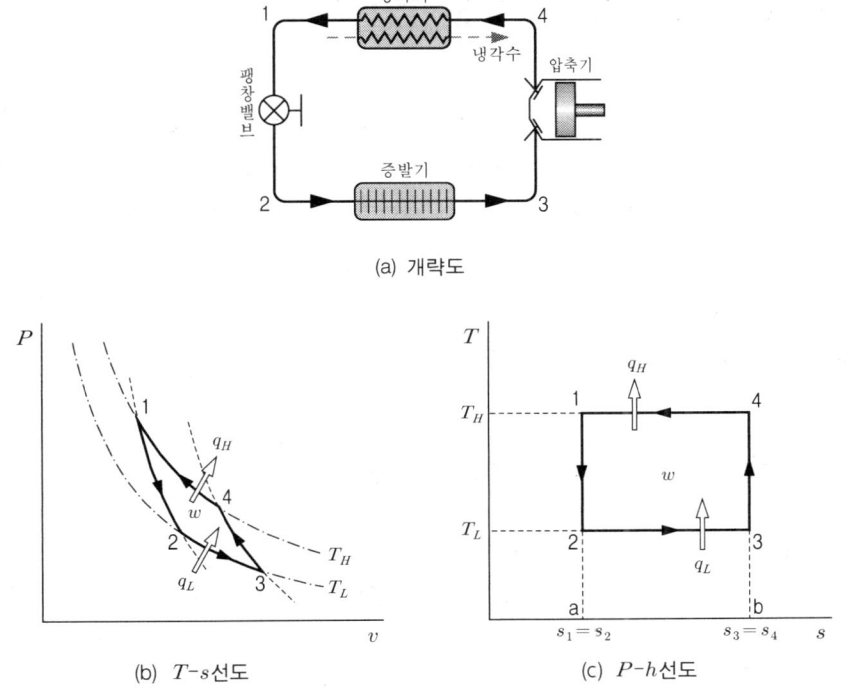

[그림 4-2] 이상적인 증기압축식 냉동사이클(역 카르노 사이클)

> **예제 4-1** −15~30℃와 −30~30℃ 사이에서 이상사이클로 작동하는 냉동기의 성적계수를 구하여라.

풀이 (1) −15~30℃에서 작동하는 냉동기

$T_H = (30+273)$ K, $T_L = \{(-15)+273\}$ K 이므로 성적계수는 식 (4-1-2)에서

$$cop = \frac{T_L}{T_H - T_L} = \frac{(-15)+273}{(30+273)-\{(-15)+273\}} = 5.733$$

(2) −30~30℃에서 작동하는 냉동기

$T_H = 30+273$ K, $T_L = (-30)+273$ K 이므로 성적계수는 식 (4-1-2)에서

$$cop = \frac{T_L}{T_H - T_L} = \frac{(-30)+273}{(30+273)-\{(-30)+273\}} = 4.05$$

2 이론적인 증기압축 냉동사이클

냉동기 안을 순환하는 냉매가 이루는 냉동사이클은 이상적인 냉동사이클인 역카르노 사이클과는 큰 차이가 있다. 즉 역카르노 사이클을 실제 냉동기에 적용한 이론적인 냉동사이클과 역카르노 사이클은 큰 차이가 있으며, 증기선도 상에서 두 사이클을 비교하면 그 차이점을 쉽게 이해할 수 있다.

본 절에서는 T-s선도와 P-h선도 상의 역카르노 사이클과 이론 냉동사이클을 비교하고 뒤에 이론 냉동사이클과 실제 냉동사이클을 비교해 본다.

2-1 이론 냉동사이클과 역카르노 사이클

그림 4-2(a)는 가장 간단한 증기압축 냉동사이클의 개략도(plant diagram)이며 이에 적용되는 이론 냉동사이클과 역카르노 사이클을 T-s선도와 P-h선도에 도시하면 그림 4-3과 같다. 그림에서 이론 냉동사이클은 1-2-3-4-5이며 역카르노 사이클은 1-a-3-b-5이다. 두 사이클의 상태변화 과정을 이론 냉동사이클을 위주로 설명한다.

(1) 과정 1-2 : 팽창기(팽창밸브)에서의 팽창과정

① 역카르노 사이클 - 포화액(상태 1)이 가역단열팽창하여 습증기(상태 a)로 된다.
② 이론 냉동사이클 - 응축된 냉매 포화액(상태 1)이 팽창밸브에서 교축팽창(등엔탈피 팽

창)하며 습증기(상태 2)로 되는 과정으로 온도($T_H \rightarrow T_L$)와 압력($P_c \rightarrow P_e$)이 낮아진다. 팽창밸브 입구에서의 냉매액(상태 1)은 응축온도보다 약간 낮은 압축액(불포화액)인 경우(과냉각 사이클)가 많으며 냉매액이 교축팽창되는 동안 자신의 열(그림 (a)에서 면적 122'1')을 흡수하여 일부가 증발하므로 건도가 낮은 습증기로 된다. 그러나 액체를 단열팽창시켜 습증기로 만드는 것은 사실상 불가능하므로 공기냉동기 이외에는 팽창기 대신 교축밸브를 사용하여 등엔탈피팽창(교축팽창, $h_1 = h_2$) 시킨다.

(2) **과정 2-3** : 증발기에서의 증발과정

① 역카르노 사이클 - 팽창된 습증기(상태 a)가 증발기에서 등온(T_L)하에 주위(저온도물체)로부터 흡열, 증발하여 건포화증기(상태 3)로 된다. 그림과 같이 습증기 구역에서는 등온변화(T_L)인 동시에 정압변화(P_e)이다. 그러나 습증기 구역을 벗어나 증발과정이 과열증기 구역까지 계속되는 경우에는 실제로 등온변화를 하며 열을 흡수하는 것은 불가능하다. 따라서 실제 냉동사이클에서는 증발과정을 등온변화에서 정압변화로 대체한다.

② 이론 냉동사이클 - 습증기(상태 2)가 증발기에서 정압(P_e)하에 저온도물체로부터 흡열, 증발하여 건포화증기(상태 3)로 되는 과정으로 단위질량(1 kg)의 응축냉매가 증발기에서 흡수하는 열이 냉동효과(q_L)이므로 그림 (a)에서 냉동효과는 면적 233'2'와 같고 그림 (b) 에서는 상태점 2와 3의 엔탈피 차($h_3 - h_2$)와 같다. 이론 냉동사이클의 냉동효과가 역카르노 사이클에 비해 면적 a22'1'(그림 (a))만큼 작다.

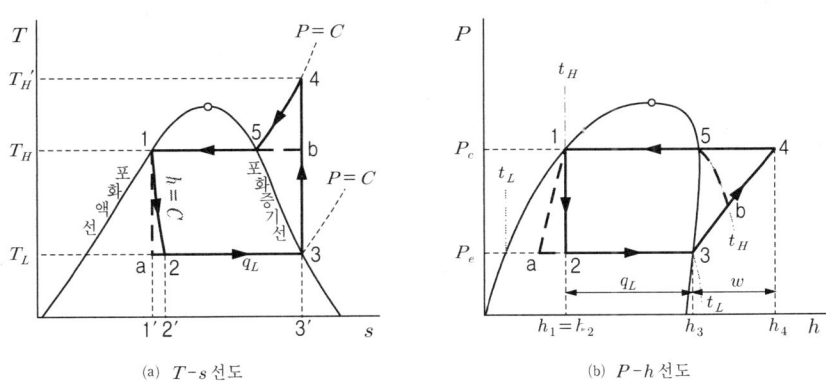

[그림 4-3] 이론 냉동사이클과 역카르노 사이클

(3) **과정 3-4** : 압축기에서의 압축과정

① 역카르노 사이클 - 압력과 온도가 각각 P_e, T_L인 건포화증기(상태 3)가 압축기에서

가역단열압축되어 과열증기(상태 b)로 된다. 따라서 냉매의 압력이 증가하고 온도도 T_L에서 T_H로 상승된다.

② 이론 냉동사이클 - 건포화증기(상태 3)를 압축기에서 단열압축시켜 역카르노 사이클보다 더 과열도가 큰 과열증기(상태 4)로 만든다. 그러나 실제의 압축과정은 비가역변화로 단열변화도 폴리트로픽변화도 아니지만 실린더 벽과 냉매 사이에 열전달이 없는 것으로 간주하여 단열변화로 표시한다. 이 과정에서 압축기에 공급하는 일은 그림 (b)에서 상태점 3과 4의 엔탈피 차($h_4 - h_3$)와 같으며 역카르노 사이클의 압축일($h_b - h_3$)보다 ($h_4 - h_b$)만큼 더 많다.

그러므로 이론 냉동사이클의 냉동효과는 역카르노 사이클보다 작고 압축일은 더 많다. 따라서 역카르노 사이클의 성적계수보다 이론 냉동사이클의 성적계수가 항상 더 작다.

(4) 과정 4-5-1 : 응축기에서의 응축과정

① 역카르노 사이클 - 과열도가 작은 과열증기(상태 b)가 응축기에서 등온(T_H) 하에 방열하여 과열의 열을 방출하면 포화증기(상태 5)로 되고 계속 방열하면 응축되어 포화액(상태 1)으로 된다. 응축에 필요한 방열량은 그림 (a)에서 면적 b511′3′과 같다.

② 이론 냉동사이클 - 과열의 열을 방출하는 과정(b→5)에서 과열증기(상태 b)의 압력을 점점 증가시키며 등온을 유지하여 건포화증기(상태 5)로 만드는 것은 사실상 불가능하므로 이론 냉동사이클에서는 정압변화로 대체한다. 과열도가 높은 과열증기(상태 4)가 응축기에서 정압(P_c) 하에 방열하여 포화증기(상태 5)로 된 후 계속 방열하여 포화액(상태 1)으로 응축되는 과정으로 응축에 필요한 방열량은 그림 (a)에서 면적 4511′3′과 같으며, 그림 (b)에서는 상태점 4와 1의 엔탈피 차($h_4 - h_1$)와 같다. 이와 같이 응축에 필요한 방열량은 이론 냉동사이클이 그림 (a)에서 면적 45b만큼 많으며, 이 면적을 **과열각**(過熱角, super heated horn)이라 한다.

위에서 살펴본 이론 냉동사이클과 역카르노 사이클의 차이점을 간략하게 나타내면 아래와 같다.

역카르노 사이클	이론 냉동사이클
팽창기 - 단열팽창 증발기 - 등온 하에 증발 압축기 - 단열압축 응축기 - 등온 하에 응축	팽창밸브 - 교축(등엔탈피)팽창 증발기 - 정압 하에 증발 압축기 - 단열압축 응축기 - 정압 하에 응축

또한 그림 4-3에서 이론 냉동사이클의 냉동효과(q_L), 압축일(w) 및 응축기의 방열량(q_H)은 다음과 같다. 정압변화와 단열변화에서 열량과 일량을 구하는 과정은 1장 7-5절을 참고하라.

$$\left. \begin{array}{l} q_L = h_3 - h_2 = h_3 - h_1 \\ w = h_4 - h_3 \\ q_H = h_4 - h_1 \end{array} \right\} \tag{4-2-1}$$

그러므로 이론 냉동사이클의 성적계수(cop)는 다음과 같다.

$$cop = \frac{q_L}{w} = \frac{h_3 - h_1}{h_4 - h_3} \tag{4-2-2}$$

>> 예제 **4-2**

이론 냉동사이클로 작동하는 R-134a 냉동기의 냉동능력이 5 kW이고 증발기 입,출구에서 냉매의 엔탈피가 각각 241.46 kJ/kg, 388.32 kJ/kg이고 응축기 입구에서 냉매의 엔탈피가 420.00 kJ/kg이다. 증발온도가 −15℃, 응축온도가 30℃일 때 다음을 구하여라.
  (1) 냉동효과   (2) 냉매순환량   (3) 소요동력   (4) 성적계수

풀이 (1) 냉동효과
  $h_1 = h_2 = 241.46$ kJ/kg, $h_3 = 388.32$ kJ/kg 이므로 식 (4-2-1)에서
  $q_L = h_3 - h_1 = 388.32 - 241.46 = 146.86$ kJ/kg

(2) 냉매순환량 : 냉동능력이 $Q_L = 5$ kW 이므로 식 (1-8-4)에서 냉매순환량 $\dot{m}$은
  $$\dot{m} = \frac{Q_L}{q_L} = \frac{5}{146.86} = 0.034 \text{ kg/s}$$

(3) 소요동력 : $h_4 = 420.00$ kJ/kg 이므로 식 (4-2-1)을 이용하면 소요동력 W는
  $$W = \dot{m} w = \dot{m}(h_4 - h_3) = 0.034 \times (420.00 - 388.32) = 1.077 \text{ kW}$$

(4) 성적계수 : 식 (4-2-2)에서
  $$cop = \frac{q_L}{w} = \frac{h_3 - h_1}{h_4 - h_3} = \frac{388.32 - 241.46}{420.00 - 388.32} = 4.636$$

또는 식 (4-2-2)를 이용하면
  $$cop = \frac{q_L}{w} = \frac{\dot{m} q_L}{\dot{m} w} = \frac{Q_L}{W} = \frac{5}{1.077} = 4.643$$

※ 앞의 계산 결과(4.636)와 다른 것은 냉매순환량($\dot{m}$)과 소요동력 W의 값이 반올림한 값이기 때문이며 앞의 계산 결과(4.636)가 더 정확한 값이다.

2-2 이론 냉동사이클과 실제 냉동사이클의 비교

그림 4-4는 실제 냉동기에 적용되는 증기압축 냉동사이클의 실제 사이클을 T-s선도에 나타낸 것으로 이론 냉동사이클과 차이를 보인다.

(1) 과정 1-2 : 응축된 고온, 고압의 냉매 포화액(상태 1)이 응축기에서 과냉각되는 과정으로 실제로는 관저항으로 압력이 약간 감소된다. 과냉각 후 냉매의 상태는 포화액에 가까운 압축액(상태 2)이다.

(2) 과정 2-3 : 과냉각된 냉매 압축액(상태 2)이 팽창밸브에서 저온, 저압의 습증기(상태 3)로 교축팽창(등엔탈피 팽창)되는 과정으로 실제로는 엔탈피가 약간 증가한다. 등엔탈피 팽창과정은 2-3′이므로 엔탈피 증가량은 $\Delta h = h_3 - h_3{'}$이다.

(3) 과정 3-4 : 저온, 저압의 습증기(상태 3)가 증발기에서 정압(P_e)하에 주위(저온도물체)로부터 흡열, 증발하여 건포화증기(상태 4)로 되는 과정으로 실제로는 관저항에 의해 압력이 약간 감소된다.

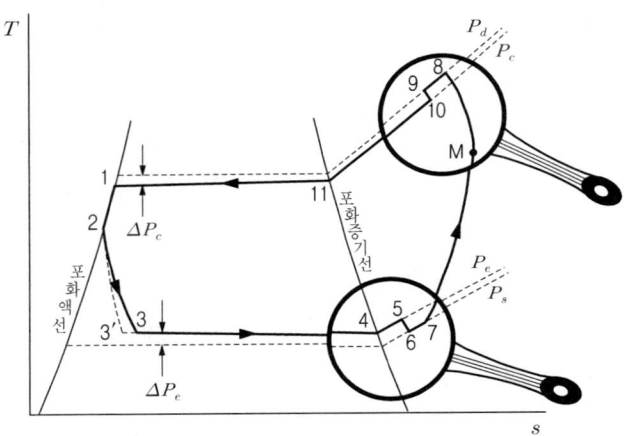

[그림 4-4] 증기압축 냉동사이클의 실제사이클

(4) 과정 4-5 : 증발한 냉매 포화증기(상태 4)가 증발기 출구로부터 압축기의 흡입밸브 사이의 배관을 지나며 냉동실 벽이나 주위의 대기로부터 흡열하여 과열증기(상태 5)로 되는 과정으로 엔탈피와 엔트로피가 증가하며 온도도 약간 증가한다. 이 과정은 이론적으로는 정압(P_e)하에 진행되나 실제로는 관저항으로 미약하나마 압력이 감소된다.

(5) 과정 5-6 : 과열증기(상태 5)인 냉매가 압축기의 흡입밸브를 통과하며 교축팽창되며 압력이 강하하는 과정

(6) 과정 6-7 : 흡입밸브를 통해 압축기 안으로 유입된 냉매가 고온의 실린더 벽으로부터

흡열하여 온도가 약간 상승하는 과정으로 정압(압축기의 흡입압력인 P_s)하에 진행된다.

(7) 과정 7-M-8 : 흡입된 냉매(상태 7)가 압축기에서 압축되는 과정으로 실제로는 등엔트로피 압축도 폴리트로픽 압축도 아니지만 등엔트로피 압축으로 생각한다. 압축 초 냉매의 온도는 실린더 벽온보다 낮으므로 실린더 벽으로부터 흡열하며 압축된다. 압축이 진행됨에 따라 압축에 의한 온도 상승, 마찰열 및 실린더 벽으로부터의 흡열로 냉매의 온도가 계속 상승하며 엔트로피도 증가하다가 냉매와 실린더 벽의 온도가 같아지면(상태 M) 열이동이 중지되고 엔트로피 증가도 중지된다(과정 7-M). 다시 압축이 계속되면 이번에는 냉매의 온도가 실린더 벽온보다 더 높아짐으로 냉매로부터 실린더 벽으로 열이동이 일어나며, 온도와 엔탈피는 계속 증가되나 엔트로피는 점차 감소되며 고온, 고압의 과열증기(상태 8)로 된다.

(8) 과정 8-9 : 압축 후 배기되기 직전까지 냉매로부터 실린더 벽으로 열이동하여 온도가 감소되는 과정으로 거의 정압(압축기의 배출압력인 P_d)하에 진행된다.

(9) 과정 9-10 : 압축된 고온, 고압의 과열증기 냉매(상태 9)가 배출밸브를 통과하며 교축팽창되는 과정으로 압력이 약간 감소되고 엔탈피는 약간 증가된다.

(10) 과정 10-11 : 압축기를 나온 고온, 고압의 과열증기 냉매(상태 10)가 응축기로 유입되어 냉각수나 공기에 의해 과열의 열(현열)을 방출하고 온도가 감소되어 건포화증기(상태 11)로 되는 과정이다. 이 과정은 이론적으로는 정압(P_c)하에 진행되나 실제로는 관저항으로 압력이 약간 감소된다.

(11) 과정 11-1 : 건포화증기(상태 11)가 응축기에서 계속 방열하여 포화액(상태 1)으로 응축되는 과정으로 이 과정도 정압(P_c)하에 진행되나 실제로는 관저항으로 약간의 압력강하가 일어난다.

3 일단압축 냉동사이클

그림 4-2(a)와 같이 증발기, 압축기, 응축기, 팽창밸브로 구성되어 증발한 냉매를 한번만 압축하는 냉동사이클을 **일단압축**(一段壓縮) **냉동사이클**(single stage refrigeration cycle) 또는 **단순압축 냉동사이클**이라 한다. 일단압축 냉동사이클은 압축기로 유입되는 냉매의 상태에 따라 습압축, 건압축, 과열압축 냉동사이클로 나눈다.

3-1 습압축 냉동사이클

증발기에서 증발된 냉매가 습증기의 상태로 압축기에 유입되며, 압축기에서 습증기를 압축시켜 건포화증기로 만든 후 응축기에서 포화액으로 응축시키는 냉동사이클을 **습(濕)압축 냉동사이클**(wet compression refrigeration cycle) 또는 **습압축사이클**이라 한다. 그러나 포괄적 의미의 습압축사이클은 습증기를 압축하는 냉동사이클 모두가 습압축사이클이다.

암모니아 냉매의 경우 습압축사이클은 압축 후 증기의 온도가 높지 않으므로 압축기를 공랭식으로 하여도 무리가 없는 장점이 있으나 압축기로 유입되는 냉매가 습증기이므로 냉매 액적(작은 냉매액 방울)이 압축도중 흡열, 증발하여 압축에 나쁜 영향을 미친다. 액적이 너무 많은 경우는 압축기 안에 남아 있다가 다음의 흡입행정에서 증발하므로 압축기의 체적효율을 감소시키는 원인이 된다. 오래 전에 소용량의 냉동기에 이용되었으나 요즈음에는 거의 사용하지 않는다.

그림 4-5는 습압축사이클을 T-s선도와 P-h선도에 나타낸 것으로 습압축사이클의 냉동효과(q_L), 응축냉매 1 kg당 압축일(w) 및 응축기 방열량(q_H)은 다음과 같다.

$$\left.\begin{array}{l} q_L = h_3 - h_2 = h_3 - h_1 \\ w = h_4 - h_3 \\ q_H = h_4 - h_1 \end{array}\right\} \quad (4\text{-}3\text{-}1)$$

따라서 습압축사이클의 이론적인 성적계수(cop)는 다음과 같다.

$$cop = \frac{q_L}{w} = \frac{h_3 - h_1}{h_4 - h_3} \quad (4\text{-}3\text{-}2)$$

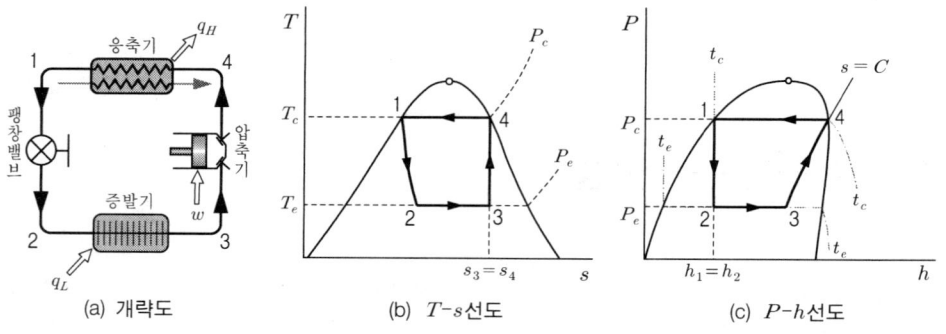

(a) 개략도 (b) T-s선도 (c) P-h선도

[그림 4-5] 습압축 냉동사이클

압축기 입구의 엔탈피(h_3)는 Mollier 선도(P-h선도) 상에 사이클을 그려 구할 수도 있으나 증기표를 이용하여 구해도 좋다. 상태 3(압축기 입구)의 건도를 x_3이라 하면 과정 3-4가 등엔트로피 압축이므로 $s_3 = s_4$이며 포화증기표에서 응축온도(t_c)에 해당하는 포화증기의 엔트로피 값과 같다. 여기서 증발온도(t_e)에 해당하는 포화액의 비체적, 엔탈피, 엔트로피를 각각 v_f, h_f, s_f, 포화증기의 비체적, 엔탈피, 엔트로피를 각각 v_g, h_g, s_g라 하고 식 (1-7-3)을 이용하여 압축기 입구에서의 습증기 상태량들을 나타내면 다음과 같다.

$$s_3 = s_4 = s_f + (s_g - s_f)x_3 \cdots ⓐ$$
$$h_3 = h_f + (h_g - h_f)x_3 \cdots ⓑ$$
$$v_3 = v_f + (v_g - v_f)x_3 \cdots ⓒ$$

여기서 상태 3의 건도 x_3은 식 ⓐ에서

$$x_3 = \frac{s_3 - s_f}{s_g - s_f} = \frac{s_4 - s_f}{s_g - s_f} \cdots ⓓ$$

이다. 그러므로 압축기 입구(상태 3)에서 냉매의 엔탈피는 식 ⓓ를 식 ⓑ에 대입하면

$$h_3 = h_f + (h_g - h_f)x_3 = h_f + (h_g - h_f) \times \frac{s_4 - s_f}{s_g - s_f} \tag{4-3-3}$$

또한 압축기 입구에서 냉매증기의 비체적(v_3)을 같은 방법으로 구하면

$$v_3 = v_f + (v_g - v_f)x_3 = v_f + (v_g - v_f) \times \frac{s_4 - s_f}{s_g - s_f} \tag{4-3-4}$$

한편, 증발기 입구(상태 2)에서 냉매의 건도를 x_2라 하면 과정 1-2가 등엔탈피팽창이므로 $h_1 = h_2$이다. x_2도 위와 같은 방법으로 구하면 아래와 같다.

$$x_2 = \frac{h_2 - h_f}{h_g - h_f} = \frac{h_1 - h_f}{h_g - h_f} \tag{4-3-5}$$

>> 예제 **4-3** 습압축사이클로 작동하는 R-134a 냉동기의 증발온도가 −15℃, 응축온도가 30℃이다. 부록의 증기표와 Mollier 선도를 이용하여 다음을 구하여라.
(1) 냉동효과   (2) 압축일량   (3) 응축기 방열량   (4) 성적계수

풀이 A. Mollier 선도에 사이클을 그려 비엔탈피를 구하는 방법(그림 4-6 참조)
㉮ 증발온도가 $t_e = -15℃$이므로 Mollier 선도(P-h선도)의 포화액선과 포화증기선 상에서 −15℃인 점을 찾아 두 점을 잇는 증발압력선($P_e = 164.13$ kPa)을 긋는다.

㉯ 응축온도가 $t_c=30℃$ 이므로 포화액선과 포화증기선 상에서 30℃인 점을 찾아 두 점을 잇는 응축압력선(P_c=770.06 kPa)을 긋는다.

㉰ 팽창밸브 입구(응축기 출구) : 상태점 1
팽창밸브 입구(응축기 출구)에서 냉매의 상태가 포화액(30℃)이므로 응축압력선(P_c)과 포화액선의 교점이 상태점 1이 된다. 상태점 1의 비엔탈피(h_1)는 가로축(횡축)이 비엔탈피 축이므로 상태점 1을 지나는 수직선을 아래로 그어 하단의 비엔탈피 눈금을 읽으면 된다.

비엔탈피 축의 주눈금이 20 kJ/kg 간격이고 보조눈금이 없으므로 보간법으로 비엔탈피값을 계산한다. 이때 사용하는 자는 삼각스케일, vernier calipers 또는 일반 자 등 어느 것을 사용하여도 좋다. 본 저서에서는 1/2 축척의 삼각스케일로 실제 길이를 측정하여 계산하였다(1장 그림 1-21 참조).

$$h_1 = 240 + (260-240) \times \frac{0.5}{6.5} = 241.54 \text{ kJ/kg}$$

㉱ 증발기 입구(팽창밸브 출구) : 상태점 2
과정 1-2가 등엔탈피 팽창이므로 상태점 1을 지나 수직으로 그은 선(h_1선)과 증발압력선(P_e)의 교점이 상태점 2이다. 상태점 2의 비엔탈피(h_2)는 위에서 구한 h_1과 같다.

㉲ 응축기 입구(압축기 출구) : 상태점 4
습압축사이클에서는 상태점 4를 먼저 구하여 상태점 3(증발기 출구)을 구하는 것이 편리하다. 응축기 입구(압축기 출구)에서 냉매의 상태가 건포화증기이므로 응축압력선(P_c)과 포화증기선의 교점이 상태점 4이다. 상태점 4의 비엔탈피(h_4)도 보간법으로 구한다.

$$h_4 = 400 + (420-400) \times \frac{4.4}{6.5} = 413.54 \text{ kJ/kg}$$

㉳ 압축기 입구(증발기 출구) : 상태점 3
냉매 습증기가 압축기에서 $s_3=s_4$인 등엔트로피선을 따라 압축되므로 상태점 4를 지나 상태점 4에 이웃한 2개의 등엔트로피선과 동일한 비율로 간격을 유지하며 습증기 구역으로 등엔트로피선($s_3=s_4$)을 그어 증발압력(p_e)선과의 교점을 구하면 이 점이 상태점 3이다.

즉 상태점 4의 왼쪽의 $s=1.70$ kJ/kgK선, 오른쪽의 $s=1.75$ kJ/kgK선과 같은 비율로 간격을 유지하며 그림 4-5와 같이 등엔트로피선($s_3=s_4$)을 그어 교점 3을 구한다.

상태점 3의 비엔탈피를 보간법으로 구하면 아래와 같다.

$$h_3 = 380 + (400-380) \times \frac{0.8}{6.5} = 382.46 \text{ kJ/kg}$$

B. 냉매 포화증기표를 이용하여 비엔탈피를 구하는 방법

부록에 있는 R-134a 냉매의 포화증기표에서 증발온도(-15℃)와 응축온도(30℃)에 해당하는 상태량들은 아래와 같다.

t (℃)	포화압력 (kPa)	비체적 (m³/kg)		비엔탈피 (kJ/kg)		비엔트로피 (kJ/kgK)	
		액(v_f)	증기(v_g)	h_f	h_g	s_f	s_g
-15	164.13	0.0007445	0.11991	180.54	388.32	0.9271	1.7320
30	770.06	0.0008416	0.02648	241.46	413.47	1.1426	1.7100

㉮ 팽창밸브 입구(응축기 출구)의 비엔탈피 : h_1
응축온도가 $t_c = 30℃$이고 포화액이므로 팽창밸브 입구에서 냉매의 비엔탈피 h_1은 $h_1 = 241.46$ kJ/kg이다.

㉯ 증발기 입구(팽창밸브 출구)의 비엔탈피 : h_2는 h_1과 같다($h_1 = h_2$).

㉰ 응축기 입구(압축기 출구)의 비엔탈피 : h_4
응축온도가 $t_c = 30℃$이고 포화증기이므로 응축기 입구에서 냉매의 비엔탈피 h_4는 $h_4 = 413.47$ kJ/kg이다.

㉱ 압축기 입구(증발기 출구)의 비엔탈피 : h_3
포화증기표에서 $t_c = 30℃$일 때 포화증기의 비엔트로피가 $s_4 = 1.7100$ kJ/kg이며 s_3과 같으므로 $s_3 = s_4 = 1.7100$ kJ/kg이다. 그리고 상태 3의 온도가 $-15℃$이므로 포화증기표에서 $h_f = 180.54$ kJ/kg, $h_g = 388.32$ kJ/kg, $s_f = 0.9271$ kJ/kg, $s_g = 1.7320$ kJ/kg이다. 그러므로 식 (4-3-3)에서 압축기 입구에서 냉매의 비엔탈피 h_3은

$$h_3 = h_f + (h_g - h_f) \times \frac{s_4 - s_f}{s_g - s_f}$$
$$= 180.54 + (388.32 - 180.54) \times \frac{1.7100 - 0.9271}{1.7320 - 0.9271}$$
$$= 382.64 \text{ kJ/kg}$$

※ 위의 A와 B의 2가지 방법으로 각 상태점의 비엔탈피를 구하였으나 증기표를 이용하여 구한 값들이 정확하므로 방법 B에 의한 비엔탈피 값들을 계산에 이용하도록 한다.

(1) 냉동효과 : $h_1 = h_2 = 241.46$ kJ/kg, $h_3 = 382.64$ kJ/kg 이므로 식 (4-3-1)에서
$q_L = h_3 - h_1 = 382.64 - 241.46 = 141.18$ kJ/kg

(2) 압축일량 : $h_3 = 382.64$ kJ/kg, $h_4 = 413.47$ kJ/kg 이므로 식 (4-3-1)에서
$w = h_4 - h_3 = 413.47 - 382.64 = 30.83$ kJ/kg

(3) 응축기 방열량 : $h_1 = h_2 = 241.46$ kJ/kg, $h_4 = 413.47$ kJ/kg 이므로 식 (4-3-1)에서
$q_H = h_4 - h_1 = 413.47 - 241.46 = 172.01$ kJ/kg

(4) 성적계수 : 식 (4-3-2)에서
$$cop = \frac{q_L}{w} = \frac{141.18}{30.83} = 4.579$$

※ 냉동사이클에 대한 에너지보존의 원리에 의해 출입 에너지의 합이 같아야 한다. 즉 $q_L + w = 141.18$ kJ/kg + 30.83 kJ/kg = 172.01 kJ/kg = q_H로 에너지보존의 원리를 만족시킨다.

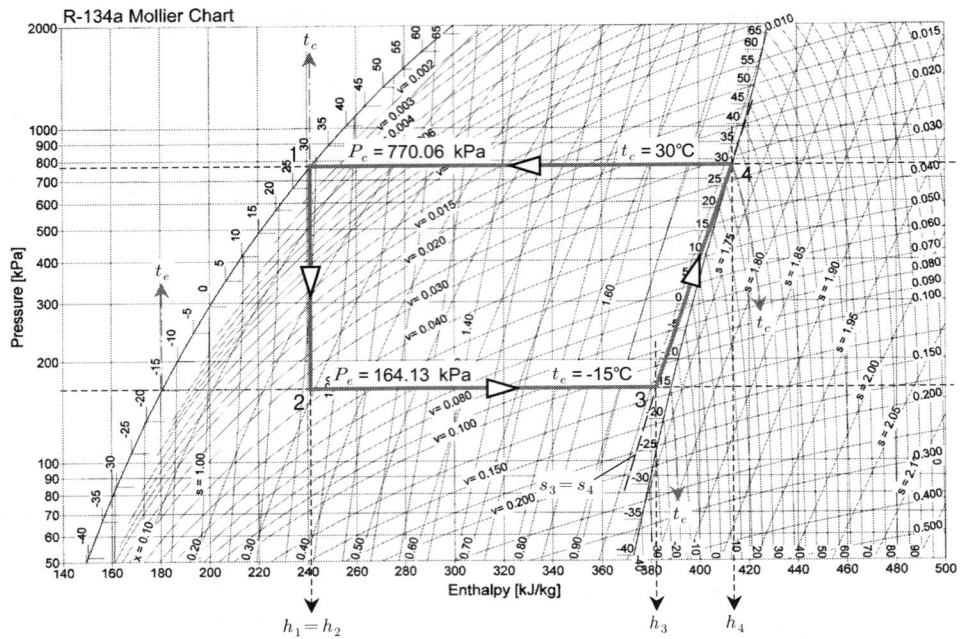

[그림 4-6] −15~30℃ 사이에서 작동하는 R-134a 습압축 냉동사이클

3-2 건압축 냉동사이클

증발기에서 증발된 건포화증기를 과열증기로 압축시켜 응축시키는 냉동사이클을 건(乾)압축 냉동사이클(dry compression refrigeration cycle) 또는 건압축사이클이라 한다. 건압축사이클은 습압축사이클과 달리 압축기가 건포화증기를 흡입하므로 냉매의 액적으로 인한 체적효율의 감소가 발생하지 않는다. 그러나 건포화증기를 흡입하여 압축하므로 압축 후 냉매의 온도가 높아지고 응축기의 방열량이 증가하여 습압축사이클에 비해 응축기의 크기를 대형으로 만들어야 한다.

그림 4-7은 건압축사이클을 $T\text{-}s$ 선도와 $P\text{-}h$ 선도에 나타낸 것으로 상태점 4의 엔탈피는 증기의 상태식을 이용하여 구할 수도 있으나 대단히 복잡하므로 $P\text{-}h$ 선도에 사이클을 그려 보간법으로 구한다. 그러나 과열증기표가 있는 냉매는 과열증기표에서 구해도 좋다.

건압축사이클의 냉동효과(q_L), 응축냉매 1 kg당 압축일(w) 및 응축기 방열량(q_H)은

$$\left.\begin{aligned}q_L &= h_3 - h_2 = h_3 - h_1 \\ w &= h_4 - h_3 \\ q_H &= h_4 - h_1\end{aligned}\right\} \qquad (4\text{-}3\text{-}6)$$

이므로 건압축사이클의 이론적인 성적계수(cop)는 다음과 같다.

$$cop = \frac{q_L}{w} = \frac{h_3 - h_1}{h_4 - h_3} \tag{4-3-7}$$

건압축사이클로 작동하는 냉동기의 냉동능력이 Q_L일 때 이론적인 냉매순환량($\dot{m}$), 압축기 소요동력(W) 및 피스톤배출량(V)은 다음 식과 같아진다.

$$\left.\begin{aligned} \dot{m} &= \frac{Q_L}{q_L} = \frac{Q_L}{h_3 - h_1} \\ W &= \dot{m}w = \dot{m}(h_4 - h_3) \\ V &= \dot{m}v_3 \end{aligned}\right\} \tag{4-3-8}$$

식 (4-3-8)에서 v_3은 압축기 입구(증발기 출구 : 상태점 3)에서 냉매증기의 비체적이다.

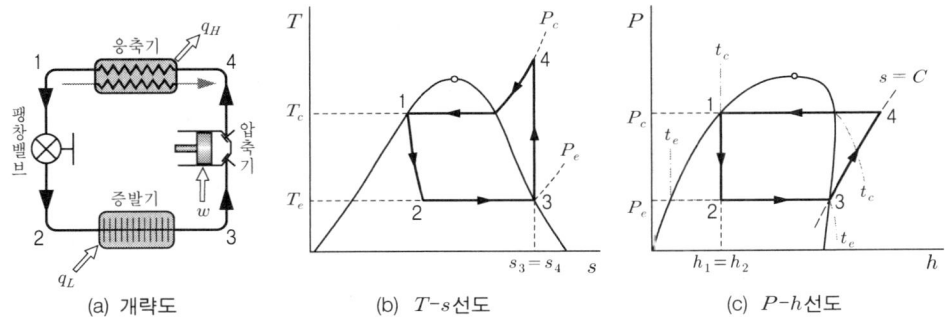

(a) 개략도 (b) T-s선도 (c) P-h선도

[그림 4-7] 건압축 냉동사이클

≫ 예제 **4-4** 건압축사이클로 작동하는 R-134a 냉동기의 증발온도가 $-15℃$, 응축온도가 $30℃$이다. 부록의 증기표와 Mollier 선도를 이용하여 냉동능력이 10 kW일 때 다음을 구하여라.
(1) 냉동효과 (2) 냉매순환량 (3) 응축냉매 1 kg당 압축일량
(4) 소요동력 (5) 피스톤배출량 (6) 압축 후 냉매온도
(7) 응축냉매 1 kg당 응축기 방열량 (8) 응축기 총방열량
(9) 성적계수

풀이 먼저 그림 4-8과 같이 P-h선도에 건압축사이클을 그리고 상태점 1, 2, 3의 비엔탈피는 포화증기표, 상태점 4의 비엔탈피는 P-h선도 상의 사이클에서 보간법으로 구한다.
㉮ 예제 4-3과 같이 증발온도 $t_e = -15℃$에 대한 <u>증발압력선($P_e = 164.13$ kPa)</u>을 긋는다.
㉯ 같은 방법으로 응축온도 $t_c = 30℃$에 대한 <u>응축압력선($P_c = 770.06$ kPa)</u>을 긋는다.
㉰ 예제 4-3과 같이 응축압력선(P_c)과 포화액선의 교점이 팽창밸브 입구(응축기 출구)를 나타내는 상태점 1이며, 포화증기표에서 30℃인 포화액의 비엔탈피가 h_1이다. 즉, $h_1 = 241.46$ kJ/kg이다.

㉯ 예제 4-3과 같이 상태점 1을 지나 수직으로 그은 선(h_1선)과 증발압력선(P_e)의 교점이 증발기 입구(팽창밸브 출구)를 나타내는 상태점 2이며 비엔탈피 h_2는 h_1과 같다. 즉, $h_1 = h_2 = 241.46$ kJ/kg이다.

㉰ 압축기 입구(증발기 출구)에서 냉매의 상태가 $t_e = -15$℃인 건포화증기이므로 증발압력선(P_e)과 포화증기선의 교점이 압축기 입구를 나타내는 상태점 3이며, 포화증기표에서 -15℃인 포화증기의 비엔탈피가 h_3이다. 즉, $h_3 = 388.32$ kJ/kg이다.

㉱ 예제 4-3의 A-㉯와 같은 방법으로 상태점 3을 지나는 등엔트로피선($s_3 = s_4$)과 응축압력선(P_c)의 교점이 응축기 입구(압축기 출구)를 나타내는 상태점 4이다. 선도에서 보간법으로 상태점 4의 비엔탈피 h_4를 구하면

$$h_4 = 420 + (440 - 420) \times \frac{0.1}{6.5} = 420.31 \text{ kJ/kg}$$

(1) 냉동효과 : 식 (4-3-6)에서

$$q_L = h_3 - h_1 = 388.32 - 241.46 = 146.86 \text{ kJ/kg}$$

(2) 냉매순환량 : 냉동능력이 $Q_L = 10$ kW 이므로 식 (4-3-8)에서

$$\dot{m} = \frac{Q_L}{q_L} = \frac{10}{146.86} = 68.092 \times 10^{-3} \text{ kg/s (가급적 자세히 구하였음)}$$

(3) 응축냉매 1 kg당 압축일량 : 식 (4-3-6)에서

$$w = h_4 - h_3 = 420.31 - 388.32 = 31.99 \text{ kJ/kg}$$

(4) 소요동력 : 식 (4-3-8)에서

$$\dot{W} = \dot{m} w = (68.092 \times 10^{-3}) \times 31.99 = 2.178 \text{ kW}$$

(5) 피스톤배출량
식 (4-3-8)을 이용하려면 먼저 압축기 입구에서 냉매의 비체적을 알아야 한다. 그런데 상태 3이 -15℃인 포화증기이므로 포화증기표에서 $v_3 = 0.11991$ m^3/kg이다. v_3은 근사적으로 P-h선도에서 상태점 3의 이웃한 두 비체적선 0.1 m^3/kg과 0.125 m^3/kg에 대해 보간법으로 구해도 된다. 그러나 증기표에서 구하는 것이 바람직하다. 참고로 선도에서 구해보면

$$v_3 = 0.1 + (0.125 - 0.1) \times \frac{3.25}{4.1} = 0.11982 \text{ m}^3/\text{kg}$$

$$\therefore V = \dot{m} v_3 = (68.092 \times 10^{-3}) \times 0.11991 = 8.1649 \times 10^{-3} \text{ m}^3/\text{s} = 29.394 \text{ m}^3/\text{h}$$

(6) 압축 후 냉매온도
P-h선도에서 상태점 4의 좌, 우 등온선 35℃선과 40℃선에 대해 보간법으로 t_4를 구하면

$$t_4 = 35 + (45 - 35) \times \frac{0.4}{3.4} = 36.2℃$$

(7) 응축냉매 1 kg당 응축기 방열량 : 식 (4-3-6)에서

$$q_H = h_4 - h_1 = 420.31 - 241.46 = 178.85 \text{ kJ/kg}$$

(8) 응축기 총방열량 : 식 (4-3-6)을 이용하면

$$Q_H = \dot{m} q_H = (68.092 \times 10^{-3}) \times 178.85 = 12.178 \text{ kW}$$

(9) 성적계수 : 식 (4-3-7)에서

$$cop = \frac{q_L}{w} = \frac{146.86}{31.99} = 4.591$$

또는 식 (4-3-7)을 변형하여 $Q_L = 10$ kW와 위에서 구한 W값을 대입하여 cop를 구하면

$$cop = \frac{q_L}{w} = \frac{\dot{m}\,q_L}{\dot{m}\,w} = \frac{Q_L}{W} = \frac{10}{2.178} = 4.591$$

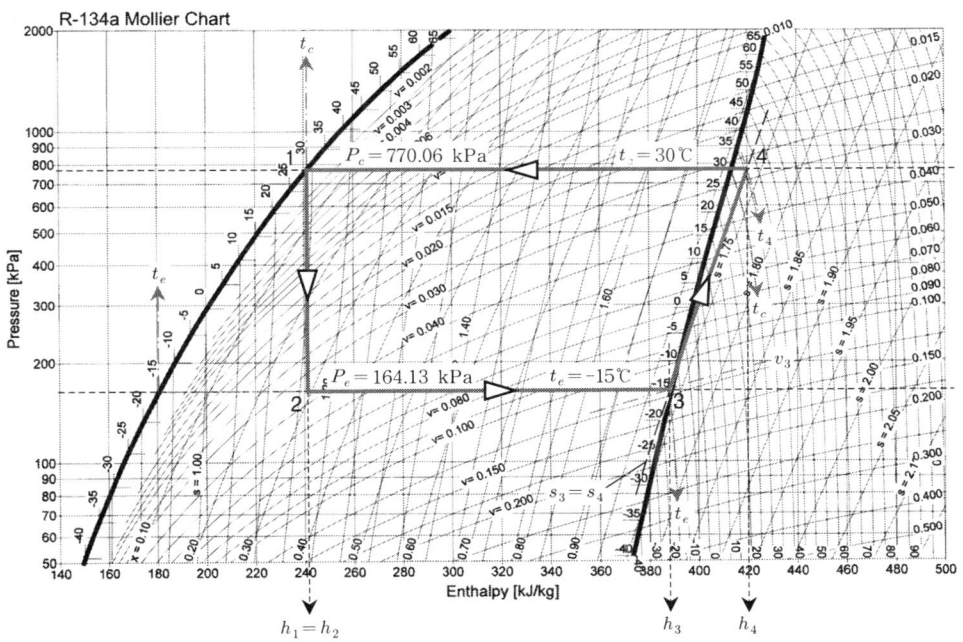

[그림 4-8] $-15 \sim 30℃$ 사이에서 작동하는 R-134a 건압축 냉동사이클

> **예제 4-5** 비공비혼합물 냉매 R-401A를 사용하는 건압축사이클 냉동기의 증발온도가 $-15℃$, 응축온도가 $30℃$이다. 부록의 증기표와 Mollier 선도를 이용하여 냉동능력이 10 kW일 때 다음을 구하여라.
>
> (1) 냉동효과 (2) 냉매순환량 (3) 응축냉매 1 kg당 압축일
> (4) 소요동력 (5) 피스톤배출량 (6) 압축 후 냉매온도
> (7) 응축냉매 1 kg당 응축기 방열량 (8) 응축기 총방열량
> (9) 응축 후 냉매온도 (10) 성적계수
>
> **풀이** 비공비혼합물 냉매는 혼합된 냉매들의 비등점이 같지 않으므로 증발과 응축이 시작되는 온도와 완료되는 온도가 서로 다르다. 따라서 비공비혼합물 냉매의 증발온도는 증발이 완료되는 건포화증기점의 온도, 응축온도는 응축이 시작되는 건포화증기점의 온도로 간주한다.

그러므로 부록에 수록된 R-401A 냉매의 P-h선도에 사이클을 아래 그림 4-9와 같이 그리고 상태점 1과 3의 비엔탈피는 포화증기표, 상태점 4의 비엔탈피는 P-h선도 상의 사이클에서 보간법으로 구한다.

㉮ 증발온도가 −15℃이므로 P-h선도의 증발온도(−15℃)선과 포화증기선의 교점 (상태 3)을 지나는 수평선이 증발압력선(P_e = 167.47 kPa)이다.

㉯ 응축온도가 30℃이므로 P-h선도의 응축온도(30℃)선과 포화증기선의 교점을 지나는 수평선이 응축압력선(P_c = 769.89 kPa)이다.

㉰ 응축압력선(P_c)과 포화액선의 교점이 팽창밸브 입구(응축기 출구)를 나타내는 상태점 1이며 증기표에서 30℃인 포화액의 비엔탈피가 h_1이므로 h_1 = 231.56 kJ/kg이다.

만일 h_1을 선도에서 보간법으로 구하면

$$h_1 = 220 + (240-220) \times \frac{3.7}{6.5} = 231.38 \text{ kJ/kg}$$

㉱ 상태점 1을 지나 수직으로 그은 선과 증발압력선(P_e)의 교점이 증발기 입구(팽창밸브 출구)를 나타내는 상태점 2이며 h_2는 h_1과 같으므로 $h_1 = h_2$ = 231.56 kJ/kg이다.

㉲ 압축기 입구에서 냉매의 상태가 건포화증기이므로 증발압력선(P_e)과 포화증기선의 교점이 압축기 입구(증발기 출구)를 나타내는 상태점 3이며, 포화증기표에서 −15℃인 포화증기의 비엔탈피가 h_3이므로 h_3 = 399.07 kJ/kg이다.

㉳ 상태점 3을 지나는 등엔트로피선과 응축압력선의 교점이 응축기 입구(압축기 출구)를 나타내는 점이며 보간법으로 h_4를 구하면

$$h_4 = 420 + (440-420) \times \frac{4.8}{6.5} = 434.77 \text{ kJ/kg}$$

(1) 냉동효과 : 식 (4-3-6)에서

$$q_L = h_3 - h_1 = 399.07 - 231.56 = 167.51 \text{ kJ/kg}$$

(2) 냉매순환량 : Q_L = 10 kW 이므로 식 (4-3-8)에서

$$\dot{m} = \frac{Q_L}{q_L} = \frac{10}{167.51} = 59.698 \times 10^{-3} \text{ kg/s}$$

(3) 응축냉매 1 kg당 압축일량 : 식 (4-3-6)에서

$$w = h_4 - h_3 = 434.77 - 399.07 = 35.70 \text{ kJ/kg}$$

(4) 소요동력 : 식 (4-3-8)에서

$$W = \dot{m}w = (59.701 \times 10^{-3}) \times 35.70 = 2.131 \text{ kW}$$

(5) 피스톤배출량
포화증기표에서 v_3 = 0.12969 m³/kg이므로 식 (4-3-8)로부터

$$\therefore V = \dot{m}v_3 = (59.698 \times 10^{-3}) \times 0.12969 = 7.742 \times 10^{-3} \text{ m}^3/\text{s} = 0.465 \text{ m}^3/\text{h}$$

(6) 압축 후 냉매온도
P-h선도에서 상태점 4의 좌, 우 등온선 40℃선과 50℃선에 대해 보간법으로 t_4를 구하면

$$t_4 = 40 + (50-40) \times \frac{1.5}{2.6} = 45.8 ℃$$

(7) 응축냉매 1 kg당 응축기 방열량 : 식 (4-3-6)에서
$$q_H = h_4 - h_1 = 434.77 - 231.56 = 203.21 \text{ kJ/kg}$$

(8) 응축기 총방열량 : 식 (4-3-6)을 이용하면
$$Q_H = \dot{m} q_H = (59.698 \times 10^{-3}) \times 203.21 = 12.131 \text{ kW}$$

(9) 응축 후 냉매온도 : 선도에서 보간법으로 구하면
$$t_1 = 20 + (30 - 20) \times \frac{3.3}{6.9} = 24.8 \text{℃}$$

(10) 성적계수 : 식 (4-3-7)에서
$$cop = \frac{q_L}{w} = \frac{167.51}{35.70} = 4.692$$

또는 $Q_L = 10$ kW와 위에서 구한 W값을 대입하여 cop를 구하면
$$cop = \frac{q_L}{w} = \frac{\dot{m} q_L}{\dot{m} w} = \frac{Q_L}{W} = \frac{10}{2.131} = 4.693$$

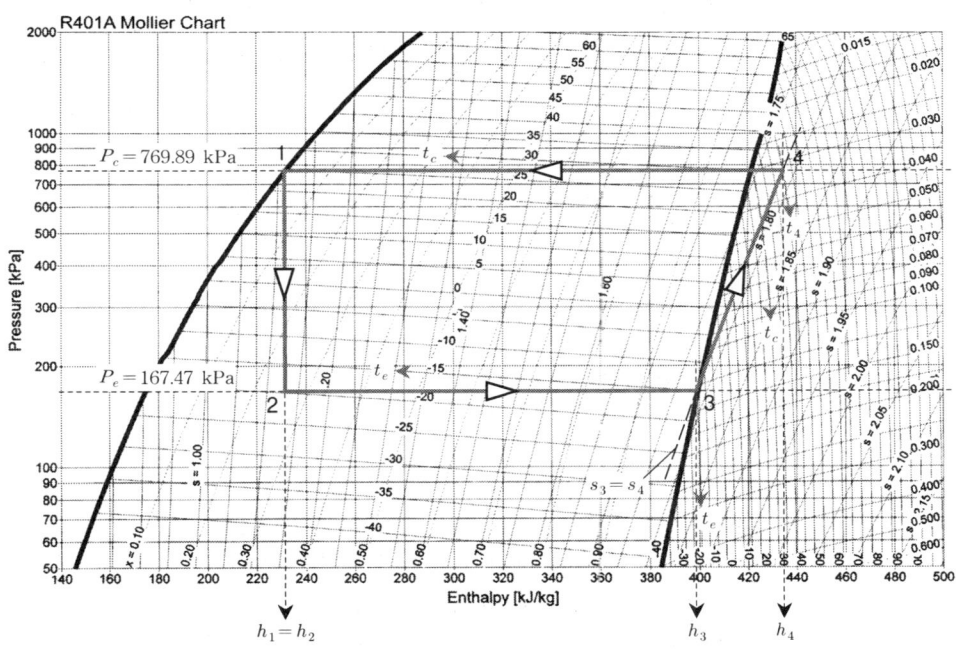

[그림 4-9] −15∼30℃ 사이에서 작동하는 R-401A 건압축 냉동사이클

3-3 과열압축 냉동사이클

건압축 냉동사이클에서 증발 후 냉매의 상태는 이론적으로는 건포화증기이다. 그러나 실제 증발과정에서는 증발속도를 아주 느리게 하지 않는 한 냉매증기 속에 미세한 냉매 액적들이 많이 혼합되어 있으며 이 액적들이 압축기에서 압축을 하는 도중에 증발함으로써 체적효율을 감소시킨다. 따라서 액적들을 줄이기 위한 방법으로 동일한 압력 하에 액적들이 열을 흡수, 증발하도록 과열시킨다. 그러므로 압축기로 유입되는 냉매의 상태는 과열증기로 된다. 이렇게 과열증기를 흡입하여 압축시키는 사이클을 과열(過熱)압축 냉동사이클(super heated compression refrigeration cycle) 또는 과열압축사이클이라 한다.

과열압축사이클은 압축 후 증기의 온도가 건압축사이클보다 더욱 높아지므로 응축기 용량을 더 크게 하여야 하고 냉매에 따라서는 압축기 냉각에도 주의하여야 한다.

그림 4-10은 과열압축 냉동사이클을 $T\text{-}s$선도와 $P\text{-}h$선도에 나타낸 것으로 증발기 안에서 과열되는 경우와 증발기 밖(증발기와 압축기사이의 배관)에서 과열되는 경우에 따라 냉동효과가 다르다. 과열이 증발기와 압축기 사이의 배관에서 이루어지는 경우는 냉매가 증발기에서 압축기로 배관을 따라 흐르는 동안 대기로부터 흡열하여 과열되기도 하나 냉동기의 성적계수를 개선할 목적으로 인위적으로 과열시키는 경우(과냉각사이클 참조)도 있다.

냉매증기가 증발기 밖에서 과열되는 경우의 냉동효과($q_L{'}$)는 증발과정이 2-3′이므로

$$q_L{'} = h_3{'} - h_1 \tag{4-3-9}$$

냉매증기가 증발기 안에서 과열되는 경우의 냉동효과(q_L)는 증발과정이 2-3′-3이므로

$$q_L = h_3 - h_1 \tag{4-3-10}$$

한편 응축냉매 1 kg당 압축일(w)과 응축기 방열량(q_H)은 과열과정과 관계가 없으므로

$$\left.\begin{array}{l} w = h_4 - h_3 \\ q_H = h_4 - h_1 \end{array}\right\} \tag{4-3-11}$$

이다. 그러므로 과열압축사이클의 이론적인 성적계수는 아래와 같다.

$$cop' = \frac{q_L{'}}{w_c} = \frac{h_3{'} - h_1}{h_4 - h_3} \quad \text{(증발기 밖에서 과열)} \tag{4-3-12}$$

$$cop = \frac{q_L}{w_c} = \frac{h_3 - h_1}{h_4 - h_3} \quad \text{(증발기 안에서 과열)} \tag{4-3-13}$$

위의 식에서 상태점 3과 4의 비엔탈피는 보통 Mollier 선도($P\text{-}h$)상에 사이클을 그려 구하며, 성적계수는 **과열도**(degree of super-heated, Δt_{sh}로 표기)에 따라 다르다. 과열도는 보통 5℃를 표준으로 한다.

과열압축사이클로 작동되는 냉동기의 냉동능력이 Q_L일 때 이론적인 냉매순환량, 압축기 소요동력 및 피스톤배출량은 다음 식과 같다.

$$\left.\begin{array}{l}\dot{m}' = \dfrac{Q_L}{q_L'} = \dfrac{Q_L}{h_3' - h_1} \\ W' = \dot{m}'w = \dot{m}'(h_4 - h_3) \\ V' = \dot{m}'v_3\end{array}\right\}\text{(증발기 밖에서 과열)} \qquad (4\text{-}3\text{-}14)$$

$$\left.\begin{array}{l}\dot{m} = \dfrac{Q_L}{q_L} = \dfrac{Q_L}{h_3 - h_1} \\ W = \dot{m}w = \dot{m}(h_4 - h_3) \\ V = \dot{m}v_3\end{array}\right\}\text{(증발기 안에서 과열)} \qquad (4\text{-}3\text{-}15)$$

위의 식에서 v_3은 압축기 입구(상태 3)의 비체적이다.

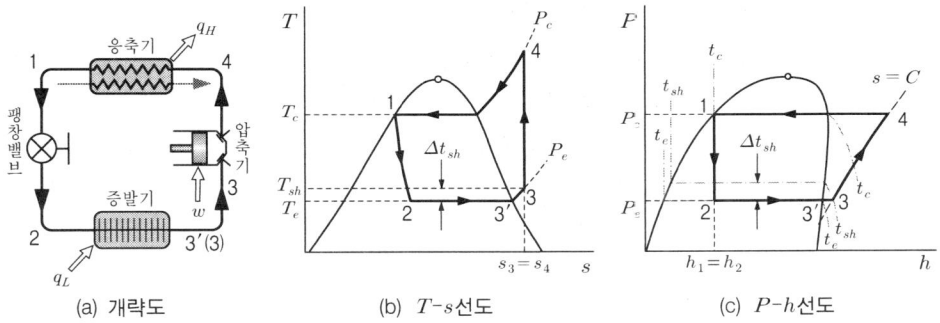

(a) 개략도　　　　(b) T-s선도　　　　(c) P-h선도

[그림 4-10] 과열압축 냉동사이클

≫ 예제 4-6

과열압축사이클로 작동하는 R-134a 냉동기의 증발온도가 $-15\,℃$, 응축온도가 $30\,℃$이다. 부록의 증기표와 Mollier 선도를 이용하여 다음을 구하여라.
단, 과열은 증발기에서 일어나며 과열도는 $5\,℃$이다.

(1) 냉동효과　　　　(2) 압축일량　　　　(3) 압축기 입구에서 냉매의 비체적
(4) 압축 후 냉매의 온도　(5) 응축기 방열량　(6) 성적계수

[풀이] 먼저 그림 4-11과 같이 P-h선도에 사이클을 그리고 상태점 1과 2의 비엔탈피는 포화증기표, 상태점 3과 4의 비엔탈피는 P-h선도 상의 사이클에서 보간법으로 구한다.
㉮ 증발온도와 응축온도에 해당하는 증발압력선(P_e)과 응축압력선(P_c)을 긋는다.
㉯ 응축압력선(P_c)과 포화액선의 교점(상태점 1)을 구하고 포화증기표에서 상태점 1의 비엔탈피 $h_1 = 241.46$ kJ/kg($= h_2$)을 구한다.
㉰ 상태점 1을 지나는 수직선과 증발압력선(P_e)의 교점(상태점 2)을 구한다.
㉱ 압축기 입구에서 냉매의 상태가 과열증기이며 과열도가 $\Delta t_{sh} = t_{sh} - t_e = 5\,℃$이므로 압축기 입구의 온도($t_3$)는 $t_3 = t_{sh} = t_e + t_{sh} = (-15) + 5 = (-10)\,℃$이다.
　그러므로 과열증기 구역의 $-10\,℃$선과 증발압력선(P_e)의 교점이 압축기 입구(증발기 출구)를 나타내는 상태점 3이며 선도에서 h_3을 보간법으로 구하면

$$h_3 = 380 + (400 - 380) \times \frac{4.1}{6.5} = 392.62 \text{ kJ/kg}$$

㉯ 상태점 3을 지나는 등엔트로피선($s_3 = s_4$)과 응축압력선(P_c)의 교점(상태점 4)을 구하고 h_4를 보간법으로 구하면

$$h_4 = 420 + (440 - 420) \times \frac{1.7}{6.5} = 425.23 \text{ kJ/kg}$$

(1) 냉동효과 : 식 (4-3-10)에서
$$q_L = h_3 - h_1 = 392.62 - 241.46 = 151.16 \text{ kJ/kg}$$

(2) 압축일량 : 식 (4-3-11)에서
$$w = h_4 - h_3 = 425.23 - 392.62 = 32.61 \text{ kJ/kg}$$

(3) 압축기 입구에서 냉매의 비체적 : 선도에서
$$v_3 = 0.1 + (0.125 - 0.1) \times \frac{3.6}{4.1} = 0.12195 \text{ m}^3/\text{kg}$$

(4) 압축기 후 냉매의 온도 : 선도에서
$$t_4 = 35 + (45 - 35) \times \frac{2}{3.4} = 40.9\text{°C}$$

(5) 응축기 방열량 : 식 (4-3-11)에서
$$q_H = h_4 - h_1 = 425.23 - 241.46 = 183.77 \text{ kJ/kg}$$

(6) 성적계수 : 식 (4-3-13)에서
$$cop = \frac{q_L}{w} = \frac{151.16}{32.61} = 4.635$$

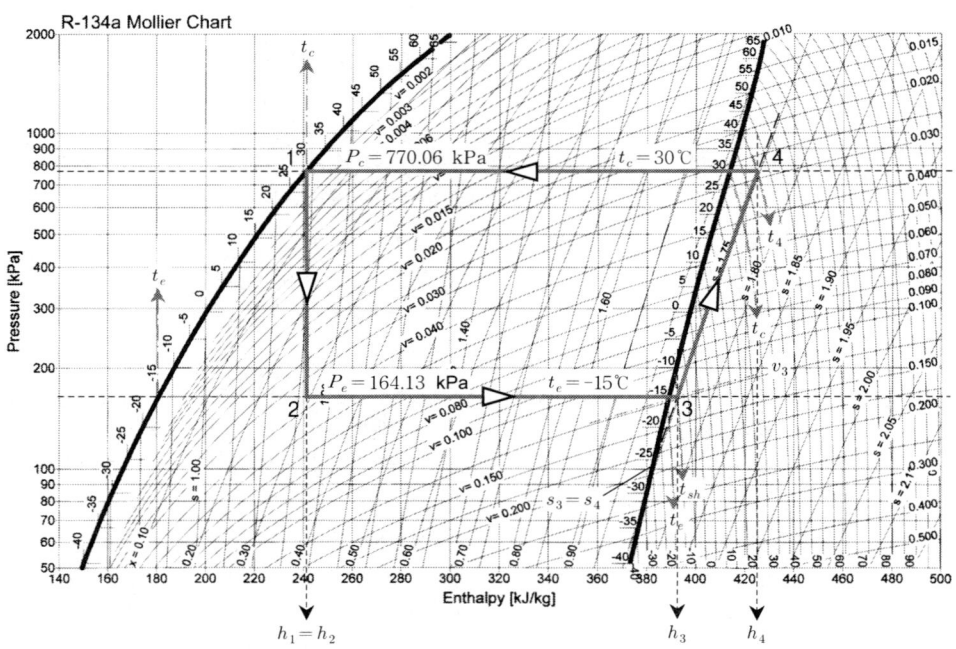

[그림 4-11] −15~30°C 사이에서 작동하는 R-134a 과열압축 냉동사이클(증발기 안에서 과열)

3-4 임계압력 이상에서의 증기압축 냉동사이클

탄산가스와 같이 임계압력이 낮은 냉매를 사용하는 냉동기에서는 압축 후의 압력이 임계압력보다 높은 경우가 있다. 이러한 경우에는 그림 4-12와 같이 응축기에서 아무리 냉각시켜도 응축되지 못하고 팽창밸브에서 교축팽창되는 도중에 포화액(상태 1')으로 응축(액화)되어 상태 2까지 계속 팽창된다. 이와 같은 사이클을 **임계압력 이상에서의 증기압축 냉동사이클**이라 한다.

임계압력 이상에서의 증기압축 냉동사이클에서 상태 1과 4의 엔탈피는 Mollier 선도에 사이클을 그려 구한다. 이 사이클의 냉동효과(q_L), 응축냉매 1 kg당 압축일(w) 및 응축기 방열량(q_H)은

$$\left.\begin{array}{l} q_L = h_3 - h_2 = h_3 - h_1 \\ w = h_4 - h_3 \\ q_H = h_4 - h_1 \end{array}\right\} \quad (4\text{-}3\text{-}16)$$

이므로 이론적인 성적계수(cop)는 다음과 같다.

$$cop = \frac{q_L}{w} = \frac{h_3 - h_1}{h_4 - h_3} \quad (4\text{-}3\text{-}17)$$

그리고 이 사이클로 작동되는 냉동기의 냉동능력이 Q_L일 때 이론적인 냉매순환량($\dot{m}$), 압축기 소요동력(W) 및 피스톤배출량(V)은 다음 식과 같다.

$$\left.\begin{array}{l} \dot{m} = \dfrac{Q_L}{q_L} = \dfrac{Q_L}{h_3 - h_1} \\ W = \dot{m} w = \dot{m}(h_4 - h_3) \\ V = \dot{m} v_3 \end{array}\right\} \quad (4\text{-}3\text{-}18)$$

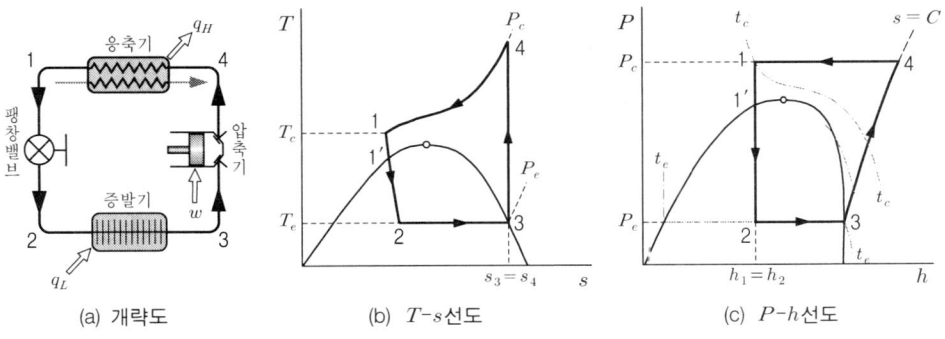

[그림 4-12] 임계압력 이상에서의 증기압축 냉동사이클

> **예제 4-7** 응축압력이 90 bar인 R-744(CO$_2$) 냉동기의 증발온도가 -15℃, 응축온도가 35℃이다. 부록의 증기표와 Mollier 선도를 이용하여 다음을 구하여라.
> (1) 냉동효과 (2) 압축일 (3) 압축 후 냉매의 온도
> (4) 응축기 방열량 (5) 성적계수

풀이 먼저 그림 4-13과 같이 $P-h$선도에 사이클을 그리고 상태점 1, 2, 4의 비엔탈피는 선도 상의 사이클에서 보간법으로 구하고 상태점 3의 비엔탈피는 증기표에서 구한다.

㉮ 증발온도에 대한 증발압력선($P_e = 22.929$ bar)과 응축압력선($P_c = 90$ bar)을 긋는다.

㉯ 응축압력선(P_c)과 응축온도선($t_c = 35$℃)의 교점(상태점 1)을 구하면 이 점이 응축기 출구(팽창밸브 입구)를 나타내는 상태점이다. 상태점 1의 비엔탈피는 사이클에서

$$h_1 = 280 + (300 - 280) \times \frac{4.99}{5} = 299.96 \text{ kJ/kg}$$

㉰ 상태점 1을 지나는 수직선과 증발압력선(P_e)의 교점(상태점 2)을 구한다.

㉱ 증발압력선(P_e)과 포화증기선의 교점(상태점 3)을 구한다. 상태점 3의 비엔탈피는 증기표에서 $h_3 = 436.25$ kJ/kg이다.

㉲ 상태점 3을 지나는 등엔트로피선($s_3 = s_4$)과 응축압력선(P_c)의 교점(상태점 4)을 구하고 비엔탈피를 보간법으로 구하면

$$h_4 = 480 + (500 - 480) \times \frac{4.05}{5} = 496.20 \text{ kJ/kg}$$

(1) 냉동효과 : 식 (4-3-16)에서

$$q_L = h_3 - h_1 = 436.25 - 299.96 = 136.29 \text{ kJ/kg}$$

(2) 압축일량 : 식 (4-3-16)에서

$$w = h_4 - h_3 = 496.20 - 436.25 = 59.95 \text{ kJ/kg}$$

(3) 압축기 후 냉매의 온도 : 선도에서

$$t_4 = 85 + (95 - 85) \times \frac{1.4}{3} = 89.7 ℃$$

(4) 응축기 방열량 : 식 (4-3-16)에서

$$q_H = h_4 - h_1 = 496.20 - 299.96 = 196.24 \text{ kJ/kg}$$

(5) 성적계수 : 식 (4-3-17)에서

$$cop = \frac{q_L}{w} = \frac{136.29}{59.95} = 2.273$$

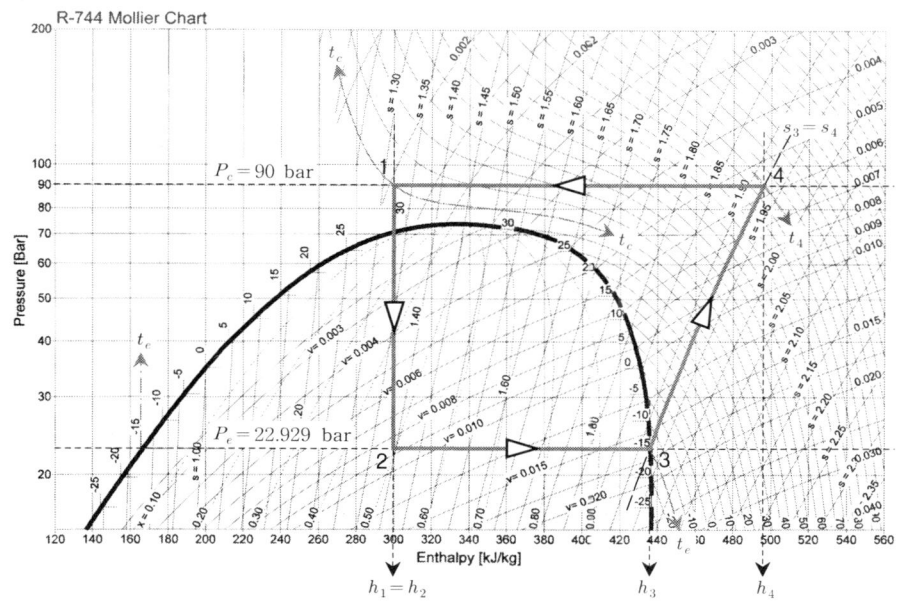

[그림 4-13] −15~35℃ 사이에서 작동하는 R-744 냉동사이클

4 증기압축 냉동사이클의 개량

냉동사이클의 성적계수가 크면 클수록 효과적인 냉동기임은 두말할 필요가 없으나 성적계수가 아무리 크다 하여도 사용조건에 맞지 않는다면 반드시 좋은 냉동기라 할 수 없다. 그러므로 사용조건을 만족시키며 성적계수를 향상시키는 방법을 강구하여 냉동사이클을 개선하여야 한다.

4-1 성적계수에 영향을 주는 냉매의 열역학적 상태

성적계수($cop = q_L/w$)를 향상시키려면 냉동효과(q_L)를 증가시키거나 압축일(w)을 감소시켜야 한다. 따라서 이 절에서는 냉동효과와 압축기의 압축일에 영향을 주는 냉매의 열역학적 상태를 검토해 본다.

4-1-1 증발온도(증발압력)

앞의 1절 B항에서 고열원(고온도물체)과 저열원(저온도물체)의 온도차($T_H - T_L$)가 작을수록 역카르노 사이클의 성적계수(cop)가 크다는 것을 설명하였다. 이것은 실제 냉동사이클에서도 적용된다. 이를 설명하기 위하여 그림 4-14(a)에 응축온도가 t_c로 같고 증발온도가 각각 t_e와 $t_e{'}$인 두 개의 냉동사이클을 나타내었다.

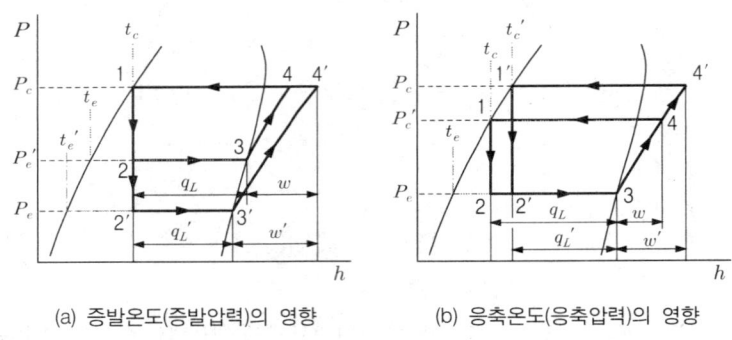

(a) 증발온도(증발압력)의 영향   (b) 응축온도(응축압력)의 영향

[그림 4-14] 성적계수에 영향을 미치는 증발온도와 응축온도

증발온도(t_e)가 높은 냉동사이클(1-2-3-4)의 냉동효과를 q_L, 압축일을 w, 증발온도($t_e{'}$)가 낮은 냉동사이클(1-2$'$-3$'$-4$'$)의 냉동효과를 $q_L{'}$, 압축일을 w'이라 하면 $q_L > q_L{'}$, $w < w'$이므로 냉동효과는 증발온도가 높을수록 커지고 압축일은 증발온도가 높을수록 작아진다. 따라서 응축온도가 일정한 경우 성적계수는 증발온도(증발압력)가 높을수록 커지고 증발온도가 낮을수록 작아진다.

그림 4-14(a)에서 $t_4 < t_4{'}$이므로 증발온도가 낮을수록 압축 후 냉매증기의 온도가 높아진다. 압축 후 냉매증기의 온도가 높으면 윤활유의 열화(劣化 : 윤활유의 기능이 현저히 감소하는 현상)로 압축기가 과열되기 쉬우며 수명이 단축될 수도 있다. 그리고 $v_3 < v_3{'}$이므로 압축기의 피스톤배출량(V)이 증가되어 압축기를 크게 제작해야 하며 체적냉동효과가 작아 동일한 냉동능력에 대하여 압축일이 증가한다($w < w'$). 이러한 현상 외에도 증발온도가 낮을수록 증발압력과 응축압력의 차가 커지므로 압축기의 압축비($\rho = P_c/P_e$)가 증가하여 체적효율과 압축효율이 떨어지고 실제 성적계수도 감소된다.

이상을 종합하면 응축온도가 일정한 경우 증발온도가 낮을수록 증발압력도 낮아지며 냉동기의 성적계수, 냉동효과, 체적효율, 압축효율 등이 감소되고, 냉매순환량, 압축일, 소요동력, 피스톤배출량 등이 증가되며 압축 후 증기온도가 높아지므로 모든 것이 불리해진다. 그러므로 증발온도는 높을수록 좋으나 증발온도는 냉동기의 사용 온도조건에 의해 결정된다.

압축기의 압축비(ρ), 체적효율(η_v) 및 압축효율(η_c)은 후에 자세히 설명하므로 여기서는 간단히 정의만 소개한다.

$$압축비(\rho_r) = \frac{응축압력(P_c)}{증발압력(P_e)} \tag{4-4-1}$$

$$체적효율(\eta_v) = \frac{압축기가\ 흡입하는\ 실제\ 냉매의\ 체적(V_{act})}{압축기의\ 이론\ 피스톤배출량(V)} \tag{4-4-2}$$

$$압축효율(\eta_c) = \frac{압축기의\ 이론적인\ 단열압축일량(w)}{압축기의\ 실제\ 압축일량(w_{act})} \tag{4-4-3}$$

4-1-2 응축온도(응축압력)

그림 4-14(b)는 증발온도가 t_e로 같고 응축온도가 각각 t_c와 t_c'인 두 개의 냉동사이클을 나타낸 것이다. 응축온도(t_c)가 낮은 냉동사이클(1-2-3-4)의 냉동효과를 q_L, 압축일을 w라 하고, 응축온도(t_c')가 높은 냉동사이클(1'-2'-3-4')의 냉동효과를 q_L', 압축일을 w'이라 하면 $q_L > q_L'$, $w < w'$이다. 즉 응축온도가 높을수록 냉동효과는 작아지고 압축일은 커지며, 반대로 응축온도가 낮을수록 냉동효과는 커지고 압축일은 작아진다. 따라서 증발온도가 일정한 경우 응축온도(응축압력)가 높을수록 성적계수는 작아지고 응축온도가 낮을수록 성적계수는 커진다.

한편, $t_4 < t_4'$이므로 응축온도가 높을수록 압축 후 냉매의 온도가 커지나 압축기 입구에서의 비체적은 응축온도와 관계없이 일정하므로 응축온도가 냉동사이클에 미치는 영향은 증발온도보다 적다는 것을 알 수 있다.

4-1-3 압축기 입구에서 냉매의 상태

압축기 입구에서 냉매의 상태는 이미 3절에서 설명한 바와 같이 습증기, 건포화증기 및 과열증기 중 어느 하나이다. 압축기 입구에서 냉매가 습증기로 되는 경우는 팽창밸브의 개방도가 증발기의 냉동능력(냉동부하)에 비해 너무 클 때이며, 교축팽창 후 건도가 적당할 때에는 성적계수가 커지는 경우도 있다. 그러나 실제로는 습증기 중에 포함되어 있는 액적의 영향으로 압축기의 체적효율이 감소되어 냉동능력이 감소되므로 현재에는 거의 사용하지 않는다. 그러나 냉매에 따라 압축 후 증기온도가 너무 높은 경우에는 습압축사이클을 채용하기도 한다.

압축기 입구에서 냉매의 상태가 과열증기인 경우는 증발기의 냉동능력에 비해 팽창밸브의 개방도가 작을 때 발생하며 대개의 경우는 성적계수가 증가한다. 그러나 증발기에서 과열증기로 된 후의 열전달은 상변화가 없는 상태로 진행되므로 열전달계수가 감소한다. 따라서 증발기를 크게 만들어야 유효하게 사용할 수 있다.

이러한 이유로 실제 냉동사이클에서는 압축기 입구에서 냉매의 상태를 건포화증기로 만드는 것이 바람직하나 액적이 없는 건포화증기가 되도록 조절하는 것이 매우 어려우므로 과열도를 크지 않게 $\Delta t_{sh}=5℃$ 정도의 과열증기로 하는 것이 보통이다.

4-1-4 팽창밸브 입구에서 냉매의 상태

그림 4-15는 팽창밸브 입구에서 냉매의 상태가 **과냉각액**(過冷却液, supercooled liquid)인 냉동사이클을 나타낸 것이다. 압축된 과열증기(상태 4)가 응축기에서 방열하여 응축이 완료된 포화액(상태 1′)의 온도는 응축온도(t_c)와 같다. 응축기에서 정압(P_c)하에 냉매를 다시 더 냉각시키면 온도가 강하하여 상태 1로 되며 온도는 t_{sc}로 된다. 그러므로 응축기에서의 **과냉각도**(degree of supercooled, Δt_{sc}로 표기)는 $\Delta t_{sc}=t_c-t_{sc}$이다. 과냉각액인 상태 1의 압축액이 팽창밸브에서 교축팽창되면 그림에서 보는 것과 같이 증발기 입구에서 냉매의 건도가 작아진다. 따라서 포화액(상태 1′)을 교축팽창시키는 것보다 냉동효과가 $\Delta q_L(=h_1{'}-h_1)$만큼 증가되므로 성적계수가 커진다. 그러나 응축기에서 과냉각을 시키려면 응축온도보다 더 낮은 온도로 유지하는 장치가 별도로 필요하다. 그러나 열교환기(heat exchange)를 그림 4-16과 같이 증발기 출구와 압축기 입구 사이와 응축기 출구와 팽창밸브 사이에 설치하면 증발기 출구의 냉매는 과열되고 응축기 출구의 냉매는 과냉되어 성적계수가 증가된다.

열교환기는 유체와 유체 사이에 열을 서로 교환하는 장치로서 증발기와 응축기도 일종의 열교환기이다. 그러나 냉동기에서는 과냉각이나 과열과 같이 서로 온도를 보상하는 장치를 열교환기라 부른다. 열교환기의 효과는 냉매에 따라 다르나 할로카본 냉매는 그 효과가 큰 편이나 암모니아는 효과가 작아 열교환기를 이용하지 않는다.

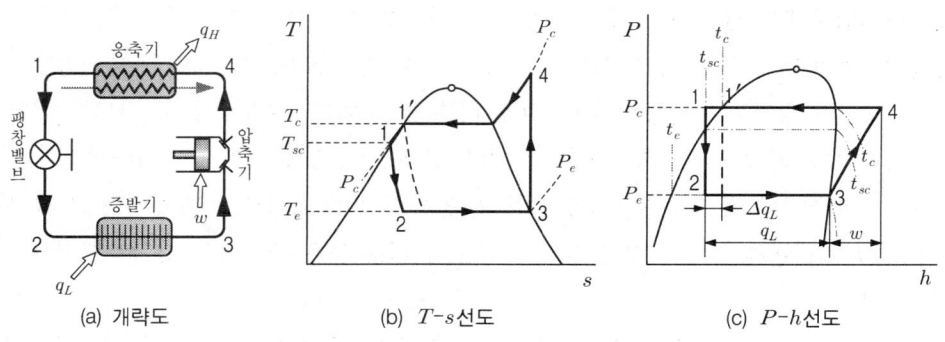

(a) 개략도   (b) T-s선도   (c) P-h선도

[그림 4-15] 응축기에 의한 과냉각의 영향

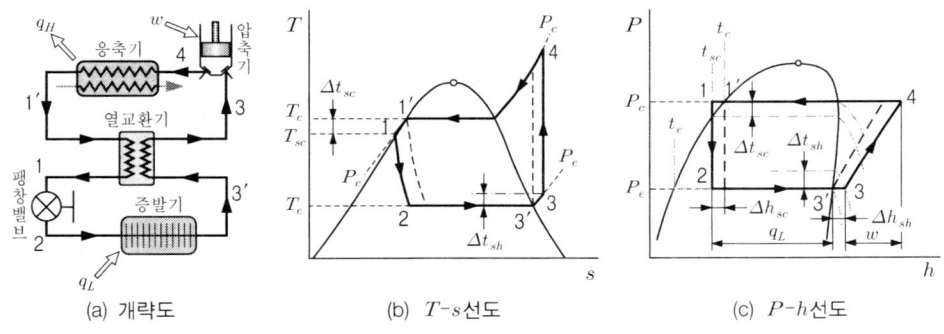

[그림 4-16] 열교환기에 의한 과냉각의 영향

4-2 과냉각 냉동사이클

앞 절에서 설명한 바와 같이 응축된 포화액을 다시 냉각하여 포화온도 이하의 과냉액(압축액)으로 만든 후 팽창시키면 증발기 입구(그림 4-15의 상태 2)에서 냉매의 건도가 감소되므로 냉동효과가 증대되어 성적계수를 개선시킬 수 있다. 이와 같이 과냉각액을 교축팽창시키는 냉동사이클을 통칭하여 **과냉각 냉동사이클**(supercooled refrigeration cycle) 또는 간단히 **과냉각사이클, 과냉사이클**이라고도 한다. 따라서 습압축사이클, 건압축사이클이나 과열압축사이클에도 과냉각사이클이 있으며 3절에서 설명한 바와 같이 응축된 포화액을 교축팽창시키는 냉동사이클과 구별할 필요가 있으므로 본 저서에서는 포화액을 교축팽창시키는 냉동사이클을 무과냉(無過冷)사이클로 부른다.

A. 응축기에 의한 과냉각사이클

그림 4-15는 응축에 의한 과냉각사이클(건압축)이며 냉동효과(q_L), 응축냉매 1 kg당 압축일(w), 응축기 방열량(q_H), 성적계수(cop) 등은 다음의 식과 같다.

$$\left.\begin{aligned} q_L &= h_3 - h_2 = h_3 - h_1 \\ w &= h_4 - h_3 \\ q_H &= (h_4 - h_1{'}) + (h_1{'} - h_1) = h_4 - h_1 \\ cop &= \frac{q_L}{w} = \frac{h_3 - h_1}{h_4 - h_3} \end{aligned}\right\} \tag{4-4-4}$$

> **예제 4-8** 건압축사이클로 작동하는 R-134a 냉동기의 증발온도가 $-15°C$, 응축온도가 $30°C$이다. 응축기에서의 과냉각도가 $5°C$일 때 증기표와 Mollier 선도를 이용하여 다음을 구하여라.
> (1) 냉동효과 (2) 압축일 (3) 응축기 방열량 (4) 성적계수

풀이 그림 4-17과 같이 P-h선도에 사이클을 그리고 상태점 1, 2, 3의 비엔탈피는 포화증기표, 상태점 4의 비엔탈피는 사이클에서 구한다.

㉮ 증발온도($-15°C$)와 응축온도($30°C$)에 대한 증발압력선(P_e)과 응축압력선(P_c)을 긋는다.

㉯ 과냉각도가 $\Delta t_{sc} = t_c - t_{sc} = 5°C$이므로 응축 후 온도는 $t_1 = t_{sc} = t_c - \Delta t_{sc} = 30 - 5 = 25°C$이다. 따라서 불포화액 구역의 $25°C$ 등온선과 응축압력선(P_c)의 교점이 상태점 1(응축기 출구)이며, 상태점 1의 비엔탈피는 $25°C$ 포화액의 비엔탈피와 같다. 그러므로 증기표에서 $h_1 = h_2 = 234.29$ kJ/kg이다.

㉰ 상태점 2, 3, 4를 구하는 방법은 예제 4-4와 같다. 그리고 상태점 3과 4의 비엔탈피 값은 $h_3 = 388.32$ kJ/kg, $h_4 = 420.31$ kJ/kg이다.

식 (4-4-4)를 이용하여 각 값들을 구하면 다음과 같다.

(1) 냉동효과 : $q_L = h_3 - h_1 = 388.32 - 234.29 = 154.03$ kJ/kg
(2) 압축일량 : $w = h_4 - h_3 = 420.31 - 388.32 = 31.99$ kJ/kg
(3) 응축기 방열량 : $q_H = h_4 - h_1 = 420.31 - 234.29 = 186.02$ kJ/kg
(4) 성적계수 : $cop = \dfrac{q_L}{w} = \dfrac{154.03}{31.99} = 4.815$

즉 응축기에 의해 과냉각을 함으로써 예제 4-4의 건압축 무과냉사이클($cop = 4.591$)에 비해 성적계수가 4.9%가 증가하였다.

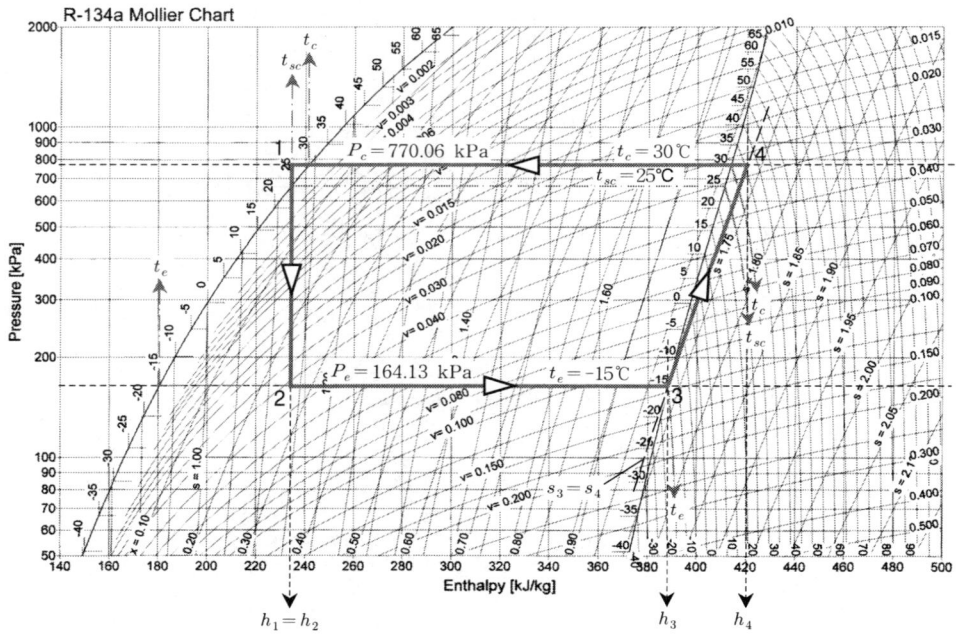

[그림 4-17] $-15 \sim 30°C$ 사이에서 작동하는 응축기에 의한 R-134a 과냉각사이클(건압축)

B. 열교환기에 의한 과냉각사이클

4-1-4절의 그림 4-16은 열교환기에 의한 과냉각사이클(과열압축)이며 냉동효과(q_L), 응축냉매 1 kg당 압축일(w), 응축기 방열량(q_H), 성적계수(cop) 등은 다음과 같다.

$$\left.\begin{aligned} q_L &= h_3{'} - h_2 = h_3{'} - h_1 \\ w &= h_4 - h_3 \\ q_H &= h_4 - h_1{'} \\ cop &= \frac{q_L}{w} = \frac{h_3{'} - h_1}{h_4 - h_3} \end{aligned}\right\} \qquad (4\text{-}4\text{-}5)$$

열교환기에서 열손실이 없다면 교환열량(q_{he})이 서로 같으므로 $q_{he} = \Delta h_{sc} = \Delta h_{sh}$ 이다.

$$\left.\begin{aligned} \text{응축 냉매액의 방열량 : } \Delta h_{sc} &= h_1{'} - h_1 \\ \text{증발 냉매증기의 흡열량 : } \Delta h_{sh} &= h_3 - h_3{'} \\ \text{교환열량 : } \Delta q_{he} &= h_1{'} - h_1 = h_3 - h_3{'} \end{aligned}\right\} \qquad (4\text{-}4\text{-}6)$$

> **예제 4-9** 열교환기에 의해 과냉각하는 R-134a 냉동기의 증발온도와 응축온도가 각각 −15℃, 30℃이다. 과냉각도가 5℃이고 증발하는 냉매가 건포화증기일 때 부록의 증기표와 Mollier 선도를 이용하여 다음을 구하여라.
>
> (1) 냉동효과 (2) 과열도 (3) 압축일 (4) 응축기 방열량 (5) 성적계수
>
> **풀이** 그림 4-18과 같이 P-h선도에 사이클을 그리고 상태점 $1'$, 1, 2, $3'$의 비엔탈피는 포화증기표, 상태점 3의 비엔탈피는 계산, 상태점 4의 비엔탈피는 사이클에서 구한다.
>
> ㉮ 증발온도(−15℃)와 응축온도(30℃)에 대한 증발압력선(P_e)과 응축압력선(P_c)을 긋는다.
>
> ㉯ 열교환기에 의한 과냉각도가 $\Delta t_{sc} = t_c - t_{sc} = 5$℃이므로 열교환 후 응축 냉매액의 온도는 $t_1 = t_{sc} = t_c - \Delta t_{sc} = t_1{'} - \Delta t_{sc} = 30 - 5 = 25$℃이다. 따라서 예제 4-8과 같은 방법으로 불포화액 구역의 25℃ 등온선과 응축압력선(P_c)의 교점이 상태점 1(응축기 출구)이며, 상태점 1의 비엔탈피는 25℃ 포화액의 비엔탈피와 같다. 즉 증기표에서 $h_1 = h_2 = 234.29$ kJ/kg이다.
>
> ㉰ 상태점 2(증발기 입구)와 $3'$(증발기 출구)을 구하는 방법은 예제 4-4와 같으며 상태점 $3'$의 비엔탈피는 증기표에서 $h_3{'} = 388.32$ kJ/kg이다.
>
> ㉱ 열교환기에 의한 교환열량은 식 (4-4-6)에서
>
> $$\Delta q_{he} = \Delta h_{sc} = \Delta h_{sh} = h_1{'} - h_1 = h_3 - h_3{'} = 241.46 - 234.29 = 7.17 \text{ kJ/kg}$$
>
> 이므로 열교환 후 증발 냉매증기의 비엔탈피 h_3은 위의 관계로부터
>
> $$h_3 = h_3{'} + \Delta h_{sc} = 388.32 + 7.17 = 395.49 \text{ kJ/kg}$$
>
> 이다. 따라서 $h_3 = 395.49$ kJ/kg이 되도록 상태점 3을 증발압력선(P_e) 상에 잡는다.
>
> ㉲ 상태점 3을 지나는 등엔트로피선($s_3 = s_4$)과 응축압력선(P_c)의 교점(상태점 4)을 구하고 비엔탈피를 보간법으로 구하면

$$h_4 = 420 + (440 - 420) \times \frac{2.8}{6.5} = 428.62 \text{ kJ/kg}$$

식 (4-4-5)를 이용하여 각 값들을 구하면 다음과 같다.

(1) 냉동효과 : $q_L = h_3' - h_1 = 388.32 - 234.29 = 154.03 \text{ kJ/kg}$
(2) 과열도 : 선도에서 보간법으로 t_3을 보간법으로 구하면

$$t_3 = (-10) + \{0 - (-10)\} \times \frac{0.9}{2.7} = -6.7℃$$

이므로 과열도 Δt_{sh}는
$\Delta t_{sh} = t_3 - t_3' = (-6.7) - (-15) = 8.3℃$
(3) 압축일량 : $w = h_4 - h_3 = 428.62 - 395.49 = 33.13 \text{ kJ/kg}$
(4) 응축기 방열량 : $q_H = h_4 - h_1' = 428.62 - 241.46 = 187.16 \text{ kJ/kg}$
(5) 성적계수

$$cop = \frac{q_L}{w} = \frac{154.03}{33.13} = 4.649$$

열교환기에 의해 과냉각을 함으로써 예제 4-4의 건압축 무과냉사이클($cop = 4.591$)에 비해 성적계수가 1.3%가 증가하였으나 응축기에 의한 과냉각사이클보다는 증가폭이 적다.

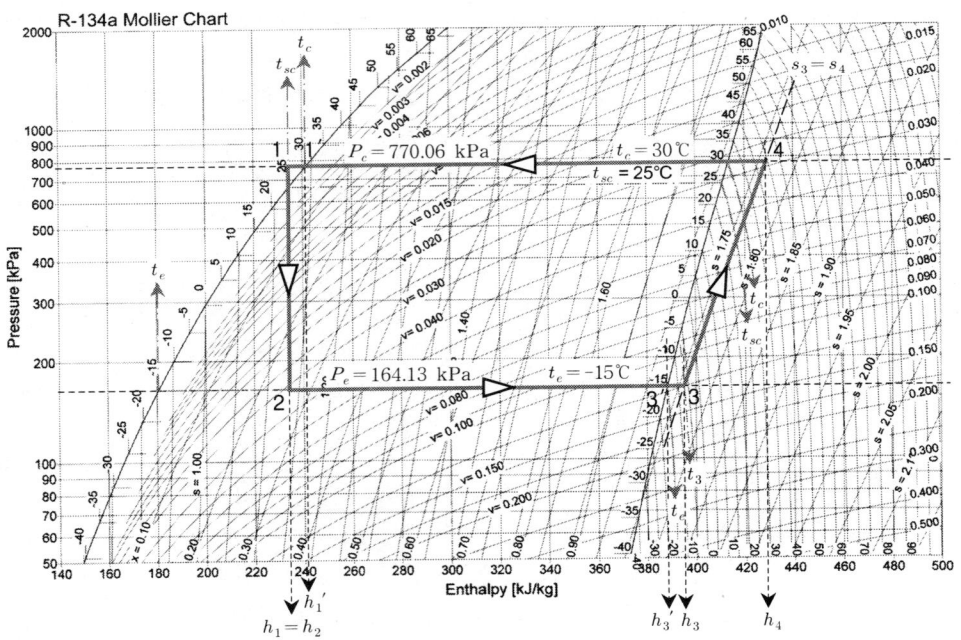

[그림 4-18] $-15 \sim 30℃$ 사이에서 작동하는 열교환기에 의한 R-134a 과냉각사이클(과열압축)

4-3 표준냉동사이클

냉동기의 냉동능력(Q_L)과 소요동력(W)은 냉매의 종류에 따라 다르며, 같은 냉매라 하여도 냉동사이클의 종류, 증발온도(t_e)와 응축온도(t_c), 과냉각도(Δt_{sc}), 과열도(Δt_{sh}) 등 온도조건 및 열교환기, 중간냉각기, 분리기 등 부속장치의 유무에 따라 다르다. 그러므로 냉동설비의 설계를 위한 자료를 얻기 위해서는 여러 냉매에 대해 동일한 냉동사이클, 온도조건 및 부속장치를 갖는 상태에서 성능을 비교하여야 한다. 이와 같이 냉매들의 성능비교를 위해 정한 동일한 조건의 냉동사이클을 **표준냉동사이클**(standard refrigeration cycle) 또는 **표준사이클**이라 한다.

표준 냉동사이클은 열교환기, 중간냉각기, 분리기 등 부속장치가 없는 온도조건만으로 정하고 있으나 나라에 따라 약간의 차이가 있다. 표 4-1은 표준냉동사이클의 온도조건을 나타낸 것으로 $t_e = -15\text{℃}$를 **표준증발온도**, $t_c = 30\text{℃}$를 **표준응축온도**라 한다. 우리나라는 일본, 독일 등과 마찬가지로 응축기에서의 과냉각도가 5℃인 건압축사이클을 표준냉동사이클로 채택하고 있다(그림 4-19).

표 4-1 각 국의 표준냉동사이클

온도조건	한국, 일본, 독일	미 국	온도조건	영 국
표준증발온도(t_e)	-15℃	-15℃	냉각수 입구 온도	15℃
표준응축온도(t_c)	30℃	30℃	냉각수 출구 온도	20℃
과냉각도(Δt_{sc})	5℃	5℃	브라인 입구 온도	0℃
과열도(Δt_{sh})	—	5℃	브라인 출구 온도	-5℃

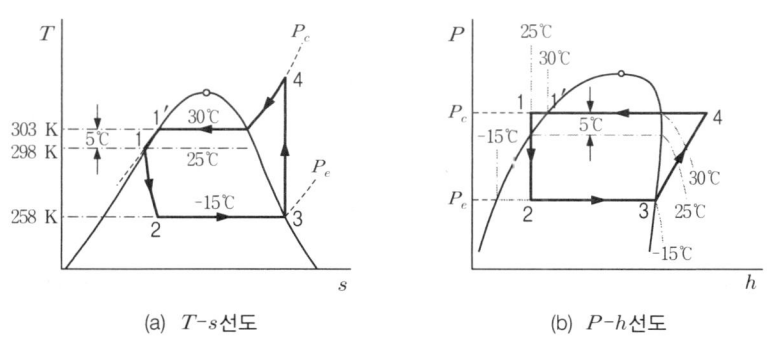

(a) T-s선도 (b) P-h선도

[그림 4-19] 표준냉동사이클

> **예제 4-10** 표준냉동사이클로 작동하는 R-152a 냉동기의 성적계수를 구하여라.
>
> **풀이** 예제 4-8과 같은 방법으로 P-h선도에 표준냉동사이클을 그리고 각 상태점들의 비엔탈피를 구하면 다음과 같다.
>
> $$h_1 = h_2 = 239.01 \text{ kJ/kg}, \quad h_3 = 493.34 \text{ kJ/kg}, \quad h_4 = 543.81 \text{ kJ/kg}$$
>
> 그러므로 표준냉동사이클의 성적계수는
>
> $$cop = \frac{q_L}{w} = \frac{h_3 - h_1}{h_4 - h_3} = \frac{493.34 - 239.01}{543.81 - 493.34} = 5.039$$

4-4 추가압축 냉동사이클

이산화탄소(CO_2)와 같이 임계압력이 낮은 냉매를 사용할 경우 응축기의 냉각수 온도가 냉매의 임계점보다 높을 경우는 임계점 이상에서의 증기압축 냉동사이클이 된다. 즉 그림 4-20(b)와 (c)에서 응축기를 나온 냉매(상태점 5)를 팽창밸브로 보내면 점선을 따라 습증기로 변하므로 임계점 이상에서의 증기압축 냉동사이클이 되지만 건도가 높아 냉동효과가 매우 작다. 이런 경우 냉동효과를 개선하기 위해 응축기를 나온 과열증기 냉매를 다시 압축하고(과정 5-6) 중간냉각기에서 응축온도까지 냉각(과정 6-1)시킨 후 팽창시키면 증발기로 유입되는 냉매의 건도가 충분히 낮아져 냉동효과가 개선된다. 이와 같은 냉동사이클을 추가압축 냉동사이클(Plank cycle) 또는 추가압축사이클이라 한다.

응축냉매 1 kg당 냉동효과(q_L), 압축일(w), 응축기 방열량(q_{Hc}), 중간냉각기 방열량(q_{Hi}) 및 성적계수(cop)는 다음과 같다.

$$\left.\begin{aligned}
q_L &= h_3 - h_1 \\
w &= w_1 + w_2 = (h_4 - h_3) + (h_6 - h_5) \\
q_{Hc} &= h_4 - h_5, \quad q_{Hi} = h_6 - h_1 \\
cop &= \frac{q_L}{w} = \frac{h_3 - h_1}{(h_4 - h_3) + (h_6 - h_5)}
\end{aligned}\right\} \tag{4-4-7}$$

여기서 w_1은 저압압축일, w_2는 고압압축일을 나타내며 고열원으로 방출하는 열량(q_H)은 다음과 같다.

$$q_H = q_{Hc} + q_{Hi} = (h_4 - h_5) + (h_6 - h_1) \tag{4-4-8}$$

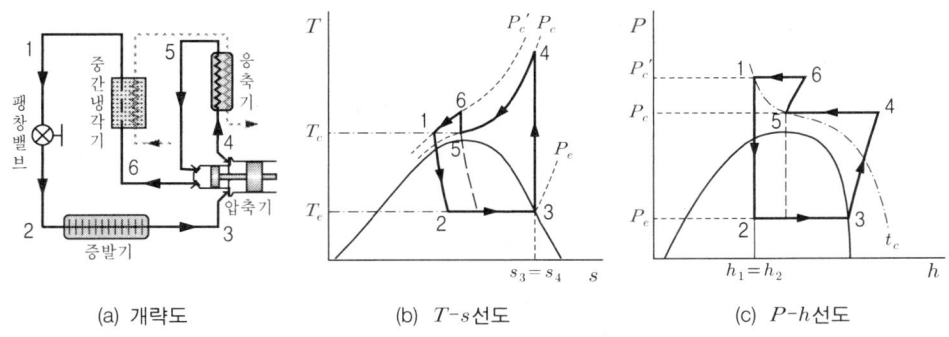

(a) 개략도　　　(b) T-s선도　　　(c) P-h선도

[그림 4-20] 추가압축 냉동사이클

> **예제 4-11** 증발온도가 $-15℃$인 이산화탄소 포화증기를 80 bar까지 단열압축하여 $35℃$로 냉각한 후 다시 100 bar까지 단열압축하여 $35℃$로 냉각하는 추가압축 냉동사이클의 냉동효과, 압축기 소요일 및 성적계수를 구하여라.
>
> > **풀이** 부록에 수록된 R-744(CO_2) 포화증기표와 Mollier 선도를 이용하여 그림 4-21과 같이 사이클을 그리고 각 상태점의 비엔탈피들을 구하면 아래와 같다.
> > $h_1 = h_2 = 289.60$ kJ/kg,　$h_3 = 436.25$ kJ/kg,　$h_4 = 490.80$ kJ/kg,
> > $h_5 = 349.26$ kJ/kg,　$h_6 = 353.20$ kJ/kg
> > 식 (4-4-7)을 이용하여 각 값들을 구하면 다음과 같다.
> > (1) 냉동효과 : $q_L = h_3 - h_1 = 436.25 - 289.60 = 146.65$ kJ/kg
> > (2) 압축기 소요일 : $w = (h_4 - h_3) + (h_6 - h_5)$
> > 　　　　　　　　　$= (490.80 - 436.25) + (353.20 - 349.20) = 58.55$ kJ/kg
> > (3) 성적계수 : $cop = \dfrac{q_L}{w_c} = \dfrac{146.65}{58.55} = 2.505$

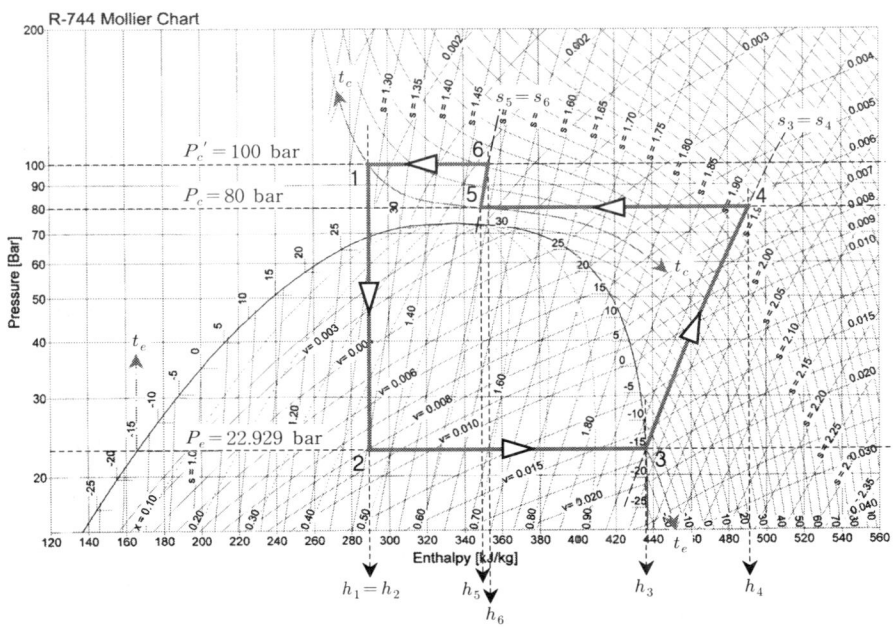

[그림 4-21] $-15 \sim 35℃$ 사이에서 작동하는 R-744 추가압축 냉동사이클

4-5 다효압축 냉동사이클

한 개의 실린더로 압력이 다른 냉매증기를 흡입하여 동시에 압축하는 냉동사이클을 다효(多效)압축 냉동사이클(multi-effect refrigeration cycle, 일명 Voorhees cycle) 또는 다효압축사이클이라 하며 추가압축사이클과 확연히 구분된다. 또한 다효압축사이클은 다음 절에서 설명하는 2단압축사이클과도 차이가 있다.

그림 4-22는 다효압축사이클을 나타낸 것으로 응축냉매를 1 kg이라 가정하여 사이클의 작동원리와 열계산을 설명한다.

A. 사이클의 상태변화과정

(1) 과정 1-2 : 응축된 냉매액(상태 1) 1 kg이 제1팽창밸브에서 습증기(상태 2)로 교축팽창되어 분리기로 유입되는 과정으로 압력이 응축압력(P_c)에서 분리기압력(또는 중간압력 P_i)으로 낮아진다.

(2) 과정 2-3, 2-8 : 분리기에서의 기-액 분리과정으로 포화액과 건포화증기의 혼합물인 건도가 x_2인 습증기가 상부에 x_2 kg의 건포화증기(상태 8)와 하부에 $(1-x_2)$ kg의 포화액(상태 3)으로 분리되는 과정

(3) 과정 3-4 : 분리기 하단에 있던 $(1-x_2)$ kg의 포화액이 제2팽창밸브에서 습증기(상태 4)로 교축팽창되어 증발기로 유입되는 과정으로 압력은 분리기압력(P_i)에서 증발압력(P_e)으로 낮아진다.

(4) 과정 4-5 : 교축팽창된 $(1-x_2)$ kg의 습증기가 증발기에서 정압(P_e)하에 주위(저열원)로부터 흡열하여 건포화증기(상태 5)로 증발되는 과정

(5) 과정 5-6 : 압축기의 피스톤이 하사점(밸브에서 가장 먼 위치)에 있을 때 압력이 P_e인 $(1-x_2)$ kg의 건포화증기(상태 5)가 압축기로 유입된 상태에서 분리기로부터 bypass되어 압축기 측면의 가는 구멍(細孔)으로 유입되는 압력이 P_i인 x_2 kg의 건포화증기(상태 8)와 혼합되어 1 kg의 과열증기(상태 6)로 되는 과정으로 압축기 안에서의 변화과정을 그림 (b)에 나타내었다. 그림 (c)에서 bypass되는 x_2 kg의 건포화증기(상태 8)의 온도가 t_8에서 t_6으로 상승하는 것은 세공을 통해 유입된 건포화증기가 전 사이클에서 과열된 실린더 벽으로부터 흡열하기 때문이며, 그림 (d)에서 $(1-x_2)$ kg의 건포화증기(상태 5)의 압력이 P_e에서 P_i로 상승하는 것은 정적(피스톤이 하사점에 있음) 하에 고압의 bypass 증기(x_2 kg)가 유입되어 혼합되며 실린더 벽으로부터 흡열하기 때문이다.

여기서 그림 (b)에 나타낸 압축기 안에서의 압축과정을 살펴보면

a-5 : 압력이 P_e인 $(1-x_2)$ kg의 건포화증기(상태 5)가 압축기의 흡입밸브를 통해 유입되는 과정

b-6 : 분리기에서 bypass되는 압력이 P_i인 x_2 kg의 건포화증기(상태 8)가 압축기 측면의 세공을 통해 실린더 안으로 유입되는 과정

5-6 : 정적하에 두 증기가 혼합되는 과정

6-7 : 혼합된 1 kg의 과열증기(상태 6)이 피스톤에 의해 단열압축되는 과정

7-c : 압축된 1 kg의 과열증기(상태 7)가 토출밸브를 통해 응축기로 배출되는 과정

(6) 과정 7-1 : 압축된 과열증기(상태 7)가 응축기에서 방열, 응축되어 포화액(상태 1)으로 되는 과정

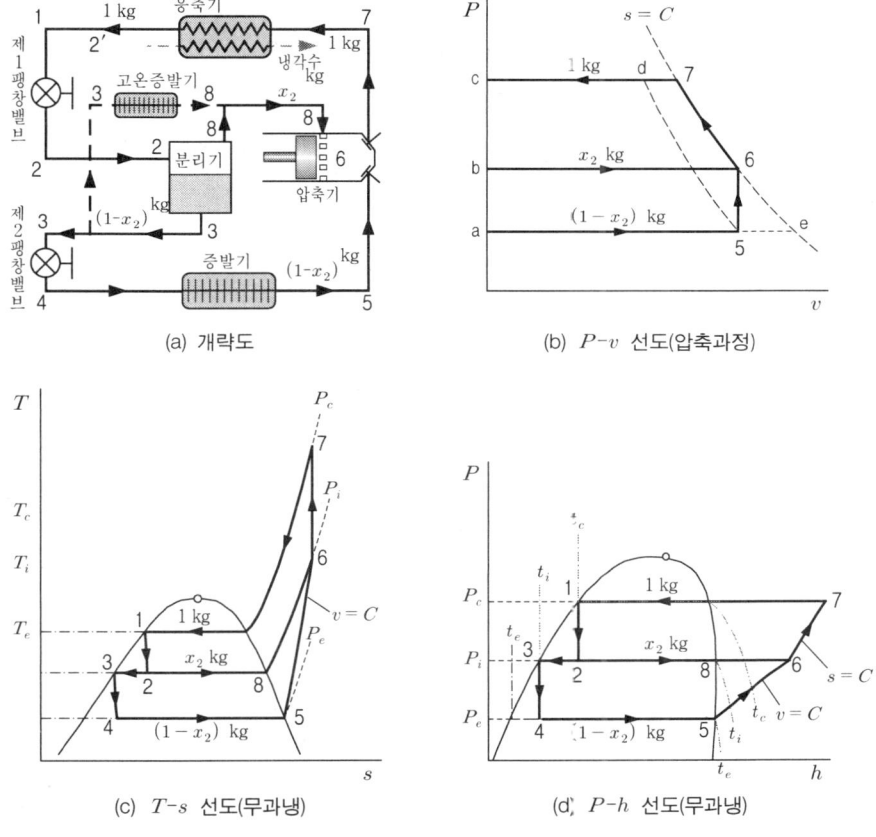

[그림 4-22] 다효압축 냉동사이클

이상의 설명에서 중요한 것은 만일 $(1-x_2)$ kg의 건포화증기(상태 5)만 압축기에서 단열 압축된다면 그림 (b)에서 5-d선을 따라 압축되며, 1 kg의 건포화증기(상태 5)가 단열압축된다면 e-6-7선을 따라 압축된다. 그러므로 점 5와 점 e의 차이만큼 더 큰 실린더가 필요한 동시에 동력도 그만큼 커야 한다. 또한 다음 절의 다단압축 냉동사이클에서 설명하겠으나 증발기에

서 1 kg 대신 $(1-x_2)$ kg의 냉매가 증발하지만 결과적으로 습증기의 건도가 확연히 줄어 결과적으로 냉동효과가 증가된다. 즉 냉동효과는 증가하고 압축일은 감소하므로 성적계수가 개선된다.

상태 6의 비체적은 과정 5-6이 정적변화이므로 $(1-x_2)$ kg이 차지하는 상태 5의 비체적과 1 kg이 차지하는 상태 6의 비체적이 같아야 한다. 즉

$$v_6 = (1-x_2)v_5 \tag{4-4-9}$$

상태 6의 엔탈피(h_6)는 압력이 p_e인 $(1-x_2)$ kg의 건포화증기(상태 5)와 압력이 P_i인 x_2 kg의 건포화증기(상태 8)가 혼합된 과열증기의 엔탈피이므로 정압 하에서의 혼합이 아니다. 그러므로 h_6은 다음과 같이 계산하여야 한다.

$h_6 = x_2 h_8$ (분리기에서 bypass되는 건포화증기 x_2 kg의 엔탈피)
$\quad\quad + (1-x_2)h_5$ (증발되어 유입되는 $(1-x_2)$ kg의 엔탈피)
$\quad\quad + (1-x_2)v_5(P_i - P_e)$ (압력이 p_e인 $(1-x_2)$ kg이 P_i로 압축되는데 필요한 압축일)

$$\therefore \quad h_6 = x_2 h_8 + (1-x_2)h_5 + (1-x_2)v_5(P_i - P_e) \tag{4-4-10}$$

여기서 상태 2의 건도와 습도는 각각

$$x_2 = \frac{h_1 - h_3}{h_8 - h_3}, \quad (1-x_2) = \frac{h_8 - h_1}{h_8 - h_3} \tag{4-4-11}$$

이므로 응축냉매 1 kg 당 냉동효과(q_L), 압축일(w) 및 응축기 방열량(q_H)은 다음과 같다.

$$\left.\begin{aligned} q_L &= (1-x_2)(h_5 - h_3) = \frac{h_8 - h_1}{h_8 - h_3}(h_5 - h_3) \\ q_H &= h_7 - h_1 \\ w &= q_H - q_L = \frac{(h_7 - h_1)(h_8 - h_3) - (h_8 - h_1)(h_5 - h_3)}{h_8 - h_3} \end{aligned}\right\} \tag{4-4-12}$$

압축일 w는 그림 4-22(b)의 $P-v$선도에서 $(1-x_2)$ kg의 정적과정 5-6의 압축일과 1 kg의 단열과정 6-7의 압축일의 합이므로

$$w = (1-x_2)v_5(P_i - P_e) + (h_7 - h_6) \tag{4-4-13}$$

위의 식 (4-4-13)에 식 (4-4-10)과 식 (4-4-11)을 대입하여 정리하면 식 (4-4-12)의 압축일 w와 식 (4-4-13)이 같음을 알 수 있다. 또 식 (4-4-12)에서 다효압축사이클의 이론 성적계수(cop)는 다음 식으로 나타낼 수 있다.

$$cop = \frac{q_L}{w} = \frac{(h_8-h_1)(h_5-h_3)}{(h_7-h_1)(h_8-h_3)-(h_8-h_1)(h_5-\dot{n}_3)} \tag{4-4-14}$$

이와 같은 다효압축사이클은 주로 이산화탄소 냉매에 적용되며 증발온도가 낮고 냉각수 온도가 높을 경우 더 유리하다. 그림에서 점선으로 나타낸 것과 같이 고온증발기는 필요한 경우 설치할 수 있으며, 고온증발기를 설치하는 경우의 중간압력은 고온증발기의 증발온도에 의해 결정된다.

≫ 예제 4-12 증발온도가 $-15°C$, 응축온도가 $30°C$인 이산화탄소 냉동기를 그림 4-22와 같은 다효압축 냉동사이클로 작동시키려면 중간압력을 얼마로 하는 것이 좋은가? 또 그와 같은 중간압력일 때 냉동기의 성적계수는 얼마인가? 단, 응축기에서의 과냉각이 없고 건압축을 한다.

풀이 (1) 중간압력 : P_i

부록에 수록된 R-744(CO_2) 포화증기표와 Mollier 선도를 이용하여 증발압력, 응축압력과 각 상태점들의 비엔탈피를 구하면 아래와 같다.

$P_e = 22.929$ bar $= 2.2929$ MPa, $\quad P_c = 72.065$ bar $= 7.2065$ MPa

$h_1 = h_2 = 306.21$ kJ/kg, $\quad h_5 = 436.25$ kJ/kg, $\quad v_5 = 0.01645$ m³/kg

이므로 대략 증발온도와 응축온도의 중간인 7°C의 포화압력을 중간압력으로 가정하면

$P_i = 41.760$ bar $= 4.176$ MPa, $\quad h_3 = h_4 = 217.48$ kJ/kg, $\quad h_8 = 426.13$ kJ/kg,

$$x_2 = \frac{h_1 - h_3}{h_8 - h_3} = \frac{306.21 - 217.48}{426.13 - 217.48} = 0.4253, \quad (1-x_2) = 0.5747$$

그러므로 상태점 6의 비체적과 비엔탈피는 식 (4-4-9)와 (4-4-10)에 의해

$v_6 = (1-x_2)v_5 = 0.5747 \times 0.01645 = 0.00945$ m³/kg

$h_6 = x_2 h_8 + (1-x_2)h_5 + (1-x_2)v_5(P_i - P_e) = 0.4253 \times 426.13$
     $+ 0.5747 \times 436.25 + 0.5747 \times 0.01645 \times (4176 - 2292.9) = 449.75$ kJ/kg

이 된다. 여기서 구한 $h_6 = 426.13$ kJ/kg과 $v_6 = 0.00945$ m3/kg으로 Mollier 선도에서 P_i'을 구하면 $P_i' = 42.6$ bar $\neq P_i$이므로 처음 가정한 중간압력이 틀림을 알 수 있다.

그러므로 다시 P_i 값을 가정하고 위의 방법으로 선도에서 구한 중간압력과 처음 가정한 값이 같을 때($P_i' = P_i$)까지 이러한 과정을 되풀이하여 구한다.

이번에는 중간압력을 8°C의 포화압력으로 가정하고 위와 같은 방법으로 계산하면

$P_i = 42.823$ bar $= 4.2823$ MPa, $\quad h_3 = h_4 = 220.11$ kJ/kg, $\quad h_8 = 425.24$ kJ/kg,

$$x_2 = \frac{h_1 - h_3}{h_8 - h_3} = \frac{306.21 - 220.11}{425.24 - 220.11} = 0.4197, \quad (1-x_2) = 0.5803$$

$v_6 = (1-x_2)v_5 = 0.5803 \times 0.01645 = 0.00955$ m³/kg

$h_6 = x_2 h_8 + (1-x_2)h_5 + (1-x_2)v_5(P_i - P_e) = 0.4197 \times 425.24$
     $+ 0.5803 \times 436.25 + 0.5803 \times 0.01645 \times (4282.3 - 2292.9) = 450.62$ kJ/kg

선도에서 P_i'을 구하면 $P_i' = 42.368$ bar $\neq P_i$이 되어 역시 구하는 값이 아니다. 다시 중간압력을 7.7°C의 포화압력으로 가정하고 증기표에서 보간법으로 비엔탈피 값을 구하여 다른 값들을 계산하면

$P_i = 42.5$ bar $= 4.25$ MPa, $\qquad h_3 = h_4 = 219.32$ kJ/kg, $\qquad h_8 = 425.51$ kJ/kg,

$$x_2 = \frac{h_1 - h_3}{h_8 - h_3} = \frac{306.21 - 219.32}{425.51 - 219.32} = 0.4214, \qquad (1 - x_2) = 0.5786$$

$$v_6 = (1 - x_2) v_5 = 0.5786 \times 0.01645 = 0.00952 \text{ m}^3/\text{kg}$$

$$\begin{aligned} h_6 &= x_2 h_8 + (1 - x_2) h_5 + (1 - x_2) v_5 (P_i - P_e) = 0.4214 \times 425.51 \\ &\quad + 0.5786 \times 436.25 + 0.5786 \times 0.01645 \times (4250 - 2292.9) = 450.35 \text{ kJ/kg} \end{aligned}$$

이 값으로 선도에서 P_i'을 구하면 $P_i' = 42.5$ bar $= P_i$이므로 처음 가정이 옳음을 알 수 있다. 즉 중간압력은 $P_i = 42.5$ bar이다.

(2) 성적계수

식 (4-4-12)를 이용하여 냉동효과와 압축일을 구하고 성적계수를 구하면 다음과 같다.

$$q_L = (1 - x_2)(h_5 - h_3) = 0.5786 \times (436.25 - 219.32) = 125.52 \text{ kJ/kg}$$

그림 4-24에서 상태점 7의 비엔탈피를 구하면

$$h_7 = 460 + (480 - 460) \times \frac{3.25}{5} = 473 \text{ kJ/kg}$$

식 (4-4-13)으로 압축일을 계산하면

$$\begin{aligned} w &= (1 - x_2) v_5 (P_i - P_e) + (h_7 - h_6) \\ &= 0.5786 \times 0.01645 \times (4250 - 2292.9) + (473 - 450.35) = 41.28 \text{ kJ/kg} \end{aligned}$$

그러므로 성적계수는 아래와 같다.

$$cop = \frac{q_L}{w} = \frac{125.52}{41.28} = 3.041$$

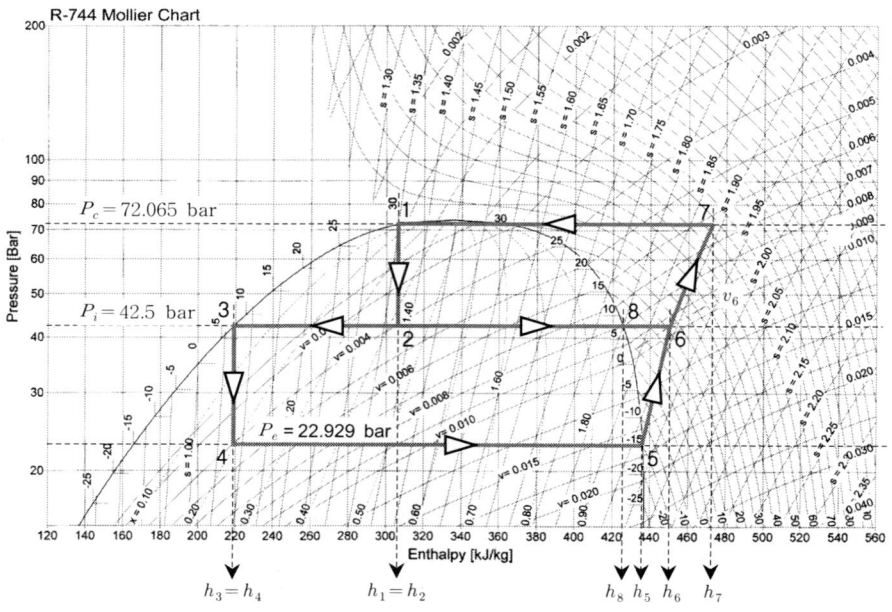

[그림 4-23] $-15 \sim 30\,^\circ\text{C}$ 사이에서 작동하는 R-744 다효압축 냉동사이클

5 다단압축 냉동사이클

한 대의 압축기를 사용하여 −30℃ 이하의 저온을 얻으려면 증발압력이 대기압보다 훨씬 낮아진다. 이렇게 낮아진 압력을 응축압력까지 압축하려면 압축기의 압축비가 너무 커져 압축 후 냉매의 온도가 높아지므로 압축기의 체적효율과 압축효율이 감소됨으로 냉동능력이 떨어진다. 또한 고온으로 인한 냉동기유의 변질과 압축기의 수명단축, 소비동력의 증가에 따른 성적계수의 감소가 발생한다. 그러므로 요구되는 저온의 범위에 따라 압축기를 2대 이상 설치하고 여러 단(段)으로 나누어 압축함으로써 위와 같은 결함을 개선한다. 이러한 사이클을 **다단압축 냉동사이클**(multi stage compression refrigeration cycle)이라 한다.

일반적으로 다단압축을 하는 냉동기는 압축하는 단 사이에 압축된 냉매의 온도를 내리기 위해 냉각을 한다. 이것을 **중간냉각**(intermediate cooling)이라 하며 **중간냉각기**(intercooler)와 **분리기**(separator)를 이용한다. 다단압축을 하는 단수는 보통 2~3단이고 압축기 한 대의 압축비는 6~8이 적당하며 아무리 냉각을 잘 한다하여도 10을 넘으면 다시 단수를 늘린다. 요구되는 냉각온도가 더 낮아지면 **다원**(多元) **냉동사이클**을 이용한다.

본 저서에서는 다단압축사이클 중 가장 많이 쓰이는 2단압축사이클에 대해서만 설명한다.

5-1 중간냉각 방식

다단압축 냉동사이클의 중간냉각 방식은 압축된 냉매증기의 과열도에 따라 중간냉각기를 사용하는 경우, 냉각기능을 할 수 있는 분리기를 사용하는 경우, 중간냉각기와 분리기를 동시에 사용하는 경우로 나눌 수 있다(그림 4-24). 압축 후 과열도가 큰 냉매를 사용하는 경우(1단 압축 후 증기온도가 응축온도보다 높은 경우)는 중간냉각기를 사용하거나 분리기와 중간냉각기를 동시에 사용하는 것이 바람직하다. 그러나 과열도가 작아 1단압축 후 증기온도가 응축온도보다 낮은 경우에는 중간냉각기 역할을 하는 분리기만 사용하여도 중간냉각 효과를 얻을 수 있다.

표 4-2는 임의의 온도범위에서 암모니아 냉매를 사용하는 냉동사이클의 압축비, 압축 후 온도 및 성적계수를 나타낸 것이며, 표 4-3은 R-134a에 대하여 나타낸 것이다. 암모니아(R-717)의 경우 표준 작동온도 범위(−15~30℃)에서 1단압축 할 때의 압축비가 약 5이고 압축 후 과열도는 무려 70℃ 정도이다. 그러나 R-134a 냉매는 같은 온도범위에서 1단압축 후 과열도가 6℃ 정도 밖에 안된다. 따라서 암모니아 냉동기의 응축기는 수냉식으로 하여야 하며, R-134a 냉동기는 공냉식(空冷式)으로 하여도 좋다.

[표 4-2] R-717(Ammonia, NH_3)냉매의 cycle 특성(단 ρ는 압축기의 압축비)

형식		증발온도 / 응축온도
1단 압축 (건압축)	t_4:압축 후 온도	$\rho=4.940$, $t_4=98.4℃$, $cop=4.78$
		$\rho=6.583$, $t_4=122.8℃$, $cop=3.75$
		$\rho=8.608$, $t_4=146.6℃$, $cop=3.03$
		$\rho=6.138$, $t_4=109.7℃$, $cop=4.12$
		$\rho=8.179$, $t_4=133.6℃$, $cop=3.29$
		$\rho=9.769$, $t_4=135.3℃$, $cop=3.15$
		$\rho=13.016$, $t_4=161.3℃$, $cop=2.58$
2단 압축 (1,2단 건압축)	t_6:1단 압축 후 온도 t_8:2단 압축 전 온도 t_9:2단 압축 후 온도	$\rho_1=\rho_2=2.233$, $t_6=37.1℃$, $t_8=5.5℃$, $t_9=61.0℃$, $cop=5.21$
		$\rho_1=\rho_2=2.860$, $t_6=49.4℃$, $t_8=6.5℃$, $t_9=81.7℃$, $cop=3.70$
		$\rho_1=\rho_2=3.125$, $t_6=43.7℃$, $t_8=-3.7℃$, $t_9=76.2℃$, $cop=3.55$
		$\rho_1=\rho_2=3.608$, $t_6=54.2℃$, $t_8=0.1℃$, $t_9=92.5℃$, $cop=2.97$
		$\rho_1=\rho_2=4.034$, $t_6=49.7℃$, $t_8=-10.1℃$, $t_9=88.3℃$, $cop=2.84$
		$\rho_1=\rho_2=4.656$, $t_6=60.4℃$, $t_8=-6.5℃$, $t_9=104.9℃$, $cop=2.42$
		$\rho_1=\rho_2=5.345$, $t_6=57.3℃$, $t_8=-16.8℃$, $t_9=102.5℃$, $cop=2.30$
		$\rho_1=\rho_2=6.170$, $t_6=68.2℃$, $t_8=-13.5℃$, $t_9=119.3℃$, $cop=2.00$
		$\rho_1=\rho_2=7.300$, $t_6=66.9℃$, $t_8=-23.8℃$, $t_9=119.0℃$, $cop=1.89$
		$\rho_1=\rho_2=8.427$, $t_6=78.1℃$, $t_8=-20.7℃$, $t_9=136.2℃$, $cop=1.66$

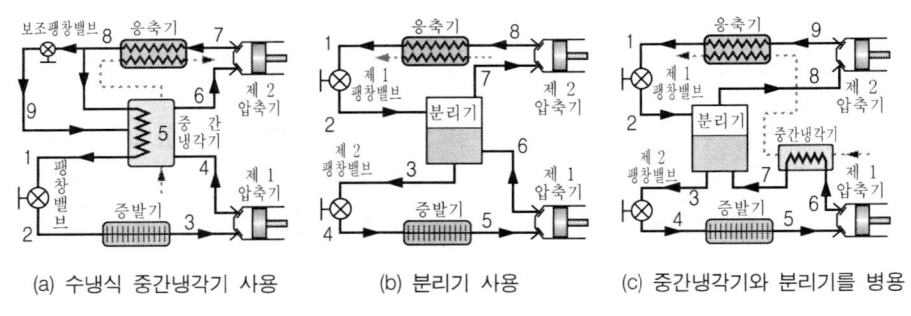

(a) 수냉식 중간냉각기 사용   (b) 분리기 사용   (c) 중간냉각기와 분리기를 병용

[그림 4-24] 2단압축 냉동사이클의 중간냉각 방식

 압축비가 높아 2단압축을 하여야 하는 경우(-30~30℃), 암모니아 냉매는 1단압축 후 과열도가 약 47℃, 2단압축 후 과열도가 46℃ 정도이다. 즉 2단압축 전 냉매의 온도보다 1단압축 후 냉매의 온도가 47℃ 정도 높으며 2단압축 후 온도가 응축온도보다 46℃ 정도 높다. 따라서 1단압축한 후에는 수냉식 중간냉각기를 사용하여야 하며 2단압축 후에는 수냉식 응축기를 사용하는 것이 바람직하다. 그러나 R-134a 냉매는 1단압축과 2단압축 후 과열도가 각각 7℃와 4℃ 정도이므로 분리기만 사용하여도 중간냉각 효과를 얻을 수 있으며 2단압축 후에는 공랭식 응축기를 사용하여도 좋다.

[표 4-3] R-134a(1,1,1,2-tetrafluoroethane, CH_2FCF_3) 냉매의 온도에 대한 cycle 특성

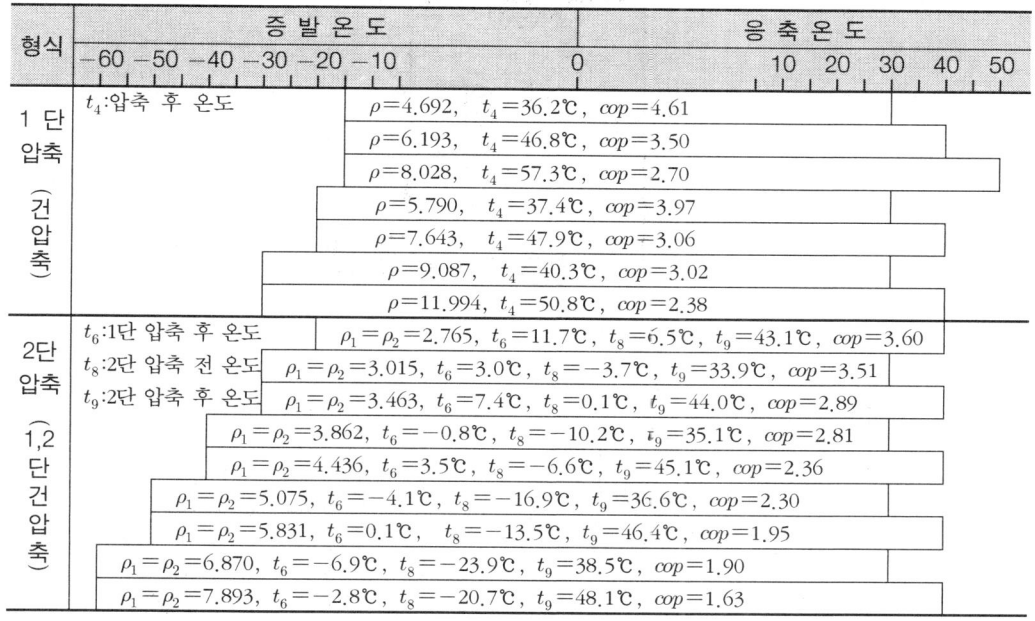

5-2 2단압축 1단팽창사이클

5-2-1 중간냉각이 불완전한 2단압축 1단팽창사이클

중간냉각이 불완전한 2단압축 1단팽창사이클은 그림 4-25와 같이 증발기, 제1압축기(저압압축기), 중간냉각기, 제2압축기(고압압축기), 응축기, 팽창밸브 등으로 구성된 사이클로 1단압축 후 증기의 과열도가 큰 암모니아와 같은 냉매에 적합한 사이클이다. 중간냉각이 충분하지 못해 중간냉각 후(2단압축 전) 냉매의 상태가 과열증기이므로 **중간냉각이 불완전한 냉동사이클**이라 한다.

그림에서 사이클 1-2-3-4-5-6은 응축기에서 과냉각이 이루어지지 않는 무과냉 사이클이며 1′-2′-3-4-5′-6′은 응축기에서 과냉각이 이루어지는 과냉각 사이클이다.

A. 사이클의 상태변화과정

(1) 과정 1-2 : 응축기를 나온 압력과 온도가 각각 P_c, $t_c(=t_1)$인 냉매 포화액(상태 1)이 팽창밸브에서 압력과 온도가 각각 P_e, $t_e(=t_2)$인 습증기(상태 2)로 교축(등엔탈피)팽창되는 과정이다. 과냉각 사이클은 압력과 온도가 각각 P_c, $t_{sc}(=t_1')$인 냉매 압축액(상태 1′)이 교축팽창되어 상태 2′의 습증기(P_e, $t_e'(=t_2')$)로 된다.

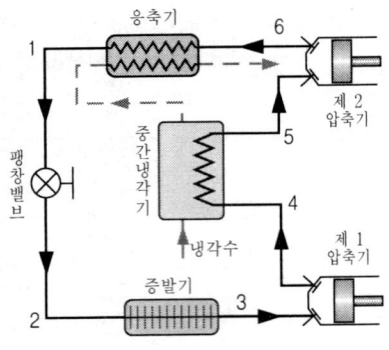

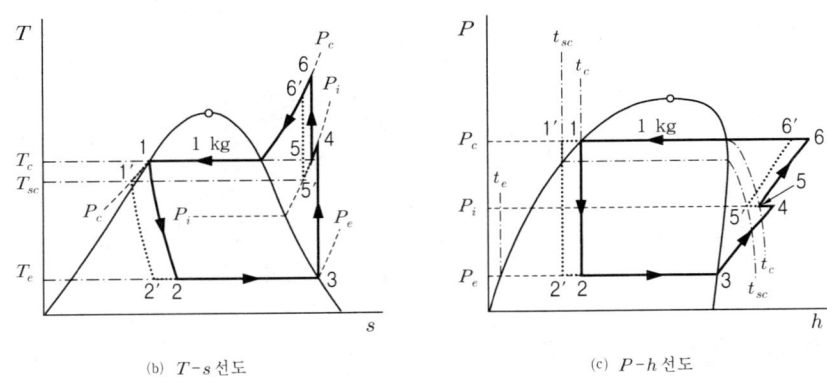

그림 4-25 중간냉각이 불완전한 2단압축 1단팽창사이클(수냉식 중간냉각기를 사용)

(2) **과정 2-3** : 팽창밸브에서 유입된 습증기(상태 2)가 증발기에서 정압(P_e) 하에 흡열(q_L)하여 건포화증기(상태 3)로 증발되는 과정

(3) **과정 3-4** : 증발기에서 유입된 압력과 온도가 각각 P_e, $t_e(=t_3)$인 건포화증기(상태 3)가 제1압축기(저압압축기)에서 **중간압력**(intermediate pressure, P_i로 표기)의 과열증기(상태 4)로 단열압축되는 과정

(4) **과정 4-5** : 제1압축기를 나온 과열증기(상태 4)가 중간냉각기에서 정압(P_i) 하에 냉각수에 의해 방열(q_{Hi})하고 과열도가 낮은 과열증기(상태 5)로 냉각되는 과정으로 냉각 후 온도는 응축온도와 같은 것이 이상적이다($t_5 = t_c$). 그러나 과냉각 사이클에서는 상태 5'까지 냉각되며 온도는 과냉각온도와 같은 것이 이상적이다($t_5' = t_{sc}$).

(5) **과정 5-6** : 중간냉각된 과열증기(상태 5)가 제2압축기(고압압축기)에서 압력과 온도가 각각 P_c, t_6인 과열증기(상태 6)로 단열압축되는 과정이며, 과냉각 사이클에서는 과정 5'-6'으로 압축된다.

(6) **과정 6-1** : 고압으로 단열압축된 과열증기(상태 6)가 응축기에서 정압(P_c) 하에 냉각수

에 의해 포화액(상태 1)으로 냉각, 응축(q_{Hc})되는 과정이다. 과냉각 사이클에서는 상태 6'에서 응축된 후(6'-1) 정압 하에 과냉각되어 온도가 $t_{sc}(=t_1')$인 압축액(상태 1')으로 된다.

B. 중간압력

그림 4-25에서 제1압축기와 제2압축기의 압축비를 각각 ρ_1, ρ_2라 하면

$$\rho_1 = \frac{P_i}{P_e}, \quad \rho_2 = \frac{P_c}{P_i} \tag{4-5-1}$$

이며, 두 압축기의 압축비가 같은 것이 가장 이상적이므로 중간압력은 다음과 같다.

$$P_i = \sqrt{P_e P_c} \tag{4-5-2}$$

C. 성적계수

이 사이클의 냉동효과(q_L), 제1압축기 소요일(w_1), 제2압축기 소요일(w_2), 중간냉각기 방열량(q_{Hi}), 응축기 방열량(q_{Hc})은 다음과 같다.

$$\left.\begin{array}{l} q_L = h_3 - h_1 \\ w_1 = h_4 - h_3, \quad w_2 = h_6 - h_5 \\ q_{Hi} = h_4 - h_5, \quad q_{Hc} = h_6 - h_1 \end{array}\right\} \tag{4-5-3}$$

그리고 사이클의 냉동능력이 Q_L일 때 냉매순환량($\dot{m}$)

$$\dot{m} = \frac{Q_L}{q_L} = \frac{Q_L}{h_3 - h_1} \tag{4-5-4}$$

이며, 성적계수(cop)는 다음 식과 같다.

$$cop = \frac{q_L}{w} = \frac{q_L}{w_1 + w_2} = \frac{h_3 - h_1}{(h_4 - h_3) + (h_6 - h_5)} \tag{4-5-5}$$

> **예제 4-13** −30~30℃ 사이에서 중간냉각이 불완전한 2단압축 1단팽창사이클로 작동하는 R-717 냉동기의 냉동능력이 10 kW일 때 다음을 구하여라. 단, 응축기의 과냉각도는 5℃이다.
> (1) 냉동효과 (2) 냉매순환량
> (3) 저압압축기 소요동력 (4) 저압압축기 피스톤배출량
> (5) 저압압축 후 냉매의 온도 (6) 중간냉각기 총방열량
> (7) 고압압축기 소요동력 (8) 고압압축기 피스톤배출량

(9) 고압압축 후 냉매의 온도   (10) 응축기 총방열량
(11) 성적계수

풀이 먼저 R-717 Mollier 선도에 사이클을 그리고 증기표와 선도를 이용하여 비엔탈피들을 구한다.

Ⓐ 사이클 작도(그림 4-26 참조)
㉮ 증발온도()와 응축온도에 해당하는 증발압력선(P_e)과 응축압력선(P_c)을 긋는다.
㉯ 식 (4-5-2)에 의해 중간압력(P_i) 값을 구하여 선도 상에 중간압력선을 긋는다.

$$P_i = \sqrt{P_e P_c} = \sqrt{119.46 \times 1166.93} = 373.37 \text{ kPa}$$

※ 중간압력에 해당하는 포화온도를 증기표에서 구하여 위와 같은 방법으로 중간압력선을 그을 수도 있으나 압력 축(P 축)이 대수(log) 눈금이므로 P_e선과 P_c선 사이 한 가운데가 P_i선이 된다. 즉, P_e선과 P_i선 간격과 P_i선과 P_c선 간격이 같게 P_i선을 그으면 된다.

㉰ 불포화액 구역의 과냉각온도선(t_{sc})과 일치하는 수직선인 $h_1 = h_2$선과 P_c선 및 P_e선과의 교점인 상태점 1(응축기 출구)과 상태점 2(증발기 입구)를 구한다(예제 4-8 참조).
㉱ 증발압력선과 포화증기선의 교점인 상태점 3(증발기 출구)을 구한다.
㉲ 상태점 3을 지나는 등엔트로피선인 $s_3 = s_4$선과 중간압력선(P_i)의 교점인 상태점 4(제1압축기 출구, 중간냉각기 입구)를 구한다.
㉳ 중간냉각 후 온도(t_5)와 과냉각온도(t_{sc})가 같으므로 중간압력선(P_i)과 과열증기 구역의 과냉각온도선(25℃)의 교점을 구하면 상태점 5(제2압축기 입구, 중간냉각기 출구)가 된다.
㉴ 상태점 5를 지나는 등엔트로피선($s_5 = s_6$선)과 P_c선의 교점인 상태점 6(응축기 입구)을 구한다.

Ⓑ 각 부의 비엔탈피
상태점 1과 3의 비엔탈피를 증기표, 상태점 4, 5, 6의 비엔탈피를 Mollier 선도에서 보간법으로 구하면 아래와 같다.

$h_1 = h_2 = 315.54$ kJ/kg, $h_3 = 1422.46$ kJ/kg, $h_4 = 1572.73$ kJ/kg,
$h_5 = 1529.09$ kJ/kg, $h_6 = 1709.09$ kJ/kg

(1) 냉동효과 : 식 (4-5-3)으로부터

$$q_L = h_3 - h_1 = 1422.46 - 315.54 = 1106.92 \text{ kJ/kg}$$

(2) 냉매순환량 : 냉동능력이 $Q_L = 10$ kW 이므로 식 (4-5-4)로부터

$$\dot{m} = \frac{Q_L}{q_L} = \frac{10}{1106.92} = 9.0341 \times 10^{-3} \text{ kg/s}$$

(3) 저압압축기 소요동력 : 식 (4-5-3)을 이용하면

$$\dot{W}_1 = \dot{m} w_1 = \dot{m}(h_4 - h_3) = (9.0341 \times 10^{-3}) \times (1572.73 - 1422.46) = 1.358 \text{ kW}$$

(4) 저압압축기 피스톤배출량
저압압축기 입구에서 냉매의 상태가 건포화증기이므로 증기표에서 −30℃일 때 $v_3 = 0.96249$ m³/kg이다. 따라서 저압압축기의 피스톤배출량 V_1은

$$V_1 = \dot{m}_e v_3 = \dot{m} v_3 = (9.0341 \times 10^{-3}) \times 0.96249 = 8.6952 \times 10^{-3} \text{ m}^3/\text{s}$$
$$= 31.303 \text{ m}^3/\text{h}$$

(5) 저압압축 후 냉매의 온도 : 선도에서 보간법으로 계산하면

$$t_4 = 40 + (50 - 40) \times \frac{0.5}{1.3} = 43.8℃$$

(6) 중간냉각기 총방열량 : 식 (4-5-3)을 이용하면

$$Q_{Hi} = \dot{m} q_{Hi} = \dot{m}(h_4 - h_5) = (9.0341 \times 10^{-3}) \times (1572.73 - 1529.09) = 0.394 \text{ kW}$$

(7) 고압압축기 소요동력 : 식 (4-5-3)을 이용하면

$$W_2 = \dot{m} w_2 = \dot{m}(h_6 - h_5) = (9.0341 \times 10^{-3}) \times (1709.09 - 1529.09) = 1.626 \text{ kW}$$

(8) 고압압축기 피스톤배출량
고압압축기 입구에서 냉매의 상태가 과열증기이므로 선도에서 보간법으로 비체적을 구하여 고압압축기의 피스톤배출량 V_2를 계산하면

$$v_5 = 0.3 + (0.4 - 0.3) \times \frac{3.5}{4.6} = 0.3761 \text{ m}^3/\text{kg}$$
$$V_2 = \dot{m} v_5 = (9.0341 \times 10^{-3}) \times 0.3761 = 3.398 \times 10^{-3} \text{ m}^3/\text{s} = 12.232 \text{ m}^3/\text{h}$$

(9) 고압압축 후 냉매의 온도 : 선도에서 보간법으로 계산하면

$$t_6 = 110 + (120 - 110) \times \frac{0.3}{1.4} = 112.1℃$$

(10) 응축기 총방열량 : 식 (4-5-5)을 이용하면

$$Q_{Hc} = \dot{m} q_{Hc} = \dot{m}(h_6 - h_1) = (9.0341 \times 10^{-3}) \times (1709.09 - 315.54) = 12.589 \text{ kW}$$

(11) 성적계수 : 식 (4-5-5)를 이용하여 계산하면

$$cop = \frac{q_L}{w} = \frac{q_L}{w_1 + w_2} = \frac{h_3 - h_1}{(h_4 - h_3) + (h_6 - h_5)}$$
$$= \frac{1422.46 - 315.54}{(1572.73 - 1422.46) + (1709.09 - 1529.09)} = 3.352$$

또는 위의 계산결과를 이용하면

$$cop = \frac{Q_L}{W} = \frac{Q_L}{W_1 + W_2} = \frac{10}{1.358 + 1.626} = 3.351$$

※ 앞의 계산 결과(3.352)가 더 정확하며 뒤의 계산 결과에 오차가 나는 것은 계산과정 중에 이용한 냉매순환량($\dot{m}$) 값이 근사값(반올림)이기 때문이다.

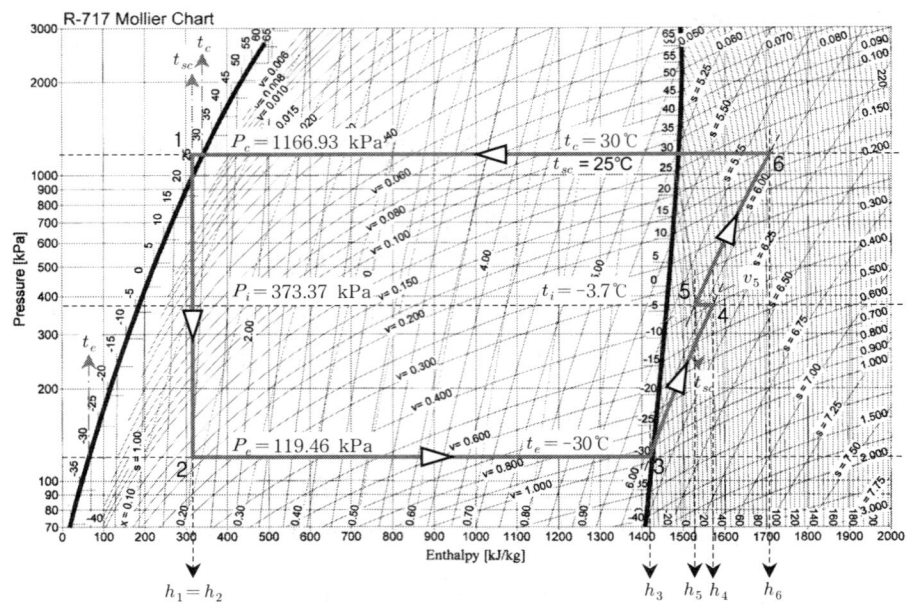

[그림 4-26] −30~30℃ 사이에서 작동하는 중간냉각이 불완전한 R-717 2단압축 1단팽창사이클

5-2-2 중간냉각이 완전한 2단압축 1단팽창사이클

앞에서 설명한 중간냉각이 불완전한 2단압축 1단팽창사이클은 제2압축기 입구에서 냉매의 상태가 과열증기이므로 압축 후 온도가 더욱 더 상승한다. 그러므로 고압압축 후 고온에 의한 나쁜 영향을 개선하기 위해서는 제2압축기 입구에서 냉매의 상태를 건포화증기로 만드는 것이 좋다. 이와 같이 제2압축기 입구에서 냉매의 상태가 건포화증기인 사이클을 **중간냉각이 완전한 냉동사이클**이라 한다.

제2압축기 입구에서 냉매의 상태를 건포화증기로 만들기 위해 응축된 냉매의 일부를 bypass시켜 과열증기와 혼합하면, 냉매 포화액은 과열증기로부터 흡열하여 건포화증기로 증발하고 반대로 과열증기는 열을 방출함으로 건포화증기로 되는 것이 이 사이클의 특징이다.

중간냉각이 완전한 사이클은 그림 4-27과 같은 중간냉각기를 사용하며 중간냉각기에 냉각수를 공급하는 방식(그림 (a))과 공급하지 않는 방식(그림 (d))이 있다. R-717(암모니아) 냉매는 1단압축 후 증기온도가 응축온도보다 높으므로 냉각수를 공급하는 중간냉각기를 사용하며 R-134a와 같이 1단압축 후 증기온도가 응축온도보다 낮은 냉매는 중간냉각기에 냉각수를 공급할 필요가 없다.

[1] 냉각수를 공급하는 중간냉각기를 갖는 냉동사이클
(1단압축 후 증기온도가 응축온도보다 높은 냉동사이클)

그림 4-27의 (a)~(c)와 같이 1단압축 후 냉매증기의 온도(t_4)가 응축기의 과냉각온도 t_{sc}(무과냉 사이클에서는 응축온도 t_c)보다 높아 냉각수를 공급하는 중간냉각기로 냉각시켜야 제2압축기로 유입되는 냉매를 건포화증기로 만들 수 있다. 중간냉각기에서의 열적 해석을 위해 1단압축된 과열증기(상태 4)가 중간냉각기에 유입되어 먼저 냉각수에 의해 과냉각온도(또는 응축온도)까지 냉각(상태 5)된 후 하단에 있는 냉매 포화액에 의해 냉각되어 건포화증기(상태 6)로 된다고 가정한다.

앞에서 설명한 바와 같이 응축냉매의 일부가 bypass됨으로 응축기에서 응축되는 냉매를 1 kg으로 가정하여 사이클의 작동원리와 열계산을 설명하도록 한다.

A. 사이클의 상태변화과정

(1) 과정 1-2 : 응축기에서 과냉각된 냉매 1 kg 중 대부분인 α kg이 중간냉각기에서 열교환을 한 후(상태 1) 팽창밸브에서 습증기(상태 2)로 교축팽창되는 과정으로 압력이 P_c에서 P_e, 온도가 t_1에서 $t_e(=t_2)$로 낮아진다.

(2) 과정 2-3 : 팽창밸브에서 교축팽창된 습증기(상태 2) α kg이 증발기에서 정압(P_e) 하에 흡열(q_L)하여 건포화증기(상태 3)로 증발되는 과정

(3) 과정 3-4 : 압력과 온도가 각각 P_e, $t_e(=t_3)$인 건포화증기(상태 3) α kg이 제1압축기(저압압축기)에서 중간압력(P_i)의 과열도가 높은 과열증기(상태 4)로 단열압축되는 과정으로 1단압축 후 증기온도(t_4)가 과냉각온도(또는 응축온도)보다 높다(그림 (b),(c) 참조).

(4) 과정 4-5 : 제1압축기를 나온 과열증기(상태 4) α kg이 중간냉각기에서 정압(P_i) 하에 냉각수에 방열(q_{Hi})하여 과열도가 낮은 과열증기(상태 5)로 냉각되는 과정

(5) 과정 5-6 : 냉각수에 의해 냉각된 α kg의 과열증기가 하단의 냉매 포화액(상태 10) $(1-\alpha)(1-x_9)$ kg과 정압(P_i) 하에 혼합되며 방열하여 포화증기(상태 6)로 냉각되는 과정

(6) 과정 6-7 : 압력이 P_i인 포화증기(상태 6) 1 kg이 제2압축기(고압압축기)에서 압력과 온도가 각각 P_c, t_7인 과열증기(상태 7)로 단열압축되는 과정으로 다시 1 kg으로 되는 과정은 (10)에서 설명한다.

(7) 과정 7-8 : 응축압력으로 2단압축된 과열증기(상태 7) 1 kg이 응축기에서 정압(P_c) 하에 방열하여 압축액(상태 8)으로 응축, 과냉각(q_{Hc})되는 과정

(8) 과정 8-1 : 응축냉매 1 kg 중 대부분인 α kg의 압축액(상태 8)이 중간냉각기를 통과하며 정압(P_c) 하에 중간냉각기 하단에 있는 포화액(상태 10)과 열교환(방열)하며 냉각되는 과정< $t_8(=t_{sc}) \Rightarrow t_1$ >으로 서로 혼합되지 않는다.

(9) 과정 8-9 : 응축냉매 1 kg 중 일부인 $(1-\alpha)$ kg의 압축액(상태 8)이 보조팽창밸브에서 중간압력(P_i)의 습증기(상태 9)로 교축팽창되는 과정

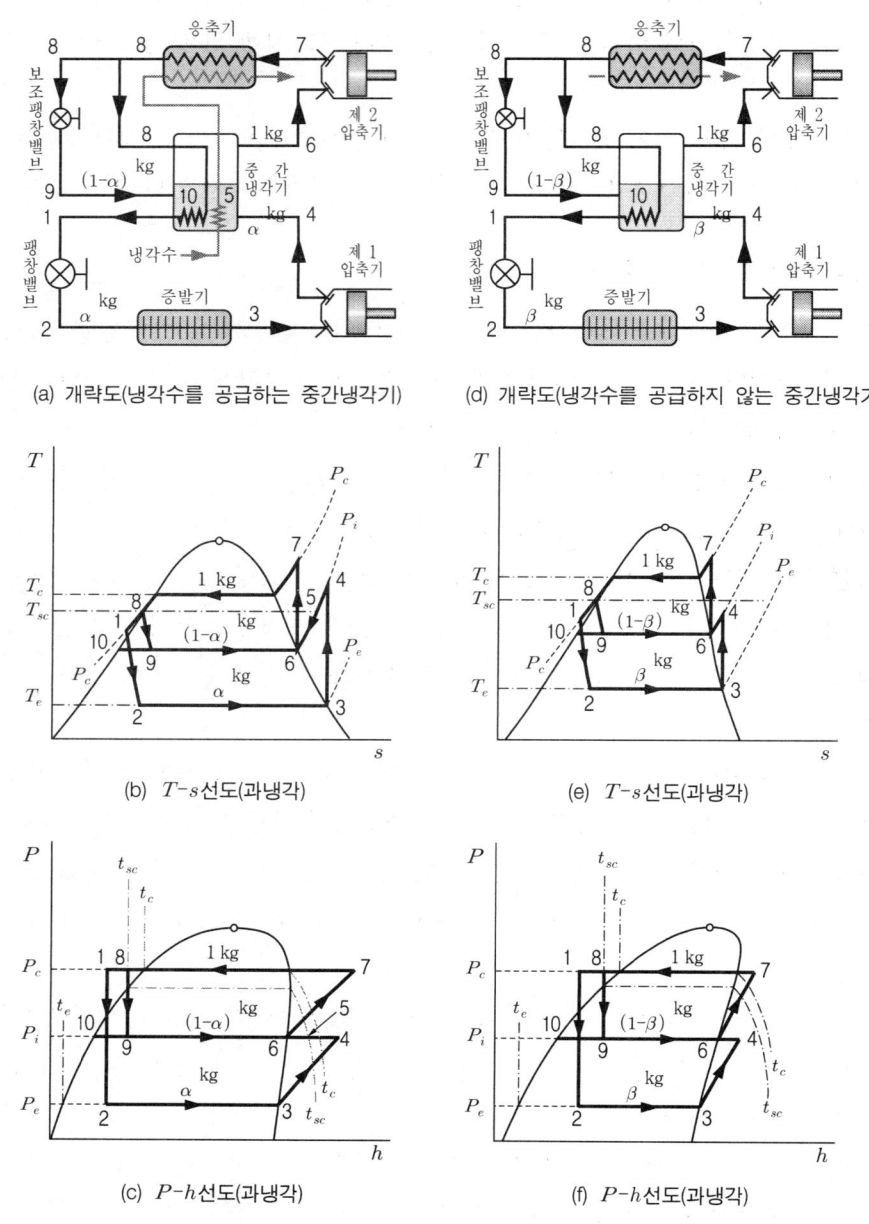

[그림 4-27] 중간냉각이 완전한 2단압축 1단팽창사이클

(10) 중간냉각기에서의 열교환 및 혼합 : 보조팽창밸브에서 중간압력(P_i)으로 교축팽창된 $(1-\alpha)$ kg의 습증기가 중간냉각기로 유입되어 포화증기(상태 6)와 포화액(상태 10)으로 분리되는 과정으로 증기는 상단, 포화액은 하단에 모인다. 응축기에서 중간냉각기로 유입되는 습증기의 건도를 x_9이라 하면 상부의 포화증기는 $(1-\alpha)x_9$ kg이며 하단의 포화액은 $(1-\alpha)(1-x_9)$ kg이다. 하단의 포화액은 응축기에서 팽창밸브로 가는 α kg의 과냉각액으로부터 흡열(과정 8-1)하는 동시에 제1압축기에서 유입, 혼합되는 α kg의 과열증기로부터 흡열(과정 5-6)하여 모두 포화증기로 증발한다(과정 10-6). 따라서 먼저 분리된 $(1-\alpha)x_9$ kg과 제1압축기에서 유입된 α kg 및 하단에서 증발하는 $(1-\alpha)(1-x_9)$ kg이 다시 모여 1 kg의 포화증기로 되고 제2압축기에서 단열압축된다.

이상의 과정에서 중간냉각이 이루어지는 것은 중간냉각기에서 냉각수에 의한 냉각(과정 4-5)과 하단에 있는 bypass 냉매의 증발로 인한 냉각(과정 5-6) 등이다. 여기서 중간냉각기는 bypass 냉매의 기액 분리기와 중간냉각기 두 가지 기능을 모두 하지만 기액 분리는 단지 중간냉각을 위한 포화액을 하단에 모으는 역할만 할 뿐 5-3절에서 설명하는 분리기(증발기 입구에서 습증기의 습도를 개선하여 냉동효과를 증진시키는 역할)와 기능면에서 전혀 다르다. 참고로 그림 (b), (c)에서 9-10은 기액 분리와 증발과정이 겹쳐 서로 상쇄됨으로 생략하여도 좋다(그림 4-28 참조).

B. 증발기로 유입되는 냉매의 비율 : α

중간냉각기에서 열교환하는 동안 열손실이 없다고 가정하면「포화액 $(1-\alpha)(1-x_9)$ kg의 흡열량(과정 10-6)=과냉각액 α kg의 방열량(과정 8-1)+과열증기 α kg의 방열량(과정 5-6)」이어야 한다. 즉,

포화액 $(1-\alpha)(1-x_9)$ kg의 흡열량 $= (1-\alpha)(1-x_9)(h_6-h_{10})$ ⋯ ⓐ

압축액 α kg의 방열량 $=\alpha(h_8-h_1)$ ⋯ ⓑ

과열증기 α kg의 방열량 $=\alpha(h_5-h_6)$ ⋯ ⓒ

여기서 건도와 습도는 $h_8=h_9$ 이므로

$$x_9 = \frac{h_8-h_{10}}{h_6-h_{10}}, \quad (1-x_9) = \frac{h_6-h_8}{h_6-h_{10}} \cdots ⓓ$$

따라서 식 ⓐ=ⓑ+ⓒ로부터

$$(1-\alpha)(1-x_9)(h_6-h_{10}) = \alpha(h_8-h_1)+\alpha(h_5-h_6)$$

이므로 응축냉매 1 kg중 증발기로 가는 비율 α는

$$\alpha = \frac{h_6-h_8}{h_5-h_1} \tag{4-5-6}$$

C. 성적계수

이 사이클의 냉동효과(q_L), 제1압축기 소요일(w_1), 제2압축기 소요일(w_2), 중간냉각기에서 냉각수에 의한 방열량(q_{Hi}) 및 응축기 방열량(q_{Hc})은 다음과 같다.

$$\left. \begin{aligned} q_L &= \alpha(h_3 - h_1) = \frac{h_6 - h_8}{h_5 - h_1}(h_3 - h_1) \\ w_1 &= \alpha(h_4 - h_3) = \frac{h_6 - h_8}{h_5 - h_1}(h_4 - h_3), \quad w_2 = (h_7 - h_6) \\ q_{Hi} &= \alpha(h_4 - h_5) = \frac{h_6 - h_8}{h_5 - h_1}(h_4 - h_5), \quad q_{Hc} = h_7 - h_8 \end{aligned} \right\} \quad (4\text{-}5\text{-}7)$$

이 사이클의 냉동능력이 Q_L일 때 냉매순환량($\dot{m}$), 증발기에서 증발하는 냉매($\dot{m}_e$) 및 bypass되는 냉매의 양($\dot{m}_b$)은 아래와 같다.

$$\left. \begin{aligned} \dot{m} &= \frac{Q_L}{q_L} = \frac{Q_L(h_5 - h_1)}{(h_6 - h_8)(h_3 - h_1)} \\ \dot{m}_e &= \alpha \dot{m} = \frac{Q_L}{h_3 - h_1} \\ \dot{m}_b &= (1-\alpha)\dot{m} = \dot{m} - \dot{m}_e \end{aligned} \right\} \quad (4\text{-}5\text{-}8)$$

그리고 이 사이클의 성적계수 cop는 다음 식과 같다.

$$cop = \frac{q_L}{w} = \frac{q_L}{w_1 + w_2} = \frac{(h_6 - h_8)(h_3 - h_1)}{(h_6 - h_8)(h_4 - h_3) + (h_5 - h_1)(h_7 - h_6)} \quad (4\text{-}5\text{-}9)$$

>> 예제 4-14   −30~30℃ 사이에서 중간냉각이 완전한 2단압축 1단팽창사이클로 작동하는 R-717(암모니아) 냉동기의 냉동능력이 10 kW일 때 다음을 구하여라. 단, 응축기의 과냉각도가 5℃이고 중간냉각기에 의한 과냉각도 5℃이다.

(1) 냉동효과   (2) 냉매순환량
(3) 증발기에서 증발하는 냉매의 양   (4) by-pass되는 냉매의 양
(5) 저압압축기 소요동력   (6) 저압압축기 피스톤배출량
(7) 저압압축 후 냉매의 온도   (8) 중간냉각기 총방열량
(9) 고압압축기 소요동력   (10) 고압압축기 피스톤배출량
(11) 고압압축 후 냉매의 온도   (12) 응축기 총방열량
(13) 성적계수

풀이 R-717 Mollier 선도에 사이클을 그리고 증기표와 선도로부터 각 부의 비엔탈피를 구한다. 먼저 중간압력을 계산하면 증기표에서 $P_e = 119.46$ kPa, $P_c = 1166.93$ kPa 이므로

$$P_i = \sqrt{P_e P_c} = \sqrt{119.46 \times 1166.93} = 373.37 \text{ kPa}$$

Ⓐ 사이클 작도(그림 4-28 참조)

응축온도가 $t_c = 30℃$, 응축기의 과냉각도가 $\Delta t_{sc} = 5℃$ 이므로 과냉각온도는 $t_{sc} = t_8 = 25℃$, 중간냉각에 의한 과냉각이 5℃이므로 팽창밸브 입구의 온도는 $t_1 = t_{sc} - 5 = 20℃$ 이다.

예제 4-13과 같은 방법으로 P_c, P_e, P_i선을 긋고 압축액 구역에서 P_c선과 $t_1 = 20℃$, $t_8 = 25℃$선과의 교점을 구하면 이 점들이 상태점 1과 8이며 나머지 상태점들은 그림 4-28을 참고로 예제 4-13과 동일한 방법으로 구한다.

Ⓑ 각 부의 비엔탈피

상태점 1, 3, 8의 비엔탈피를 증기표, 상태점 6과 10의 비엔탈피를 증기표에서 보간법으로 구하고, 상태점 4, 5 및 7의 비엔탈피를 선도에서 보간법으로 구하면 다음과 같다.

$h_1 = h_2 = 292.19$ kJ/kg, $h_3 = 1422.46$ kJ/kg, $h_4 = 1572.73$ kJ/kg,
$h_5 = 1529.09$ kJ/kg, $h_6 = 1456.64$ kJ/kg, $h_7 = 1616.36$ kJ/kg,
$h_8 = h_9 = 315.54$ kJ/kg, $h_{10} = 183.19$ kJ/kg

(1) 냉동효과 : 식 (4-5-7)에서

$$q_L = \alpha(h_3 - h_1) = \frac{h_6 - h_8}{h_5 - h_1}(h_3 - h_1) = \frac{1456.64 - 315.54}{1529.09 - 292.19} \times (1422.46 - 292.19)$$
$$= 0.9222548306 \times 1130.27 = 1042.73 \text{ kJ/kg}$$

(2) 냉매순환량 : 냉동능력이 $Q_L = 10$ kW 이므로 식 (4-5-8)로부터

$$\dot{m} = \frac{Q_L}{q_L} = \frac{10}{1042.73} = 9.5902 \times 10^{-3} \text{ kg/s}$$

(3) 증발기에서 증발하는 냉매의 양 : 식 (4-5-8)에서

$$\dot{m}_e = \alpha \dot{m} = 0.922548306 \times (9.5902 \times 10^{-3}) = 8.8474 \times 10^{-3} \text{ kg/s}$$

※ $\dot{m}_e = \alpha \dot{m} = \dfrac{Q_L}{h_3 - h_1} = \dfrac{10}{1422.46 - 292.19} = 8.8474 \times 10^{-3}$ kg/s (더 정확한 값임)

(4) bypass되는 냉매의 양 : 식 (4-5-8)에서

$$\dot{m}_b = (1 - \alpha)\dot{m} = \dot{m} - \dot{m}_e$$
$$= (1 - 0.922548306) \times (9.5902 \times 10^{-3}) = 0.7428 \times 10^{-3} \text{ kg/s}$$

(5) 저압압축기 소요동력 : 식 (4-5-7)을 이용하면

$$W_1 = \dot{m} w_1 = \dot{m} \alpha (h_4 - h_3) = \dot{m}_e (h_4 - h_3)$$
$$= (8.8474 \times 10^{-3}) \times (1572.73 - 1422.46)$$
$$= 1.329 \text{ kW}$$

(6) 저압압축기 피스톤배출량

증기표에서 $-30℃$일 때 건포화증기의 비체적이 $v_3 = 0.96249$ m³/kg 이므로

$$V_1 = \dot{m}_e v_3 = (8.8474 \times 10^{-3}) \times 0.96249 = 8.516 \times 10^{-3} \text{ m}^3/\text{s} = 30.656 \text{ m}^3/\text{h}$$

(7) 저압압축 후 냉매의 온도 : 예제 4-13의 풀이에서 $t_4 = 43.8℃$ 이다

(8) 중간냉각기 총방열량 : 식 (4-5-7)을 이용하면

$$Q_{Hi} = \dot{m} q_{Hi} = \dot{m} \alpha (h_4 - h_5) = \dot{m}_e (h_4 - h_5)$$
$$= (8.8474 \times 10^{-3}) \times (1572.73 - 1529.09) = 0.386 \text{ kW}$$

(9) 고압압축기 소요동력 : 식 (4-5-7)을 이용하면
$$W_2 = \dot{m}\,w_2 = \dot{m}\,(h_7 - h_6) = (9.5902 \times 10^{-3}) \times (1616.36 - 1456.64) = 1.532 \text{ kW}$$

(10) 고압압축기 피스톤배출량 : 증기표를 이용하여 보간법으로 v_6를 구하여 계산하면
$$v_6 = 0.33371 + (0.32178 - 0.33371) \times \frac{373.37 - 368.83}{383.31 - 368.83} = 0.32997 \text{ m}^3/\text{kg}$$
$$\dot{V}_2 = \dot{m}\,v_5 = (9.5902 \times 10^{-3}) \times 0.32997 = 3.164 \times 10^{-3} \text{ m}^3/\text{s} = 11.392 \text{ m}^3/\text{h}$$

(11) 고압압축 후 냉매의 온도 : 선도에서 보간법으로 계산하면
$$t_7 = 70 + (80 - 70) \times \frac{0.9}{1.4} = 76.4\,\text{℃}$$

(12) 응축기 총방열량 : 식 (4-5-7)을 이용하면
$$\dot{Q}_{Hc} = \dot{m}\,q_{Hc} = \dot{m}\,(h_7 - h_8) = (9.5902 \times 10^{-3}) \times (1616.36 - 315.54) = 12.475 \text{ kW}$$

(13) 성적계수 : 식 (4-5-9)를 이용하여 계산하면
$$cop = \frac{q_L}{w} = \frac{q_L}{w_1 + w_2} = \frac{(h_6 - h_8)(h_3 - h_1)}{(h_6 - h_8)(h_4 - h_3) + (h_5 - h_1)(h_7 - h_6)}$$
$$= \frac{(1456.64 - 315.54)(1422.46 - 292.19)}{(1456.64 - 315.54)(1572.73 - 1422.46) + (1529.09 - 292.19)(1616.36 - 1456.64)}$$
$$= 3.495$$

또는 위의 계산결과를 이용하면
$$cop = \frac{\dot{Q}_L}{\dot{W}} = \frac{\dot{Q}_L}{\dot{W}_1 + \dot{W}_2} = \frac{10}{1.329 + 1.532} = 3.495$$

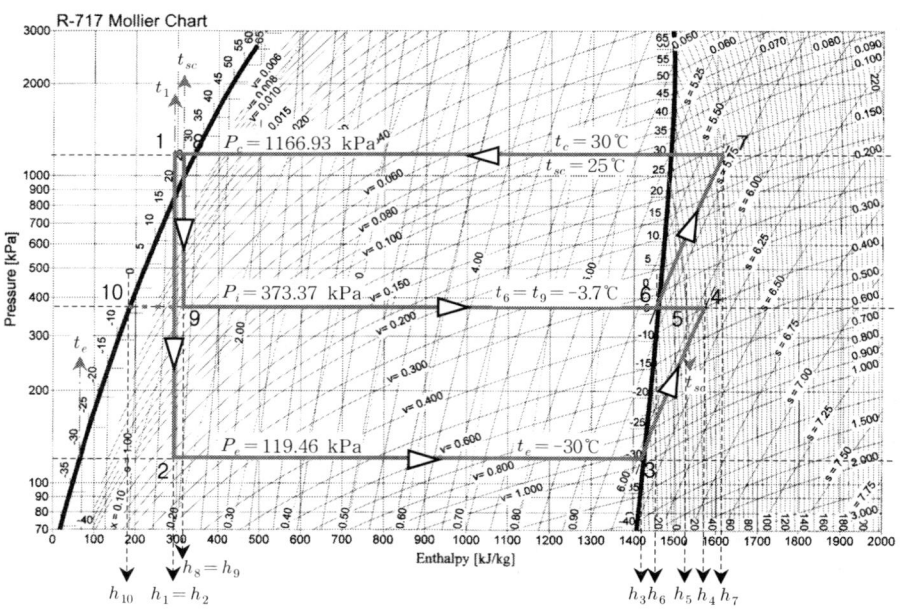

[그림 4-28] −30∼30℃ 사이에서 작동하는 중간냉각이 완전한 R-717 2단압축 1단팽창사이클
(1단압축 후 증기온도가 응축기의 과냉각온도보다 높은 경우)

[2] 냉각수를 공급하지 않는 중간냉각기를 갖는 냉동사이클
(1단압축 후 증기온도가 응축온도보다 낮은 냉동사이클)

이 사이클은 그림 4-27의 (d)~(f)에 나타낸 것과 같이 1단압축 후 냉매의 온도(t_4)가 응축기의 과냉각온도 t_{sc}(무과냉 사이클에서는 응축온도 t_c)보다 낮은 것이 특징이다. 그림에서 중간냉각기는 중간냉각을 위한 기액 분리와 열교환기 두 가지 역할을 한다. 이 사이클은 1단압축 후 증기의 과열도가 낮은 과열증기로 되는 냉매에 적합하다.

여기에서도 응축 냉매를 1 kg으로 가정하고 사이클의 작동원리를 설명한다.

A. 사이클의 상태변화과정

(1) 과정 1-2 : 응축기에서 과냉각($t_{sc}=t_8$)되는 냉매 1 kg 중 대부분인 β kg이 중간냉각기에서 열교환을 한 후(상태 1) 팽창밸브에서 습증기(상태 2)로 교축팽창되는 과정으로 압력이 P_c에서 P_e, 온도가 t_1에서 $t_e(=t_2)$로 낮아진다.

(2) 과정 2-3 : 팽창밸브에서 유입된 냉매 습증기(상태 2) β kg이 증발기에서 정압(P_e) 하에 흡열(q_L)하여 건포화증기(상태 3)로 증발되는 과정

(3) 과정 3-4 : 압력과 온도가 각각 P_e, $t_e(=t_3)$인 건포화증기(상태 3) β kg이 제1압축기에서 중간압력(P_i)의 과열도가 낮은 과열증기(상태 4)로 단열압축되는 과정

(4) 과정 4-6 : 제1압축기를 나온 과열증기(상태 4)가 중간냉각기에 유입되어 정압(P_i) 하에 하단의 냉매 포화액(상태 10) $(1-\beta)(1-x_9)$ kg과 혼합되며 건포화증기(상태 6)로 냉각되는 과정

(5) 과정 6-7 : 압력이 P_i인 건포화증기(상태 6) 1 kg이 제2압축기(고압압축기)에서 압력과 온도가 각각 P_c, t_7인 과열증기(상태 7)로 단열압축되는 과정

(6) 과정 7-8 : 압축된 과열증기(상태 7) 1 kg이 응축기에서 정압(P_c) 하에 방열하여 포화액으로 된 후 계속 방열하여 압축액(상태 8)으로 응축, 과냉각(q_{Hc})되는 과정

(7) 과정 8-1 : 응축기에서 과냉각된 1 kg의 냉매 중 대부분인 β kg이 중간냉각기를 통과하며 정압(P_c) 하에 중간냉각기 하단에 있는 포화액(상태 10)과 열교환(방열)하며 냉각되는 과정

(8) 과정 8-9 : 응축기에서 과냉각된 1 kg의 냉매 중 일부분인 $(1-\beta)$ kg이 보조팽창밸브에서 중간압력(P_i)의 습증기(상태 9)로 교축팽창되는 과정 < $t_8(=t_{sc}) \Rightarrow t_1$ >

(9) 중간냉각기에서의 열교환 및 혼합 : <u>1단압축 후 증기온도가 응축온도(과냉각온도)보다 높은 냉동사이클</u>에서 설명한 것과 같이 보조팽창밸브에서 유입된 $(1-\beta)$ kg의 습증기가 중간냉각기에서 $(1-\beta)x_9$ kg의 포화증기(상태 6)와 $(1-\beta)(1-x_9)$ kg의 포화액

(상태 10)으로 분리되고, 하단의 포화액은 응축기에서 팽창밸브로 가는 β kg의 과냉각액과 제1압축기에서 유입, 혼합되는 β kg의 과열증기로부터 흡열하여 포화증기(상태 6)로 증발한다(과정 10-6).

이상의 과정에서도 중간냉각기는 응축냉매를 냉각시키고 1단압축된 과열증기를 건포화증기로 중간냉각시키기 위해 bypass 냉매를 (기액)분리한다. 참고로 그림 (e), (f)에서 9-10은 기액 분리와 증발과정이 겹쳐 서로 상쇄됨으로 생략하여도 좋다(그림 4-29 참조).

B. 증발기로 유입되는 냉매의 비율 : β

중간냉각기에서 열교환하는 동안 열손실이 없다고 가정하면 「포화액 $(1-\beta)(1-x_9)$ kg의 흡열량(과정 10-6) = 과냉각액 β kg의 방열량(과정 8-1) + 과열증기 β kg의 방열량(과정 4-6)」 이어야 한다.

$$\text{포화액 } (1-\beta)(1-x_9) \text{ kg의 흡열량} = (1-\beta)(1-x_9)(h_6 - h_{10}) \cdots ⓔ$$
$$\text{압축액 } \beta \text{ kg의 방열량} = \beta(h_8 - h_1) \cdots ⓕ$$
$$\text{과열증기 } \beta \text{ kg의 방열량} = \beta(h_4 - h_6) \cdots ⓖ$$

여기서 건도와 습도는 $h_8 = h_9$이며 [1]의 식 ⓓ와 같다. 즉,

$$x_9 = \frac{h_8 - h_{10}}{h_6 - h_{10}}, \quad (1-x_9) = \frac{h_6 - h_8}{h_6 - h_{10}} \cdots ⓓ$$

이므로 열손실이 없다고 가정하면 식 ⓔ = ⓕ + ⓖ로부터 증발기로 유입되는 냉매의 비율 β는 다음의 식으로 된다.

$$(1-\beta)(1-x_9)(h_6 - h_{10}) = \beta(h_8 - h_1) + \beta(h_4 - h_6)$$
$$\beta = \frac{h_6 - h_8}{h_4 - h_1} \tag{4-5-10}$$

C. 성적계수

이 사이클의 냉동효과(q_L), 제1압축기 소요일(w_1), 제2압축기 소요일(w_2), 응축기 방열량(q_H)은 다음과 같다.

$$\left.\begin{aligned}
q_L &= \beta(h_3 - h_1) = \frac{h_6 - h_8}{h_4 - h_1}(h_3 - h_1) \\
w_1 &= \beta(h_4 - h_3) = \frac{h_6 - h_8}{h_4 - h_1}(h_4 - h_3), \quad w_2 = (h_7 - h_6) \\
q_H &= h_7 - h_8
\end{aligned}\right\} \tag{4-5-11}$$

이 사이클의 냉동능력이 Q_L일 때 냉매순환량($\dot{m}$), 증발기에서 증발하는 냉매($\dot{m}_e$) 및 bypass 냉매의 양($\dot{m}_b$)은

$$\left. \begin{array}{l} \dot{m} = \dfrac{Q_L}{q_L} = \dfrac{Q_L(h_4-h_1)}{(h_6-h_8)(h_3-h_1)} \\[2mm] \dot{m}_e = \beta\dot{m} = \dfrac{Q_L}{h_3-h_1} \\[2mm] \dot{m}_b = (1-\beta)\dot{m} = \dot{m} - \dot{m}_e \end{array} \right\} \quad (4\text{-}5\text{-}12)$$

그리고 1단압축 후 온도가 응축온도보다 낮은 중간냉각이 완전한 2단압축 1단팽창사이클의 성적계수(cop)는 아래와 같다.

$$cop = \frac{q_L}{w} = \frac{q_L}{w_1+w_2} = \frac{(h_6-h_8)(h_3-h_1)}{(h_6-h_8)(h_4-h_3)+(h_4-h_1)(h_7-h_6)} \quad (4\text{-}5\text{-}13)$$

≫ 예제 4-15 −30~30℃ 사이에서 중간냉각이 완전한 2단압축 1단팽창사이클로 작동하는 R-134a 냉동기의 냉동능력이 10 kW일 때 다음을 구하여라. 단, 응축기의 과냉각도가 5℃이고 중간냉각기에 의한 과냉각도 5℃이다.

(1) 냉동효과 (2) 냉매순환량
(3) 증발기에서 증발하는 냉매의 양 (4) by-pass되는 냉매의 양
(5) 저압압축기 소요동력 (6) 저압압축기 피스톤배출량
(7) 저압압축 후 냉매의 온도 (8) 중간냉각기 총방열량
(9) 고압압축기 소요동력 (10) 고압압축기 피스톤배출량
(11) 고압압축 후 냉매의 온도 (12) 응축기 총방열량
(13) 성적계수

풀이 R-134a Mollier 선도에 사이클을 그리고 증기표와 선도로부터 각 부의 비엔탈피를 구한다. 먼저 중간압력을 계산하면 증기표에서 $P_e=84.74$ kPa, $P_c=770.06$ kPa 이므로

$$P_i = \sqrt{P_e P_c} = \sqrt{84.74 \times 770.06} = 255.45 \text{ kPa}$$

Ⓐ 사이클 작도(그림 4-29 참조)
앞의 예제 4-14와 같은 방법으로 P_c, P_e, P_i선을 긋고 압축액 구역에서 P_c선과 $t_1=20℃$, $t_8=25℃$선과의 교점을 구하면 이 점들이 상태점 1과 8이며 나머지 상태점들은 그림 4-29를 참고로 앞의 예제 4-14와 동일한 방법으로 구하면 된다.

Ⓑ 각 부의 비엔탈피
상태점 1, 3, 8의 비엔탈피를 증기표, 상태점 5와 9의 비엔탈피를 증기표에서 보간법, 상태점 4와 6의 비엔탈피를 선도에서 보간법으로 구하면 다음과 같다.
$h_1 = h_2 = 227.23$ kJ/kg, $h_3 = 379.11$ kJ/kg, $h_4 = 401.08$ kJ/kg, $h_6 = 395.04$ kJ/kg
$h_7 = 417.54$ kJ/kg, $h_8 = h_9 = 234.29$ kJ/kg, $h_{10} = 195.10$ kJ/kg

(1) 냉동효과 : 식 (4-5-11)에서

$$q_L = \beta(h_3 - h_1) = \frac{h_6 - h_8}{h_4 - h_1}(h_3 - h_1) = \frac{395.04 - 234.29}{401.08 - 227.23} \times (379.11 - 227.23)$$
$$= 0.924647684 \times 151.88 = 140.44 \text{ kJ/kg}$$

(2) 냉매순환량 : 냉동능력이 $Q_L = 10$ kW 이므로 식 (4-5-12)로부터

$$\dot{m} = \frac{Q_L}{q_L} = \frac{10}{140.44} = 0.07120 \text{ kg/s}$$

(3) 증발기에서 증발하는 냉매의 양 : 식 (4-5-12)에서

$$\dot{m}_e = \frac{Q_L}{h_3 - h_1} = \frac{10}{379.11 - 227.23} = 0.06584 \text{ kg/s (더 정확한 값임)}$$
$$※ \dot{m}_e = \beta \dot{m} = 0.924647684 \times 0.07120 = 0.06583 \text{ kg/s}$$

(4) bypass되는 냉매의 양 : 식 (4-5-12)으로부터

$$\dot{m}_b = (1 - \beta)\dot{m} = \dot{m} - \dot{m}_e = 0.07120 - 0.06584 = 0.00536 \text{ kg/s}$$

(5) 저압압축기 소요동력 : 식 (4-5-11)을 이용하면

$$W_1 = \dot{m}w_1 = \dot{m}\beta(h_4 - h_3) = \dot{m}_e(h_4 - h_3)$$
$$= 0.06584 \times (401.08 - 379.11) = 1.447 \text{ kW}$$

(6) 저압압축기 피스톤배출량
  증기표에서 $-30℃$일 때 포화증기의 비체적이 $v_3 = 0.22408$ m^3/kg이므로

$$V_1 = \dot{m}_e v_3 = 0.06584 \times 0.22408 = 0.01475 \text{ m}^3/\text{s} = 53.112 \text{ m}^3/\text{h}$$

(7) 저압압축 후 증기의 온도 : 선도에서 보간법으로 계산하면

$$t_4 = 0 + (10 - 0) \times \frac{0.9}{2.9} = 3.1℃$$

(8) 고압압축기 소요동력 : 식 (4-5-11)을 이용하면

$$W_2 = \dot{m}w_2 = \dot{m}(h_7 - h_6) = 0.07120 \times (417.54 - 395.04) = 1.602 \text{ kW}$$

(9) 고압압축기 피스톤배출량 : 증기표를 이용하여 보간법으로 v_6를 구하여 계산하면

$$v_6 = 0.07938 + (0.07659 - 0.07938) \times \frac{255.45 - 252.74}{262.33 - 252.74} = 0.07859 \text{ m}^3/\text{kg}$$
$$V_2 = \dot{m}v_6 = 0.07120 \times 0.07859 = 5.596 \times 10^{-3} \text{ m}^3/\text{s} = 20.146 \text{ m}^3/\text{h}$$

(10) 고압압축 후 증기온도 : 선도에서 보간법으로 계산하면

$$t_7 = 30 + (40 - 30) \times \frac{1.3}{3.3} = 33.9℃$$

(11) 응축기 총방열량 : 식 (4-5-11)을 이용하면

$$Q_H = \dot{m}q_H = \dot{m}(h_7 - h_8) = 0.07120 \times (417.54 - 234.29) = 13.047 \text{ kW}$$

(12) 성적계수 : 식 (4-5-13)을 이용하여 계산하면

$$cop = \frac{q_L}{w} = \frac{q_L}{w_1 + w_2} = \frac{(h_6-h_8)(h_3-h_1)}{(h_6-h_8)(h_4-h_3)+(h_4-h_1)(h_7-h_6)}$$

$$= \frac{(395.04-234.29)(379.11-227.23)}{(395.04-234.29)(401.08-379.11)+(401.08-227.23)(417.54-395.04)}$$

$$= 3.280$$

또는 위의 계산결과를 이용하면

$$cop = \frac{Q_L}{W} = \frac{Q_L}{W_1 + W_2} = \frac{10}{1.446 + 1.602} = 3.281$$

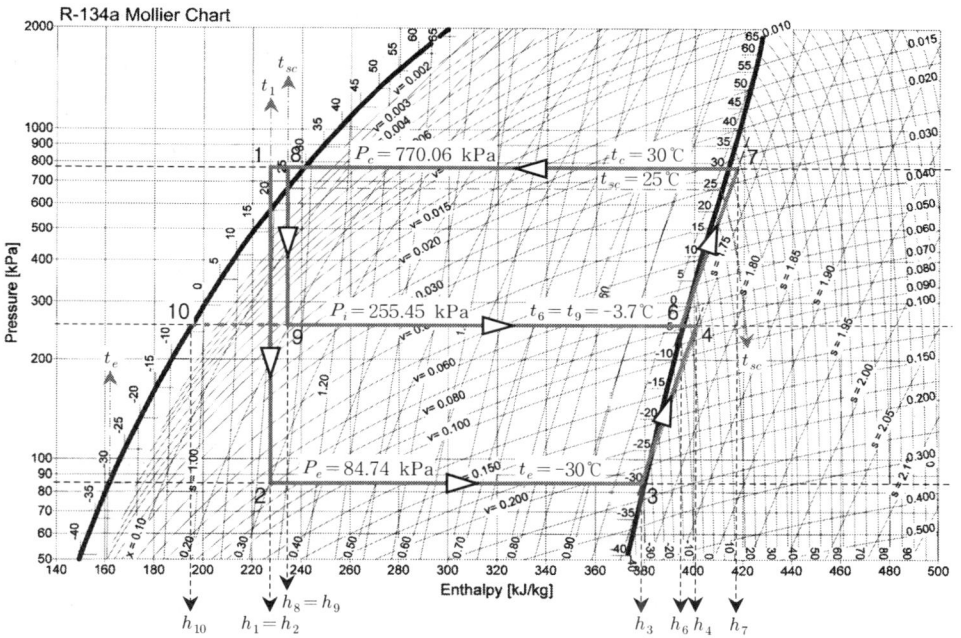

[그림 4-29] −30∼30℃ 사이에서 작동하는 중간냉각이 완전한 R-134a 2단압축 1단팽창사이클 (1단압축 후 증기온도가 응축기의 과냉각온도보다 낮은 경우)

5-3 2단압축 2단팽창사이클

증발온도와 응축온도의 차가 점점 커지는 경우, 아무리 2단압축을 하여도 1단팽창만 하는 냉동사이클은 증발기로 유입되는 냉매 습증기의 건도가 증가함으로 냉동효과가 점점 작아질 수밖에 없다. 이를 개선하기 위해 **기-액 분리기**(separator)를 설치한 냉동사이클이 2단팽창사이클이다.

분리기를 설치하여 1단팽창된 냉매 습증기 중에서 증발할 수 없는 건포화증기는 바로 제2 압축기로 보내고 증발할 수 있는 포화액만 다시 2단팽창시켜 증발기로 유입시키면 증발기 입구에서 냉매 습증기의 건도가 감소됨으로 냉동효과를 개선할 수 있다.

2단압축 2단팽창사이클도 암모니아와 같이 압축 후 과열도가 높은 냉매는 수냉각을 하는 중간냉각기를 필요로 하며 R-134a와 같이 압축 후 과열도가 별로 높지 않은 냉매는 형식에 따라 기액 분리기가 중간냉각기 역할을 한다.

5-3-1 중간냉각이 불완전한 2단압축 2단팽창사이클

그림 4-30과 같이 증발기, 제1압축기(저압압축기), 중간냉각기, 제2압축기(고압압축기), 제1팽창밸브(고압팽창밸브), 제2팽창밸브(저압팽창밸브), 분리기 등으로 구성된 사이클로 제2압축기 입구에서 냉매의 상태가 과열증기인 냉동사이클을 **중간냉각이 불완전한 2단압축 2단팽창사이클**이라 한다. 이 사이클은 그림 4-30의 (a)~(c)와 같이 분리기와 중간냉각기가 모두 필요한 경우와 그림 (d)~(f)와 같이 중간냉각기가 없이 분리기만 있는 경우로 나눌 수 있다.

[1] 수냉식 중간냉각기를 갖는 냉동사이클
(1단압축 후 증기온도가 응축온도보다 높은 냉동사이클)

암모니아 냉매를 사용하는 사이클에서는 그림 4-30의 (b),(c)와 같이 1단압축 후 증기온도 (t_6)가 응축기의 응축온도(그림에서는 $t_{sc}=t_1=t_7$인 과냉각온도)보다 높은 경우에는 수냉식 중간냉각기가 필요하다. 응축냉매를 1 kg으로 가정하여 사이클의 작동원리를 설명한다.

A. 사이클의 상태변화과정

(1) 과정 1-2 : 응축기에서 과냉각된 압축액(상태 1) 1 kg이 제1팽창밸브에서 습증기(상태 2)로 교축팽창되어 분리기로 유입되는 과정으로 압력이 P_c에서 P_i, 온도가 $t_{sc}(=t_1)$에서 $t_i(t_2=t_3=t_{10})$로 낮아진다.

(2) 과정 2-3 : 팽창된 중간압력(P_i)의 습증기(상태 2)가 분리기에서 x_2 kg의 건포화증기 (상태점 10)와 $(1-x_2)$ kg의 포화액(상태 3)으로 분리되어 포화액이 분리기 하단에 모이는 과정

(3) 과정 3-4 : $(1-x_2)$ kg의 포화액(상태 3)이 제2팽창밸브에서 습증기(상태 4)로 교축팽창 되는 과정으로 압력이 P_i에서 P_e, 온도가 $t_i(=t_3)$에서 증발온도 $t_e(=t_4)$로 낮아진다.

(4) 과정 4-5 : 제2팽창밸브로부터 유입된 $(1-x_2)$ kg의 습증기(상태 4)가 증발기에서 정압(P_e) 하에 흡열(q_L)하며 건포화증기(상태 5)로 증발되는 과정

(5) 과정 5-6 : 압력과 온도가 각각 P_e, $t_e(=t_5)$인 $(1-x_2)$ kg의 건포화증기(상태 5)가 제1압축기에서 중간압력(P_i)의 과열도가 높은 과열증기(상태 6)로 단열압축되는 과정으로 압축 후 냉매증기의 온도(t_6)가 과냉각온도($t_{sc}=t_1=t_7$)보다 높다.

(6) 과정 6-7 : 제1압축기를 나온 $(1-x_2)$ kg의 과열증기(상태 6)가 중간냉각기에서 정압(P_i) 하에 냉각수에 의해 방열(q_{Hi})하며 과열도가 낮은 과열증기(상태 7)로 냉각되는 과정

(7) 과정 7-8 : 중간냉각된 $(1-x_2)$ kg의 과열증기(상태 7)가 제2압축기로 유입되는 도중 분리기 상단에서 bypass되는 x_2 kg의 건포화증기(상태 10)와 혼합되어 과열도가 더 낮은 과열증기(상태 8)로 냉각되는 과정으로 다시 1 kg의 냉매증기로 된다.

(8) 과정 8-9 : 과열증기(상태 8) 1 kg이 제2압축기에서 압력과 온도가 각각 P_c, t_9인 과열증기(상태 9)로 단열압축되는 과정

(9) 과정 9-1 : 2단압축된 과열증기(상태 9) 1 kg이 응축기에서 정압(P_c) 하에 방열하며 포화액으로 응축된 후 계속 방열하여 압축액(상태 1)으로 과냉각(q_{Hc})되는 과정

(10) 과정 2-10 : 분리기에서 중간압력(P_i)의 습증기(상태 2) 1 kg이 $(1-x_2)$ kg의 포화액(상태 3)과 x_2 kg의 건포화증기(상태 10)로 분리된 후 상부로 건포화증기가 모이는 과정

(11) 과정 10-8 : 분리기 상단에 모인 x_2 kg의 건포화증기(상태 10)가 제2압축기로 유입되는 도중 중간냉각기에서 압축기로 유입되는 $(1-x_2)$ kg의 과열증기(상태 7)와 혼합되며 흡열하여 과열증기(상태 8)로 되는 과정

B. 증발기로 유입되는 냉매의 비율 : $(1-x_2)$

제1팽창밸브에서 교축팽창된 습증기(상태 2)의 건도가 x_2이므로 습도는 $(1-x_2)$이다. 그러므로 1 kg의 습증기 중 하부에 모인 $(1-x_2)$ kg의 포화액이 제2팽창밸브를 거쳐 증발기로 유입된다. 여기서 습도와 건도는 다음과 같다.

$$(1-x_2) = \frac{h_{10}-h_1}{h_{10}-h_3}, \quad x_2 = \frac{h_1-h_3}{h_{10}-h_3} \tag{4-5-14}$$

C. 제2압축기 입구에서의 비엔탈피 : h_8

분리기에서 bypass되는 x_2 kg의 건포화증기(상태 10)와 중간냉각기를 나온 $(1-x_2)$ kg의 과열증기(상태 7)가 제2압축기 입구에서 혼합되며 상태 7보다 과열도가 낮은 1 kg의 과열증기(상태 8)가 된다. 이 혼합과정에서 열손실이 없다고 가정하면 에너지 보존의 원리에 의해

다음 식이 성립한다.

분리기에서 bypass되는 건포화증기 x_2 kg의 흡열량 $= x_2(h_8 - h_{10})$ … ⓐ

중간냉각된 과열증기 $(1-x_2)$ kg의 방열량 $= (1-x_2)(h_7 - h_8)$ … ⓑ

식 ⓐ $=$ ⓑ 이므로 정리하면 제2압축기 입구에서의 비엔탈피 h_8은

$$h_8 = x_2 h_{10} + (1-x_2)h_7 \tag{4-5-15}$$

D. 성적계수

이 사이클의 냉동효과(q_L), 제1압축기 소요일(w_1), 제2압축기 소요일(w_2), 중간냉각기에서 냉각수에 의한 방열량(q_{Hi}), 응축기 방열량(q_{Hc}) 등은 다음과 같다.

$$\left.\begin{array}{l} q_L = (1-x_2)(h_5 - h_3) = \dfrac{h_{10}-h_1}{h_{10}-h_3}(h_5 - h_3) \\[6pt] w_1 = (1-x_2)(h_6 - h_5) = \dfrac{h_{10}-h_1}{h_{10}-h_3}(h_6 - h_5),\ w_2 = (h_9 - h_8) \\[6pt] q_{Hi} = (1-x_2)(h_6 - h_7) = \dfrac{h_{10}-h_1}{h_{10}-h_3}(h_6 - h_7),\ q_{Hc} = h_9 - h_1 \end{array}\right\} \tag{4-5-16}$$

그리고 냉동능력이 Q_L일 때 냉매순환량($\dot{m}$), 증발기에서 증발하는 냉매의 양($\dot{m}_e$) 및 분리기에서 분리되어 제2압축기로 bypass되는 냉매의 양($\dot{m}_b$)은

$$\left.\begin{array}{l} \dot{m} = \dfrac{Q_L}{q_L} = \dfrac{Q_L(h_{10}-h_3)}{(h_{10}-h_1)(h_5-h_3)} \\[6pt] \dot{m}_e = (1-x_2)\dot{m} = \dfrac{Q_L}{h_5 - h_3} \\[6pt] \dot{m}_b = x_2 \dot{m} = \dot{m} - \dot{m}_e \end{array}\right\} \tag{4-5-17}$$

1단압축 후 증기온도가 응축온도보다 높아 수냉식 중간냉각기가 필요한 중간냉각이 불완전한 2단압축 2단팽창사이클의 성적계수 cop는 아래와 같다.

$$cop = \frac{q_L}{w} = \frac{q_L}{w_1 + w_2} = \frac{(h_{10}-h_1)(h_5-h_3)}{(h_{10}-h_1)(h_6-h_5) + (h_{10}-h_3)(h_9-h_8)} \tag{4-5-18}$$

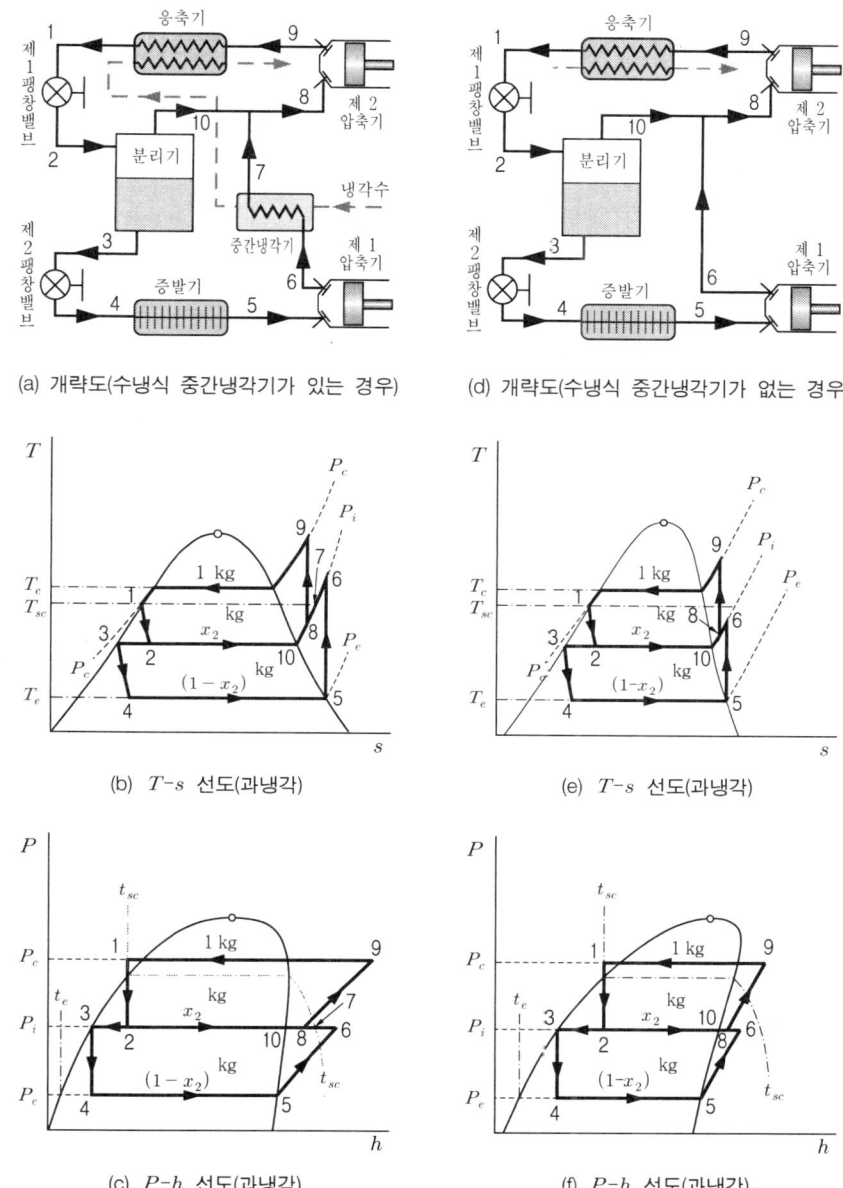

[그림 4-30] 중간냉각이 불완전한 2단압축 2단팽창사이클

≫ 예제 **4-16** −30~30℃ 사이에서 중간냉각이 불완전한 2단압축 2단팽창사이클로 작동하는 R-717(암모니아) 냉동기의 냉동능력이 10 kW일 때 다음을 구하여라. 단, 응축기의 과냉각도는 5℃이고 수냉식 중간냉각기를 이용한다.

(1) 냉동효과 (2) 냉매순환량
(3) 증발기에서 증발하는 냉매의 양 (4) by-pass되는 냉매의 양
(5) 저압압축기 소요동력 (6) 저압압축기 피스톤배출량

(7) 저압압축 후 냉매의 온도   (8) 중간냉각기 총방열량
(9) 고압압축기 소요동력   (10) 고압압축기 피스톤배출량
(11) 고압압축 후 냉매의 온도   (12) 응축기 총방열량
(13) 성적계수

풀이 Ⓐ 사이클 작도(그림 4-31 참조)
㉮ 중간압력을 계산하여 P_c선, P_i선 및 P_e선을 긋는다(예제 4-14 참조).
㉯ 불포화액 구역에서 과냉각온도선(t_{sc})과 P_c선의 교점(상태점 1)을 구하고 상태점 1을 지나는 수직선과 P_i선의 교점(상태점 2)을 구한다.
㉰ P_i선과 포화액의 교점(상태점 3)을 구하고 상태점 3을 지나는 수직선과 P_e선의 교점(상태점 4)을 구한다.
㉱ P_e선과 포화증기선의 교점(상태점 5)을 구하고 상태점 5를 지나는 등엔트로피선 ($s_5 = s_6$)과 P_i선의 교점(상태점 6)을 구한다.
㉲ P_i선과 포화증기선의 교점(상태점 10)을 구하고 과열증기구역에서 P_i선과 과냉각온도선의 교점(상태점 7)을 구한다.
㉳ h_8을 계산하여 P_i선 상에 상태점 8을 작도하고 상태점 8을 지나는 등엔트로피선 ($s_8 = s_9$)과 P_c선의 교점(상태점 9)을 구한다.

Ⓑ 각 부의 비엔탈피
㉮ 상태점 1과 5의 비엔탈피를 증기표, 상태점 3과 10의 비엔탈피를 증기표에서 보간법, 상태점 6과 7의 비엔탈피를 선도에서 보간법으로 구하면 아래와 같다.

$$h_1 = h_2 = 315.54 \text{ kJ/kg}, \quad h_3 = h_4 = 183.19 \text{ kJ/kg}, \quad h_5 = 1422.46 \text{ kJ/kg}$$
$$h_6 = 1572.73 \text{ kJ/kg}, \quad h_7 = 1529.09 \text{ kJ/kg}, \quad h_{10} = 1456.64 \text{ kJ/kg}$$

㉯ 상태점 8의 비엔탈피(h_8) : 식 (4-5-14)에 의해 습도와 건도를 구한 후 식 (4-5-15)를 이용하여 h_8을 구한다.

$$(1 - x_2) = \frac{h_{10} - h_1}{h_{10} - h_3} = \frac{1456.64 - 315.54}{1456.64 - 183.19} = 0.896069731$$

$$x_2 = \frac{h_1 - h_3}{h_{10} - h_3} = \frac{315.54 - 183.19}{1456.64 - 183.19} = 0.103930268$$

$$h_8 = x_2 h_{10} + (1 - x_2) h_7 = 0.103930268 \times 1456.64 + 0.896069731 \times 1529.09$$
$$= 1521.56 \text{ kJ/kg}$$

㉰ 상태점 9의 비엔탈피(h_9) : 위의 ㉮항을 마친 후 선도에서 보간법으로 구한다.

$$h_9 = 1700 + (1800 - 1700) \times \frac{0}{5.5} = 1700 \text{ kJ/kg}$$

(1) 냉동효과 : 식 (4-5-16)에서
$$q_L = (1 - x_2)(h_5 - h_3) = 0.896069731 \times (1422.46 - 183.19) = 1110.47 \text{ kJ/kg}$$

(2) 냉매순환량 : 냉동능력이 $Q_L = 10$ kW 이므로 식 (4-5-17)로부터

$$\dot{m} = \frac{Q_L}{q_L} = \frac{10}{1110.47} = 9.0052 \times 10^{-3} \text{ kg/s}$$

(3) 증발기에서 증발하는 냉매의 양 : 식 (4-5-17)에서

$$\dot{m}_e = \frac{Q_L}{h_5 - h_3} = \frac{10}{1422.46 - 183.19} = 8.0693 \times 10^{-3} \text{ kg/s}$$

※ $\dot{m}_e = (1 - x_2)\dot{m} = 0.896069731 \times (9.0052 \times 10^{-3}) = 8.0693 \times 10^{-3}$ kg/s

(4) bypass되는 냉매의 양 : 식 (4-5-17)에서

$$\dot{m}_b = x_2 \dot{m} = \dot{m} - \dot{m}_e = 0.103930268 \times (9.0052 \times 10^{-3}) = 0.9359 \times 10^{-3} \text{ kg/s}$$

(5) 저압압축기 소요동력 : 식 (4-5-16)를 이용하면

$$W_1 = \dot{m} w_1 = (1 - x_2)\dot{m}(h_6 - h_5) = \dot{m}_e(h_6 - h_5)$$
$$= (8.0693 \times 10^{-3}) \times (1572.73 - 1422.46) = 1.213 \text{ kW}$$

(6) 저압압축기 피스톤배출량
증기표에서 $-30℃$일 때 포화증기의 비체적이 $v_5 = 0.96249$ m3/kg 이므로

$$V_1 = \dot{m}_e v_3 = (8.0693 \times 10^{-3}) \times 0.96249 = 7.767 \times 10^{-3} \text{ m}^3/\text{s} = 27.960 \text{ m}^3/\text{h}$$

(7) 저압압축 후 증기의 온도 : 앞의 예제 4-13의 풀이에서 $t_6 = 43.8℃$ 이다
(8) 중간냉각기 총방열량 : 식 (4-5-16)을 이용하면

$$Q_{Hi} = \dot{m} q_{Hi} = \dot{m}(1 - x_2)(h_6 - h_7) = \dot{m}_e(h_6 - h_7)$$
$$= (8.0693 \times 10^{-3}) \times (1572.73 - 1529.09) = 0.352 \text{ kW}$$

(9) 고압압축기 소요동력 : 식 (4-5-16)을 이용하면

$$W_2 = \dot{m} w_2 = \dot{m}(h_9 - h_8) = (9.0052 \times 10^{-3}) \times (1700 - 1521.56) = 1.607 \text{ kW}$$

(10) 고압압축기 피스톤배출량 : 선도에서 보간법으로 v_8을 계산하면

$$v_8 = 0.3 + (0.4 - 0.3) \times \frac{3.3}{4.6} = 0.3717 \text{ m}^3/\text{kg}$$
$$V_2 = \dot{m} v_8 = (9.0052 \times 10^{-3}) \times 0.3717 = 3.347 \times 10^{-3} \text{ m}^3/\text{s} = 12.050 \text{ m}^3/\text{h}$$

(11) 고압압축 후 증기온도
선도에서 보간법으로 계산하면

$$t_9 = 100 + (110 - 100) \times \frac{1.2}{1.4} = 108.6℃$$

(12) 응축기 총방열량 : 식 (4-5-16)을 이용하던

$$Q_{Hc} = \dot{m} q_{Hc} = \dot{m}(h_9 - h_1) = (9.0052 \times 10^{-3}) \times (1700 - 315.54) = 12.467 \text{ kW}$$

(13) 성적계수 : 식 (4-5-18)를 이용하여 계산하면

$$cop = \frac{q_L}{w} = \frac{q_L}{w_1 + w_2} = \frac{(h_{10} - h_1)(h_5 - h_3)}{(h_{10} - h_1)(h_6 - h_5) + (h_{10} - h_3)(h_9 - h_8)}$$
$$= \frac{(1456.64 - 315.54)(1422.46 - 183.19)}{(1456.64 - 315.54)(1572.73 - 1422.46) + (1456.64 - 183.19)(1700 - 1521.56)}$$
$$= 3.547$$

또는 위의 계산결과를 이용하면

$$cop = \frac{Q_L}{W} = \frac{Q_L}{W_1 + W_2} = \frac{10}{1.213 + 1.607} = 3.546$$

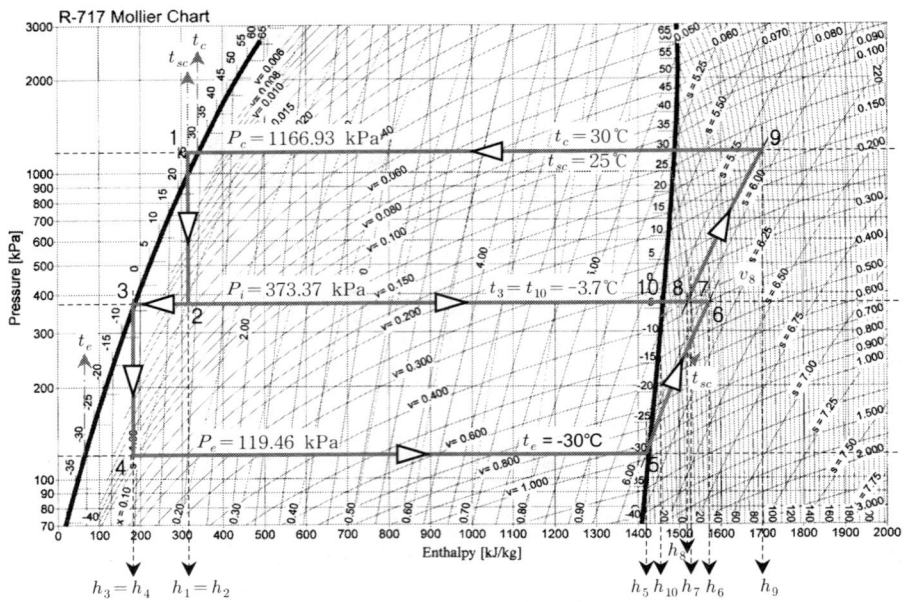

[그림 4-31] −30∼30℃ 사이에서 작동하는 중간냉각이 불완전한 R-717 2단압축 2단팽창사이클
(1단압축 후 증기온도가 응축기의 과냉각온도보다 높은 경우)

[2] 수냉식 중간냉각기가 없는 냉동사이클
(1단압축 후 증기온도가 응축온도보다 낮은 냉동사이클)

그림 4-30의 (d)∼(f)와 같이 1단압축 후 온도(t_6)가 응축기의 응축온도(그림에서는 $t_{sc} = t_1$인 과냉각온도)보다 낮은 경우는 수냉식 중간냉각기가 없어도 무방하다. 따라서 제2압축기 입구에서 1단압축된 $(1 - x_2)$ kg의 과열증기(상태 6)와 분리기에서 bypass되는 x_2 kg의 건포화증기(상태 10)가 혼합되어 과열도가 낮은 1 kg의 과열증기(상태 8)로 된다.

그림 4-30에서 중간냉각기가 있는 그림 (a)∼(c)와 비교하면 과정 6-7과 7-8 등 두 과정이 하나의 과정 6-8로 되는 것 외에는 모두 같으므로 사이클의 상태변화과정에 대한 설명은 생략한다. 여기에서도 응축냉매를 1 kg으로 가정하여 설명한다.

A. 증발기로 유입되는 냉매의 비율 : $(1 - x_2)$

응축냉매 중 증발기로 유입되는 냉매의 비율도 중간냉각기가 있는 경우와 같으므로

$$(1 - x_2) = \frac{h_{10} - h_1}{h_{10} - h_3}, \quad x_2 = \frac{h_1 - h_3}{h_{10} - h_3} \tag{4-5-19}$$

B. 제2압축기 입구에서의 엔탈피 : h_8

분리기에서 bypass되는 x_2 kg의 건포화증기(상태 10)와 1단압축된 $(1-x_2)$ kg의 과열증기(상태 6)가 제2압축기로 가는 도중 혼합되며 과열도가 낮은 1 kg의 과열증기(상태 8)가 됨으로 열손실이 없다면 식 (4-5-15)와 같은 방법으로 유도하면 제2압축기 입구에서 냉매의 비엔탈피 h_8은

$$h_8 = x_2 h_{10} + (1-x_2)h_6 = \frac{(h_1-h_3)h_{10} + (h_{10}-h_1)h_6}{h_{10}-h_3} \tag{4-5-20}$$

C. 성적계수

이 사이클의 냉동효과(q_L), 제1압축기 소요일(w_1), 제2압축기 소요일(w_2), 응축기 방열량(q_{Hc}) 등은 다음과 같다.

$$\left.\begin{array}{l} q_L = (1-x_2)(h_5-h_3) = \dfrac{h_{10}-h_1}{h_{10}-h_3}(h_5-h_3) \\[6pt] w_1 = (1-x_2)(h_6-h_5) = \dfrac{h_{10}-h_1}{h_{10}-h_3}(h_6-h_5),\ w_2 = (h_9-h_8) \\[6pt] q_{Hc} = h_9 - h_1 \end{array}\right\} \tag{4-5-21}$$

또한 냉동능력이 Q_L일 때 냉매순환량($\dot{m}$), 증발기에서 증발하는 냉매의 양($\dot{m}_e$) 및 분리기에서 분리되어 제2압축기로 bypass되는 냉매의 양($\dot{m}_b$)은

$$\left.\begin{array}{l} \dot{m} = \dfrac{Q_L}{q_L} = \dfrac{Q_L(h_{10}-h_3)}{(h_{10}-h_1)(h_5-h_3)} \\[6pt] \dot{m}_e = (1-x_2)\dot{m} = \dfrac{Q_L}{h_5-h_3} \\[6pt] \dot{m}_b = x_2\dot{m} = \dot{m} - \dot{m}_e \end{array}\right\} \tag{4-5-22}$$

1단압축 후 증기온도가 응축온도보다 낮은 중간냉각기가 필요없는 중간냉각이 불완전한 2단압축 2단팽창사이클의 성적계수 cop는 아래와 같다.

$$cop = \frac{q_L}{w} = \frac{q_L}{w_1+w_2} = \frac{(h_{10}-h_1)(h_5-h_3)}{(h_{10}-h_1)(h_6-h_5)+(h_{10}-h_3)(h_9-h_8)} \tag{4-5-23}$$

≫ 예제 4-17 −30∼30℃ 사이에서 중간냉각이 불완전한 2단압축 2단팽창사이클로 작동하는 R-134a 냉동기의 냉동능력이 10 kW일 때 다음을 구하여라. 단, 응축기의 과냉각도는 5℃이다.

(1) 냉동효과 (2) 냉매순환량
(3) 증발기에서 증발하는 냉매의 양 (4) by-pass되는 냉매의 양
(5) 저압압축기 소요동력 (6) 저압압축기 피스톤배출량
(7) 저압압축 후 냉매의 온도 (8) 고압압축기 소요동력
(9) 고압압축기 피스톤배출량 (10) 고압압축 후 냉매의 온도
(11) 응축기 총방열량 (12) 성적계수

풀이 앞의 예제 4-16과 같은 방법으로 R-134a Mollier 선도 상에 사이클을 그리고 증기표와 선도로부터 각 부의 비엔탈피를 구한다.

㉮ 상태점 1과 5의 비엔탈피를 증기표, 상태점 3과 10의 비엔탈피를 증기표에서 보간법, 상태점 6의 비엔탈피를 선도에서 보간법으로 구하면 아래와 같다.

$$h_1 = h_2 = 234.29 \text{ kJ/kg}, \quad h_3 = h_4 = 195.10 \text{ kJ/kg}, \quad h_5 = 379.11 \text{ kJ/kg}$$
$$h_6 = 401.08 \text{ kJ/kg}, \quad h_{10} = 395.04 \text{ kJ/kg}$$

㉯ 상태점 8의 비엔탈피(h_8) : 식 (4-5-19)에 의해 습도와 건도를 구한 후 식 (4-5-20)을 이용하여 h_8을 구한다.

$$(1-x_2) = \frac{h_{10} - h_1}{h_{10} - h_3} = \frac{395.04 - 234.29}{395.04 - 195.10} = 0.803991197$$

$$x_2 = \frac{h_1 - h_3}{h_{10} - h_3} = \frac{234.29 - 195.10}{395.04 - 195.10} = 0.196008803$$

$$h_8 = x_2 h_{10} + (1-x_2) h_6 = 0.196008803 \times 395.04 + 0.803991197 \times 401.08$$
$$= 399.90 \text{ kJ/kg}$$

㉰ Mollier 선도에서 $h_8 = 399.90$ kJ/kg이 되도록 P_i선 위에 상태점 8을 잡고 이점을 통과하는 등엔트로피선을 그어 P_c선과의 교점(상태점 9)을 구하여 보간법으로 엔탈피 h_9를 구하면

$$h_9 = 420 + (440 - 420) \times \frac{1.1}{6.5} = 423.38 \text{ kJ/kg}$$

(1) 냉동효과 : 식 (4-5-21)에서

$$q_L = (1-x_2)(h_5 - h_3) = 0.803991197 \times (379.11 - 195.10) = 147.94 \text{ kJ/kg}$$

(2) 냉매순환량 : 냉동능력이 $Q_L = 10$ kW 이므로 식 (4-5-22)로부터

$$\dot{m} = \frac{Q_L}{q_L} = \frac{10}{147.94} = 0.067595 \text{ kg/s}$$

(3) 증발기에서 증발하는 냉매의 양 : 식 (4-5-22)에서

$$\dot{m}_e = \frac{Q_L}{h_5 - h_3} = \frac{10}{379.11 - 195.10} = 0.054345 \text{ kg/s}$$

※ $\dot{m}_e = (1-x_2)\dot{m} = 0.803991197 \times 0.067595 = 0.054346$ kg/s

(4) bypass되는 냉매의 양 : 식 (4-5-22)에서

$$\dot{m}_b = x_2 \dot{m} = \dot{m} - \dot{m}_e = 0.196008803 \times 0.067595 = 0.013249 \text{ kg/s}$$

(5) 저압압축기 소요동력 : 식 (4-5-21)을 이용하면

$$W_1 = \dot{m} w_1 = (1 - x_2) \dot{m}(h_6 - h_5) = \dot{m}_e(h_6 - h_5)$$
$$= 0.054345 \times (401.08 - 379.11) = 1.194 \text{ kW}$$

(6) 저압압축기 피스톤배출량
　　증기표에서 $-30℃$일 때 포화증기의 비체적이 $v_5 = 0.22408$ m3/kg 이므로

$$V_1 = \dot{m}_e v_5 = 0.054345 \times 0.22408 = 0.012178 \text{ m}^3/\text{s} = 43.839 \text{ m}^3/\text{h}$$

(7) 저압압축 후 냉매의 온도 : 예제 4-15의 풀이에서 $t_6 = 3.1℃$이다.
(8) 고압압축기 소요동력 : 식 (4-5-21)을 이용하면

$$W_2 = \dot{m} w_2 = \dot{m}(h_9 - h_8) = 0.067595 \times (423.38 - 399.90) = 1.587 \text{ kW}$$

(10) 고압압축기 피스톤배출량 : 선도에서 v_8을 구하여 계산하면

$$v_8 = 0.08 + (0.1 - 0.08) \times \frac{0.15}{4} = 0.08075 \text{ m}^3/\text{kg}$$
$$V_2 = \dot{m} v_9 = 0.067595 \times 0.08075 = 5.4583 \times 10^{-3} \text{ m}^3/\text{s} = 19.650 \text{ m}^3/\text{h}$$

(11) 고압압축 후 냉매의 온도 : 선도에서 보간법으로 계산하면

$$t_9 = 35 + (45 - 35) \times \frac{1.3}{3.3} = 38.9℃$$

(12) 응축기 총방열량 : 식 (4-5-21)을 이용하면

$$Q_H = \dot{m} q_H = \dot{m}(h_9 - h_1) = 0.067595 \times (423.38 - 234.29) = 12.782 \text{ kW}$$

(13) 성적계수 : 식 (4-5-23)에서

$$cop = \frac{q_L}{w} = \frac{q_L}{w_1 + w_2} = \frac{(h_{10} - h_1)(h_5 - h_3)}{(h_{10} - h_1)(h_6 - h_5) + (h_{10} - h_3)(h_9 - h_8)}$$
$$= \frac{(395.04 - 234.29)(379.11 - 195.10)}{(395.04 - 234.29)(401.08 - 379.11) + (395.04 - 195.10)(423.38 - 399.90)}$$
$$= 3.596$$

또는 위의 계산결과를 이용하면

$$cop = \frac{Q_L}{W} = \frac{Q_L}{W_1 + W_2} = \frac{10}{1.194 + 1.587} = 3.596$$

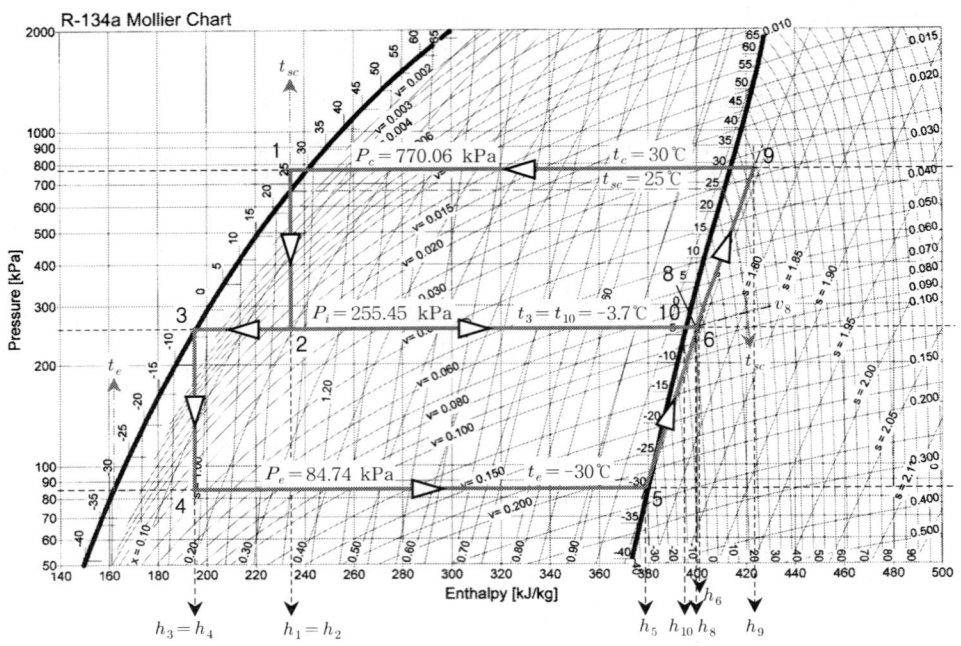

[그림 4-32] −30~30℃ 사이에서 작동하는 중간냉각이 불완전한 R-134a 2단압축 2단팽창사이클
(1단압축 후 증기온도가 응축기의 과냉각온도보다 낮은 경우)

5-3-2 중간냉각이 완전한 2단압축 2단팽창사이클

이 사이클은 그림 4-33과 같이 증발기, 제1압축기(저압압축기), 중간냉각기, 제2압축기(고압압축기), 제1팽창밸브(고압팽창밸브), 제2팽창밸브(저압팽창밸브), 분리기 등으로 구성된 사이클로 제2압축기 입구에서 냉매의 상태가 건포화증기인 냉동사이클을 **중간냉각이 완전한 2단압축 2단팽창사이클**이라 한다. 이 사이클은 그림 4-33(a)~(c)와 같이 분리기와 중간냉각기가 모두 필요한 경우와 그림 (d)~(f)와 같이 중간냉각기가 없는 경우로 나눌 수 있다.

중간냉각이 불완전한 냉동사이클(그림 4-30)에서는 1단압축된 과열증기가 (중간냉각 후) 그대로 제2압축기로 유입되는데 반해 중간냉각이 완전한 냉동사이클(그림 4-33)에서는 1단압축된 과열증기가 (중간냉각 후) 분리기로 유입, 열교환하여 건포화증기로 된 후 제2압축기로 유입되는 점이 서로 다르다.

[1] 수냉식 중간냉각기를 갖는 냉동사이클
(1단압축 후 증기온도가 응축온도보다 높은 냉동사이클)

그림 4-33에서와 같이 1단압축 후 증기온도(t_6)가 응축기의 응축온도(그림에서는 $t_{sc} = t_1 = t_7$인 과냉각온도)보다 높은 경우에는 중간냉각기가 필요하다. 응축냉매를 1 kg으로 가정

하여 사이클의 작동원리를 설명하면 다음과 같다.

A. 사이클의 상태변화과정

(1) 과정 1-2 : 응축기에서 과냉각된 냉매(상태 1) 1 kg이 제1팽창밸브에서 습증기(상태 2)로 교축팽창되어 분리기로 유입되는 과정으로 압력이 P_c에서 P_i, 온도가 $t_{sc}(=t_1)$에서 $t_i(=t_2)$로 낮아진다.

(2) 과정 2-3 : 팽창된 중간압력(P_i)의 습증기(상태 2)가 분리기에서 건포화증기(x_2 kg)와 $(1-x_2)$ kg의 포화액(상태 3)으로 분리되어 포화액이 분리기 하단에 모이는 과정

(3) 과정 3-4 : 분리기 하단의 포화액 중 $\gamma(1-x_2)$ kg의 포화액(상태 3)이 제2팽창밸브에서 습증기(상태 4)로 교축팽창되는 과정으로 압력이 P_i에서 P_e, 온도가 $t_i(=t_3)$에서 $t_e(=t_4)$로 낮아진다. 그러나 나머지 포화액 $(1-\gamma)(1-x_2)$ kg은 분리기 하단에 남아있다.

(4) 과정 4-5 : 제2팽창밸브로부터 유입된 $\gamma(1-x_2)$ kg의 냉매 습증기(상태 4)가 증발기에서 정압(P_e) 하에 흡열(q_L)하여 건포화증기(상태 5)로 증발되는 과정

(5) 과정 5-6 : 압력과 온도가 각각 P_e, $t_e(=t_5)$인 $\gamma(1-x_2)$ kg의 건포화증기(상태 5)가 제1압축기에서 중간압력(P_i)의 과열도가 높은 과열증기(상태 6)로 단열압축되는 과정으로 압축 후 증기온도(t_6)가 과냉각온도($t_{sc}=t_1=t_7$)보다 높다.

(6) 과정 6-7 : 제1압축기를 나온 $\gamma(1-x_2)$ kg의 과열증기(상태 6)가 중간냉각기에서 정압(P_i) 하에 냉각수에 의해 방열(q_{Hi})하여 과열도가 낮은 과열증기(상태 7)로 냉각되는 과정

(7) 과정 7-8 : 중간냉각된 $\gamma(1-x_2)$ kg의 과열증기(상태 7)가 분리기로 유입되어 하단에 남아있는 $(1-\gamma)(1-x_2)$ kg의 포화액(상태 3)에 의해 냉각되어 건포화증기(상태 8)로 되는 과정으로 하단의 $(1-\gamma)(1-x_2)$ kg의 포화액(상태 3)은 $\gamma(1-x_2)$ kg의 과열증기(상태 7)로부터 열을 흡수하여 $(1-\gamma)(1-x_2)$ kg의 건포화증기(상태 8)로 된다. 그러므로 분리기 상단에서는 이미 분리된 x_2 kg의 건포화증기(상태 8), 하단에 남아하던 포화액에 방열하여 건포화증기로 된 $\gamma(1-x_2)$ kg 건포화증기 및 이 열을 흡수하여 건포화증기로 증발한 $(1-\gamma)(1-x_2)$ kg이 모두 합쳐 다시 1 kg의 건포화증기로 된다.

(8) 과정 8-9 : 건포화증기(상태 8) 1 kg이 제2압축기에서 압력과 온도가 각각 P_c, t_6인 과열증기(상태 9)로 단열압축되는 과정

(9) 과정 9-1 : 2단압축된 과열증기(상태 9) 1 kg이 응축기에서 정압(P_c) 하에 방열하여 포화액으로 된 후 계속 방열하여 압축액(상태 1)으로 응축, 과냉각(q_{Hc})되는 과정

(10) 과정 2-8 : 분리기에서 중간압력의 습증기(상태 2) 1 kg이 $(1-x_2)$ kg의 포화액(상태 3)과 x_2 kg의 건포화증기(상태 10)로 분리되어 상부에 x_2의 건포화증기가 모이는 과정

B. 분리기 하단에서 증발기로 유입되는 냉매의 비율 : $\gamma(1-x_2)$

분리기 하단에 남아있던 포화액(상태 3)과 중간냉각된 과열증기(상태 7)가 분리기에서 열교환하는 동안 열손실이 없다고 가정하면「하단에 남아있던 포화액 $(1-\gamma)(1-x_2)$ kg의 흡열량(과정 3-8)=과열증기 $\gamma(1-x_2)$ kg의 방열량(과정 7-8)이어야 한다. 즉,

포화액 $(1-\gamma)(1-x_2)$ kg의 흡열량$=(1-\gamma)(1-x_2)(h_8-h_3)$ ⋯ ⓐ

과열증기 $\gamma(1-x_2)$ kg의 방열량$=\gamma(1-x_2)(h_7-h_8)$ ⋯ ⓑ

여기서 분리기에서의 건도와 습도는 $h_1=h_2$ 이므로

$$(1-x_2)=\frac{h_8-h_1}{h_8-h_3}, \quad x_2=\frac{h_1-h_3}{h_8-h_3} \tag{4-5-24}$$

따라서 식 ⓐ=ⓑ로부터 γ와 $\gamma(1-x_2)$는

$$\gamma=\frac{h_8-h_3}{h_7-h_3}, \quad \gamma(1-x_2)=\frac{h_8-h_1}{h_7-h_3} \tag{4-5-25}$$

C. 성적계수

이 사이클의 냉동효과(q_L), 제1압축기 소요일(w_1), 제2압축기 소요일(w_2), 중간냉각기에서 냉각수에 의한 방열량(q_{Hi}), 응축기 방열량(q_{Hc}) 등은 다음과 같다.

$$\left. \begin{aligned} q_L &= \gamma(1-x_2)(h_5-h_3) = \frac{h_8-h_1}{h_7-h_3}(h_5-h_3) \\ w_1 &= \gamma(1-x_2)(h_6-h_5) = \frac{h_8-h_1}{h_7-h_3}(h_6-h_5), \ w_2=(h_9-h_8) \\ q_{Hi} &= \gamma(1-x_2)(h_6-h_7) = \frac{h_8-h_1}{h_7-h_3}(h_6-h_7), \ q_{Hc}=h_9-h_1 \end{aligned} \right\} \tag{4-5-26}$$

이 사이클의 냉동능력이 Q_L일 때 냉매순환량($\dot{m}$), 증발기에서 증발하는 냉매의 양($\dot{m}_e$), 분리기에서 분리되어 제2압축기로 bypass되는 냉매의 양($\dot{m}_b$) 및 분리기 하단에 남아있다 과열증기와 열교환, 증발하여 제2압축기로 유입되는 냉매의 양($\dot{m}_h$)은

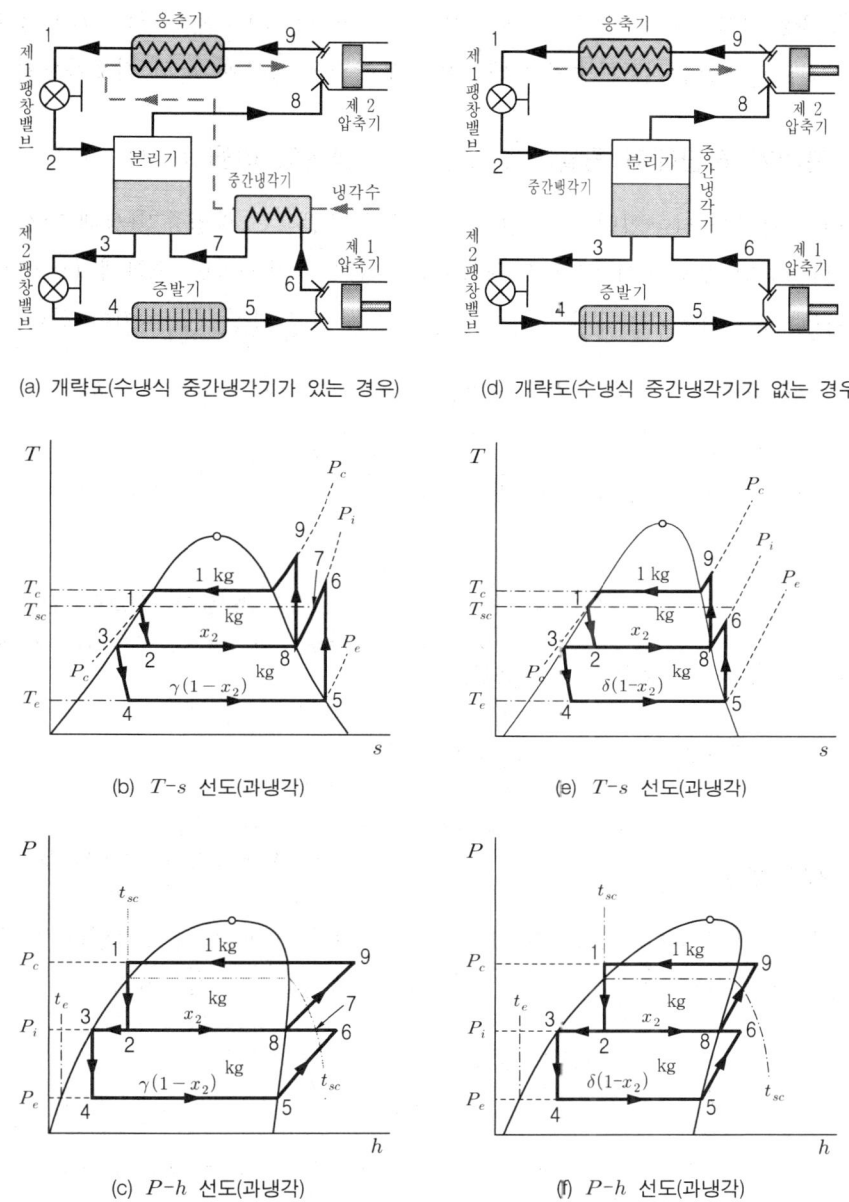

[그림 4-33] 중간냉각이 완전한 2단압축 2단팽창사이클

$$\left.\begin{aligned}\dot{m} &= \frac{Q_L}{q_L} = \frac{Q_L(h_7-h_3)}{(h_8-h_1)(h_5-h_3)} \\ \dot{m}_e &= \gamma(1-x_2)\dot{m} = \frac{Q_L}{h_5-h_3} \\ \dot{m}_b &= x_2\dot{m} \\ \dot{m}_h &= (1-\gamma)(1-x_2)\dot{m} = \dot{m} - \dot{m}_e - \dot{m}_b \end{aligned}\right\} \qquad (4\text{-}5\text{-}27)$$

수냉식 중간냉각기가 필요한 중간냉각이 완전한 2단압축 2단팽창사이클의 성적계수 cop는 아래와 같다.

$$cop = \frac{q_L}{w} = \frac{q_L}{w_1+w_2} = \frac{(h_8-h_1)(h_5-h_3)}{(h_8-h_1)(h_6-h_5)+(h_7-h_3)(h_9-h_8)} \qquad (4\text{-}5\text{-}28)$$

≫ 예제 4-18

−30~30℃ 사이에서 중간냉각이 완전한 2단압축 2단팽창사이클로 작동하는 R-717(암모니아) 냉동기의 냉동능력이 10 kW일 때 다음을 구하여라. 단, 응축기의 과냉각도는 5℃이고 수냉식 중간냉각기를 이용한다.

(1) 냉동효과
(2) 냉매순환량
(3) 증발기에서 증발하는 냉매의 양
(4) 분리기에서 분리되어 by-pass되는 냉매의 양
(5) 분리기 하단에 남아 있다가 열교환 후 증발하는 냉매의 양
(6) 저압압축기 소요동력
(7) 저압압축기 피스톤배출량
(8) 저압압축 후 냉매의 온도
(9) 중간냉각기 총방열량
(10) 고압압축기 소요동력
(11) 고압압축기 피스톤배출량
(12) 고압압축 후 냉매의 온도
(13) 응축기 총방열량
(14) 성적계수

풀이 R-717 Mollier 선도 상에 사이클을 그리고 증기표와 선도로부터 각 부의 비엔탈피를 구한다.

상태점 1과 5의 비엔탈피를 증기표, 상태점 3과 8의 비엔탈피를 증기표에서 보간법, 상태점 6, 7 및 9의 비엔탈피를 선도에서 보간법으로 구하면 아래와 같다.

$h_1 = h_2 = 315.54$ kJ/kg, $\quad h_3 = h_4 = 183.19$ kJ/kg, $\quad h_5 = 1422.46$ kJ/kg
$h_6 = 1572.73$ kJ/kg, $\quad h_7 = 1529.09$ kJ/kg, $\quad h_8 = 1456.64$ kJ/kg, $\quad h_9 = 1616.36$ kJ/kg

(1) 냉동효과 : 식 (4-5-26)을 이용하면

$$q_L = \gamma(1-x_2)(h_5-h_3) = \frac{h_8-h_1}{h_7-h_3}(h_5-h_3)$$
$$= \frac{1456.64-315.54}{1529.09-183.19} \times (1422.46-183.19) = 0.847834163 \times 1239.27$$
$$= 1050.70 \text{ kJ/kg}$$

(2) 냉매순환량 : 냉동능력이 $Q_L = 10$ kW 이드로 식 (4-5-27)에서

$$\dot{m} = \frac{Q_L}{q_L} = \frac{10}{1050.70} = 9.5175 \times 10^{-3} \text{ kg/s}$$

(3) 증발기에서 증발하는 냉매의 양 : 식 (4-5-27)에서

$$\dot{m}_e = \frac{Q_L}{h_5 - h_3} = \frac{10}{1422.46 - 183.19} = 8.0693 \times 10^{-3} \text{ kg/s}$$

※ $\dot{m}_e = \gamma(1-x_2)\dot{m} = 0.847834163 \times (9.5175 \times 10^{-3}) = 8.0693 \times 10^{-3}$ kg/s

(4) 분리기에서 분리되어 bypass되는 냉매의 양 : 식 (4-5-27)에서

$$\dot{m}_b = x_2 \dot{m} = \frac{h_1 - h_3}{h_8 - h_3} \dot{m}$$

$$= \frac{315.54 - 183.19}{1456.64 - 183.19} \times (9.5175 \times 10^{-3}) = 0.9892 \times 10^{-3} \text{ kg/s}$$

(5) 분리기 하단에 남아 있다가 열교환 후 증발하는 냉매의 양 : 식 (4-5-27)에서

$$\dot{m}_h = \dot{m} - \dot{m}_e - \dot{m}_b = (9.5175 - 8.0693 - 0.9892) \times 10^{-3} = 0.4590 \times 10^{-3} \text{ kg/s}$$

또는 식 (4-5-24), (4-5-25)를 식 (4-5-27)에 대입하여 정리하면

$$\dot{m}_h = (1-\gamma)(1-x_2)\dot{m} = \left(1 - \frac{h_8 - h_3}{h_7 - h_3}\right)\left(\frac{h_8 - h_1}{h_8 - h_3}\right)\left\{\frac{Q_L(h_7 - h_3)}{(h_8 - h_1)(h_5 - h_3)}\right\}$$

$$= \frac{Q_L(h_7 - h_8)}{(h_8 - h_3)(h_5 - h_3)} = \frac{10 \times (1529.09 - 1456.64)}{(1456.64 - 183.19)(1422.46 - 183.19)}$$

$$= 0.4591 \times 10^{-3} \text{ kg/s}$$

(6) 저압압축기 소요동력 : 식 (4-5-26)을 이용하면

$$W_1 = \dot{m} w_1 = \gamma(1-x_2)\dot{m}(h_6 - h_5) = \dot{m}_e(h_6 - h_5)$$

$$= (8.0693 \times 10^{-3}) \times (1572.73 - 1422.46) = 1.213 \text{ kW}$$

(7) 저압압축기 피스톤배출량
증기표에서 $-30℃$일 때 포화증기의 비체적이 $v_5 = 0.96249$ m³/kg 이므로

$$V_1 = \dot{m}_e v_5 = (8.0693 \times 10^{-3}) \times 0.96249 = 7.7666 \times 10^{-3} \text{ m}^3/\text{s} = 27.960 \text{ m}^3/\text{h}$$

(8) 저압압축 후 냉매의 온도 : 앞의 예제 4-13의 풀이에서 $t_6 = 43.8℃$ 이다

(9) 중간냉각기 총방열량 : 식 (4-5-26)을 이용하면

$$Q_{Hi} = \dot{m} q_{Hi} = \dot{m} \gamma(1-x_2)(h_6 - h_7) = \dot{m}_e(h_6 - h_7)$$

$$= (8.0693 \times 10^{-3}) \times (1572.73 - 1529.09) = 0.352 \text{ kW}$$

(10) 고압압축기 소요동력 : 식 (4-5-26)을 이용하면

$$W_2 = \dot{m} w_2 = \dot{m}(h_9 - h_8) = (9.5175 \times 10^{-3}) \times (1616.36 - 1456.64) = 1.520 \text{ kW}$$

(11) 고압압축기 피스톤배출량
예제 4-14에서 증기표를 이용하여 보간법으로 구한 고압압축기 입구에서 냉매의 비체적이 $v_8 = 0.32997$ m³/kg 이므로

$$V_2 = \dot{m} v_8 = (9.5175 \times 10^{-3}) \times 0.32997 = 3.1405 \times 10^{-3} \text{ m}^3/\text{s} = 11.306 \text{ m}^3/\text{h}$$

(12) 고압압축 후 냉매의 온도 : 예제 4-14의 풀이에서 $t_9 = 76.4℃$ 이다

제 4 장 증기압축 냉동사이클 >> **199**

(13) 응축기 총방열량 : 식 (4-5-26)을 이용하면

$$Q_{Hc} = \dot{m} q_{Hc} = \dot{m}(h_9 - h_1) = (9.5175 \times 10^{-3}) \times (1616.36 - 315.54) = 12.381 \text{ kW}$$

(14) 성적계수 : 식 (4-5-28)에서

$$cop = \frac{q_L}{w} = \frac{q_L}{w_1 + w_2} = \frac{(h_8 - h_1)(h_5 - h_3)}{(h_8 - h_1)(h_6 - h_5) + (h_7 - h_3)(h_9 - h_8)}$$
$$= \frac{(1456.64 - 315.54)(1422.46 - 183.19)}{(1456.64 - 315.54)(1572.73 - 1422.46) + (1529.09 - 183.19)(1616.36 - 1456.64)}$$
$$= 3.659$$

또는 위의 계산결과를 이용하면

$$cop = \frac{Q_L}{W} = \frac{Q_L}{W_1 + W_2} = \frac{10}{1.213 + 1.520} = 3.659$$

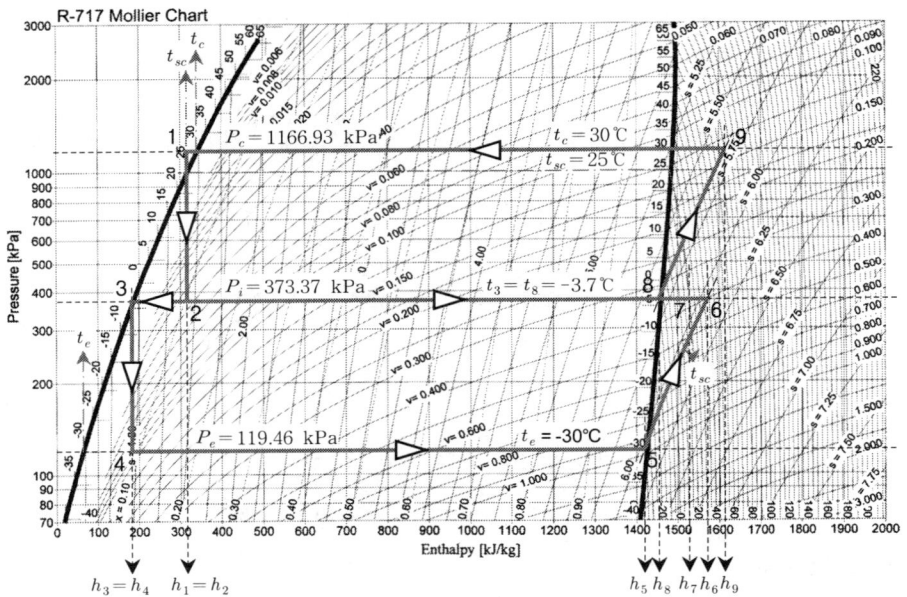

[그림 4-34] $-30 \sim 30℃$ 사이에서 작동하는 중간냉각이 완전한 R-717 2단압축 2단팽창사이클
(1단압축 후 증기온도가 응축기의 과냉각온도보다 높은 경우)

[2] 수냉식 중간냉각기가 없는 냉동사이클
(1단압축 후 증기온도가 응축온도보다 낮은 냉동사이클)

그림 4-33의 (d)~(f)와 같이 1단압축 후 증기온도(t_6)가 응축기의 응축온도(그림에서는 $t_{sc} = t_1 = t_7$인 과냉각온도)보다 낮으므로 수냉식 중간냉각기가 없어도 무방하다. 따라서 응축

냉매를 1 kg으로 가정할 때, 1단압축된 $\delta(1-x_2)$ kg의 과열증기(상태 6)가 분리기 하단으로 유입되어 하단에 남아있던 $(1-\delta)(1-x_2)$ kg의 포화액(상태 3)과 열교환(방열)하며 건포화증기(상태 8)로 되며, 남아있던 $(1-\delta)(1-x_2)$ kg의 포화액(상태 3)은 열교환(흡열)에 의해 증발하여 건포화증기(상태 8)로 된다. 그러므로 이미 분리기 상단에서 기-액 분리되어 bypass되는 x_2 kg의 건포화증기(상태 8) 등과 혼합되어 도두 1 kg의 건포화증기가 제2압축기(고압압축기)로 유입된다. 이러한 점이 수냉식 중간냉각기를 갖는 2단압축 2단팽창사이클(그림 4-20의 (a)~(c))과 다른 점이다.

A. 분리기 하단에서 증발기로 유입되는 냉매의 비율 : $\delta(1-x_2)$

분리기 하단에 남아있던 포화액(상태 3)과 1단압축된 과열증기(상태 6)가 분리기에서 열교환하는 동안 열손실이 없다고 가정하면 「하단에 남아있던 포화액 $(1-\delta)(1-x_2)$ kg의 흡열량(과정 3-8) = 과열증기 $\delta(1-x_2)$ kg의 방열량(과정 6-8)이어야 한다. 즉,

$$\text{포화액 } (1-\delta)(1-x_2) \text{ kg의 흡열량} = (1-\delta)(1-x_2)(h_8 - h_3) \cdots \text{ⓒ}$$
$$\text{과열증기 } \delta(1-x_2) \text{ kg의 방열량} = \delta(1-x_2)(h_6 - h_8) \cdots \text{ⓓ}$$

$h_1 = h_2$ 이므로 상태 2의 건도와 습도는

$$(1-x_2) = \frac{h_8 - h_1}{h_8 - h_3}, \quad x_2 = \frac{h_1 - h_3}{h_8 - h_3} \tag{4-5-29}$$

따라서 식 ⓒ = ⓓ로부터 δ 와 $\delta(1-x_2)$는

$$\delta = \frac{h_8 - h_3}{h_6 - h_3}, \quad \delta(1-x_2) = \frac{h_8 - h_1}{h_6 - h_3} \tag{4-5-30}$$

B. 성적계수

이 사이클의 냉동효과(q_L), 제1압축기 소요일(w_1), 제2압축기 소요일(w_2), 응축기 방열량(q_H) 등은 다음과 같다.

$$\left.\begin{aligned} q_L &= \delta(1-x_2)(h_5 - h_3) = \frac{h_8 - h_1}{h_6 - h_3}(h_5 - h_3) \\ w_1 &= \delta(1-x_2)(h_6 - h_5) = \frac{h_8 - h_1}{h_6 - h_3}(h_6 - h_5), \quad w_2 = (h_9 - h_8) \\ q_H &= h_9 - h_1 \end{aligned}\right\} \tag{4-5-31}$$

그리고 냉동능력이 Q_L일 때 냉매순환량($\dot{m}$), 증발기에서 증발하는 냉매의 양($\dot{m}_e$), 분리기에서 분리되어 제2압축기로 bypass되는 냉매의 양($\dot{m}_b$) 및 분리기 하단에 남아있다 과열증기와 열교환, 증발하여 제2압축기로 유입되는 냉매의 양($\dot{m}_h$)은

$$\left.\begin{array}{l} \dot{m} = \dfrac{Q_L}{q_L} = \dfrac{Q_L(h_6 - h_3)}{(h_8 - h_1)(h_5 - h_3)} \\[2mm] \dot{m}_e = \delta(1 - x_2)\dot{m} = \dfrac{Q_L}{h_5 - h_3} \\[2mm] \dot{m}_b = x_2 \dot{m} \\[2mm] \dot{m}_h = (1 - \delta)(1 - x_2)\dot{m} = \dot{m} - \dot{m}_e - \dot{m}_b \end{array}\right\} \quad (4\text{-}5\text{-}32)$$

이상에서 수냉식 중간냉각기가 필요한 중간냉각이 완전한 2단압축 2단팽창사이클의 성적계수 cop는 아래와 같다.

$$cop = \frac{q_L}{w} = \frac{q_L}{w_1 + w_2} = \frac{(h_8 - h_1)(h_5 - h_3)}{(h_8 - h_1)(h_6 - h_5) + (h_6 - h_3)(h_9 - h_8)} \quad (4\text{-}5\text{-}33)$$

》예제 4-19 −30~30℃ 사이에서 중간냉각이 완전한 2단압축 2단팽창사이클로 작동하는 R-134a 냉동기의 냉동능력이 10 kW일 때 다음을 구하여라. 단, 응축기의 과냉각도는 5℃이다.
(1) 냉동효과   (2) 냉매순환량
(3) 증발기에서 증발하는 냉매의 양   (4) 분리기에서 분리되어 by-pass되는 냉매의 양
(5) 분리기 하단에 남아 있다가 열교환 후 증발하는 냉매의 양
(6) 저압압축기 소요동력   (7) 저압압축기 피스톤배출량
(8) 저압압축 후 냉매의 온도   (9) 고압압축기 소요동력
(10) 고압압축기 피스톤배출량   (11) 고압압축 후 냉매의 온도
(12) 응축기 총방열량   (13) 성적계수

[풀이] R-134a Mollier 선도 상에 사이클을 그리고 증기표와 선도로부터 각 부의 비엔탈피를 구하면

$h_1 = h_2 = 234.29$ kJ/kg, $h_3 = h_4 = 195.10$ kJ/kg, $h_5 = 379.11$ kJ/kg
$h_6 = 401.08$ kJ/kg, $h_8 = 395.04$ kJ/kg, $h_9 = 417.54$ kJ/kg

(1) 냉동효과 : 식 (4-5-31)에서

$$q_L = \delta(1 - x_2)(h_5 - h_3) = \frac{h_8 - h_1}{h_6 - h_3}(h_5 - h_3)$$

$$= \frac{395.04 - 234.29}{401.08 - 195.10} \times (379.11 - 195.10)$$

$$= 0.780415574 \times 184.01 = 143.60 \text{ kJ/kg}$$

(2) 냉매순환량 : 냉동능력이 $Q_L = 10$ kW 이므로 식 (4-5-32)에서

$$\dot{m} = \frac{Q_L}{q_L} = \frac{10}{143.60} = 0.06964 \text{ kg/s}$$

(3) 증발기에서 증발하는 냉매의 양 : 식 (4-5-32)에서

$$\dot{m}_e = \frac{Q_L}{h_5 - h_3} = \frac{10}{379.11 - 195.10} = 0.05434 \text{ kg/s}$$

※ $\dot{m}_e = \delta(1-x_2)\dot{m} = 0.780415574 \times 0.06964 = 0.05435$ kg/s

(4) 분리기에서 분리되어 bypass되는 냉매의 양 : 식 (4-5-32)에서

$$\dot{m}_b = x_2 \dot{m} = \frac{h_1 - h_3}{h_8 - h_3} \dot{m} = \frac{234.29 - 195.10}{395.04 - 195.10} \times 0.06964 = 0.01365 \text{ kg/s}$$

(5) 분리기 하단에 남아있다 열교환 후 증발하는 냉매의 양 : 식 (4-5-32)에서

$$\dot{m}_h = \dot{m} - \dot{m}_e - \dot{m}_b = 0.06964 - 0.05434 - 0.01365 = 0.00165 \text{ kg/s}$$

또는 식 (4-5-29)와 (4-5-30)을 식 (4-5-32)에 대입하여 정리하면

$$\dot{m}_h = (1-\delta)(1-x_2)\dot{m} = \left(1 - \frac{h_8 - h_3}{h_6 - h_3}\right)\left(\frac{h_8 - h_1}{h_8 - h_3}\right)\left\{\frac{Q_L(h_6 - h_3)}{(h_8 - h_1)(h_5 - h_3)}\right\}$$

$$= \frac{Q_L(h_6 - h_8)}{(h_8 - h_3)(h_5 - h_3)} = \frac{10 \times (401.08 - 395.04)}{(395.04 - 195.10)(379.11 - 195.10)} = 0.00164 \text{ kg/s}$$

(6) 저압압축기 소요동력 : 식 (4-5-31)을 이용하면

$$W_1 = \dot{m} w_1 = \delta(1-x_2)\dot{m}(h_6 - h_5) = \dot{m}_e(h_6 - h_5)$$
$$= 0.05434 \times (401.08 - 379.11) = 1.194 \text{ kW}$$

(7) 저압압축기 피스톤배출량
증기표에서 -30℃일 때 포화증기의 비체적이 $v_5 = 0.22408$ m³/kg 이므로

$$V_1 = \dot{m}_e v_5 = 0.05434 \times 0.22408 = 0.01218 \text{ m}^3/\text{s} = 43.835 \text{ m}^3/\text{h}$$

(8) 저압압축 후 증기의 온도 : 예제 4-15의 풀이에서 $t_6 = 3.1\text{℃}$
(9) 고압압축기 소요동력 : 식 (4-5-31)을 이용하면

$$W_2 = \dot{m} w_2 = \dot{m}(h_9 - h_8) = 0.06964 \times (417.54 - 395.04) = 1.567 \text{ kW}$$

(10) 고압압축기 피스톤배출량
예제 4-15 풀이 (9)에서 $v_8 = 0.07859$ m³/kg 이므로 고압압축기의 피스톤배출량 V_2는

$$V_2 = \dot{m} v_8 = 0.06964 \times 0.07859 = 5.473 \times 10^{-3} \text{ m}^3/\text{s} = 19.703 \text{ m}^3/\text{h}$$

(11) 고압압축 후 증기온도 : 예제 4-15 풀이에서 $t_9 = 33.9\text{℃}$
(12) 응축기 총방열량 : 식 (4-5-31)을 이용하면

$$Q_H = \dot{m} q_H = \dot{m}(h_9 - h_1) = 0.06964 \times (417.54 - 234.29) = 12.762 \text{ kW}$$

(13) 성적계수 : 식 (4-5-33)을 이용하면

$$cop = \frac{q_L}{w} = \frac{q_L}{w_1 + w_2} = \frac{(h_8 - h_1)(h_5 - h_3)}{(h_8 - h_1)(h_6 - h_5) + (h_6 - h_3)(h_9 - h_8)}$$

$$= \frac{(395.04-234.29)(379.11-195.10)}{(395.04-234.29)(401.08-379.11)+(401.08-195.10)(417.54-395.04)}$$
$$= 3.622$$

또는 위의 계산결과를 이용하면

$$cop = \frac{Q_L}{W} = \frac{Q_L}{W_1 + W_2} = \frac{10}{1.194 + 1.567} = 3.622$$

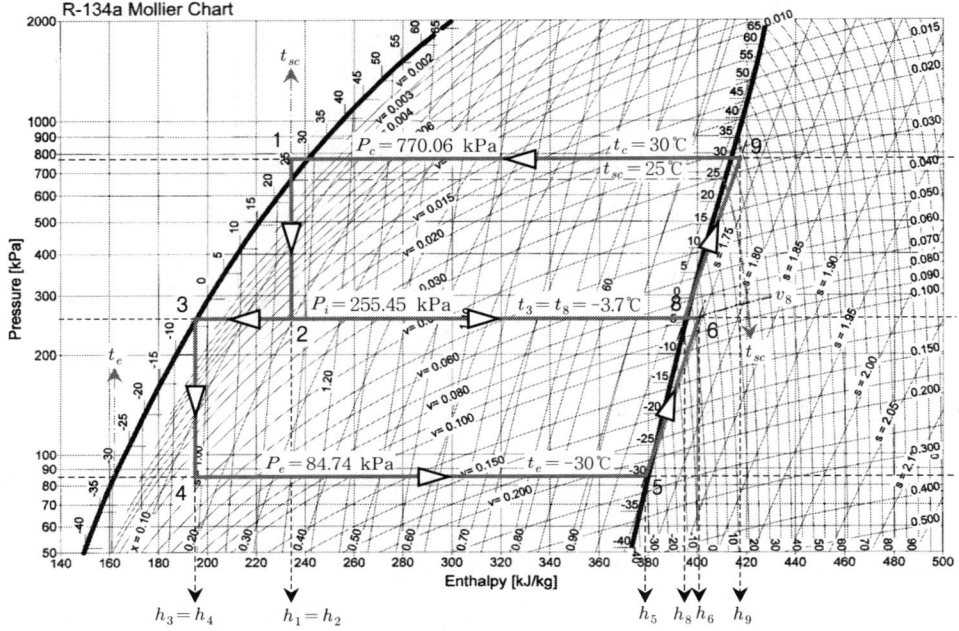

[그림 4-35] −30~30℃ 사이에서 작동하는 중간냉각이 완전한 R-134a 2단압축 2단팽창사이클
(1단압축 후 증기온도가 응축기의 과냉각온도보다 낮은 경우)

이상의 예제에서 냉매로 R-134a와 R-717을 사용하는 경우의 2단압축 냉동사이클을 비교하면 표 4.4와 같다.

[표 4-4] 2단압축 냉동사이클의 비교(-30~$30℃$, $\Delta t_{sc}=5℃$)

항 목 \ 종 류	R-717 (수냉 중간냉각기 설치)				R-134a(수냉 중간냉각기 없음)		
	2단압축 1단팽창		2단압축 2단팽창		2압1팽	2단압축 2단팽창	
	불중	완중	불중	완중	완중	불중	완중
Q_L (kW)	10	10	10	10	10	10	10
q_L (kJ/kg)	1106.92	1042.73	1110.47	1050.70	140.44	147.94	143.60
W_1 (kW)	1.358	1.329	1.213	1.213	1.447	1.194	1.194
W_2 (kW)	1.626	1.532	1.607	1.520	1.602	1.587	1.567
Q_{Hi} (kW)	0.394	0.386	0.352	0.352	—	—	—
Q_{Hc} (kW)	12.589	12.475	12.467	12.381	13.047	12.782	12.762
$\dot{m}$ ($\times 10^{-3}$ kg/s)	9.0341	9.5902	9.0052	9.5175	71.205	67.595	69.638
$\dot{m}_e$ ($\times 10^{-3}$ kg/s)	—	8.8474	8.0693	8.0693	65.841	54.345	54.345
$\dot{m}_b$ ($\times 10^{-3}$ kg/s)	—	0.7428	0.9359	0.9892	5.364	13.249	13.650
$\dot{m}_h$ ($\times 10^{-3}$ kg/s)	—	—	—	0.4590	—	—	1.643
V_1 (m³/h)	31.303	30.656	27.960	27.960	53.112	43.839	43.835
V_2 (m³/h)	12.232	11.392	12.050	11.306	20.146	19.650	19.703
1단압축 후 온도 (℃)	43.8	43.8	43.8	43.8	3.1	3.1	3.1
2단압축 후 온도 (℃)	112.1	76.4	108.6	76.4	33.9	38.9	33.9
cop	3.352	3.495	3.547	3.659	3.280	3.596	3.622

5-4 2단압축 2단증발사이클

냉동창고와 사무실이 같은 곳에 있다면 더운 여름철에 냉동창고는 냉동을 하여야 하고 사무실은 냉방을 하여야 함으로 얻고자 하는 냉동온도가 서로 다르다. 또 냉동창고라 하여도 냉동물이나 냉장물에 따라 필요한 온도가 다른 경우에는 각각 독립적으로 작동하는 두 개의 냉동기가 필요하다. 그러나 냉동용량이 그렇게 크지 않다면 하나의 냉동기로 두 온도를 얻을 수 있다. 이렇게 특수목적에 이용할 수 있는 냉동사이클이 **2단압축 2단증발사이클**이며 서로 다른 증발온도를 갖는 증발기로 구성된다. 두 개의 증발기 가운데 증발온도가 높은 증발기를 고온증발기, 증발온도가 낮은 증발기를 저온증발기라 한다. 이 사이클에서 중간압력(P_i)은 고온증발기의 증발온도에 상당하는 포화압력과 같아진다.

5-4-1 중간냉각이 불완전한 2단압축 2단증발사이클

중간냉각이 불완전한 2단압축 2단증발사이클은 그림 4-36과 같으며, 이미 설명한 바와 같이 냉매의 특성에 따라 수냉식 중간냉각기가 필요한 냉동사이클과 없어도 무방한 냉동사이클로 나눈다. 그림 4-36(a)에서 수냉식 중간냉각기는 제2압축기(고압압축기) 직전에 설치할 수도 있다. 응축냉매 1 kg 중 고온증발기로 유입되는 냉매의 비율(z)은 고온증발기와 저온증발기의 냉동능력(냉동효과)에 따른다.

[1] 수냉식 중간냉각기를 갖는 냉동사이클
(1단압축 후 증기온도가 응축온도보다 높은 냉동사이클)

응축냉매(상태 1) 1 kg 중 z kg이 제1팽창밸브에서 습증기(상태 2′)로 교축팽창되어 고온증발기로 유입되고 나머지 $(1-z)$ kg이 제2팽창밸브에서 중간압력까지 교축팽창되어 습증기(상태 2) 상태로 분리기로 유입된다. 분리기로 유입된 습증기는 $(1-z)x_2$ kg의 건포화증기(상태 10)와 $(1-z)(1-x_2)$ kg의 포화액(상태 3)으로 분리된다. 분리되어 하단에 모인 $(1-z)(1-x_2)$ kg의 포화액은 저온증발기에서 증발, 제1압축기에서 1단압축, 수냉식 중간냉각기에서 냉각되어 과열도가 낮은 과열증기(상태 7)로 된 후 제2압축기로 유입된다.

한편 고온증발기로 유입된 z kg의 습증기도 건포화증기(상태 10)로 증발되어 제2압축기로 유입되며, 분리기에서 분리되어 bypass되는 $(1-z)x_2$ kg의 건포화증기(상태 10)도 제2압축기로 유입된다. 그러므로 제2압축기 입구에서는 z kg과 $(1-z)x_2$ kg의 건포화증기(상태 10)와 중간냉각기에서 오는 $(1-z)(1-x_2)$ kg의 과열증기(상태 7)가 혼합되며 열교환하여 1 kg의 과열도가 낮은 과열증기(상태 8)로 된다. 이와 같이 과열증기(상태 8)가 제2압축기에서 2단압축됨으로 **중간냉각이 불완전한 2단압축 2단증발사이클**이라 한다.

이 사이클은 중간압력만 다를 뿐 불완전한 중간냉각을 하는 2단압축 2단팽창사이클에 고온증발기와 팽창밸브를 하나 더 추가한 사이클과 같으므로 자세한 상태변화 과정은 생략한다. 팽창밸브는 고온증발기에서의 압력강하가 크지 않으면 제1팽창밸브와 제2팽창밸브를 하나의 팽창밸브로 대체할 수도 있다.

A. 제2압축기(고압압축기) 입구에서 냉매의 비엔탈피(h_8)

그림 4-36의 (a), (b), (c)에서 제2압축기 입구에서의 열평형을 고려하면

고온증발기에서 오는 건포화증기 z kg의 흡열량 $= z(h_8 - h_{10})$ ⋯ ⓐ
bypass되는 건포화증기 $(1-z)x_2$ kg의 흡열량 $= (1-z)x_2(h_8 - h_{10})$ ⋯ ⓑ
중간 냉각된 과열증기 $(1-z)(1-x_2)$ kg의 방열량 $= (1-z)(1-x_2)(h_7 - h_8)$ ⋯ ⓒ

혼합과정에서 열손실이 없다고 가정하면 식 ⓐ+ⓑ=ⓒ 이므로 제2압축기 입구에서 냉매의 비엔탈피(h_8)는 다음 식으로 된다.

$$h_8 = z h_{10} + (1-z)x_2 h_{10} + (1-z)(1-x_2) h_7 \qquad (4\text{-}5\text{-}34)$$

여기서 제2팽창밸브에서 교축팽창되어 분리기로 유입되는 습증기의 건도와 습도는

$$(1 - x_2) = \frac{h_{10} - h_1}{h_{10} - h_3}, \quad x_2 = \frac{h_1 - h_3}{h_{10} - h_3} \qquad (4\text{-}5\text{-}35)$$

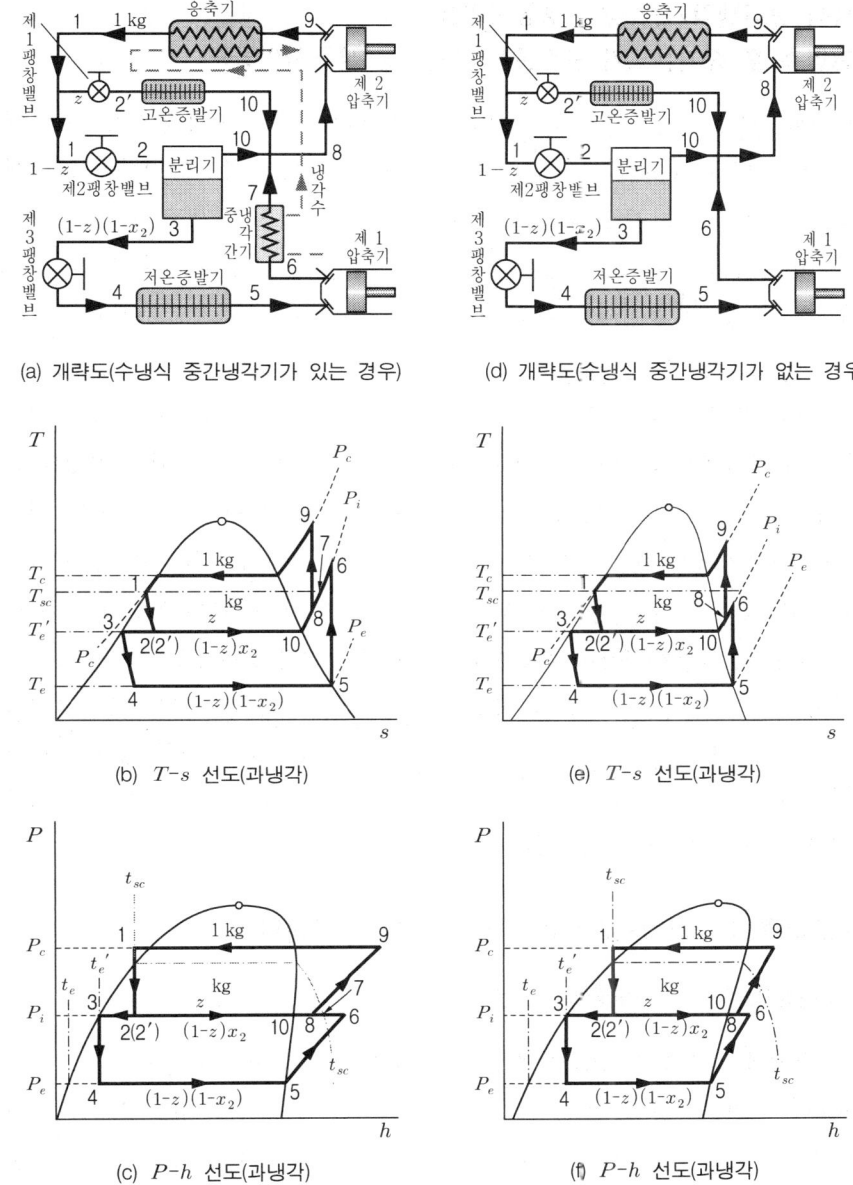

[그림 4-36] 중간냉각이 불완전한 2단압축 2단증발사이클

B. 냉동효과와 고온증발기로 유입되는 냉매의 비율(z)

고온증발기의 냉동효과를 $q_{L,h}$, 저온증발기의 냉동효과를 $q_{L,l}$이라 하면

$$\left.\begin{array}{l} q_{L,h} = z(h_{10} - h_2') = z(h_{10} - h_1) \\ q_{L,l} = (1-z)(1-x_2)(h_5 - h_3) \end{array}\right\} \quad (4\text{-}5\text{-}36)$$

여기서 고온증발기의 냉동능력을 $Q_{L,h}$, 저온증발기의 냉동능력을 $Q_{L,l}$이라 하고, 냉동효과의 비를 ω라 하면

$$\omega = \frac{q_{L,h}}{q_{L,l}} = \frac{\dot{m} q_{L,h}}{\dot{m} q_{L,l}} = \frac{Q_{L,h}}{Q_{L,l}} \tag{4-5-37}$$

식 (4-5-37)에 식 (4-5-36)과 (4-5-35)를 대입하여 정리하면 응축냉매 1 kg당 고온증발기로 유입되는 냉매의 비율 z는 다음 식으로 된다.

$$z = \frac{\omega (h_5 - h_3)}{(h_{10} - h_3) + \omega (h_5 - h_3)} \tag{4-5-38}$$

위의 식 (4-5-38)에 식 (4-5-37)을 대입하면 z는 다음과 같이 나타낼 수도 있다.

$$\left. \begin{aligned} z &= \frac{q_{L,h}(h_5 - h_3)}{q_{L,l}(h_{10} - h_3) + q_{L,h}(h_5 - h_3)} \\ &= \frac{Q_{L,h}(h_5 - h_3)}{Q_{L,l}(h_{10} - h_3) + Q_{L,h}(h_5 - h_3)} \end{aligned} \right\} \tag{4-5-39}$$

또한 제1압축기 소요일(w_1), 제2압축기 소요일(w_2), 냉각수에 의한 중간냉각기에서의 방열량(q_{Hi}) 및 응축기 방열량(q_{Hc})은 다음과 같다.

$$\left. \begin{aligned} w_1 &= (1-z)(1-x_2)(h_6 - h_5), \quad w_2 = (h_9 - h_8) \\ q_{Hi} &= (1-z)(1-x_2)(h_6 - h_7), \quad q_{Hc} = h_9 - h_1 \end{aligned} \right\} \tag{4-5-40}$$

C. 냉매순환량과 성적계수

고온증발기와 저온증발기에서 증발하는 냉매의 양을 각각 $\dot{m}_{e,h}$, $\dot{m}_{e,l}$이라 하면

$$\left. \begin{aligned} \dot{m}_{e,h} &= \frac{Q_{L,h}}{h_{10} - h_1} = z \dot{m} \\ \dot{m}_{e,l} &= \frac{Q_{L,l}}{h_5 - h_3} = (1-z)(1-x_2)\dot{m} \end{aligned} \right\} \tag{4-5-41}$$

이므로 냉매순환량 $\dot{m}$은 다음과 같이 유도된다.

$$\dot{m} = \frac{Q_{L,h}}{z(h_{10} - h_1)} = \frac{Q_{L,l}}{(1-z)(1-x_2)(h_5 - h_3)} \tag{4-5-42}$$

그리고 이 사이클의 성적계수는

$$cop = \frac{q_L}{w} = \frac{q_{L,h}+q_{L,l}}{w_1+w_2} = \frac{z(h_{10}-h_1)+(1-z)(1-x_2)(h_5-h_3)}{(1-z)(1-x_2)(h_6-h_5)+(h_9-h_8)} \quad (4\text{-}5\text{-}43)$$

또는 식 (4-5-38)을 대입하여 정리하면

$$cop = \frac{(1+\omega)(h_5-h_3)(h_{10}-h_1)}{(h_{10}-h_1)(h_6-h_5)+(h_{10}-h_3)(h_9-h_8)+\omega(h_5-h_3)(h_9-h_8)}$$

(4-5-44)

>> 예제 **4-20**   고온증발기의 증발온도와 냉동능력이 각각 0℃, 5 kW, 저온증발기의 증발온도와 냉동능력이 각각 −30℃, 10 kW, 응축온도가 30℃인 중간냉각이 불완전한 2단압축 2단증발사이클로 작동하는 R-717 냉동기에 대하여 다음을 구하여라. 단, 응축기의 과냉각도는 5℃이다.

(1) 고온증발기의 냉동효과　　　　(2) 저온증발기의 냉동효과
(3) 냉매순환량　　　　　　　　　(4) 고온증발기에서 증발하는 냉매의 양
(5) 저온증발기에서 증발하는 냉매의 양　(6) 저압압축기 소요동력
(7) 고압압축기 소요동력　　　　　(8) 중간냉각기 총방열량
(9) 응축기 방열량　　　　　　　　(10) 성적계수

[풀이] R-717 Mollier 선도 상에 사이클을 그리고 증기표와 선도로부터 각 부의 비엔탈피를 구한다. 응축온도(30℃), 고온증발온도(0℃) 및 저온증발온도(−30℃)에 해당하는 응축압력선(P_c), 중간압력선(P_i) 및 증발압력선(P_e)을 긋고 예제 4-13과 같은 방법으로 사이클을 그리며 상태점 1, 3, 5, 10의 비엔탈피를 증기표, 상태점 6과 7의 비엔탈피를 선도에서 구하면 다음과 같다.

$$h_1 = h_2 = h_2' = 315.54 \text{ kJ/kg}, \quad h_3 = h_4 = 200.00 \text{ kJ/kg}, \quad h_5 = 1422.46 \text{ kJ/kg},$$
$$h_6 = 1594.55 \text{ kJ/kg}, \quad h_7 = 1523.64 \text{ kJ/kg}, \quad h_{10} = 1460.66 \text{ kJ/kg}$$

여기서 $Q_{L,h} = 5$ kW, $Q_{L,l} = 10$ kW이므로 냉동효과 비는 $\omega = 5/10 = 0.5$이다. 그러므로 식 4-5-38)로부터 z를 구하고 식 (4-5-35)에서 x_2와 $(1-x_2)$를 구하여 식 (4-5-34)를 이용하여 h_8을 계산하면

$$z = \frac{\omega(h_5-h_3)}{(h_{10}-h_3)+\omega(h_5-h_3)} = \frac{0.5 \times (1422.46-200.00)}{(1460.66-200.00)+0.5 \times (1422.46-200.00)}$$
$$= 0.326530939$$

$$(1-x_2) = \frac{h_{10}-h_1}{h_{10}-h_3} = \frac{1460.66-315.54}{1460.66-200.00} = 0.908349594$$

$$x = \frac{h_1-h_3}{h_{10}-h_3} = \frac{315.54-200.00}{1460.66-200.00} = 0.091650405$$

$$\therefore h_8 = zh_{10}+(1-z)x_2h_{10}+(1-z)(1-x_2)h_7 = 0.326530939 \times 1460.66$$
$$+(1-0.326530939) \times 0.091650405 \times 1460.66$$
$$+(1-0.326530939) \times 0.908349594 \times 1523.64 = 1499.19 \text{ kJ/kg}$$

따라서 $h_8 = 1499.19$ kJ/kg에 해당하는 상태점 8을 중간압력선(P_i) 상에 잡고 등엔트로피선을 그어 상태점 9를 구하면 응축기 입구(제2압축기 출구)의 비엔탈피 h_9는

$$h_9 = 1600+(1700-1600) \times \frac{2.7}{5.5} = 1649.09 \text{ kJ/kg} \quad (\text{자세히 } 1648.36 \text{ kJ/kg})$$

(1) 고온증발기의 냉동효과 : 식 (4-5-36)에서
$$q_{L,h} = z(h_{10} - h_1) = 0.326530939 \times (1460.66 - 315.54) = 373.92 \text{ kJ/kg}$$

(2) 저온증발기의 냉동효과 : 식 (4-5-36)에서
$$\begin{aligned} q_{L,l} &= (1-z)(1-x_2)(h_5 - h_3) \\ &= (1-0.326530939) \times 0.908349594 \times (1422.46 - 200.00) = 747.83 \text{ kJ/kg} \end{aligned}$$

(3) 냉매순환량 : 식 (4-5-42)에서
$$\dot{m} = \frac{Q_{L,h}}{z(h_{10} - h_1)} = \frac{5}{0.326530939 \times (1460.66 - 315.54)} = 13.372 \times 10^{-3} \text{ kg/s}$$

또는

$$\begin{aligned} \dot{m} &= \frac{Q_{L,l}}{(1-z)(1-x_2)(h_5 - h_3)} \\ &= \frac{10}{(1-0.326530939) \times 0.908349594 \times (1422.46 - 200.00)} \\ &= 13.372 \times 10^{-3} \text{ kg/s} \end{aligned}$$

(4) 고온증발기에서 증발하는 냉매의 양 : 식 (4-5-41)에서
$$\dot{m}_{e,h} = \frac{Q_{L,h}}{h_{10} - h_1} = \frac{5}{1460.66 - 315.54} = 4.366 \times 10^{-3} \text{ kg/s}$$

(5) 저온증발기에서 증발하는 냉매의 양 : 식 (4-5-60)에서
$$\dot{m}_{e,l} = \frac{Q_{L,l}}{h_5 - h_3} = \frac{10}{1422.46 - 200.00} = 8.180 \times 10^{-3} \text{ kg/s}$$

(6) 저압압축기 소요동력 : 식 (4-5-40)을 이용하면
$$\begin{aligned} W_1 &= \dot{m} w_1 = \dot{m}(1-z)(1-x_2)(h_6 - h_5) = \dot{m}_{e,l}(h_6 - h_5) \\ &= (8.180 \times 10^{-3}) \times (1594.55 - 1422.46) = 1.408 \text{ kW} \end{aligned}$$

(7) 고압압축기 소요동력 : 식 (4-5-40)을 이용하면
$$W_2 = \dot{m} w_2 = \dot{m}(h_9 - h_8) = (13.372 \times 10^{-3}) \times (1648.36 - 1499.19) = 1.995 \text{ kW}$$

(8) 중간냉각기 방열량 : 식 (4-5-40)을 이용하면
$$\begin{aligned} Q_{Hi} &= \dot{m} q_{Hi} = \dot{m}(1-z)(1-x_2)(h_6 - h_7) = \dot{m}_{e,l}(h_6 - h_7) \\ &= (8.180 \times 10^{-3}) \times (1594.55 - 1523.64) = 0.580 \text{ kW} \end{aligned}$$

(9) 응축기 방열량 : 식 (4-5-40)을 이용하면
$$Q_{Hc} = \dot{m} q_{Hc} = \dot{m}(h_9 - h_1) = (13.372 \times 10^{-3}) \times (1648.36 - 315.54) = 17.822 \text{ kW}$$

(10) 성적계수 : 식 (4-5-43)에서
$$\begin{aligned} cop &= \frac{z(h_{10} - h_1) + (1-z)(1-x_2)(h_5 - h_3)}{(1-z)(1-x_2)(h_6 - h_5) + (h_9 - h_8)} \\ &= \frac{0.32653 \times (1460.66 - 315.54) + (1-0.32653) \times 0.90835 \times (1422.46 - 200.00)}{(1-0.32653) \times 0.90835 \times (1594.55 - 1422.46) + (1648.36 - 1499.19)} \\ &= 4.409 \end{aligned}$$

또는 위의 계산결과를 이용하면
$$cop = \frac{Q_L}{W} = \frac{Q_{L,h} + Q_{L,l}}{W_1 + W_2} = \frac{5 + 10}{1.408 + 1.995} = 4.408$$

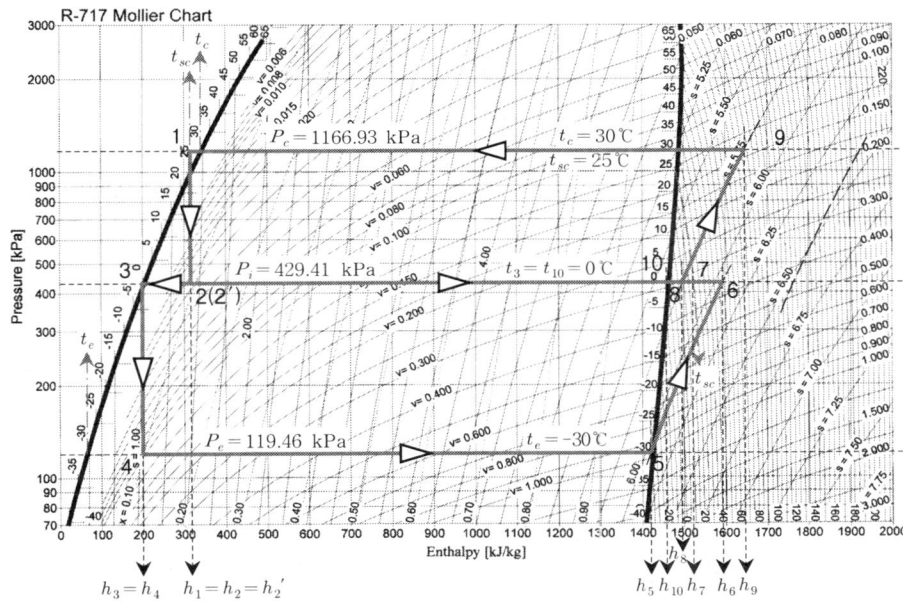

[그림 4-37] −30~30℃ 사이에서 작동하는 중간냉각이 불완전한 R-717 2단압축 2단증발사이클
(1단압축 후 증기온도가 응축기의 과냉각온도보다 높은 경우)

≫ 예제 4-21   모든 조건이 예제 4-20과 같으며 중간냉각기가 아래 그림 4-25와 같이 고압압축기 입구에 설치된 경우에 대하여 다음을 구하여라.
(1) 중간냉각기 방열량   (2) 고압압축기 소요동력   (3) 응축기 방열량   (4) 성적계수

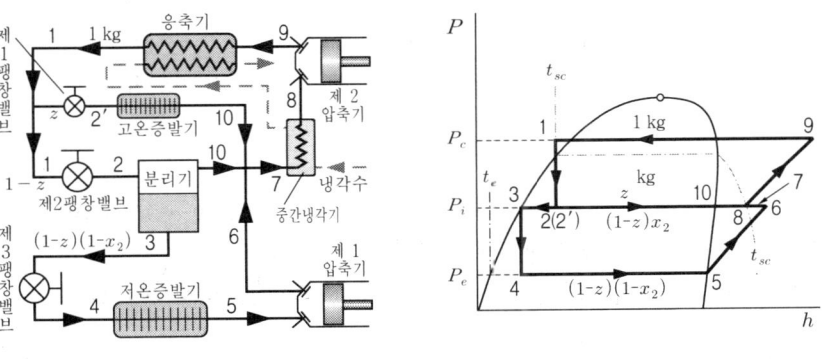

(a) 개략도(수냉식 중간냉각기가 있는 경우)   (b) P-h 선도(과냉각)

[그림 4-38] 중간냉각이 불완전한 2단압축 2단증발사이클의 다른 예

풀이 R-717 Mollier 선도 상에 사이클을 상태점 1, 3, 5 및 10의 비엔탈피를 증기표, 상태점 6과 8의 비엔탈피를 선도에서 구하면 다음과 같다(예제 4-20 참조).

$h_1 = h_2 = h_2' = 315.54$ kJ/kg, $h_3 = h_4 = 200.00$ kJ/kg, $h_5 = 1422.46$ kJ/kg,
$h_6 = 1594.55$ kJ/kg, $h_8 = 1523.64$ kJ/kg, $h_9 = 1680$ kJ/kg, $h_{10} = 1460.66$ kJ/kg

고압압축기 입구에서 냉매가 혼합될 때 열손실이 없다고 가정하면 고압압축기 입구에서의 비엔탈피 h_7은 다음 식으로 된다.

$$h_7 = z h_{10} + (1-z) x_2 h_{10} + (1-z)(1-x_2) h_6 \qquad (4\text{-}5\text{-}45)$$

위의 식에서 z, x_2 및 $(1-x_2)$의 값은 예제 4-20에서 구한 것과 같다. 그러므로 h_7은

$$z = 0.326530939, \quad x_2 = 0.091650405, \quad (1-x_2) = 0.908349594$$

$$\therefore h_7 = z h_{10} + (1-z) x_2 h_{10} + (1-z)(1-x_2) h_6 = 0.326530939 \times 1460.66$$
$$+ (1-0.326530939) \times 0.091650405 \times 1460.66$$
$$+ (1-0.326530939) \times 0.908349594 \times 1594.55 = 1542.57 \text{ kJ/kg}$$

※ $q_{L,h}$, $q_{L,l}$, $\dot{m}$, $\dot{m}_{e,h}$, $\dot{m}_{e,l}$, W_1 등은 앞의 예제 4-18의 계산 값과 같다.

(1) 중간냉각기 방열량 : 냉매순환량이 $\dot{m}$이므로

$$Q_{Hi} = \dot{m} q_{Hi} = \dot{m}(h_7 - h_8) = (13.372 \times 10^{-3}) \times (1542.57 - 1523.64) = 0.253 \text{ kW}$$

(2) 고압압축기 소요동력 : 식 (4-5-40)을 이용하면

$$W_2 = \dot{m} w_2 = \dot{m}(h_9 - h_8) = (13.372 \times 10^{-3}) \times (1680 - 1523.64) = 2.091 \text{ kW}$$

(3) 응축기 방열량 : 식 (4-5-40)을 이용하면

$$Q_{Hc} = \dot{m} q_{Hc} = \dot{m}(h_9 - h_1) = (13.372 \times 10^{-3}) \times (1680 - 315.54) = 18.245 \text{ kW}$$

(4) 성적계수 : 식 (4-5-43)에서

$$cop = \frac{z(h_{10} - h_1) + (1-z)(1-x_2)(h_5 - h_3)}{(1-z)(1-x_2)(h_6 - h_5) + (h_9 - h_8)}$$
$$= \frac{0.32653 \times (1460.66 - 315.54) + (1 - 0.32653) \times 0.90835 \times (1422.46 - 200.00)}{(1 - 0.32653) \times 0.90835 \times (1594.55 - 1422.46) + (1680 - 1523.64)}$$
$$= 4.287$$

또는 위의 계산결과를 이용하면

$$cop = \frac{Q_L}{W} = \frac{Q_{L,h} + Q_{L,l}}{W_1 + W_2} = \frac{5 + 10}{1.408 + 2.091} = 4.287$$

[2] 수냉식 중간냉각기가 없는 냉동사이클
(1단압축 후 증기온도가 응축온도보다 낮은 냉동사이클)

그림 4-36의 (d)~(f)와 같이 1단압축 후 증기온도(t_6)가 응축기의 과냉각온도($t_{sc} = t_1$)보다 낮으므로 중간냉각기가 없어도 무방하다. 즉 1단압축 후 과열도가 낮아 제2압축기 입구에서의 혼합에 의해 냉각되는 것만으로도 중간냉각효과를 얻을 수 있다. 제2압축기 입구에서 냉매의 비엔탈피 계산식만 다를 뿐 나머지 작동원리는 수냉식 중간냉각기가 있는 냉동사이클과 같으므로 생략한다.

A. 제2압축기(고압압축기) 입구에서 냉매의 비엔탈피(h_8)

그림 4-36의 (d)~(f)에서 제2압축기 입구에서의 열평형을 고려하면

고온증발기에서 오는 건포화증기 z kg의 흡열량 $= z(h_8 - h_{10})$ ··· ⓓ
bypass되는 건포화증기 $(1-z)x_2$ kg의 흡열량 $= (1-z)x_2(h_8 - h_{10})$ ··· ⓔ
1단 압축된 과열증기 $(1-z)(1-x_2)$ kg의 방열량 $= (1-z)(1-x_2)(h_6 - h_8)$ ··· ⓕ

혼합과정에서 열손실이 없다고 가정하면 식 ⓓ+ⓔ=ⓕ 이므로 h_8은 다음 식과 같다.

$$h_8 = zh_{10} + (1-z)x_2 h_{10} + (1-z)(1-x_2)h_6 \qquad (4\text{-}5\text{-}46)$$

B. 냉동효과와 고온증발기로 유입되는 냉매의 비율(z)

중간냉각기가 없으므로 중간냉각기의 방열량을 제외한 모든 식들은 중간냉각기를 갖는 사이클의 식 (4-5-36)~(4-5-40)과 같으므로 생략한다.

C. 냉매순환량과 성적계수

$\dot{m}_{e,h}, \dot{m}_{e,l}, \dot{m}$ 및 성적계수도 모두 중간냉각기를 갖는 사이클과 같으므로 결과만 다시 적는다.

$$\left.\begin{aligned}\dot{m}_{e,h} &= \frac{Q_{L,h}}{h_{10} - h_1} = z\dot{m} \\ \dot{m}_{e,l} &= \frac{Q_{L,l}}{h_5 - h_3} = (1-z)(1-x_2)\dot{m}\end{aligned}\right\} \qquad (4\text{-}5\text{-}47)$$

$$\dot{m} = \frac{Q_{L,h}}{z(h_{10} - h_1)} = \frac{Q_{L,l}}{(1-z)(1-x_2)(h_5 - h_3)} \qquad (4\text{-}5\text{-}48)$$

$$cop = \frac{q_L}{w} = \frac{q_{L,h} + q_{L,l}}{w_1 + w_2} = \frac{z(h_{10} - h_1) + (1-z)(1-x_2)(h_5 - h_3)}{(1-z)(1-x_2)(h_6 - h_5) + (h_9 - h_8)} \qquad (4\text{-}5\text{-}49)$$

> **예제 4-22** 고온증발기의 증발온도와 냉동능력이 각각 0℃, 5 kW, 저온증발기의 증발온도와 냉동능력이 각각 −30℃, 10 kW, 응축온도가 30℃인 중간냉각이 불완전한 2단압축 2단증발사이클로 작동하는 R-134a 냉동기에 대하여 다음을 구하여라. 단, 응축기의 과냉각도는 5℃이다.
> (1) 고온증발기 냉동효과 (2) 저온증발기 냉동효과
> (3) 냉매순환량 (4) 고온증발기에서 증발하는 냉매의 양
> (5) 저온증발기에서 증발하는 냉매의 양 (6) 저압압축기 소요동력
> (7) 고압압축기 소요동력 (8) 응축기 총방열량
> (9) 성적계수

[풀이] R-134a Mollier 선도 상에 사이클을 그리고 증기표와 선도로부터 각 부의 비엔탈피를 구한다. 예제 4-20과 같은 방법으로 상태점 1, 3, 5 및 10의 비엔탈피를 증기표, 상태점 6의 비엔탈피를 선도에서 구하면 다음과 같다.

$$h_1 = h_2 = 234.29 \text{ kJ/kg}, \quad h_3 = h_4 = 200.00 \text{ kJ/kg}, \quad h_5 = 379.11 \text{ kJ/kg},$$
$$h_6 = 404.0 \text{ kJ/kg}, \quad h_{10} = 397.20 \text{ kJ/kg}$$

냉동효과 비가 $\omega = 1/2 = 0.5$이므로 식 (4-5-38)로부터 z를 구하고 x_2와 $(1-x_2)$를 구하여 식 (4-5-46)으로 h_8을 계산하면

$$z = \frac{\omega(h_5 - h_3)}{(h_{10} - h_3) + \omega(h_5 - h_3)}$$
$$= \frac{0.5 \times (379.11 - 200.00)}{(397.20 - 200.00) + 0.5 \times (379.11 - 200.00)} = 0.312304929$$

$$(1 - x_2) = \frac{h_{10} - h_1}{h_{10} - h_3} = \frac{397.20 - 234.29}{397.20 - 200.00} = 0.826115618, \quad x = 0.173884381$$

$$\therefore h_8 = z h_{10} + (1-z) x_2 h_{10} + (1-z)(1-x_2) h_6 = 0.312304929 \times 397.20$$
$$+ (1 - 0.312304929) \times 0.173884381 \times 397.20$$
$$+ (1 - 0.312304929) \times 0.826115618 \times 404.0 = 401.06 \text{ kJ/kg}$$

선도에 $h_8 = 401.06$ kJ/kg에 해당하는 상태점 8을 P_i선 상에 잡고 등엔트로피선($s_8 = s_9$)을 그어 상태점 9(응축기 입구)의 비엔탈피를 구하면

$$h_9 = 420 + (440 - 420) \times \frac{0.5}{6.5} = 421.54 \text{ kJ/kg (정확한 값 : } 421.44 \text{ kJ/kg)}$$

(1) 고온증발기의 냉동효과 : 식 (4-5-36)에서

$$q_{L,h} = z(h_{10} - h_1) = 0.312304929 \times (397.20 - 234.29) = 50.88 \text{ kJ/kg}$$

(2) 저온증발기의 냉동효과 : 식 (4-5-36)에서

$$q_{L,l} = (1-z)(1-x_2)(h_5 - h_3)$$
$$= (1 - 0.312304929) \times 0.826115618 \times (379.11 - 200.00) = 101.76 \text{ kJ/kg}$$

(3) 냉매순환량 : 식 (4-5-48)에서

$$\dot{m} = \frac{Q_{L,h}}{z(h_{10} - h_1)} = \frac{5}{0.312304929 \times (397.20 - 234.29)} = 98.275 \times 10^{-3} \text{ kg/s}$$

또는

$$\dot{m} = \frac{Q_{L,l}}{(1-z)(1-x_2)(h_5 - h_3)}$$
$$= \frac{10}{(1 - 0.312304929) \times 0.826115618 \times (379.11 - 200.00)} = 98.275 \times 10^{-3} \text{ kg/s}$$

(4) 고온증발기에서 증발하는 냉매의 양 : 식 (4-5-47)에서

$$\dot{m}_{e,h} = \frac{Q_{L,h}}{h_{10} - h_1} = \frac{5}{397.20 - 234.29} = 30.692 \times 10^{-3} \text{ kg/s}$$

(5) 저온증발기에서 증발하는 냉매의 양 : 식 (4-5-47)에서

$$\dot{m}_{e,l} = \frac{Q_{L,l}}{h_5 - h_3} = \frac{10}{379.11 - 200.00} = 55.832 \times 10^{-3} \text{ kg/s}$$

(6) 저압압축기 소요동력 : 식 (4-5-40)을 이용하면
$$W_1 = \dot{m}w_1 = \dot{m}(1-z)(1-x_2)(h_6-h_5) = \dot{m}_{e,l}(h_6-h_5)$$
$$= (55.832 \times 10^{-3}) \times (404.0 - 379.11) = 1.390 \text{ kW}$$

(7) 고압압축기 소요동력 : 식 (4-5-40)을 이용하면
$$W_2 = \dot{m}w_2 = \dot{m}(h_9-h_8) = (98.275 \times 10^{-3}) \times (421.54 - 401.06) = 2.013 \text{ kW}$$

(8) 응축기 방열량 : 식 (4-5-40)를 이용하면
$$Q_H = \dot{m}q_H = \dot{m}(h_9-h_1) = (98.275 \times 10^{-3}) \times (421.54 - 234.29) = 18.402 \text{ kW}$$

(9) 성적계수 : 식 (4-5-49)에서
$$cop = \frac{z(h_{10}-h_1) + (1-z)(1-x_2)(h_5-h_3)}{(1-z)(1-x_2)(h_6-h_5) + (h_9-h_8)}$$
$$= \frac{0.3123 \times (397.20 - 234.29) + (1-0.3123) \times 0.8261 \times (379.11 - 200.00)}{(1-0.3123) \times 0.8261 \times (404.0 - 379.11) + (421.54 - 401.06)}$$
$$= 4.409$$

또는 위의 계산결과를 이용하면
$$cop = \frac{Q_L}{W} = \frac{Q_{L,h} + Q_{L,l}}{W_1 + W_2} = \frac{5+10}{1.390 + 2.013} = 4.408$$

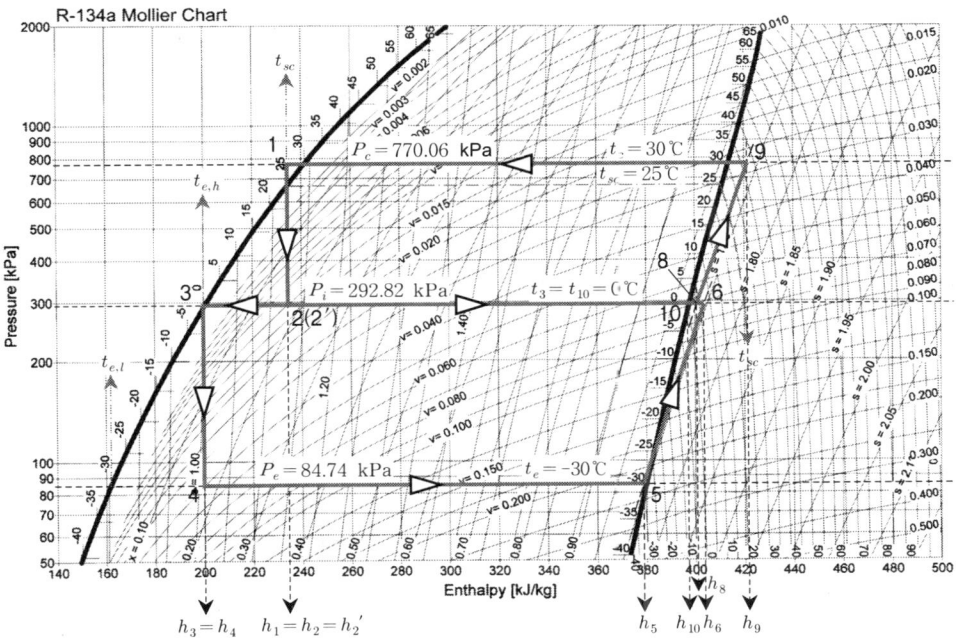

[그림 4-39] −30~30℃ 사이에서 작동하는 중간냉각이 불완전한 R-134a 2단압축 2단증발사이클 (1단압축 후 증기온도가 응축기의 과냉각온도보다 낮은 경우)

5-4-2 중간냉각이 완전한 2단압축 2단증발사이클

중간냉각이 완전한 2단압축 2단증발사이클은 그림 4-40과 같으며 이 사이클도 수냉식 중간냉각기가 필요한 사이클과 없어도 무방한 사이클로 나뉜다. 중간냉각이 완전한 2단압축 2단팽창사이클(그림 4-33)과 비교하면 1개의 팽창밸브와 고온증발기가 추가된 것 이외에는 나머지 구조가 같으며 작동원리도 거의 같다. 고온증발기에서의 압력강하가 크지 않으면 제1팽창밸브를 제2팽창밸브로 대체하여 하나로 사용할 수도 있다.

[1] 수냉식 중간냉각기를 갖는 냉동사이클
(1단압축 후 증기온도가 응축온도보다 높은 냉동사이클)

그림 4-40의 (a)~(c)와 같이 1단압축 후 증기온도(t_6)가 응축기의 과냉각온도($t_{sc}=t_1$)보다 높은 경우는 반드시 중간냉각기를 설치하여야 한다. 그림에서 응축냉매(상태 1) 1 kg 중 z kg이 제1팽창밸브에서 습증기(상태 2')로 교축팽창되어 고온증발기로 유입되고 나머지 $(1-z)$ kg은 제2팽창밸브에서 중간압력까지 교축팽창되어 습증기(상태 2) 상태로 분리기로 유입된다. 분리기로 유입된 습증기는 $(1-z)x_2$ kg의 건포화증기(상태 8)와 $(1-z)(1-x_2)$ kg의 포화액(상태 3)으로 분리된다. 분리기 하단의 포화액 중 대부분인 $\gamma(1-z)(1-x_2)$ kg이 교축팽창(상태변화 3→4), 저온증발기에서의 증발(상태변화 4→5), 제1압축기에서의 1단 압축(상태변화 5→6), 수냉식 중간냉각기에서의 중간냉각(상태변화 6→7) 과정을 거쳐 과열도가 낮은 과열증기(상태 7)로 된 후 분리기 하단으로 유입된다. 분리기로 유입된 $\gamma(1-z)(1-x_2)$ kg의 과열증기는 하단에 남아있던 $(1-\gamma)(1-z)(1-x_2)$ kg의 포화액(상태 3)과 혼합되며 방열하여 건포화증기(상태 8)로 되고, 포화액은 이 열을 흡수, 증발하여 역시 건포화증기(상태 8)로 되고, 이미 분리된 $(1-z)x_2$ kg의 건포화증기와 합쳐 모두 $(1-z)$ kg의 건포화증기(상태 8)로 되어 제2압축기로 유입된다.

한편 고온증발기로 유입된 z kg의 습증기도 건포화증기(상태 8)로 증발되어 제2압축기로 유입되므로 분리기에서 오는 $(1-z)$ kg의 건포화증기와 다시 합하여 모두 1 kg의 건포화증기가 제2압축기로 유입된다. 그러므로 제2압축기에서 1 kg의 건포화증기가 단열압축되어 과열증기(상태 9)가 되고 응축기에서 방열하여 압축액(상태 1)으로 된다.

A. 분리기에서 저온증발기로 유입되는 냉매의 비율(γ)

분리기 하단에서의 열평형을 고려하면

과열증기 $\gamma(1-z)(1-x_2)$ kg의 방열량 : $\gamma(1-z)(1-x_2)(h_7-h_8)$ ⋯ ⓐ

포화액 $(1-\gamma)(1-z)(1-x_2)$ kg의 흡열량 : $(1-\gamma)(1-z)(1-x_2)(h_8-h_3)$ ⋯ ⓑ

혼합과정에서 열손실이 없다면 식 ⓐ = ⓑ 이므로 저온증발기로 유입되는 냉매의 비율은

$$\gamma = \frac{h_8 - h_3}{h_7 - h_3} \tag{4-5-50}$$

B. 냉동효과와 고온증발기로 유입되는 냉매의 비율(z)

고온증발기의 냉동효과 $q_{L,h}$와 저온증발기의 냉동효과 $q_{L,l}$은

$$\left. \begin{array}{l} q_{L,h} = z(h_8 - h_2{'}) = z(h_8 - h_1) \\ q_{L,l} = \gamma(1-z)(1-x_2)(h_5 - h_3) \end{array} \right\} \tag{4-5-51}$$

여기서

$$(1 - x_2) = \frac{h_8 - h_1}{h_8 - h_3} \tag{4-5-52}$$

고온증발기와 저온증발기의 냉동능력이 각각 $Q_{L,h}$, $Q_{L,l}$ 이므로 냉동효과 비 ω는

$$\omega = \frac{q_{L,h}}{q_{L,l}} = \frac{\dot{m} q_{L,h}}{\dot{m} q_{L,l}} = \frac{Q_{L,h}}{Q_{L,l}} \tag{4-5-53}$$

식 (4-5-53)에 식 (4-5-50), (4-5-51) 및 (4-5-52)를 대입하여 정리하면 응축냉매 1 kg 중 고온증발기로 유입되는 냉매의 비율 z는 다음의 식으로 된다.

$$z = \frac{\omega(h_5 - h_3)}{(h_7 - h_3) + \omega(h_5 - h_3)} \tag{4-5-54}$$

또는 위의 식 (4-5-54)에 식 (4-5-53)을 대입하면 z는 다음과 같이도 나타낼 수 있다.

$$z = \frac{q_{L,h}(h_5 - h_3)}{q_{L,l}(h_7 - h_3) + q_{L,h}(h_5 - h_3)} = \frac{Q_{L,h}(h_5 - h_3)}{Q_{L,l}(h_7 - h_3) + Q_{L,h}(h_5 - h_3)} \tag{4-5-55}$$

그리고 제1압축기 소요일(w_1), 제2압축기 소요일(w_2), 중간냉각기에서의 방열량(q_{Hi}) 및 응축기 방열량(q_{Hc})은 다음 식과 같다.

$$\left. \begin{array}{ll} w_1 = \gamma(1-z)(1-x_2)(h_6 - h_5), & w_2 = (h_9 - h_8) \\ q_{Hi} = \gamma(1-z)(1-x_2)(h_6 - h_7), & q_{Hc} = h_9 - h_1 \end{array} \right\} \tag{4-5-56}$$

C. 냉매순환량과 성적계수

고온증발기와 저온증발기에서 증발하는 냉매의 양 $\dot{m}_{e,h}$과 $\dot{m}_{e,l}$이

$$\dot{m}_{e,h} = \frac{Q_{L,h}}{h_8 - h_1} = z\dot{m}, \quad \dot{m}_{e,l} = \frac{Q_{L,l}}{h_5 - h_3} = \gamma(1-z)(1-x_2)\dot{m} \tag{4-5-57}$$

이므로 냉매순환량 $\dot{m}$은 다음과 같이 유도된다.

$$\dot{m} = \frac{Q_{L,h}}{z(h_8 - h_1)} = \frac{Q_{L,l}}{\gamma(1-z)(1-x_2)(h_5 - h_3)} \tag{4-5-58}$$

또한 이 사이클의 성적계수는

$$cop = \frac{q_L}{w} = \frac{q_{L,h} + q_{L,l}}{w_1 + w_2} = \frac{z(h_8 - h_1) + \gamma(1-z)(1-x_2)(h_5 - h_3)}{\gamma(1-z)(1-x_2)(h_6 - h_5) + (h_9 - h_8)} \quad (4\text{-}5\text{-}59)$$

또는 식 (4-5-50)과 식 (4-5-54)를 대입하여 정리하면 다음과 같이 나타낼 수 있다.

$$cop = \frac{(h_8 - h_1)(h_5 - h_3)(1 + \omega)}{(h_8 - h_1)(h_6 - h_5) + (h_9 - h_8)\{(h_7 - h_3) + \omega(h_5 - h_3)\}} \quad (4\text{-}5\text{-}60)$$

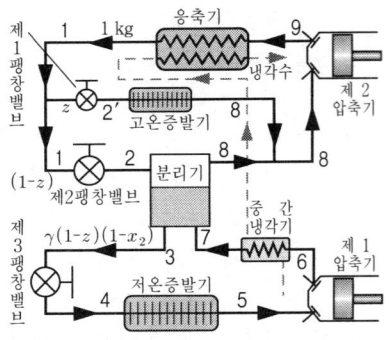
(a) 개략도(수냉식 중간냉각기가 있는 경우)

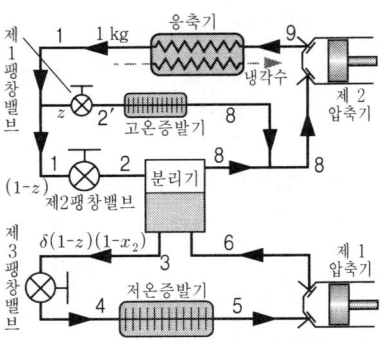
(b) 개략도(수냉식 중간냉각기가 없는 경우)

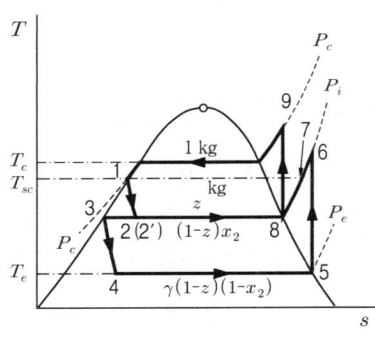
(b) T-s 선도(과냉각)

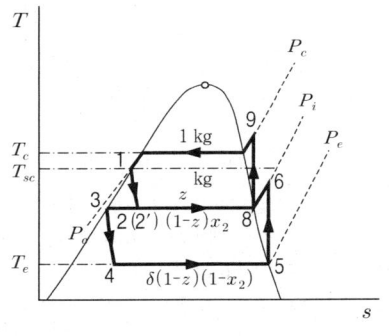
(e) T-s 선도(과냉각)

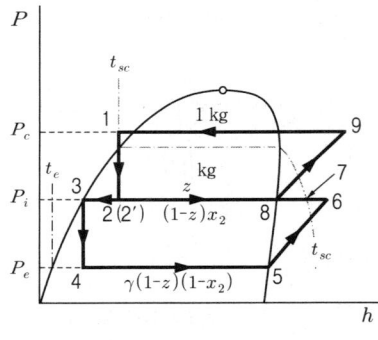
(c) P-h 선도(과냉각)

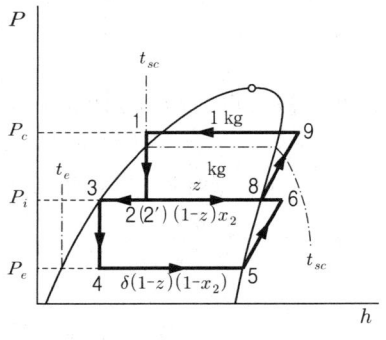
(f) P-h 선도(과냉각)

[그림 4-40] 중간냉각이 완전한 2단압축 2단증발사이클

》예제 4-23 고온증발기의 증발온도와 냉동능력이 각각 0℃, 5 kW, 저온증발기의 증발온도와 냉동능력이 각각 −30℃, 10 kW이고 응축온도가 30℃인 중간냉각이 완전한 2단압축 2단증발사이클로 작동하는 R-717 냉동기에 대하여 다음을 구하여라. 단, 압축기의 과냉각도는 5℃이다.

(1) 고온증발기 냉동효과 (2) 저온증발기 냉동효과
(3) 냉매순환량 (4) 고온증발기에서 증발하는 냉매의 양
(5) 저온증발기에서 증발하는 냉매의 양 (6) 저압압축기 소요동력
(7) 고압압축기 소요동력 (8) 중간냉각기 총방열량
(9) 응축기 총방열량 (10) 성적계수

[풀이] R-717 Mollier 선도 상에 사이클을 그리고 증기표와 선도로부터 각 부의 비엔탈피를 구한다.

상태점 1, 3, 5, 8의 비엔탈피를 증기표, 상태점 6, 7, 9의 비엔탈피를 선도에서 구하면 다음과 같다.

$$h_1 = h_2 = h_2' = 315.54 \text{ kJ/kg}, \quad h_3 = h_4 = 200.00 \text{ kJ/kg}, \quad h_5 = 1422.46 \text{ kJ/kg},$$
$$h_6 = 1594.55 \text{ kJ/kg}, \quad h_7 = 1523.64 \text{ kJ/kg}, \quad h_8 = 1460.66 \text{ kJ/kg}, \quad h_9 = 1600.0 \text{ kJ/kg}$$

(1) 고온증발기의 냉동효과
   냉동효과 비가 $\omega = 0.5$ 이므로 식 (4-5-54)로 z를 구하고 식 (4-5-51)에서 $q_{L,h}$를 구하면

$$z = \frac{\omega(h_5 - h_3)}{(h_7 - h_3) + \omega(h_5 - h_3)}$$
$$= \frac{0.5 \times (1422.46 - 200.00)}{(1523.64 - 200.00) + 0.5 \times (1422.46 - 200.00)}$$
$$= 0.31590236$$

$$q_{L,h} = z(h_8 - h_1) = 0.31590236 \times (1460.66 - 315.54) = 361.75 \text{ kJ/kg}$$

(2) 저온증발기의 냉동효과
   식 (4-5-50)에서 γ, 식 (4-5-52)에서 $(1-x_2)$를 구하여 식 (4-5-51)에서 $q_{L,h}$를 구하면

$$\gamma = \frac{h_8 - h_3}{h_7 - h_3} = \frac{1460.66 - 200.00}{1523.64 - 200.00} = 0.952419036$$

$$(1-x_2) = \frac{h_8 - h_1}{h_8 - h_3} = \frac{1460.66 - 315.54}{1460.66 - 200.00} = 0.908349594$$

$$q_{L,l} = \gamma(1-z)(1-x_2)(h_5 - h_3)$$
$$= 0.952419036 \times (1 - 0.31590236) \times 0.908349594 \times (1422.46 - 200.00)$$
$$= 723.49 \text{ kJ/kg}$$

(3) 냉매순환량 : 식 (4-5-58)에서

$$\dot{m} = \frac{Q_{L,h}}{z(h_8 - h_1)}$$
$$= \frac{5}{0.31590236 \times (1460.66 - 315.54)} = 13.822 \times 10^{-3} \text{ kg/s}$$

또는

$$\dot{m} = \frac{Q_{L,l}}{\gamma(1-z)(1-x_2)(h_5-h_3)}$$
$$= \frac{10}{0.952419086 \times (1-0.31590236) \times 0.908349594 \times (1422.46-200.00)}$$
$$= 13.822 \times 10^{-3} \text{ kg/s}$$

(4) 고온증발기에서 증발하는 냉매의 양 : 식 (4-5-57)에서

$$\dot{m}_{e,h} = \frac{Q_{L,h}}{h_8-h_1} = \frac{5}{1460.66-315.54} = 4.366 \times 10^{-3} \text{ kg/s}$$

(5) 저온증발기에서 증발하는 냉매의 양 : 식 (4-5-57)에서

$$\dot{m}_{e,l} = \frac{Q_{L,l}}{h_5-h_3} = \frac{10}{1422.46-200.00} = 8.180 \times 10^{-3} \text{ kg/s}$$

(6) 저압압축기 소요동력 : 식 (4-5-56)을 이용하면

$$W_1 = \dot{m}\,w_1 = \dot{m}\,\gamma(1-z)(1-x_2)(h_6-h_5) = \dot{m}_{e,l}(h_6-h_5)$$
$$= (8.180 \times 10^{-3}) \times (1594.55-1422.46) = 1.408 \text{ kW}$$

(7) 고압압축기 소요동력 : 식 (4-5-56)을 이용하면

$$W_2 = \dot{m}\,w_2 = \dot{m}\,(h_9-h_8) = (13.822 \times 10^{-3}) \times (1600.0-1460.66) = 1.926 \text{ kW}$$

(8) 중간냉각기 총방열량 : 식 (4-5-56)을 이용하면

$$Q_{Hi} = \dot{m}\,q_{Hi} = \dot{m}\,\gamma(1-z)(1-x_2)(h_6-h_7) = \dot{m}_{e,l}(h_6-h_7)$$
$$= (8.180 \times 10^{-3}) \times (1594.55-1523.64) = 0.580 \text{ kW}$$

(9) 응축기 총방열량 : 식 (4-5-56)을 이용하면

$$Q_{Hc} = \dot{m}\,q_{Hc} = \dot{m}\,(h_9-h_1) = (13.822 \times 10^{-3}) \times (1600.0-315.54) = 17.754 \text{ kW}$$

(10) 성적계수 : 식 (4-5-59)에서

$$cop = \frac{z(h_8-h_1) + \gamma(1-z)(1-x_2)(h_5-h_3)}{\gamma(1-z)(1-x_2)(h_6-h_5) + (h_9-h_8)}$$
$$= \frac{0.31\cdots \times (1460.66-315.54) + 0.95\cdots \times (1-0.31\cdots) \times 0.90\cdots \times (1422.46-200)}{0.95\cdots \times (1-0.31\cdots) \times 0.90\cdots \times (1594.55-1422.46) + (1600.0-1460.66)}$$
$$= 4.500$$

또는 위의 계산결과를 이용하면

$$cop = \frac{Q_L}{W} = \frac{Q_{L,h}+Q_{L,l}}{W_1+W_2} = \frac{5+10}{1.408+1.926} = 4.499$$

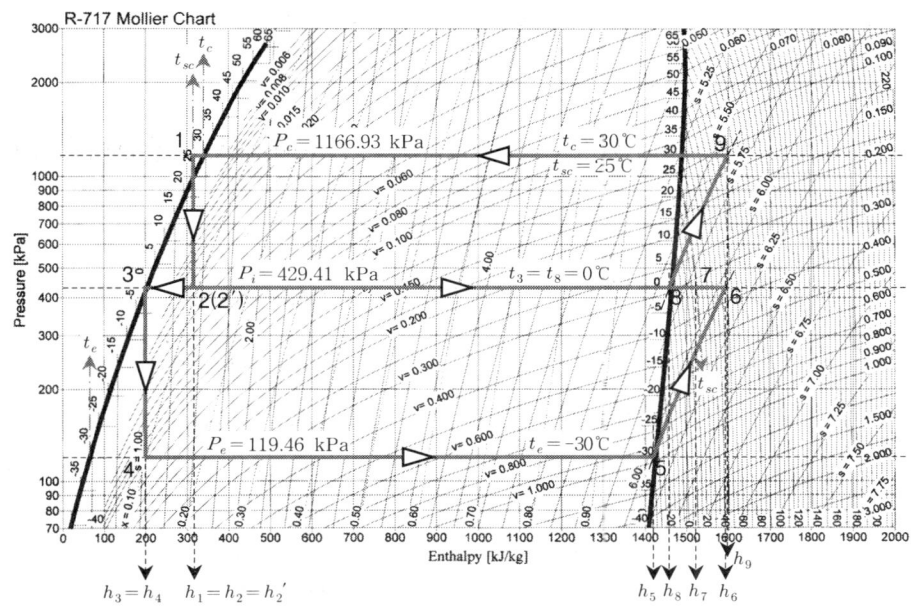

[그림 4-41] −30~30℃ 사이에서 작동하는 중간냉각이 완전한 R-717 2단압축 2단증발사이클
(1단압축 후 증기온도가 응축기의 과냉각온도보다 높은 경우)

[2] 수냉식 중간냉각기가 없는 냉동사이클
(1단압축 후 증기온도가 응축온도보다 낮은 냉동사이클)

그림 4-40의 (d)~(f)와 같이 1단압축 후 증기온도(t_6)가 응축기의 과냉각온도($t_{sc}=t_1$)보다 낮으므로 중간냉각기가 없어도 무방하다. 즉 1단압축 후 과열도가 낮아 분리기 하단에서의 혼합과정에서 포화액에 의해 냉각되는 것만으로도 충분히 중간냉각효과를 얻어 제2압축기 입구에서 냉매의 상태가 건포화증기로 된다. 분리기에서 저온증발기로 유입되는 비율(δ)만 다를 뿐 나머지 작동원리는 수냉식 중간냉각기가 있는 냉동사이클과 같으므로 작동원리에 대한 설명을 생략한다.

A. 분리기에서 저온증발기로 유입되는 냉매의 비율(δ)

분리기 하단에서의 열평형을 고려하면

과열증기 $\delta(1-z)(1-x_2)$ kg의 방열량 : $\delta(1-z)(1-x_2)(h_6-h_8)$ … ⓚ

포화액 $(1-\delta)(1-z)(1-x_2)$ kg의 흡열량 : $(1-\delta)(1-z)(1-x_2)(h_8-h_3)$ … ⓛ

혼합과정에서 열손실이 없다면 식 ⓚ = ⓛ 이므로

$$\delta = \frac{h_8-h_3}{h_6-h_3} \qquad\qquad\qquad (4\text{-}5\text{-}61)$$

B. 냉동효과와 고온증발기로 유입되는 냉매의 비율(z)

고온증발기의 냉동효과($q_{L,h}$)와 저온증발기의 냉동효과($q_{L,l}$)는

$$\left.\begin{array}{l} q_{L,h} = z(h_8 - h_2') = z(h_8 - h_1) \\ q_{L,l} = \delta(1-z)(1-x_2)(h_5 - h_3) \end{array}\right\} \quad (4\text{-}5\text{-}62)$$

이 식에서 $(1-x_2) = (h_8 - h_1)/(h_8 - h_3)$로 상태점 2(2')의 습도이다.

그리고 냉동효과 비 ω는

$$\omega = \frac{q_{L,h}}{q_{L,l}} = \frac{\dot{m} q_{L,h}}{\dot{m} q_{L,l}} = \frac{Q_{L,h}}{Q_{L,l}} \quad (4\text{-}5\text{-}63)$$

식 (4-5-63)에 식 (4-5-61), (4-5-62) 및 $(1-x_2)$ 값을 대입하면 응축냉매 1 kg당 고온증발기로 유입되는 냉매의 비율 z는 다음의 식으로 된다.

$$\begin{aligned} z &= \frac{\omega(h_5 - h_3)}{(h_6 - h_3) + \omega(h_5 - h_3)} = \frac{q_{L,h}(h_5 - h_3)}{q_{L,l}(h_6 - h_3) + q_{L,h}(h_5 - h_3)} \\ &= \frac{Q_{L,h}(h_5 - h_3)}{Q_{L,l}(h_6 - h_3) + Q_{L,h}(h_5 - h_3)} \end{aligned} \quad (4\text{-}5\text{-}64)$$

또 제1압축기 소요일(w_1), 제2압축기 소요일(w_2) 및 응축기 방열량(q_H)은 다음과 같다.

$$\left.\begin{array}{l} w_1 = \delta(1-z)(1-x_2)(h_6 - h_5), \quad w_2 = (h_9 - h_8) \\ q_H = h_9 - h_1 \end{array}\right\} \quad (4\text{-}5\text{-}65)$$

C. 냉매순환량과 성적계수

고온증발기와 저온증발기에서 증발하는 냉매의 양 $\dot{m}_{e,h}$와 $\dot{m}_{e,l}$은

$$\left.\begin{array}{l} \dot{m}_{e,h} = \dfrac{Q_{L,h}}{h_8 - h_1} = z\dot{m} \\ \dot{m}_{e,l} = \dfrac{Q_{L,l}}{h_5 - h_3} = \delta(1-z)(1-x_2)\dot{m} \end{array}\right\} \quad (4\text{-}5\text{-}66)$$

이므로 냉매순환량 $\dot{m}$은 다음과 같이 유도된다.

$$\dot{m} = \frac{Q_{L,h}}{z(h_8 - h_1)} = \frac{Q_{L,l}}{\delta(1-z)(1-x_2)(h_5 - h_3)} \quad (4\text{-}5\text{-}67)$$

끝으로 이 사이클의 성적계수는

$$cop = \frac{q_L}{w} = \frac{q_{L,h} + q_{L,l}}{w_1 + w_2} = \frac{z(h_8 - h_1) + \delta(1-z)(1-x_2)(h_5 - h_3)}{\delta(1-z)(1-x_2)(h_6 - h_5) + (h_9 - h_8)} \quad (4\text{-}5\text{-}68)$$

또는 다음과 같이 나타낼 수 있다.

$$cop = \frac{(h_8 - h_1)(h_5 - h_3)(1+\omega)}{(h_8 - h_1)(h_6 - h_5) + (h_9 - h_8)\{(h_6 - h_3) + \omega(h_5 - h_3)\}} \quad (4\text{-}5\text{-}69)$$

>> 예제 **4-24** 고온증발기의 증발온도와 냉동능력이 각각 0℃, 5 kW, 저온증발기의 증발온도와 냉동능력이 각각 −30℃, 10 kW, 응축온도가 30℃인 중간냉각이 완전한 2단압축 2단증발사이클로 작동하는 R-134a 냉동기에 대하여 다음을 구하여라. 단, 응축기의 과냉각도는 5℃이다.

(1) 고온증발기 냉동효과   (2) 저온증발기 냉동효과
(3) 냉매순환량   (4) 고온증발기에서 증발하는 냉매의 양
(5) 저온증발기에서 증발하는 냉매의 양   (6) 저압압축기 소요동력
(7) 고압압축기 소요동력   (8) 응축기 방열량
(9) 성적계수

풀이 R-134a Mollier 선도 상에 사이클을 그리고 상태점 1, 3, 5, 8의 비엔탈피를 증기표, 상태점 6과 9의 비엔탈피를 선도에서 구하면 다음과 같다.

$h_1 = h_2 = 234.29$ kJ/kg, $h_3 = h_4 = 200.00$ kJ/kg, $h_5 = 379.11$ kJ/kg,
$h_6 = 404.0$ kJ/kg, $h_8 = 397.20$ kJ/kg, $h_9 = 417.23$ kJ/kg

(1) 고온증발기의 냉동효과
  냉동효과 비가 $\omega = 0.5$ 이므로 식 (4-5-64)에서 z를 구하여 식 (4-5-62)에서 $q_{L,h}$를 구하면

$$z = \frac{\omega(h_5 - h_3)}{(h_6 - h_3) + \omega(h_5 - h_3)} = \frac{0.5 \times (379.11 - 200.00)}{(404.0 - 200.00) + 0.5 \times (379.11 - 200.00)}$$
$$= 0.3050706$$
$$\therefore q_{L,h} = z(h_8 - h_1) = 0.3050706 \times (397.20 - 234.29) = 49.70 \text{ kJ/kg}$$

(2) 저온증발기의 냉동효과
  먼저 식 (4-5-61)에서 δ와 $(1-x_2)$를 구하여 식 (4-5-62)에서 $q_{L,l}$을 구하면

$$\delta = \frac{h_8 - h_3}{h_6 - h_3} = \frac{397.20 - 200.00}{404.0 - 200.00} = 0.96 \quad (\text{즉 } 0.966666667)$$

$$(1 - x_2) = \frac{h_8 - h_1}{h_8 - h_3} = \frac{397.20 - 234.29}{397.20 - 200.00} = 0.826115618$$

$$\therefore q_{L,l} = \delta(1-z)(1-x_2)(h_5 - h_3)$$
$$= 0.967235628 \times (1 - 0.305132966) \times 0.826115618 \times (379.11 - 200.00)$$
$$= 99.44 \text{ kJ/kg}$$

(3) 냉매순환량 : 식 (4-5-67)에서

$$\dot{m} = \frac{Q_{L,h}}{z(h_8 - h_1)} = \frac{5}{0.3050706 \times (397.20 - 234.29)} = 0.100606 \text{ kg/s}$$

(4) 고온증발기에서 증발하는 냉매의 양 : 식 (4-5-66)에서

$$\dot{m}_{e,h} = \frac{Q_{L,h}}{h_8 - h_1} = \frac{5}{397.20 - 234.29} = 30.692 \times 10^{-3} \text{ kg/s}$$

(5) 저온증발기에서 증발하는 냉매의 양 : 식 (4-5-66)에서
$$\dot{m}_{e,l} = \frac{Q_{L,l}}{h_5 - h_3} = \frac{10}{379.11 - 200.00} = 55.832 \times 10^{-3} \text{ kg/s}$$

(6) 저압압축기 소요동력 : 식 (4-5-65)를 이용하면
$$W_1 = \dot{m} w_1 = \dot{m}\delta(1-z)(1-x_2)(h_6 - h_5) = \dot{m}_{e,l}(h_6 - h_5)$$
$$= (55.832 \times 10^{-3}) \times (404.0 - 379.11) = 1.390 \text{ kW}$$

(7) 고압압축기 소요동력 : 식 (4-5-65)를 이용하면
$$W_2 = \dot{m} w_2 = \dot{m}(h_9 - h_8) = 0.100606 \times (417.23 - 397.20) = 2.015 \text{ kW}$$

(8) 응축기 방열량 : 식 (4-5-65)를 이용하면
$$Q_H = \dot{m} q_H = \dot{m}(h_9 - h_1) = 0.100606 \times (417.23 - 234.29) = 18.405 \text{ kW}$$

(9) 성적계수 : 식 (4-5-68)에서
$$cop = \frac{z(h_8 - h_1) + \delta(1-z)(1-x_2)(h_5 - h_3)}{\delta(1-z)(1-x_2)(h_6 - h_5) + (h_9 - h_8)}$$
$$= \frac{0.3051 \times (397.2 - 234.29) + 0.9667 \times (1 - 0.3051) \times 0.8261 \times (379.11 - 200)}{0.9667 \times (1 - 0.3051) \times 0.8261 \times (404.0 - 379.11) + (417.23 - 397.20)}$$
$$= 4.406$$

또는 위의 계산결과를 이용하면
$$cop = \frac{Q_L}{W} = \frac{Q_{L,h} + Q_{L,l}}{W_1 + W_2} = \frac{5 + 10}{1.390 + 2.015} = 4.405$$

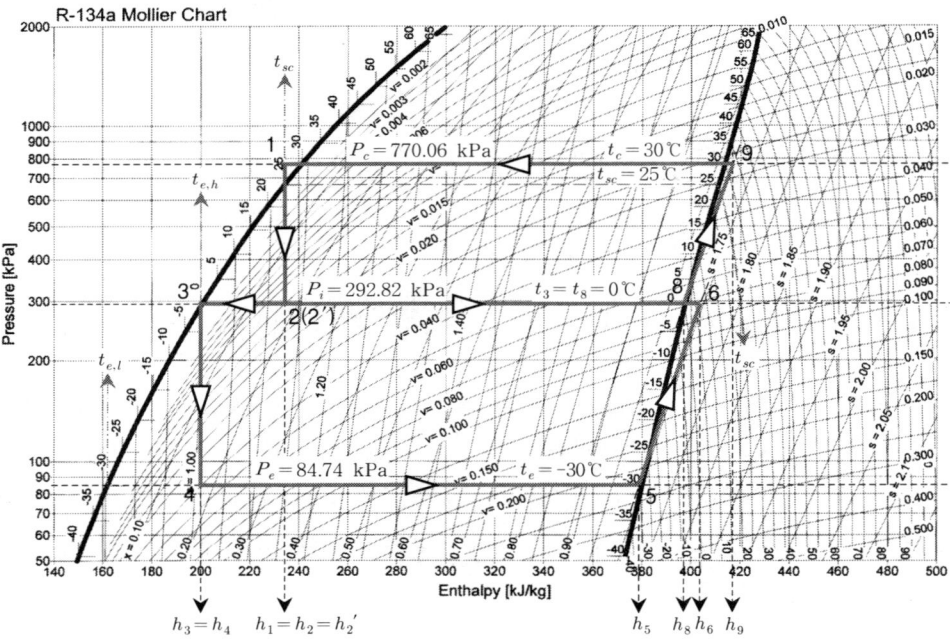

[그림 4-42] $-30 \sim 30℃$ 사이에서 작동하는 중간냉각이 완전한 R-134a 2단압축 2단증발사이클
(1단압축 후 증기온도가 응축기의 과냉각온도보다 낮은 경우)

6 다원 냉동사이클

왕복식 압축기로 구동되는 냉동기에서는 압축기의 흡입압력이 약 0.1 bar 이상 되지 않으면 압축기의 체적효율이 너무 작아져 같은 냉매를 사용하는 경우 아무리 다단압축을 하여도 저온을 얻는데 한계가 있다. 그러므로 필요로 하는 저온을 얻으려면 저온부와 고온부에 사용하는 냉매를 다르게 하여야 한다. 즉 저온부에는 포화압력이 비교적 높은 냉매를 사용하는 냉동사이클, 고온부에는 포화압력이 비교적 낮은 냉매를 사용하는 냉동사이클을 채택하여 이들을 조합한 냉동사이클을 이용하면 된다. 이러한 냉동사이클을 **다원(多元) 냉동사이클** (multi-stage cascade refrigeration cycle) 또는 **캐스케이드 사이클**(cascade cycle)이라 한다.

보통 -100℃ 정도까지는 2개의 냉동사이클을 조합한 **2원 냉동사이클**, 그 이하의 온도에서는 온도에 따라 **3원 냉동사이클**이나 **4원 냉동사이클**을 이용한다(표 4-5).

[표 4-5] 극저온용 증기압축 냉동사이클

증 발 온 도	적 용 냉 매	냉동사이클의 구성
-60℃ 정도까지	R-12 R-22	2단 또는 3단압축사이클 1단 또는 2단압축사이클
-80℃ 정도까지	R-22 R-22/R-12	2단압축사이클 2원냉동사이클
-100℃ 정도까지	R-13/R-22 R-170/R-22	2원냉동사이클 2원냉동사이클
-130℃ 정도까지	R-1150/R-22 R-14/R-22	2원냉동사이클(R-22는 2단압축) 2원냉동사이클(R-22는 2단압축)
-170℃ 정도까지	R-50/R-1150/R-22 R-50/R-14/R-13/R-22	3원냉동사이클(R-22는 2단압축) 4원냉동사이클

6-1 2원 냉동사이클(two-stage cascade refrigeration cycle)

-100℃ 정도의 저온을 얻고자 할 때 이용하는 냉동사이클로 그림 4-43과 같이 각각 독립적으로 작동하는 저온측 냉동사이클과 고온측 냉동사이클로 구성되며, 저온측 냉동사이클의 응축기 방열량을 고온측 냉동사이클의 증발기가 흡수하도록 만든 사이클을 **2원 냉동사이클** (binary refrigeration cycle)이라 한다. 보통 저온측 냉매로는 임계점이 낮은 냉매를 사용하며 고온측에는 임계점이 높은 냉매를 사용한다.

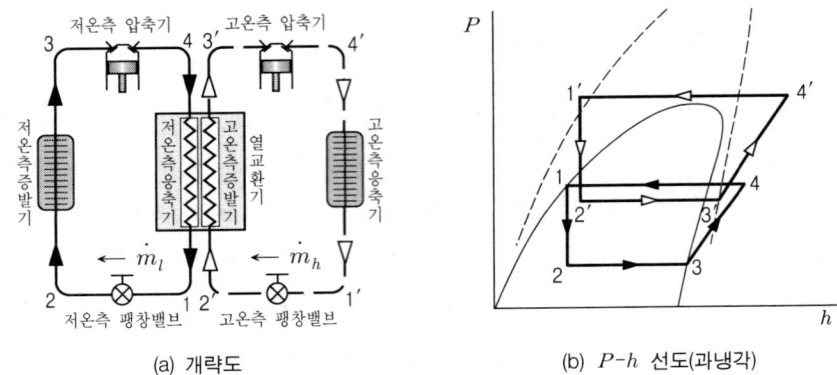

[그림 4-43] 2원 냉동사이클

그림에서 저온측과 고온측 증발기의 냉동능력을 각각 $Q_{L,l}$(kW), $Q_{L,h}$(kW)라 하면 저온측과 고온측 냉동사이클의 냉매순환량 $\dot{m}_l$과 $\dot{m}_h$는 다음과 같이 나타낼 수 있다.

$$\dot{m}_l = \frac{Q_{L,l}}{h_3 - h_1} \text{ (kg/s)}, \qquad \dot{m}_h = \frac{Q_{L,h}}{h_3' - h_1'} \text{ (kg/s)} \tag{4-6-1}$$

그리고 열교환기에서 저온측 응축기의 방열량과 고온측 증발기의 흡열량이 같으므로

$$\dot{m}_l(h_4 - h_1) = \dot{m}_h(h_3' - h_1') \tag{4-6-2}$$

이다. 따라서 저온측과 고온측 냉매순환량의 비는

$$\frac{\dot{m}_h}{\dot{m}_l} = \frac{h_4 - h_1}{h_3' - h_1'} \tag{4-6-3}$$

이므로 고온측 냉매순환량 $\dot{m}_h$는 다음과 같다.

$$\dot{m}_h = \frac{Q_{L,l}(h_4 - h_1)}{(h_3 - h_1)(h_3' - h_1')} \text{ (kg/s)} \tag{4-6-4}$$

또한 저온측과 고온측의 냉동효과를 각각 $q_{L,l}$, $q_{L,h}$라 하면 저온측의 성적계수(cop_l)와 고온측의 성적계수(cop_h)는

$$cop_l = \frac{q_{L,l}}{w_l} = \frac{h_3 - h_1}{h_4 - h_3}, \qquad cop_h = \frac{q_{L,h}}{w_h} = \frac{h_3' - h_1'}{h_4' - h_3'} \tag{4-6-5}$$

이다. 그리고 2원 냉동사이클의 성적계수(cop)는 식 (4-6-4)를 고려하면

$$cop = \frac{Q_{L,l}}{W_l + W_h} = \frac{Q_{L,l}}{\dot{m}_l w_l + \dot{m}_h w_h}$$
$$= \frac{\dot{m}_l(h_3 - h_1)}{\dot{m}_l(h_4 - h_3) + \dot{m}_h(h_4' - h_3')}$$
$$= \frac{(h_3 - h_1)(h_3' - h_1')}{(h_4 - h_3)(h_3' - h_1') + (h_4 - h_1)(h_4' - h_3')} \quad \quad (4\text{-}6\text{-}6)$$

와 같으며, 식 (4-6-5)를 대입하여 정리하면 다음과 같은 식으로 된다.

$$cop = \frac{Q_{L,l}}{W_l + W_h} = \frac{Q_{L,l}}{\dfrac{Q_{L,l}}{cop_l} + \dfrac{Q_{L,h}}{cop_h}} = \frac{Q_{L,l}}{\dfrac{Q_{L,l}}{cop_l} + \dfrac{Q_{L,l} + W_l}{cop_h}}$$
$$= \frac{cop_l \cdot cop_h \cdot Q_{L,l}}{cop_h\, Q_{L,l} + cop_l(Q_{L,l} + W_l)} = \frac{cop_l \cdot cop_h}{cop_h + cop_l(1 + W_l/Q_{L,l})}$$
$$= \frac{cop_l \cdot cop_h}{cop_l + cop_h + 1} \quad \quad (4\text{-}6\text{-}7)$$

>> 예제 **4-25** R-410B를 저온측 냉매, R-134a를 고온측 냉매로 사용하는 2원 냉동사이클의 냉동능력이 10 kW이다. 저온측 사이클의 증발온도와 응축온도가 각각 $-80\,℃$와 $-20\,℃$이고, 고온측 사이클의 증발온도와 응축온도가 각각 $-30\,℃$와 $30\,℃$일 때 다음을 구하여라.
단, 고온사이클만 과냉각을 실시하며 과냉각도는 $5\,℃$이다.
(1) 저온측 냉매순환량 (2) 저온측 압축기의 소요동력
(3) 고온측 냉매순환량 (4) 고온측 압축기의 소요동력
(5) 전체 방열량(고온측 응축기의 방열량) (6) 저온측 성적계수
(7) 고온측 성적계수 (8) 2원 냉동사이클의 성적계수

풀이 부록의 R-410B Mollier 선도와 R-134a Mollier 선도 상에 각각 저온측 사이클과 고온측 사이클을 그리고 저온측의 상태점 1과 3 및 고온측의 상태점 $1'$과 $3'$의 비엔탈피를 각각의 증기표, 저온측의 상태점 4와 고온측의 상태점 $4'$의 비엔탈피를 각각의 선도에서 구하면 다음과 같다.
$h_1 = h_2 = 170.33$ kJ/kg, $h_3 = 374.86$ kJ/kg, $h_4 = 457.2$ kJ/kg,
$h_1' = h_2' = 234.29$ kJ/kg, $h_3' = 379.11$ kJ/kg, $h_4' = 424.62$ kJ/kg

(1) 저온측 냉매순환량 : 냉동능력이 $Q_{L,l} = 10$ kW 이므로 식 (4-6-1)에서
$$\dot{m}_l = \frac{Q_{L,l}}{h_3 - h_1} = \frac{10}{374.86 - 170.33} = 48.893 \times 10^{-3} \text{ kg/s}$$

(2) 저온측 압축기의 소요동력
$$W_l = \dot{m}_l w_l = \dot{m}_l(h_4 - h_3) = (48.893 \times 10^{-3}) \times (457.2 - 374.86) = 4.026 \text{ kW}$$

(3) 고온측 냉매순환량 : 식 (4-6-4)로부터

$$\dot{m}_h = \frac{Q_{L,l}(h_4-h_1)}{(h_3-h_1)(h_3{'}-h_1{'})} = \frac{10\times(457.2-170.33)}{(374.86-170.33)\times(379.11-234.29)}$$
$$= 96.850\times 10^{-3} \text{ kg/s}$$

※ 또는 $\dot{m}_h = (Q_{L,h})/(h_3{'}-h_1{'}) = (Q_{L,l}+W_l)/(h_3{'}-h_1{'})$로 구하여도 좋다.

(4) 고온측 압축기의 소요동력

$$\dot{W}_h = \dot{m}_h w_h = \dot{m}_h(h_4{'}-h_3{'}) = (96.850\times 10^{-3})\times(424.62-379.11) = 4.408 \text{ kW}$$

(5) 전체 방열량 : 고온측 응축기의 방열량을 $Q_{H,h}$라 하면

$$Q_{H,h} = \dot{m}_h q_{H,h} = \dot{m}_h(h_4{'}-h_1{'})$$
$$= (96.850\times 10^{-3})\times(424.62-234.29) = 18.433 \text{ kW}$$

※ 또는 $Q_{H,h} = Q_{L,l}+W_l+W_h$로 구하여도 좋다.

(6) 저온측 성적계수

$$cop_l = \frac{Q_{L,l}}{W_l} = \frac{10}{4.026} = 2.484$$

(7) 고온측 성적계수

$$cop_h = \frac{Q_{L,h}}{W_h} = \frac{Q_{L,l}+W_l}{W_h} = \frac{10+4.026}{4.408} = 3.182$$

(8) 2원 냉동사이클의 성적계수 : 식 (4-6-7)을 이용하면

$$cop = \frac{cop_l \cdot cop_h}{cop_l + cop_h + 1} = \frac{2.484\times 3.182}{2.484+3.182+1} = 1.186$$

또는

$$cop = \frac{Q_{L,l}}{W_l+W_h} = \frac{10}{4.026+4.408} = 1.186$$

6-2 3원 냉동사이클(three-stage cascade refrigeration cycle)

그림 4-44와 같이 서로 다른 냉매로 작동되는 저온, 중온, 고온측 냉동사이클을 조합한 사이클을 **3원 냉동사이클**이라 하며 −130℃ 정도의 초저온 냉동기에 이용된다. 저온측 응축기는 중온측 증발기에 의해 냉각, 응축되고 중온측 응축기는 고온측 증발기에 의해 냉각, 응축된다.

그림에서 저온, 중온, 고온측 증발기의 냉동능력과 사이클의 냉매순환량을 각각 $Q_{L,l}$, $Q_{L,m}$, $Q_{L,h}$, $\dot{m}_l$, $\dot{m}_m$, $\dot{m}_h$라 하면 다음과 같은 관계가 있다.

$$\dot{m}_l = \frac{Q_{L,l}}{h_3-h_1}, \quad \dot{m}_m = \frac{Q_{L,m}}{h_3{'}-h_1{'}}, \quad \dot{m}_h = \frac{Q_{L,h}}{h_3{''}-h_1{''}} \qquad (4\text{-}6\text{-}8)$$

또한 제1열교환에서 저온측 응축기의 방열량과 중온측 증발기의 흡열량이 같아야 하므로 $\dot{m}_l(h_4 - h_1) = \dot{m}_m(h_3' - h_1')$으로부터 저온과 중온사이클의 냉매순환량의 비는

$$\dot{m}_l : \dot{m}_m = (h_3' - h_1') : (h_4 - h_1) \tag{4-6-9}$$

같은 방법으로 제2열교환기에서는 $\dot{m}_m(h_4' - h_1') = \dot{m}_h(h_3'' - h_1'')$ 이므로

$$\dot{m}_m : \dot{m}_h = (h_3'' - h_1'') : (h_4' - h_1') \tag{4-6-10}$$

따라서 식 (4-6-9)와 식 (4-6-10)으로부터 각 사이클의 냉매순환량의 비($\dot{m}_l : \dot{m}_m : \dot{m}_h$)는

$$\dot{m}_l : \dot{m}_m : \dot{m}_h = (h_3' - h_1')(h_3'' - h_1'') : (h_4 - h_1)(h_3'' - h_1'')$$
$$: (h_4 - h_1)(h_4' - h_1') \tag{4-6-11}$$

그리고 저온, 중온, 고온측의 성적계수 cop_l, cop_m, cop_h는 다음 식과 같다.

$$\left.\begin{array}{l} cop_l = \dfrac{q_{L,l}}{w_l} = \dfrac{h_3 - h_1}{h_4 - h_3} \\[6pt] cop_m = \dfrac{q_{L,m}}{w_m} = \dfrac{h_3' - h_1'}{h_4' - h_3'} \\[6pt] cop_h = \dfrac{q_{L,h}}{w_h} = \dfrac{h_3'' - h_1''}{h_4'' - h_3''} \end{array}\right\} \tag{4-6-12}$$

한편 3원 냉동사이클의 성적계수는 다음 식으로 정리된다.

$$cop = \frac{Q_{L,l}}{W_l + W_m + W_h} = \frac{\dot{m}_l(h_3 - h_1)}{\dot{m}_l(h_4 - h_3) + \dot{m}_m(h_4' - h_3') + \dot{m}_h(h_4'' - h_3'')} \tag{4-6-13}$$

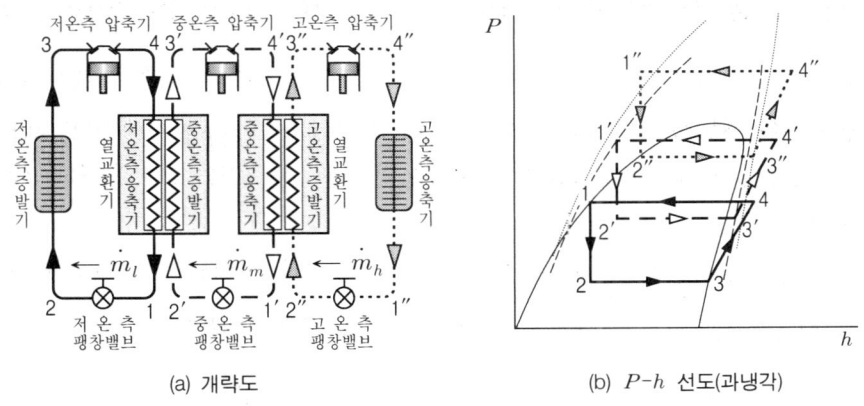

[그림 4-44] 3원 냉동사이클

연습문제

4-1 −50~50℃에서 이상사이클로 작동되는 냉동기의 냉동능력이 25 kW일 때 성적계수와 이론 소요동력을 구하여라.

    (1) $cop = 2.23$
    (2) $W = 11.211$ kW

4-2 역카르노 사이클과 이론적인 증기압축 냉동사이클의 차이점은 무엇인가?

4-3 −30~30℃에서 습압축사이클로 작동하는 R-134a 냉동기와 R-717 냉동기의 성적계수를 구하여라. 단, 과냉각은 하지 않는다.

    (1) $cop_{R-134a} = 2.983$
    (2) $cop_{R-717} = 3.448$

4-4 −30~30℃에서 건압축사이클로 작동하는 10 kW의 R-134a 냉동기가 있다. 소요동력과 성적계수는 얼마인가? 단, 과냉각은 하지 않는다.

    (1) $W = 3.306$ kW
    (2) $cop = 3.025$

4-5 −15~30℃에서 과열압축사이클로 작동하는 R-717 냉동기의 성적계수를 구하여라. 단, 과냉각은 하지 않으며 과열도는 5℃이다.
(1) 증발기에서 과열되는 경우　　(2) 배관에서 과열이 되는 경우

    (1) $cop = 4.720$
    (2) $cop' = 4.671$

4-6 표준냉동사이클로 작동되는 R-717 냉동기의 냉동능력이 10 kW일 때 냉동효과, 냉매순환량, 소요동력 및 성적계수를 구하여라.

    (1) $q_L = 1127.53$ kJ/kg
    (2) $\dot{m} = 0.008869$ kg/s
    (3) $W = 2.053$ kW
    (4) $cop = 4.871$

4-7 −35~35℃에서 중간냉각이 완전한 2단압축 1단팽창사이클로 작동되는 R-134a 냉동기의 냉동능력이 10 kW일 때 다음을 구하여라. 단, 응축기에서의 과냉각은 없으나 중간냉각기에 의한 과냉각이 5℃이며 저압압축기는 건압축을 한다.
(1) 냉동효과 (2) 냉매순환량
(3) 저압압축기 소요동력 (4) 저압압축기 피스톤배출량
(5) 저압압축 후 냉매온도 (6) 고압압축기 소요동력
(7) 고압압축기 피스톤배출량 (8) 고압압축 후 냉매온도
(9) 응축기 총방열량 (10) 성적계수

(1) $q_L = 122.28$ kJ/kg (2) $\dot{m} = 0.08178$ kg/s
(3) $W_1 = 1.899$ kW (4) $V_1 = 75.268$ m³/h
(5) $t_4 = 3.1$℃ (6) $W_2 = 2.181$ kW
(7) $V_2 = 24.277$ m³/h (8) $t_7 = 39.7$℃
(9) $Q_H = 14.08$ W (10) $cop = 2.451$

4-8 −35~40℃에서 중간냉각이 불완전한 2단압축 2단팽창사이클로 작동되는 R-134a 냉동기의 냉동능력이 10 kW일 때 다음을 구하여라. 단, 응축기에서의 과냉각이 없으며 저압압축기는 건압축을 한다.
(1) 냉동효과 (2) 냉매순환량
(3) 증발기에서 증발하는 냉매의 양 (4) 저압압축기 소요동력
(5) 저압압축 후 냉매온도 (6) 고압압축기 소요동력
(7) 고압압축 후 냉매온도 (8) 응축기 총방열량
(9) 성적계수

(1) $q_L = 125.68$ kJ/kg (2) $\dot{m} = 79.567 \times 10^{-3}$ kg/s
(3) $m_e = 55.475 \times 10^{-3}$ kg/s (4) $W_1 = 1.503$ kW
(5) $t_6 = 5.5$℃ (6) $W_2 = 2.317$ kW
(7) $t_9 = 50$℃ (8) $Q_H = 13.82$ W
(9) $cop = 2.618$

4-9 −35~40℃ 사이에서 중간냉각이 완전한 2단압축 2단팽창사이클로 작동하는 R-717 냉동기의 냉동능력이 10 kW일 때 다음을 구하여라. 단, 응축기에서의 과냉각이 없으며 저압압축기는 건압축을 한다.
(1) 냉동효과 (2) 냉매순환량
(3) 증발기에서 증발하는 냉매의 양 (4) 저압압축기 소요동력
(5) 저압압축 후 냉매의 온도 (6) 중간냉각기 총방열량
(7) 고압압축기 소요동력 (8) 고압압축 후 냉매의 온도
(9) 응축기 총방열량 (10) 성적계수

(1) $q_L = 955.27$ kJ/kg　　　　(2) $\dot{m} = 10.468 \times 10^{-3}$ kg/s
　　(3) $m_e = 8.133 \times 10^{-3}$ kg/s　(4) $W_1 = 1.534$ kW
　　(5) $t_6 = 56.9$℃　　　　　　(6) $Q_{Hi} = 0.325$ kW
　　(7) $W_2 = 2.142$ kW　　　　(8) $t_9 = 98.6$℃
　　(9) $Q_{Hc} = 13.351$ W　　　　(10) $cop = 2.72$

4-10 −30~40℃ 사이에서 중간냉각이 완전한 2단압축 2단팽창사이클로 작동하는 R-134a 냉동기의 냉동능력이 10 kW일 때 다음을 구하여라. 단, 응축기에서의 과냉각이 없으며 저압압축기는 건압축을 한다.
(1) 냉동효과　　　　　　　　(2) 냉매순환량
(3) 증발기에서 증발하는 냉매의 양　(4) 저압압축기 소요동력
(5) 저압압축 후 냉매의 온도　　(6) 고압압축기 소요동력
(7) 고압압축 후 냉매의 온도　　(8) 응축기 총방열량
(9) 성적계수

　　(1) $q_L = 123.86$ kJ/kg　　　(2) $\dot{m} = 80.736 \times 10-3$ kg/s
　　(3) $m_e = 55.857 \times 10-3$ kg/s　(4) $W_1 = 1.390$ kW
　　(5) $t_6 = 7.3$℃　　　　　　(6) $W_2 = 2.061$ kW
　　(7) $t_9 = 44.1$℃　　　　　(8) $Q_H = 13.451$ kW
　　(9) $cop = 2.897$

4-11 고온증발기의 증발온도와 냉동능력이 각각 −5℃, 200 kW, 저온증발기의 증발온도와 냉동능력이 각각 −35℃, 500 kW이고 응축온도가 40℃인 중간냉각이 완전한 2단압축 2단증발사이클로 작동하는 R-717 냉동기에 대하여 다음을 구하여라. 단, 응축기의 과냉각도는 5℃이다.
(1) 고온증발기 냉동효과　　　　(2) 저온증발기 냉동효과
(3) 냉매순환량　　　　　　　(4) 고온증발기에서 증발하는 냉매의 양
(5) 저온증발기에서 증발하는 냉매의 양　(6) 저압압축기 소요동력
(7) 고압압축기 소요동력　　　　(8) 중간냉각기 총방열량
(9) 응축기 총방열량　　　　　(10) 성적계수

　　(1) $q_{L,h} = 280.96$ kJ/kg　　(2) $q_{L,l} = 702.39$ kJ/kg
　　(3) $\dot{m} = 0.71185$ kg/s　　(4) $\dot{m}_{e,h} = 0.18714$ kg/s
　　(5) $\dot{m}_{e,l} = 0.40395$ kg/s　(6) $W_1 = 71.798$ kW
　　(7) $W_2 = 153.582$ kW　　(8) $Q_{Hi} = 11.02$ kW
　　(9) $Q_{Hc} = 914.36$ kW　　(10) $cop = 3.106$

4-12 그림 4-43의 (b)와 같은 2원 냉동사이클에서 저온측 냉매(R-170)의 증발온도와 응축온도가 각각 −75℃, −15℃이고 고온측 냉매(R-134a)의 증발온도와 응축온도가 각각 −25℃와 30℃이고 과냉각도는 5℃이다. 이 냉동기의 냉동용량이 100 kW일 때 다음을 구하여라.

(1) 저온측 냉매순환량 (2) 저온측 압축기의 소요동력
(3) 고온측 냉매순환량 (4) 고온측 압축기의 소요동력
(5) 응축기의 총방열량 (6) 저온측 성적계수
(7) 고온측 성적계수 (8) 2원 냉동사이클의 성적계수

(1) $\dot{m}_l = 0.32984$ kg/s (2) $W_l = 42.157$ kW
(3) $\dot{m}_h = 0.96104$ kg/s (4) $W_h = 39.124$ kW
(5) $Q_{H,h} = 181.281$ kW (6) $cop_l = 2.372$
(7) $cop_h = 3.633$ (8) $cop = 1.23$

제 5 장 압축기

1 압축기 개요
2 압축과정
3 압축기의 여러 가지 효율
4 압축기의 종류
5 왕복식 압축기
6 회전식 압축기
7 터보 압축기
8 스크류 압축기

제 5 장 압축기

1 압축기 개요

증기압축식 냉동기의 4개 구성요소(증발기, 압축기, 응축기, 팽창밸브) 중 가장 중요한 것이 **압축기**(compressor)이다.

2장에서도 언급한 바와 같이 압축기는 냉매액이 쉽게 증발되도록 증발된 저온, 저압의 냉매증기를 흡입하는 펌프의 역할, 흡수된 냉매증기가 쉽게 응축되도록 고온, 고압의 증기로 압축하는 역할 및 압축의 힘으로 냉매를 냉동기 내부에서 순환시키는 역할을 연속적으로 행한다. 그러므로 압축기는 압력(증발압력, 응축압력), 압축비, 피스톤배출량(단위시간당 압축하는 냉매의 흡입체적), 냉매의 종류, 고온, 고압으로 압축된 냉매증기를 응축시키기 위하여 공급하는 공기나 물(응축제)의 온도와 유동상태 등에 따라 그 구조와 작동방법에 많은 차이가 있다. 특히 압력이 동일하여도 냉매에 따라 압축비, 피스톤배출량, 응축재의 온도와 유동상태가 다르므로 냉동기의 냉동능력에 적합한 압축기를 설계하는 것은 매우 어려운 일이다.

본 장에서는 압축기의 성능을 나타내는 여러 가지 효율, 압축기의 형식, 구조, 작동원리 및 압축기의 제어방법 등을 설명하도록 한다.

2 압축과정

증기압축식 냉동기용 압축기로 처음 개발된 것은 왕복식 압축기이다. 이 형식은 실린더와 피스톤으로 구성되며 실린더와 피스톤 사이의 간극에 따라 두 가지로 나눈다. 본 절에서는 왕복식 압축기의 두 가지 형식에 따라 압축과정을 설명한다.

2-1 간극체적이 없는 경우의 압축

피스톤에 의해 압축이 이루어지는 왕복식 압축기에서 압축된 냉매증기를 배출한 후 압축된 냉매증기가 압축기에 남아 있는 경우, 남아 있는 냉매증기의 체적을 **간극**(間隙)**체적**(clearance volume) 또는 **극간체적**이라 한다. 실제 왕복식 압축기에는 반드시 간극체적이 있으나 간극체적이 전혀 없는 이상적인 압축기를 생각해 본다.

그림 5-1은 간극체적이 없는 압축기의 실린더 안의 압력과 체적의 관계를 P-V 선도에 이론적으로 나타낸 것으로 이것을 **지압선도**(指壓線圖, indicated diagram)라고도 한다.

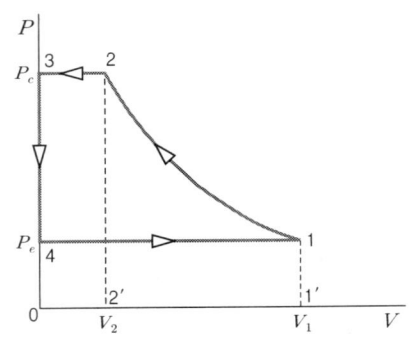

(a) 간극체적이 없는 압축기의 지압선도

(b) 간극체적이 없는 왕복식 압축기

[그림 5-1] 간극체적이 없는 압축기

그림에서 1-2-3-4는 압축기의 열역학적 사이클을 나타내며 그 과정은 다음과 같다.

(1) 과정 1-2 : 외부로부터 공급되는 동력에 의해 피스톤이 상향운동을 함에 따라 증발압력(P_e)의 냉매증기가 응축압력(P_c)으로 단열압축되는 과정으로 냉매 1 kg당 압축일 $_1w_2$은

$$-_1w_2 = 면적\ (1\text{-}2\text{-}1'\text{-}2') = \int_1^2 P dv \ \cdots \ \text{(a)}$$

(2) 과정 2-3 : 배출밸브(discharge valve)가 열리고 계속되는 피스톤의 상향운동으로 인하여 정압(응축압력 P_c)하에 압축된 냉매가 배출되는 과정으로 압축냉매 1 kg당 배출에

필요한 일 $_2w_3$은

$$-_2w_3 = 면적 \ (2\text{-}3\text{-}0\text{-}2') = \int_2^3 P dv \quad \cdots \text{(b)}$$

(3) 과정 3-4 : 배출과정의 완료되었으므로 이론적으로 압력이 응축압력에서 증발압력으로 강하한다고 가정한다. 따라서 이때의 일은 $_3w_4 = 0$이다.

(4) 과정 4-1 : 외부로부터 공급되는 동력에 의해 피스톤이 하향운동을 함에 따라 냉매증기가 정압(증발압력 P_e)하에 실린더 안으로 흡입되는 과정으로 냉매증기가 피스톤을 밀고 들어온다고 생각할 수 있으므로 냉매가 피스톤에 일을 하는 결과와 같다. 이때 냉매 1 kg을 흡기하는데 소요되는 일 $_4w_1$은

$$_4w_1 = 면적 \ (4\text{-}1\text{-}1'\text{-}0) = \int_4^1 P dv \quad \cdots \text{(c)}$$

따라서 한 사이클 동안 냉매 1 kg당 외부로부터 압축기에 가하는 일량 w는 위의 식을 모두 합하면 된다. 즉

$$w = {_1w_2} + {_2w_3} + {_3w_4} + {_4w_1} = -면적 \ (1\text{-}2\text{-}3\text{-}4) = -\int_1^2 v dP \tag{5-2-1}$$

위의 압축일은 냉매증기가 간극체적이 없는 압축기에서 가역단열압축될 때 한 사이클당 냉매 1kg에 대해 필요한 일을 뜻하며 식 (1-6-23)의 공업일과 같음을 알 수 있다. 위의 식 (a)에서 식 (5-2-1)까지 "−"부호의 일이란 뜻은 1장의 6-6절에서 약속한 것과 같이 냉매를 흡입하여 압축, 배출하려면 압축기에 외부로부터 일을 공급하여야 한다는 뜻이다. 그러므로 가역단열압축되는 냉매증기를 완전가스로 보면 냉매 1kg당 압축에 필요한 일은 식 (1-6-37)의 ⓒ에 의해

$$\begin{aligned} w &= -\int_1^2 v dP = -\frac{\kappa R}{\kappa-1}(T_2 - T_1) = -\frac{\kappa}{\kappa-1}(P_c v_2 - P_e v_1) \\ &= -\frac{\kappa}{\kappa-1} P_e v_1 \left(\frac{P_c v_2}{P_e v_1} - 1\right) = -\frac{\kappa}{\kappa-1} P_e v_1 \left\{\left(\frac{P_c}{P_e}\right)^{\frac{\kappa-1}{\kappa}} - 1\right\} \\ &= -\frac{\kappa}{\kappa-1} P_e v_1 (\alpha^{\frac{\kappa-1}{\kappa}} - 1) \end{aligned} \tag{5-2-2}$$

식 (5-2-2)에서 $\alpha(= P_c/P_e)$는 압축기의 압축비이고 κ는 냉매증기의 비열비이다. 그리고 "−" 부호는 외부에서 일을 공급하는 것을 의미한다.

2-2 간극체적이 있는 경우의 압축

왕복식 압축기는 간극체적이 있으므로 간극체적을 고려하여야 하며 압축과정은 이론적으로는 가역단열압축이다. 그러나 실제로는 가역단열압축도 폴리트로픽 압축도 아니지만 폴리트로픽 변화에 가깝다.

그림 5-2는 간극체적($v_c = v_3$)이 있는 압축기의 이론적인 지압선도이며 사이클 1-2-3-4의 변화과정은 다음과 같다.

(1) 과정 1-2 : 외부로부터 공급되는 동력에 의해 피스톤이 상향운동을 하며 냉매증기를 증발압력(P_e)으로부터 응축압력(P_c)으로 압축하는 과정으로 압축 말에 냉매의 압력(P_c)에 의해 배출밸브가 열린다.

(2) 과정 2-3 : 압축된 냉매가 배출밸브를 통해 응축기로 배출되는 과정으로 냉매증기의 배출로 인해 실린더 안의 압력이 응축압력(P_c)보다 낮아지면 배출밸브의 스프링장력에 의해 배출밸브가 닫힌다.

(3) 과정 3-4 : 실린더 안의 간극체적에 남아 있던 고온, 고압(P_c)의 냉매증기가 피스톤의 하향운동으로 팽창되어 압력이 증발압력(P_e)까지 낮아지는 과정으로 팽창 말에 흡입밸브가 열린다.

(4) 과정 4-1 : 외부로부터 공급되는 동력에 의해 피스톤이 하향함에 따라 정압(증발압력 P_e)하에 냉매증기를 실린더 안으로 흡입하는 과정

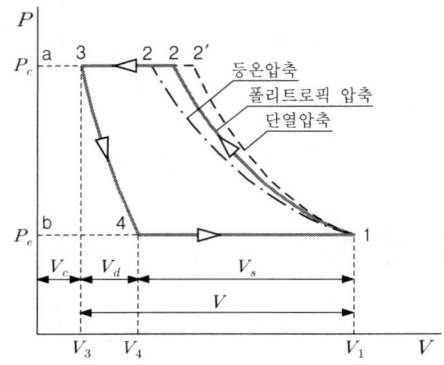

[그림 5-2] 간극체적이 있는 압축기의 지압선도

따라서 냉매증기의 실질적인 흡입이 상태점 4로부터 시작되므로 냉매증기의 흡입체적은 간극체적이 있는 압축기의 이론적인 피스톤배출량($V = V_1 - V_3$)보다 잔류가스의 팽창에 의한 체적증가량($V_d = V_4 - V_3$)만큼 줄어든다. 여기서 냉매 1 kg당 간극체적을 갖는 압축기에

가해야 할 이론적인 압축일 w는 식 (5-2-2)를 이용하면

$$\begin{aligned} w &= 면적\ (1\text{-}2\text{-}a\text{-}b) - 면적\ (3\text{-}4\text{-}b\text{-}a) \\ &= -\left\{\frac{n}{n-1}(P_c v_2 - P_e v_1) - \frac{n}{n-1}(P_c v_3 - P_e v_4)\right\} \\ &= -\frac{n}{n-1}\left\{(P_c v_2 - P_e v_1) - (P_c v_3 - P_e v_4)\right\} \\ &= -\frac{n}{n-1}\left[P_e v_1\left\{\left(\frac{P_c}{P_e}\right)^{\frac{n-1}{n}} - 1\right\} - P_e v_4\left\{\left(\frac{P_c}{P_e}\right)^{\frac{n-1}{n}} - 1\right\}\right] \\ &= -\frac{n}{n-1}(P_e v_1 - P_e v_4)(\alpha^{\frac{n-1}{n}} - 1) \end{aligned}$$

그런데 그림 5-2에서 행정체적이 $V_s = V_1 - V_4 (v_s = v_1 - v_4)$이므로 압축일 w는 다음과 같아진다.

$$w = -\frac{n}{n-1}P_e v_s(\alpha^{\frac{n-1}{n}} - 1) \qquad (5\text{-}2\text{-}3)$$

이 식에서도 "$-$"부호는 압축일을 공급한다는 뜻이다.

식 (5-2-2)와 식 (5-2-3)을 비교하면 간극체적이 있는 압축기의 소요일(w)은 간극체적이 없는 행정체적이 V_s(1 kg당 v_s)인 압축기의 소요일과 같음을 알 수 있다. 따라서 간극체적은 직접적으로 압축기 소요일(압축일)의 증가를 의미하는 것은 아니지만 간극체적이 증가하면 실린더 안으로 흡입되는 냉매증기의 체적이 감소하므로 체적효율이 감소하여 결국에는 압축기의 소요동력을 증가시키는 결과를 초래한다.

3 압축기의 여러 가지 효율

3-1 왕복식 압축기의 체적효율

실제의 압축기는 흡입 냉매의 과열, 실린더의 간극체적, 피스톤 링(piston ring)이나 밸브에서의 누설 등으로 인해 압축기 배출 냉매의 체적과 압축기 용량에 영향을 준다. 즉, 압축기가 실제로 흡입하는 냉매의 체적은 피스톤의 행정체적보다 작아지며 이들의 비를 **체적효율**(volumetric efficiency) 또는 **충전효율**(charge efficiency)이라 한다.

여기서 압축기가 실제로 흡입하는 냉매의 체적을 V_{act}, 압축기가 이론적으로 흡입하는 냉매의 체적(압축기의 이론적인 행정체적으로 **피스톤 배출량**이라 함)을 V라 하면 체적효율 (η_v)은 다음과 같이 정의된다.

$$\text{체적효율}(\eta_v) = \frac{\text{압축기가 흡입하는 실제 냉매의 체적}(V_{act})}{\text{압축기의 이론 피스톤배출량}(V)} \tag{5-3-1}$$

3-1-1 간극체적효율($\eta_{v,c}$)

간극체적(V_c)의 영향을 받는 체적효율을 **간극체적효율**(clearance volumetric efficiency) 또는 **겉보기 체적효율**(apparent volumetric efficiency)이라 한다. 그림 5-2에서 간극체적(V_c) 안에 남아 있던 냉매증기는 피스톤이 하향함에 따라 체적이 V_d만큼 더 팽창하여 $V_4(=V_c+V_d)$로 되므로 실제로 흡입되는 냉매증기의 체적은 행정체적인 V_s와 같다. 그러므로 간극체적효율($\eta_{v,c}$)은 다음과 같이 정의한다.

$$\eta_{v,c} = \frac{V_{act}}{V} = \frac{v_{act}}{v} = \frac{v_s}{v_1-v_3} = \frac{v_1-v_4}{v_1-v_3} \tag{5-3-2}$$

여기서 간극체적(V_c)과 피스톤 배출량(V)의 비를 **간극비**(clearance ratio, r_c)라 하며 다음과 같이 정의한다.

$$r_c = \frac{V_c}{V} = \frac{v_c}{v} = \frac{v_3}{v_1-v_3} \tag{5-3-3}$$

그림 5-2에서 $v_s = v_1 - v_4 = (v_1-v_3) - (v_4-v_3)$ 이므로 간극체적효율 $\eta_{v,c}$는

$$\eta_{v,c} = \frac{v_1-v_4}{v_1-v_3} = 1 - \frac{v_4-v_3}{v_1-v_3} \cdots \text{(a)}$$

이고, 과정 3-4가 폴리트로픽변화($Pv^n = C$)를 따른다고 하면 $P_c v_3^n = P_e v_4^n$에서

$$v_4/v_3 = (P_c/P_e)^{(1/n)} = \alpha^{(1/n)} \cdots \text{(b)}$$

식 (5-3-3)과 식 (b)를 식 (a)에 대입하여 정리하면 간극체적효율은 다음 식으로 된다.

$$\eta_{v,c} = 1 - \frac{v_4-v_3}{v_1-v_3} = 1 - \frac{v_3}{v_1-v_3}\left(\frac{v_4}{v_3}-1\right) = 1 - r_c(\alpha^{\frac{1}{n}}-1) \tag{5-3-4}$$

식 (5-3-4)를 보면 압축기의 압축비(ρ)가 커질수록 간극체적효율($\eta_{v,c}$)이 감소한다. 그리고

보통 압축기의 간극비(r_c)는 0.02~0.08 정도이고, 고압용 압축기의 간극비는 0.05~0.15 정도이다.

3-1-2 전체적효율($\eta_{v,t}$)

압축기를 연속으로 운전하면 흡입중인 냉매증기에 가열된 실린더 벽으로부터 열이 전달되어 냉매증기의 온도가 올라가고 압력은 밸브에서의 저항으로 내려간다. 이와 같은 여러 영향들을 고려한 체적효율을 **전(全)체적효율**(total volumetric efficiency)이라 한다. 압축 도중 피스톤을 통해 냉매증기가 누설이 되지 않는다고 가정하면 흡입밸브를 통과할 때의 압력강하와 흡입 말 냉매의 온도로부터 전체적효율의 근사치를 계산할 수 있다. 다음은 식 (5-3-4)를 수정한 것으로 전체적효율($\eta_{v,t}$)을 구하는 식이다.

$$\eta_{v,c} = 1 - r_c \left\{ \left(\frac{P_c}{P_e}\right)^{\frac{1}{n}} - 1 \right\} \left(\frac{P_i}{P_s}\right)\left(\frac{T_s}{T_i}\right) \tag{5-3-5}$$

위의 식에서 P_i와 T_i는 실린더 안의 압력과 온도이며, P_s와 T_s는 증발기 또는 압축기에 인접한 흡입관의 압력과 온도이다.

이상과 같이 체적효율은 두 가지로 생각할 수 있으나 보통 체적효율이라 하면 전체적효율을 의미하며 압축비의 영향을 많이 받는다. 일반적으로 체적효율은 표준상태에서 75~80% 정도이며, 저속, 중속의 대형 압축기에서는 75% 이상이고 고속 대형 압축기는 70% 이하인 경우가 많다.

3-2 피스톤배출량

단위시간(1 h)동안 압축기가 배출하는 흡입 냉매의 이론적인 체적을 압축기의 **이론 피스톤 배출량**(piston displacement, V m³/h)이라 정의하며, 피스톤이 있는 왕복식 압축기에만 적용되는 것이 아니고 피스톤이 없는 로터리 압축기나 터보 압축기에도 적용된다.

이론 피스톤배출량을 단순히 피스톤배출량이라고도 하며 압축기의 용량을 결정하는 중요한 인자이다. 압축기 입구에서 냉매의 비체적을 v (m³/kg), 냉매의 순환량을 $\dot{m}$ (kg/h)라 하면 이론 피스톤배출량(V)은

$$V = \dot{m} v \tag{5-3-6}$$

여기서 주의해야 할 점은 2단압축 2단팽창사이클이나 2단증발사이클과 같이 응축기에서 응축되는 냉매순환량($\dot{m}$ kg/h)과 증발기에서 증발되는 냉매의 양($\dot{m}_e$ kg/h)이 다른 경우의

이론 피스톤배출량(V)은 다음과 같이 계산하여야 한다.

$$V = \dot{m}_e v \tag{5-3-7}$$

왕복식 압축기에서의 이론 피스톤배출량(V)은 다음과 같다.

$$\left.\begin{aligned} V &= \frac{\pi}{4} D^2 l n z \ (\text{m}^3/\text{min}) \\ &= 60 \frac{\pi}{4} D^2 l n z \ (\text{m}^3/\text{h}) \end{aligned}\right\} \tag{5-3-8}$$

여기서 D : 실린더 안지름(피스톤 직경)(m)
l : 피스톤의 행정(m)
n : 압축기의 회전속도(rpm)
z : 실린더 수

그리고 **실제 피스톤배출량**(V_{act})은 식 (5-3-1)으로부터 다음과 같이 쓸 수 있다.

$$\left.\begin{aligned} V_{act} &= V \eta_v = \frac{\pi}{4} D^2 l n z \eta_v \ (\text{m}^3/\text{min}) \\ &= 60 \frac{\pi}{4} D^2 l n z \eta_v \ (\text{m}^3/\text{h}) \end{aligned}\right\} \tag{5-3-9}$$

》 예제 5-1

냉동효과가 147.91 kJ/kg인 R-134a 건압축 냉동기의 실제 냉동능력이 200 kW이다. 압축기 입구에서 냉매의 비체적이 0.18030 m³/kg이고 체적효율이 80%라면 압축기의 이론 피스톤배출량과 실제 피스톤배출량은 얼마인가?

풀이 (1) 실제 피스톤배출량
q_L = 147.91 kJ/kg, Q_L = 200 kW, v = 0.18030 m³/kg 이므로 식 (1-8-4)에서 냉매순환량 $\dot{m}$은

$$\dot{m} = \frac{Q_L}{q_L} = \frac{200}{147.91} \ \text{kg/s} = \frac{200 \times 3600}{147.91} \ \text{kg/h} = 4867.83 \ \text{kg/h}$$

따라서 실제 피스톤배출량은 식 (5-3-6)으로부터

$$V_{act} = \dot{m} v = 4867.83 \times 0.18030 = 877.67 \ \text{m}^3/\text{h}$$

(2) 이론 피스톤배출량
체적효율이 η_v = 0.8 이므로 압축기의 이론 피스톤배출량은 식 (5-3-1)로부터

$$V = \frac{V_{act}}{\eta_v} = \frac{877.67}{0.8} = 1097.09 \ \text{m}^3/\text{h}$$

> **예제 5-2** 압축기 흡입냉매의 비체적이 0.14641 m³/kg이고 실제 피스톤배출량이 300 m³/h인 R-134a 건압축 냉동기의 냉동효과가 150.98 kJ/kg이다. 체적효율이 78%라면 이 냉동기의 냉동능력은 몇 kW인가?
>
> **[풀이]** $V_{act} = 300$ m³/h이고 $\eta_v = 0.78$ 이므로 이론 피스톤배출량 V는 식 (5-3-1)로부터
>
> $$V = \frac{V_{act}}{\eta_v} = \frac{300}{0.78} = 384.62 \text{ m}^3/\text{h}$$
>
> $v = 0.14641$ m³/kg 이므로 압축기로 유입되는 냉매의 양 $\dot{m}$은 식 (5-3-6)에서
>
> $$\dot{m} = \frac{V_{act}}{v} = \frac{300}{0.14641} = 2049.04 \text{ kg/h}$$
>
> $q_L = 150.98$ kJ/kg 이므로 냉동능력 Q_L은 식 (1-8-4)로부터
>
> $$Q_L = \dot{m} q_L = 2049.04 \times 150.98 \text{ kJ/kg} = 85.93 \text{ kW}$$

3-3 압축효율(η_c)

압축기로 흡입된 냉매는 가역단열압축이 되는 것이 아니며(4장 2-2절 참조) 실린더 벽과의 열교환으로 인해 엔트로피가 변한다. 또한 밸브나 배관에서의 저항으로 인해 흡입압력은 증발압력보다 낮아지고 배출압력은 응축압력보다 높아져, 압축기의 실제 압축일은 이론 압축일보다 커진다.

압축효율(compression efficiency)이란 압축기의 실제 압축일과 이론 압축일의 비로 정의한다.

$$압축효율(\eta_c) = \frac{압축기의\ 이론\ 압축일(w)}{압축기의\ 실제\ 압축일(w_{act})} \tag{5-3-10}$$

압축효율은 압축기의 종류, 회전속도, 냉매의 종류, 온도 등의 영향을 받는다. 그러므로 식으로 간단히 계산될 수 없으며 대략 0.6~0.85 정도이다.

> **예제 5-3** 건압축 사이클로 작동되는 R-134a 냉동기의 압축기 입구에서 냉매의 비엔탈피가 388.32 kJ/kg이고 단열압축 후 출구에서의 비엔탈피가 420.31 kJ/kg이다. 압축효율이 82%일 때 압축기 출구에서 냉매의 실제 비엔탈피는 얼마인가?
>
> **[풀이]** 그림 5-3에서 사이클 1-2-3-4-1은 이론 냉동사이클이고 사이클 1-2-3-4′-1은 압축효율을 고려한 사이클이다. 그림에서 등엔트로피(단열) 압축 후 냉매의 비엔탈피를 h_4, 압축 후 실제 비엔탈피를 h_4'이라 하면 이론 압축일은 $w = h_4 - h_3$이고 실제 압축일은 $w_{act} = h_4' - h_3$ 이므로 압축효율은 다음의 식으로 표현할 수 있다.

$$\eta_c = \frac{w}{w_{act}} = \frac{h_4 - h_3}{h_4' - h_3} \qquad (5\text{-}3\text{-}11)$$

여기서 $h_3 = 388.32$ kJ/kg, $h_4 = 420.31$ kJ/kg, $\eta_c = 0.82$ 이므로 식 (5-3-11)에서 압축 후 실제 비엔탈피 h_4'은

$$h_4' = h_3 + \frac{h_4 - h_3}{\eta_c} = 388.32 + \frac{420.31 - 388.32}{0.82} = 427.33 \text{ kJ/kg}$$

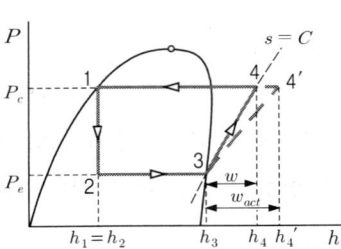

[그림 5-3] 건압축 냉동사이클

3-4 기계효율(η_m)과 압축기 소요동력(W)

압축기를 구동시키는 전동기의 동력(W_m)은 냉매를 압축시키는데 필요한 압축기 실제 소요동력(W_{act})보다 크며 이들의 비를 **기계효율**(mechanical efficiency)이라 한다.

$$\text{기계효율}(\eta_m) = \frac{\text{압축기의 실제 소요동력}(W_{act})}{\text{압축기를 구동시키는 전동기의 동력}(W_m)} \qquad (5\text{-}3\text{-}12)$$

식 (5-3-10)의 압축효율을 고려하면 압축기를 구동시키는 전동기의 동력(W_m)은

$$W_m = \frac{W_{act}}{\eta_m} = \frac{W}{\eta_c \eta_m} \qquad (5\text{-}3\text{-}13)$$

과 같다.

> **예제 5-4** 냉동능력이 50 kW이고 성적계수가 4인 냉동기의 압축효율이 80%이고 기계효율이 88%라면 압축기를 구동시키는 전동기의 동력은 얼마인가?
>
> **풀이** $Q_L = 50$ kW, $cop = 4$ 이므로 압축기의 이론 소요동력 W는 식 (4-3-7)로부터
>
> $$W = \frac{Q_L}{cop} = \frac{50}{4} = 12.5 \text{ kW}$$
>
> $\eta_c = 0.8$, $\eta_m = 0.88$ 이므로 전동기 동력 W_m은 식 (5-3-13)으로부터
>
> $$W_m = \frac{W}{\eta_c \eta_m} = \frac{12.5}{0.8 \times 0.88} = 17.76 \text{ kW}$$

4 압축기의 종류

냉동기용 압축기도 일반 압축기와 같이 여러 가지 방법으로 냉매를 압축할 수 있어 그 종류도 다양하다.

(1) 압축 방법에 따른 분류

① 왕복식 압축기(reciprocating compressor)

실린더 안에서 왕복운동을 하는 피스톤에 의해 냉매를 흡입, 압축하여 배출하는 압축기를 왕복식 압축기 또는 피스톤 압축기(왕복용적형 압축기)라 하며 가장 널리 사용된다. 실린더의 설치 위치에 따라 횡형(가로형)과 입형(세로형)이 있다(그림 5-4~그림 5-11).

② 회전식 압축기(rotary compressor)

회전축에 대하여 편심된 회전자(로우터 또는 피스톤)의 회전에 의해 회전자와 실린더 사이로 냉매를 흡입하여 압축하는 것으로 회전식 압축기 또는 회전용적형 압축기라 한다 (그림 5-29).

③ 터보 압축기(turbo compressor)

케이싱(casing) 안에 설치된 회전 날개(impeller)의 고속 회전운동을 이용하여 압축하는 것으로 **터보 압축기**라 한다. 냉매에 가해지는 속도에너지를 동압(動壓)의 압력에너지로 변환시키므로 **속도형 압축기** 또는 **원심식 압축기**(centrifugal compressor)라고도 한다 (그림 5-31).

④ 스크루 압축기(screw compressor)

실린더 안에 설치된 암나사와 숫나사 사이의 공간으로 냉매를 흡입하여 압축시키는 것으로 **스크루 압축기**라 하며 회전용적형 압축기의 일종이다(그림 5-32).

(2) 압축 단수에 따른 분류

① 1단압축기(single stage compressor)

증발압력(또는 증발온도)과 응축압력(또는 응축온도)의 차가 크지 않은 경우 하나의 압축기로 증발된 냉매증기를 압축하여 응축기로 배출하는 형식을 1단압축기라 한다.

② 다단압축기(multiple stage compressor)

증발압력(또는 증발온도)과 응축압력(또는 응축온도)의 차가 너무 커 압축비가 6~10 이상 되는 경우 하나의 압축기로 냉매증기를 압축하면 압축 후 온도가 너무 높아져 체적효율이 감소하고 성적계수도 작아진다. 이러한 경우에는 두 대 이상의 압축기를 이용하여 냉매를 압축하는 다단압축기를 이용한다(4장 5절 참조).

(3) 작동 방법에 따른 분류

① 단동식 압축기(single acting compressor)

단동식 압축기는 그림 5-4(a)와 같이 냉매를 피스톤의 한 쪽으로만 압축시키는 것으로 실린더의 길이를 짧게 할 수 있으므로 현재 많이 사용되는 형식이다.

② 복동식 압축기(double acting compressor)

그림 5-4(b)나 그림 5-9와 같이 냉매를 피스톤 좌우 양쪽으로 압축시키는 방식을 복동식 압축기라 한다. 이런 형식의 압축기는 압축기의 중량을 줄일 수 있으나 실린더의 길이가 길어지므로 반드시 유리하지만은 않다.

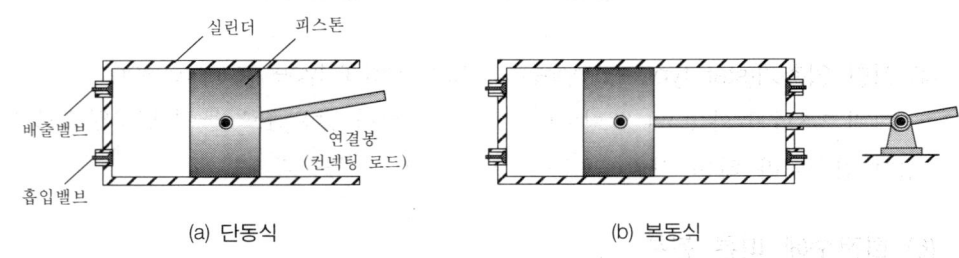

[그림 5-4] 단동식과 복동식 압축기

(4) 실린더의 수에 따른 분류

압축기의 용량은 냉동기의 냉동능력에 따라 결정된다. 압축기 용량이 클 때는 압력에 따라 실린더의 크기가 강도상 제한되므로 하나의 실린더로 할 수 없다. 용량이 비교적 작아 하나의 실린더로 된 압축기를 단실린더 압축기(단기통 압축기), 두 개 이상의 실린더로 된 압축기를 다실린더 압축기(다기통 압축기)라 한다.

① 단실린더 압축기(single cylinder compressor) (그림 5-8)
② 다실린더 압축기(multi-cylinder compressor) (그림 5-5)

(5) 실린더 배열에 따른 분류

① 입형 압축기(vertical type compressor)

그림 5-6과 같이 실린더를 수직으로 설치한 압축기이다.

② 횡형 압축기(horizontal type compressor)

그림 5-8과 5-9와 같이 실린더를 수평으로 설치한 압축기이다.

③ V, W, W-V형 압축기(V-type, W-type, W-V type compressor)

다실린더 압축기에서 그림 5-5(a)와 같이 두 개의 실린더를 V자로 90°벌려 배열한 것이

V형 압축기이며 실린더 수는 2개 또는 4개이다. 그림 5-5(b)와 같이 V형 두 개를 붙여 놓은 것이 W형 압축기며 실린더수는 3개 또는 6개이다. 그리고 그림 5-5(c)와 같이 W형 과 V형을 붙여 놓은 것이 W-V형 압축기로 실린더수는 4개 또는 8개이다.

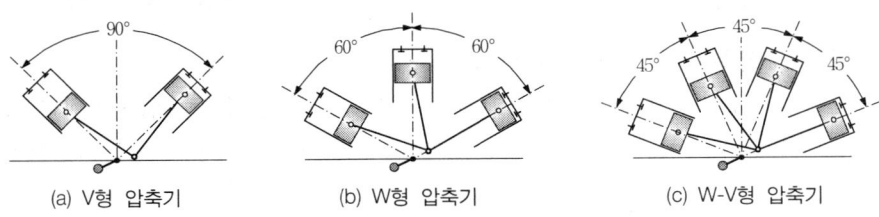

(a) V형 압축기   (b) W형 압축기   (c) W-V형 압축기

[그림 5-5] V, W, W-V형 압축기

④ 성형 압축기(star type compressor 또는 radial type compressor)

그림 5-5의 (b)와 (c)의 W형이나 W-V형을 상하 닮은꼴로 붙여 별모양으로 만든 것을 성형 압축기라 하며 실린더수는 6, 8, 12, 16개 등이다.

(6) 회전수에 따른 분류

① 고속압축기(high speed compressor)

회전속도가 소형에서 1500rpm, 중형에서 1000rpm, 대형에서 600rpm 이상인 왕복식 압축기를 말하며 피스톤의 평균속도는 3 m/s 이상이다.

② 중속압축기(medium speed compressor)

회전속도가 소형에서 900rpm, 중형에서 600rpm, 대형에서 350rpm 이하인 왕복식 압축기를 말하며 피스톤의 평균속도는 3 m/s 이하이다.

③ 저속압축기(low speed compressor)

일반적으로 횡형압축기에서는 200rpm 이하, 입형압축기에서는 300rpm 이하의 압축기를 말한다.

(7) 구조에 따른 분류

① 개방형 압축기(open type compressor)

그림 5-6과 같이 압축기와 압축기를 구동하는 전동기가 따로 설치되어 직결 또는 벨트(belt)나 커플링(coupling)에 의해 연결되는 압축기를 말한다. 크랭크축(crank shaft)이 크랭크 케이스 밖으로 관통되어 있으므로 관통부로 냉매가 누설될 염려가 있다. 따라서 냉매의 누설을 방지하는 축봉장치(shaft seal apparatus)가 필요하며 냉매 회로의 이음부에는 반드시 이음쇠를 사용하여 배관하여야 한다. 전동기와 압축기가 분리되어 있으므로 냉동기가 커지며 운전 중 소음이 심하다. 주로 중, 대용량의 냉동기에 사용된다.

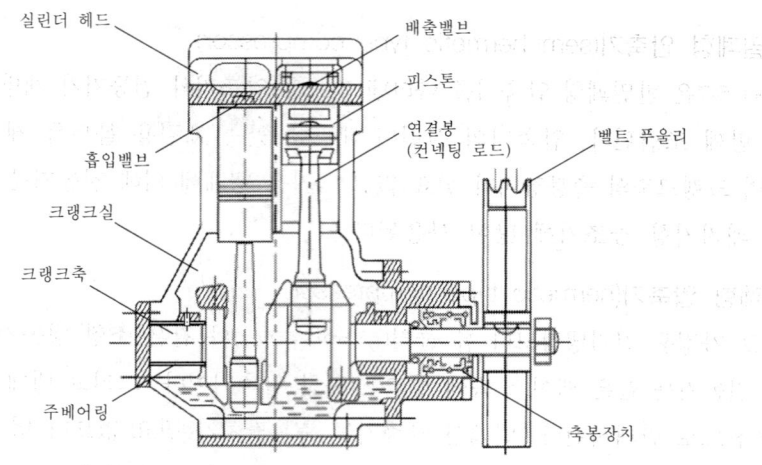

[그림 5-6] 개방형 압축기(입형 2실린더)

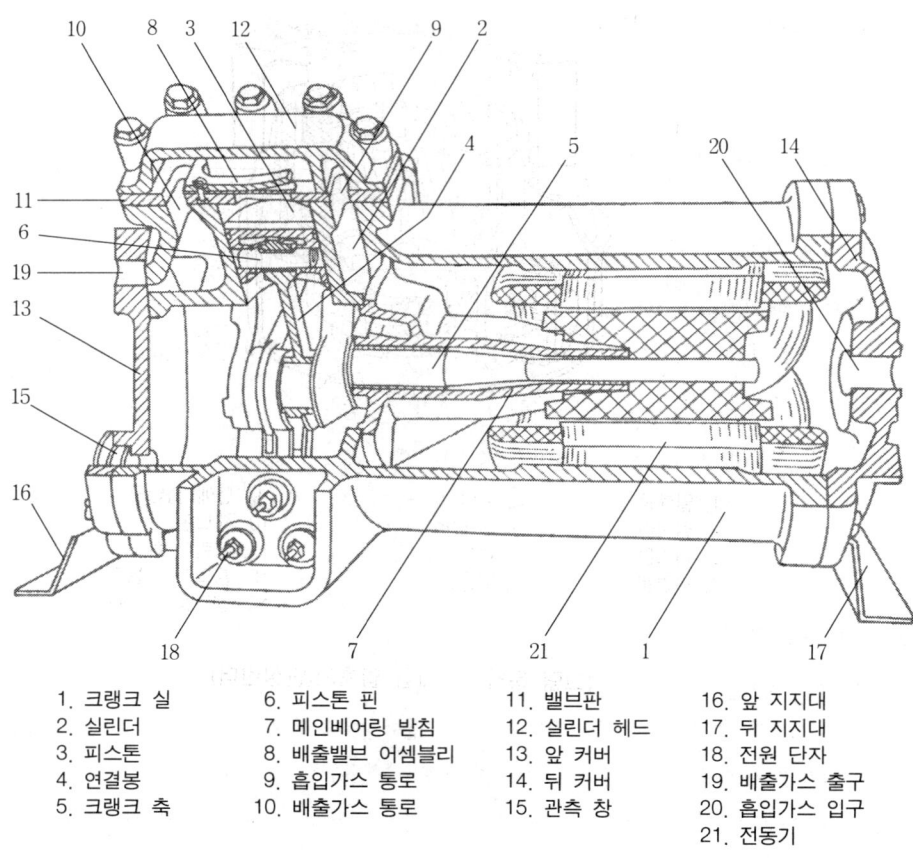

1. 크랭크 실	6. 피스톤 핀	11. 밸브판	16. 앞 지지대
2. 실린더	7. 메인베어링 받침	12. 실린더 헤드	17. 뒤 지지대
3. 피스톤	8. 배출밸브 어셈블리	13. 앞 커버	18. 전원 단자
4. 연결봉	9. 흡입가스 통로	14. 뒤 커버	19. 배출가스 출구
5. 크랭크 축	10. 배출가스 통로	15. 관측 창	20. 흡입가스 입구
			21. 전동기

[그림 5-7] 반밀폐형 압축기

② 반밀폐형 압축기(semi-hermetic type compressor)

그림 5-7은 반밀폐형 압축기를 나타낸 것으로 압축기와 전동기가 개방이 가능한 케이스 속에 함께 조립된다. 압축기의 실린더 헤드에 있는 체결용 볼트를 제거하면 분해할 수 있으며 크랭크축의 축봉장치가 필요 없고 차가운 냉매에 의해 전동기를 냉각시킬 수 있으므로 패키지형 공조기에 많이 사용된다.

③ 밀폐형 압축기(hermetic type compressor)

주로 가정용 전기냉장고나 룸 쿨러(room cooler)와 같은 소형 냉동기에 사용되며 압축기와 전동기를 같은 케이스 속에 넣고 밀봉한 압축기이다. 그리고 냉매 회로의 각 이음부도 용접으로 밀폐시킨다. 밀폐형 압축기는 축봉장치가 필요 없으나 냉매증기가 전동기에 직접 접촉되므로 전기 절연도가 좋은 냉매를 사용하여야 한다.

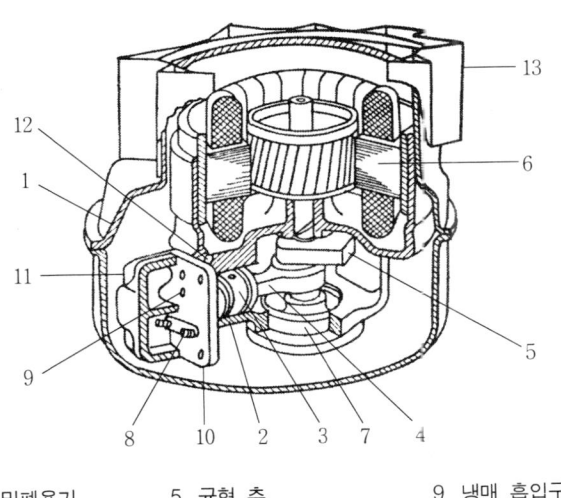

1. 밀폐용기
2. 실린더
3. 피스톤
4. 연결봉
5. 균형 추
6. 전동모터
7. 하부 베어링
8. 배출밸브
9. 냉매 흡입구
10. 밸브판
11. 실린더 헤드
12. 흡입가스 통로
13. 냉각용 핀(FIN)

[그림 5-8] 밀폐형 압축기(단실린더)

5 왕복식 압축기

5-1 횡형 압축기

실린더가 수평으로 설치된 **횡형 압축기**(horizental compressor)는 보통 복동식으로 수평형 압축기라고도 한다. 즉 피스톤의 전후 양쪽에서 냉매를 압축하는 것으로 현재는 일부에서만 사용할 뿐 거의 사용하지 않는다. 회전속도는 200~300rpm 정도로 비교적 저속이다. 용량에 비해 압축기가 대형이므로 설치 면적이 넓어야 한다. 고장이 적고 장시간의 연속운전에도 과열에 의한 소손이 거의 없다.

그림 5-9는 횡형 암모니아 압축기의 구조를 나타낸 것으로 흡입밸브와 배출밸브가 실린더의 양측에 설치되어 있고 실린더 헤드는 수냉식이다. 주로 암모니아용 압축기로 제작되므로 배출밸브를 아래에 설치하여 냉매액과 윤활유가 용이하게 유출될 수 있는 구조로 되어 있다. 피스톤과 실린더 헤드 사이의 간극이 커 입형 압축기보다 체적효율이 낮다.

피스톤 로드가 실린더 헤드를 관통하는 부분에는 축봉장치를 설치하여 냉매가 누설되지 않도록 한다. 축봉장치는 고압이 직접 가해지므로 이중으로 한다.

크랭크실은 대기 중에 개방되어 있으며 이로 인해 윤활유의 소비량이 입형 압축기보다 많아진다.

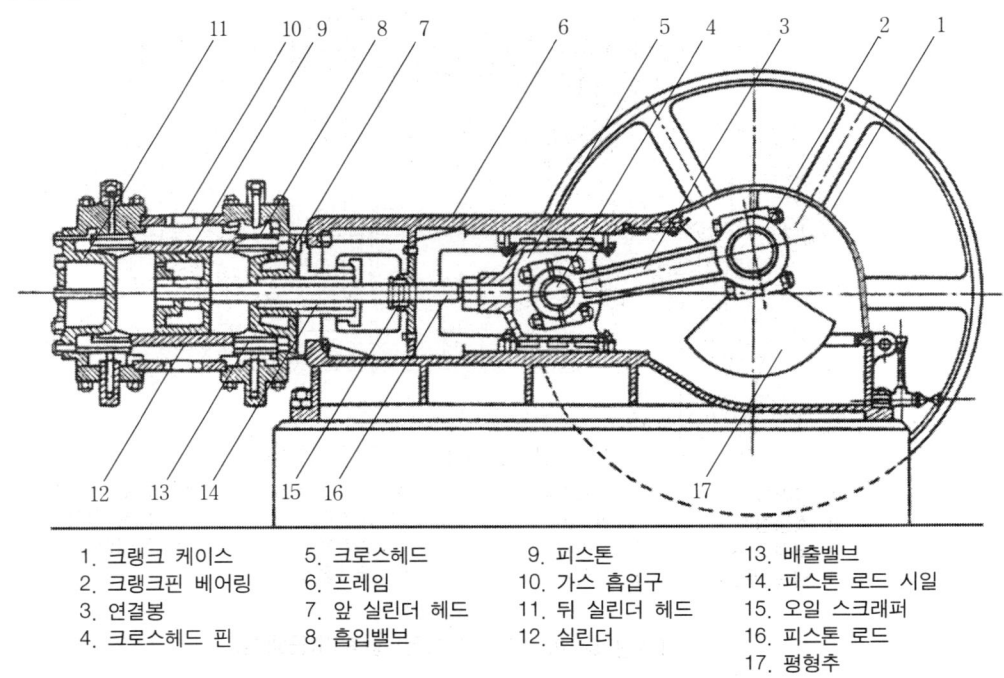

1. 크랭크 케이스
2. 크랭크핀 베어링
3. 연결봉
4. 크로스헤드 핀
5. 크로스헤드
6. 프레임
7. 앞 실린더 헤드
8. 흡입밸브
9. 피스톤
10. 가스 흡입구
11. 뒤 실린더 헤드
12. 실린더
13. 배출밸브
14. 피스톤 로드 시일
15. 오일 스크래퍼
16. 피스톤 로드
17. 평형추

[그림 5-9] 횡형(수평형) 압축기(복동식)

5-2 입형 압축기

그림 5-10과 같이 실린더가 수직으로 설치된 **입형 압축기**(vertical compressor)는 고속 다기통 압축기와 더불어 현재 가장 많이 사용하고 있으며 수직형 압축기라고도 한다. 회전수는 300~700rpm 정도의 중속이므로 횡형 압축기에 비해 동일한 용량에서 크기가 작다. 이 압축기에는 단동식이 많고 실린더 상부에 안전두(安全頭)를 설치한다. 안전두는 실린더 안의 냉매가 액상(液狀)으로 유입되어 압력이 급격히 상승되거나 이물질의 흡입으로 압력이 급상승될 때 안전두가 위로 밀려 올라가 압축기의 압력상승으로 인한 압축기의 파괴를 방지하는 역할을 한다.

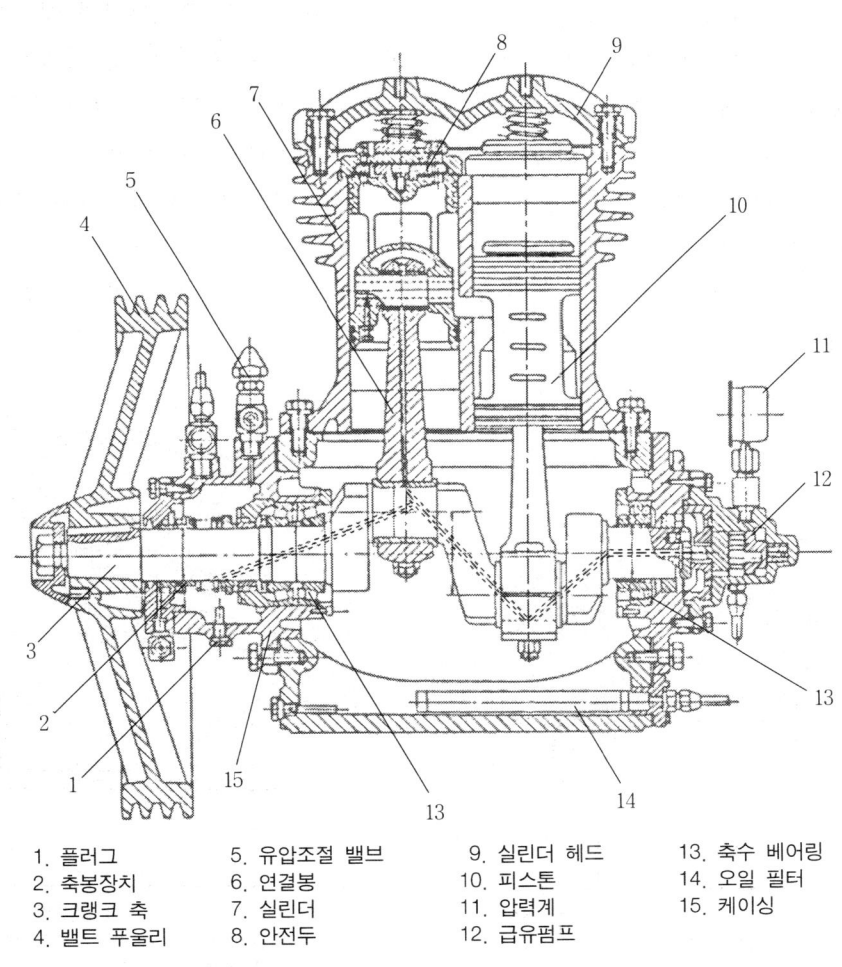

1. 플러그
2. 축봉장치
3. 크랭크 축
4. 벨트 풀리
5. 유압조절 밸브
6. 연결봉
7. 실린더
8. 안전두
9. 실린더 헤드
10. 피스톤
11. 압력계
12. 급유펌프
13. 축수 베어링
14. 오일 필터
15. 케이싱

[그림 5-10] 입형(수직형) 압축기(공냉식)

안전두는 스프링에 의해 지지되며 스프링은 압축기의 정상압력보다 2~3 bar 더 높은 압력으로 안전두를 누르고 있다. 따라서 안전두와 피스톤의 간격을 1 mm 이하로 할 수 있어 간극체적이 작아지므로 체적효율이 횡형 압축기에 비해 높다.

크랭크실은 횡형 압축기와 달리 대기 중에 노출되어 있지 않고 밀폐되어 있어 크랭크축을 통한 냉매의 누설이 없다.

암모니아용 입형 압축기의 흡입밸브는 피스톤에 설치되며 배출밸브는 안전두나 밸브 플레이트에 설치되므로 실린더에 흡입된 냉매는 실린더 내에서 한 방향으로만 흐르므로 고온의 실린더벽과 접촉하는 기회가 적어 흡입 증기의 과열에 의한 손실이 감소되는 장점은 있으나 피스톤이 길어져 무거우므로 고속용 압축기에는 적당하지 않다.

할로카본(프레온) 냉매용 압축기의 흡입밸브는 비열비가 작아 밸브 플에이트에 설치되므로 암모니아용보다 회전을 빠르게 할 수 있으며, 압축 후 냉매의 온도도 암모니아보다 훨씬 낮다. 그러나 할로카본 냉매는 윤활유에 잘 용해되어 **오일 포밍**(oil foaming) 현상을 일으키므로 가급적 크랭크 케이스로 새지 않도록 축봉장치에 신경을 써야 한다.

입형 압축기의 실린더수는 2기통이 많고 3~4기통으로도 제작된다. 흡입밸브에는 플레이트 밸브(plate valve)가 사용되며 포펫 밸브(poppet valve)는 거의 사용되지 않는다. 소형의 할로카본용 압축기에서는 리이드 밸브(reed valve)가 사용된다.

암모니아용의 압축기는 암모니아의 비열비가 커 압축 후 온도가 높아지므로 실린더 상부에 물자켓(watter jacket)을 두어 수냉식으로 만든다.

메틸크로라이드용 압축기에서는 압축 후 온도가 그리 높지 않으므로 실린더를 수냉식으로 하지 않고 실린더 외벽에 냉각 핀(cooling fin)을 설치하여 공냉식으로 한다.

회전속도는 할로카본용 압축기는 700rpm이 최고이며 암모니아용은 400rpm이 최고이다.

5-3 고속 다기통 압축기

입협 압축기는 실린더수가 2~4정도이며 회전속도도 낮으므로 압축기 용량이 크면 체적이 너무 커지므로 설치면적도 넓어야 한다. 이러한 결점을 보완하기 위하여 실린더 안지름을 비교적 작게 하고(보통 95~115mm 정도이며 최대 180mm) 실린더수를 늘려(4~8개로 최대 16개) V, W, W-V형 또는 성형으로 배열하며 회전속도를 고속(보통 1000~1500rpm으로 최고 3500rpm 이하)으로 한 압축기가 고속 다기통 압축기(high speed multi-cylinder compressor)이다.

흡입 및 배출밸브에 플레이트 밸브를 사용하여 축봉장치, 윤활장치 및 용량제어장치를 가지고 있다. 고속회전시 운전의 안전성을 위하여 안전밸브와 고압차단장치 및 유압보호장치가 있다. 그림 5-11은 고속다기통 압축기를 나타낸 것으로 특징은 다음과 같다.

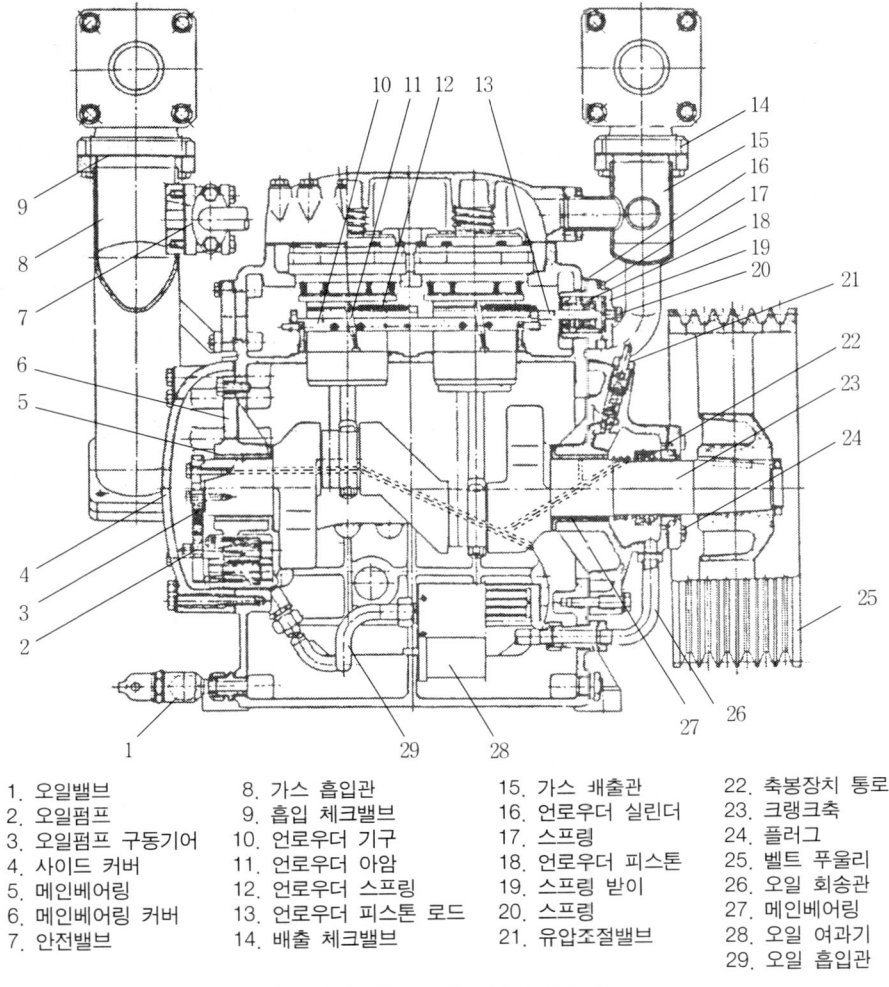

1. 오일밸브	8. 가스 흡입관	15. 가스 배출관	22. 축봉장치 통로
2. 오일펌프	9. 흡입 체크밸브	16. 언로우더 실린더	23. 크랭크축
3. 오일펌프 구동기어	10. 언로우더 기구	17. 스프링	24. 플러그
4. 사이드 커버	11. 언로우더 아암	18. 언로우더 피스톤	25. 벨트 푸울리
5. 메인베어링	12. 언로우더 스프링	19. 스프링 받이	26. 오일 회송관
6. 메인베어링 커버	13. 언로우더 피스톤 로드	20. 스프링	27. 메인베어링
7. 안전밸브	14. 배출 체크밸브	21. 유압조절밸브	28. 오일 여과기
			29. 오일 흡입관

[그림 5-11] 고속다기통 압축기

(1) 장점

① 회전수가 빠르므로 냉동능력에 비해 압축기의 크기가 작아져 소형, 경량(輕量)으로 제작할 수 있어 설치면적이 작아진다.

② 실린더수가 많아 정적, 동적 평형이 양호하여 진동이 적으므로 운전이 정숙하고 강고(强固)한 기초를 필요로 하지 않는다.

③ 언로우더(unloader) 기구에 의한 자동제어와 자동운전이 용이하여 경제적이다.

④ 흡입 및 배출밸브에 플레이트 밸브를 사용하므로 밸브의 작동이 경쾌하다.

⑤ 부품 교환이 간단하고 수리가 용이하다.

⑥ 압축기, 전동기 및 응축기를 하나의 프레임(frame)에 설치하는 컨덴싱 유니트(condensing unit)로 제작할 수 있다.

(2) 단점

① 강제급유 방식으로 윤활작용은 양호하나 윤활유의 소비량이 비교적 많다.
② 배출가스의 온도나 윤활유의 온도가 높고, 윤활유가 열화(劣化)되기 쉽다.
③ 압축비 증가에 따라 체적효율이 감소되기 쉽다.
④ 소요동력이 입형 압축기에 비해 약간 크다.
⑤ 액백(liquid back)에 약하고 정상운전으로의 복귀에 시간이 걸린다.
⑥ 부품수가 많고 교환부품의 수도 많다.

5-4 중저속 입형 압축기

중저속 입형 압축기(vertical low and medium speed compressor)의 실린더 수는 소형은 2개, 중, 대형은 2~4개를 입형(세로)으로 설치한 압축기로 암모니아를 냉매로 하는 경우는 수냉식으로 한다.

암모니아용은 흡입 및 배출밸브로 포펫 밸브(poppet valve)를 사용하며 회전속도는 350~550rpm 정도이며, 할로카본계 냉매의 경우는 플레이트 밸브(plate valve)를 사용하며 회전속도는 450~700rpm 정도이다.

(1) 장점

① 체적효율이 비교적 크다.
② 윤활유의 소비량이 비교적 적다.
③ 구조가 간단하고 취급이 용이하다.
④ 부품의 수가 적고 수명이 길다.

(2) 단점

① 압축기의 전체 높이가 너무 높다.(∵ 중저속이므로 동일한 피스톤배출량일 때 피스톤의 행정이 커야 하므로)
② 용량제어나 자동운전이 고속 다기통압축기에 비해 떨어진다.
③ 다량생산이 어렵다.
④ 중량이나 가격 면에서 고속 다기통보다 불리하다.

5-5 왕복식 압축기의 주요 부품

5-5-1 실린더와 압축기 본체

실린더와 압축기 본체용 금속은 조직이 치밀한 주철로 제작되며 고속다기통 압축기는 특수 주철인 미하나이트 주철(Meehanite cast iron)을 사용하는 경우도 있다. 규정된 수압시험 (30 bar)과 누설시험에 합격한 것으로 냉매가스가 주물의 기공(氣孔, blow hole)에서 스며 나오지 않아야 한다.

[표 5-1] 실린더 지름과 실린더와 피스톤 사이의 간격

실린더 지름(mm)	간 격(mm)	실린더 지름(mm)	간 격(mm)
100 이하	0.08~0.16	190~250	0.12~0.13
100~180	0.095~0.2	280~305	0.14~0.27

실린더 내면은 내마모성으로 특수 표면열처리하며 실린더 라이너(cylinder liner)를 끼워 제작하는 것도 있다. 소형 압축기에서는 실린더와 크랭크 케이스를 일체로 만드는 것이 많으며 중, 대형이나 고속 압축기에서는 별개로 만든다.

실린더와 피스톤의 간격은 암모니아용 입형 압축기의 경우는 직경의 1/10,000~1/1000이 기준이며 이 수치보다 클 때에는 보오링(boring)하여 사용하여야 한다.

[표 5-2] 보오링을 하여야 하는 실린더와 피스톤 사이의 간격

실린더 지름(mm)	간격(mm)	사용기간	실린더 직경(mm)	간격(mm)	사용기간
100 이하	0.4	8~9년	190~250	0.9	6~7년
100~180	0.65	7~8년	280~305	1.2	6~7년

고속 다기통 압축기에 사용되는 라이너에서는 상부의 간격은 직경의 21/1000정도 크게하고 상부 이하는 7/1000 정도로 한다. 이렇게 상부의 간격을 크게 하는 이유는 압축기가 습증기를 흡입하였을 때 라이너가 급격히 수축되어 피스톤에 달라붙는 것을 방지하기 위함이다. 프레온 냉매를 사용하는 소형 압축기(직경 50mm 이하)에서는 실린더 내면을 초정밀가공하여 피스톤과의 간격을 작게(0.0003×직경) 한 것이 있으며 이 때는 피스톤 링을 사용하지 않는다.

5-5-2 피스톤

피스톤(piston)도 주물로 제작되며 중량을 가볍게 하기 위하여 압력에 견딜 수 있는 강도로 비철합금을 사용하는 경우도 있다. 피스톤은 연결 봉(connecting rod)에 의해 크랭크축에 연결되며 상부 또는 상하부에 2개 이상의 피스톤 링(piston ring)이 설치된다.

피스톤 링에는 냉매가 압축이나 배출 도중에 새는 것을 방지하기 위한 피스톤 압축 링(compression ring)과 윤활유가 냉매에 섞이는 것을 방지하기 위하여 실린더 벽에 있는 윤활유를 긁어 내리는 오일 링(oil scraper ring)이 있으며 오일 링은 피스톤 하단 끝에 한 개만 설치한다.

피스톤은 냉매의 흡입 위치에 따라 다음과 같은 것들이 사용된다.

(1) 플러그형 피스톤(plug type piston)

그림 5-13의(a)와 같이 흡입밸브와 배출밸브가 모두 실린더의 상부(실린더 헤드)에 설치되는 경우에 사용되는 피스톤으로 냉매증기가 실린더로 직접 흡입된다. 이 피스톤에는 밸브가 설치되지 않는다.

(2) 싱글 트렁크형 피스톤(single trunk type piston)

그림 5-13(b)와 같이 피스톤이 상향하는 동안 냉매증기를 크랭크 케이스로 흡입하며, 흡입된 냉매는 피스톤이 하향할 때 크랭크 케이스로부터 피스톤 상부(헤드)에 설치된 흡입밸브를 경유하여 실린더 안으로 유입된다. 이와 같이 싱글 트렁크형 피스톤의 헤드에 흡입밸브가 설치되어 있다.

(3) 더블 트렁크형 피스톤(double trunk type piston)

그림 5-13(c)와 같이 냉매 흡입구를 실린더 중앙에 설치하는 경우에 사용되는 피스톤으로 다른 형에 비해 피스톤 길이가 길어지므로 실린더의 길이도 길어진다. 그러나 실린더 냉각은 다른 것에 비해 좋은 편이다. 역시 피스톤 헤드에 흡입밸브가 설치되어 있다.

5-5-3 피스톤 핀, 연결봉(컨넥팅 로드)

피스톤과 연결봉(connecting rod)을 연결해 주는 피스톤 핀(piston pin)은 강을 표면 열처리한 것을 연마하여 사용하며 중량을 감소시키기 위하여 중공(中空)으로 만든다. 피스톤 핀을 고정하는 방식으로는 고정식(固定式), 부동식(浮動式)이 있으며 고정식은 암모니아 입형 압축기에 많이 사용하고 부동식은 할로카본(프레온) 압축기에 사용된다.

피스톤과 크랭크 축을 연결해 주는 연결봉은 암모니아의 경우 주강(鑄鋼)이나 가단주철을 사용하고 고속압축기에서는 경합금을 사용하며, 할로카본용으로는 포금(gun metal)을 많이 사용한다. 그리고 피스톤 핀에 연결되는 소단부의 베어링으로는 특수주철, 연청동, 인청동 등이 사용되며, 크랭크 축에 연결되는 대단부 베어링으로는 백색합금(암모니아용)이나 연청동(할로카본용)이 사용된다. 연결봉의 길이는 실린더 안지름의 약 1.3배 정도이다.

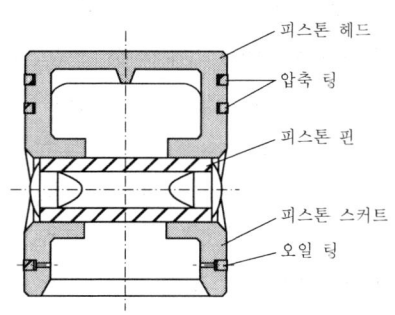

[그림 5-12] 피스톤의 구조

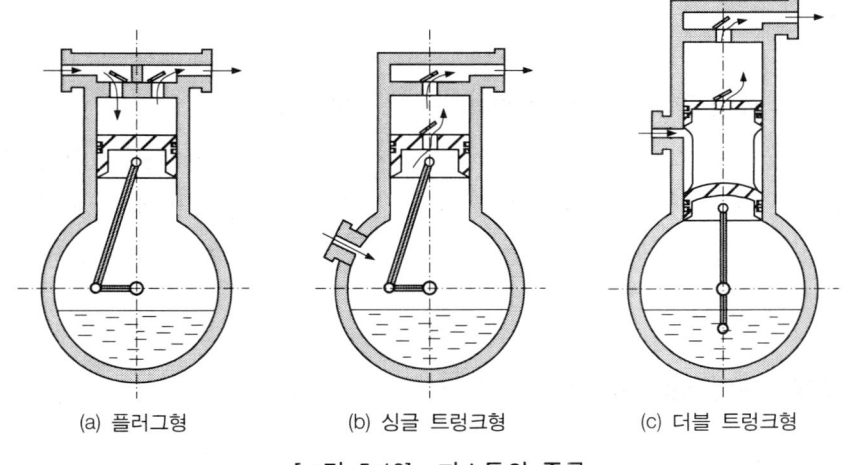

(a) 플러그형   (b) 싱글 트렁크형   (c) 더블 트렁크형

[그림 5-13] 피스톤의 종류

5-5-4 크랭크 축, 크랭크 케이스

암모니아용 왕복식 압축기의 크랭크 축 재질로는 소형과 중형에는 주강으로 만든 것이 있으나 일반적으로 단조강이 많이 이용된다. 크랭크 축의 직경은 실린더 안지름의 약 8/13~1/2 정도로 하며, 고속다기통 압축기에서는 회전이 고속이므로 크랭크 축의 평형을 양호하게 하기 위하여 카운터 웨이트(counter weight 혹은 평형추)를 붙인다.

크랭크 케이스의 재질은 대개 실린더와 같게 하며 크랭크 케이스 아래에는 윤활유용 유면계가 설치되고 크랭크 축과의 관통부에는 축봉장치를 설치한다.

5-5-5 흡입밸브와 배출밸브

흡입밸브(suction valve)와 배출밸브(dischsrge valve)의 작동은 압축기의 성능에 중대한 영향을 미치며 밸브의 작동이 불량하면 체적효율과 압축효율이 감소되어 냉동능력을 저하시키므로 소요동력이 증가한다. 따라서 밸브에는 다음과 같은 조건이 요구된다.

① 밸브의 작동이 확실하며 냉매증기의 유동에 저항을 적게 주는 구조이어야 한다. 또한 닫혔을 때 냉매가 누설되지 않아야 한다.
② 밸브를 개폐하는데 필요한 냉매증기 압력의 차가 작아야 한다. 즉 밸브를 개폐하는데 큰 압력이 필요하지 않아야 한다.
③ 밸브의 관성력이 적고 개폐작동이 원활하여야 한다.
④ 밸브가 파손되거나 마모되지 않아야 하며 고장이 없어야 한다.

현재 사용되고 있는 밸브에는 다음과 같은 것들이 있다.

(1) 포펫 밸브(poppet valve)

버섯 모양의 밸브로 밸브에 스템(stem)이 있어 밸브의 운동을 안내하며 재질은 니켈강이나 크롬강과 같은 고급 특수강을 사용한다.

밸브 헤드(head)와 스템의 연결부(fillet)는 원호로 가공하여 응력이 집중되는 것을 방지하고, 흡입밸브에는 밸브 페이스(face)와 밸브 시이트(seat) 사이를 떨어지게 하는 밸브스프링이 장착된다. 그리고 밸브스템의 끝(tip)에는 밸브에 가해지는 충격을 흡수할 수 있도록 쿠션(cushion)이 있다.

입형 압축기의 흡입밸브는 피스톤에 설치되며 피스톤이 하향운동(흡기)을 하면 흡입밸브는 관성에 의해 열리고 압축(상향운동)을 할 때는 관성에 의해 닫히도록 되어 있으므로 밸브의 타력(惰力)에 의한 악영향은 다른 형의 압축기보다 적다. 배출밸브의 경우도 그림 5-14와 같이 스템과 밸브 헤드 사이에 공간이 있어 밸브 운동에 의해 밸브 시이트가 받는 충격을 완충시키는 쿠션작용을 한다.

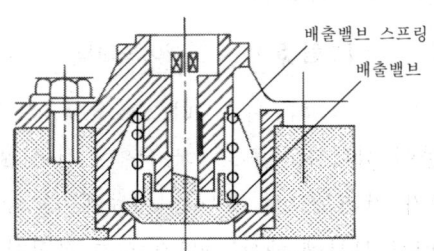

[그림 5-14] 포펫밸브(배출밸브)

포펫 밸브는 구조가 간단하고 견고하며 파손이 적고 압축증기의 누설이 적은 장점이 있지만 중량이 무거워 밸브의 운동이 경쾌하지 않다. 또 압력이 낮거나 회전수가 높아지면 실린더 내의 압력변동에 따라 작동되지 못하므로 체적효율이 감소한다. 그러므로 저압압축기나 고속압축기에는 적당하지 않다. 따라서 압력이 높은 압축기에 사용하면 밸브 시이트에 주는 충격이 크고 밸브의 작동음(소음)이 높다. 그리고 냉매증기의 통과면적도 밸브의 크기에 비하면 별로 크지 않다. 밸브가 파손되면 압축기에 큰 손상을 입히며 교환작업이 그리 수월하지 못하다. 포펫 밸브는 구형이므로 점차 플레이트 밸브로 대체하고 있다.

관성에 의하여 개폐되는 포펫 밸브의 양정(lift)은 약 3 mm이고 냉매증기의 통과속도는 약 40 m/s 이하로 정하고 있다.

(2) 플레이트 밸브(plate valve)

플레이트 밸브는 그림 5-15와 같이 얇은 원판이나 실린더 모양의 두께 2~3 mm의 박판을 밸브 시이트에 스프링을 이용하여 밀착시켜 설치한 것이다. 밸브 자체가 얇은 판이므로 특히 중량이 가벼워 작동이 경쾌하여 고속압축기에 적합하고 현재 가장 널리 사용한다. 그러나 회전이 빨라짐에 따라 밸브 판이 충격에 의해 파손되기 쉽다. 밸브 판을 누르는 스프링은 판과 같은 직경의 것을 그림과 같이 1개만 사용하는 방법과 직경이 작은 소형스프링을 여러 개 사용하는 경유가 있다. 소형스프링을 여러 개 사용할 때는 각 스프링의 강도가 같아야 한다.

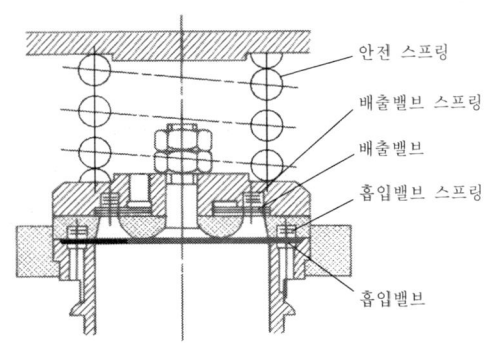

[그림 5-15] 플레이트밸브

플레이트 밸브는 운동이 경쾌하고 원형 판을 여러 개 사용하므로 냉매증기의 통과면적을 크게 할 수 있다. 밸브가 가벼우므로 밸브 시이트에 큰 충격을 주지 않으며 소음이 작고 밸브 판이 파손되어도 다른 부분에 해를 미치지 않는 장점이 있다. 그러나 밸브 판이 얇으므로 변형되거나 파손되기 쉬운 것이 단점이다. 냉매액(습압축의 경우)이나 윤활유를 흡입하면 리퀴드 해머(liquid hammer) 작용에 의해 파손되는 경우가 많다.

플레이트 밸브의 재질은 스테인리스강이나 니켈강 등이며 양정은 회전속도가 400 rpm 일 때 2.5 mm 정도이다. 회전속도가 빠를수록 양정을 작게 하지 않으면 충격에 의해 파손되기 쉽다.

고속압축기에서의 양정은 1.2~1.6 mm 정도(1000 rpm)이고, 밸브 판의 두께는 저속용에는 2.5 mm, 고속용에는 1.2 mm 정도이다.

냉매의 통과속도는 암모니아에서는 약 60 m/s, 할로카본(프레온) 계에서는 30 m/s 정도이다.

(3) 페더 밸브(feather valve)

페더 밸브는 밸브운동을 더욱 경쾌하게 한 것으로 1000 rpm 이상의 고속압축기에 사용한다. 밸브 판은 압연된 얇고 가벼운 장방형의 강편(鋼片, steel ribbon) 모양의 열처리된 특수 니켈강이나 크롬강으로 만든다. 그림 5-16과 같이 밸브 강편을 밸브 시이트 위에 놓고 그 위에 중앙부가 원형으로 파이고 구부러진 밸브덮개를 볼트로 체결한다. 밸브 강편의 양단은 냉매의 통로보다 약간 길며 냉매가 통과할 때에는 냉매의 압력에 의해 강판이 구부러지며 위로 들려 통로를 만든다. 이 밸브는 냉매의 누설이 일어나기 쉬운 단점이 있다.

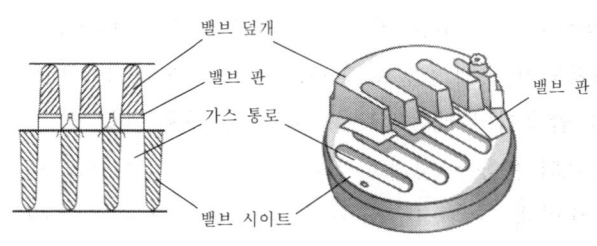

[그림 5-16] 페더밸브

(4) 리이드 밸브(reed valve)

리이드 밸브는 소형의 할로카본(프레온) 냉동기용 배출밸브에 많이 사용된다. 그림 5-17(a)와 같이 장방형의 얇은 판을 밸브 시이트에 놓고 핀으로 고정한 것은 흡입밸브로 사용된다. 흡입용 리이드 밸브는 밸브 판이 냉매의 압력으로 아래로 휘어지면 밸브 시이트와 휘어진 판 사이로 냉매의 통로가 만들어진다. 그림 5-18(b)는 배출용 리이드 밸브의 부착상태를 나타낸 것으로 밸브 판을 밸브 시이트에 놓고 그 위에 밸브 판을 누르는 우산 모양의 덮개를 놓고 다시 밸브스프링에 의해 볼트로 고정시킨다. 배출밸브가 열리는 방법은 흡입용과 같으나 닫힐 때에는 흡입용이 실린더 내 압력에 의해 닫히는 것과 달리 밸브스프링의 장력에 의해 닫힌다.

재질은 페더 밸브와 같으며 밸브 판의 두께는 0.35~0.2 mm 정도이며 저압용으로는 얇은 것을 사용하여 압력차가 작아도 열리도록 한다.

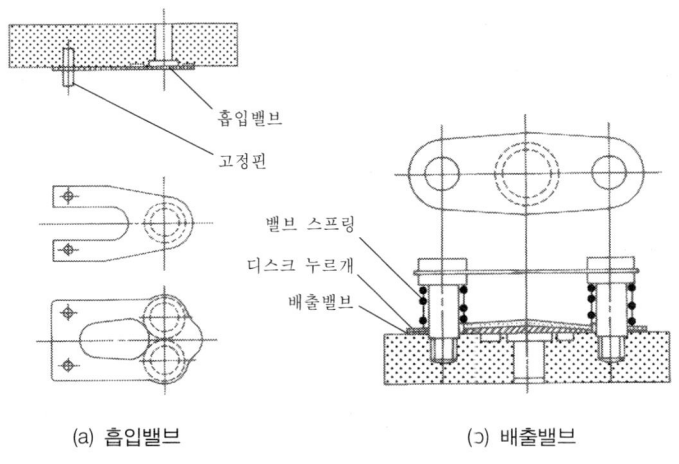

[그림 5-17] 리드밸브

(5) 다이어프램 밸브(diaphragm valve)

그림 5-18과 같이 0.3~0.6 mm 정도의 얇은 원형의 강판(diaphram)이 냉매의 압력에 의해 우산모양으로 변형되며 냉매의 통로를 만드는 밸브를 다이어프램 밸브라 한다. 이것은 고속 다기통 암모니아 압축기의 배출밸브 등에 많이 사용된다.

다이어프램 밸브의 운동은 경쾌하지만 파손되는 결점이 있으며 그 원인은 플레이트 밸브와 같이 리퀴드 해머에 의한 경우가 많다. 파손을 방지하기 위해 판의 두께를 두껍게 하면 밸브 판을 작동시키는 냉매의 압력이 높아야 하므로 냉매 유동에 저항을 많이 주므로 요즈음은 플레이트 밸브를 더 많이 사용한다.

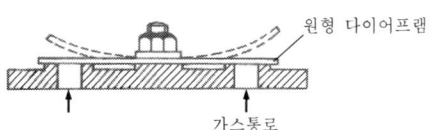

[그림 5-18] 다이어프램 밸브

이 이외에도 그림 5-19와 같은 플래퍼 밸브(flapper valve)와 디스크 밸브(disk valve) 등이 있다.

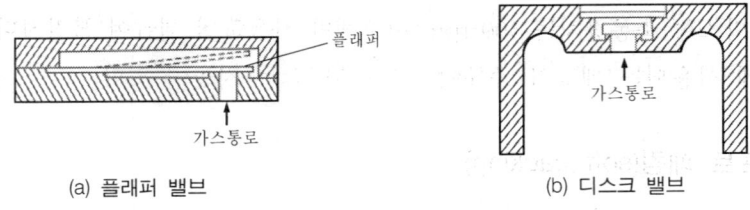

(a) 플래퍼 밸브 (b) 디스크 밸브

[그림 5-19] 기타 밸브류

5-6 축봉장치

개방형 압축기의 크랭크 케이스 안에는 냉매증기가 있으므로 크랭크 케이스를 통해 외부로 연결되는 연결 봉(컨넥팅 로드)이나 크랭크축의 크랭크 케이스 관통부를 통해 냉매증기나 윤활유가 외부로 누설되는 것을 방지하는 장치가 필요하며 이 장치를 **축봉장치**(shaft seal apparatus)라 한다. 현재 사용되는 축봉장치에는 다음과 같은 두 가지 형식이 있다

5-6-1 스터핑 박스형 축봉장치

스터빙 박스를 사용하는 스터핑 박스형 축봉장치(stuffing box type shaft seal)는 마찰이 크므로 고속회전을 하는 크랭크축에서는 열이 많이 발생하여 사용이 불가능하며 고속이 아닌 입형 압축기에 많이 사용한다.

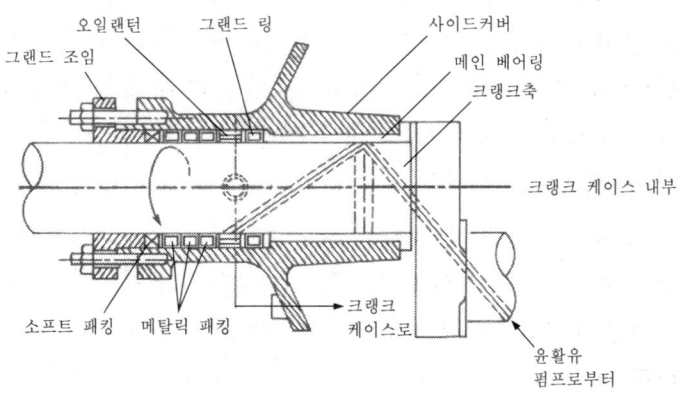

[그림 5-20] 스터핑 박스형 축봉장치

축봉장치 중앙부에 랜턴 글랜드(lantern gland)가 있고 여기에 윤활유를 공급하여 냉매증기의 누설을 방지한다. 현재에는 메탈릭 패킹(metalic packing)을 주로 사용하며 외부에는 소프트 패킹 링(soft packing ring)을 1개 넣고 그랜드로 눌러 체결한다. 운전 중에는 스터핑 박스에서 윤활유가 조금씩 떨어지도록 한다.

스터핑 박스형 축봉장치는 500 rpm 이하에만 사용하며 취급이 복잡하다. 스터핑 박스형 축봉장치에 사용되는 패킹의 종류에는 다음과 같은 것들이 있다.

(1) 소프트 패킹(soft packing)

소프트 패킹은 아마존(Amazon) 패킹 또는 스파이럴(spiral) 패킹이라고도 하며 그림 5-21과 같이 두꺼운 직물(목면 천과 석면 천을 조합한 직물)의 양면에 0.7 mm 정도 두께의 고무를 부착시킨 것이다. 고무는 인조고무에 천연고무를 약간 혼합하여 사용하며 직물은 광물유, 식물유, 흑연 등을 침투시킨 것을 사용한다. 소프트 패킹은 아주 유연하므로 냉매증기의 누출방지에 적당하지만 마찰이 크고 온도에 의한 변형(신축)이 커 정지 중 냉각되면 패킹을 조이고 운전 중에는 마찰에 의한 온도상승으로 팽창하므로 늦춰 주어야 한다. 수명이 짧고 패킹에 접촉되는 크랭크축 면에 홈이 생기는 경우도 있다.

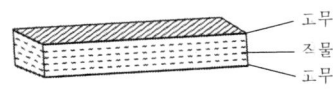

[그림 5-21] 스파이럴 패킹

(2) 메탈릭 패킹(metalic packing)

메탈릭 패킹은 바벳 메탈(babbit metal)과 같이 연한 가요성(可撓性) 금속의 얇은 판이나 철사에 흑연과 같이 마찰을 감소시키는 재료를 배합하여 윤활유를 침투시킨 것과 그림 5-22와 같이 석면섬유에 흑연과 광물유를 배합한 플라스틱(plastic) 패킹을 두 개의 반원형으로 성형하여 각각의 표면에 폭 20 mm, 두께 0.2 mm 정도의 납리본을 감아 두 개를 다시 합쳐 하나의 둥근 고리모양으로 압축 성형한 것이 있다. 납리본을 감은 패킹은 안으로 구멍을 뚫어 윤활유가 크랭크축 표면과 패킹 사이에 침투될 수 있도록 한다.

메탈릭 패킹은 유연성에 있어서는 소프트 패킹보다 뒤떨어지지만 마찰저항이 적고 수명이 길다. 따라서 패킹 중에는 소프트 패킹과 메탈릭 패킹의 장점만을 살린 것이 있으며 이를 **세미메탈릭 패킹**(semi metalic packing)이라 한다. 세미메탈릭 패킹은 유연성이 좋고 마찰도 비교적 적으며 수명도 길다.

축봉장치에 세미메탈릭 패킹을 사용할 때에도 제일 바깥쪽의 한 개는 소프트 패킹을 사용한다.

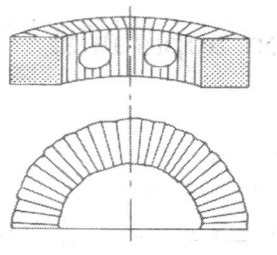

[그림 5-22] 메탈릭 패킹

5-6-2 슬립링형 축봉장치

슬립링형 축봉장치(slip ring type shaft seal)는 정밀하게 가공된 매끈한 금속 링의 면과 면을 스프링이나 유압에 의해 서로 밀착시켜 접촉면 사이에 윤활유를 공급함으로써 냉매증기의 누설과 마모를 방지한다. 금속제 링 대신에 수지(樹脂)로 된 카본 링(carbon ring)을 사용하는 경우도 있다. 이 축봉장치는 펌프 등에도 사용되며 **메카니컬 시일**(mechanical seal)이라고도 한다.

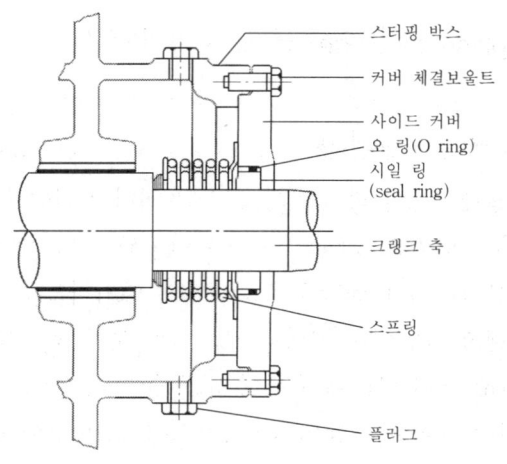

[그림 5-23] 슬립링형 축봉장치

슬립 링과 미끄럼부의 재질은 담금질한 특수강과 같이 경도가 높은 것과 납청동이나 카본과 같은 재질이 약한 것을 조합하여 사용하며, 양자는 스프링 압력에 의해 일정한 압력으로 유막(oil film)을 사이에 두고 접촉하며 회전한다. 접촉면은 너비가 1~2.5 mm 정도의 링 형상이며 접촉압력은 5~8 bar 정도로 한다.

슬립링형 축봉장치는 염화메틸, 할로카본 냉동기의 소형압축기에 사용하였으나 근래에는 대형 암모니아 압축기, 터어보 압축기 등에도 사용한다. 그림 5-23은 금속 벨로우즈를 사용하는 슬립링형 축봉장치를 나타낸 것으로 고무 벨로우즈를 사용하는 것도 있다.

5-7 윤활장치(lubrication apparatus)

5-7-1 윤활의 목적

압축기를 윤활하는 목적은 다음과 같다.
① 운동부 표면에 유막(oil film)을 형성하여 마찰을 감소시키고 마모를 적게 한다.
② 피스톤, 스터핑 박스 등에서의 냉매 누설을 방지한다.
③ 열을 제거한다. 특히 다기통 압축기나 밀폐형 압축에서는 냉매증기의 냉각, 전동기의 냉각 역할도 한다.
④ 패킹재를 보호한다.

5-7-2 윤활 방법

소형압축기나 저속압축기에서는 비말 급유법, 대형압축기나 고속압축기에서는 강제급유법을 주로 사용한다.

(1) 비말급유법(splash feed lubrication)

비말급유법(飛沫給油法)은 입형 소형압축기, 밀폐형 압축기 등에서 크랭크 아암(crank arm)에 붙어 있는 오일 스크레퍼(oil scraper)나 컨넥팅 로드 대단부에 붙어 있는 오일 디퍼(oil dipper)에 의해 크랭크축이 회전할 때 크랭크 케이스 하단에 고여 있는 윤활유를 비산시켜 각 부분에 급유하는 방법으로 비산급유법이라고도 한다. 윤활유 유면(油面)이 일정하지 않으면 윤활작용이 불량하거나 윤활유의 소비량이 증가하므로 특히 유면에 유의해야 한다. 유면이 낮아지면 크랭크 아암이나 컨넥팅 로드 대단부가 유면에 접촉하지 못하므로 급유가 불가능하거나 불량하게 되며 반대로 유면이 너무 높으면 실린더 벽에 비산되는 유량이 과다하여 압축 중인 냉매에 윤활유가 혼입되어 윤활유의 소비량이 증가하고 응축기의 열전달을 악화시킬 염려가 있다. 따라서 유면은 크랭크축과 컨넥팅 로드의 연결부가 하사점 위치에 왔을 때 크랭크 저어널(crank journal)의 중앙에 오도록 한다.

(2) 강제 급유법(forced feed lubrication)

크랭크축 한 쪽에 설치되는 오일펌프(oil pump)에 의해 크랭크 케이스 하단에 있는 윤활유를 오일여과기(oil filter)를 통과시켜 불순물을 제거한 후 강제로 각 부분에 보내 윤활을 하는 방법으로 오일펌프로는 기어펌프(gear pump)가 사용된다.

입형 압축기에서는 크랭크축의 후단에 오일펌프를 연결하고, 크랭크 케이스 하단에 있는 윤활유는 오일여과기나 유냉각기를 통해 오일펌프에 유입되며 냉매증기의 흡입압력보다 약

0.5~1 bar 정도 더 가압한 후 가는 급유구멍을 통해 후부 베어링에 급유하고 다시 크랭크축의 가는 오일통로를 통해 크랭크핀에 급유한다. 그리고 크랭크축 앞쪽의 베어링과 축봉장치에도 보내진다. 또 윤활유는 크랭크핀에서 연결봉의 가는 구멍을 통해 피스톤핀에도 압송된다.

실린더의 윤활은 소형압축기에서는 특별한 장치가 필요 없지만 안지름이 100 mm 이상인 실린더에는 자동급유기에 의해 윤활이 이루어진다.

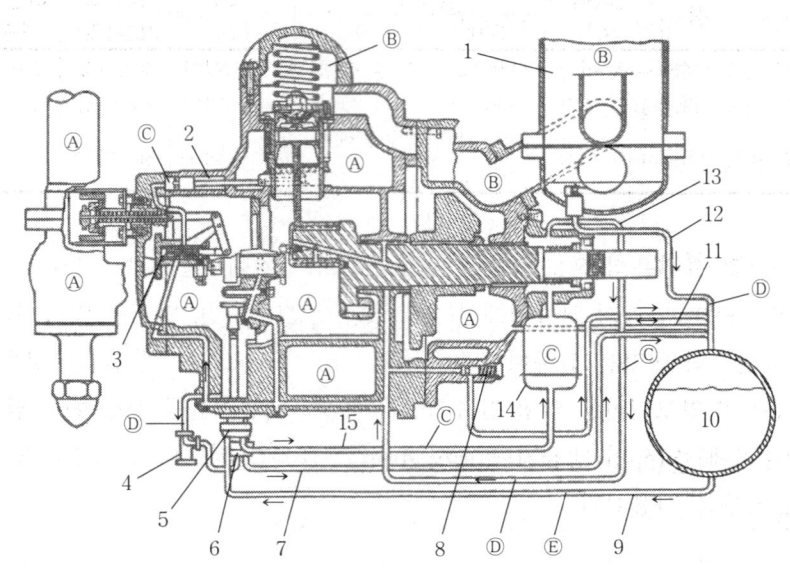

1. 유분리기	6. 윤활유빼기 펌프	11. 균압관	Ⓐ. 저압 냉매증기
2. 무부하장치	7. 윤활유빼는 관	12. 유분리기로부터	Ⓑ. 고압 냉매증기
3. 무부하 제어기	8. 유압 릴리프 밸브	13. 축봉장치로부터	Ⓒ. 압력유
4. 윤활유빼기 펌프 필터	9. 유펌프로 가는 통로	14. 오일필터	Ⓓ. 리턴하는 윤활유
5. 윤활유 펌프	10. 오일 챔버	15. 오일필터로	Ⓔ. 급유

[그림 5-24] 강제 급유장치

고속압축기의 급유법도 대체로 입형 압축기와 같다. 크랭크축 후단에 설치된 오일펌프에 의해 흡입 압력보다 1.5~3 bar 정도 높아진 윤활유를 크랭크축의 가는 급유구멍을 통해 크랭크핀과 피스톤핀에 압송한다. 그리고 축봉장치에도 급유하며 남은 윤활유는 유압조절밸브를 통해 크랭크 케이스로 되돌아온다.

5-7-3 윤활유

압축기에 사용되는 윤활유(lubrication oil)는 냉매, 사용 온도, 전기 절연도와 깊은 관계가 있으므로 다음 조건을 만족시켜야 한다.

① 저온에서 응고점이 충분히 낮고, 고온에서 열화되지 않을 것.

② 인화점이 높고, 냉매에 의하여 용해되지 않을 것.
③ 수분의 함유량이 적고(2% 이하), 전기의 절연 내력이 클 것.
④ 장기간 사용하여도 변질되거나 열화되지 않을 것.

[표 5-3] 냉동기용 윤활유의 규격

명 칭	인화점 (℃)	점도(초) 30℃	점도(초) 50℃	응고점 (℃)	항유도 (抗乳度)	에중 잔류 수분(%)	비 중
150번 냉동기유	155 이상	150±20	60 이상	−30 이하	30 이상	2.0 이하	—
300번 냉동기유	165 이상	300±20	60 이상	−20 이하	40 이상	2.0 이하	—
특수 냉동기유	145 이상	38℃에서 60±10	99℃에서 35 이상	−45 이하	30 이상	—	0.9 이하

일반적으로 윤활유의 온도는 입형 암모니아 압축기에서는 40℃ 이하, 고속다기통 압축기에서는 50~60℃, 밀폐식 압축기에서는 80~100℃ 정도이며, 다기통 압축기나 밀폐식 압축기에서는 윤활유의 냉각을 위하여 보통 유냉각기(oil cooler)를 설치하는 경우가 많다. 할로카본(프레온) 및 암모니아용 입형 압축기에는 300번 냉동기유를 사용하며, 암모니아용 고속다기통 압축기에는 150번 냉동기유를 사용하고 −100℃ 정도의 초저온용 냉동기에는 저온용 특수냉동기유를 사용한다.

5-8 냉동용량 제어장치

냉동기의 냉동부하는 시간적으로 또는 계절에 따라 어느 범위 내에서 변동되는 것이 보통이다. 부하의 변동범위는 부하의 종류에 따라 서로 다르며 냉동부하의 변동에 따라 압축기의 냉동능력을 조정하여 경제적인 운전을 도모하고 부하의 감소로 흡입압력이 낮아져 진공이 되거나 습압축이 되는 것을 방지할 수 있다.

일반적으로 냉동기의 냉동능력(냉동용량)을 제어하는 근본적인 방법으로는 첫째로 냉매의 증발온도(증발압력)를 일정하게 유지시키고 압축기의 피스톤배출량을 변화시키는 방법, 둘째로 압축기의 피스톤배출량을 일정하게 유지시키고 냉매의 증발온도(증발압력)를 변화시키는 방법이 있다.

압축기에 의한 용량제어는 전자의 방법이며 다음과 같이 용량을 제어한다.

(1) 압축기의 회전수를 가감하는 방법

압축기가 내연기관과 같은 원동기로 구동될 때에는 원동기의 회전속도를 가감하여 흡입되는 냉매의 양을 조절하는 방법이다. 그러나 압축기가 전동기로 구동될 때에는 전동기의 속도 제어 장치가 있어야만 가능하므로 특수용도의 대형압축기가 아니면 거의 불가능하다.

(2) 클리어런스 포켓을 이용하는 방법

그림 5-25와 같이 실린더 헤드 쪽에 간극체적을 조절 할 수 있는 공간인 **클리어런스 포켓**(clearance pocket)을 설치하여 압축비를 조절함으로써 용량을 조절하는 방법이다. 클리어런스 포켓을 만들면 간극비(r_c)가 커지므로 식 (5-3-4)에 의해 간극체적효율이 감소함을 알 수 있다. 클리어런스를 증가시키면 체적효율이 감소되므로 피스톤배출량은 변하지 않지만 실제 냉매의 흡입량이 감소하므로 냉동능력이 저하한다.

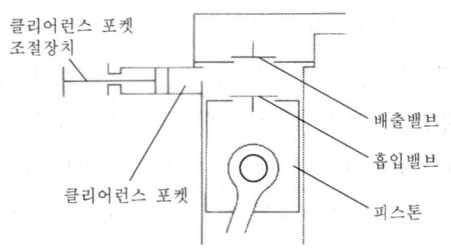

[그림 5-25] 클리어런스 포켓을 이용한 용량제어

(3) 바이패스에 의한 방법

그림 5-26과 같이 압축된 냉매증기를 바이패스(by pass)시키는 방법은 압축비와 관계없이 일정한 비율로 냉동능력을 감퇴시킬 수 있고 또한 감퇴율을 크게 하거나 자동적으로 조절할 수 있다. 그러나 이 방법은 다소 무리한 점이 있어 일반적으로는 사용하지 않으며 주로 다기통 압축기에만 이용된다.

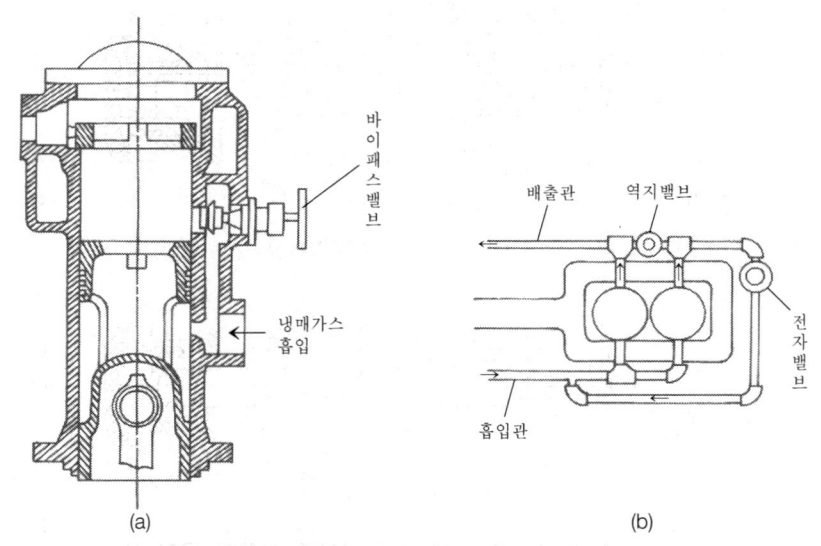

[그림 5-26] 바이패스를 이용한 용량제어

(4) 언로우더(unloader)에 의한 방법

이 방법은 주로 고속다기통 압축기에 이용되며 압축기의 흡입밸브를 밸브 시이트로부터 유리시켜 흡입공을 개방함으로써 압축효과가 없어지도록 하는 방법이다. 예를 들면 실린더가 8개인 압축기의 경우 2개의 실린더 흡입밸브를 유리시키던 압축기 전체의 능력은 3/4으로 되며 4개의 실린더 흡입밸브를 유리시키면 능력은 1/2로 감소된다. 이와 같이 언로우더에 의한 방법은 용량제어 뿐만 아니라 압축기 가동 시 부하 경감장치(負荷輕減裝置)로도 이용된다.

그림 5-27은 고속다기통 압축기에 사용되는 언로우더 기구를 나타낸 것이다. 그림에서 유압이 작용하여 언로우더의 피스톤 로드가 좌우로 이동하면 실린더 바깥에 있는 푸시 링크 (push link)가 회전한다. 이 링크의 윗면에는 6조의 요철이 있고 이것에 대응하는 6개의 푸시 핀 스프링에 의하여 링크의 상면에 그 장력으로 저지된다. 푸시 핀의 하단이 링크의 오목한 부분에 오면 푸시 핀이 내려와 흡입밸브는 밸브 시이트에 접촉하여 정상적인 작용을 한다. 그러나 링크의 볼록한 부분이 푸시 핀의 하단에 오면 흡입벌브를 밀어 올려 흡입구가 열리므로 압축능력을 상실하게 한다.

언로우더 실린더 상부에는 실린더의 고압측으로 통하는 직경 1~2 mm 정도의 작은 구멍이 있고 고압의 증기는 언더로우로 들어가 항상 피스톤을 아래로 밀고 있어 흡입밸브의 푸시로드는 아래로 내려와 있으므로 흡입밸브는 정상적으로 작동을 한다. 그러나 전자밸브가 작동되어 열리면 고압의 증기가 흡입 측으로 흐르므로 언로우더 내의 압력이 내려간다. 따라서 피스톤이 위로 올라가면 흡입밸브의 푸시로드를 올려 민다. 그러므로 실린더는 가스를 압축하지 않는다.

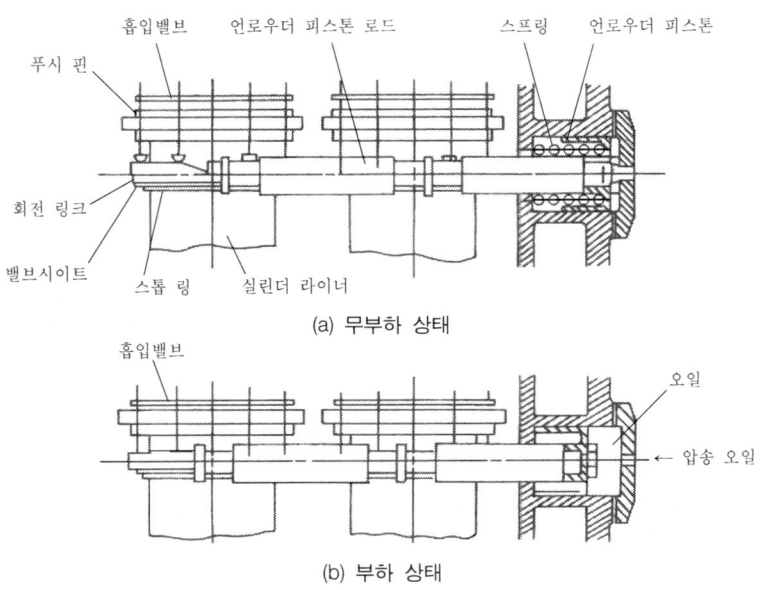

[그림 5-27] 언로우더 기구를 이용한 용량제어

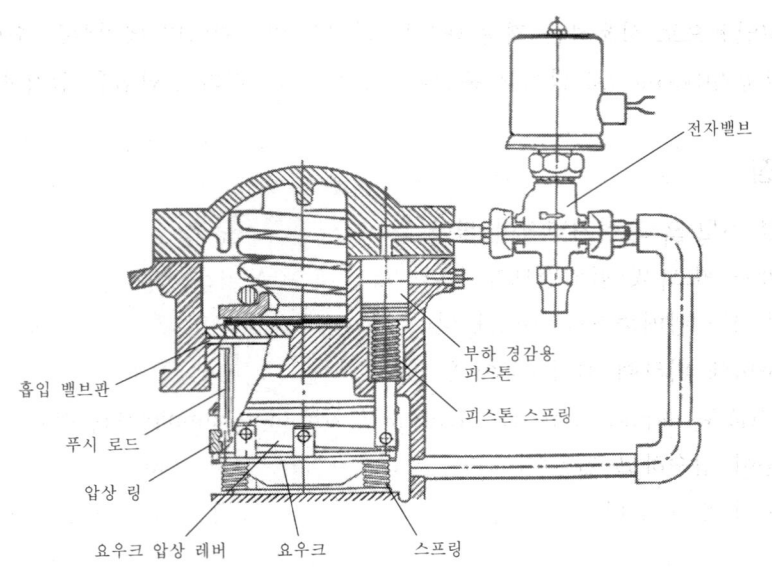

[그림 5-28] 언로우더에 의한 부하경감장치

6 회전식 압축기

회전식 압축기(rotary compressor)란 왕복운동 대신 회전을 하는 피스톤과 실린더를 조합하여 압축을 하는 형식으로 전동기와 직결할 수 있는 것이 특징이며 **회전피스톤식 압축기**라고도 한다.

회전식 압축기에는 일반적으로 두 가지 형식이 있다. 그 하나는 그림 5-29(a)와 같이 회전하는 축에 원통형의 회전자(rotor)를 편심으로 조립하고, 실린더 상부에 회전자에 의해 상하로 운동하며 회전자와 접촉되는 블레이드(sealing blade 또는 sliding blade)로 구성되어 있다. 블레이드는 스프링이나 냉매증기의 압력으로 회전자에 밀착되어 미끄럼운동을 한다. 이와 같은 압축기를 **피스톤식 회전압축기**(piston type rotary compressor) 또는 **회전자식 회전압축기**(roller type rotary compressor)라 한다.

다른 형식은 그림 5-29(b)와 같이 회전축에 회전자가 동심으로 조립되고 회전자에 앞뒤로 운동하는 두 개 이상의 베인(vane)을 설치하여 압축을 하는 형식이다. 베인은 유압, 냉매증기의 압력, 스프링이나 원심력 등에 의해 실린더의 내면과 밀착되며 미끄럼운동을 한다. 이와 같은 압축기를 **베인식 회전압축기**(vane type rotary compressor)라 한다.

현재 고압용으로 사용하는 것은 대부분 회전식 압축기이며 베인식은 주로 2단 압축기의 저압용 압축기(booster)로 많이 사용된다. 회전식 압축기의 장단점을 열거하면 다음과 같다.

(1) 장점

① 소형(小型)으로 설치면적이 작다.
② 윤활유 펌프 및 흡입밸브가 없다.
③ 배출되는 냉매증기의 온도가 낮다.
④ 압축비에 비하여 체적효율이 높다.
⑤ 액격(液擊, liquid hammer) 또는 유격(油擊, oil hammer)이 적다.
⑥ 운동이 정숙하고 진동이 작다.
⑦ 부품의 수가 적다.

(2) 단점

① 오일분리기와 오일냉각기가 크다.
② 전체의 폭과 높이는 짧으나 길이가 길다.
③ 유압펌프를 사용하지 않으므로 윤활에 주의를 요한다.
④ 용량제어를 할 수 없다.
⑤ 분해조립 및 정비에 특수한 기술이 필요하다.
⑥ 비체적이 큰 냉매에만 적합하므로 사용냉매의 제한을 받는다.

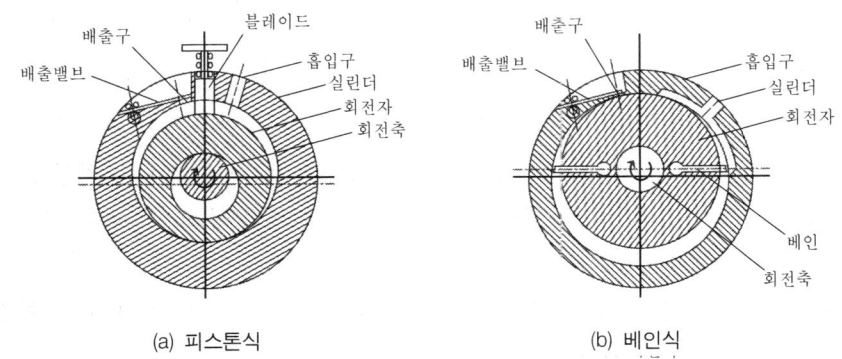

[그림 5-29] 회전식 압축기

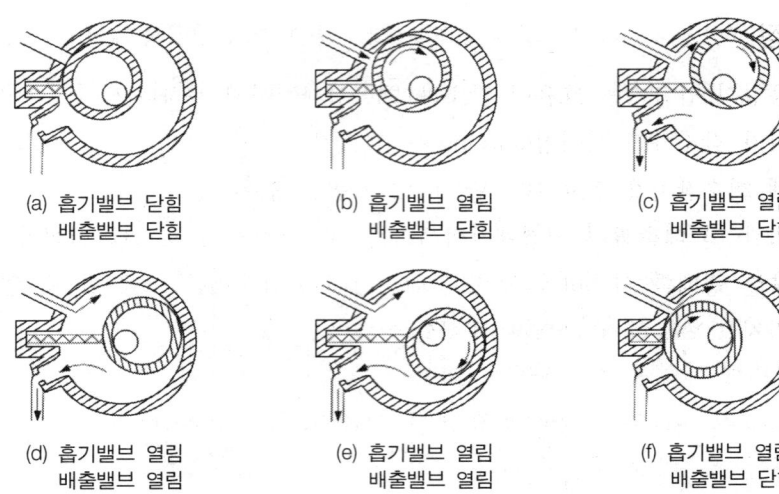

[그림 5-30] 회전식 압축기의 작동원리

7 터보 압축기

 원심력을 이용하여 냉매를 압축하는 형식을 **터보 압축기**(turbo compressor) 또는 **원심식 압축기**(centrifugal compressor)라 한다. 이 압축기의 특징은 흡입하는 냉매 증기의 체적은 크지만 압축 압력을 크게 하기가 곤란하다. 또 냉매증기의 밀도가 작고 압축비가 큰 경우에는 다단압축을 하여야 한다.

 터보 압축기는 일반적으로 압축기, 응축기 및 증발기와 유닛(unit)으로 되어 있으며 개방식과 밀폐식이 있다.

 그림 5-31은 터보 압축기를 나타낸 것으로 장단점을 열거하면 아래와 같다.

(1) 장점

① 한 대로 대용량이 가능하다.
② 용량에 비해 소형이다.
③ 진동이 적다.
④ 압축되는 냉매증기 속에 기름방울(유적 : 油滴)이 함유되지 않는다.
⑤ 응축기에서 응축이 되지 않는 경우에도 이상고압(異常高壓)으로 되지 않는다.
⑥ 접동부(摺動部)가 없다.

(2) 단점

① 소용량의 압축기는 효율이 감소하므로 경제적이지 못하다.
② 부하가 감소하면 서어징(surging)을 일으킨다.
③ 냉매 회수장치가 필요하다.(단, R-12는 필요 없음)
④ 흡입관 및 배출관이 직접팽창식에서는 아주 굵어지므로 브라인식이 필요하다.
⑤ 특수한 냉매를 사용하지 않으면 베인 1대로 압축비를 크게 할 수 없다.
⑥ 패키지형으로 하지 않으면 설치가 어렵다.

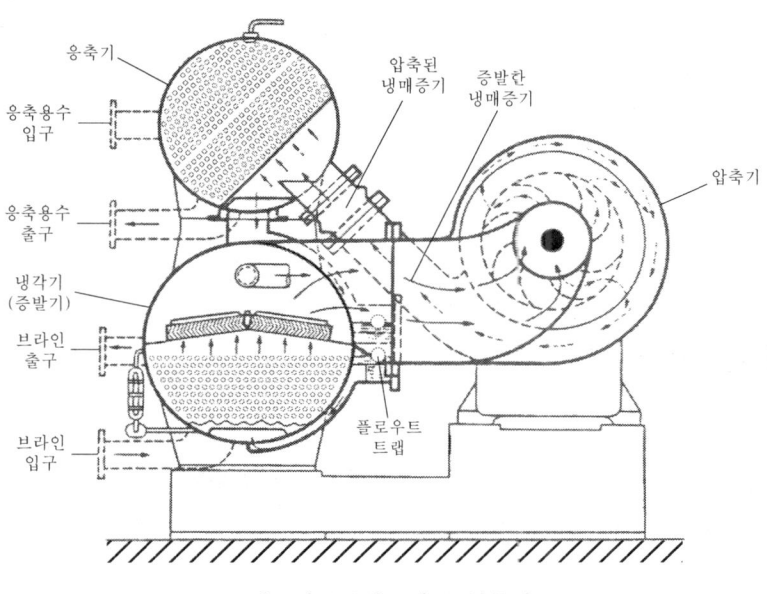

[그림 5-31] 터보 압축기

8 스크류 압축기

스크류 압축기(screw compressor)는 서로 맞물려 돌아가는 암나사와 숫나사의 나선형(螺旋形) 로우터가 일정한 방향으로 회전하면서 두 로우터와 케이싱 속에 흡입된 냉매증기를 연속적으로 압축시키는 동시에 배출시킨다.

로우터 지지 베어링 및 스러스트 베어링, 스러스트 베어링을 보호하는 밸런스 피스톤, 매커니컬 시일(mechanical seal) 등의 구조로 되어 있으며, 케이싱의 압축 측에 용량제어용 슬라이드 밸브가 내장되어 있고 냉매가스와 함께 송출되는 오일을 분리 회수시키는 오일회수기와 분리된 기름을 냉각시키는 오일냉각기, 윤활유펌프 등이 있다.

그림 5-32는 스크류 압축기를 나타낸 것이며 이 압축기의 장단점은 아래와 같다.

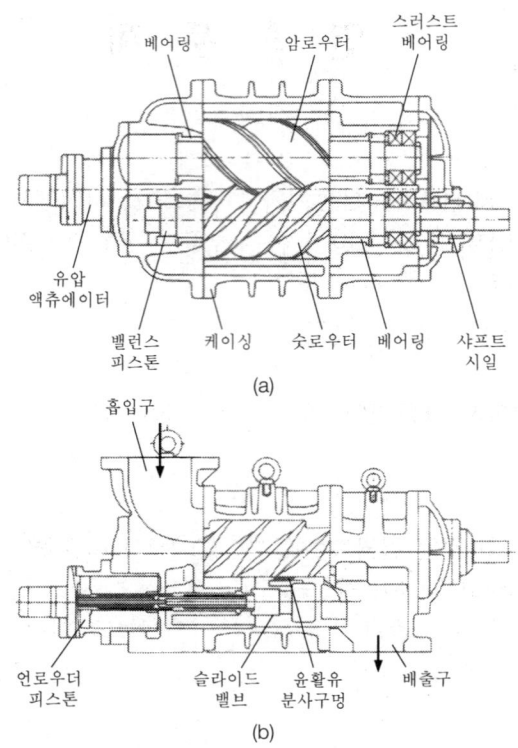

[그림 5-32] 스크류 압축기

(1) 장점

① 소형, 경량으로 설치면적이 작다.
② 진동이 없고, 강고(强固)한 기초가 필요 없다.
③ 12~100%의 무단(無段) 용량제어가 가능하며 자동운전에 적합하다.
④ 액격(liquid hammer) 및 유격(oil hammer)이 적다.
⑤ 밸브와 피스톤이 없어 장시간의 연속운전이 가능하다.
⑥ 부품수가 적고 수명이 길다.

(2) 단점

① 오일회수기 및 오일냉각기가 크다.
② 오일펌프를 따로 설치하여야 한다.
③ 경부하시 동력이 크다.
④ 소음이 비교적 크다.
⑤ 분해조립 및 정비에 특수한 기술이 필요하다.

연 습 문 제

5-1 과냉각도가 5℃인 R-134a 냉동기가 −20~30℃ 사이에서 작동한다. 압축기 입구에서 건포화증기의 비체적이 0.14641 m³/kg, 이론 피스톤배출량이 300 m³/h, 체적효율이 82%이다. 냉매순환량은 얼마인가?

$\dot{m} = 1680.21$ kg/h

5-2 앞의 문제 5-1에서 냉동기의 냉동능력은 얼마인가?

$Q_L = 70.47$ kW

5-3 4장의 예제 4-4와 같은 건압축 냉동사이클에서 체적효율이 78%, 압축효율이 80%이고 기계효율이 85%일 때 다음을 구하여라.
(1) 압축기의 피스톤배출량
(2) 압축기의 이론 피스톤배출량
(3) 압축기의 실제 소요동력
(4) 압축기를 구동시키는 전동기의 동력

(1) $V_{act} = 29.394$ m³/h
(2) $V = 37.685$ m³/h
(3) $W_{act} = 2.723$ kW
(4) $W_m = 3.204$ kW

5-4 압축기를 크게 분류하고 설명하라.

5-5 용적식 압축기와 회전식 압축기의 차이점을 설명하라.

5-6 왕복식 압축기에 사용하는 밸브의 종류를 열거하고 설명하라.

5-7 축봉장치에 대하여 설명하라.

5-8 왕복식 압축기의 용량 제어장치에 대하여 설명하라.

5-9 회전식 압축기를 2종류로 구별하여 작동원리를 설명하라.

5-10 스크류 압축기의 특징을 설명하라.

5-11 원심식 압축기와 로우터리 압축기의 차이점을 설명하라.

※ 문제 4~11의 답은 생략함.

제 6 장 응축기

1 응축기 개요
2 응축기의 방열량과 냉각수량
3 열전달의 기초이론
4 응축기에서의 열전달
5 응축기의 종류와 구조

제 6 장 응 축 기

1 응축기 개요

응축기(condenser)의 역할은 압축기에서 고온, 고압으로 압축된 냉매증기를 냉각하여 액화시키는 것이다. 즉 응축기는 냉매가 증발기에서 저열원으로부터 흡수한 열을 고열원으로 방출시키기 위해 냉매를 냉각시키는 동시에 열을 버린 냉매를 다시 사용하기 위해 액화시키는 일종의 열교환기(heat exchanger)이다. 냉매의 원활한 냉각과 응축을 위해서는 냉매보다 더 낮은 온도의 물(수냉의 경우), 공기(공냉의 경우)나 특수한 유체를 필요로 한다.

응축기의 용량은 냉매가 방출하는 열량에 의해 결정되며 응축기 용량을 계산하려면 열전달에 대한 기초이론을 알아야 한다.

따라서 본 장에서는 열전달에 관한 기초 이론을 소개하고 응축기의 종류, 구조 및 특성에 대해 알아본다.

2 응축기의 방열량과 냉각수량

2-1 응축기의 방열량

응축기의 방열량이란 응축기의 열부하를 말하며 증발기에서 흡수한 열(냉동능력) 뿐만 아니라 냉매를 압축하는데 소요된 에너지(압축일)까지도 포함된다. 응축기에서의 방열과정은 고온, 고압으로 압축된 과열증기를 냉각시켜 건포화증기로 만들고 다시 응축열을 방출하여 냉매 포화액으로 만든다. 필요에 따라서는 포화액을 다시 과냉각시킨다(4장 4-2절 참조).

```
                냉 각         응 축        냉 각
   과열증기  ⇨  건포화증기  ⇨  포화액  ⇨  과냉각액
```

그림 6-1은 응축기의 열부하를 나타낸 것으로 다음과 같다.

응축기의 열부하 = 냉동능력 + 압축일

그림에서 이론적으로 단열압축 후의 상태는 4로 되지만 이미 설명한 바와 같이 실제로는 상태점 $4'$으로 됨으로 이론 압축일 W(kW 또는 kJ/h)와 실제 압축일 W_{act}는

$$W = \dot{m}w = \dot{m}(h_4 - h_3), \quad W_{act} = \dot{m}w_{act} = \dot{m}(h_4' - h_3)$$

그리고 증발기의 냉동능력은 $Q_L = \dot{m}q_L = \dot{m}(h_3 - h_1)$ (kJ/h 또는 kW) 이므로 응축기의 이론 방열량 Q_H와 실제 방열량 $Q_{H,act}$는 아래와 같다.

$$\left.\begin{array}{l} Q_H = Q_L + W = \dot{m}(q_L + w) = \dot{m}q_H = \dot{m}(h_4 - h_1) \\ Q_{H,act} = Q_L + W_{act} = \dot{m}(q_L + w_{act}) = \dot{m}q_{H,act} = \dot{m}(h_4' - h_1) \end{array}\right\} \quad (6\text{-}2\text{-}1)$$

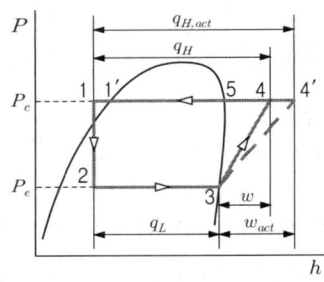

[그림 6-1] 응축기의 열부하

일반적으로 응축기의 방열량(Q_H)은 다음과 같이 쓸 수 있다.

$$Q_H = Q_L + W = \dot{m}(h_i - h_o) \text{ (kJ/h 또는 kW)} \quad (6\text{-}2\text{-}2)$$

단, Q_L : 냉동능력(증발기에서의 단위 시간당 흡열량, kJ/h 또는 kW)
W : 단위 시간당 압축일(압축기 소요동력, kJ/h 또는 kW)
$\dot{m}$: 냉매 순환량 (kg/h)
h_i : 응축기 입구에서 냉매증기의 엔탈피(kJ/kg)
h_o : 응축기 출구에서 냉매액의 엔탈피(kJ/kg)

2-2 응축에 필요한 냉각수량(공기량)

응축기 안에서 냉각재(coolant)인 물(냉각수)이나 공기가 흡수하는 열량은 응축기에서 냉매의 방열량(Q_H)과 같아야 한다. 즉

$$Q_H = \dot{m}_c c_p (t_o - t_i) \quad \text{(kJ/h 또는 kW)} \tag{6-2-3}$$

단, $\dot{m}_c$: 냉각수나 공기의 유량(kg/h)
c_p : 냉각수나 공기의 정압비열(kJ/kgK)
t_o : 냉각수나 공기의 출구온도(℃)
t_i : 냉각수나 공기의 입구온도(℃)

따라서 응축에 필요한 냉각수나 공기의 유량은 식 (6-2-3)으로부터

$$\dot{m}_c = \frac{Q_H}{c_p (t_o - t_i)} \quad \text{(kg/h 또는 kg/s)} \tag{6-2-4}$$

수냉식 응축기에서는 물의 비열이 $c_p \fallingdotseq 4.2$ kJ/kgK이고 비체적이 $v_w \fallingdotseq 0.001$ m³/kg 이므로 응축에 필요한 냉각수량(질량유량 $\dot{m}_w$와 체적유량 $\dot{V}_w$)은 다음 식과 같다.

$$\left. \begin{aligned} \dot{m}_w &= \frac{Q_H}{4.2(t_o - t_i)} \quad \text{(kg/h 또는 kg/s)} \\ \dot{V}_w &= \dot{m}_w v_w = \frac{Q_H}{4200(t_o - t_i)} \quad \text{(m}^3\text{/h 또는 m}^3\text{/s)} \end{aligned} \right\} \tag{6-2-5}$$

공냉식 응축기의 경우는 공기의 정압비열이 $c_p = 1.005 \fallingdotseq 1$ kJ/kgK이고 비체적이 $v_{air} \fallingdotseq 0.83$ m³/kg(101.325 kPa, 20℃의 건공기)이므로 응축에 필요한 공기량(질량유량 $\dot{m}_{air}$와 체적유량 $\dot{V}_{air}$)은 다음 식과 같다.

$$\left. \begin{aligned} \dot{m}_{air} &= \frac{Q_H}{t_o - t_i} \quad \text{(kg/h 또는 kg/s)} \\ \dot{V}_{air} &= \dot{m}_{air} v_{air} = 0.83 \frac{Q_H}{t_o - t_i} \quad \text{(m}^3\text{/h 또는 m}^3\text{/s)} \end{aligned} \right\} \tag{6-2-6}$$

> **예제 6-1** 표준냉동사이클로 작동되는 R-134a 냉동기의 냉동능력이 100 kW일 때 응축기의 이론 방열량과 실제 방열량은 각각 얼마인가? 단, 압축기의 압축효율은 80%이다.

풀이 (1) 응축기의 이론 방열량

예제 4-8이 R-134a의 표준냉동사이클과 같으며 풀이에서 냉동효과, 순환냉매 1 kg당 이론 압축일과 응축기의 이론 방열량이 각각 $q_L = 154.03$ kJ/kg, $w = 31.99$ kJ/kg, $q_H = 186.02$ kJ/kg 이고 냉동능력이 $Q_L = 100$ kW 이므로 냉매순환량은 $\dot{m} = Q_L/q_L$이다.

그러므로 응축기의 이론 방열량 Q_H는

$$Q_H = \dot{m}\, q_H = \frac{Q_L}{q_L} q_H = \frac{100}{154.03} \times 186.02 \text{ kJ/s} = 120.77 \text{ kW}$$

$$= \dot{m}\, q_H = \frac{Q_L}{q_L} q_H = \frac{100}{154.03} \times 186.02 \times 3600 \text{ kJ/h} = 434{,}767 \text{ kJ/h}$$

(2) 응축기의 실제 방열량

압축기의 압축효율이 $\eta_c = 0.8$이며 이론 압축일이 $w = 31.99$ kJ/kg 이므로 실제 압축일은 식 (5-3-10)에서 $w_{act} = w/\eta_c$이다. 따라서 응축기의 실제 방열량은 식 (6-2-1)에서

$$Q_{H,act} = Q_L + W_{act} = Q_L + \frac{W}{\eta_c} = Q_L + \dot{m}\frac{w}{\eta_c} = Q_L + \frac{Q_L}{q_L}\frac{w}{\eta_c}$$

$$= 100 + \frac{100}{154.03} \times \frac{31.99}{0.8} = 125.96 \text{ kW} = 453{,}459 \text{ kJ/h}$$

> **예제 6-2** 냉동능력이 7 kW인 냉동기에서 수냉식 응축기의 냉각수 입,출구 온도차가 8℃이다. 냉각수 유량은 얼마인가? 단 소요동력은 2 kW이다.

풀이 $Q_L = 7$ kW, $t_o - t_i = 8$℃, $W = 2$ kW 이므로 식 (6-2-1)과 식 (6-2-5)에서 냉각수량은

$$\dot{m}_w = \frac{Q_H}{4.2(t_o - t_i)} = \frac{Q_L + W}{4.2(t_o - t_i)} = \frac{7+2}{4.2 \times 8} = 0.268 \text{ kg/s} = 964 \text{ kg/h}$$

또는

$$\dot{V}_w = \frac{Q_L + W}{4200(t_o - t_i)} = \frac{7+2}{4200 \times 8} = 0.268 \times 10^{-3} \text{ m}^3/\text{s} = 0.964 \text{ m}^3/\text{h}$$

3 열전달의 기초이론

3-1 열 전 도

고체나 유체(액체, 기체)에서 서로 접하고 있는 물질의 구성분자 사이에 정지상태에서 열에너지가 고온의 분자로부터 저온의 분자로 이동하는 현상을 **열전도**(heat conduction)라 한다.

3-1-1 비정상 열전도

시간이 경과함에 따라 온도분포가 변하는 것을 비정상 열전도(unsteady heat conduction)라 하며 매우 복잡하고 분석에 어려움이 있어 온도분포 변화가 심하지 않으면 정상 열전도로 간주한다.

3-1-2 정상 열전도

시간에 관계없이 온도분포가 일정한 것을 정상열전도라 한다.

(1) 단층 평면벽에서의 열전도

그림 6-2와 같이 하나의 재료로만으로 된 단층 평면벽(single flat wall)에서 열전도에 의한 전열량은 다음의 식으로 표시된다.

$$Q = qA = -kA\frac{dT}{dx} = -kA\left(\frac{T_L - T_H}{\delta}\right) = \frac{\Delta T}{R} \qquad (6\text{-}3\text{-}1)$$

여기서, Q : 열전도에 의한 전열량(W)
  q : 열플럭스(단위면적당 전열량, W/m^3)
  A : 전열면적(m^3)
  k : 벽체의 열전도계수(thermal conductivity, W/mK 또는 W/m℃)
  T_H : 고온측 벽체의 표면온도(K 또는 ℃)
  T_L : 저온측 벽체의 표면온도(K 또는 ℃)
  δ : 벽체의 두께(m)

위의 식 (6-3-1)에서 $R = \delta/(kA)$를 벽체의 **열저항**(thermal resistance)이라 하며 특히 $(T_H - T_L)/\delta$를 **열구배**라 한다.

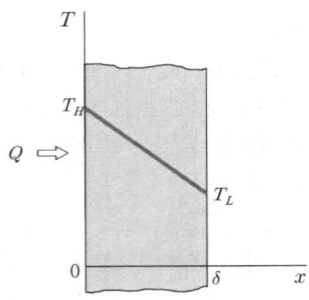

[그림 6-2] 단층 평면벽에서의 열전도

> **예제 6-3** 두께가 10 cm인 동판의 넓이가 0.4 m²이다. 동판 내, 외부 표면온도를 측정해 보니 115℃와 112℃이었다. 동판을 통해 전달되는 열량과 열저항을 구하여라. 단 동판의 열전도계수는 379 W/mK이다.
>
> **[풀이]** (1) 전열량
>
> $\delta = 0.1$ m, $A = 0.4$ m², $t_H = 115$℃, $t_L = 112$℃, $k = 379$ W/mK 이므로 식 (6-3-1)에서 전열량 Q는
>
> $$Q = -kA\left(\frac{T_L - T_H}{\delta}\right) = -379 \times 0.4 \times \frac{112 - 115}{0.1} = 4548 \text{ W} = 4.55 \text{ kW}$$
>
> (2) 열저항 : 식 (6-3-1)에서
>
> $$R = \frac{T_H - T_L}{Q} = \frac{115 - 112}{4.548} = 0.66 \text{ K/kW}$$

(2) 다층 평면벽에서의 열전도

그림 6-3과 같이 열전도계수가 서로 다른 여러 가지 재료들이 층(layer)을 이루는 벽체에서 열전도가 일어나는 경우 열전도에 의한 전열량은 다음의 식으로 나타낼 수 있다.

$$Q = \frac{A(T_H - T_L)}{\left(\dfrac{\delta_1}{k_1} + \dfrac{\delta_2}{k_2} + \cdots\cdots + \dfrac{\delta_n}{k_n}\right)} \tag{6-3-2}$$

여기서, Q : 열전도에 의한 전열량(W)

T_H : 고온측 벽체의 표면온도(K)

T_L : 저온측 벽체의 표면온도(K)

$\delta_1, \delta_2, \cdots, \delta_n$: 고온측으로부터 각 층 재료들의 두께(m)

$k_1, k_2, \cdots, k_n$: 고온측으로부터 각 층 재료들의 열전도계수(W/mK)

A : 전열면적(m³)

> **예제 6-4** 어떤 가열로의 벽체가 안으로부터 200 mm 두께의 내화벽돌($k=1.40$ W/mK), 100 mm 두께의 단열벽돌($k=0.06$ W/mK) 그리고 100 mm 두께의 보통벽돌($k=0.80$ W/mK)로 되어있다. 노 안 내벽의 표면온도가 1500℃이고 외벽의 표면온도가 150℃일 때 단위면적(1 m²)당 손실열량은 얼마인가?
>
> **풀이** 식 (6-3-2)에서 $A=1$ m², $t_H=1500$℃, $t_L=150$℃, $\delta_1=0.2$ m, $k_1=1.40$ W/mK, $\delta_2=0.1$ m, $k_2=0.06$ W/mK, $\delta_3=0.1$ m, $k_3=0.80$ W/mK 이므로 열전도에 의한 손실열량 Q는
>
> $$\frac{Q}{A} = \frac{(T_H-T_L)}{\left(\dfrac{\delta_1}{k_1}+\dfrac{\delta_2}{k_2}+\dfrac{\delta_3}{k_3}\right)} = \frac{(1500-150)}{\dfrac{0.2}{1.40}+\dfrac{0.1}{0.06}+\dfrac{0.1}{0.80}} = 697.85 \text{ W/m}^2$$

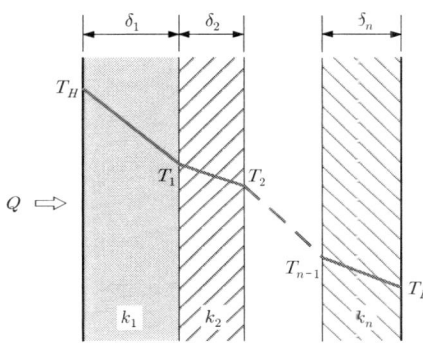

[그림 6-3] 다층 평면벽에서의 열전도

(3) 단층 원형벽에서의 열전도

그림 6-4와 같이 하나의 재료로 되어있는 단층 원형벽(single cylindrical wall)에서의 열전도에 의한 전열량은 다음 식으로 나타낼 수 있다.

$$Q = \frac{2\pi k L}{\ln(D_H/D_L)}(T_H - T_L) \tag{6-3-3}$$

여기서, Q : 열전도에 의한 전열량(W)
k : 원형벽의 열전도계수(W/mK)
L : 원형벽의 길이(m)
T_H : 고온측 표면온도(K)
T_L : 저온측 표면온도(K)
D_H : 고온측 원형벽의 지름(m)
D_L : 저온측 원형벽의 지름(m)

식 (6-3-3)을 이용하면 응축기에서 냉매 증기의 냉각과 응축에 필요한 응축열량, 원형관을 이용하는 열교환기에서의 교환열량을 구할 수 있다.

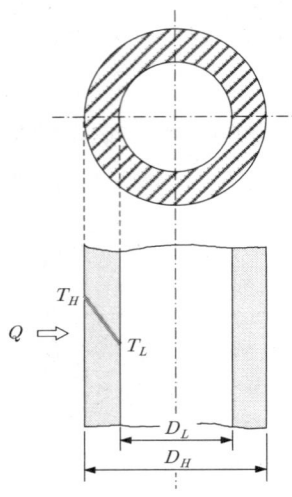

[그림 6-4] 단층 원형벽에서의 열전도

> **예제 6-5** 안지름과 바깥지름이 각각 200 mm, 210 mm인 강관($k=54$ W/m℃)이 있다. 안쪽 벽면의 온도가 300℃이고 바깥쪽 벽면의 온도가 100℃이다. 관 길이 1 m 당 방열량을 구하여라.
>
> **[풀이]** $L=1$ m, $D_H=0.2$ m, $D_L=0.21$ m, $k=54$ W/m℃, $t_H=300$℃, $t_L=100$℃ 이므로 식 (6-3-3)에서 강관 1 m당 방열량 Q는
>
> $$Q = \frac{2\pi kL}{\ln(D_H/D_L)}(T_H - T_L) = \frac{2\pi \times 54 \times 1}{\ln(0.2/0.21)} \times (300-100)$$
> $$= -1{,}390{,}821 \text{ W/m} = -1391 \text{ kW/m} \quad (\text{``}-\text{''부호는 방출을 의미})$$

(4) 다층 원형벽에서의 열전도

그림 6-5와 같이 열전도계수가 서로 다른 여러 가지 재료들이 층을 이루는 다층 원형벽 (multi cylindrical wall)에서 열전도에 의한 전열량은 다음 식과 같다.

$$Q = \frac{2\pi L(T_H - T_L)}{\dfrac{1}{k_1}\ln\left(\dfrac{D_H}{D_1}\right) + \dfrac{1}{k_2}\ln\left(\dfrac{D_1}{D_2}\right) + \cdots\cdots + \dfrac{1}{k_n}\ln\left(\dfrac{D_n}{D_L}\right)} \tag{6-3-4}$$

여기서, Q : 열전도에 의한 전열량(W)
L : 다층 원형벽의 길이(m)

T_H : 고온측 표면온도(K)

T_L : 저온측 표면온도(K)

D_H, D_1 : 고온측으로부터 첫 번째 원형벽의 바깥지름(m)과 안지름(m)

D_1, D_2 : 고온측으로부터 두 번째 원형벽의 바깥지름(m)과 안지름(m)

⋮

D_n, D_L : 저온측 원형벽의 바깥지름(m)과 안지름(m)

k_1, k_2, ⋯, k_n : 고온측으로부터 각 층 재료의 열전도계수(W/mK)

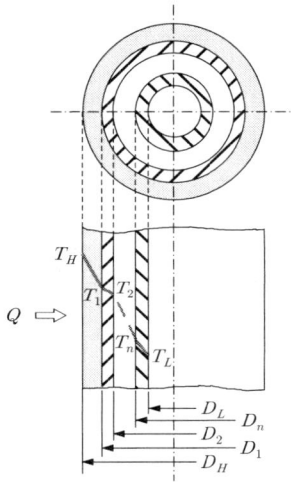

[그림 6-5] 다층 원형벽에서의 열전도

> **예제 6-6** 앞의 예제 6-5에서 강관을 $k=0.11$ W/mK인 보온재로 50 mm 두께로 피복하였다. 표면온도가 변하지 않는다고 가정하고 관길이 1 m 당 방열량을 구하여라.
>
> **[풀이]** $L=1$ m, $D_H=0.2$ m, $D_1=0.21$ m, $D_L=0.31$ m, $k_1=54$ W/mK, $k_2=0.11$ W/mK, $t_H=300℃$, $t_L=100℃$ 이므로 식 (6-3-4)에서 강관 1 m당 방열량 Q는
>
> $$\frac{Q}{L}=\frac{2\pi(T_H-T_L)}{\frac{1}{k_1}\ln\left(\frac{D_H}{D_1}\right)+\frac{1}{k_2}\ln\left(\frac{D_1}{D_L}\right)}=\frac{2\pi\times(300-100)}{\frac{1}{54}\times\ln\left(\frac{0.2}{0.21}\right)+\frac{1}{0.11}\times\ln\left(\frac{0.21}{0.31}\right)}$$
>
> $=-354.8$ W/m ("$-$"부호는 방출을 의미)

3-2 열대류

열대류(heat convection)는 고온의 유체분자가 고체의 전열면까지 이동하여 직접 열에너지를 전달하는 현상으로 고온의 유체분자와 고체와의 온도차에 의해 열에너지가 전달된다. 만일 유체와 고체간에 온도차가 없으면 열에너지는 이동하지 않는다. 유체분자가 이동되는 방법에 따라 두 종류로 분류한다.

(1) 자연대류

유체의 밀도는 온도에 따라 다르며 온도가 높은 유체는 밀도가 작으므로 상승하고 온도가 낮은 유체는 밀도가 크므로 하강하여 자연적인 유체의 흐름이 생성된다. 이와 같이 유체의 밀도차에 의해 자연적인 유체의 흐름이 생기고 이로 인하여 열이 전달되는 현상을 **자연대류**(natural convection) 또는 **자유대류**(自由對流, free convectin)라 한다.

(2) 강제대류

유체의 밀도차에 의해 유체의 흐름이 생기는 것이 아니라 펌프나 송풍기 등에 의해 강제적으로 유체에 흐름을 주는 것을 **강제대류**(forced convection)라 한다.

강제대류에 의한 전열량은 다음과 같다.

$$Q = \alpha A (T_H - T_L) \tag{6-3-5}$$

여기서, Q : 대류에 의한 전열량(W)
α : 열전달계수(heat transfer coefficient, W/m²K)
A : 전열면적(m²)
T_H : 고온측 온도(K)
T_L : 저온측 온도(K)

3-3 열복사

태양으로부터 열에너지가 지구에 도달하는 것과 같이 물체로부터 나오는 적외선, 가시광선 등 단파장을 갖는 전자파가 중간의 매개물을 거치지 않고 다른 물체에 흡수되어 열로 변화됨으로써 열이 전달되는 전열작용을 **열복사**(heat radiation)라 한다.

(1) 물체의 흑체복사

흑체에 의해 방사된 복사 전열량은 다음과 같다(Stefan-Boltzmann 법칙).

$$E_b = C_b \varepsilon A T^4 \tag{6-3-6}$$

여기서, E_b : 흑체 복사에 의한 전열량(W)

C_b : 흑체의 방사계수(5.67×10^{-8} W/m²K⁴)

ε : 복사율($\varepsilon = C/C_b$: C는 물체의 복사계수, W/(m²K⁴)

A : 복사 전열면적(m²)

T : 흑체의 방사 온도(K)

(2) 온도가 각각 T_1, T_2인 두 물체 사이의 복사 전열량

$$Q = C_o A_1 (T_1^4 - T_2^4) \tag{6-3-7}$$

여기서, Q : 복사에 의한 전열량(W)

C_o : 유효복사계수(W/m²K⁴)

$C_o = C_b F_{12}$로 F_{12}는 복사면 1에서 복사면 2로 향하는 복사전열계수

A_1 : 복사에너지가 방사되는 복사면 1의 면적(m²)

T_1 : 방사되는 복사면의 온도(K)

T_2 : 흡수하는 면의 온도(K)

3-4 열 전 달

열전달(heat transfer)은 고체 벽의 표면과 이 면에 닿아 있는 유체 사이의 전열작용을 말하며 유체 내에서는 열전도와 대류가 복합적으로 이루어진다. 고체 표면에서의 열전달량은 다음과 같다.

$$Q = \alpha A (T_f - T_w) \tag{6-3-8}$$

여기서, Q : 고체 표면에서의 열전달량(W)

α : 열전달계수(heat transfer coefficient, W/m²K)

A : 고체의 전열면적(m²)

T_f : 유체의 온도(K)

T_w : 고체 벽면의 표면온도(K)

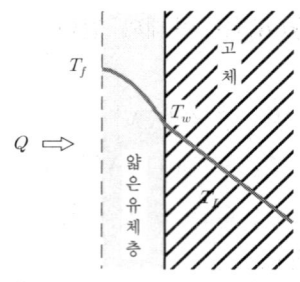

[그림 6-6] 고체 표면에서의 열전달

3-5 열관류

열관류(over-all heat transfer)란 열에너지가 한 쪽의 유체로부터 고체의 격벽을 통과하여 다른 쪽의 유체로 이동하는 전열작용을 말하며 **열통과**(熱通過)라고도 한다. 열관류는 열전달, 열대류, 열복사가 복합적으로 작용함으로써 이루어진다. 평면벽과 원통벽에서의 열관류에 의한 전열량은 다음과 같다.

(1) 다층 평면벽에서의 열관류

$$Q = K_t A (T_{f,H} - T_{f,L}) \tag{6-3-9}$$

여기서

$$K_t = \cfrac{1}{\cfrac{1}{\alpha_H} + \cfrac{\delta_1}{k_1} + \cfrac{\delta_2}{k_2} + \cdots + \cfrac{\delta_n}{k_n} + \cfrac{1}{\alpha_L}} \tag{6-3-10}$$

단, Q : 열관류량(열통과량, W)

K_t : 평면벽의 열관류율(열통과율, W/m²K 또는 W/m²℃)

A : 열관류(통과) 면적(m²)

$T_{f,H}$: 고온 유체온도(K 또는 ℃)

$T_{f,L}$: 저온 유체온도(K 또는 ℃)

α_H : 고온유체와 벽 사이의 열전달계수(heat transfer coefficient, W/m²K 또는 W/m²℃)

α_L : 벽과 저온유체 사이의 열전달계수(heat transfer coefficient, W/m²K 또는 W/m²℃)

$\delta_1, \delta_2, \cdots, \delta_n$: 고온측으로부터 각 층 재료들의 두께(m)

$k_1, k_2, \cdots, k_n$: 고온측으로부터 각 층 재료들의 열전도계수(W/mK 또는 W/m℃)

단일 평면벽에 대한 열관류율(K_t)은 아래와 같다.

$$K_t = \frac{1}{\frac{1}{\alpha_H} + \frac{\delta}{k} + \frac{1}{\alpha_L}} \tag{6-3-11}$$

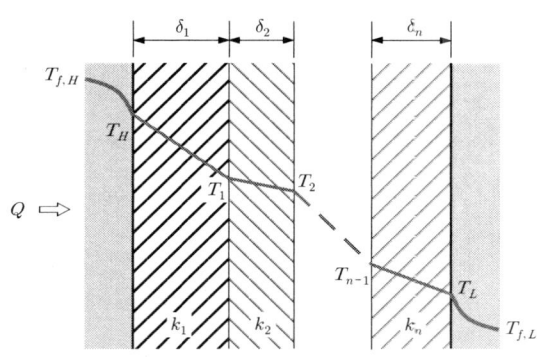

[그림 6-7] 다층 평면벽에서의 열관류

≫ 예제 6-7

냉장고 안의 온도가 $-40℃$이고 밖의 온도가 $30℃$일 때 냉장고 벽체를 통해 침입하는 단위 면적($1\ m^2$)당 열량을 구하여라. 단 냉장고 벽체의 열관류율은 $0.41\ W/m^2K$이다.

풀이 $T_{f,H} = 30℃$, $T_{f,L} = -40℃$, $K_t = 0.41\ W/m^2K$, $A = 1\ m^2$ 이므로 식 (6-3-9)에서 열관류량은

$$\frac{Q}{A} = K_t(T_{f,H} - T_{f,L}) = 0.41 \times 1 \times \{30 - (-40)\} = 28.7\ W/m^2$$

≫ 예제 6-8

그림 6-8과 같은 대형 냉장고를 $20℃$인 실내에 설치하였다. 냉장고 측벽, 천장 및 바닥의 구조는 그림과 같으며 항상 냉장고 내부는 $-10℃$를 유지한다. 실내 바닥이 $10℃$일 때 냉장고로 침투하는 열은 얼마인가?

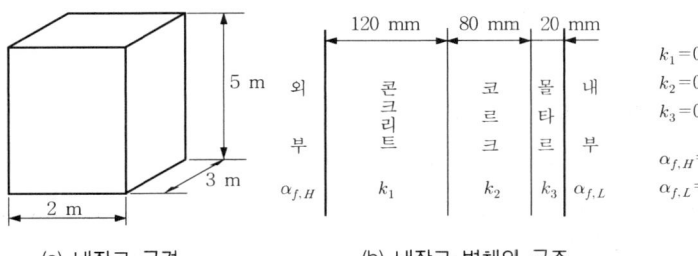

(a) 냉장고 규격 (b) 냉장고 벽체의 구조

[그림 6-8] 냉장고에서의 열관류

풀이 먼저 냉장고 벽에 대한 열관류율을 계산하면 식 (6-3-10)으로부터

$$K_t = \cfrac{1}{\cfrac{1}{\alpha_H} + \cfrac{\delta_1}{k_1} + \cfrac{\delta_2}{k_2} + \cfrac{\delta_3}{k_3} + \cfrac{1}{\alpha_L}} = \cfrac{1}{\cfrac{1}{29.07} + \cfrac{0.12}{0.465} + \cfrac{0.08}{0.042} + \cfrac{0.02}{0.523} + \cfrac{1}{8.14}}$$

$$= 0.424 \text{ W/m}^2\text{K}$$

(1) 냉장고 바닥을 통해 침입하는 열량

$T_{f,H} = 10℃$, $A_1 = 6 \text{ m}^2$, $T_{f,L} = -10℃$ 이므로 식 (6-3-9)에서 열관류량은

$$Q_1 = K_t A_1 (T_{f,H} - T_{f,L}) = 0.424 \times 6 \times \{10-(-10)\} = 50.88 \text{ W}$$

(2) 냉장고 벽과 천정을 통해 침입하는 열량

면적을 계산하면 $A_2 = 56 \text{ m}^2$이고 $T_{f,H} = 20℃$, $T_{f,L} = -10℃$ 이므로 식 (6-3-9)에서

$$Q_2 = K_t A_2 (T_{f,H} - T_{f,L}) = 0.424 \times 56 \times \{20-(-10)\} = 712.32 \text{ W}$$

따라서 전체 열관류량은

$$Q = Q_1 + Q_2 = 50.88 + 712.32 = 763.2 \text{ W}$$

> **예제 6-9** 내화벽돌의 두께가 40 cm인 가열로 안의 온도가 1200℃이고 바깥 공기의 온도가 30℃이다. 노벽 안과 밖의 열전달계수가 각각 58.14 W/m²K, 11.63 W/m²K이고 벽의 열전도계수는 0.233 W/mK이다. 단위면적(1 m²) 당 벽의 열관류량을 구하여라.

풀이 $T_{f,H} = 1200℃$, $T_{f,L} = 30℃$, $\delta = 0.4$ m, $\alpha_H = 58.14$ W/m²K, $\alpha_L = 11.63$ W/m²K, $k = 0.233$ W/mK 이므로 식 (6-3-9)와 식 (6-3-11)에서 열관류량 Q는

$$\frac{Q}{A} = \cfrac{(T_{f,H} - T_{f,L})}{\cfrac{1}{\alpha_H} + \cfrac{\delta}{k} + \cfrac{1}{\alpha_L}} = \cfrac{(1200-30)}{\cfrac{1}{58.14} + \cfrac{0.4}{0.233} + \cfrac{1}{11.63}} = 642.88 \text{ W/m}^2$$

(2) 다층 원형벽에서의 열관류

$$Q = K_t A (T_{f,H} - T_{f,L}) \tag{6-3-12}$$

여기서 열관류율(열통과율)은

$$K_t = \cfrac{1}{\cfrac{1}{\alpha_H}\cfrac{D_L}{D_H} + \cfrac{D_L}{2k_1}\ln\left(\cfrac{D_H}{D_1}\right) + \cfrac{D_L}{2k_2}\ln\left(\cfrac{D_1}{D_2}\right) + \cdots + \cfrac{D_L}{2k_n}\ln\left(\cfrac{D_n}{D_L}\right) + \cfrac{1}{\alpha_L}} \tag{6-3-13}$$

단, Q : 열관류량(열통과량, W)

K_t : 원형벽에서의 열관류율(열통과율, W/m²K)

L : 다층 원형벽의 길이(m)

$T_{f,H}$: 고온 유체온도(K)

$T_{f,L}$: 저온 유체온도(K)

α_H : 고온유체와 원형벽 사이의 열전달계수(heat transfer coefficient, W/m²K)

α_L : 원형벽과 저온유체 사이의 열전달계수(heat transfer coefficient, W/m²K)

k_1, k_2, ⋯, k_n : 고온측으로부터 각 층 재료들의 열전도계수(W/mK)

D_H, D_1 : 고온측으로부터 첫 번째 원형벽의 바깥지름(m)과 안지름(m)

D_1, D_2 : 고온측으로부터 두 번째 원형벽의 바깥지름(m)과 안지름(m)

⋮

D_n, D_L : 저온측 원형벽의 바깥지름(m)과 안지름(m)

단일 원형벽에 대한 열관류율(K_t)은 아래와 같다.

$$K_t = \cfrac{1}{\cfrac{1}{\alpha_H}\cfrac{D_L}{D_H} + \cfrac{D_L}{2k}\ln\left(\cfrac{D_H}{D_L}\right) + \cfrac{1}{\alpha_L}} \tag{6-3-14}$$

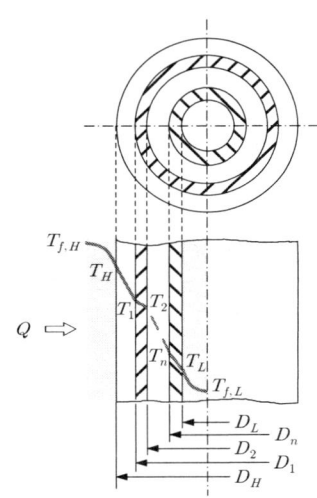

[그림 6-9] 다층 원형벽에서의 열관류

>> 예제 **6-10** 두께가 10 mm, 바깥지름이 220 mm인 난방용 강관을 80 mm 두께의 보온재로 싸는 경우의 열통과율을 구하여라. 단 강관과 보온재의 열전도율은 각각 36.05 W/mK, 0.07 W/mK이고 외기와의 열전달계수는 11.6 W/m²K, 난방용수와의 열전달계수는 5.8 W/m²K이다.

풀이 $D_H = 0.2$ m, $D_1 = 0.22$ m, $D_L = 0.38$ m, $k_1 = 36.05$ W/mK, $k_2 = 0.07$ W/mK, $\alpha_H = 5.81$ W/m²K, $\alpha_L = 11.63$ W/m²K 이므로 식 (6-3-15)로부터 열통과율 K_t는

$$K_t = \cfrac{1}{\cfrac{1}{\alpha_H}\cfrac{D_L}{D_H} + \cfrac{D_L}{2k_1}\ln\left(\cfrac{D_H}{D_1}\right) + \cfrac{D_L}{2k_2}\ln\left(\cfrac{D_1}{D_L}\right) + \cfrac{1}{\alpha_L}}$$

$$= \cfrac{1}{\cfrac{1}{5.81}\times\cfrac{0.38}{0.2} + \cfrac{0.38}{2\times 36.05}\times\ln\left(\cfrac{0.2}{0.22}\right) + \cfrac{0.38}{2\times 0.07}\times\ln\left(\cfrac{0.22}{0.38}\right) + \cfrac{1}{11.63}}$$

$$= -0.934 \text{ W/m}^2\text{K}$$

3-6 열교환기에서의 전열

응축기나 증발기와 같은 열교환기에서의 열관류량과 교환열량은 다음과 같다.

(1) 열관류량 : Q

① 평면벽 : $Q = K_t A \Delta t_m$
② 원통벽 : $Q = K_t A \Delta t_m$ (6-3-15)

여기서 Δt_m은 열교환을 하는 두 유체간의 대수평균온도차이다.

ⓐ 평행류(parallel flow) 열교환기(그림 6-10(a))

$$\Delta t_m = \frac{(t_{H,i} - t_{L,i}) - (t_{H,o} - t_{L,o})}{\ln\left(\dfrac{t_{H,i} - t_{L,i}}{t_{H,o} - t_{L,o}}\right)} \quad (6\text{-}3\text{-}16)$$

단, $t_{H,i}$, $t_{H,o}$: 고온 유체의 입, 출구에서의 온도(℃)
$t_{L,i}$, $t_{L,o}$: 저온 유체의 입, 출구에서의 온도(℃)

ⓑ 대향류(counter flow) 열교환기(그림 6-10(b))

$$\Delta t_m = \frac{(t_{H,i} - t_{L,o}) - (t_{H,o} - t_{L,i})}{\ln\left(\dfrac{t_{H,i} - t_{L,o}}{t_{H,o} - t_{L,i}}\right)} \quad (6\text{-}3\text{-}17)$$

(2) 교환열량 : Q_{he}

① 고온유체 측 : $Q_{he} = \dot{m}_H c_H (t_{H,i} - t_{H,o})$ (6-3-18)
② 저온유체 측
 ▶ 평행류 열교환기 : $Q_{he} = \dot{m}_L c_L (t_{L,o} - t_{L,i})$
 ▶ 대향류 열교환기 : $Q_{he} = \dot{m}_L c_L (t_{L,i} - t_{L,o})$ (6-3-19)

단, $\dot{m}_H$, c_H : 고온측 유체의 유량과 비열
$\dot{m}_L$, c_L : 저온측 유체의 유량과 비열

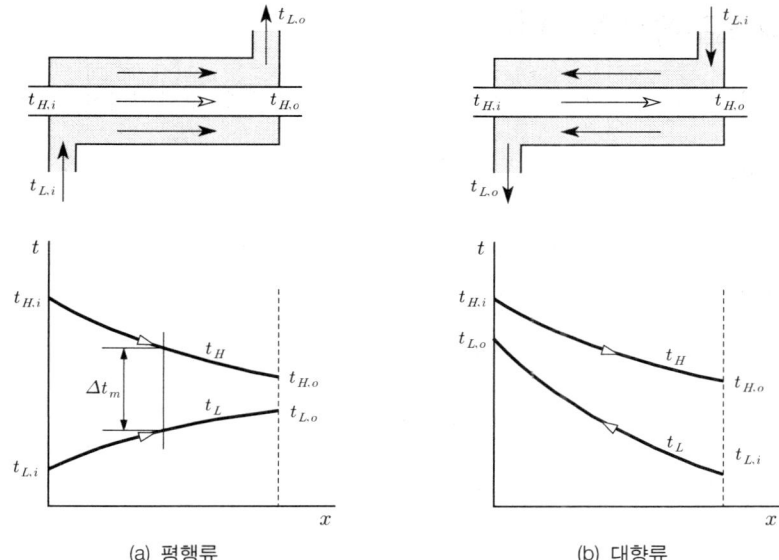

[그림 6-10] 열교환기에서의 전열

> 예제 6-11

대향류 열교환기에서 비열이 3.35 kJ/kgK인 브라인의 입, 출구온도가 각각 −10℃, 5℃이다. 브라인과 열교환하는 냉각액의 비열이 1.67 kJ/kgK이고 출구온도가 22℃이다. 브라인과 냉각액의 유량이 각각 80 kg/h, 90 kg/h 일 때 냉각액 입구온도와 평균온도차를 구하여라.

풀이 (1) 냉각액 입구온도($t_{L,i}$)

$c_L = 3.35$ kJ/kgK, $c_H = 1.67$ kJ/kgK, $\dot{m}_L = 80$ kg/h, $\dot{m}_H = 90$ kg/h, $t_{L,i} = -10$℃,
$t_{L,o} = 5$℃,
$t_{H,o} = 22$℃ 이며 교환열량이 같으므로 식 (6-3-18)과 식 (6-3-19)로부터

$$Q_{he} = \dot{m}_H c_H (t_{H,i} - t_{H,o}) = \dot{m}_L c_L (t_{L,o} - t_{L,i})$$

$$t_{H,i} = t_{H,o} + (t_{L,o} - t_{L,i}) \frac{\dot{m}_L c_L}{\dot{m}_H c_H} = 22 + \{5-(-10)\} \times \frac{(80/3600) \times 3.35}{(90/3600) \times 1.67} = 48.7℃$$

(2) 평균온도차(Δt_m) : 식 (6-3-17)에서

$$\Delta t_m = \frac{(t_{H,i} - t_{L,o}) - (t_{H,o} - t_{L,i})}{\ln\left(\frac{t_{H,i} - t_{L,o}}{t_{H,o} - t_{L,i}}\right)} = \frac{(48.7-5) - \{22-(-10)\}}{\ln\left\{\frac{48.7-5}{22-(-10)}\right\}} = 36.9℃$$

4 응축기에서의 열전달

응축기는 금속으로 된 관 벽을 통하여 열을 방출하며, 방출과정은 2절에서도 설명한 바와 같이 3단계로 나누어진다. 즉 그림 6-1에서

① 상태변화 4-5(또는 4'-5) : 과열량을 방출하며 과열증기가 건포화증기로 되는 과정으로 온도가 많이 강하한다.
② 상태변화 5-1' : 응축열을 방출하며 건포화증기가 포화액으로 응축되는 과정으로 온도가 일정하다.
③ 상태변화 1'-1 : 포화액이 방열하며 과냉각되어 압축액(과냉각액)으로 되는 과정으로 온도차가 작다.

이와 같이 3단계 열전달이 서로 다르므로 전열특성도 다르다. 그러나 열전달에 의한 방열량은 대부분 응축열이므로 응축기에서의 방열량(Q_H)은 식 (6-3-18)에 의해 다음과 같이 계산한다.

$$Q_H = K_t A \Delta t_m \text{ (W)} \tag{6-4-1}$$

여기서, K_t : 응축기의 열관류율(W/m²K)
A : 냉각재인 물이나 공기 측의 전열면적(m²)
Δt_m : 냉매와 냉각수(공기)와의 평균온도차(K)

▶ 산술평균온도차 : $\Delta t_m = \dfrac{\Delta t_i + \Delta t_o}{2}$ (6-4-2)

▶ 대수평균온도차 : $\Delta t_m = \dfrac{\Delta t_i - \Delta t_o}{\ln(\Delta t_i/\Delta t_o)}$ (6-4-3)

단, Δt_i : 응축기 입구에서 냉매와 냉각수(공기)와의 온도차(K)
Δt_o : 응축기 출구에서 냉매와 냉각수(공기)와의 온도차(K)

식 (6-4-1)은 응축기, 증발기 등 모든 열교환기에서 전열량을 구하는 기본식이며 열관류율(K_c)은 각종 응축기에 대한 실험값이 있으므로 그것을 사용한다. 만일 실험값이 없을 때에는 다음의 식을 이용하여 개략치를 구한다.(단, 증발식 응축기는 제외)

$$K_t = \dfrac{1}{\dfrac{1}{\alpha_w} + \dfrac{A_w}{A_m}\dfrac{\delta}{k} + \dfrac{A_w}{A_r}\dfrac{\delta_o}{k_o} + \dfrac{A_w}{A_r}\dfrac{1}{\alpha_r} + \dfrac{\delta_s}{k_s}} \tag{6-4-4}$$

여기서, K_t : 응축기의 열관류율(W/m²K)
α_w : 냉각수(공기) 측의 열전달계수(W/m²K)
α_r : 냉매 측의 열전달계수(W/m²K)
A_w : 냉각수(공기) 측의 전열면적(m²)
A_r : 냉매 측의 전열면적(m²)
A_m : $(A_w+A_r)/2$, 냉매와 냉각수(공기)의 평균 전열면적(m²)
δ : 관벽의 두께(m)
δ_o : 유막(oil film)의 두께(m)
δ_s : 물 때(scale, 먼지, 산화 피막 등)의 두께(m)
k : 관벽 재료의 열전도계수(W/mK)
k_o : 유막의 열전도계수(W/mK)
k_s : 물 때(scale, 먼지, 산화 피막 등)의 열전도계수(W/mK)
δ_s/k_s : 오염계수(fouling factor, m²K/W)

할로카본용 응축기에서는 윤활유가 냉매에 용해되지 않으므로 유막이 형성되지 않는다. 따라서 위의 식(6-4-4)에서 (δ_o/k_o)는 생략한다. 참고로 관벽 재료의 열전도계수 k는 구리인 경우는 약 400 W/mK, 황동은 110 W/mK, 강은 80 W/mK 정도이다(부록 참조).

한편, 냉각수 또는 공기 측의 열전달계수(수냉의 경우 관지름이 10~30 mm) α_w는 실험값을 이용하거나 다음의 식을 이용하여 개략값을 구하여 사용한다.

$$\alpha_w = 3500(1+0.015t_m)(0.87\dot{v}+0.13) \text{ (W/m}^2\text{℃)} \tag{6-4-5}$$

단, t_m은 냉각수(공기)의 평균온도, $\dot{v}$는 냉각수의 유속이다.

[표 6-1] 대수평균 온도차

Δt_o \ Δt_i	1	2	3	4	5	6	7	8	9	10	11	12	13	14	15
1	1.00	1.44	1.82	2.16	2.49	2.79	3.08	3.37	3.64	3.91	4.17	4.43	4.68	4.93	5.17
2	1.44	2.00	2.47	2.89	3.27	3.64	3.99	4.33	4.65	4.97	5.28	5.58	5.88	6.17	6.45
3	1.82	2.47	3.00	3.48	3.92	4.33	4.72	5.10	5.46	5.81	6.16	6.49	6.82	7.14	7.46
4	2.16	2.89	3.48	4.00	4.48	4.93	5.36	5.77	6.17	6.55	6.92	7.28	7.64	7.98	8.32
5	2.49	3.27	3.92	4.48	5.00	5.48	5.94	6.38	6.81	7.21	7.61	8.00	8.37	8.74	9.10
6	2.79	3.64	4.33	4.93	5.48	6.00	6.49	6.95	7.40	7.83	8.25	8.66	9.05	9.44	9.82
7	3.08	3.99	4.72	5.36	5.94	6.49	7.00	7.49	7.96	8.41	8.85	9.28	9.69	10.10	10.50
8	3.37	4.33	5.10	5.77	6.38	6.95	7.49	8.00	8.49	8.96	9.42	9.87	10.30	10.72	11.14
9	3.64	4.65	5.46	6.17	6.81	7.40	7.96	8.49	9.00	9.49	9.97	10.43	10.88	11.32	11.75
10	3.91	4.97	5.81	6.55	7.21	7.83	8.41	8.96	9.49	10.00	10.49	10.97	11.43	11.89	12.33
11	4.17	5.28	6.16	6.92	7.61	8.25	8.85	9.42	9.97	10.49	11.00	11.49	11.97	12.44	12.90
12	4.43	5.58	6.49	7.28	8.00	8.66	9.28	9.87	10.43	10.97	11.49	12.00	12.49	12.97	13.44
13	4.68	5.88	6.82	7.64	8.37	9.05	9.69	10.30	10.88	11.43	11.97	12.49	13.00	13.49	13.98
14	4.93	6.17	7.14	7.98	8.74	9.44	10.10	10.72	11.32	11.89	12.44	12.97	13.49	14.00	14.49
15	5.17	6.45	7.46	8.32	9.10	9.82	10.50	11.14	11.75	12.33	12.90	13.44	13.98	14.49	15.00

[표 6-2] 오염계수 (물때계수)

냉각수 종류	오염계수(m^2K/W)	
	물의 속도 1 m/s 이하	물의 속도 2 m/s 이하
바닷물	0.000086	0.000086
수돗물 또는 우물물	0.000172	0.000172
도시를 흐르는 하천수	0.000516	0.00034
냉각수탑 물(처리한 것)	0.000172	0.000172
냉각수탑 물(처리하지 않은 것)	0.000516	0.000516

※ 냉각수 온도가 52℃ 이하(강관)일 때의 값으로 동관은 이 값의 1/2로 한다.

[표 6-3] 응축기의 열관류율

입형셸 튜브식	냉각수량(50 mm 냉각관 1개당, L/min)	4	6	8	10	13	15	20
	열관류율(R-717의 경우, W/m^2K)	500	670	810	870	950	1050	1160
	응축온도와 냉각수의 평균온도의 차	5℃						
2중관식	냉각관내 물의 속도(m/s)	0.5		1		1.5		2
	열관류율(R-717의 경우, W/m^2K)	580		800		1000		1200
	응축온도와 냉각수의 평균온도의 차	5℃						
대기식	냉각관 수량(L/min)	10		20		30		40
	열관류율(R-717의 경우, W/m^2K)	580		800		1000		1200
	응축온도와 냉각수의 평균온도의 차	5℃						
횡형셸 튜브식	냉각관내 물의 속도(m/s)		0.5	1	1.5	2		3
	열관류율(W/m^2K) R-717		700	1050	1280	1340		
	열관류율(W/m^2K) R-12		370	600	760	860		980
	응축온도와 냉각수의 평균온도의 차 R-717		5℃					
	응축온도와 냉각수의 평균온도의 차 R-12		7℃					

>> 예제 6-12 전열면적이 30 m^2인 수냉식 응축기에서 응축에 필요한 열량이 139.5 kW이다. 냉각수량이 0.33 m^3/min이고 냉각수 입구온도가 23℃일 때 산술평균온도차를 이용하여 응축온도를 구하여라. 단, 열관류율은 930 W/m^2K이다.

풀이 물의 비체적이 $v_w = 0.001$ m^3/kg이므로 냉각수 질량유량 $\dot{m}_w$은

$$\dot{m}_w = 0.33/(0.001 \times 60) = 5.5 \text{ kg/s}$$

물의 비열이 약 $c_p = 4.2$ kJ/kgK이고 $Q_H = 139.5$ kW, $t_i = 23$℃ 이므로 냉각수 출구온도는 식 (6-2-3)에서

$$t_o = t_i + \frac{Q_H}{\dot{m}_w c_p} = 23 + \frac{139.5}{5.5 \times 4.2} = 29.04 ℃$$

응축온도를 t_c라 하면 응축기 입구와 출구에서의 온도차는

$$\Delta t_i = t_c - t_i, \quad \Delta t_o = t_c - t_o$$

$A = 30$ m^3, $K_t = 930$ W/m^2K 이므로 식 (6-4-1)과 식 (6-4-2)에서

$$Q_H = K_t A \Delta t_m = K_t A \frac{(\Delta t_i + \Delta t_o)}{2} = K_t A \frac{(t_c - t_i) + (t_c - t_o)}{2} = K_t A \left(t_c - \frac{t_i + t_o}{2} \right)$$

$$\rightarrow t_c = \frac{t_i + t_o}{2} + \frac{Q_H}{K_t A} = \frac{23 + 29.04}{2} + \frac{139.5}{0.93 \times 30} = 31.02 ℃$$

> **예제 6-13** 암모니아용 수냉식 응축기에서 조건이 아래와 같을 때 열관류율을 구하여라.
> ① 냉각관의 두께 : 2.8 mm ② 냉각관의 열전도계수 : 43 W/m℃
> ③ 냉각관 표면에서 냉각수 측의 열전달계수 : 3490 W/m²℃
> ④ 냉각관 표면에서 냉매 측의 열전달계수 : 4420 W/m²℃
> ⑤ 물때 두께 : 0.15 mm ⑥ 물때의 열전도계수 : 1.163 W/m℃
> ⑦ 유막의 두께 : 0.01 mm ⑧ 유막의 열전도계수 : 0.151 W/m℃
>
> **풀이** $\alpha_w = 3490$ W/m²℃, $\alpha_r = 4420$ W/m²℃, $\delta = 0.0028$ m, $k = 43$ W/m℃
> $\delta_o = 0.00001$ W/m²℃, $k_o = 0.151$ W/m℃, $\delta_s = 0.00015$ W/m²℃, $k_s = 1.163$ W/m℃
> 냉각수 측의 전열면적과 냉수 측의 전열면적이 같은 것으로 간주하면 식 (6-4-4)에서 열관류율 K_t는
>
> $$K_t = \cfrac{1}{\cfrac{1}{\alpha_w} + \cfrac{A_w}{A_m}\cfrac{\delta}{k} + \cfrac{A_w}{A_r}\cfrac{\delta_o}{k_o} + \cfrac{A_w}{A_r}\cfrac{1}{\alpha_r} + \cfrac{\delta_s}{k_s}}$$
>
> $$= \cfrac{1}{\cfrac{1}{3490} + \cfrac{0.0028}{43} + \cfrac{0.00001}{0.151} + \cfrac{1}{4420} + \cfrac{0.00015}{1.163}} = 1293.5 \text{ W/m}^2\text{℃}$$

5 응축기의 종류와 구조

응축기는 냉매의 종류, 열교환 방법, 냉각재의 종류, 구조, 용량 등에 따라 여러 가지로 분류되며 크게 나누면 다음과 같다.

```
              ┌─ 수냉식 응축기 ┬─ 이중관식 응축기
              │                ├─ 입형 셸 튜브식 응축기
              │                ├─ 횡형 셸 튜브식 응축기
응축기 ───────┤                ├─ 7통로식 응축기
              │                ├─ 대기식 응축기
              │                └─ 지수식 응축기
              ├─ 증발식 응축기
              └─ 공냉식 응축기
```

5-1 이중관식 응축기

이중관식 응축기(double pipe condenser)는 그림 6-11과 같이 직경이 서로 다른 수평한 동심(同心) 관을 이중으로 설치한 것으로 안쪽에 있는 관속에는 냉각수가 아래에서 위로 흐

르고 바깥 쪽의 관과 안쪽 관 사이에는 냉매증기가 위에서 아래로 흐르는 대향류 구조로 되어 있다. 암모니아, 할로카본계, 크로르메칠 등 비교적 소형냉동기에 사용되며 이산화탄소용으로도 사용할 수 있다.

길이가 3.6 m 또는 6 m 관을 상하 6~12단으로 조립하여 사용하며 암모니아용으로는 보통 안쪽에 1¼B관, 바깥쪽에 2B관을 사용한다. 소형에서는 안쪽에 ¾B관, 바깥쪽에 1¼B관이 사용되기도 한다(표 6-4 참조).

[표 6-4] 암모니아용 이중관식 응축기의 치수(단위 mm)

호칭 번호	길이	바깥쪽 관		안쪽 관		단수	최소냉각 면적(m^2)	접속용 증기관과 나사 규격			대응 압축기 능력 RT(kW)	각열의 간격
		외경	최소두께	외경	최소두께			냉각 수관	증기 입구	액 출구		
D_1	3600	60.5	4	42.7	4	6	1.95	1 B	½B	½B	1.5(5.8)	300
D_2	3600	60.5	4	42.7	4	8	2.59	1 B	¾B	½B	2.5(9.7)	300
D_3	6000	60.5	4	42.7	4	8	4.37	1¼B	1¼B	¾B	5(19.3)	300
D_4	6000	60.5	4	42.7	4	8	5.82	1½B	1¼B	¾B	7(27)	300
D_5	6000	60.5	4	42.7	4	10	7.28	1½B	1¼B	¾B	8.5(32.8)	300
D_6	6000	60.5	4	42.7	4	12	8.75	1½B	1¼B	¾B	10(38.6)	300

※ 대응 압축기 능력은 냉각수 입구온도가 22℃이고 냉각수량이 12 L/min(1 RT당)인 상태로 작동하는 응축기에 대응하는 압축기의 능력(냉동톤)을 의미함.

할로카본이나 크로르메틸용 2중관식 응축기에는 바깥쪽 관이 3/4~5/6B, 안쪽관이 1/2~3/5B로 된 것과 굵은 바깥쪽 관에 작은 직경(小區徑)의 안쪽관을 4~5개 삽입한 것도 있다. 전열계수는 냉각수 유속이 1.5 m/s 일 때 1050 W/m^2K, 냉각면적은 유속이 1~2 m/s일 때 0.21~0.23 m^2/kW, 냉각수량은 3.1 L/min(kW) 정도이다.

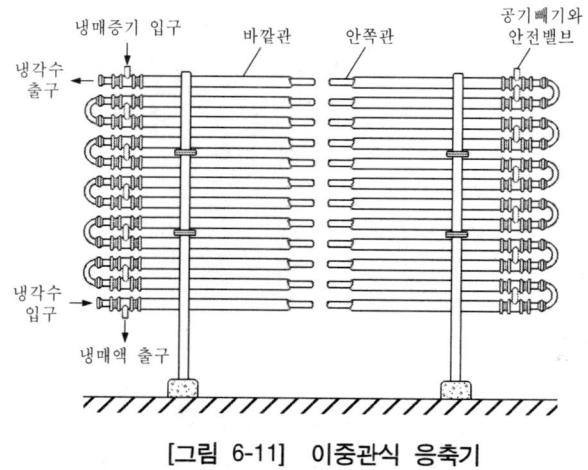

[그림 6-11] 이중관식 응축기

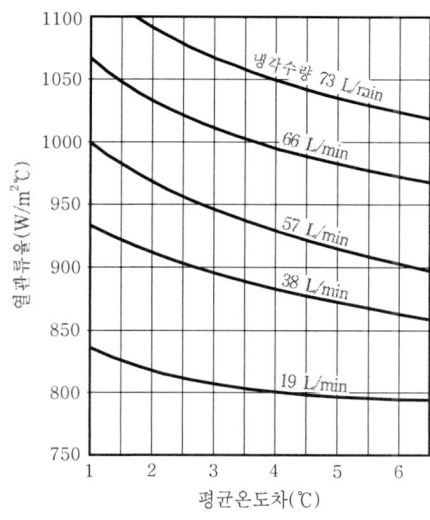

[그림 6-12] 암모니아용 이중관식 응축기의 열관류율

이중관식 응축기의 특징은 다음과 같다.
① 냉매증기와 냉각수를 대향류로 함으로써 냉각효과가 양호하며 고압에도 견딜 수 있다.
② 암모니아나 할로카본 냉매 등의 소형 냉동기에 사용하며 이산화탄소 냉동기에도 설치가 가능하다.
③ 냉각수량이 적어도 되므로 과냉각 냉매를 얻을 수 있으나 대용량 냉동기에는 한 대로는 불가능하다.
④ 벽면을 이용하는 공간에도 설치할 수 있으므로 설치면적이 작아도 된다.
⑤ 구조가 복잡하여 냉각관의 점검 보수가 어려워 냉각관의 부식을 발견하기 곤란하며 냉각관의 청소가 곤란하다.

5-2 입형 셸 튜브식 응축기

입형 셸 튜브식 응축기(vertical shell and tube condenser)는 암모니아용 수냉식 응축기로 널리 사용되는 것으로 그림 6-13과 같이 입형의 원통(직경 660~910 mm, 유효길이 4800 mm) 상하 경판(end plate)에 바깥지름이 약 50 mm인 다수의 냉각관을 설치하였다. 입형의 원통 상단에 설치된 냉각수조에 있는 냉각수가 냉각관 안쪽 면을 고르게 흐르게 하기 위하여 소용돌이를 일으키는 주철제 물분배기(cast iron swirl)를 설치한다(그림 6-14). 압축기에서 오일 분리기를 거쳐 온 고온의 냉매증기는 냉각관 바깥 면과 접촉하며 냉각, 응축되어 냉각관 바깥 면을 따라 흘러내려 냉매액 출구를 거쳐 수액기로 간다.

표 6-5는 입형 셸 튜브식 응축기의 규격을 나타낸 것이며 특징을 열거하면 다음과 같다.

① 소형, 경량으로 설치장소가 좁아도 가능하며 옥외에 설치가 용이하다.
② 전열이 양호하며 냉각관 청소가 가능하다.
③ 가격이 저렴하고 과부하에 견딜 수 있다.
④ 주로 대형의 암모니아 냉동기에 사용된다.
⑤ 냉매증기와 냉각수가 평행류로 되어 냉각수가 많이 필요하고 과냉각이 잘 안 된다.
⑥ 냉각관이 부식되기 쉽다.

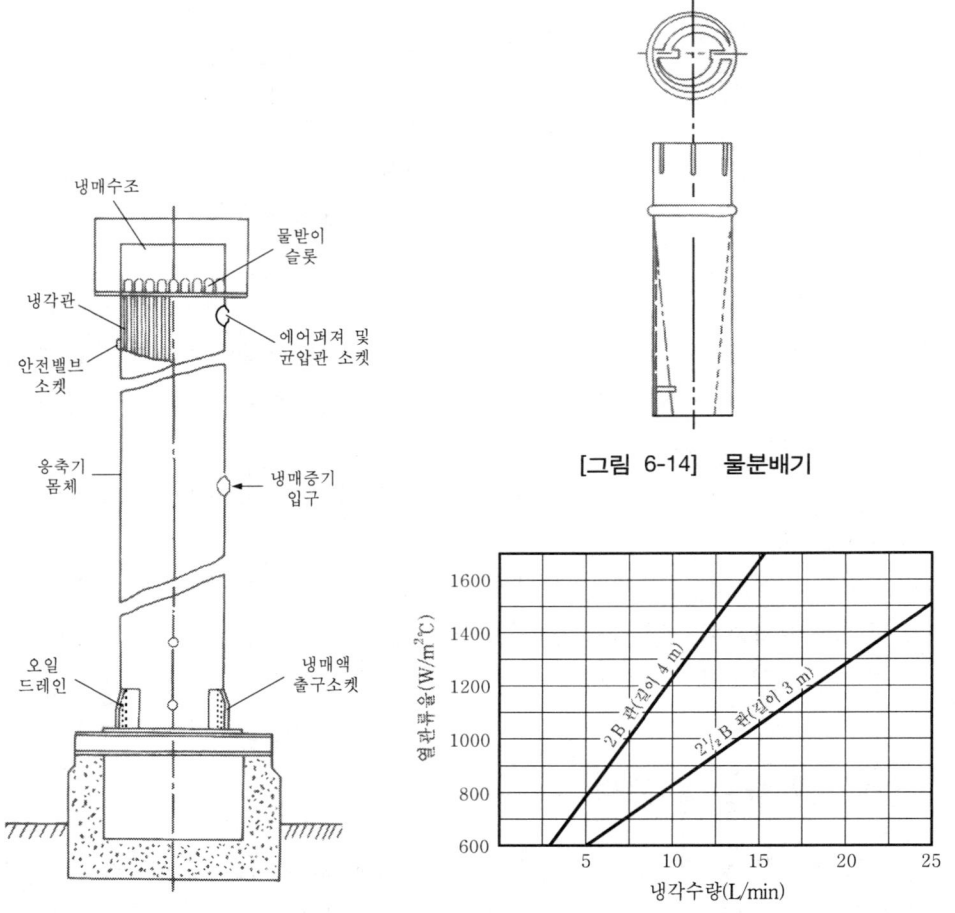

[그림 6-13] 입형 셸 튜브식 응축기 (암모니아용)

[그림 6-14] 물분배기

[그림 6-15] 암모니아용 입형 셸 튜브식 응축기의 열관류율

[표 6-5] 암모니아용 입형 셸 튜브식 응축기의 치수(단위 mm)

호칭번호	몸통 외경	몸통 두께	경판 두께	냉각관 외경	냉각관 두께	냉각관 관길이	냉각관 관수	안전밸브 호칭	접속관의 나사 규격 냉각수관	증기입구	액출구	공기빼기	기름빼기	균압관	액면계	대응 압축기 능력 RT(kW)
V_1	570	9	36	51	2.9	4190	47	12	3B	2B	1B	1/2B	3/4B	3/8B	1/2B	26(100.4)
V_2	610	9	36	51	2.9	4190	59	12	3B	2 1/2B	1B	1/2B	3/4B	3/8B	1/2B	33(127.4)
V_3	610	9	36	51	2.9	4800	59	12	3 1/2B	2 1/2B	1 1/4B	1/2B	3/4B	3/8B	1/2B	38(146.7)
V_4	660	9	36	51	2.9	4800	68	12	4B	2 1/2B	1 1/4B	1/2B	3/4B	3/8B	1/2B	43(166.0)
V_5	710	12	36	51	2.9	4800	80	20	4B	3B	1 1/4B	1/2B	3/4B	3/8B	1/2B	51(196.9)
V_6	760	12	36	51	2.9	4800	96	20	4B	3B	1 1/4B	1/2B	3/4B	3/8B	1/2B	61(235.5)
V_7	810	12	36	51	2.9	4800	109	20	4B	3 1/2B	1 1/4B	1/2B	3/4B	3/8B	1/2B	70(270.3)
V_8	870	12	36	51	2.9	4800	127	20	5B	3 1/2B	1 1/2B	1/2B	3/4B	3/8B	1/2B	81(312.7)
V_9	920	16	36	51	2.9	4800	144	20	5B	4B	1 1/2B	1/2B	3/4B	3/8B	1/2B	92(355.2)
V_{10}	965	16	36	51	2.9	4800	164	20	5B	4B	2B	1/2B	3/4B	3/8B	1/2B	105(405.4)

※ 1. 대응 압축기 능력은 냉각수 입구온도가 23℃이고 냉각수량이 20 L/min(1 RT당)인 상태로 작동하는 응축기에 대응하는 압축기의 능력(냉동톤)을 의미함.
2. 관길이는 유효길이이며 공차는 ± 50 mm임.
3. 경판의 두께는 필요에 따라 32 mm로 할 수 있음.
4. 냉각수관, 증기 입구와 액 출구 접속관의 치수는 응축기의 사용조건에 따라 변경할 수 있음.
5. 액면계는 생략할 수 있음.

5-3 횡형 셸 튜브식 응축기

횡형 셸 튜브식 응축기(horizontal shell and tube condenser)는 소형의 암모니아용에서 대용량의 할로카본용까지 광범위하게 사용되는 수냉식 응축기이다. 즉 소용량으로부터 대용량의 할로카본 콘덴싱유니트(condensing unit), 워터칠링유니트(water chilling unit), 패키지형 에어컨디셔너(packaged air conditioner) 등에 사용된다. 이 응축기는 그림 6-16과 같이 수평으로 설치되는 원통의 몸체 양단의 경판에 다수의 냉각관을 설치하고 원통의 양단에 물커버(water cover)를 설치하여 냉각수를 유도한다. 냉각수를 입구를 통해 펌프로 압송하면 냉각수는 최초의 냉각관을 통과한 후 다시 다음의 냉각관으로 순차적으로 돌아(U-turn) 통과하며 냉각관 바깥 면에 접해 있는 냉매를 응축시킨다. 이렇게 물을 U-turn시켜 통과시키는 횟수를 패스(pass) 수라 하며 2~6회가 보통이다. 냉각수가 U-turn하지 않고 직선적으로 냉각관으로 통과하는 것을 1통로식(通路式), 한번 돌아나가는 것을 2통로식, 두 번 돌아나가는 것을 3통로식 등으로 부른다. 냉각관 안에서 냉각수의 유속은 강관의 경우 0.6~1 m/s, 동관의 경우는 1~1.5 m/s, 니켈관에서는 1.5~2.0 m/s이다. 유속은 패스 횟수에 따라 달라지나 보통은 유속이 1.0~2.0 m/s 사이가 되도록 한다.

응축기를 소형, 경량화 하기 위하여 전열면적을 증가시킬 목적으로 핀 튜브(fin tube)를 사용하면 냉각관의 단위 길이당 전열면적을 크게 할 수 있다.

이 응축기의 특징을 열거하면 다음과 같다.

① 전열이 양호하며 냉각수량이 입형에 비해 적어도 된다.
② 설치면적이 적어도 된다.
③ 암모니아, 할로카본 등 대, 중, 소형의 냉동기에 광범위하게 사용된다.
④ 냉각관이 부식되기 쉽고 냉각관의 청소가 곤란하다.
⑤ 입형에 비하여 과부하에 견디기 곤란하다.

5-3-1 암모니아용 횡형 셸 튜브식 응축기

횡형 셸 튜브식 암모니아용 응축기의 구조와 치수는 그림 6-16, 표 6-6과 같다. 냉각수의 유속은 보통 0.5~1.5 m/s이며 유속을 1.5 m/s 이상으로 증가시켜도 열관류율은 별로 커지지 않으며 오히려 냉각관의 부식이 증가하는 경향이 있어 일반적으로 유속을 1 m/s 전후로 설계한다.

그림 6-17은 냉각수의 유속에 따른 열관류율의 변화를 나타낸 것으로 물때(scale)가 붙어 있지 않은 깨끗한 관의 열관류율을 나타내는 곡선 A와 실용상 적당한 안전율을 고려한 관의 열관류율을 나타내는 곡선 D를 비교하면 열관류율이 약 50% 감소됨을 알 수 있다.

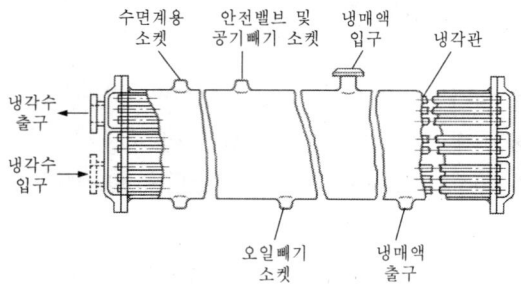

[그림 6-16] 횡형 셸튜브식 응축기(암모니아용)

[표 6-6] 암모니아용 횡형 셸 튜브식 응축기의 치수(단위 mm)

호칭 번호	몸통 외경	몸통 두께	경판 두께	냉각관 외경	냉각관 두께	냉각관 관길이	냉각관 관수	냉각관 통로수	안전밸브 호칭	접속관의 나사 규격 냉각수관	증기입구	액출구	공기빼기	기름빼기	액면계	기름저장탱크	대응 압축기 능력 RT(kW)
H₁	270	8	25	29	2.3	1450	12	12	12	1B	1/2B	1/2B	1/2B	1/2B	1/2B	유	1.2(4.6)
H₂	290	8	25	29	2.3	1750	16	16	12	1B	3/4B	1/2B	1/2B	1/2B	1/2B	유	2.0(7.7)
H₃	400	9	25	29	2.3	1750	32	16	12	1 1/4B	1B	3/4B	1/2B	1/2B	1/2B	유	4.7(18.1)
H₄	450	9	25	29	2.3	2360	42	14	12	1 1/2B	1 1/4B	3/4B	1/2B	1/2B	1/2B	유	8.1(31.3)
H₅	485	9	32	51	2.9	2360	42	14	12	2B	1 1/2B	1B	1/2B	1/2B	무	무	15 (57.9)
H₆	610	9	32	51	2.9	2360	42	14	12	2B	1 1/2B	1B	1/2B	1/2B	무	무	20 (77.2)
H₇	610	9	32	51	2.9	2570	42	14	12	2 1/2B	2B	1B	1/2B	1/2B	무	무	25 (96.5)
H₈	660	9	32	51	2.9	2660	56	14	12	2 1/2B	2B	1B	1/2B	1/2B	무	무	30 (115.8)
H₉	660	9	32	51	2.9	2770	56	14	12	3B	2 1/2B	1 1/4B	1/2B	1/2B	무	무	35 (135.1)
H₁₀	660	9	32	51	2.9	3580	56	14	12	3B	2 1/2B	1 1/4B	1/2B	1/2B	무	무	40 (154.4)

※ 1. 대응 압축기 능력은 냉각수 입구온도가 20℃이고 냉각수량이 12 L/min(1 RT당)인 상태로 작동하는 응축기에 대응하는 압축기의 능력(냉동톤)을 의미함
2. 관길이는 유효길이이며 공차는 ± 50 mm임
3. 냉각수관, 증기 입구와 액 출구 접속관의 치수는 응축기의 사용조건에 따라 변경할 수 있음

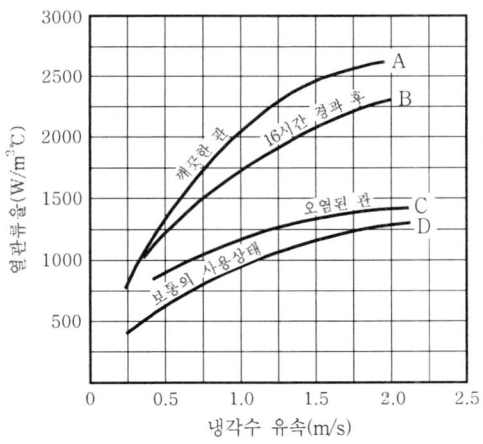

[그림 6-17] 암모니아용 횡형 셸 튜브식 응축기의 열관류율

5-3-2 할로카본용 횡형 셸 튜브식 응축기

그림 6-18은 할로카본(프레온)용 횡형 셸 튜브식 응축기의 구조를 나타낸 것이다. 냉각관은 나관의 경우 바깥지름이 16~25 mm, 두께가 1~1.6 mm 정도의 동관이 사용되며 바닷물이나 부식하기 쉬운 냉각수를 사용하는 경우에는 알루미늄청동이나 큐프로니켈관 등을 사용한다. 과거에는 냉각관으로 모두 나관을 사용하였으나 현재어는 냉각수측의 전열저항에 비해 냉매측의 전열저항이 매우 크므로 바깥쪽의 전열면적을 증가시킨 핀 튜브(finned tube)가

사용된다. 핀 튜브는 열저항을 고려하여 바깥지름 19 mm, 핀의 산수(山數)는 750 산/m인 것이 일반적이다. 표 6-7과 그림 6-19는 로우 핀 튜브(row finned tube)의 표준치수와 구조를 나타낸 것이다. 그리고 그림 6-20은 로우 핀을 사용하는 할로카본용 응축기의 열관류율, 그림 6-21은 플레이트 핀(plate fin)을 사용하는 할로카본용 응축기의 열관류율을 나타낸 것이다. 냉각수의 유속은 핀 튜브식의 경우 2 m/s가 보통이며 최대 2.5 m/s를 넘지 않는다.

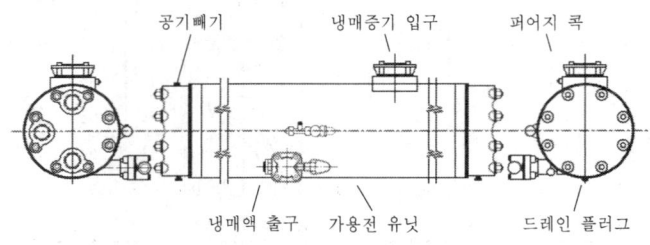

[그림 6-18] 횡형 셸튜브식 응축기(할로카본용)

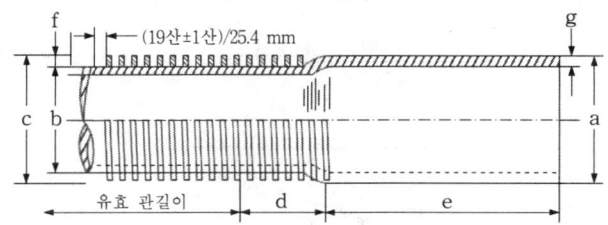

[그림 6-19] 로우핀 튜브의 치수

a	18.88±0.1
b	15.85±0.25
c	18.75±0.25
d	12.7
e	32~45 -2.5~+5.5
f	1.15±0.15
g	1.2±0.15

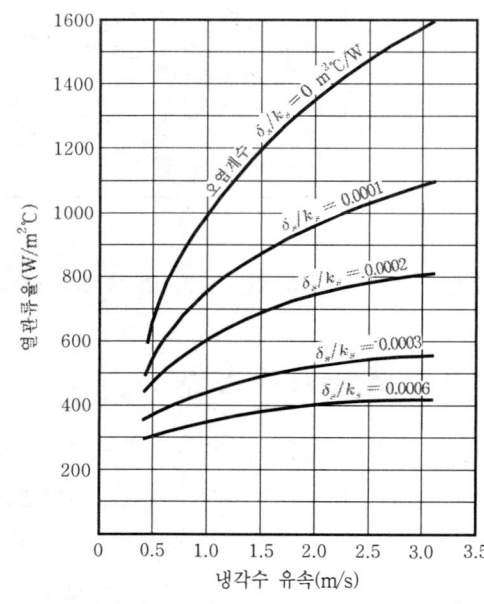

[그림 6-20] R-22용 횡형 셸 튜브식 응축기의 열관류율(row fin 사용)

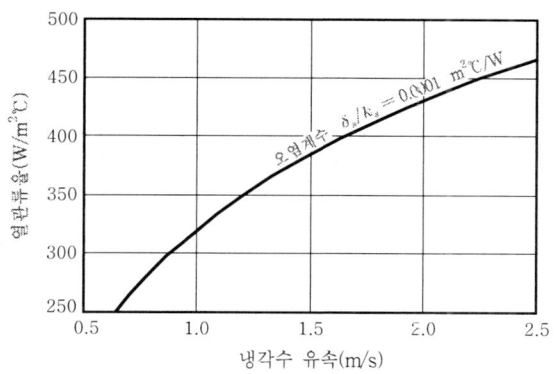

[그림 6-21] 할로카본용 횡형 셸 튜브식 응축기의 열관류율(plate fin 사용)

[표 6-7] 로우핀 튜브(Row fin)의 표준치수

핀	바깥지름 골지름 핀의 산수	평균 18.75 mm 평균 15.85 mm 19 산(25.4 mm 당)
면적 (m^2/m)	바깥 면적 안 면적 면적 비	0.151 0.043 3.51

5-4 7통로식 응축기

7통로식 응축기(seven pass condenser)는 횡형 셸 튜브식 응축기의 일종으로 안지름이 200 mm, 길이가 4800 mm인 원통 속에 바깥지름이 51 mm인 냉각관 7개를 설치한 구조이다. 냉각수는 아래에 있는 냉각관으로 유입되어 순차적으로 7개의 냉각관을 흐르며 냉매는 위로 유입되어 냉각관 외부를 통과하며 응축된다. 1 기(其)당 38.6 kW(10 RT)로 설계되며 대용량이 필요할 때에는 그림 6-22와 같이 여러 조를 병렬 연결하여 사용된다. 다음은 이 응축기의 특징을 열거한 것이다.

① 전열이 양호하여 냉각수량이 입형에 비해 적어도 된다.
② 공간이나 벽을 이용하여 상하로 설치할 수 있어 설치면적이 적어도 된다.
③ 암모니아 냉동기에 사용하며 1조로는 대용량에 사용할 수 없다.
④ 구조가 복잡하고 냉각관의 청소가 곤란하다.

[표 6-8] 7통로 응축기의 치수

호칭 번호	몸통		경판 두께	냉 각 관					냉각수관 호칭	대응압축기 능력
	안지름	두께		바깥지름	두께	관길이	관 수	통로수		
S	200	8	25	51	2.9	4800	7	7	2 B	10 RT

※ 1. 대응 압축기 능력은 냉각수 입구온도가 22℃이고 냉각수량이 12 L/min(1 RT당)인 상태로 작동하는 응축기에 대응하는 압축기의 능력(냉동톤)을 의미함
   2. 관길이는 유효길이이며 공차는 ± 50 mm임
   3. 몸통에는 안지름이 200 mm인 이음매가 없는 강관을 사용함
   4. 이 응축기는 한 개 내지 여러 개를 조합하여 사용하며 증기 입구, 액 출구 및 부속 밸브류의 치수는 횡형 셸 튜브식 응축기에 준함

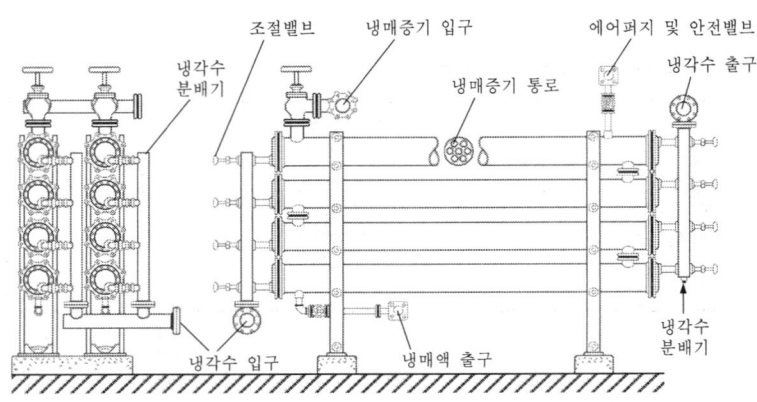

[그림 6-22] 7통로 응축기

5-5 대기식 응축기

대기식(大氣式) 응축기(atmospheric condenser)는 그림 6-23에 나타낸 것과 같이 지름이 2 B(2 inch), 길이가 2000~6000 mm인 수평 관을 상하로 6~16단 겹쳐 각 관의 양 끝을 리턴 밴드(return bend)로 직렬 연결하여 그 속에 냉매증기를 흐르게 하고, 냉각수를 최상단에 설치한 냉각수통으로부터 관 전 길이에 걸쳐 균일하게 흐르도록 한 응축기이다. 즉, 냉각수는 냉각수조에서 처음 관 표면을 흘러내려 순차적으로 다음 관 표면으로 수직으로 흐르며 관 안쪽을 수평으로 흐르는 냉매증기가 냉각 응축된다. 냉매증기는 응축기의 하단으로 유입되며 응축된 냉매액도 하단으로 모아 유출된다. 이러한 구조는 구형 암모니아용 응축기로 사용되었으며 현재는 냉매 관 중간에 응축된 냉매액을 추출할 수 있는 블리더(bleeder)를 설치한 **블리더형**이 사용된다. **블리더형 대기식 응축기**는 하단으로 냉매증기가 유입되어 냉각수와 반대인 윗방향으로 흐르며 냉매증기가 상승함에 따라 응축되고 관 중간에 설치된 여러 개의

냉매액 추출관(bleeder)으로는 응축된 냉매액만 유출되도록 한다. 냉매액 출구관은 냉매관 4단 정도에 1개씩 설치한다.(표 6-9)

그림 6-24는 냉매관 길이 1 m당 냉각수 유량에 따른 블리더형 암모니아 응축기의 열통과율을 나타낸 것이다. 이 응축기의 특징은 다음과 같다.

① 냉각효과가 커 냉각수량이 적어도 되며 물의 증발에 의해서도 냉각된다.
② 부식에 대한 내력이 커 수질이 나쁜 곳이나 바닷물을 사용할 수도 있다.
③ 냉각관의 청소가 쉽고 암모니아 냉동기에 사용한다.
④ 설치장소가 너무 크고 구조가 복잡하며 가격이 비싸다.

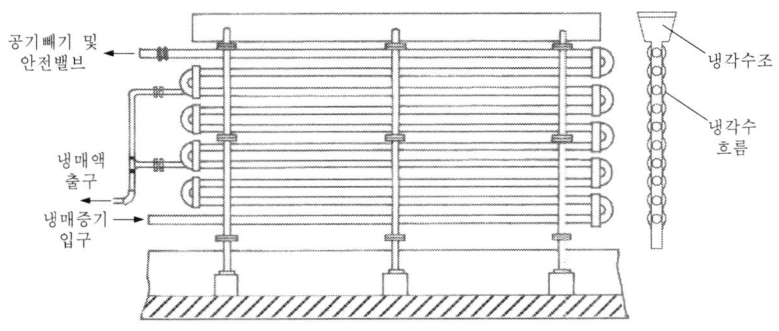

[그림 6-23] 암모니아용 대기식 응축기(블리더형)

[표 6-9] 암모니아용 대기식 응축기의 치수(단위 mm)

호칭 번호	냉각관			단수	접속관의 호칭		액출구 관의 수	대응압축기 능력 RT(kW)
	유효길이	호칭	최소두께		증기입구	액 출구		
B_1	2000	2B	4	6	1/2B	1/2B	1 이상	1.6 (6.2)
B_2	2000	2B	4	8	3/4B	1/2B	2 이상	2.1 (8.1)
B_3	3000	2B	4	6	3/4B	1/2B	2 이상	3.2(12.4)
B_4	3000	2B	4	12	1B	1/2B	2 이상	4.9(18.9)
B_5	6000	2B	4	12	1 1/4B	1/2B	2 이상	9.3(35.9)
B_6	6000	2B	4	16	1 1/2B	1/2B	3 이상	13.0(50.2)

※ 1. 대응 압축기 능력은 냉각수 입구온도가 22℃이고 냉각수량이 15 L/min(1 RT당)인 상태로 작동하는 응축기에 대응하는 압축기의 능력(냉동톤)을 의미함
2. 접속관의 치수는 응축기의 사용조건에 따라 변경할 수 있음

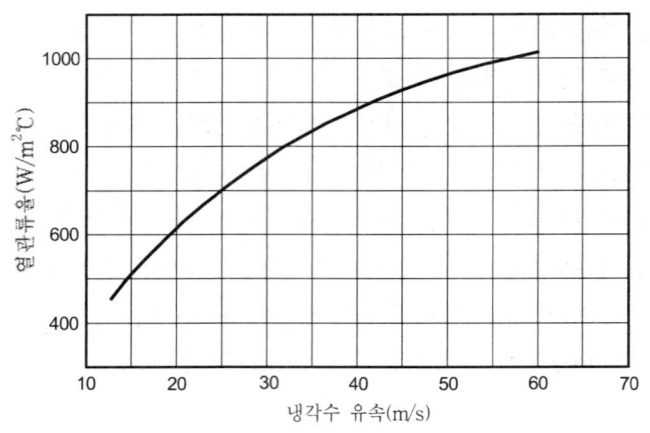

[그림 6-24] 암모니아용 대기식 응축기(블리더형)의 열관류율

5-6 지수식 응축기

셸 엔 코일 응축기(shell and coil condenser)라고도 하는 **지수식**(漬水式) **응축기**(submerged condenser)는 그림 6-25와 같이 나선(螺線) 모양의 관에 냉매증기를 통과시키고 이 나선관을 원형 또는 사각형(矩形)의 수조에 담그고 물을 수조에 순환시켜 냉매를 응축시키는 응축기이다.

암모니아, CO_2, SO_2 등 소형냉동기에 사용되어 왔다. 구조가 간단하여 제작이 용이하지만 점검과 수리가 곤란하다. 고압에 잘 견디고 가격이 싸지만 다량의 냉각수가 필요하고 전열효과도 나빠 현재에는 거의 사용하지 않는다.

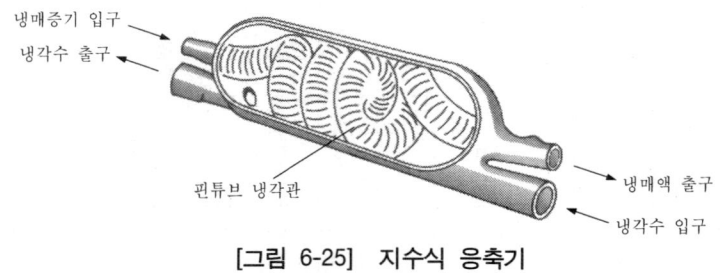

[그림 6-25] 지수식 응축기

5-7 증발식 응축기

증발식 응축기(evaporative condenser)는 수냉식 응축기와 공냉식 응축기의 작용을 혼합한 형태이다. 냉각관에 냉각수를 분무시키고 공기를 불어주면 냉각수가 증발하며 증발열을 흡수하므로 냉각수와 냉매의 온도차와 증발열에 의한 냉각작용을 동시에 받는다.

이 응축기는 소, 중형냉동기에 사용되고 실내외를 막론하고 어디든지 설치할 수 있으며 냉각 작용이 주로 물의 증발열에 의한 것이므로 냉각수의 사용량이 매우 적은 것이 특징이다. 또 겨울철에는 공랭식으로 사용할 수 있으며 연간 운전에 특히 우수하다. 그러나 순환펌프, 송풍기, 수조, 전동기 등을 내장하므로 외형과 설치면적이 커지고 값이 비싸다.

구조는 그림 6-26과 같으며 냉매가 흐르는 관에 노즐로부터 물을 분무시키고 상부에 있는 송풍기로 공기를 보내면 관 표면에서 증발할 물과 공기가 함께 배출된다. 분무된 물은 아래에 있는 냉각수 수조에 모여 순환펌프에 의해 다시 분무용 노즐로 보내지며 증발에 의한 물의 부족량만큼 보충한다.

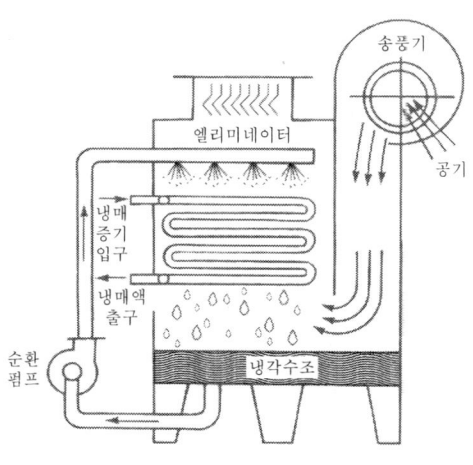

[그림 6-26] 증발식 응축기

[증발식 응축기에서의 전열]

증발식 응축기에서의 전열량은 다음과 같은 경우를 합하여 구한다.

① 냉매 증기로부터 냉각관 벽으로의 전열량 : $Q_1(\mathrm{W})$

$$Q_1 = \alpha_R A_i (T_i - T_R) \tag{6-5-1}$$

여기서, α_R : 냉매로부터 냉각관 벽으로의 열전달계수($\mathrm{W/m^2 ℃}$)로 냉매에 따라 대략 다음의 값을 적용한다.

구분	암모니아	R-22	머틸클로라이드
α_R 값	5810	2090	2210

A_i : 냉각관 안 벽면의 표면적($\mathrm{m^2}$)

T_i : 냉각관 안 벽의 표면온도(K 또는 ℃)

T_R : 냉매의 응축온도(K 또는 ℃)

② 냉각관 벽으로부터 냉각관 겉에 살포되는 냉각수로의 전열량 : Q_2(W)

$$Q_2 = \alpha_2 A_o (T_o - T_w) \tag{6-5-2}$$

여기서, α_2 : 냉각관 벽으로부터 냉각수로의 열전달계수(W/m²℃)
  A_o : 냉각관 밖의 표면적(m²)
  T_o : 냉각관 밖 벽의 표면온도(K 또는 ℃)
  T_w : 냉매수 온도(K 또는 ℃)

식 (6-5-2)에서 열전달계수 α_2는 다음의 식으로 구한다.

$$\alpha_2 = 223 \left(\frac{\dot{m}}{LD} \right)^{1/3} \tag{6-5-3}$$

여기서, $\dot{m}$은 길이가 L(m), 지름이 D(m)인 수평의 냉각수 분무관에서 분무하는 냉각수의 유량(L/h)이다.

③ 냉각수로부터 송풍된 공기로의 전열량 : Q_3(W)

$$Q_3 = A_o \frac{\alpha_1}{c_p} (h_s - h_c) \tag{6-5-4}$$

여기서, α_1 : 공기와 냉각관 사이의 열전달계수(W/m²℃)
  A_o : 냉각관 밖의 표면적(m²)
  c_p : 습공기의 정압비열(약 1046 J/kg℃)
  h_s : 냉각수 온도에 해당하는 포화공기의 비엔탈피(J/kg)
  h_c : 냉각공기의 비엔탈피(J/kg)

[표 6-10] 공기가 냉각관 사이를 흐를 때의 열전달계수 α_1(W/m²℃)

관 바깥지름 mm (inch)	공기의 풍속 (m/s)				
	1	2	3	4	5
40	20.9	32.6	43.0	50.0	58.1
19 (3/4B)	27.9	43.6	57.6	66.9	77.9
16 (5/8B)	30.2	46.5	61.6	72.1	83.7

※ 1. 이 표는 냉각관 군이 10열이고 공기의 온도가 30℃일 때이다. 만일 관 군이 10열보다 적을 때에는 표 6-11의 보정계수를 사용함.
  2. 냉각수가 흐를 경우에는 α_1 값이 20% 증가함.
  3. 풍속은 공기가 냉각관 군 사이를 흐를 때의 최대치로 관과 관 사이 유로가 최소인 부분의 풍속임.

[표 6-11] 냉각관의 열 수에 의한 열전달계수(α_1) 보정표(관열 10을 기준)

관 열 수	2	3	5	7	10
보정비율	0.80	0.88	0.95	0.98	1.00

5-8 공냉식 응축기

공랭식 응축기(air cooling type condenser)의 구조는 직경 5 mm인 동관 안으로 냉매가스를 통과시키고 관 외부를 공기로 냉각시켜 냉매를 응축시키는 형식으로 자연대류식과 강제대류식이 있다. 강제대류식은 공기를 풍속기로 2~3 m/s 정도의 풍속으로 만들어 냉매를 냉각한다. 냉각수를 얻기 어려운 장소나 룸에어콘, 차량용 냉방기, 가정용 냉장고 등 소형냉동기에 사용되지만 공기의 냉각효과가 물보다 작기 때문에 많은 냉각면적을 필요로 한다.

소형 공랭식 응축기는 대개 자연대류식이며 냉각관을 긴 튜브로 하여 자연대류 시키면 관을 수평으로 하였을 경우 열전달계수는 그림 6-28에서 약 5.8 W/m²℃이며, 관을 수직으로 하면 약 3.5 W/m²℃로 감소한다. 강제대류식의 열전달계수는 25~60 W/m²℃ 정도이며 응축온도는 입구에서의 공기온도보다 15~20℃ 정도 높다.

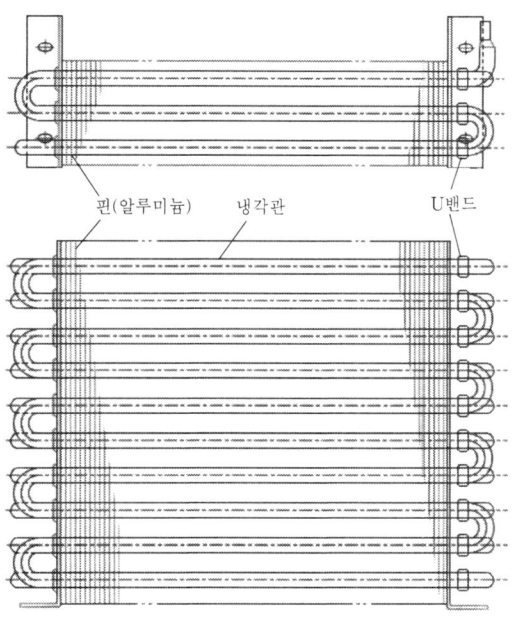

[그림 6-27] 공냉식 응축기

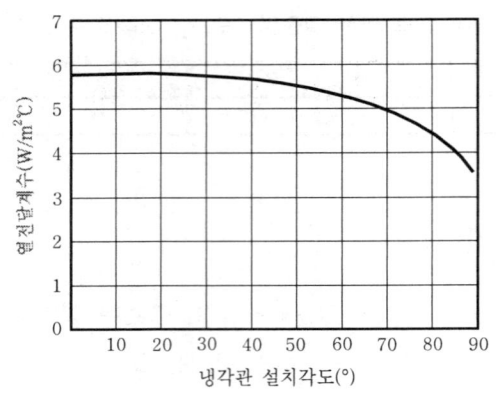

[그림 6-28] 자연대류식(핀튜브 사용) 응축기의 냉각관 설치각도에 따른 열전달계수

연 습 문 제

6-1 두께가 5mm인 유리의 내부 표면온도가 20℃, 외부 표면온도가 5℃이다. 넓이가 5 m² 라면 이 유리를 통하여 전도되는 전도열량을 구하라. 단, 유리의 열전도계수는 1.4 W/mK이다.

   답 $Q = 21$ kW

6-2 단면적이 5 m²이고 두께가 20 mm인 단열재의 단면을 통하여 3 kW의 열이 외부로 전도된다. 내부온도가 300℃이고 단열재의 열전도계수가 0.2 W/mK이라면 외부표면의 온도는 얼마인가.

   답 $T_L = 240$℃

6-3 복사율이 0.8, 온도가 150℃, 표면적이 0.5 m²인 물체가 벽면온도가 20℃인 넓은 실내에 놓여있다. 이 물체 표면에서의 복사열전달량은 얼마인가.

   답 $E_b = 726$ W

6-4 실내온도가 20℃, 실외온도가 −15℃이고, 외벽이 10 mm 두께의 석고판, 90mm 두께의 벽돌, 50 mm 두께의 단열재, 100 mm 두께의 콘크리트로 되어있다. 내부와 외부 벽 표면의 대류열전달계수가 60 W/m²K이고 열전달계수는 석고판이 0.17 W/mK, 벽돌이 2 W/mK, 단열재가 0.12 W/mK, 콘크리트가 2.1 W/mK이라면 외벽의 열관류율은 얼마인가?

   답 $K = 1.66$ W/m²K

6-5 배관 내부온도가 60℃이고 실외온도가 32℃이다. 열전도율이 35 W/mK인 강관의 안지름이 45 mm, 바깥지름이 50 mm이다. 내부 측의 대류열전달계수가 300 W/m²K, 외부 측의 대류열전달계수는 80 W/m²K이다. 열관류율과 단위길이(1 m)당 방열량을 구하여라.

   답 (1) $K_c = 61.43$ W/mK   (2) $Q = 1.72$ kW

6-6 이중관식 응축기의 응축원리를 설명하여라.

6-7 열교환기에서 평행류와 대향류에 의한 교환열량의 차이점을 설명하여라.

6-8   증발식 응축기의 응축과정을 설명하여라.

6-9   대기식 응축기의 특징을 설명하여라.

6-10   입형 셸튜브식 응축기와 횡형 셸튜브식 응축기를 비교 설명하여라.

※ 문제 6~10의 답은 생략함.

제 7 장 증발기

1. 증발과정
2. 증발기에서의 열전달
3. 증발기의 종류와 구조

제 7 장 증발기

1 증발과정

증발기(evaporator)는 냉동장치의 목적이 이루어지는 부분으로 어떤 물질을 냉동시키기 위하여 냉매가 증발하며 피냉각물로부터 열을 흡수한다. 3장에서 설명한 바와 같이 피냉각물로부터 열을 흡수하는 과정이 브라인에 의한 간접 흡수방식인 경우에는 증발기를 흔히 **냉각기**(cooler)라 많이 부른다. 증발기에서 증발하는 냉매는 팽창밸브로부터 직접 오거나 액분리기(또는 어큐뮬레이터)로부터 증발기로 유입되며 증발기로 유입되는 냉매액의 상태는 건도가 낮은 습증기이거나 포화액이다.

그림 7-1은 증발기관에서 냉매의 증발과정을 나타낸 그림이다. 증발관으로 유입된 냉매액(A) 중 관벽에 접해있는 냉매가 먼저 피냉각물로부터 관벽을 통해 열을 흡수하여 핵비등(nucleate boiling)이 시작되어 기포(bubble)가 형성된다. 이 때의 흡열량이 매우 적으므로 핵비등으로 인한 기포의 형성이 다시 붕괴되는 현상이 발생되지만 관 벽을 통해 흡수하는 열량이 증가할수록 기포의 붕괴가 감소된다. 기포형성이 점차 증가하여 기포와 기포가 뭉쳐 기포덩어리인 슬러그(slug)가 형성된다. 즉 기포가 발생되어 냉매액 속에 기포유동으로 되고 슬러그가 점차 증가하여 슬러그유동이 시작되며 다시 슬러그가 뭉쳐 증발관 내부에 냉매증기의 기둥이 생성(B)되기 시작한다. 그림에서 구간 A~B를 핵비등 열전달영역이라 한다. 핵비등열전달영역 이 후에는 관 중앙부에 생긴 냉매의 증기기둥이 점차 증가하므로 관벽 쪽으로는 냉매 액체막(liquid film)이 형성되며 유동이 계속될수록 액체막 두께가 감소하여 결국에는 모두 증발하여 없어진다. 이와 같이 액체막이 없어지는 점(C)을 드라이 아웃점(dry out point)이라 하며 이 때까지(B~C)를 액체막을 통한 2상강제대류 열전달영역이라 하고 이 영역에서 냉매의 유동상태를 환상유동이라 한다. 액체막이 없어지는 드라이 아웃점을 경계로 증기가 주류를 이루고 아직 증발하지 못한 다수의 작은 냉매 액적(liquid drop)이 존재하는 영역(C~D)을 분무이상류 열전달영역이라 하며 액적의 양이 점차적으로 감소하여 이 영역이

끝날 때(D)에는 모든 액체가 증기로 된다.

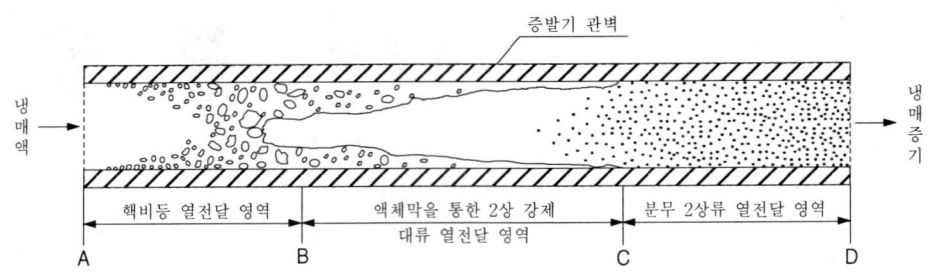

[그림 7-1] 냉매의 증발과정

2 증발기에서의 열전달

증발기에서 냉매가 증발하며 피냉각물(공기, 물, 브라인 등 유체)로부터 흡수하는 열량 Q_L (kW 또는 kJ/h)는 다음의 식으로 표시된다.

$$Q_L = \dot{m}_b c_p (t_i - t_o) \qquad (7\text{-}2\text{-}1)$$

여기서, $\dot{m}_b$: 피냉각물의 유량(kg/h)
c_p : 피냉각물의 정압비열(kJ/kg℃)
t_i : 증발기 입구에서 피냉각물의 온도(℃)
t_o : 증발기 출구에서 피냉각물의 온도(℃)

위의 식 (7-2-1)에서 피냉각물의 유량과 냉각온도가 주어지면 냉동기의 냉동능력을 구할 수 있으며 냉동능력이 정해져 있는 경우에는 피냉각물의 양이나 온도에 의해 다른 것을 구할 수 있다. 그러나 이 식은 피냉각물의 잠열을 포함하지 않는다.

한편, 증발기에서 흡수하는 열량 Q_L는 1장과 4장에서 기술한 것과 같이 다음의 식으로도 나타낼 수 있다.

$$Q_L = \dot{m}(h_o - h_i) \qquad (7\text{-}2\text{-}2)$$

단, $\dot{m}$: 증발기에서 증발하는 냉매순환량(kg/h)
h_o : 증발기 출구에서 냉매의 비엔탈피(kJ/kg)
h_i : 증발기 입구에서 냉매의 비엔탈피(kJ/kg)

또는 6장 3-6절의 식 (6-3-15)로부터

$$Q = KA\,\Delta t_m \tag{7-2-3}$$

단, K : 열관류율(열통과율, W/m^2K)
　　A : 증발기 냉각관의 전열면적(물 또는 공기 측, m^2)
　　Δt_m : 냉매와 피냉각유체(공기, 물, 브라인 등)와의 평균 온도차(K)

$$\text{산술평균 온도차 : } \Delta t_m = \frac{\Delta t_i + \Delta t_o}{2} \tag{7-2-4}$$

$$\text{대수평균 온도차 : } \Delta t_m = \frac{\Delta t_i - \Delta t_o}{\ln\left(\dfrac{\Delta t_i}{\Delta t_o}\right)} \tag{7-2-5}$$

여기서, Δt_i : 증발기 입구에서 냉매와 피냉각유체의 온도차(K)
　　　　Δt_o : 증발기 출구에서 냉매와 피냉각유체의 온도차(K)

위의 식에서 열관류율 K는 각종 증발기에 대한 실험치(표7-1)가 있으므로 이것을 사용하거나 다음 식에 의해 계산할 수 있다.

$$K = \frac{1}{\left(\dfrac{A_b}{A_o}\right)\dfrac{1}{\alpha_b} + \left(\dfrac{A_b}{A_m}\right)\dfrac{\delta}{k} + \left(\dfrac{A_b}{A_r}\right)\dfrac{\delta_o}{k_o} + \left(\dfrac{2A_b}{A_o + A_m}\right)\dfrac{\delta_s}{k_s} + \left(\dfrac{A_b}{A_r}\right)\dfrac{1}{\alpha_r}} \tag{7-2-6}$$

여기서, α_b : 피냉각물(공기, 물, 브라인) 측의 열전달계수(W/m^2K)
　　　　α_r : 냉매 측의 열전달계수(W/m^2K)
　　　　k : 증발기 관벽 재료의 열전도계수(W/mK)
　　　　δ : 증발기 관벽의 두께(m)
　　　　k_o : 유막의 열전도계수(W/mK)
　　　　δ_o : 유막(oil film)의 두께(m)
　　　　k_s : 물때(스케일) 또는 증발기관에 부착되는 서리 등의 열전도율(W/mK)
　　　　δ_s : 물때(스케일)의 두께(m)
　　　　A_w : 부착물이 없는 경우 피냉각물(공기, 물, 브라인) 측의 전열면적(m^2)
　　　　A_r : 냉매 측의 전열면적(m^2)
　　　　A_o : 서리나 얼음 등이 증발기관에 부착되었을 경우의 외표면적(m^2)
　　　　A_m : 냉매와 피냉각물과의 평균 전열면적[$= (A_b + A_r)/2$, m^2]

그러나 피냉각유체가 증발기관 내부에 있는지 외부에 있는지에 따라 열관류율 K값이 다르므로 증발기관을 평판으로 간주하여 다음과 같은 식으로 개략적인 계산을 할 수 있다.

$$K = \cfrac{1}{\cfrac{1}{\alpha_b} + \cfrac{\delta}{k} + \cfrac{\delta_o}{k_o} + \cfrac{\delta_s}{k_s} + \cfrac{1}{\alpha_r}} \quad (7\text{-}2\text{-}7)$$

여기서, α_b : 피냉각물(공기, 물, 브라인) 측의 열전달계수(W/m²℃)

α_r : 냉매 측의 열전달계수(W/m²℃)

k : 증발기 관벽 재료의 열전도계수(W/m℃)

δ : 증발기 관벽의 두께(m)

k_o : 유막의 열전도계수(W/m℃)

δ_o : 유막(oil film)의 두께(m)

k_s : 물때(스케일) 또는 증발기관에 부착되는 서리 등의 열전도율(W/m℃)

δ_s : 물때(스케일)의 두께(m)

만일 유막이나 물때와 같은 부착물을 무시하면 열관류율은

$$K = \cfrac{1}{\cfrac{1}{\alpha_b} + \cfrac{\delta}{k} + \cfrac{1}{\alpha_r}} \quad (7\text{-}2\text{-}8)$$

식 (7-2-8)에서 냉매 측의 열전달계수 α_r은 냉동부하가 증가하면 따라서 증가하나 암모니아는 약 3490 W/m²℃, 할로카본은 약 1400~1980 W/m²℃, 메칠클로라이드는 약 2900 W/m²℃ 정도로 한다. 그리고 α_r은 냉매액 중에 냉매증기가 혼합되면 값이 감소하며, 관 표면이 젖은 정도, 냉매액의 증발속도, 관 표면에서 증발된 냉매기포의 이탈비율에 관계된다.

즉 비등에 의하여 생성된 기포가 관 표면에 밀착되면 유효전열면적을 감소시키고, 관 표면에 부착된 기포는 매우 작아 관 표면이 거칠수록 이탈되기 쉬우므로 만액식 증발기(다음 절에 참고할 것)에서는 관 지름이 작고 관 표면이 거칠수록 전열이 좋아진다.

≫ 예제 7-1 입구온도가 −5℃, 출구온도가 −10℃인 브라인 냉각기의 냉동능력을 구하여라. 단, 브라인의 순환량은 250 L/min, 비열은 2930 J/kg℃이고 밀도는 1.2 kg/L이다.

풀이 $t_i = -5℃$, $t_o = -10℃$, $c_p = 2930$ J/kg℃, $\dot{m}_b = 250$ L/min $= 250 \times 1.2$ kg/min 이므로 식 (7-2-1)에서 냉동능력 Q_L은

$$Q_L = \dot{m}_b c_p (t_i - t_o) = (250 \times 1.2) \times 2930 \times \{(-5)-(-10)\} = 4{,}395{,}000 \text{ J/min}$$
$$= 73{,}250 \text{ J/s} = 73{,}250 \text{ W} = 73.25 \text{ kW}$$

예제 7-2

브라인 냉각기에서 브라인의 입, 출구온도가 각각 $-7℃$, $-11℃$이고 냉동능력이 10 RT이다. 냉매의 증발온도가 $-16℃$이고, 냉각관의 열관류율이 407 W/m²℃일 때 대수평균 온도차를 이용하여 브라인의 전열면적을 구하여라.

풀이 $t_i = -7℃$, $t_o = -11℃$이고 증발온도가 $t_e = -16℃$이므로 입, 출구에서 온도차는 각각

$$\Delta t_i = t_e - t_i = (-7) - (-16) = 9℃$$
$$\Delta t_o = t_e - t_o = (-11) - (-16) = 5℃$$

이므로 식 (7-2-5)에서 대수평균 온도차는

$$\Delta t_m = \frac{\Delta t_i - \Delta t_o}{\ln\left(\frac{\Delta t_i}{\Delta t_o}\right)} = \frac{9-5}{\ln\left(\frac{9}{5}\right)} = 6.81℃$$

한편, $Q_L = 10 \text{ RT} = 10 \times 3.861 \text{ kW}$, $K = 407 \text{ W/m}^2℃$ 이므로 식 (7-2-3)에서 전열면적 A는

$$A = \frac{Q_L}{K\Delta t_m} = \frac{10 \times 3.861}{0.407 \times 6.81} = 13.93 \text{ m}^2$$

예제 7-3

바깥지름이 60 mm, 두께가 3 mm인 암모니아 증발관 바깥에 0.05 mm 두께의 유막과 1.5 cm 두께의 얼음이 부착되었을 때의 열관류율을 구하여라. 단 공기 측과 암모니아 측의 열전달계수는 각각 9.3 W/m²℃, 4186 W/m²℃이고 증발관, 얼음, 유막의 열전도계수는 각각 40.7 W/m℃, 0.23 W/m℃, 0.15 W/m℃이다.

풀이 식 (7-2-6)을 이용하려면 먼저 각각의 전열면적을 구하여야 한다. 여기서 증발관의 길이를 L m로 가정하면 암모니아가 관 안을 흐르므로

공기 측 전열면적 : $A_b = \pi D_o L = 0.06\pi L$ (m²)
암모니아 측 전열면적 : $A_r = \pi D_i L = (0.06 - 0.003 \times 2)\pi L = 0.054\pi L$ (m²)
평균 전열면적 : $A_m = (F_b + F_r)/2 = (0.06 + 0.054)\pi L/2 = 0.057\pi L$ (m²)
얼음의 전열면적 : $A_o = \{0.06 + 2 \times (0.00005 + 0.015)\}\pi L = 0.0901\pi L ≒ 0.09\pi L$ (m²)

또한 각 인자들의 값이 $\alpha_b = 9.3$ W/m²℃, $\alpha_r = 4186$ W/m²℃, $\delta = 0.003$ m, $\delta_s = 0.015$ m, $\delta_o = 0.00005$ m, $k = 40.7$ W/m℃, $k_s = 0.15$ W/m℃, $k_o = 0.23$ W/m℃ 이므로

$$K = \frac{1}{\left(\frac{A_b}{A_o}\right)\frac{1}{\alpha_b} + \left(\frac{A_b}{A_m}\right)\frac{\delta}{k} + \left(\frac{A_b}{A_r}\right)\frac{\delta_o}{k_o} + \left(\frac{2A_t}{A_o+A_m}\right)\frac{\delta_s}{k_s} + \left(\frac{A_b}{A_r}\right)\frac{1}{\alpha_r}}$$

$$= \frac{1}{\frac{0.06}{0.09} \times \frac{1}{9.3} + \frac{0.06}{0.057} \times \frac{0.003}{40.7} + \frac{0.06}{0.054} \times \frac{0.00005}{0.23} + \frac{2 \times 0.06}{0.09+0.057} \times \frac{0.015}{0.15} + \frac{0.06}{0.054} \times \frac{1}{4186}}$$

$$= 6.50 \text{ W/m}^2℃$$

> **예제 7-4** 앞의 예제 7-3에서 증발기관을 평행판이라 가정하고 열관류율을 구하여라.

[풀이] 식 (7-2-7)을 이용하면

$$K = \frac{1}{\dfrac{1}{\alpha_b} + \dfrac{\delta}{k} + \dfrac{\delta_o}{k_o} + \dfrac{\delta_s}{k_s} + \dfrac{1}{\alpha_r}}$$

$$= \frac{1}{\dfrac{1}{9.3} + \dfrac{0.003}{40.7} + \dfrac{0.00005}{0.23} + \dfrac{0.015}{0.15} + \dfrac{1}{4186}}$$

$$= 4.81 \text{ W/m}^2\text{K (W/m}^2\text{℃)}$$

[표 7-1] 각종 증발기의 열관류율

증발기의 종류			열관류율 (W/m²℃)	
종류	형식	냉매-피냉각물	최소	최대
원통다관식	만액식	암모니아(할로카본)-물	290	870
		암모니아-브라인	260	580
		할로카본-브라인	175	525
	건식	할로카본-물	290	670
	냉매살포식	암모니아(할로카본)-물	870	1450
핀튜브식	만액식	할로카본-물	175	870
보오델로식	만액식	암모니아(할로카본)-물	580	1160
	건식	암모니아-물	350	870
		할로카본-물	350	700
이중관식		암모니아-물	290	870
		암모니아-브라인	290	725
원통코일식		암모니아-물	60	145
		할로카본-물	60	145
탱크식		암모니아-물	465	725
		할로카본-물	350	580

※ 최대 열관류율은 평균온도차가 6.7℃인 난류의 경우로 유속은 나관의 경우는 1.5 m/s 이하, 핀이 있는 경우는 2.4 m/s 이하임.

3 증발기의 종류와 구조

증발기의 종류는 증발기로 유입되는 냉매의 상태, 증발방법, 사용목적 등에 따라 여러 가지로 분류할 수 있다.

3-1 증발기의 종류

3-1-1 냉동(냉각) 방법에 따라

(1) 직접 팽창식(direct expansion system)

증발기에 의해 냉동실이나 냉장실의 물체 또는 공기를 직접 냉동, 냉각시키는 방식으로 소형 냉동기, 룸 에어컨디셔너, 쇼케이스용 냉동기, 가정용 냉동기 등에 널리 사용된다.

(2) 간접 팽창식(indirect expansion system)

증발기로 공기, 물 또는 브라인 등 2차 냉매를 냉각시키고, 2차 냉매가 다시 냉동실이나 냉각실의 물체를 냉동, 냉각시키는 방식으로 **브라인식**(brine cooling system)이라고도 한다. 주로 냉동어선, 제빙, 양조 등과 같은 산업용 대형냉동기나 건물 냉방 등 대형공조기에 사용된다.

3-1-2 냉매의 상태(공급방법)에 따라

(1) 건식 증발기(dry expansion type evaporator)

그림 7-2(a)와 같이 팽창밸브에서 교축팽창된 냉매를 직접 증발기로 공급하는 방식으로 증발기에서 냉매액이 대부분 증발된다. 그러나 공급되는 냉매 중에 증기가 섞여 있어 증발기의 전열작용에 장애를 주므로 전열면적을 많이 필요로 함으로 별로 능률적이지 않지만 냉매 순환량은 적게 할 수 있다. 대표적인 것으로 관코일형 증발기가 있으며 그 중에서도 헤어핀(hair pin)식이 가장 많이 사용된다. 할로카본과 같이 윤활유를 용해하며 값이 비싼 냉매에 많이 사용된다.

(2) 만액식 증발기(flooded expansion type evaporator)

건식증발기와 같이 팽창밸브에서 팽창된 습증기를 직접 증발기로 유입시키면 습증기의 건도가 커질수록 증발하는 냉매의 열전달계수가 감소하여 냉매의 전열작용을 방해하므로

그림 7-2(b)와 같이 습증기를 액분리기(accumulator)로 보내 냉매증기와 냉매액으로 분리한 후 증기는 압축기로 보내고 순수한 냉매 액만을 증발기로 공급하는 방식이다.

이 형식은 암모니아 냉동기에 많이 사용되며 전열작용이 좋아 전열면적을 줄일 수는 있지만 냉매순환량이 건식에 비해 많아지는 결점이 있다. 또 할로카본과 같이 윤활유를 용해시키는 냉매에서는 증발기내에 윤활유가 고일 염려가 있으므로 윤활유를 액분리기에서 압축기로 보내는 특수한 장치를 필요로 한다.

(3) 냉매재순환식 증발기(refrigerant recirculating expansion type evaporator)

그림 7-2(c)와 같이 증발기 관속의 냉매액을 펌프를 이용하여 강제적으로 순환하도록 하는 방식으로 건식과 만액식의 중간적 성질을 갖는 형식이며 그림과 같이 냉매탱크가 있는 것과 냉매탱크가 없이 건식 증발기에 냉매액 순환펌프만 있는 것이 있다.

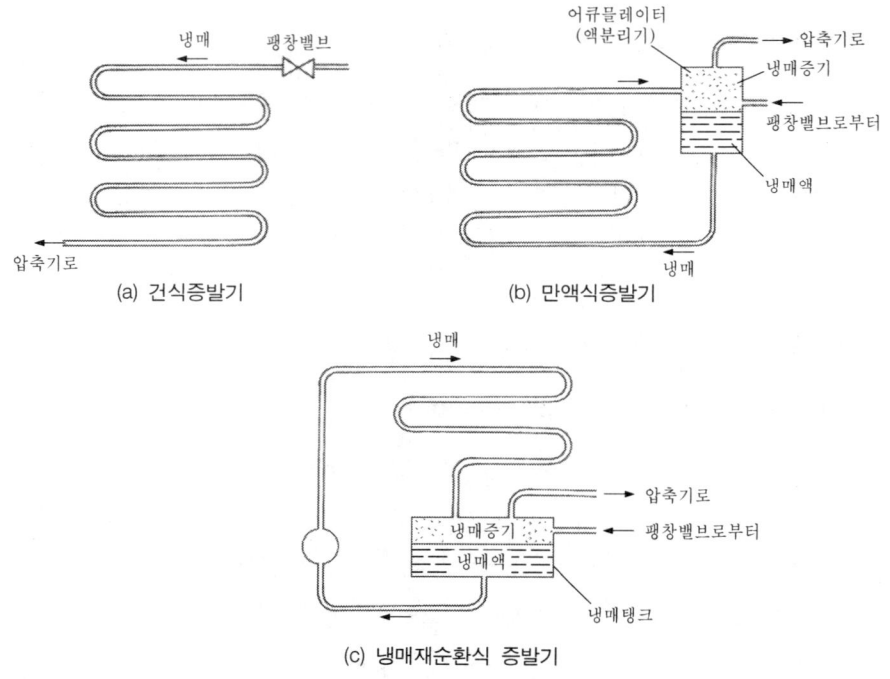

[그림 7-2] 건식증발기와 만액식 증발기

3-1-3 사용목적에 따라

① 원통다관식 증발기(shell and tube evaporator)
② 원통코일식 증발기(shell and coil evaporator)
③ 이중관식 증발기(double tube evaporator)
④ 보오델로 증발기(baudelot evaporator)
⑤ 탱크식 증발기(tank evaporator)
⑥ 핀튜브형 증발기(fin tube evaporator)
⑦ 판냉각형 증발기(plate cooler type evaporator)
⑧ 관코일형 증발기(grid coil type evaporator)
⑨ 멀티피드 멀티섹션 트랩형 증발기(multi feed multi section trap type evaporator)

3-2 증발기의 구조

3-2-1 원통다관식 증발기(shell and tube evaporator)

(1) 원통다관식 암모니아 증발기(만액식)

그림 7-3에 나타낸 것이 공업적으로 사용되는 브라인 냉각장치의 표준형이다. 증발기 전체를 강으로 만들며 둥근 원통 안에 바깥지름이 31.8 mm나 50.8 mm인 강관 양끝을 확관시켜 강판제 관판(管板)에 부착시킨 구조로 그 관속을 브라인이 통과하며 냉매와 열교환을 하도록 설계되어 있다. 냉각관 밖에는 냉매액이 원통 높이의 1/2~3/4까지 차도록 한다. 기준이 되는 암모니아 브라인 증발기의 실제적인 열관류율 값을 그림 7-4에 도시하였다. 이 선도에서 관지름이 전열에 미치는 영향, 평균온도차, 브라인의 속도와 열관류율의 관계를 알 수 있다. 그림 7-4를 할로카본 냉매에 사용할 때에는 이 값의 약 0.75배(3/4)로 한다.

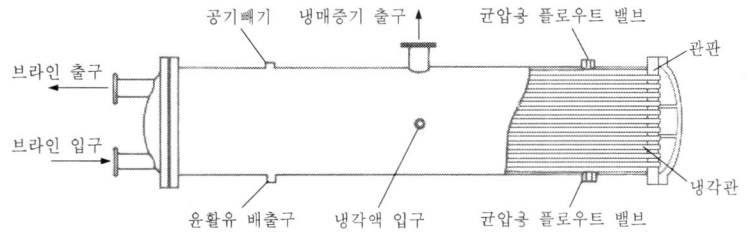

[그림 7-3] 원통다관식 암모니아-브라인 증발기(만액식)

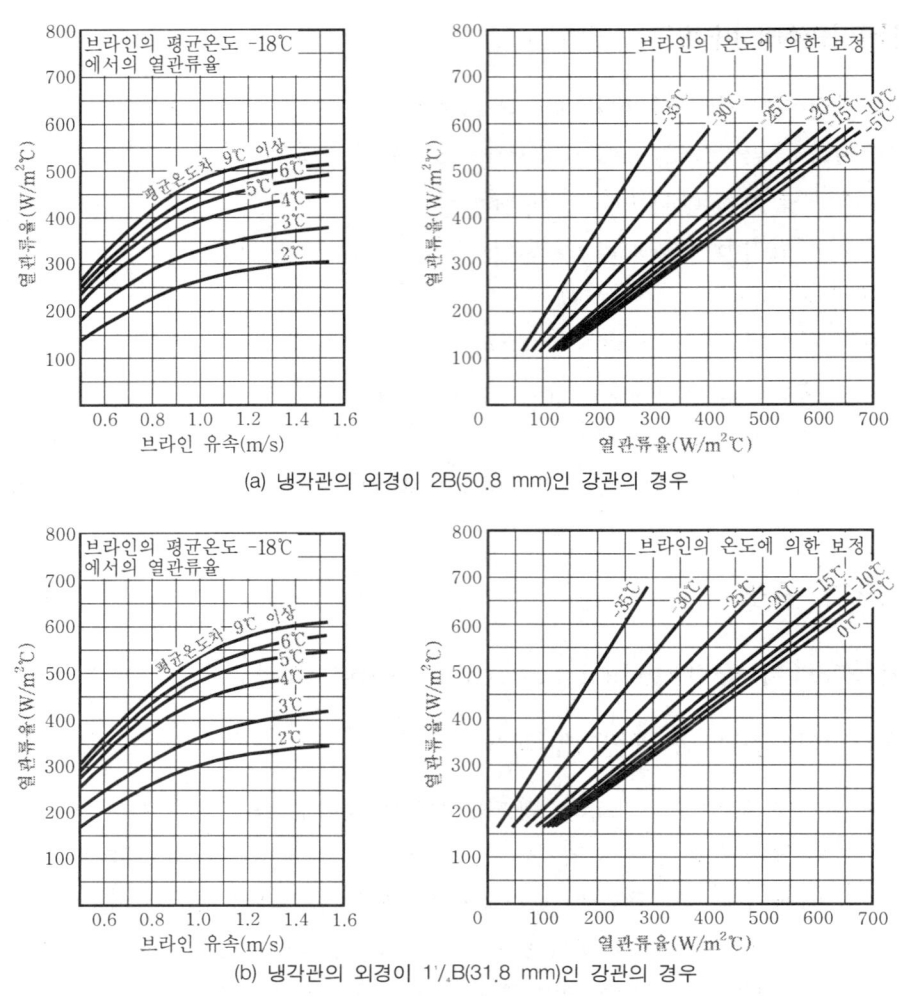

[그림 7-4] 암모니아용 원통 다관식 브라인 증발기(만액식)의 열관류율

[표 7-2] 원통다관식 암모니아-브라인 증발기(만액식) 규격

원통 지름	원통 길이	냉각관 수	전열면적 (m²)	질량 (kg)	냉매충전량 (kg)	냉동능력 RT (kW)
405	4,880	60	29.2	1,228	191	24.4 (28.4)
510	4,880	103	50	2,000	292	41.7 (48.5)
610	4,880	163	79.3	2,955	394	62.0 (72.1)
760	4,880	247	120	4,180	648	100 (116.3)
865	4,880	341	165.7	5,540	854	138 (160.5)
965	4,880	426	207	7,000	1,055	165 (191.9)
1,070	4,880	530	257.5	8,410	1,270	215 (250.0)
1,140	4,880	612	297.5	9,760	1,427	248 (288.4)
1,270	4,880	764	371	12,050	1,740	310 (360.5)
1,370	4,880	868	421	13,730	1,975	352 (409.3)
1,525	4,880	1,082	528	17,150	2,480	440 (511.6)

※ 1. 냉각관은 바깥지름이 31.8 mm인 강관임
 2. 냉동능력은 브라인($CaCl_2$) 온도 −10℃, 브라인의 평균온도차 5.5℃, 브라인 유속 1 m/s, 전열계수 581.4 W/m²℃일 때임

(2) 원통관다관식 할로카본용 증발기(만액식)

이 형식은 공기조화장치, 화학공업, 식품공업 등에 사용되는 물이나 브라인을 냉각시키는 증발기로 많이 이용되며 대용량으로도 제작된다. 이 증발기도 강제의 원통에 용접된 관판에 동관의 양끝을 확관시켜 부착한다. 현재는 냉매의 전열을 좋게 하기 위하여 핀을 부착한 관을 많이 사용하며 관 안의 유속을 높여 사용한다. 원통 하단에는 냉매액 헤더(냉매액 분배기), 상단에는 냉매증기 헤더를 설치한다. 증기 헤더는 고압 냉매액의 과냉각과 증발한 냉매증기를 과열증기로 만드는 열교환작용과 압축기로 액백되는 현상을 방지하는 역할을 한다.

그림 7-5는 원통다관식 할로카본용 증발기의 구조를 나타낸 것이며, 그림 7-6은 열관류율을 나타낸 것이다.

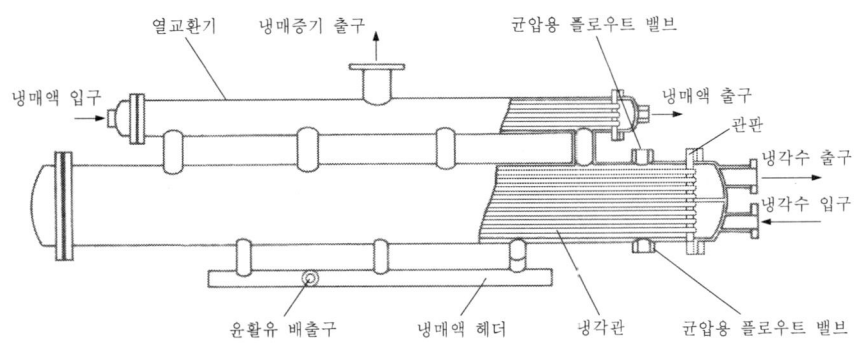

[그림 7-5] 원통다관식 할로카본-물 증발기(만액식)

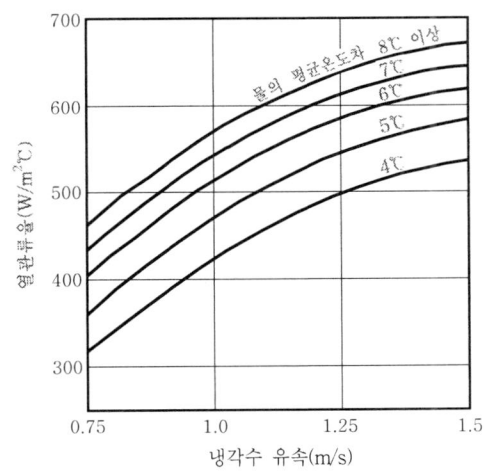

[그림 7-6] 할로카본용 원통다관식 증발기(만액식)의 열관류율

만액식 증발기를 사용할 때의 주의 사항으로는 관 안에서 물이나 브라인이 동결되지 않도록 하는 것과 윤활유를 압축기로 복귀시키는 것이다. 냉매의 증발온도가 너무 낮으면 관 안을 흐르는 유체가 동결되어 관을 파괴시키는 경우가 있으므로 압축기와 증발기의 용량을 고려하여 증발압력 제한밸브에 의한 증발압력의 조정, 온도조절기에 의한 냉매액의 온도조정 및 냉매액 유량의 감소에 대한 압력조절기 제어를 병행할 필요가 있다. 윤활유에 대해서는 소형에서는 증발기의 원통과 압축기 흡입관 사이에 연락관을 설치하여 윤활유를 압축기(크랭크 케이스)로 복귀시키는 방법이 채택되고 있으며, 대형에서는 그림 7-5와 같이 열교환기를 사용하여 윤활유를 하단으로 모이게 하여 압축기로 회수시킨다.

(3) 냉매살포식 증발기

만액식 증발기는 냉매액 헤더에 의해 하단의 증발온도가 높아지며, 아주 낮은 저온으로 사용할 경우에는 이런 현상이 더욱 심화되고, 평균온도차가 작아질수록 열관류율도 작아지므로 냉동능력이 감소된다. 이러한 결점을 보완하기 위하여 제작된 증발기가 냉매살포식 증발기이다. 구조는 원통다관식(만액식)과 거의 같으며 냉매액 펌프로 증발기관 밑부분에 있는 냉매 탱크(냉매저장소)로부터 상부에 있는 냉매 살포용 노즐로 냉매를 압송하여 냉각관에 살포하는 <u>일종의 냉매재순환식 증발기</u>이다.

이 형식은 만액식에 비해 냉매량이 적어도 되며 열관류율이 약 20% 정도 상승하는 장점도 있으나 냉매 펌프를 필요로 하며 제작비가 많이 들어 대용량 이외에는 별로 사용하지 않는다.

(4) 원통다관식 증발기(건식)

이 증발기는 공기조화장치나 일반화학공업 등에서 물이나 브라인 이외에 특수한 목적으로 사용하는 각종 유체를 냉각하는 데 이용되며 용량도 소형에서 대형에 이르기까지 광범위하다. 냉각시키는 액체로는 물, 브라인, 메칠알코올, 에칠알코올 등 알코올류, 에칠렌글리콜, 케로신, 유류, 프레온계 등 다양하다.

구조는 원통다관식(만액식)과 거의 같으나 냉매가 냉각관 속을 흐르면서 증발하며 피냉각 유체는 냉각관 외부의 방해판 사이를 흐른다. 방해판의 틈새가 작으면 유속이 빨라지므로 어느 정도까지는 전열은 좋아지나 유동저항이 커지고 냉각관의 침식을 촉진시키므로 유속은 0.3~2.4 m/s(동관은 평균 1 m/s) 정도가 적당하다. 냉각관 속을 흐르는 냉매의 속도가 앞에 제시한 속도 이상으로 빨라지면 유동저항이 증가하여 압력강하가 커지므로 오히려 전열에 좋지 않은 결과를 초래한다.

이 증발기의 특징을 열거하면 아래와 같다.

① 냉매액에 용입되거나 혼입된 윤활유가 냉매와 분리되어도 고이지 않고 압축기의 흡입관 쪽으로 흐르므로 만액식과 같이 윤활유 복귀장치를 따로 설치할 필요가 없다. 또한 윤활유로 인해 전열에 큰 장애를 주지 않으므로 유분리기(oil separator)를 설치할 필요도 없다.
② 냉매가 냉각관 속을 흐르므로 만액식에 비하여 냉매순환량이 적어도 되므로 수액기(liquid receiver)를 따로 두지 않고 응축기 겸 수액기로 사용할 수 있다.
③ 냉매의 제어는 온도식 자동제어밸브 또는 파일럿식 팽창밸브를 사용할 수 있어 만액식과 같이 냉매 액면조정용 플로우트를 사용하지 않아도 된다. 따라서 구조가 더욱 간단해진다.
④ 물을 사용할 경우 만액식은 냉각관 속을 물이 흐르므로 냉매의 증발온도가 0℃ 이하로 되면 냉각관이 폐쇄되거나 동파될 염려가 있으나 이 형식에서는 냉각관이 동파될 염려가 없어 온도를 더 낮출 수 있다.

3-2-2 원통코일식 증발기(shell and coil evaporator)

이 형식의 증발기는 음료용 수냉각장치, 공기조화장치, 제빵, 제과공장에서 주로 사용되는 것으로 구조는 물이 담긴 원통수조 속에 원형의 냉각관을 코일상(나선형)으로 설치한 것이다. 수조 안의 물은 교반기(攪拌機)로 교반하는 경우와 교반하지 않는 경우가 있으며 냉매가 코일상의 냉각관속을 흐른다. 일반적으로 이 증발기는 온도식 자동팽창밸브를 사용하는 건식 증발기로 사용된다. 그 이유는 물의 속도가 느리므로 물 쪽의 전열저항이 냉매 쪽보다 크기 때문이다.

그림 7-7은 이 냉각기의 구조를 나타낸 것이며 특징은 물의 용량을 크게 하면 부하가 증가할 경우 물이 가지고 있는 열용량에 의해 물의 온도변화를 막는 소위 플라이휘일 효과가 있어 간헐적으로 큰 냉각부하가 걸리는 장치에 적합하다.

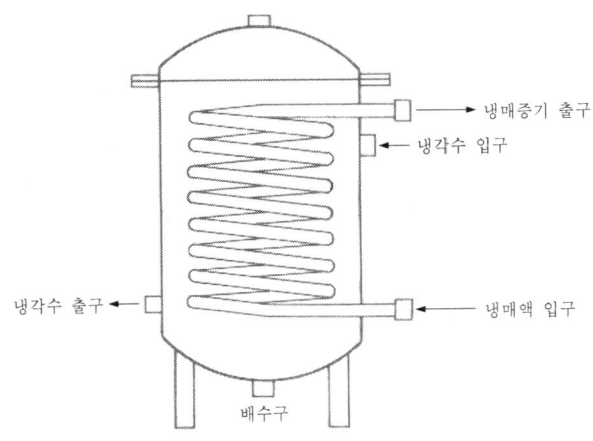

[그림 7-7] 원통코일식 증발기

3-2-3 이중관식 증발기(double tube evaporator)

이중관식 증발기는 이중관식 응축기와 같은 구조로 되어 있으며 바깥지름이 60.5 mm인 안쪽 관(內管), 바깥지름이 89.1 mm인 바깥쪽 관(外管)을 쓰거나 바깥지름이 42.7 mm인 안쪽 관, 바깥지름이 60.5 mm인 바깥쪽 관을 사용한다. 보통 강관을 사용하고 관의 길이는 3~6 m이며 이것을 6~12단으로 하여 수직으로 배열한다. 안쪽 관 속으로는 브라인이 흐르고 바깥쪽과 안쪽 관 사이로 냉매가 흐르므로 구조는 이중관식 응축기와 같지만 전열작용은 반대로 된다.

이중관식 증발기는 원통다관식 증발기에 비해 설치면적이 커지며 냉매 측의 저항이 크며 관 내부를 청소하기가 곤란하다. 따라서 포도주나 맥주공장의 제조용, 기름의 정제용으로 사용되며 보통 만액식으로 제작된다.

3-2-4 보오델로 증발기(Baudelot evaporator)

보오델로 증발기는 대기식 응축기(브리더형)와 비슷한 구조와 원리를 가지며 그림 7-8과 같이 수평의 냉각관을 일렬로 수직하게 설치한 것으로 냉매는 냉각관 속을 흐르며, 냉각관 상부에 설치된 피냉각액 저장조로부터 물이나 우유 등 피냉각액을 작은 구멍을 통해 흘러내리게 하면 피냉각액은 냉각관 외부를 막상(膜狀)을 이루며 위로부터 아래로 흘러내려 냉매와 열교환을 한다. 열교환을 하며 흘러내린 차가운 피냉각액은 증발기 하부에 설치된 피냉각액받이에 모인다. 냉각관의 외주는 피냉각액이 튀지 않도록 케이스가 있으며 피냉각액이 냉각관에 동결하여도 관이 파열되지 않으며 위생적으로 제작할 수 있어 공기조화의 냉방용 물, 우유, 각종 기름류 등을 동결온도까지 냉각하는 데 많이 사용한다.

보통 암모니아용 만액식으로 제작되며 서어지드럼과 저압 플로우트밸브를 사용한 중력공급방식을 많이 채용한다. 할로카본용은 일반적으로 건식 또는 건식과 만액식의 혼합형이 사용된다.

[표 7-3] 보오델로 증발기의 열관류율

과냉각액	열관류율 (W/m^2℃)
물	465
우 유	350
크 림	290
기 름	60

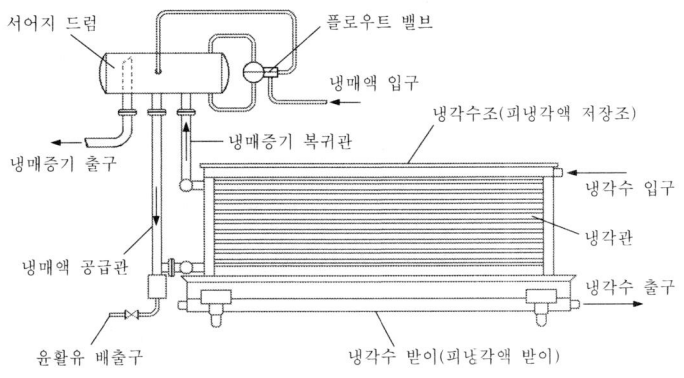

[그림 7-8] 보오델로 증발기

3-2-5 탱크식 증발기(tank evaporator)

　탱크식 증발기는 그림 7-9와 같이 제빙용 대형 브라인이나 물의 냉각장치로 사용되며 대량의 피냉각액 탱크 내에 냉매가 통과하는 냉각관을 설치한 것으로 냉각관의 모양에 따라 헤링본식, 수직관식, 파라렐식(parallel flow type)이 있다. 그림 7-10은 탱크식 증발기 중 가장 대표적인 것으로 암모니아용 헤링본식(Herring bone type)증발기의 구조를 나타낸 것이며 만액식이다. 헤링본식 증발기는 4B 관을 사용하여 상부에 냉매증기용 헤더, 하부에 냉매액용 헤더를 실치하고 두 헤더 사이에 1¼B의 〉형의 관(길이 1.8~2.8 m)을 여러 개 연결한다. 헤더의 한 쪽에는 액분리기(accumulator)를 설치하거나 액브리기의 역할을 하는 서어지 드럼(surge drum)이 설치되어 있다.

　탱크식 증발기는 피냉각액 탱크 안의 칸막이 속에 설치되며 피냉각액은 이 속을 교반기에 의해 0.3~0.75 m/s의 속도로 수평 또는 수직으로 통과한다.

　표 7-4는 제빙용 헤링본식 증발기의 열관류율을 나타낸 것이다.

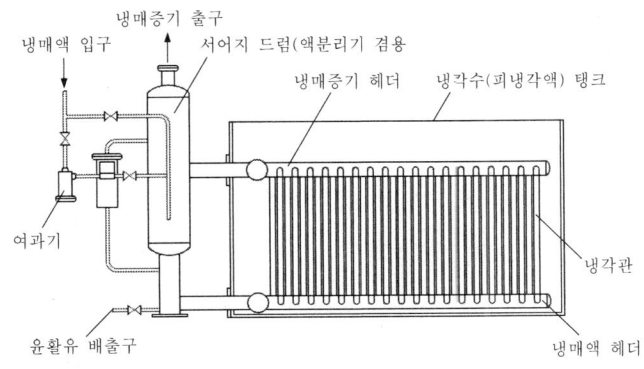

[그림 7-9] 탱크식 증발기

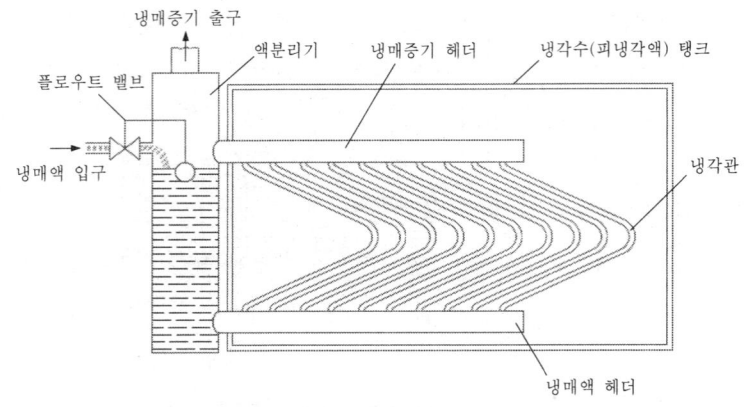

[그림 7-10] 헤링본 증발기

[표 7-4] 헤일본식 증발기의 열관류율

과냉각액 유속 (m/s)	열 관 류 율 (W/m²℃)						
	물	브라인 온도 (℃)					
		0	-5	-10	-15	-20	-25
0.3	430	335	325	310	290	265	250
0.4	525	440	420	395	370	345	320
0.5	630	540	515	490	455	425	390
0.6	725	640	610	575	535	500	465
0.7	820	720	690	650	610	565	525

3-2-6 핀튜브형 증발기(fined tube evaporator)

핀튜브형 증발기는 증발관 표면에 원형 또는 4각형의 핀(fin)을 붙인 것으로 나관(裸管)에 비해 냉각효과가 좋으므로 증발관의 길이를 짧게 할 수 있으나 증발관 외면에 생기는 성애를 제거하는 작업이 곤란하다. 주로 0℃ 이상의 공기 냉각에 사용되며 0℃ 이하의 경우에는 브라인을 분무하여 제상(除霜)을 한다.

핀튜브형으로 냉장실의 공기를 냉각하는 증발기에는 자연대류식과 강제통풍식(fan식)이 있으며 냉각 팬(cooling fan)을 갖는 강제통풍식 핀 튜브형 증발기를 특히 **유닛 쿨러**(unit cooler)라 한다(그림 7-11).

(1) 자연대류식 핀튜브형 증발기

주로 건식 증발기인 이 증발기는 소형냉장고, 냉장용 쇼케이스(show case) 등에 사용되며 냉매는 할로카본이나 메칠클로라이드 등이다. 냉각관은 외경 5/6~3/4 B의 동관이며 관 외주에 두께 0.15~0.25 mm의 동 또는 두께 0.38~0.45 mm의 알루미늄 핀을 부착시키며 암모니아용일 경우는 강관을 사용한다. 핀의 수는 사용하는 온도에 따라 다르나 보통 관 길이 1인치 (25.4 mm)당 1~3매 정도로 한다. 습기가 많고 냉장고 안의 온도를 0℃ 이하로 유지하고자 할 때에는 1인치당 12매로 한다. 열관류율은 5.8~11.6 $W/m^2℃$ 정도이다.

(2) 강제대류식 핀튜브형 증발기

주로 공기조화기나 대형냉장고 등에 사용되는 증발기로 구조는 자연대류식과 같으나 송풍기를 사용하여 공기를 냉각관에 불어준다. 풍속은 송풍기로 조절하며 공기조화용은 실내의 유속이 5~8 m/min이 되는 것을 기준으로 적당히 조절하며 냉장고용에서도 냉장품의 건조 상태를 고려하여 풍속을 정한다.

핀의 수는 0℃ 이하에서는 관 길이 25.4 mm(1인치)당 2~3매, 0℃ 이상에서는 관 길이 25.4 mm당 6~8매로 하며, 핀의 표면적과 관의 표면적의 비는 6~20으로 한다. 그리고 냉각관은 3/5~3/4 B를 사용한다. 냉각관의 길이는 전열계수가 크므로 1통로의 길이는 5/6 B관의 경우 핀의 수가 8(매/인치)일 때는 10 m, 6(매/인치)일 때는 15 m 정도로 하며 1통로의 냉동 능력은 1 RT(3.861 kW) 이하로 한다. 관을 길게 하면 관내 냉매의 유동저항이 증가하므로 압력강하가 커진다.

고온의 공기를 냉각시킬 때에는 공기 중의 습분이 냉각관 바깥표면에 다량 응결됨으로 응결된 습분의 증발에 의한 전열량 만큼 열관류율을 보정하여야 한다. 즉 증발기 입구에서 증발온도가 0℃ 이상이라 하여도 증발기 출구에서는 0℃ 이하로 되어 핀과 냉각관 외면에 서리가 응착(凝着)되고 이로 인하여 공기의 흐름을 방해하므로 증발기의 효율이 감소된다.

강제대류식 핀튜브형 증발기를 할로카본이나 메칠클로라이드용으로 사용할 경우는 건식, 암모니아용은 만액식을 사용한다.

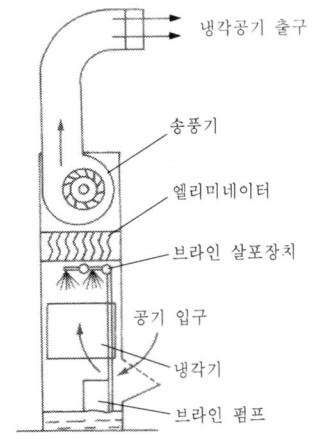

[그림 7-11] 유닛 쿨러

[표 7-5] 강제대류식 핀튜브형 증발기의 열관류율

풍속 (m/s)	2	2.5	3	3.5	4
열관류율 (W/m²℃)	31.4	37.2	43.0	48.8	54.7

3-2-7 판냉각형 증발기(plate cooler type evaporator)

판냉각형 증발기는 가정용 냉장고, 쇼케이스, 스톡커(stocker)등의 냉각용으로 사용된다. 특히 쇼케이스나 스톡커에는 판냉각형 증발기를 물건을 진열하는 선반 대용으로 쓰기도 한다. 알루미늄이나 스테인리스 강판 2매를 그림 7-12와 같이 겹쳐 압접한다. 형상은 그림과 같이 2종류가 있으며 판 외부에 공기나 물, 브라인 등이 접촉하여 냉각되도록 한다.

냉매의 통로, 증발기의 크기와 형상을 다양하게 만들 수 있으므로 다용도로 사용된다.

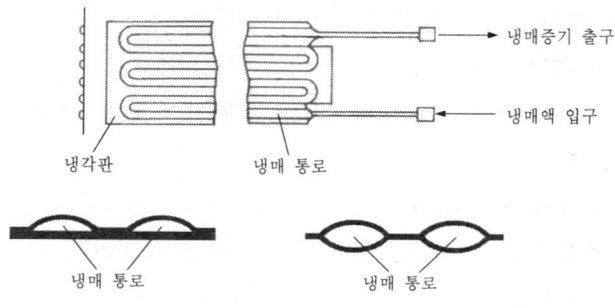

[그림 7-12] 판냉각형 증발기

3-2-8 관코일형 증발기(grid coil type evaporator)

관코일형 증발기는 직경 1/2~2B의 나관을 그림 7-13과 같이 여러 모양의 코일상태로 만들어 그 안으로 냉매를 통과시키는 형태의 증발기로 소형 냉동기의 공기 냉각이나 구식 제빙용 브라인 냉각기로 사용된다.

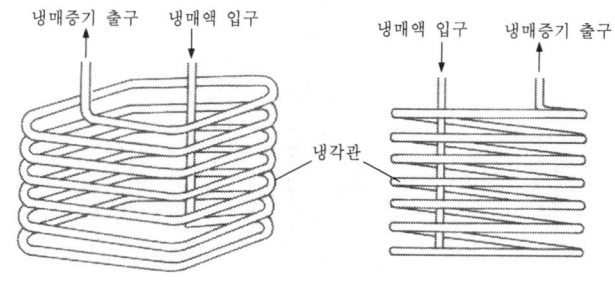

[그림 7-13] 관코일형 증발기

3-2-9 멀티피트 멀티섹션 트랩형 증발기
(multi feed multi section trap type evaporator)

멀티피드 멜티섹션 트랩형 증발기의 구조는 그림 7-14와 같이 헤더에 냉매액 강하관, 냉매 증기용 입관(立管) 및 U자형 냉각관이 여러 조 병렬로 연결되어 있다. 위로부터 유입된 냉매액은 제일 위에 있는 헤더를 통해 U자형 냉각관을 통해 다시 위의 헤더로 돌아오며 여기서 냉매증기는 입관을 통해 상부로 모여 압축기로 간다. 아직 증발되지 않은 냉매액은 다음의 냉매액 강하관을 통해 다음의 U형 냉각관으로 흘러내린다. 여기서 증발된 냉매는 역시 입관을 통해 상부로 가며 증발하지 못한 냉매액은 역시 강하관을 통해 그 다음의 U형 냉각관으로 흘러간다.

이 증발기는 만액식의 암모니아용이며 헤더의 직경도 비교적 작고 증발기의 전열작용도 양호하다. 소요 냉매량은 만액식 중에서 비교적 적은 편에 속한다. 이와 비슷한 구조를 가진 케스케이드형 증발기(cascade type evaporator)도 있다.

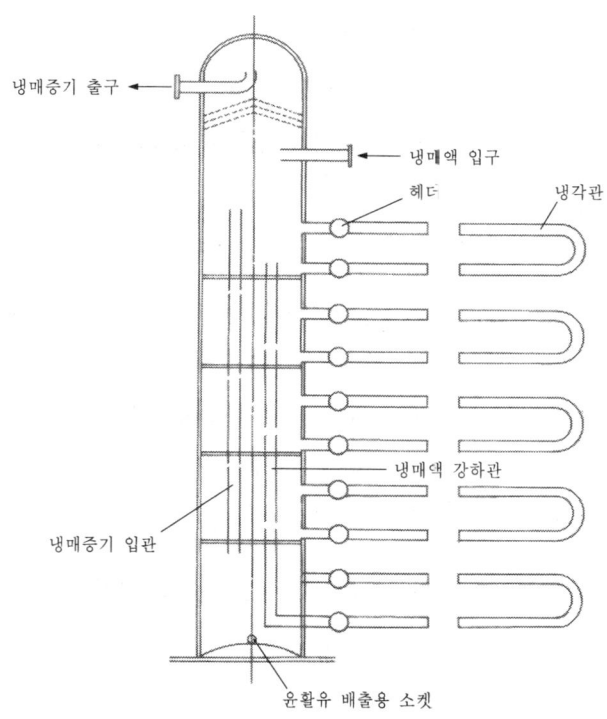

[그림 7-14] 멀티피드 멀티섹션 트랩형 증발기

연 습 문 제

7-1 브라인 냉각기의 입구와 출구온도가 각각 −4℃, −11℃이고 냉동능력이 100 kW이다. 브라인의 비열이 3.18 kJ/kg℃이고 밀도가 1180 kg/m³이다. 브라인의 순환량은 몇 L/min인가?

답) $\dot{V}_b = 228.4$ L/min

7-2 두께가 1.3 mm, 바깥지름이 15 mm인 냉각관을 흐르는 냉각수의 입구와 출구온도가 각각 16℃, 6℃이고 유량이 200 L/min이다. 냉매의 증발온도가 −15℃, 냉각관의 열관류율이 930.23 W/m²℃이다. 대수평균온도차를 이용하여 냉각관의 냉동능력과 길이를 구하여라.

답) (1) $Q_L = 139.53$ kW
 (2) $L = 149.9$ m

7-3 건식 증발기와 만액식 증발기의 차이점을 설명하여라.

7-4 냉매재순환식 증발기의 작동원리를 설명하여라.

7-5 원통코일식 증발기와 관코일형 증발기의 차이점을 설명하여라.

7-6 이중관식 증발기와 이중관식 응축기의 차이점을 설명하여라.

7-7 판냉각형 증발기의 작동원리를 설명하여라.

7-8 멀티피드 멀티섹션 트랩형 증발기의 작동원리를 설명하여라.

팽창밸브

1 개 요
2 팽창밸브의 원리
3 팽창밸브의 구조와 작동원리

제 8 장

냉동공학 Refrigeration Engineering

제 8 장 팽창밸브

1 개 요

　증기압축식 냉동장치에서 압축기, 응축기, 증발기와 더불어 또 하나의 중요한 부분이 **팽창 밸브**(expansion valve)이다. 흔히 감압장치라 불리는 팽창밸브의 역할은 응축기(대개는 수액기)로부터 오는 고온, 고압의 냉매액을 증발압력(증발온도)까지 감압시켜 증발기로 냉매액을 보내고 냉동부하에 따라 냉매액의 유량을 조절하는 것이다.

　일반적으로 냉매의 증발압력 조절, 변화하는 냉동부하에 따른 냉매 유량의 적절한 조정은 냉동장치가 최대의 성능을 발휘하도록 하고 운전을 부드럽게 하여 장치의 수명을 연장시키므로 경제적인 운전을 하게 한다. 따라서 본 장에서는 냉매의 팽창 원리와 팽창밸브에 의한 증발온도의 조절 및 팽창밸브의 종류에 대하여 대표적인 몇 가지를 소개한다.

2 팽창밸브의 원리

2-1 팽창의 원리

　유체가 노즐(nozzle)이나 오리피스(orivice)와 같이 유로(流路)의 단면적이 갑자기 좁아진 단면을 통과할 때에는 외부와 열량이나 일량의 교환이 없이 압력이 감소한다. 이와 같은 현상을 교축현상(throttling)이라 하며 그림 8-1은 이러한 교축과정을 나타낸 것이다.

　유체가 유동 중에 교축되면 액체의 마찰이 더욱 커지고 와류와 난류 현상이 일어나며 압력의 감소와 더불어 유체의 속도(유속)도 감소한다. 이 때 감소되는 속도에너지는 열에너지로 바뀌어 다시 유체에 회수되므로 유체의 엔탈피는 원상태로 복귀되어 교축 전후의 엔탈피가 같아지는 등엔탈피과정이 된다(1장 7-5절 참조).

액체가 교축되는 경우 압력이 감소되어 액체의 포화압력보다 낮아지면 액체의 일부가 증발하며 증발에 필요한 열은 액체 자신으로부터 흡수하므로 액체의 온도도 감소하고 또 증발된 기체가 액체와 혼합되므로 습증기로 된다. 즉 압력강하가 클수록 온도강하도 크며 습증기의 건도도 압력강하가 클수록 증가하며 압력강하가 작을수록 온도강하와 건도도 작아진다. 증발기로 유입되는 냉매의 건도는 작을수록 좋으나 온도강하도 작아 냉동장치에서 요구되는 저온을 얻을 수 없다. 따라서 냉매액의 건도를 감소시키기 위하여 응축기에서 응축된 냉매 포화액을 과냉각시키거나 액분리기를 이용하여 교축팽창된 습증기 중 액체만을 증발기로 공급한다.

[그림 8-1] 냉매의 교축팽창

냉매의 팽창은 앞에서 설명한 원리를 이용한 것으로 그림 8-2는 냉매를 교축팽창시켰을 때 냉매의 압력과 온도변화를 몰리어 선도에 나타낸 것이다. 그림에서 상태점 1은 응축기에서의 과냉각 냉매액 상태를 나타낸 것으로 이 때의 압력, 온도 및 비엔탈피는 각각 P_c, t_{sc}, h_1이다. 과냉각 냉매액이 교축팽창되면 상태점 2로 되고 이 때의 압력, 온도 및 비엔탈피는 각각 P_e, t_e, h_2로 된다. 따라서 교축팽창에 의한 냉매의 압력변화는 $\Delta P = P_c - P_e$, 온도변화는 $\Delta t = t_{sc} - t_e$로 되지만 엔탈피는 $h_1 = h_2$이므로 등엔탈피변화이다. 응축기에서 과냉을 시키지 않는 경우의 교축팽창과정은 $1' \to 2'$ 이므로 압력변화는 $\Delta P = P_c - P_e$, 온도변화는 $\Delta t = t_c - t_e$이며 엔탈피는 $h_1' = h_2'$으로 역시 등엔탈피변화이다.

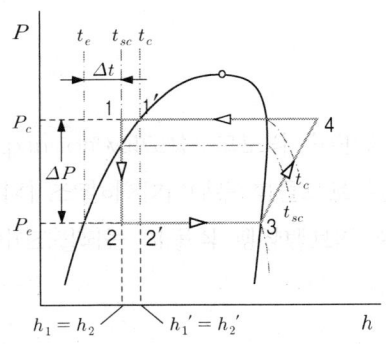

[그림 8-2] 교축팽창에 의한 압력과 온도의 변화

2-2 냉매의 유량조절

팽창밸브는 냉동장치가 항상 최대의 성능을 발휘하고 또 경제적으로 운전되게 하기 위하여 냉매를 증발압력까지 팽창시키는 기능과 증발기로 유입되는 냉매의 유량을 조절한다는 것은 이미 서두에서도 밝힌 바 있다.

팽창밸브가 냉매의 유량을 조절하여야 하는 이유는 팽창밸브에서 유량을 적절히 조절하여 증발기에서 피냉각물과 열교환에 의해 증발하는 냉매의 양 만큼 증발기로 보내면 증발 후 냉매의 상태는 건포화증기로 된다. 그러나 팽창밸브에서 조절하는 유량이 증발기에서 최적의 냉매 유량보다 많아지거나 냉동부하가 감소되면 냉매가 완전히 증발하지 못하고 증발 후에도 냉매 액적이 남아있어 습증기 상태로 압축기로 유입된다. 이렇게 액상태의 냉매가 압축기로 유입되면 액백(liquid back)이 일어나므로 압축기의 밸브를 손상시키는 원인이 되며, 액압축으로 인한 액격(液擊, liquid hammer)이 발생하는 경우가 있다. 때에 따라서는 액격이 원인이 되어 압축기가 결정적인 손상을 입을 수도 있다. 반대로 냉동부하가 과대하거나 증발기로 유입되는 냉매의 유량이 적정량보다 적으면 증발기 출구에 이르기 전에 냉매가 모두 증발되고 계속 열을 흡수하므로 과열증기로 된다. 과열도가 비교적 작을 때에는 별 문제가 되지 않지만 이러한 상태가 계속되거나 과열도가 크면 압축기에서 배출되는 냉매증기의 온도가 너무 높아지므로 압축기에 손상을 초래한다.

따라서 팽창밸브에서 증발기로 유입되는 냉매의 유량을 적절히 조절하는 것이 매우 중요하다. 유량조절의 원리에 대하여는 다음 절에서 팽창밸브의 구조와 함께 설명하도록 한다.

3 팽창밸브의 구조와 작동원리

팽창밸브는 그 종류도 다양하며 성능도 서로 다르다. 보통의 냉동기에서는 냉매를 밸브로 교축팽창시키지만 가정용 냉장고와 같은 소형, 소용량의 냉동기에서는 밸브 대신 모세관을 이용하기 한다. 팽창밸브의 종류를 열거하면 다음과 같다.

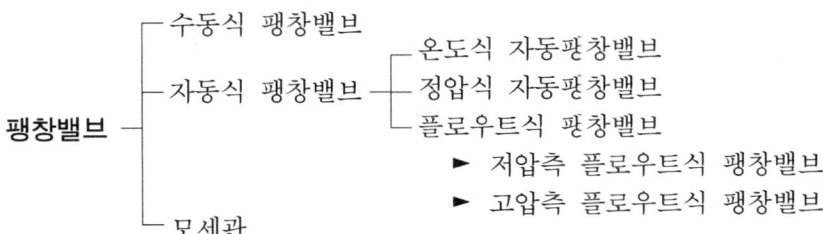

3-1 수동식 팽창밸브

수동식 팽창밸브(manual expansion valve)는 암모니아 냉동기에 주로 사용되어 온 것으로 고도의 숙련에 의해 수동으로 핸들을 돌려 냉매의 유량을 조절하는 방식이다. 유량을 조절하는 밸브 헤드가 그림 8-3과 같이 원추형(cone type)으로 된 것과 바늘모양(needle type)으로 된 것이 있다. 이 형식은 스핀들에 가는 나사를 내어 아주 약간만 조작하여도 개폐가 되도록 만든 것으로 핸들 위에 눈금판을 부착한 것도 있다.

팽창밸브는 고압의 냉매액이 밸브 시이트와 밸브 헤드 사이의 좁은 간격(오리피스)을 통과하며 압력이 강하되는 것이므로 사용 중의 간격은 대단히 좁으며 팽창할 때 냉매액의 일부가 증발하여 증기로 되므로 유속이 매우 빨라진다. 따라서 냉매액 배관 안에 스케일(scale)이 끼었거나 모래 등이 혼합되어 순환하면 밸브 헤드와 시이트 사이에 끼어 유량조절이 곤란하거나 밸브를 손상시킬 염려가 있으므로 팽창밸브 입구 쪽에 여과기(filter)를 설치하여야 한다.

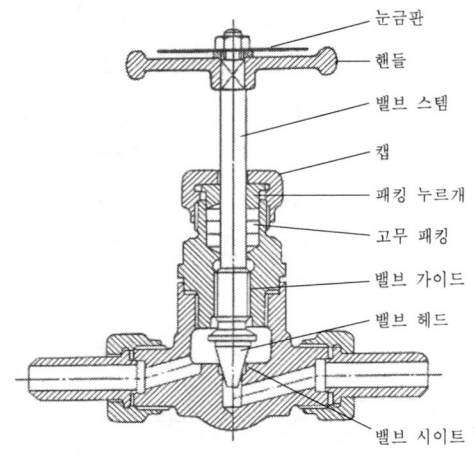

[그림 8-3] 수동식 팽창밸브

3-2 자동식 팽창밸브

수동식 팽창밸브(manual expansion valve)는 고도의 숙련에 의해 개폐시키므로 냉동부하의 변화에 맞추어 유량을 적절히 조절하기가 매우 힘들므로 현재에는 증발기 안의 상태(부하)에 따라 자동적으로 유량이 조절되는 자동식 팽창밸브가 쓰인다. 자동식 팽창밸브에는 다음과 같은 것들이 있다.

3-2-1 온도식 자동팽창밸브

현재 가장 많이 사용되는 것이 **온도식 자동팽창밸브**(thermostatic expansion valve)이며 증발기 출구에서 냉매의 온도와 증발온도와의 차, 즉 과열도를 일정(대략 5℃ 정도)하게 유지하도록 밸브의 개도(開度)를 자동으로 조절한다. 이 형식에는 그림 8-4와 같은 **벨로우즈식**(bellows type)과 그림 8-5, 8-6과 같은 **다이어프램식**(diaphragm type)이 있다. 팽창밸브 본체는 감온부와 작동부 두 부분으로 구성되며 감온부는 온도를 감지하는 **감온통**(feeler bulb or thermal bulb)과 작동부와 감온부를 연결하는 모세관으로 되어 있다. 감온통은 그림 8-5와 같이 증발기 출구에 부착시키고 감온통 내부에는 냉동기에 사용하는 냉매와 같은 종류의 액체 또는 가스를 넣어 밀폐시킨다. 온도식 자동팽창밸브는 특히 응축기로부터 여러 개의 증발기 냉각관을 갖는 냉동장치에 더 적합하며 만액식이나 건식에 모두 사용할 수 있다.

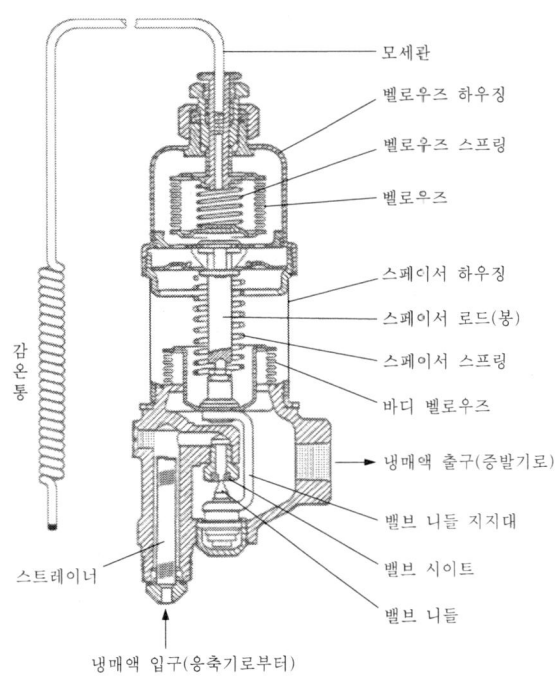

[그림 8-4] 온도식 자동팽창밸브

밸브의 작동원리를 감온통 안에 봉입된 액체나 가스가 증발기 출구에서 냉매의 온도에 따라 팽창 또는 수축하여 모세관을 통해 밸브의 감온부에 있는 벨로우즈나 다이어프램에 압력을 가하거나 감압한다. 따라서 압력의 차에 의해 벨로우즈나 다이어프램에 연결된 스페이서 로드(spacer rod)가 상하로 작동하고, 이에 따라 밸브 니들과 밸브 시이트 사이의 간극이 가감되므로 팽창되는 냉매의 유량이 조절된다.

이와 같이 온도식 자동팽창밸브는 감온부에 작용되는 압력차에 의해 냉매의 유량이 조절되며, 압력의 선택조건에 따라 **내부균압형**(均壓形) 팽창밸브와 **외부균압형** 팽창밸브가 있다. 그림 8-5(a)는 다이어프램식 내부균압 팽창밸브, 그림 8-5(b)는 다이어프램식 외부균압형 팽창밸브의 작동원리를 나타낸 것으로 구체적으로 설명하면 다음과 같다.

(1) 내부균압형 팽창밸브

먼저 팽창밸브가 그림 8-5 같은 평형상태의 경우를 생각해 본다. 감온통 안에 있는 가스는 증발기관 출구의 냉매증기 온도와 같으므로 이 온도에 해당하는 압력(P_f)만큼이 다이어프램 상부에서 아래쪽(밸브를 더 여는 방향)으로 작용한다. 한편, 다이어프램 하부에는 밸브를 닫으려는 스프링 압력(P_s)과 밸브에서 교축되어 증발기로 유입되는 냉매의 압력(증발압력 P_e)이 위쪽으로 작용한다. 따라서 세 힘이 평형상태($P_f = P_e + P_s$)에 있으면 밸브는 일정한 상태로 열려 있게 된다.

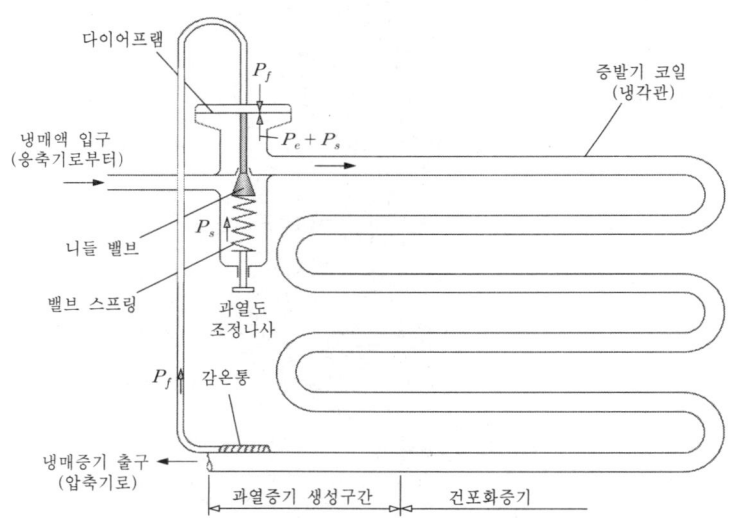

[그림 8-5] 내부균압형 자동팽창밸브(다이어프램식)의 작동원리

그림과 같은 밸브의 평형상태에서 냉동부하가 증가하면 증발기 출구에서 냉매증기의 온도가 증가(과열도 증가)하므로 감온통 내부압력 P_f도 증가한다. 따라서 평형상태의 압력평형 $P_f = P_e + P_s$가 $P_f \rangle P_e + P_s$로 되어 스페이서 로드가 아래로 내려가 밸브 니들과 밸브 시이트 사이의 개도가 더 커지므로 냉매의 유량이 많아져 과열도가 더 커지는 것을 방지한다. 반대로 냉동부하가 감소하면 과열도의 감소로 P_f가 감소하여 $P_f \langle P_e + P_s$로 되므로 스페이

서 로드가 위로 밀려 올라가 밸브의 개도가 작아져 냉매의 유량이 감소하므로 과열도가 증가한다.

이와 같이 냉동부하의 변동에 따라 냉매의 유량을 적당히 조절하여 과열도를 비교적 일정하게 유지시킨다.

$$P_f = P_e + P_s \tag{8-3-1}$$

$P_f > P_e + P_s$: 니들 밸브의 개도가 증가하여 과열도가 커지는 것을 방지

$P_f < P_e + P_s$: 니들 밸브의 개도가 감소하여 과열도가 작아지는 것을 방지

(2) 외부균압형 팽창밸브

냉매가 증발기 관로를 따라 유동하며 증발할 때, 관 표면과의 마찰로 인하여 압력강하가 발생한다. 증발기관이 직선적으로 그 길이가 짧거나 다관식과 같이 압력강하가 비교적 작은 경우에는 별 문제가 없다. 그러나 증발기관 길이가 긴 원통코일식이나 관코일형 증발기에서는 압력강하가 너무 심하여 내부균압형 팽창밸브를 사용하면 압력강하만큼 팽창밸브가 더 열려 비정상적으로 큰 과열상태에서 팽창밸브가 평형되므로 정상적인 냉동기 운전을 꾀할 수 없다. 내부균압형 팽창밸브의 이러한 단점을 보완한 것이 외부균압형 팽창밸브이며, 그림 8-6과 같이 증발기관 출구의 압력이 다이어프램 하부에 작용하도록 외부균압관을 설치한다. 그러므로 증발기관의 압력강하와는 관계없이 증발기 출구에서의 냉매압력이 다이어프램에 작용하므로 압력강하에 의한 팽창밸브의 과도한 열림이 없다.

그림에서 다이어프램 상부에는 증발기관 출구 증기온도의 포화압력(P_f)이 아래쪽으로 작용하며 다이어프램 하부에는 밸브 스프링 압력(P_s)과 증발기관 출구에서의 압력(P_e')의 합이 위쪽으로 작용한다. 여기서 증발기관 출구에서의 압력(P_e')은 증발기 입구에서의 압력(P_e)에서 증발기관 입, 출구 사이에서의 압력강하(ΔP_e)를 뺀 압력이므로 항상 $P_e' < P_e$이다. 그러므로 내부균압형 팽창밸브에 비해 압력강하(ΔP_e) 만큼 니들 밸브를 닫으려는 힘이 작으므로 개도가 커져 과열도가 커지는 것을 방지한다.

$$P_f = P_e' + P_s = (P_e - \Delta P_e) + P_s \tag{8-3-2}$$

※ 동일한 조건에서 내부 균압형의 설정 값보다 항상 ΔP_e만큼 작다.

$P_f > P_e' + P_s$: 니들 밸브의 개도가 증가하여 과열도가 커지는 것을 방지

$P_f < P_e' + P_s$: 니들 밸브의 개도가 감소하여 과열도가 작아지는 것을 방지

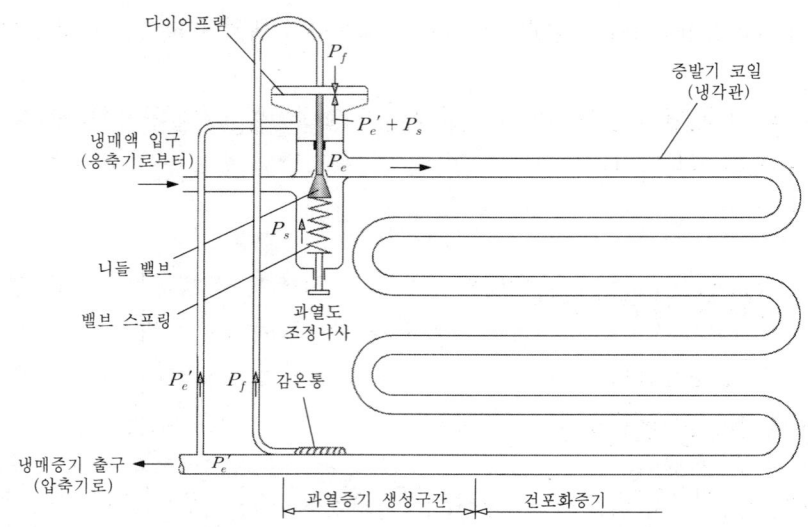

[그림 8-6] 외부균압형 자동팽창밸브(다이어프램식)의 작동원리

R-134a 냉동기의 증발온도가 −15℃이고 과열도가 5℃, 증발기관에서의 압력강하가 40 kPa인 경우를 예로 들어 설명한다.

① 내부균압형 팽창밸브의 경우

증발온도가 $t_e = -15℃$이고 과열도가 $\Delta t_{sh} = 5℃$ 이므로 출구의 온도는 $t_{sh} = -10℃$이다. 그러므로 감온통 안의 압력은 −10℃인 R-134a의 포화압력과 같으므로 $P_f = 200.73$ kPa(부록)이다. 그리고 증발압력이 $P_e = 164.13$ kPa(−15℃의 포화압력)이므로 밸브 스프링에 의한 압력은 식 (8-3-1)에서

$$P_s = P_f - P_e = 200.73 - 164.13 = 36.6 \text{ kPa}$$

그런데 증발기관에서의 압력강하($\Delta P_e = 40$ kPa)로 증발기관 출구에서의 실제압력은

$$P_e' = P_e - \Delta P_e = 164.13 - 40 = 124.13 \text{ kPa}$$

이 압력은 포화증기표에서 −21.6℃의 포화압력에 해당되므로 −21.6℃에서 냉매가 증발하는 것과 같다. 이것은 과열도를 11.6℃로 설정하여 작동하는 결과와 같다.

② 외부균압형 팽창밸브의 경우

동일한 조건이므로 외부균압형 팽창밸브의 설정 값은 식 (8-3-2)에서

$$P_f = P_e' + P_s = (P_e - \Delta P_e) + P_s = (164.13 - 40) + 36.6 = 160.73 \text{ kPa}$$

이 압력은 포화증기표에서 −15.5℃의 포화압력에 해당되므로 과열도를 5.5℃에 설정

하여 작동하는 결과와 같다.

이상 두 가지 형식을 비교하면 외부균압형 팽창밸브는 과열도 5℃에 알맞게 운전되지만 내부균압형은 이보다 12℃ 정도 과열되므로 과열도 조정용 나사로 밸브 스프링 압력을 더 작게 설정하여 과열도를 줄여야 한다.

3-2-2 정압식 자동팽창밸브

정압식 자동팽창밸브(constant pressure expansion valve)에도 벨로우즈식과 다이어프램식이 있으며 그림 8-7은 벨로우즈식의 구조를 나타낸 것이다.

이 형식의 팽창밸브는 증발기 내 압력을 일정하게 유지하도록 냉매의 유량을 조절한다. 압력조정나사(스프링 장력 조정나사)로 벨로우즈의 작동압력(증발기 내 압력)을 설정해 놓으면 증발기 내 압력에 따라 밸브의 개도가 자동적으로 조정되어 냉매의 유량을 조절할 수 있다. 예를 들면 증발기 내 압력이 설정압력보다 높아지면 벨로우즈 내 압력이 높아지므로 벨로우즈를 위로 밀어올려 밸브 니들 지지대를 위로 밀어 올린다. 따라서 밸브 시이트와 밸브 니들 사이의 간격이 좁아져 냉매 유량이 감소하므로 증발기 내 압력이 감소된다. 반대로 증발기 내 압력이 설정압력보다 낮아지면 벨로우즈가 벨로우즈 스프링(밸런스 스프링)의 장력에 의해 아래로 내려가므로 냉매의 유량이 증가하고 증발기 내 압력이 상승한다.

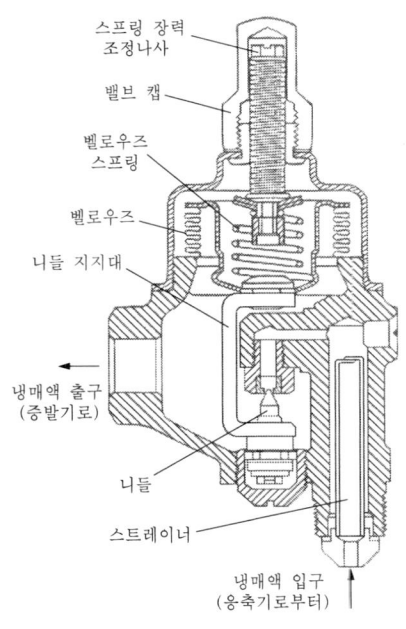

[그림 8-7] 정압식 자동팽창밸브

이 밸브를 사용하면 증발기 내 압력이 일정하게 유지되므로 냉동부하가 변동할 때 압축기로 유입되는 냉매증기가 너무 과열되거나 습증기 상태로 되기 쉽다. 따라서 냉동부하가 일정한 냉동장치에 사용하는 것이 바람직하며 직접팽창식 건식 증발기에 많이 사용된다.

3-2-3 플로우트식 팽창밸브

액면의 위치에 따라 플로우트(부자, float)가 상하로 운동하는 것을 이용하여 밸브를 개폐시키는 형식을 **플로우트식 팽창밸브**(float type expansion valve)라 한다.

냉동장치의 고압부인 수액기 액면에 플로우트를 설치한 것을 **고압측 플로우트 팽창밸브**, 냉동장치의 저압부인 증발기 내 액면에 설치한 것을 **저압측 플로우트 팽창밸브**라 한다.

(1) 저압측 플로우트 팽창밸브(low side float type expansion valve)

만액식 증발기 내에는 냉동부하의 변화에도 불구하고 냉매액면을 일정하게 유지하여야 하므로 그림 8-8과 같이 플로우트식 팽창밸브를 증발기 자체에 부착한다.

그림 8-8은 만액식 증발기에 부착된 저압측 플로우트 팽창밸브의 예를 나타낸 것으로 냉매액면의 위치에 따라 플로우트가 상하로 움직이면 플로우트 아암(float arm)을 통해 플로우트 레버(float lever)로 운동이 전달되고 레버에 연결된 밸브 니들이 상하로 움직여 개폐작용을 한다. 이 밸브는 2단 압축냉동기의 중간냉각기에도 사용된다.

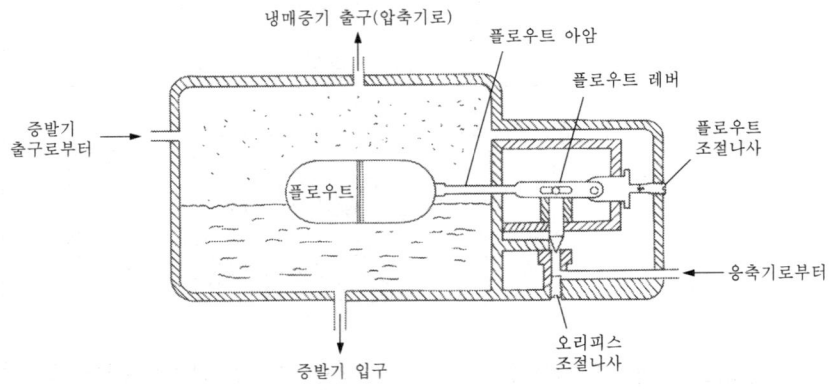

[그림 8-8] 저압측 플로우트 팽창밸브

(2) 고압측 플로우트 팽창밸브(high side float type expansion valve)

이 형식의 팽창밸브는 증발기가 하나만 있는 경우에 사용되는 것으로 플로우트가 수액기 안에 설치된다. 그림 8-9는 가장 간단한 고압측 플로우트 팽창밸브를 나타낸 것으로 냉매액이 팽창밸브의 하단에서 유출되므로 응축되지 않은 냉매증기가 증발기로 들어가는 것을 방지하며 증발기내 냉매량을 일정하게 유지시켜 준다. 그러나 고온, 고압의 냉매액이 들어 있는 플로우트실을 증발기 가까이 설치하여야 하는 단점이 있다. 이와 같이 플로우트실과 증발기가 근접해 있으면 온도차가 매우 커 증발기에서 급속히 증발이 이루어져야 하므로 냉동효과가 떨어진다. 이러한 현상을 감소시키기 위하여 그림 8-10과 같이 압력을 한 번 더 조절할 수 있는 밸브(중간압력 조절용 밸브)를 팽창밸브와 증발기 사이에 설치하며 그림과 같은 중량식 밸브(weight valve) 대신 모세관을 사용하기도 한다.

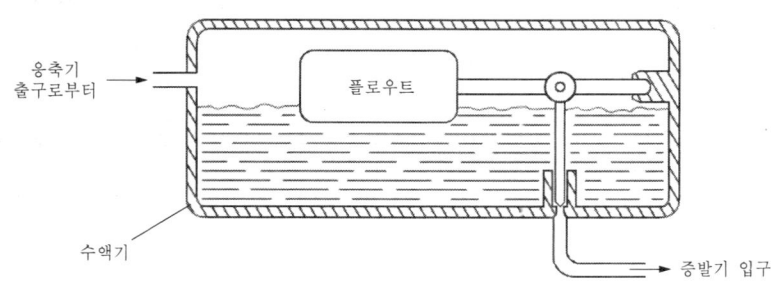

[그림 8-9] 고압측 플로우트 팽창밸브

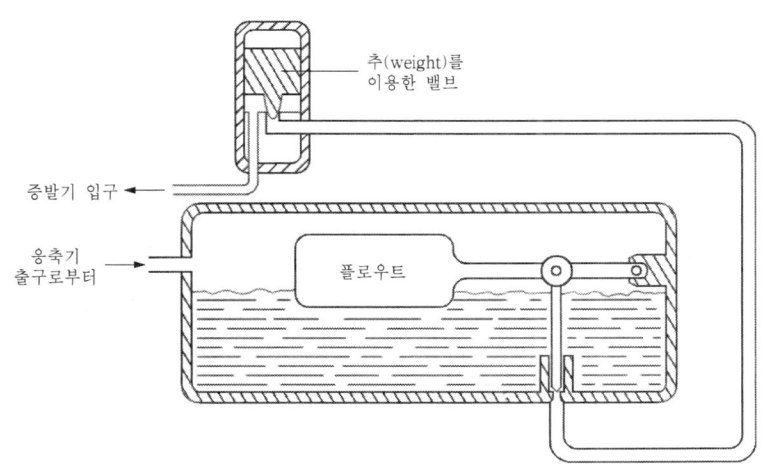

[그림 8-10] 중간압력을 조정하는 밸브가 부착된 고압측 플로우트 팽창밸브

플로우트실 안의 냉매액은 항상 일정한 액면을 유지하여야 하며, 만일 냉매액이 너무 많이 수액기로 유입되면 증발기에 필요 이상으로 많이 공급되므로 습압축이나 액백 현상이 발생하며, 반대로 부족할 때에는 증발기 출구에서 냉매증기의 과열도가 너무 커지므로 압축기가 과열된다.

3-3 모세관

팽창밸브에서의 압력강하를 밸브가 아닌 **모세관**(capillary tube)의 특성을 이용하는 것으로 가정용 냉장고, 룸에어컨디셔너, 쇼케이스 등 소용량의 건식증발기에 많이 사용된다.

모세관은 안지름이 아주 작고 길이가 긴 원형관을 말하며 그 전에는 냉매액 중의 수분과 이물질을 제거하는 필터드라이어(filter drier)가 설치된다. 모세관의 길이는 1~6m 정도이며 안지름은 0.8~1.7mm의 것이 많이 사용되고 있다(표 8-1).

모세관에서의 교축팽창의 원리는 관의 안지름이 아주 작고 길이가 안지름에 비해 매우 길므로 유동저항이 커 냉매액이 관을 통과해 갈수록 압력이 떨어지고 주위로부터 열을 흡수하여 일부의 냉매가 증발한다. 때로는 증발한 냉매증기에 의해 관이 막히는 이른바 **베이퍼록**(vapour lock) 현상이 발생하기도 한다. 베이퍼록 현상을 방지하고 온도를 효율적으로 낮추기 위해서는 모세관을 증발기로부터 압축기로 가는 배관과 접하여 설치하면 팽창중인 고온의 냉매액과 증발기에서 증발된 저온의 냉매증기 사이에 열교환이 이루어져 냉매액 온도가 떨어지며 압력강하의 폭도 커진다.

이와 같이 모세관에서의 압력강하는 관의 길이에 따라 다르므로 안지름과 관길이를 적당히 선택하면 요구되는 증발압력을 얻을 수 있다. 보통은 관길이의 3/4 정도에서 압력이 갑자기 감소되어 모세관 출구에서는 증발압력까지 감소된다.

모세관을 사용할 경우에는 특별한 부속이 없으므로 가격 면에서 매우 저렴하며 마찰에 의한 손실과 고장이 없다. 필요에 따라 모세관을 감아 놓을 수도 있으므로 장치의 체적과 질량을 줄일 수 있는 장점이 있다. 또 압축기가 정지되었을 때에는 냉매액이 증발기로 흘러가 고압측과 저압측의 압력이 같아지므로 다시 압축기가 시동될 때 기동력이 적어도 된다. 그러나 관 안지름이 작아 얼음이나 불순물에 의해 관이 막히는 경우가 있으며 부하변동에 따른 자기조절 능력에 한계가 있어 부하변동이 심한 공조장치 등에는 사용할 수 없다.

[표 8-1] 모세관의 바깥지름과 안지름

바깥지름 mm(인치)	안지름 mm(인치)	바깥지름 mm(인치)	안지름 mm(인치)
2.11(0.083)	0.79(0.031)	2.90(0.114)	1.24(0.049)
2.39(0.094)	0.91(0.036)	3.05(0.120)	1.40(0.055)
2.77(0.109)	1.07(0.042)	3.30(0.130)	1.65(0.065)

제9장 부속장치

1. 유분리기
2. 액분리기
3. 수액기
4. 액반송장치(액회수장치)
5. 윤활유 반송장치(윤활유 회수장치)
6. 건조기
7. 여과기
8. 냉매액-가스 열교환기
9. 중간냉각기
10. 가스 퍼어져
11. 제상장치

제 9 장 부속장치

　냉동장치에서 주요 부분인 증발기, 압축기, 응축기, 팽창밸브를 제외한 나머지 장치들을 부속장치라 부른다. 부속장치는 유분리기, 수액기, 건조기, 여과기, 오일냉각기, 액분리기, 제상장치, 중간냉각기, 열교환기, 액반송장치, 윤활유 반송장치, 자동제어 기기류, 밸브류, 각종 안전장치류 등이 있다. 이러한 장치들은 대부분 냉동장치의 안전을 도모하기 위한 것이며, 압축기와 응축기 등 고압측에 설치되는 고압측 부속장치와 증발기와 팽창밸브 등 저압측에 설치되는 저압측 부속장치로 나눌 수 있다.
　본장에서는 주요 부속장치의 구조와 작동원리를 설명한다.

1 유분리기

　압축기에서 압축된 냉매증기 중에는 윤활유가 미립자(微粒子)의 상태로 혼입된다. 윤활유가 혼입된 냉매가 응축기로 유입되면 냉각관 표면에 유막을 형성하여 응축기의 전열을 방해하므로 냉매증기의 응축에 장애를 주며, 팽창밸브에서는 냉매에 따라 동결될 염려가 있다. 윤활유가 동결되면 팽창밸브의 기능이 저하하며 심한 경우에는 유로가 막혀 냉매가 증발기로 전혀 유입되지 않는다. 또한 증발기에서도 전열면에 유막을 형성하여 증발온도가 상승하며 냉동능력을 감소시킨다. 그러므로 압축기에서 배출되는 냉매증기 중에 윤활유가 많거나 압축기에서 응축기까지의 배관이 긴 경우에는 만액식 증발기를 사용하거나 증발온도가 아주 낮은 경우에는 **유분리기**(oil separator)를 설치하여야 한다.
　유분리기는 압축기와 응축기 사이에 설치되는 고압측 부속장치로서 압축된 냉매증기로부터 윤활유를 분리시켜 냉매만이 순환되도록 하는 역할을 한다. 또한 고압의 냉매증기는 유분리기 속에서 유동속도가 급격히 감소하므로 일종의 소음기 역할도 하며, 왕복식 압축기인 경우는 고압냉매의 맥동(pulsation)을 완화시키는 역할도 한다.

암모니아를 냉매로 사용하면 윤활유가 팽창밸브에서 동결되므로 반드시 유분리기를 설치하여야 하며 할로카본(프레온) 냉매를 사용할 경우에는 유분리기를 필요로 하는 경우와 그렇지 않은 경우가 있다. 가령 R-12를 건식 증발기에 사용하는 경우는 대용량이 아닐 때에는 별로 문제가 되지 않지만 만액식 증발기에 R-12를 사용하는 경우는 유분리기를 달아야 한다.

유분리기의 종류는 윤활유의 분리방법에 따라 다음과 같은 종류가 있다.

(1) 배플형 유분리기(baffle type oil seperator)

윤활유의 표면장력을 이용한 것으로 오래 전부터 많이 사용되어 온 형식이다. 그림 9-1과 같이 윤활유가 혼입된 고압의 냉매가 압축기로부터 원통형의 유분리기로 유입되면 하단으로부터 위로 경사진 여러 조의 배플(제거판)을 통과할 때 윤활유 성분은 배플에 닿아 경사면을 따라 하단에 고이고 냉매증기는 배출구를 통해 응축기로 간다.

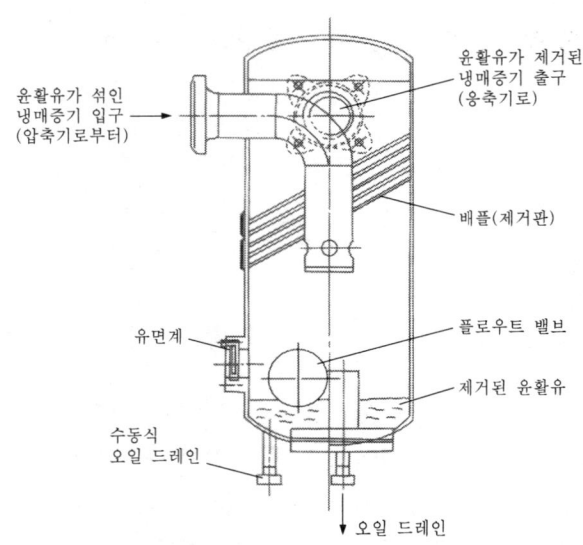

[그림 9-1] 배플형 유분리기

[표 9-1] 암모니아용 유분리기의 규격과 압축기의 최대 배출량

호칭번호	바깥지름 (mm)	길이 (mm)	몸통두께 (mm)	경판두께 (mm)	입구와 출구 지름 mm(인치)	오일드레인 지름 mm(인치)	압축기의 최대배출량 (m^3/min)
1	100	350	4.5	4.5	12.7($1/2$)	12.7($1/2$)	0.3
2	100	400	4.5	4.5	19.1($3/4$)	12.7($1/2$)	0.72
3	150	450	6	6	25.4(1)	12.7($1/2$)	1.26
4	200	600	6	6	31.8($1 1/4$)	12.7($1/2$)	2.44
5	250	750	6	6	38.1($1 1/2$)	12.7($1/2$)	3
6	300	900	8	8	50.8(2)	12.7($1/2$)	5
7	350	1,050	8	8	63.5($2 1/2$)	12.7($1/2$)	7
8	400	1,200	9	9	76.2(3)	12.7($1/2$)	11
9	450	1,350	9	9	88.9($3 1/2$)	12.7($1/2$)	13
10	500	1,500	9	9	101.6(4)	12.7($1/2$)	19

유분리기 하단에 고인 윤활유는 자동으로 개폐되는 플로우트(float) 밸브나 수동 밸브에 의해 윤활유 저장소나 압축기의 크랭크 케이스로 되돌아간다.

(2) 원심분리형 유분리기(centrifugal extractor type oil seperator)

윤활유와 냉매의 비중차를 이용하여 원심력에 의해 냉매로부터 윤활유를 분리시키는 형식이다. 그림 9-2에 나타낸 것이 원심분리형 유분리기이며 윤활유가 혼입된 냉매가 유입되면 나선형의 원형판을 따라 아래로 유동하며 비중이 큰 윤활유 입자가 분리기 원통벽에 부착되어 아래로 흘러내린다.

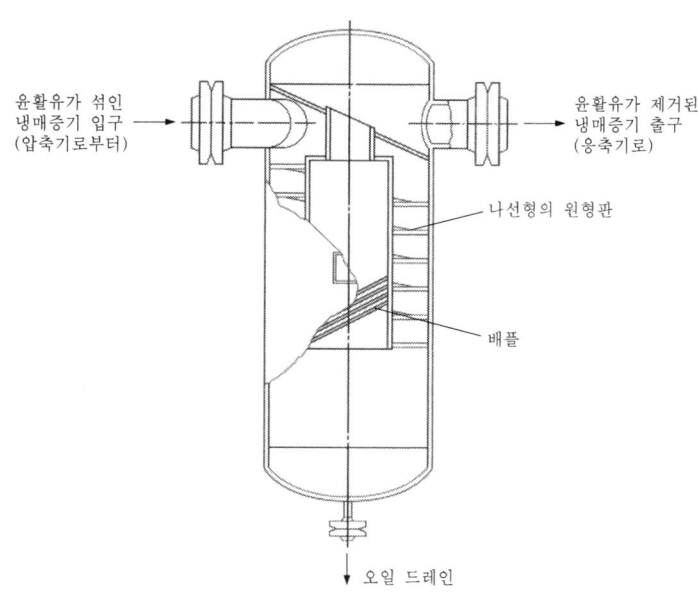

[그림 9-2] 원심분리형 유분리기

[표 9-2] 할로카본용 유분리기의 규격과 압축기 동력

압축기 동력 kW	바깥지름 (mm)	길이 (mm)	윤활유 충전량 (g)	입구와 출구 지름 mm(인치)	오일드레인 지름 mm(인치)
0.18	110	225		9.5($3/5$)	6.4($1/4$)
0.37	110	289		9.5($3/5$)	6.4($1/4$)
0.74	110	342		12.7($1/2$)	6.4($1/4$)
1.47	110	420		19.1($3/4$)	6.4($1/4$)
2.21	127	492		28.6($1 1/8$)	6.4($1/4$)
3.68	127	492		28.6($1 1/8$)	6.4($1/4$)
7.35	165	560	820	41.3($1 5/6$)	6.4($1/4$)
11.0~18.4	220	615	970	54.0($2 1/8$)	6.4($1/4$)
22.1~36.8	273	626	1,360	79.4($3 1/8$)	6.4($1/4$)
44.1~55.2	324	933	1,360	92.1($3 5/6$)	12.7($1/2$)
58.8~73.5	355	933	1,800	104.8($4 1/8$)	12.7($1/2$)

이 밖에도 가는 철망으로 된 원통을 이중 삼중으로 중앙에 설치하여 이 망 사이로 냉매를 통과시켜 윤활유를 분리시키는 **철망형 유분리기**(그림 9-3)와 역시 원심력을 이용하는 것으로 소형 사이클론(cyclone)을 이용하는 **사이클론형 유분리기**(그림 9-4) 등이 있다.

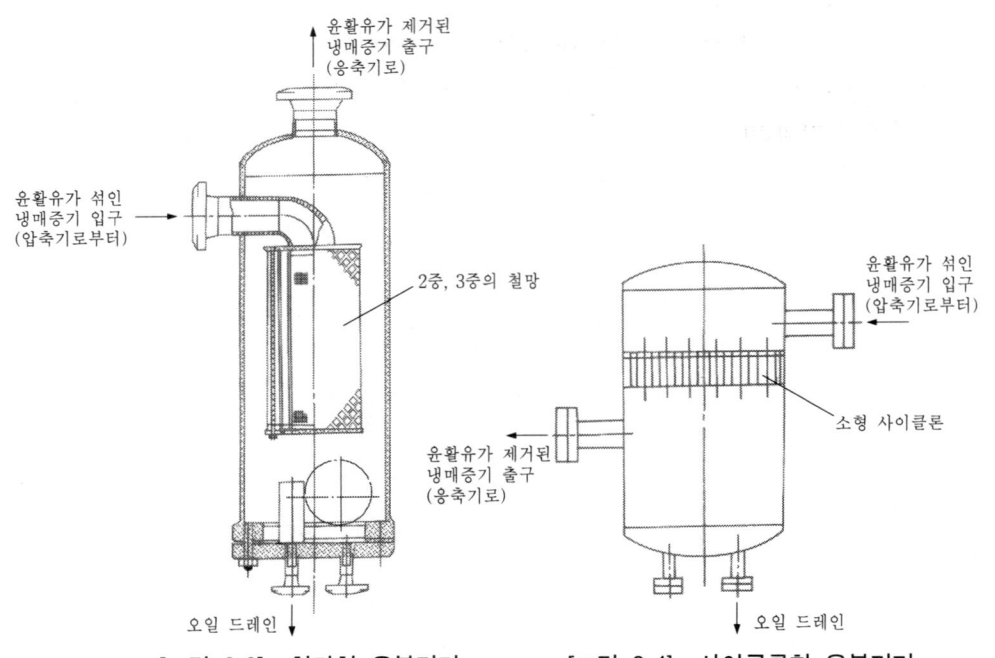

[그림 9-3] 철망형 유분리기   [그림 9-4] 사이클론형 유분리기

2 액분리기

증발기에서 냉매액의 증발이 충분하지 못하여 냉매증기 중에 냉매액의 액적이 남아 있는 습증기의 상태로 압축기에 유입되는 액백현상이 일어나 압축기의 실린더 안에서 냉매가 증발하며 팽창되므로 압축효율이 떨어진다. 경우에 따라서는 **액격**(liquid hammer)이 발생하며 이것이 원인이 되어 압축기가 손상을 입기도 한다. 그러므로 냉매액이 압축기로 유입되는 액백현상을 방지하여 압축기를 보호하여야 한다. 이러한 작용을 하는 부속장치를 **액분리기**(liquid separator) 또는 **어큐뮬레이터**(accumulator)라고 하며 증발기 출구와 압축기 흡입관 사이에 설치하는 저압측 부속장치이다.

온도식 자동팽창밸브를 사용하거나 열교환기가 달린 직접팽창식 증발기를 갖는 냉동장치에는 반드시 사용할 필요는 없으며 또 만액식 증발기(할로카본 냉매)에서도 꼭 필요하지는 않다. 그러나 냉동부하의 변화가 심한 대용량의 냉동장치에는 반드시 설치하는 것이 좋다.

액분리기의 구조와 작동원리는 유분리기와 비슷하며 원형의 몸통 안에 배플(제거판)을 설치하여 냉매의 유동방향을 바꾸거나 유동속도를 1 m/s 이하로 낮추면 냉매증기 속에 있는 미세한 냉매 액적이 배플에 부착되어 아래로 흘러내리거나 비중 차에 의해 아래로 모인다. 액분리기 하단에 고인 냉매액은 액반송장치에 의해 수액기로 보내거나 증발기로 보낸다. 소형에서는 증발기가 과열운전될 때 증발시켜 압축기로 보내는 것도 있다.

그림 9-5는 배플형 액분리기의 구조를 나타낸 것으로 배플형에는 그림과 같은 수직형과 수평형이 있다. 수평형은 브라인 냉각기의 위 또는 천정 가까이에 설치된 냉각기에 부착시킨다.

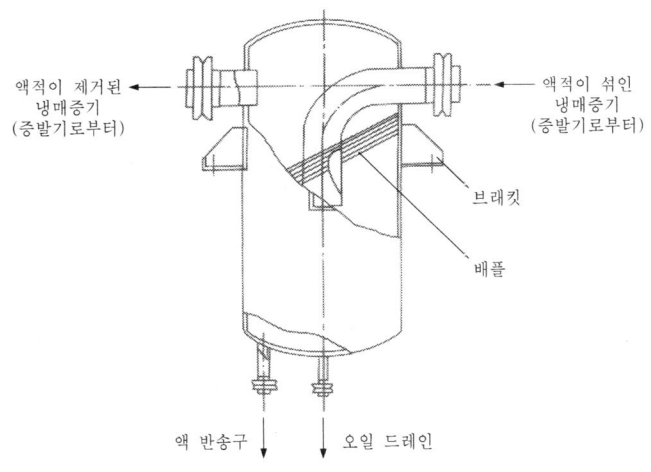

[그림 9-5] 배플형 액분리기

[표 9-3] 암모니아용 액분리기의 규격과 압축기의 최대 배출량

호칭 번호	바깥지름 (mm)	길이 (mm)	입구와 출구 지름 mm(인치)	압축기의 최대배출량 (m^3/min)
1	100	350	12.7($1/2$)	0.3
2	200	600	35.0($1^3/_5$)	0.72
3	300	900	50.8(2)	1.26
4	400	1,200	76.2(3)	2.44
5	500	1,500	101.6(4)	3

3 수액기

수액기(liquid receiver)는 응축기에서 응축된 고온, 고압의 냉매액을 일시 저장하는 용기로 응축기와 팽창밸브 사이에 설치되는 고압측 부속장치이다. 수액기는 냉동장치의 냉동부하가 변하여도 냉매를 증발기에 원활하게 공급하고 또 저장할 수 있어야 한다. 다시 말하면 냉동부하가 커지면 다량의 냉매액이 필요하며 다시 냉동부하가 작아지면 소량의 냉매액만 필요하므로 나머지 냉매액을 충분히 저장할 수 있는 용량을 가져야 한다. 그리고 냉동장치를 수리하거나 장시간 정지시키는 경우에는 장치 안에 있는 모든 냉매를 응축기와 함께 회수할 수 있는 용량을 가지는 것이 좋다. 암모니아를 냉매로 사용하는 장치에서는 1 RT(3.861 kW)당 15 kg의 냉매액이 소요되는 것으로 하여 수액기의 용량은 최소한 이것의 약 1/2을 저장할 수 있도록 설계하는 것이 바람직하다(표 9-4, 표 9-5).

[표 9-4] 암모니아용 수액기의 규격

호칭 번호	수액기 용량 (RT당)	바깥 지름 (mm)	길이 (mm)	몸통 두께 (mm)	경판 두께 (mm)	안전밸브 호칭경 (mm)	접속관 및 나사관 호칭경 (B)				
							액입구	액출구	오일 드레인	균압관	액면계
1	15	300	2,400	8	8	12	1	$3/4$	$1/2$	$3/5$	$1/2$
2	20	400	2,400	9	9	12	1	$3/4$	$1/2$	$3/5$	$1/2$
3	30	500	2,400	9	9	12	1	$3/4$	$1/2$	$3/5$	$1/2$
4	40	500	3,000	9	9	12	$1^1/_4$	1	$1/2$	$3/5$	$1/2$
5	50	500	3,000	9	9	12	$1^1/_4$	1	$1/2$	$3/5$	$1/2$
6	60	600	3,600	9	9	20	$1^1/_4$	1	$1/2$	$3/5$	$1/2$
7	70	600	3,600	9	9	20	$1^1/_4$	1	$1/2$	$3/5$	$1/2$
8	90	750	3,600	12	12	20	$1^1/_2$	$1^1/_4$	$1/2$	$3/5$	$1/2$
9	105	750	3,600	12	12	20	$1^1/_2$	$1^1/_4$	$1/2$	$3/5$	$1/2$

[표 9-5] 암모니아용 수액기 용량

바깥지름 (mm)	길이 (mm)			냉매저장량 (kg)			접속관 및 나사관 호칭경 (B)			
	소	중	대	소	중	대	액입구	액출구	오일 드레인	액면계
170	460	910	1,820	3.6	7.6	15.7	$3/4$	$1/2$	$1/2$	$1/2$
220	910	1,530	2,440	13.5	23	37	1	$3/4$	$1/2$	$1/2$
275	910	1,820	3,660	21	44	90	$1 1/4$	$3/4$	$1/2$	$1/2$
325	1,220	2,440	4,880	40	85	172	$1 1/4$	$3/4$	$1/2$	$1/2$
410	1,530	3,050	6,100	81	168	342	$1 1/2$	1	$1/2$	$3/4$
510	1,530	3,050	6,100	125	262	532	$2 1/2$	$1 1/4$	$3/4$	$3/4$
610	1,820	3,660	6,100	219	460	775	$2 1/2$	$1 1/4$	$3/4$	$3/4$
760	2,440	3,660	6,100	475	733	1,250	3	$1 1/2$	1	$3/4$

수액기는 질량이 큰 고압의 냉매액을 저장하므로 강도가 크고 견고해야 하며 안전밸브를 설치하여야 한다. 수액기는 응축기와 연결되므로 항상 응축기와 같은 압력을 유지하도록 관 지름이 충분한 균압관(均壓管)을 설치한다. 또한 팽창밸브로 이물질이 들어가는 것을 방지하기 위하여 배출관 입구에 여과장치를 한 것도 있다.

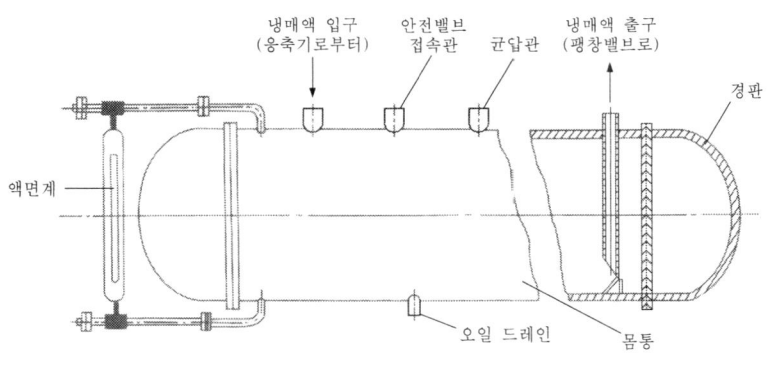

[그림 9-6] 수액기

모세관을 팽창밸브로 쓰는 소형, 소용량의 냉동기에서는 정지 중에는 냉매가 증발기에 저장되므로 수액기를 필요로 하지 않는다. 소용량의 프레온 냉동기에서는 수냉식 응축기를 수액기로 겸용하여 생략하는 경우가 있으나 팽창밸브를 갖는 대부분의 냉동장치는 수액기를 사용하는 것이 좋다.

수액기는 그림 9-6과 같이 수평으로 설치하는 것과 수직으로 설치하는 것이 있으며 어느 것이나 응축기와의 연결은 응축기에서 응축된 냉매액이 수액기로 잘 가도록 응축기보다 낮은 곳에 설치하며 반드시 수액기의 상부로 유입되도록 하고 직경이 비교적 굵은 관으로 배관한다. 그림 9-7과 같이 수액기로 유입되는 냉매의 유속이 30 m/min 정도로 하는 것이 좋으며 이 때에는 특별히 균압관을 두지 않아도 된다. 그림 9-8과 같이 유속을 70 m/min로 하고 균압관을 설치할 때에는 유입관을 하부에 설치하여도 좋다. 응축기가 2조 이상 수평으로 설치된 경우에는 그림 9-9와 같이 유입관에 연결되는 합류관에 경사를 준다. 또 그림 9-10과 같이 응축기가 수직으로 설치된 경우에는 제일 아래에 있는 응축기 아래쪽에 수액기를 수평으로 설치하고 합류관의 직경은 각 응축기로부터 유출되는 관경의 합보다 크게 하여야 한다.

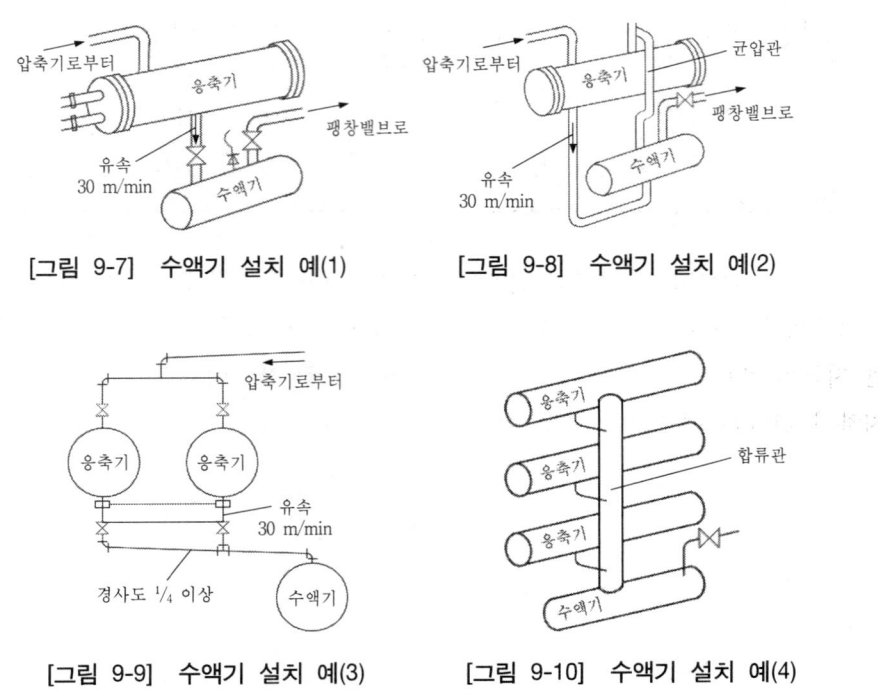

[그림 9-7] 수액기 설치 예(1)　　[그림 9-8] 수액기 설치 예(2)

[그림 9-9] 수액기 설치 예(3)　　[그림 9-10] 수액기 설치 예(4)

4 액반송장치(액회수장치)

액분리기에 의해 분리된 냉매액은 수액기나 증발기로 보내야 하며 이러한 기능을 가진 장치를 **액반송장치**(liquid return system) 또는 **액회수장치**라 한다. 액반송장치에는 다음과 같은 종류가 있다.

(1) 중력식(gravity type liauid return system)

분리된 냉매액의 중력을 이용하여 냉매액을 증발기로 보내는 장치가 중력식 액반송장치이다. 그림 9-11과 같이 액분리기를 증발기의 액면보다 높은 곳에 설치하면 냉매의 중력에 의해 냉매는 체크밸브(check valve)를 통해 증발기로 유입된다. 이때 액분리기의 냉매액 면이 항상 일정하게 유지되로록 플로우트식 팽창밸브나 수동식 팽창밸브를 설치한다. 보통 소형, 소용량의 냉동기에 사용된다.

(2) 액펌프식(pump type liquid return system)

그림 9-12와 같이 플로우트 스위치에 의해 액분리기의 냉매액 면이 일정하게 유지되도록 냉매액 펌프를 가동하여 분리된 냉매액을 수액기로 압송한다. 이때 액분리기의 압력이 낮으므로 액펌프에서 냉매액의 압력을 높여 수액기로 돌아가는 냉매의 압력은 수액기의 압력과 같도록 하여야 한다. 회수된 냉매액이 펌프에서 압축될 때 발생되는 냉매증기나 압축 후 발생되는 증기는 모두 증발기로부터 액분리기로 유입되는 관에 연결한다. 액펌프는 액분리기보다 1.5 m 이상 낮은 위치에 설치하여 액분리기의 냉매액 면보다 액펌프가 최소한 2 m 이상 되도록 하는 것이 액펌프 작동을 확실하게 한다.

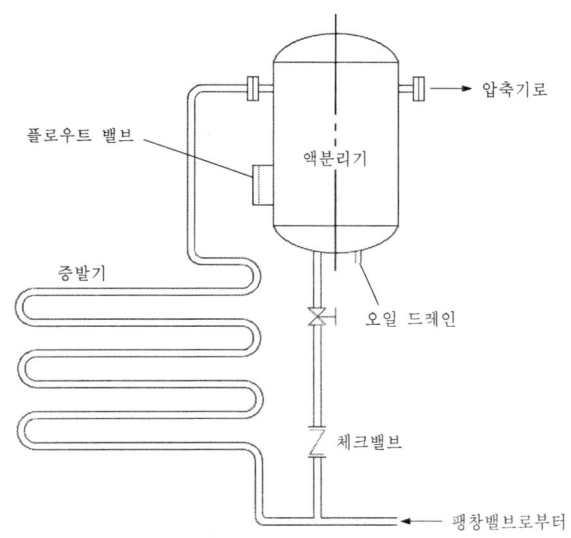

[그림 9-11] 중력식 액반송장치

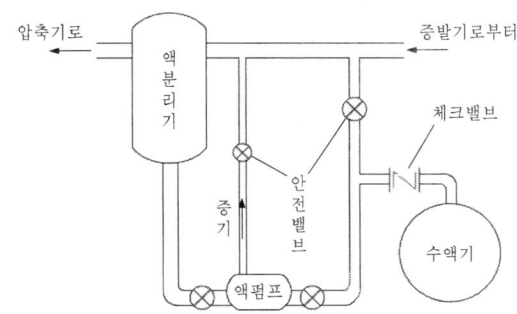

[그림 9-12] 액펌프식 액반송장치

(3) 압력식(pressure type liquid return system)

이 방식은 압축기에서 압축된 고압의 냉매증기를 이용하여 분리된 냉매액을 수액기로 회수하는 장치이다. 압력식 액반송장치의 원리는 그림 9-13에서 액분리기로부터 액저장조로 적당량의 냉매액이 유입되면 밸브 A를 닫고 밸브 B를 열면 고압의 가스가 액저장조로 들어와 압력을 가하므로 액저장조의 냉매액이 중력에 의해 수액기로 회수된다. 냉매액이 모두 수액기로 회수되면 다시 밸브 B를 잠그고 밸브 A를 열어 놓는다. 이러한 과정을 자동적으로 이행하는 장치는 그림 9-14와 같다.

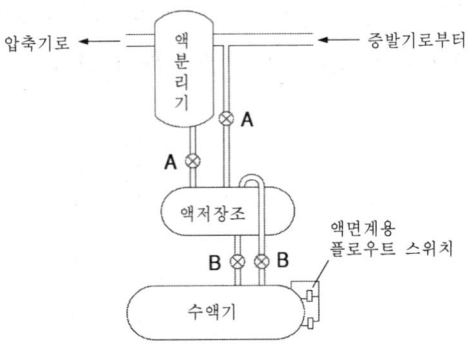

[그림 9-13] 압력식 액반송장치의 원리

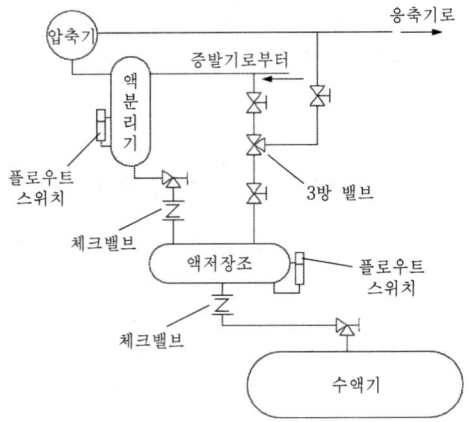

[그림 9-14] 압력식 액반송장치

그림에서 액분리기에 있는 플로우트 스위치에 의해 냉매액이 액저장조로 유입되어 그 양이 많아지면 액저장조의 플로우트 스위치에 의해 액분리기로부터의 유입이 중단됨과 동시에 3방(三方) 밸브(three way valve)가 작동하여 압축기에서 응축기로 가는 고압 냉매증기의 일부가 액저장조로 유입되어 액이 수액기로 회수된다. 액저장조의 액이 적어지면 플로우트 스위치에 의해 다시 3방 밸브가 작동하여 고압증기의 유입을 차단하고 액분리기로부터 액이 액저장조로 유입된다. 이러한 장치에 쓰이는 3방 밸브나 플로우트 스위치에는 솔레노이드 밸브가 사용된다.

5 윤활유 반송장치(윤활유 회수장치)

암모니아 냉동기에서는 유분리기나 응축기에 고인 윤활유를 정기적으로 뽑아 윤활유 탱크로 보낸다. 윤활유는 암모니아에 용해되지 않으므로 만일 증발기에 윤활유가 들어가는 경우에는 증발기 밑에 고인다. 그러므로 냉동장치가 정지된 상태나 운전 중이라도 증발기의 압력이 대기압보다 클 때에는 증발기의 가장 낮은 위치에 설치된 오일 드레인(oil drain)을 통해 윤활유를 뽑아낼 수 있다. 그러나 할로카본 냉동기는 윤활유가 냉매에 용해되거나 용해되지 않아도 윤활유가 냉매보다 가벼워 위쪽에 모이므로(R-22) 특수한 장치를 이용하여 윤활유를 제거하여야 한다. 이와 같이 증발기로부터 윤활유를 회수하여 압축기로 보내는 장치를 **윤활유 반송장치**(lubrication oil return system) 또는 **윤활유 회수장치**라 한다.

소형의 할로카본 냉동기에는 증발기의 흡입관에 추출관(bleed line)을 설치하고 여기에 솔레노이드 밸브를 부착시킨다. 추출관으로 들어온 윤활유가 용해된 혼합액 중 냉매는 자연히 증발하고 윤활유만 남으므로 이를 압축기로 복귀시킨다. 그러나 대형의 할로카본 냉동기에서는 추출관에서 제거할 수 있는 윤활유의 양이 얼마 안 되므로 윤활유 회수용 탱크로 추출하고 가열장치를 이용하여 냉매는 강제로 증발시켜 흡입관으로 보내고 윤활유는 윤활유 저장탱크로 보낸 뒤 다시 압축기로 반송한다. 그림 9-15는 이러한 장치의 한 예를 나타낸 것으로 그림 (a)는 전기적인 가열에 의한 것이며 그림 (b)는 열교환기를 이용한 것이다. 그림에서 윤활유가 용해된 혼합액을 추출하는 위치는 R-12는 어디든지 관계없지만 R-22의 경우는 반드시 액면 부근이어야 한다. 그 이유는 위에서도 설명한 바와 같이 윤활유가 R-22냉매에 용해되지 않고 액 위로 뜨기 때문이다.

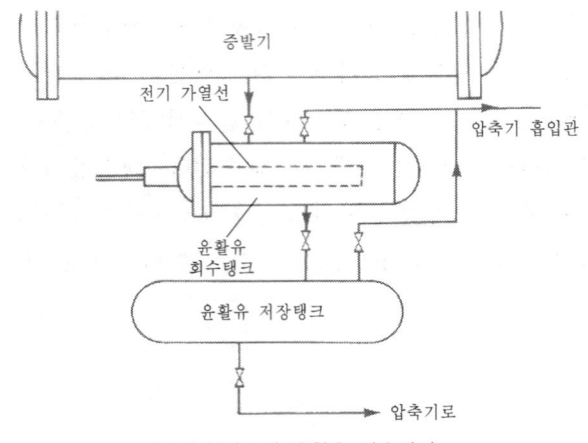

(a) 전기가열식 윤활유 반송장치

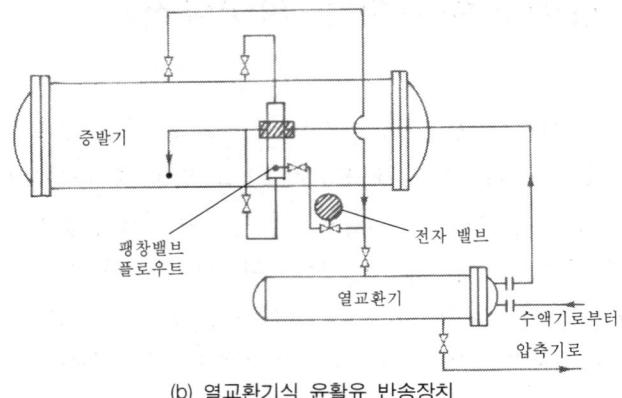

(b) 열교환기식 윤활유 반송장치

[그림 9-15] 윤활유 반송장치

6 건 조 기

암모니아 냉매는 물과의 친화력이 매우 커 물에 용해되므로 별 문제가 되지 않지만 할로카본계 냉매, 메칠클로라이드 등은 냉매와 물이 서로 유리(遊離)되어 냉매 속의 수분을 제거하지 않으면 팽창밸브나 모세관에서 수분이 결빙되며 관재료나 밸브를 부식시키거나 손상을 주고 또 윤활유가 산화되거나 열화되므로 반드시 수분을 제거하여야 한다. 이와같이 냉매 속에 함유된 수분을 제거하는 장치를 **건조기**(dryer)라 하며 고압측에 설치하는 부속장치로 보통은 수액기와 팽창밸브 사이에 많이 설치한다.

건조기의 구조는 그림 9-16과 같이 속이 빈 원통 속에 실리카겔이나 활성알루미나와 같은 화학건조제를 넣고 입구에 여과망을 설치한 것이다. 건조제가 수분을 많이 흡수하면 건조능력이 떨어지므로 새것으로 교환하거나 재생하여 사용한다. 대부분의 건조제는 사용 전이나 사용 후 외관이나 색이 변하지 않아 눈으로 식별하기가 곤란하므로 정기적으로 교환하는 것이 좋다. 한번 사용한 건조제는 다시 가열하여 흡수한 수분을 모두 증발시키면 다시 사용할 수 있다. 건조제의 종류는 다음과 같다.

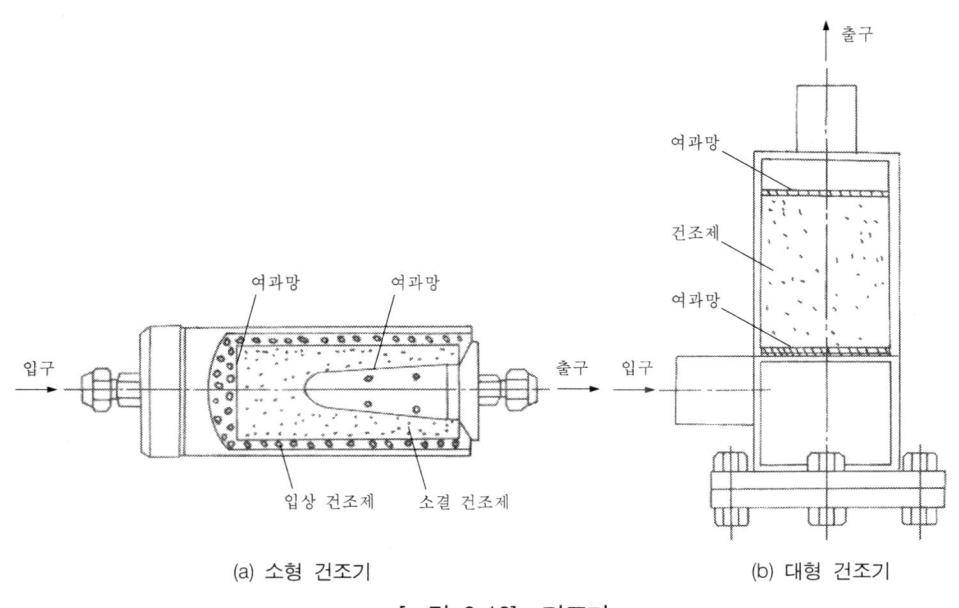

[그림 9-16] 건조기

(1) 활성 알루미나($Al_2O_3 \cdot nH_2O$, activated alumina)

백색의 산화알루미늄 분말을 작은 정제모양으로 만든 것으로 독성, 가연성, 위험성이 없으며 냄새가 없고 맛도 없다. 수분이나 산을 흡착하며 R-22, R-134a 등 할로카본계 냉매, 아황산, 메칠렌클로라이드, 메칠클로라이드 등 많은 냉매에 사용된다. 아황산은 주로 증기배관 안에 사용하며 다른 냉매는 증기관이나 액관 어디에도 사용하지만 주로 액관에 많이 사용한다. 이것은 또 장치 속에 부착시켜도 된다. 150~200℃에서 한 두 시간 가열하면 재생되며 거의 반영구적으로 사용한다.

(2) 실리카겔($SiO_2 \cdot nH_2O$, silica gel)

무색, 무취, 반투명한 유리형상의 산화규소로 독성, 가연성이 없고 수분과 산을 흡착한다. 다른 성질은 활성 알루미나와 같으며 재생방법도 같다.

(3) 드라이얼라이트(CaSO$_4$, dryerlite)

황산칼슘의 무수물(無水物)로서 백색 분말이다. 화학작용으로 수분은 흡수하지만 산은 흡착하지 못하며 활성 알루미나보다 더 거칠다.

(4) 염화칼슘(CaCl$_2$, Calcium-Chloride)

화학작용에 의해 수분을 제거하며 산은 제거하지 못하는 백색의 결정체이다. 위의 건조제에 비해 흡습력이 약해 건조제로는 충분하지 못하다. 수분이 너무 많으면 물에 용해되어 부식성이 강해지므로 사용에 주의해야 한다.

(5) 산화칼슘(CaO, Calcium-Oxide)

물 및 산과 화학적으로 작용하여 흡착하며 물을 많이 흡수하면 가루로 되어 먼지가 많다. 특히 아황산 냉매에 사용해서는 안 되지만 다른 냉매는 모두 사용할 수 있다. 활성 알루미나, 실리카 겔과 더불어 비교적 많이 사용되는 건조제이다.

(6) 산화바륨(BaO, Balium-Oxide)

화학작용으로 수분을 제거하며 주의하지 않으면 폭발하는 성질이 있다. 수분을 많이 흡수하면 가루로 된다.

(7) 소바히드

각이 많고 가루로 되기 쉬운 실리카 겔을 구(球)상으로 가공한 것으로 성질은 실리카 겔과 같다. 현재 매우 많이 사용되고 있다. 200℃ 정도에서 8시간 이상 가열하면 재생된다.

(8) 몰레큘러 시이브

합성제 올라이트로 Al$_2$(SiO$_3$)$_3$를 Na 또는 Ca염으로 가열하여 결정수(結晶水)를 제거하여 만들며 미세하고 균일한 가는 구멍이 있어 이보다 작은 분자를 흡수한다. 실리카 겔보다 흡착력이 크다. 재생온도는 200~300℃ 정도이다.

이 외에도 마그네슘퍼어 클로레이트(Magnecium Chlorate), 바륨퍼어 크로레이트(Barium Chlorate), 소다 라임(Soda lime) 등이 있다.

[표 9-6] 냉매용 건조제의 종류와 건조능력

건조제 종류	사용 냉매	상 태	냉매의 최종 수분함유량(%)	
			냉매의 초기 수분 함유량 0.25%	냉매의 초기 수분 함유량 0.02%
활성 알루미나	R-12 메칠클로라이드	증기 액체	0.01 0.02	0.006 0.006
	아 황 산	증기 액체	0.01 0.15	0.005
실리카겔	R-12 메칠클로라이드	증기 액체	0.01 0.01	0.004 0.004
	아 황 산	증기 액체	0.01 0.15	0.006
드라이얼라이트	R-12 메칠클로라이드	증기 액체	0.04 0.05	0.005 0.005
	아 황 산	증기 액체	0.03 0.15	0.009
염화칼슘	R-12 메칠클로라이드	증기 액체	0.04 0.15	0.005 0.005
	아 황 산	증기 액체	0.03 0.09	0.013
산화칼슘	R-12 메칠클로라이드	증기 액체	0.08 0.15	— —
	아 황 산	증기 액체	0.15 0.20	—
산화바륨	R-12 메칠클로라이드	증기 액체	0.05 0.05	0.006 0.006
	아 황 산	증기 액체	0.15 0.20	0.017
아 연	아 황 산	증기 액체	0.25 0.25	—

7 여과기

    냉동장치의 배관 안에 먼지, 모래, 스케일, 금속편 등이 존재하면 팽창밸브, 압축기 및 밸브류에 장애를 주므로 배관계통에서 자동팽창밸브, 모세관, 솔레노이드 밸브 등 밸브류와 압축기의 흡입관 입구에는 반드시 여과기(filter 또는 strainer)를 설치하여야 한다. 여과기에는 냉매 배관에 사용하는 것, 윤활유 배관에 사용하는 것, 건조기와 함께 사용하는 것, 팽창밸브나 감압밸브류 등 제어기기 앞에 사용하는 것들이 있다.

    특히 팽창밸브, 플로우트 밸브, 솔레노이드 밸브 등 밸브류는 이물질에 의한 오리피스의 손상이 매우 크므로 여과기 선정에 주의하여야 하며 120~200 메쉬(mesh) 정도의 눈이 가는 여과망을 사용한다. 여과망은 수시로 분해하여 청소할 수 있는 것일수록 좋으나 청소하는 횟수가 많아지면 냉매의 소모량이 많아진다.

여과기의 구조는 그림 9-17과 같이 원형 통속에 금속제의 여과망, 펠트(felt), 유리섬유(glass wool) 등을 넣는다.

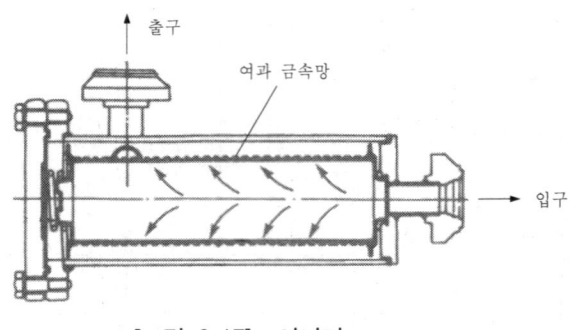

[그림 9-17] 여과기

(1) 윤활유용 여과기

윤활유에 포함된 이물질을 제거하는 여과기는 그림 9-18(a)와 같이 압축기의 크랭크실에 삽입하는 것, 그림 9-18(b)와 같이 윤황유 배관 속에 삽입하는 것이 있으며, 냉매 배관용 여과기를 윤활유용 여과기로 사용할 수도 있다. 암모니아 냉매를 사용하는 경우 동이나 동합금의 금속망은 사용할 수 없으며 보통 스테인리스 여과망을 사용한다. 그러나 할로카본계에는 동 및 동합금 여과망을 사용한다. 여과망의 눈은 80~100 메쉬 정도를 한 장 또는 두 장 겹쳐 사용한다.

(2) 냉매증기용 여과기

압축기 속에 삽입되는 것과 흡입배관에 삽입하는 것이 있다. 이 중 어느 것도 표면적을 충분히 잡지 않으면 먼지 등 이물질로 막히며 이로 인한 압력강하로 냉동기의 능력을 감소시킬 염려가 있다. 압축기에 삽입하는 것은 90~100 메쉬, 배관에 삽입하는 것은 70~100 메쉬 정도가 좋다. 구조는 윤활유용과 거의 같다(그림 9-18(g)). 흡입가스용 중 그 크기가 특히 큰 것을 **스케일 트랩**(scale trap)이라 한다.(그림 9-18(c))

(3) 냉매액용 여과기

냉매액 배관 안에 삽입되는 여과기에는 직선형(straight type, 그림 9-18(f)), L형(그림 9-18(e)), Y형(그림 9-18(b)) 등이 있다. 직선형은 소형 냉동기나 팽창밸브의 파일럿 배관에 사용되며 청소 시에는 배관에서 떼어내야 한다. L형은 배관에서 떼지 않고 여과망을 청소할 수 있어 편리하다. 지름은 100 mm 정도이다. Y형은 두 형의 중간형으로 지름이 60 mm 정도이며 역시 배관에서 떼지 않고 여과망을 청소할 수 있다.

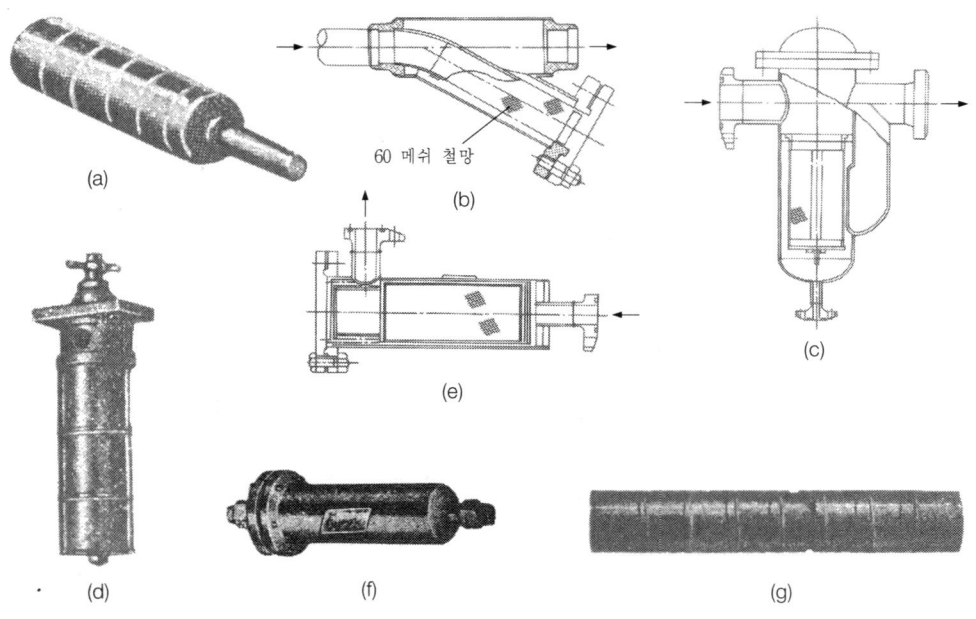

[그림 9-18] 여러 종류의 여과기들

8 냉매액-가스 열교환기

증발기와 응축기도 열교환기의 일종이다. 그러나 이들의 주된 기능은 냉매의 상변화를 이용한 흡열과 방열이므로 대개는 열교환기라 부르지 않는다.

냉동기에 사용되는 냉매액-가스 열교환기는 냉매의 상변화를 이용하는 것이 아니며 그림 9-19와 같이 응축기에서 수액기를 거쳐 팽창밸브로 가는 냉매액과 증발기에서 압축기로 유입되는 냉매증기 사이에 설치되어 이들 사이에 열교환 하도록 한다.

(1) 열교환기에 의한 냉매 응축액의 과냉

응축기에서 응축된 냉매 포화액은 냉매배관을 따라 유동하는 동안 관저항 등에 의해 압력강하가 일어나므로 포화온도가 낮아지며 또 관 외부로부터의 열 침입으로 인해 냉매액의 일부가 증발한다. 이렇게 증발된 냉매를 **플래시 가스**(flash gas)라 하며 이로 인해 관저항이 더욱 증가하고 특히 팽창밸브의 능력을 감소시켜 냉동능력을 저하시키는 원인이 된다. 따라서 이렇게 나쁜 영향을 주는 플래시 가스의 발생을 억제하기 위해서는 응축된 냉매액의 온도를 낮추어야만 한다. 열교환기에서는 고온의 응축 냉매액이 증발기에서 증발된 저온의 냉매증기에 열을 방출하여 자신은 불포화 냉매액으로 과냉각된다. 그림 9-19에서 응축된 냉매액 (상태점 1′)이 열교환기에서 저온의 냉매증기(상태점 3′)에 열을 방출하며 과냉각액(상태점 1)으로 된다. 따라서 저온의 냉매증기는 그 열을 흡수하여 과열증기(상태점 3)로 됨으로 열교환기에서 냉매 1 kg당 교환열량은

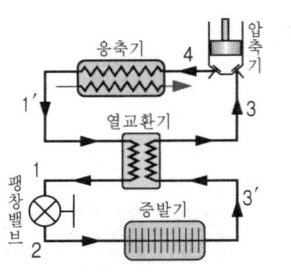 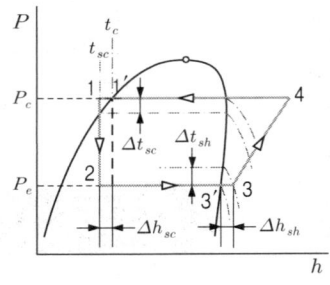

[그림 9-19] 냉매액-가스 열교환기의 영향

과냉열량 : $\Delta h_{sc} = h_1' - h_1$
과열열량 : $\Delta h_{sh} = h_3 - h_3'$

으로 서로 같다. 즉 $h_1' - h_1 = h_3 - h_3'$ 으로부터 과냉액의 엔탈피 h_1은 아래와 같다.

$$h_1 = h_1' - (h_3 - h_3') \tag{9-9-1}$$

한편, 과냉각 열량($\Delta h_{sc} = h_1' - h_1$)은 증발기에서의 냉각효과를 그 만큼 증가시켜 주므로 성적계수를 증가시키는 요인이 된다. 그러나 모든 냉매에 열교환기의 효과가 있는 것은 아니다. 예를 들면, R-22는 열교환기를 설치하면 그 효과가 매우 크게 나타나지만 암모니아는 효과가 별로 없어 열교환기를 설치하지 않는다.

(2) 압축기로 유입되는 냉매증기의 과열

증발기의 종류에 따라서는 압축기로 유입되는 냉매의 상태가 반드시 건포화증기라고 볼 수 없으며 때로는 액적(liquid drop)이 남아 있는 습증기일 경우가 있다. 따라서 액적이 남아 있는 경우에는 이를 제거하여야 하며, 그렇게 하기 위해서는 가열하여 증발시켜야 한다. 열교환기를 설치하면 앞에서도 언급한 바와 같이 냉매증기가 과열되어 이러한 현상을 방지할 수 있다.

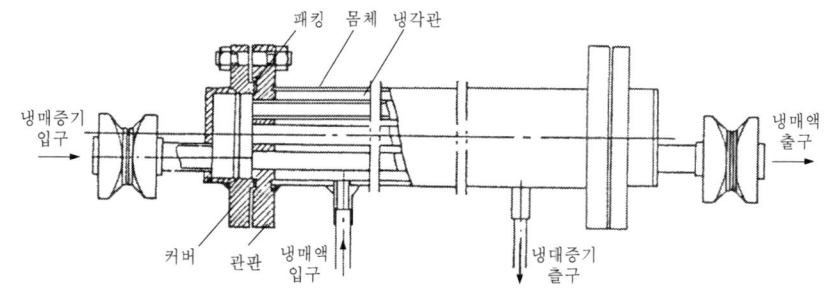

[그림 9-20] 횡형 셸튜브식 열교환기

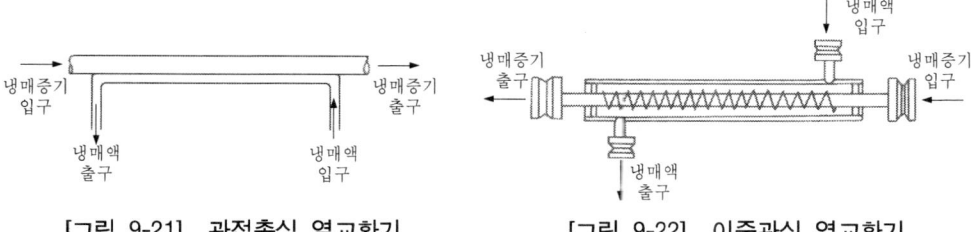

[그림 9-21] 관접촉식 열교환기 [그림 9-22] 이중관식 열교환기

(3) 종 류

열교환기의 종류로는 그림 9-20 ~ 그림 9-22와 같은 횡형 셸 튜브식, 관접촉식 및 이중관식 열교환기가 있다.

횡형 셸 튜브식 열교환기는 원형의 동체 속에 여러 조의 냉매증기관을 설치하고 동체와 냉매증기관 사이를 냉매액이 흐르며 열교환하는 구조로 되어 있다. 관접촉식 열교환기는 냉매증기관에 냉매액관을 그림과 같이 평행하게 접촉시키거나 냉매액관을 냉매증기관에 감는 형식이 있다. 이중관식 열교환기는 원형의 냉매액관 동체 속에 그림과 같은 핀(fin)붙이 냉매증기관이나 나관(裸管)의 냉매증기관을 설치한다.

9 중간냉각기

4장에서 설명한 다단압축 냉동장치에서는 고압측 압축기의 배출증기 온도가 너무 높지 않도록 저압측 압축기의 배출증기 온도를 저압측 압축기의 압축압력(중간압력 P_i)의 포화온도까지 내리기 위하여 **중간냉각기**(inter-cooler)를 사용하여야 한다.

이와 같이 중간냉각기의 역할은 고압측 압축기로 유입되는 냉매증기의 온도를 낮추는 외에 증발기로 가는 냉매액을 중간냉각기를 통과시키면 과냉각되어 마치 열교환기를 설치한 것과 같은 효과를 나타낸다.

(1) 플래시형 중간냉각기(open flash type inter-cooler)

플래시형 중간냉각기는 2단팽창 2단압축 냉동기에 이용하는 것으로 구조는 그림 9-23과 같으며, 고압측 수액기(또는 응축기)로부터 보내오는 냉매액은 플로우트 밸브의 유량제어에 의해 조절되는 파일로트 작동 팽창밸브에 의해 중간압력까지 감압되어 입형의 원통형 용기 안으로 유입된다. 감압되어 유입되는 냉매액의 일부는 나머지 냉매액으로부터 열을 흡수하여 증발되고 고압압축기로 보내지며 나머지 냉매액은 열을 빼앗김으로 과냉각되어 증발기로 보내진다. 또한 저압측 압축기로부터 유입된 중간압력의 냉매증기는 중간압력의 상태에서 과냉각되어 포화증기(이론상)로 되어 고압측 압축기로 보내진다.

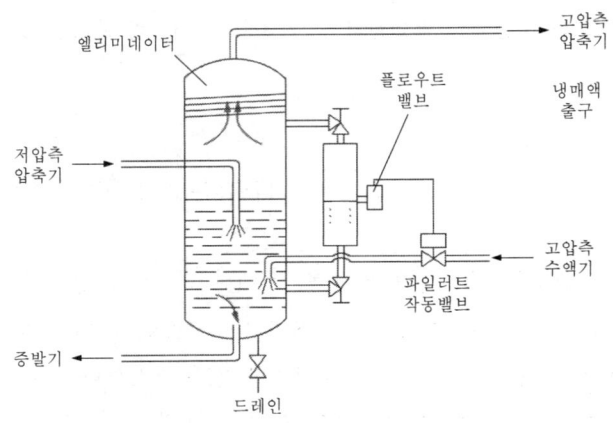

[그림 9-23] 플래시형 중간냉각기

(2) 액냉각형 중간냉각기(liquid cooling type inter-cooler)

액냉각형 중간냉각기는 1단팽창 2단압축 냉동기에 이용되는 것으로 구조는 그림 9-24와 같이 입형의 원통형 용기 안에 냉각용 코일을 설치하고, 고압측 수액기로부터 증발기로 공급되는 냉매액의 일부를 팽창밸브에 의해 용기 하부에 있는 저온의 냉매액(중간압력)으로 흐르게 한다. 그리고 나머지 대부분의 냉매액을 냉각용 코일로 보내면 과냉각되며 이것을 증발기로 보낸다. 이때 냉매액의 압력은 실제로 높은 상태를 유지하며 코일을 통과하므로 관저항에 의해 압력이 약간 강하한다. 한편 저압측 압축기로부터 용기 안으로 유입되는 냉매증기는 용기의 하부에 고여 있는 저온의 냉매액에 의해 포화온도 부근까지 냉각되어 고압압축기로 유입된다.

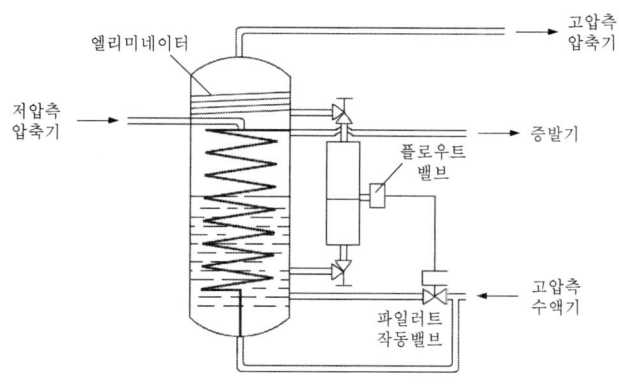

[그림 9-24] 액냉각형 중간냉각기

(3) 직접팽창형 중간냉각기(direct expansion type inter-cooler)

그림 9-25와 같은 구조를 갖는 직접팽창형 중간냉각기는 1단팽창 2단압축 할로카본(프레온) 냉동기에 사용된다. 횡형의 용기 안에 냉각관을 설치하고 그 안으로 고압측 냉매액을 지나게 하고 냉매액의 일부를 온도식 자동팽창밸브로 감압하여 증발시키는 동시에 중간압력의 냉매액을 공급하여 냉각하도록 한 것이다. 냉매액의 공급은 고압측 압축기에 흡입되는 증기의 과열도가 0~5℃ 범위가 되도록 제어한다.

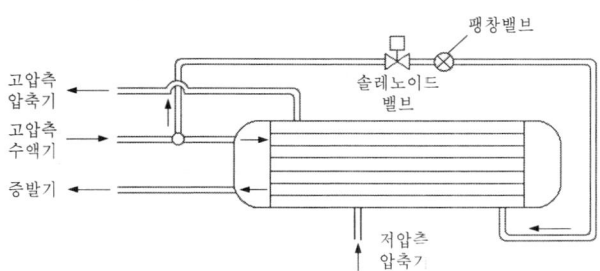

[그림 9-25] 직접팽창형 중간냉각기

10 가스 퍼어져

냉동장치의 배관계통 내에 공기와 같은 불응축가스가 존재하면 그 가스의 분압(partial presser)만큼 응축압력이 높아져 냉동능력이 감소하고 압축기의 소비동력이 증가하며 압축기가 과열되는 등 나쁜 영향을 주므로 이를 신속히 제거하여야 한다. 이와 같은 불응축가스를 제거하는 역할을 하는 부속장치를 **가스 퍼어져**(gas purger)라 한다.

(1) 온도식 가스퍼어져

일명 **요우크식 가스퍼어져**라고도 하며 예로부터 많이 사용되는 것으로 불응축가스는 수액기 및 응축기에 모이기 때문에 이것을 퍼어져로 이끌어 내부의 냉각관에서 냉각시키면 냉매증기는 응축되어 수액기로 되돌아가고 불응축가스는 퍼어져의 상부에 모이게 된다. 불응축가스가 퍼어져 상부에 계속 모이면 응축이 잘 되지 않는 불응축가스는 냉각관에 의해 냉각되어 온도가 내려간다. 불응축가스의 온도가 일정한 온도 이하로 내려가면 설치된 서모스탯(thermostat)에 의해 불응축가스용 배출밸브를 열어 수조로 방출한다.

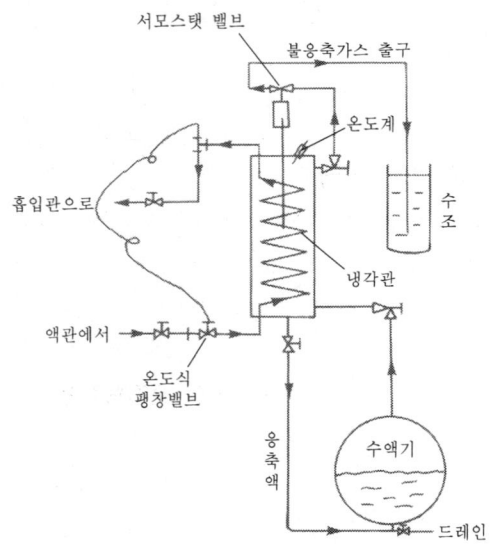

[그림 9-26] 온도식 가스퍼어져

(2) 액면식(液面式) 가스퍼어져

암스트롱형 가스퍼어져로 불리는 **액면식 가스퍼어져**는 본체 내부에 일정한 높이까지 냉매액을 채우고 이것을 온도식 팽창밸브에 의해 증발되는 냉매에 의해 냉각시킨다. 냉각된 본체 안의 냉매액에 응축기(수액기)로부터 불응축가스를 함유하는 냉매를 유입시키면 불응축가스가 본체의 상부에 모이므로 액면이 내려가고 플로우트 밸브가 열려 불응축가스가 수조로 방출된다.

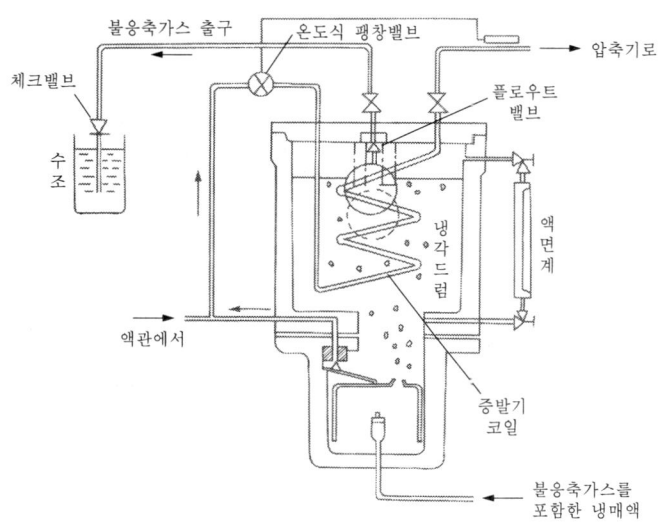

[그림 9-27] 액면식 가스퍼어져

11 제상장치

공기를 냉각시키는 증발기의 증발관 표면의 온도가 공기의 노점온도보다 낮아지면 공기 중의 수분이 냉각관 표면에 닿아 응축되며(결로현상) 표면온도가 더욱 낮아져 물의 빙점보다 더 낮아지면 결로된 물이 얼어 서리(霜, frost)가 된다. 서리가 냉각관 표면에 끼게 되면 전열작용이 불량하게 되어 냉동능력이 감소하므로 서리를 제거하여야 한다. 이와 같이 냉각관 표면의 서리를 제거하는 장치를 **제상장치**(defrosting system)라 한다. 냉각관 표면에 서리가 끼면 처음에는 눈과 같이 되었다가 여러 날이 경과하면 계속 동결되어 두꺼운 얼음으로 변하고 그 두께는 계속 증가한다. 이렇게 되면 동결된 얼음을 파괴하여 제거하기가 매우 곤란하므로 착상(着霜)초기에 제상하는 방법이 최선책이다.

(1) 고압가스 제상(hot gas defrost)

증발기의 냉각관에 부착된 서리를 제거하기 위하여 압축기에서 배출되는 고온, 고압의 냉매가스를 이용하는 방법을 고압가스 제상이라 하며 대형의 냉동기, 냉장기, 쇼 케이스, 소형의 가정용 전기냉장고 등에 이용된다. 이 방법에서 특히 유의하여야 할 것은 냉각관으로 보내지는 고온, 고압의 가스가 응축, 액화(잠열)되며 제상하며 액화된 고압의 냉매액이 냉각관 안에 가득 차면 처리가 곤란하므로 다른 냉각관으로 보내거나 제상용 수액기를 따로 설치하여 그 곳으로 보낸다.

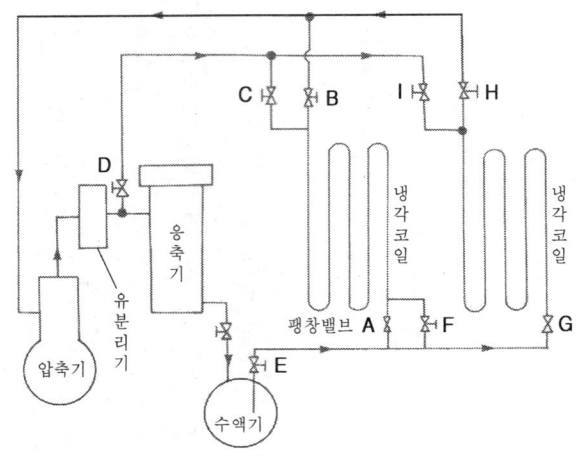

[그림 9-28] 고압가스 제상장치①

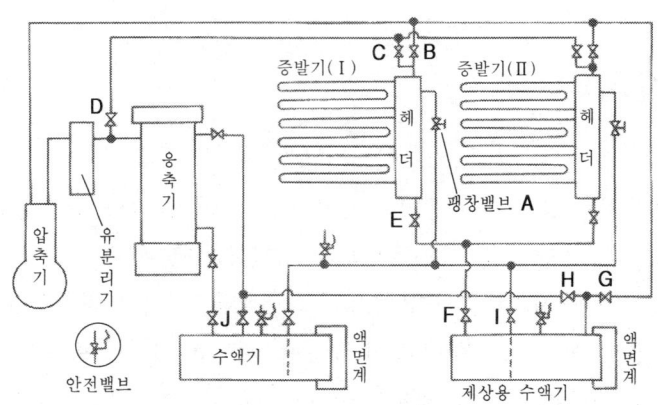

[그림 9-29] 고압가스 제상장치②

① 냉매액을 다른 냉각관으로 보내는 경우

그림 9-28에서 왼쪽의 냉각코일에 서리가 끼면 팽창밸브 A와 냉각코일 출구밸브 B를 닫고 밸브 C와 D를 열면 압축기에서 배출되는 고온, 고압의 냉매가스가 왼쪽 냉각코일 안으로 유입된다. 고온, 고압의 가스는 냉각코일로 유입되어 제상을 하고 응축, 액화된다. 이렇게 액화된 고온, 고압의 냉매액이 냉각코일에 가득 차면 수액기의 출구밸브 E를 닫고 밸브 F를 열면 가득찬 냉매액이 팽창밸브 G를 통해 팽창되어 오른쪽 냉각관으로 유입되고 증발하여 압축기로 간다. 오른쪽의 냉각코일에 서리가 끼면 팽창밸브 G와 H를 닫고 D와 I를 열어 위와 같은 방법으로 제상한다.

② 냉매액을 제상용 수액기로 회수하는 경우

그림 9-29는 증발기의 냉각관 안의 고압 냉매액을 제상용 수액기로 보내는 방법을 나타낸 것이다. 그림에서 증발기[I]을 제상하려면 팽창밸브 A와 B를 닫고 밸브 C와 D를 열어 놓는다. 그리고 밸브 E, F, G를 열면 증발기 안의 냉매증기가 제상을 하며 증발기 안에서 액화되어 제상용 수액기로 유입된다. 제상이 완료되면 밸브 C, D, E, F, G를 닫고 밸브 A와 B를 열면 증발기[I]은 다시 냉각작용을 시작한다. 또 밸브 H를 열어 제상용 수액기에 고압가스를 도입하고 액출구밸브 I를 열면, 제상용 수액기의 냉매액이 각 증발기로 유입된다. 제상용 수액기 안의 냉매액이 없어지면 밸브 H와 I를 닫는다.

③ 소형냉동기의 고압가스 제상

그림 9-30은 가정용 전기냉장고나 쇼 케이스와 같은 1/8~1/2 kW 정도의 소형냉동기에 사용되는 제상장치를 나타낸 것이다. 고압가스를 증발기로 보내면 증발기 안에서 액화되어 남아있는 냉매액이 점점 증가하므로 압축기에서 압축되는 가스의 양이 감소되어 압축열이 적어진다. 이 때 주위의 온도가 높지 않으면 압축열이 적어 제상이 되지 않게 된다. 또 증발기 안의 고압냉매가 압축기로 유입되므로 이를 방지하기 위하여 그림과 같이 고압가스를 증발기로 유입시키는 도중에 작은 구멍(小孔)을 만들어 가스를 통과시키면 압력이 감소하므로 증발기 안에서 액화되지 않고 냉매가스의 감열에 의해 제상할 수 있도록 한 것이다.

(2) 살수제상(water spray defrost)

간단한 제상방법으로 증발기의 표면에 온수(溫水)나 브라인을 위로부터 뿌려 물이나 브라인의 감열을 이용하여 제상하는 방법이다. 증발온도가 -10℃ 정도까지는 응축기 출구의 온수를 사용하고 그 이하의 온도에서는 브라인을 사용한다. 살수하는 물의 양은 보통 1 RT당 20 L/min 정도이며 약 5분간 살수한다.

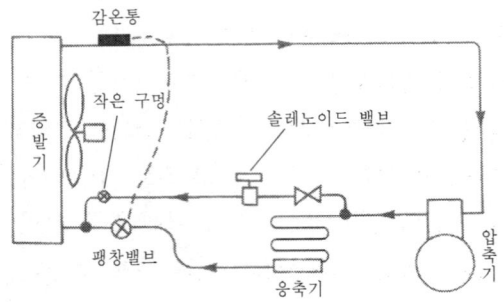

[그림 9-30] 소형냉동기의 제상장치

(3) 전열(電熱)식 제상(electric defrost)

증발기 코일 밑에 밀폐된 전기 열선을 설치하거나 증발기 앞면에 전열기(電熱器)를 설치하여 제상하는 방법이다. 장치는 매우 간단하지만 전열량(電熱量)에 제한이 있어 제상시간이 고압가스 제상보다 길어진다.

(4) 냉동기의 정지에 의한 제상

냉동기 안의 온도가 0℃ 이상인 경우에는 냉동기를 정지시키면 자연히 서리가 녹으므로 제상이 된다. 이와 같은 방법은 저압스위치(low pressure switch)를 적당히 조정하여 흡입압력이 낮아지면 냉동기가 정지되고 증발기 안의 압력이 높아지면 냉동기가 시동되도록 전기회로를 형성하거나 자동타이머 스위치로 냉동기를 시동하거나 정지하도록 하는 방법이 쓰인다.

흡수식 냉동기

제10장

1 개 요
2 냉매와 흡수제
3 혼합용액의 혼합
4 혼합용액의 상태변화
5 단효용 흡수식 냉동기
6 다중효용 흡수식 냉동기

제 10 장 흡수식 냉동기

1 개 요

 흡수식 냉동기의 개요에 대하여는 이미 1장에서 설명한 바와 같다. 즉 증기압축식 냉동기나 흡수식 냉동기는 모두 증발열을 이용하여 냉동효과를 얻는 것은 근본적으로 같다. 그러므로 냉동장치 중에서 증발기, 응축기 및 팽창밸브(H_2O-LiBr 또는 H_2O-LiCl식 흡수냉동기에서는 없음) 등은 흡수식 냉동기에도 똑같이 적용된다. 그러나 증기 압축식 냉동기의 압축기는 그림 10-1(a)와 같이 증발된 저온, 저압의 냉매증기를 흡입하여 기계적으로 압축시켜 고온, 고압으로 만든 후 응축기로 송출하지만 흡수식 냉동기에서는 그림 10-1(b)와 같이 증발된 저온, 저압의 냉매증기를 **흡수기**(absorber)에서 **흡수제**(absorbent)에 흡수시켜 냉매와 흡수제의 혼합용액을 만든 후 이것을 다시 **재생기**(desorber or generator)에서 가열하여 고온, 고압의 냉매증기로 만들어 응축기로 보낸다. 다시 말하면 냉매를 기계적으로 압축하는 방식이 증기압축식 냉동기이고 열적(熱的)으로 압축하는 방식이 흡수식 냉동기이다.

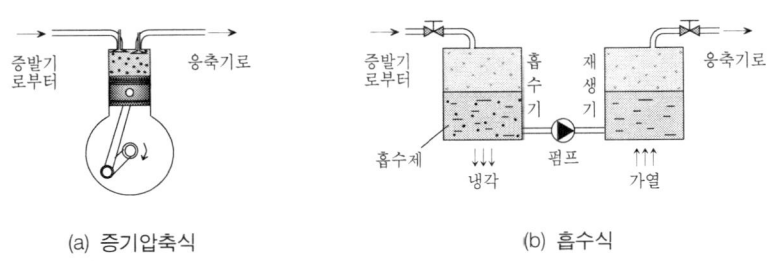

[그림 10-1] 증기압축식과 흡수식 냉동기의 냉매증기 압축 원리

 최초의 흡수식 냉동기는 1855년 프랑스의 Ferdinand Carré가 아황산가스(SO_2)를 이용하여 제작하였으며, 1860년에 처음으로 가열에 의한 압축방식을 채택한 암모니아(NH_3)를 냉

매로 물(H_2O)을 흡수제로 사용하는 흡수식 냉동기를 발명하였다. 그 후 20세기 초까지 흡수식 냉동기 개발에 많은 노력을 기울여 왔으나 1915년 이후에는 전동기로 구동되는 증기압축식 암모니아냉동기의 급격한 발달로 흡수식 암모니아 냉동기 제작을 거의 하지 않았다. 그러나 세계2차대전 후 미국의 Carrier사에서 물을 냉매로 하고 리튬브로마이드(LiBr)를 흡수제로 하는 대용량의 공기조화용 흡수식 냉동기를 개발함으로써 다시 활기를 띄기 시작하였다. 근래에는 CFC 냉매의 규제로 소형, 소용량에서 대형, 대용량에 이르기까지 다양한 크기와 형태의 흡수식 냉동기가 연구, 개발되고 있으나 실용화된 것은 암모니아-물 흡수식 냉동기와 물-리튬브로마이드 냉동기가 주류를 이루고 있다. 그러나 소형의 흡수식 냉동기는 중·대형에 비해 제작기술이 까다로워 아직은 실용화가 매우 저조한 실정이다.

2 냉매와 흡수제

흡수식 냉동기의 흡수기에서는 친화력(親和力)에 의해 냉매증기가 흡수제에 흡수되므로 용도에 따라 냉매가 정해지면 흡수제도 정해진다. 흡수식 냉동기의 용도는 가정용의 소용량으로부터 산업용이나 공기조화용의 대용량에 이르기까지 매우 다양하다. 그러나 비교적 소용량보다는 대용량에 적합하며 저온 냉동, 냉장용과 같은 산업용이나 공기조화용으로 널리 이용되고 있다. 대부분의 저온 냉동, 냉장용으로는 암모니아(NH_3)를 냉매로 하고 물(H_2O)을 흡수제로 사용한다. 공기조화용으로는 물을 냉매로 하고 리튬브로마이드(LiBr)를 흡수제로 사용하며 LiBr 대신에 리튬클로라이드(LiCl)를 사용하기도 하나 물을 냉매로 사용하므로 0℃ 이하의 낮은 온도는 얻을 수 없다. 표 10-1은 냉매와 흡수제들을 나타낸 것이다.

[표 10-1] 흡수식 냉동기의 냉매와 흡수제

냉 매	흡 수 제
암모니아(NH_3)	물(H_2O)
암모니아(NH_3)	로단암모니아(NH_4CHS)
물(H_2O)	황산(H_2SO_4)
물(H_2O)	가성카리(KOH) 또는 가성소다(NaOH)
물(H_2O)	리튬브로마이드(LiBr) 또는 리튬클로라이드(LiCl)
염화에틸(C_2H_5Cl)	4염화에탄($C_2H_2Cl_4$)
트리온(C_7H_8) 또는 펜탄(C_5H_{12})	파라핀유(油)
메타놀(CH_3OH)	리튬브로마이드 메타놀용액($LiBr+CH_3OH$)
R-12($CHFCl_2$), 메틸클로라이드(CH_2Cl_2)	4에틸렌글리콜2메틸에테르 (CH_3-O-$(CH_2)_4$-O-CH_3)

흡수제는 냉매증기를 쉽게 흡수할 수 있어야 하므로 다음과 같은 상태이어야 한다.
- 가능한 한 농도가 높아야 한다. 단, 결정(結晶)을 이룰 만큼 짙어서는 안된다.
- 가급적이면 저온이어야 한다. 저온이 되면 자연히 저압이 되므로 냉매증기를 흡수하기가 쉬워진다. 그러나 흡수제가 동결될 정도로 저온이어서는 곤란하다.

또한 흡수제로서의 구비조건은 아래와 같다.
① 용액의 증기압이 낮을 것.
② 용액의 농도변화에 의한 증기압의 변화가 가급적이면 작을 것.
③ 증발하지 않을수록 좋으나 증발할 경우에는 같은 압력에서 흡수제와 냉매의 증발온도가 확연히 차이가 있을 것.
④ 재생에 많은 열량을 필요로 하지 않을 것.
⑤ 점도가 높지 않고 부식성이 없을 것.
⑥ 화학적으로 안정성이 있으며 가격이 저렴할 것.

3 혼합용액의 혼합

농도가 $\xi_1(\%)$, 비엔탈피가 $h_1(\text{kJ/kg})$인 $m_1(\text{kg})$의 혼합용액 ❶과 농도가 $\xi_2(\%)$, 비엔탈피가 $h_2(\text{kJ/kg})$인 $m_2(\text{kg})$의 혼합용액 ❷가 단열적(斷熱的)으로 혼합하여 농도가 $\xi(\%)$, 비엔탈피가 $h(\text{kJ/kg})$인 $m(\text{kg})$의 혼합용액 ❸으로 될 때 다음 식들과 같이 된다 하면

$$\left.\begin{array}{l} m_1 + m_2 = m \\ m_1 \xi_1 + m_2 \xi_2 = m\xi \\ m_1 h_1 + m_2 h_2 = mh \end{array}\right\} \tag{10-3-1}$$

이므로 식 (10-3-1)의 제 1식 및 제 2식으로부터 m_1과 m_2를 구하면 다음과 같다.

$$m_1 = m\frac{\xi_2 - \xi}{\xi_2 - \xi_1}, \quad m_2 = m\frac{\xi - \xi_1}{\xi_2 - \xi_1} \tag{10-3-2}$$

식 (10-3-2)를 식 (10-3-1)의 제 3식에 대입하면 혼합용액의 최후 비엔탈피 h는

$$h = h_1 + \frac{\xi - \xi_1}{\xi_2 - \xi_1}(h_2 - h_1) \tag{10-3-3}$$

여기서 m_1 kg의 혼합용액 ❶과 m_2 kg의 혼합용액 ❷가 각각 순수물질 a와 b를 혼합한 것이라면 혼합용액 중에 있는 순수물질 a와 b의 농도와 비엔탈피를 표시할 수 있다. 즉 세로축(종축)을 비엔탈피(h)로 하고 가로축(횡축)을 농도(ξ)로 하는 h-ξ선도 상에 나타낼 수 있다.

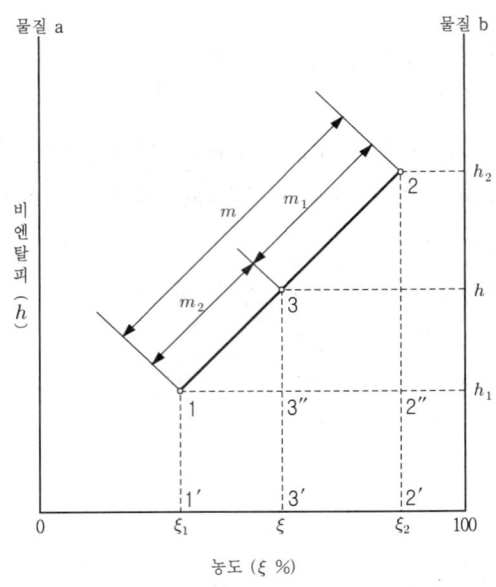

[그림 10-2] 혼합용액의 h-ξ 선도

그림 10-2에서 점 1과 2는 비엔탈피와 농도가 각각 h_1, ξ_1과 h_2, ξ_2인 혼합용액 ❶과 ❷를 나타낸다. 그림에서

$$\frac{\overline{3\,3''}}{\overline{2\,2''}} = \frac{\overline{1\,3''}}{\overline{1\,2''}}$$

이고, $\overline{3\,3''} = h - h_1$, $\overline{2\,2''} = h_2 - h_1$, $\overline{1\,3''} = \xi - \xi_1$, $\overline{1\,2''} = \xi_2 - \xi_1$ 이므로 이들을 윗 식에 대입하여 정리하면 혼합용액의 비엔탈피는 다음 식으로 된다.

$$h = h_1 + \frac{\xi - \xi_1}{\xi_2 - \xi_1}(h_2 - h_1)$$

윗 식은 앞의 식 (10-3-3)과 같으며 그림에서 점 3은 혼합용액 ❸을 나타냄을 알 수 있으며 처음에 가정한 혼합용액 ❸의 비엔탈피 h와 농도 ξ가 올바르다는 것을 의미한다.

한편, 그림 10-2에서

$$\frac{\overline{3\,2}}{\overline{1\,3}} = \frac{\overline{3'\,2'}}{\overline{1'\,3'}} = \frac{\xi_2 - \xi}{\xi - \xi_1} = \frac{m_1}{m_2} \tag{10-3-4}$$

이므로 식 (10-3-2)로부터 구한 결과와 같음을 알 수 있다. 이것은 그림 10-2에서 점 1과 2의 길이 $\overline{12}$를 혼합용액 ❸의 질량 m으로 잡으면 $\overline{32} = m_1$, $\overline{13} = m_2$로 됨으로 결과적으로 혼합용액 ❸을 나타내는 점 3은 점 1과 2 사이의 선분 $\overline{12}$를 혼합용액 ❶과 ❷의 질량의 역비로 내분하는 점이 된다.

만일 혼합하는 도중에 열의 출입이 있다면 식 (10-3-3)은 다음과 같이 표시된다.

$$h = h_1 + \frac{\xi - \xi_1}{\xi_2 - \xi_1}(h_2 - h_1) + q \qquad (10\text{-}3\text{-}5)$$

이 식에서 열을 흡수(가열)하는 경우는 $q > 0$, 열을 방출(냉각)하는 경우는 $q < 0$이다.

4 혼합용액의 상태변화

흡수식 냉동기의 발생기(재생기라고도 함)에서는 냉매와 흡수제의 혼합용액이 가열되어 증발하므로 증기의 농도가 문제된다. 공기조화용으로 사용되는 리튬브로마이드($LiBr$) 수용액을 가열하면 $LiBr$의 비등점이 물에 비해 매우 높으므로 거의 100% 물만 증발한다. 그러나 암모니아 수용액을 가열하면 암모니아와 물이 같이 증발한다. 이와 같이 혼합용액의 증발(응축)은 순수물질과 다르며 이러한 특성을 나타내기 위하여 보통 **온도-농도 선도**(t-ξ diagram)나 **비엔탈피-농도 선도**(h-ξ diagram)를 이용한다.

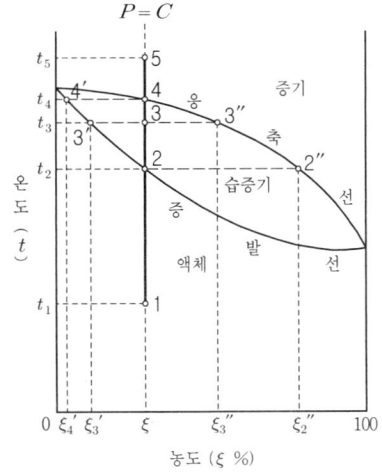 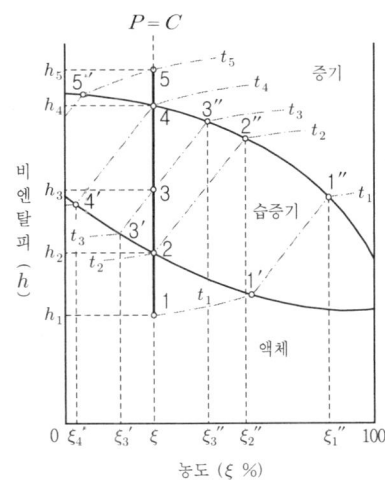

[그림 10-3] 혼합용액의 상태변화(t-ξ 선도)　　[그림 10-4] 혼합용액의 상태변화(h-ξ 선도)

먼저 t-ξ 선도에서 혼합용액의 증발과 응축과정을 살펴본다. t-ξ 선도에는 그림 10-3과 같이 일정한 압력 하에서의 증발선과 응축선이 그어져 있으며 세로축은 온도 t(℃), 가로축은 농도 ξ(%)를 나타낸다. 그림 10-3에서 온도가 t_1, 농도가 ξ인 과냉각액(상태점 1)이 발생기에서 일정한 압력($P=C$) 하에 가열되면 온도가 t_2로 상승하여 포화액(상태점 2)으로 된다. 상태점 2로부터 혼합용액의 증발이 시작되며 최초로 증발되는 증기의 상태는 2″으로 표시되고 그 증기의 농도는 ξ_2''이 된다. 계속해서 가열하면 온도가 상승하여 t_2인 습증기(상태점 3)로 된다. 그리고 습증기 중의 포화액은 상태점 3′이며 농도는 ξ_3'이고 건포화증기는 상태점 3″이며 농도는 ξ_3''이 된다. 이 때 습증기 1 kg 중의 건포화증기(x kg)와 포화액($1-x$ kg)의 질량비는 식 (10-3-4)를 고려하면 다음과 같이 나타낼 수 있다.

$$\frac{x}{1-x} = \frac{\overline{33'}}{\overline{3''3}} = \frac{\xi-\xi_3'}{\xi_3''-\xi} \tag{10-4-1}$$

습증기를 다시 가열하여 상태점 4로 표시되는 응축선에 도달하면 혼합용액은 모두 증발하여 증기로 되며 최후로 증발하는 건포화증기의 온도와 농도는 각각 t_4, ξ_4으로 된다. 증발이 완료된 혼합증기를 계속 가열하면 온도가 t_5인 과열증기(상태점 5)로 된다. 이와 같은 증발과정에서 혼합용액의 농도와 혼합증기의 농도는 변하지 않으므로 $\xi=\xi_1=\xi_2=\xi_3=\xi_4=\xi_5$이다.

이상은 혼합용액이 일정한 압력 하에 가열되어 증발하는 과정을 설명한 것이며 혼합증기가 냉각되어 응축하는 과정은 이것과 반대 순서로 진행된다. 만일 그림과 같이 압력이 일정하지 않은 경우에는 그 압력에 해당하는 선도를 각각 적용해야 하며 그림 10-3과 같은 선도는 압력이 일정한 경우에만 사용할 수 있다.

이번에는 h-ξ 선도에서의 증발과정을 생각해 보자. h-ξ 선도는 그림 10-4와 같이 증발선, 응축선 및 등온선이 그어져 있으며 세로축을 엔탈피(h), 가로축을 농도(ξ)로 하므로 상태변화에 따른 열량계산에 매우 유용한 선도이다. 지금 상태점 1(h_1, ξ, t_1)의 과냉각 혼합용액을 가열하면 온도가 상승하여 상태점 2(h_2, ξ, t_2)의 포화액으로 되며 증발이 시작된다. 이 때 최초로 증발되는 증기의 상태는 점 2를 지나는 등온선(t_2)과 응축선의 교점인 2″점으로 표시되며 농도는 ξ_2''으로 된다. 포화액(상태점 2)을 다시 가열하면 상태점 3(h_3, ξ, t_3)으로 표시된 습증기로 되며 습증기 중 포화액과 건포화증기를 나타내는 상태점들은 상태점 3을 지나는 등온선(t_3)과 증발선 및 응축선과의 교점인 점 3′과 3″으로 표시되고 농도는 각각 ξ_3', ξ_3''으로 된다. 습증기 중 포화액과 건포화증기의 질량비는 위의 식 (10-4-1)과 같다. 습증기(상태점 3)를 계속 가열하면 상태점 4(h_4, ξ, t_4)의 건포화증기로 모두 증발하며 최후로 증발하는 포화액은 상태점 4′(ξ_4', t_4)로 표시된다. 건포화증기(상태점 4)를 계속 가열하면 상태점 5인 과열증기(h_5, ξ, t_5)로 된다. 이 상태변화에서도 $\xi=\xi_1=\xi_2=\xi_3=\xi_4=\xi_5$이며 그림 10-4의

h-ξ 선도도 그림 10-3의 t-ξ 선도와 마찬가지로 압력이 일정한 경우에만 사용할 수 있다. 그러므로 실제로 사용되는 h-ξ 선도에는 각 압력 하에서의 증발선과 응축선이 그려져 있으며 암모니아(NH_3)-물(H_2O) 용액에 대한 h-ξ 선도에는 습증기 영역에서의 등온선을 결정하는 보조선이 있다.

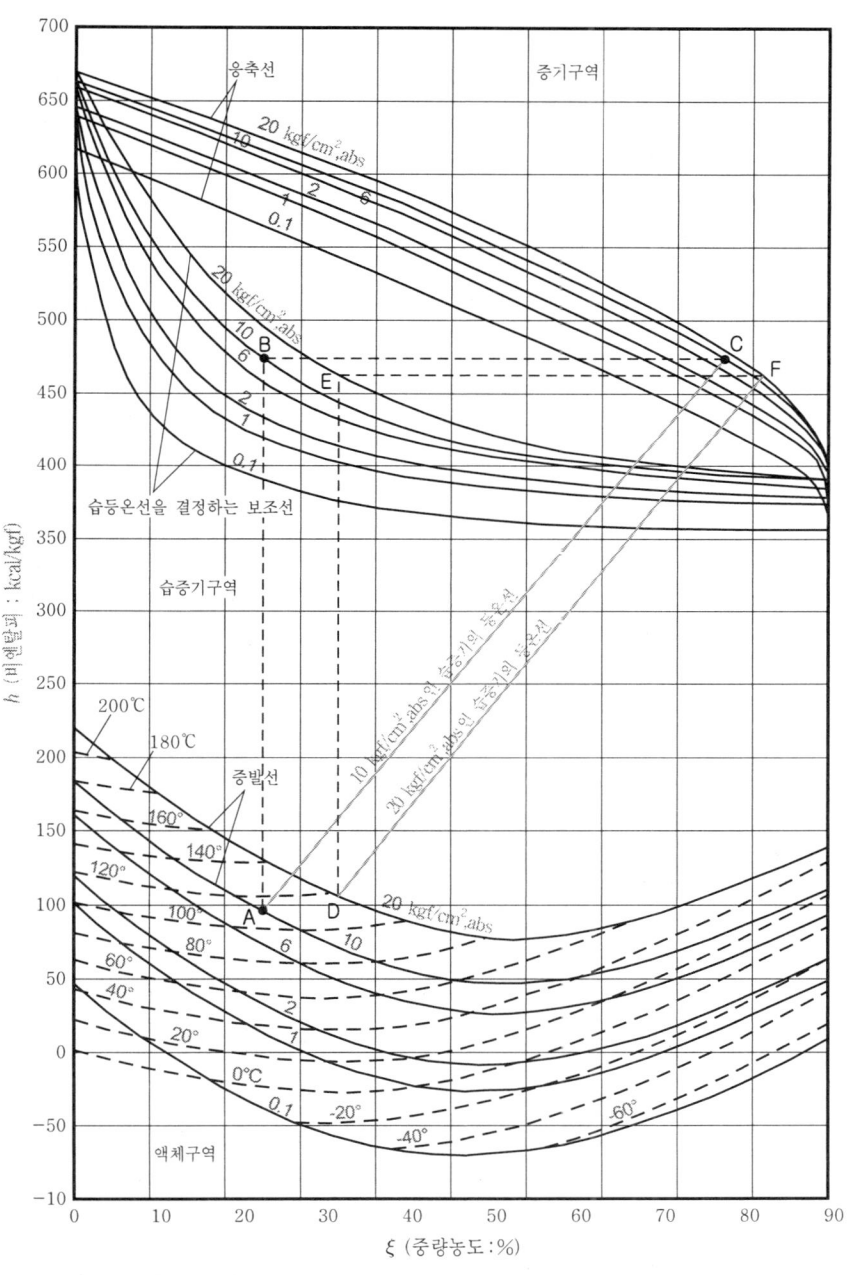

[그림 10-5] NH_3-H_2O 혼합용액의 h-ξ 선도(공학단위)

그림 10-5는 암모니아-물 혼합용액에 대한 $h-\xi$ 선도(공학단위)이다. 그림에서 농도가 25% 이고 압력이 10 kgf/cm², abs인 암모니아-물 습증기의 등온선을 구해본다. 먼저 $\xi=25\%$인 NH_3-H_2O 용액의 농도선과 $P=10$ kgf/cm², abs인 증발선의 교점 A를 구한 후 점 A로부터 수직선($\xi=25\%$ 농도선)을 그어 10 kgf/cm², abs 온도보조선과 만나는 점 B를 잡는다. 점 B를 지나는 등엔탈피선(수평선)과 $P=10$ kgf/cm², abs인 응축선의 교점 C를 잡으면 직선 $\overline{AC}$가 습증기 구역에서 압력이 10 kgf/cm², abs인 등온선이다.

> **예제 10-1** 그림 10-5를 이용하여 농도가 35%, 압력이 20 kgf/cm², abs인 NH_3-H_2O 용액에 대하여 다음을 구하여라.
> (1) 포화온도
> (2) 포화액의 비엔탈피
> (3) 최초로 증발하는 증기의 비엔탈피
> (4) 최초로 증발하는 증기의 농도
>
> **풀이** (1) 포화온도
> 그림 10-5에서 $\xi=35\%$선과 $P=20$ kgf/cm², abs인 증발선의 교점 D를 구하고, 점 D가 100℃와 120℃ 온도선 사이에 있으므로 보간법으로 온도를 구하면 $t_s=117.5℃$이다.
> (2) 포화액의 비엔탈피 : 보간법으로 점 D의 비엔탈피를 구하면 $h_f=106.25$ kcal/kgf 이다.
> (3) 최초로 증발하는 증기의 비엔탈피
> 점 D를 지나는 수직선과 압력이 $P=20$ kgf/cm², abs인 온도보조선의 교점 E를 구하고 다시 점 E를 지나는 수평선과 압력이 $P=20$ kgf/cm², abs인 응축선과의 교점 F를 구하여 보간법으로 비엔탈피를 구하면 $h_f=462.5$ kcal/kgf이다.
> (4) 최초로 증발하는 증기의 농도 : 점 F의 농도를 구하면 $\xi=91.3\%$이다.

5 단효용 흡수식 냉동기

실용되고 있는 대표적인 흡수식 냉동기로는 암모니아-물 냉동기와 물-리튬브로마이드 냉동기가 있다. 2장 3-2절에서 설명한 그림 2-4의 **암모니아-물 흡수식 냉동기**는 증발기, 흡수기, 열교환기, 재생기, 분리기, 정류기, 응축기, 팽창밸브, 증발기(냉각기) 등으로 구성된다.

그림 10-6은 공기조화용으로 이용되는 **물-리튬브로마이드 흡수식 냉동기**의 개략도로 **증발기**(evaporator), **흡수기**(absorber), **열교환기**(solution heat exchanger), **재생기**(desorber or generator), **응축기**(condenser) 등으로 구성되며 암모니아-물 흡수식 냉동기에 비해 매우 간단하다. 이렇게 구조가 간단한 이유는 흡수제인 리튬브로마이드의 비등점(약 1265℃)이 물에

비해 매우 높아 사용압력에서는 증발하지 않으므로 분리기와 정류기가 없어도 되며 냉매인 물의 물리적 특성으로 팽창밸브가 필요 없기 때문이다. 따라서 본 장에서는 구조가 간단하여 냉동사이클이 비교적 단순한 물-리튬브로마이드 냉동기에 대해서만 설명하도록 한다.

흡수식 냉동기는 재생효율을 향상시킬 목적으로 재생기를 2중 또는 3중으로 사용하기도 한다. 보통 재생기의 수에 따라 1개의 재생기만 사용하는 냉동기를 **1중효용**(single effect) **흡수식 냉동기** 또는 **단효용 흡수식 냉동기**, 2개의 재생기를 사용하는 냉동기를 **2중효용 흡수식 냉동기**, 그리고 3개의 재생기를 사용하는 냉동기를 **3중효용 흡수식 냉동기**라 하며 그 중에서도 2중효용 흡수식 냉동기가 많이 사용된다.

재생기에서의 가열원으로 수증기(폐증기), 온수, 가스나 오일의 연소열(보일러나 버너), 전열, 폐열 등을 사용한다. 단효용에 이용되는 수증기의 압력은 계기압으로 약 100~150 kPa, 2중효용은 약 300~800 kPa 정도이며, 온수는 단효용 냉동기에 사용된다. 저온수의 온도는 약 70~95℃, 중온수는 110~150℃, 그리고 고온수의 온도는 180~200℃ 정도이다.

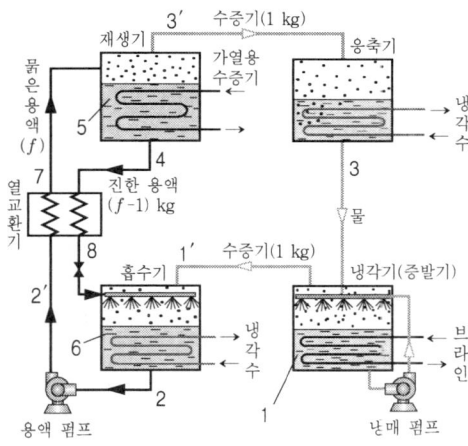

[그림 10-6] H_2O-LiBr 단효용 흡수식 냉동기 개략도

5-1 H_2O-LiBr 단효용 흡수식 냉동기의 작동원리

단효용 흡수식 냉동기는 순수한 냉매만이 순환하는 과정(재생기→응축기→냉각기→흡수기)과 냉매와 흡수제가 섞인 혼합용액의 순환과정(흡수기→순환펌프(재생기펌프)→열교환기→재생기→열교환기→흡수기)으로 나눌 수 있다. 즉, 6-2-7-5-4-8-6 과정은 냉매인 H_2O 와 흡수제인 LiBr의 혼합용액(단순히 용액이라고도 함)의 순환과정이고, 3′-3-1-1′은 냉매인 H_2O(수증기와 물)만의 순환과정이다.

5-1-1 h-ξ 선도와 Duhring 선도

증기압축식 냉동사이클은 Mollier 선도(P-h 선도)를 이용하면 각 점의 비엔탈피를 쉽게 구할 수 있었다. 그러나 흡수식 냉동사이클은 냉매와 흡수제의 혼합용액이 사용되므로 증발과 응축이 앞 절에서 설명한 바와 같이 매우 복잡하므로 혼합용액에 대한 선도를 사용한다.

그림 10-7은 H_2O-LiBr 혼합용액의 h-ξ 선도(**비엔탈피-농도 선도**)이며 등온선이 그려져 있어 용액의 농도, 비엔탈피 및 온도의 관계를 알 수 있다. 그러나 과거 사용하던 공학단위의 h-ξ 선도와 달리 정압선이 없어 혼합용액의 정확한 사이클을 구할 수 없다.

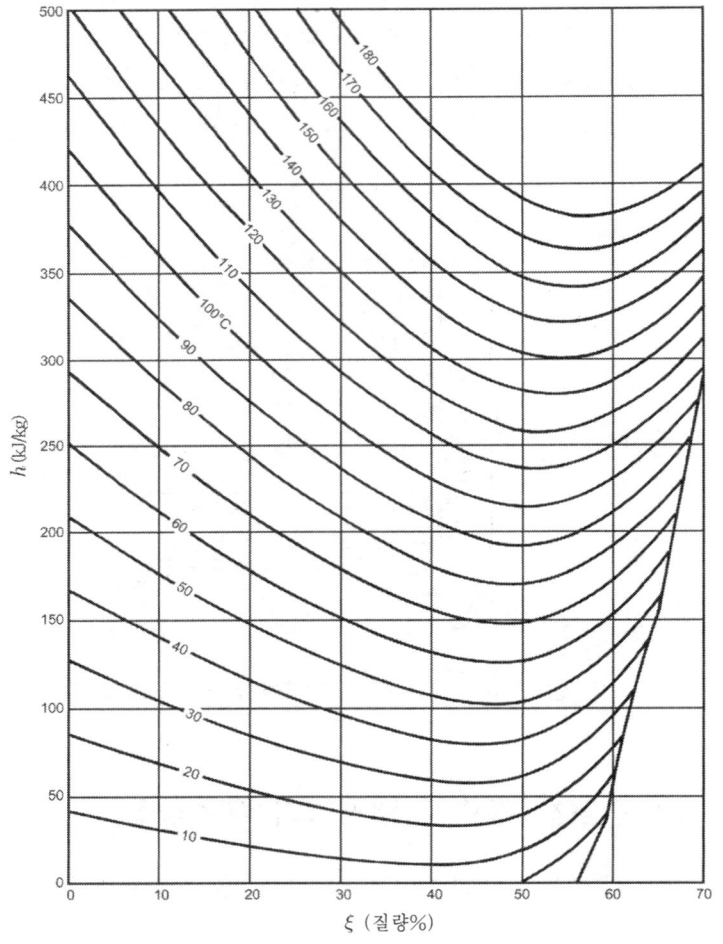

[그림 10-7] H_2O-LiBr 혼합용액의 h-ξ 선도

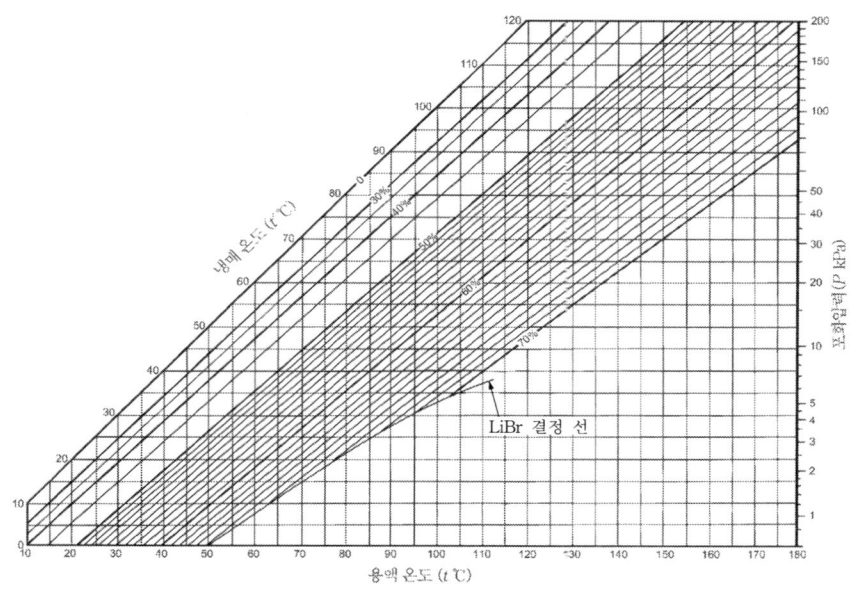

[그림 10-8] H_2O-LiBr 혼합용액의 P-t 선도

 이런 점을 보완할 수 있는 것이 그림 10-8의 H_2O-LiBr 혼합용액의 P-t 선도(**압력-온도 선도**)이다. **듀링 선도**(Duhring Chart)로 더 많이 알려진 이 선도에는 용액의 농도, 압력, 온도 및 냉매의 온도선이 있어 혼합용액과 냉매의 사이클을 동시에 나타낼 수 있다. 그러나 흡수식 냉동사이클의 열계산에 필요한 용액과 냉매의 엔탈피를 구할 수 없다. 따라서 이들의 엔탈피를 구하려면 그림 10-7을 보조로 사용하거나 표 10-2를 사용하여야 한다.

 예를 들면 혼합용액의 압력과 온도가 각각 $P=50$ kPa, $t=90$℃라면 그림 10-8에서 혼합용액의 농도는 약 $\xi=32.2\%$이고 냉매의 온도는 약 $t'=81.3$℃임을 알 수 있으며, 그림 10-7에서 용액의 비엔탈피는 $h=229.2$ kJ/kg이다. 한편, 표 10-2를 이용하여 계산하면 냉매의 온도는 약 $t'=81.0$℃이고 용액의 비엔탈피는 $h=229.0$ kJ/kg으로 값들이 거의 일치한다.

5-1-2 혼합용액 사이클

 냉매(H_2O)와 흡수제(LiBr) 혼합용액의 변화과정(냉동사이클)을 듀링 선도에 나타내면 그림 10-9와 같다. 다음은 혼합용액 사이클의 상태변화 과정을 설명한 것으로 각 상태점은 그림 10-6과 같다.

 (1) 과정 6-2 : 흡수기에서 흡수제(LiBr)가 냉매(수증기)를 정압 하에 흡수하는 과정으로 흡수기의 압력은 증발압력(P_e)과 같다. 보통 흡수기의 압력은 0.8~1 kPa 정도의 고진공으로 실제로는 증발기보다 약간 낮다. 재생기에서 열교환기를 거쳐 흡수기로 유입된 진한 용액이 냉각수관 위로 살포(撒布)된 상태가 상태점 6이다. 진한 용액(상태점 6)은

증발기에서 온 냉매증기(수증기)를 흡수하여 농도가 묽은 용액(상태점 2)으로 된다. 진한 용액에 냉매증기가 흡수될 때 흡수열(수증기의 응축열과 희석열)이 발생하며 이 열로 흡수된 냉매 액(물)이 다시 수증기로 증발하므로 이를 방지하기 위해 흡수기를 냉각수로 냉각시킨다. 따라서 상태점 2의 온도가 상태점 6의 온도보다 낮아진다.

(2) 과정 2-7 : 냉매증기를 흡수하고 온도가 낮아진 묽은 용액(상태점 2)이 용액펌프에 의해 재생기로 가는 도중 열교환기에서 진한 용액으로부터 흡열하여 온도가 상승(상태점 7)하는 과정이다. 열교환기를 설치하는 이유는 재생기에서 재생된 진한 용액은 냉매증기를 많이 흡수하기 위해서는 온도를 낮추어야 하며, 또 흡수작용을 마친 묽은 용액은 재생기에서 가열시켜 재생하므로 반대로 온도를 높여야 하기 때문이다.

(3) 과정 7-5 : 묽은 용액(상태점 7)이 재생기로 유입되어 가열용 증기관(전열기)과 뜨거운 혼합용액으로부터 흡열하여 비등점까지 가열(상태점 5)되는 과정이다.

[표 10-2] H_2O-LiBr 용액의 온도, 비엔탈피와 냉매의 온도

용액온도 (t ℃)	냉매온도 비엔탈피	용액의 농도(질량%)									
		0	10	20	30	40	45	50	55	60	65	70
20	t' ℃	20.0	19.1	17.7	15.0	9.8	5.8	−0.4	−7.7	−15.8	−23.4#	−29.3#
	h kJ/kg	84.0	67.4	52.6	40.4	33.5	33.5	38.9	53.2	78.0	111.0#	145.0#
30	t' ℃	30.0	29.0	27.5	24.6	19.2	15.0	8.6	1.0	−7.3	−15.2#	−21.6#
	h kJ/kg	125.8	103.3	84.0	68.6	58.3	56.8	60.5	73.5	96.8	128.4#	161.7#
40	t' ℃	40.0	38.9	37.3	34.3	28.5	24.1	17.5	9.8	1.3	−7.0#	−14.0#
	h kJ/kg	167.6	139.5	115.8	96.0	82.5	79.7	82.2	93.5	115.4	146.0#	178.3#
50	t' ℃	50.0	48.8	47.2	44.0	37.9	33.3	26.5	18.5	9.9	1.3	−6.3#
	h kJ/kg	209.3	175.2	147.0	123.4	106.7	102.6	103.8	114.0	134.5	163.5	195.0#
60	t' ℃	60.0	58.8	57.0	53.6	47.3	42.5	35.5	27.3	18.4	9.5	1.4#
	h kJ/kg	251.1	211.7	179.1	151.4	131.7	125.8	125.8	134.7	153.7	181.4	211.9#
70	t' ℃	70.0	68.7	66.8	63.3	56.6	51.6	44.4	36.1	27.0	17.7	9.0#
	h kJ/kg	293.0	247.7	210.5	178.8	155.7	148.9	148.0	155.6	173.2	199.4	228.8#
80	t' ℃	80.0	78.6	76.7	73.0	66.0	60.8	53.4	44.8	35.6	26.0	16.7#
	h kJ/kg	334.9	287.8	243.6	207.3	181.0	172.8	170.0	176.2	192.6	217.2	245.7#
90	t' ℃	90.0	88.6	86.5	82.6	75.4	70.0	62.3	53.6	44.1	34.2	24.3#
	h kJ/kg	376.9	321.1	275.6	235.4	206.1	195.8	192.3	197.1	212.2	235.6	262.9#
100	t' ℃	100.0	98.5	96.3	92.3	84.7	79.1	71.3	62.4	52.7	42.4	32.0
	h kJ/kg	419.0	357.6	307.9	263.8	231.0	219.9	214.6	218.2	231.5	253.5	279.7
110	t' ℃	110.0	108.4	106.2	101.9	94.1	88.3	80.2	71.1	61.3	50.6	39.7
	h kJ/kg	461.3	394.3	340.1	292.4	255.9	243.3	236.8	239.1	251.0	271.4	296.3
120	t' ℃	120.0*	118.3*	116.0*	111.6	103.4	97.5	89.2*	79.9	69.8	58.9	47.3
	h kJ/kg	503.7*	431.0*	372.5*	320.9	281.0	267.0	259.0*	260.0	270.2	289.5	313.4
130	t' ℃	130.0*	128.3*	125.8*	121.3*	112.8	106.7	92.8	88.7	78.4	67.1	55.0
	h kJ/kg	546.5*	468.4*	404.5*	349.6*	306.2	290.7	281.0	280.4	289.1	306.9	330.2
140	t' ℃	140.0*	138.2*	135.7*	130.9*	122.2*	115.8	107.1	97.4	87.0	75.3	62.7
	h kJ/kg	589.1*	505.6*	437.8*	377.9*	331.3*	314.2	303.2	301.1	308.1	324.7	346.9
150	t' ℃	150.0*	148.1*	145.5*	140.6*	131.5*	125.0	116.1	106.2	95.5	83.5	70.3
	h kJ/kg	632.2*	542.7*	470.5*	406.8*	356.6*	337.8*	325.5*	321.6	327.3	342.7	363.6
160	t' ℃	160.0*	158.1*	155.3*	150.3*	140.9*	134.2*	125.0*	115.0	104.1	91.8	78.9
	h kJ/kg	675.6*	580.8*	503.1*	435.4*	381.9*	361.2*	347.7*	342.2*	346.1	360.3	380.1
170	t' ℃	170.0*	168.0*	165.2*	159.9*	150.3*	143.3*	134.0*	123.7*	112.7	100.0	85.7
	h kJ/kg	719.2*	618.9*	536.1*	464.3*	406.8*	384.9*	369.9*	362.9*	365.4	378.3	396.0
180	t' ℃	180.0*	177.9*	175.0*	169.6*	159.6*	152.5*	142.9*	132.5*	121.2*	108.2	93.3
	h kJ/kg	763.2*	657.1*	569.4*	493.4*	432.1*	408.8*	392.1*	383.4*	384.3*	395.8	411.3

* 115℃ 이상의 값들은 본래의 값들을 상회하므로 사용에 주의할 것
#는 과포화용액임

(4) 과정 5-4 : 재생기에서 비등점에 이른 묽은 용액(상태점 5)이 계속 흡열하여 용액 중의 냉매증기(수증기)를 방출(증발)시키므로 농도가 점점 증가하여 진한 용액(상태점 4)으로 농축되는 과정이다. 이러한 농축과정은 이론적으로는 정압(응축압력인 P_c) 하에 이루어지나 실제로는 냉매가 증발됨에 따라 증기의 압력이 점점 높아져 응축압력(증발압력의 약 10배 정도)에 이르며 온도는 최고에 도달한다.

(5) 과정 4-8 : 재생기에서 농축된 진한 용액(상태점 4)이 열교환기에서 묽은 용액에 방열하여 온도가 낮아지는 과정이다.

(6) 과정 8-6 : 흡수기로 유입된 진한 용액(상태점 8)이 냉각되어 온도가 강하하는 과정이다. 진한 용액은 때로는 흡수기 순환펌프에 의해 냉각수관 위로 살포되기도 하며 감압장치에 의해 압력은 증발압력(P_e)까지 감소되어 상태점 6으로 된다.

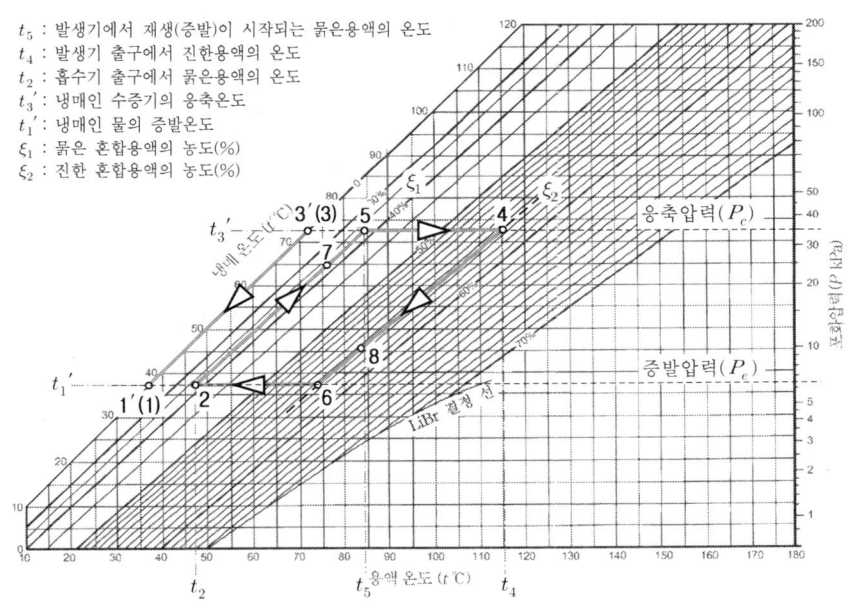

[그림 10-9] H_2O-LiBr 단효용 흡수식 냉동사이클

5-1-3 냉매(H_2O)만의 사이클

(1) 과정 3'-3 : 재생기에서 용액으로부터 증발된 냉매증기(상태점 3')가 응축기에서 정압(응축압력 P_c)하에 냉각수에 방열하며 냉매액(물, 상태점 3)으로 응축되는 과정이다. 정압 하에 순수한 물이 응축될 때 온도도 변하지 않으므로 듀링 선도에서 농도가 $\xi = 0$인 선위에 상태점 3'과 상태점 3이 겹치게 된다. 압력과 온도는 같지만 방열로 인해

엔탈피는 응축열(증발열) 만큼 감소한다.

(2) 과정 3-1 : 응축기에서 응축된 냉매액(물)이 증발기로 들어와 압력이 강하하는 과정으로 냉매액의 일부가 증발하여 상태 1의 온도로 냉각된다. 이 과정에서 압력은 응축압력 (P_c)에서 증발압력(P_e)으로 강하하며 엔탈피도 감소한다. 듀링 선도에서 농도가 $\xi=0$인 선위에 나타난다.

(3) 과정 1-1′ : 냉매액(물)이 증발기에서 정압(P_e)하에 흡열하여 증발하는 과정이다. 냉매액은 브라인관이나 주위로부터 열을 흡수하여 증발하며, 증발작용에 의해 브라인은 온도가 내려간다. 이 때 냉매액의 증발을 촉진시키기 위하여 증발기 펌프로 냉매액을 브라인관 위에 살포하기도 한다. 증발과정도 정압인 동시에 등온변화이므로 듀링 선도에서 상태점 1과 1′이 겹친다.

5-2 H_2O-LiBr 단효용 흡수식 냉동사이클의 열계산

앞 절에서 설명한 공기조화용 H_2O-LiBr 흡수식 냉동사이클에 대해 재생기에서 재생(증발)되어 응축기로 가는 냉매증기(수증기)를 기준으로 하는 열계산 과정을 소개한다.

5-2-1 혼합용액의 순환비

재생기에서 1 kg의 냉매증기를 재생시켜 응축기로 보내기 위해 재생기로 유입시켜야 할 묽은 용액의 질량을 혼합용액의 **순환비**(ratio of circulation, 기호 f)라 한다(그림 10-6 참조). 재생기에서 응축기로 방출하는 냉매증기의 유량을 $\dot{m}_v$ kg/h, 흡수기에서 재생기로 유입되는 묽은 용액의 유량을 $\dot{m}$ kg/h라 하면 순환비 f는 다음과 같이 정의된다.

$$f = \frac{\dot{m}}{\dot{m}_v} \text{ (kg/kg)} \tag{10-5-1}$$

여기에서 흡수기로부터 재생기로 유입되는 묽은 용액의 농도를 ξ_1%, 재생기에서 흡수기로 되돌아가는 진한 용액의 농도를 ξ_2%라 하면 흡수제인 LiBr은 증발하지 않으므로 재생기로 유입되는 LiBr의 양과 재생기를 나가는 LiBr의 양이 같아야 한다. 즉,

$$\dot{m}\xi_1 = (\dot{m} - \dot{m}_v)\xi_2$$

로부터 용액의 순환비 f는 다음의 식으로 나타낼 수 있다.

$$f = \frac{\dot{m}}{\dot{m}_v} = \frac{\xi_2}{\xi_2 - \xi_1} \tag{10-5-2}$$

따라서 증발기에서 증발하는 냉매증기 1 kg당 재생기로 유입되는 묽은 용액은 f kg/kg이며 재생기를 나가는 진한 용액은 $(f-1)$ kg/kg이다.

예제 10-2

H_2O-LiBr 흡수식 냉동기가 정상운전될 때, 증발압력이 2 kPa이고 응축압력이 20 kPa이다. 재생기펌프 입구온도가 35℃, 재생기 출구에서 진한 용액의 온도가 95℃일 때 다음을 구하여라.

(1) 흡수기 출구에서 묽은 용액의 농도
(2) 흡수기 출구에서 묽은 용액의 비엔탈피
(3) 재생기에서 재생이 시작되는 용액의 온도
(4) 재생기에서 재생이 시작되는 용액의 비엔탈피
(5) 재생기 출구에서 진한 용액의 농도
(6) 재생기 출구에서 진한 용액의 비엔탈피
(7) 흡수기에서 냉매흡수가 시작되는 진한 용액의 온도
(8) 흡수기에서 냉매흡수가 시작되는 진한 용액의 비엔탈피

풀이 (1) 흡수기 출구에서 묽은 용액의 농도
$P_e = 2$ kPa, $t_2 = 35$℃ 이므로 그림 10-10 듀링 선도에서 $\xi_1 = 46.7\%$

(2) 흡수기 출구에서 묽은 용액의 비엔탈피
$t_2 = 35$℃, $\xi_1 = 46.7\%$ 이므로 표 10-2에서 보간법으로 계산하면

$$h_2 = 68.3 + (71.4 - 68.3) \times \frac{46.7 - 45}{50 - 45} = 69.4 \text{ kJ/kg}$$

※ 또는 그림 10-11의 H_2O-LiBr 용액의 h-ξ 선도에서 농도가 $\xi_1 = 46.7\%$인 선을 긋고 온도가 $t_2 = 35$℃인 선을 그어 교점(상태점 2)의 비엔탈피를 구한다.

(3) 재생기에서 재생이 시작되는 용액의 온도
$\xi_1 = 46.7\%$, $P_c = 20$ kPa 이므로 그림 10-10에서 $t_5 = 81.7$℃

(4) 재생기에서 재생이 시작되는 용액의 비엔탈피
$t_5 = 81.7$℃, $\xi_1 = 46.7\%$ 이므로 표 10-2에서 보간법으로 계산하면

$$h_5 = 176.7 + (173.8 - 176.7) \times \frac{46.7 - 45}{50 - 45} = 175.7 \text{ kJ/kg}$$

※ 또는 그림 10-11에서 (2)와 같은 방법으로 구한다.

(5) 재생기 출구에서 진한 혼합용액의 농도
$P_c = 20$ kPa, $t_4 = 95$℃ 이므로 그림 10-10에서 $\xi_2 = 54\%$

(6) 재생기 출구에서 진한 혼합용액의 비엔탈피
$t_4 = 95$℃, $\xi_2 = 54\%$ 이므로 표 10-2에서 보간법으로 계산하면

$$h_4 = 203.5 + (207.7 - 203.5) \times \frac{54 - 50}{55 - 50} = 206.9 \text{ kJ/kg}$$

※ 또는 그림 10-11에서 (2)와 같은 방법으로 구한다.

(7) 흡수기에서 냉매흡수가 시작되는 진한 혼합용액의 온도
$P_e = 2$ kPa, $\xi_2 = 54\%$ 이므로 그림 10-10에서

$$t_6 = 45 + (50-45) \times \frac{1.1}{3} = 46.8\,℃$$

(8) 흡수기에서 냉매흡수가 시작되는 진한 혼합용액의 비엔탈피
$t_6 = 46.8\,℃$, $\xi_2 = 54\%$ 이므로 표 10-2에서 보간법으로 계산하면

$$h_6 = 96.9 + (107.4 - 96.9) \times \frac{54-50}{55-50} = 105.3 \text{ kJ/kg}$$

※ 또는 그림 10-11에서 (2)와 같은 방법으로 구한다.

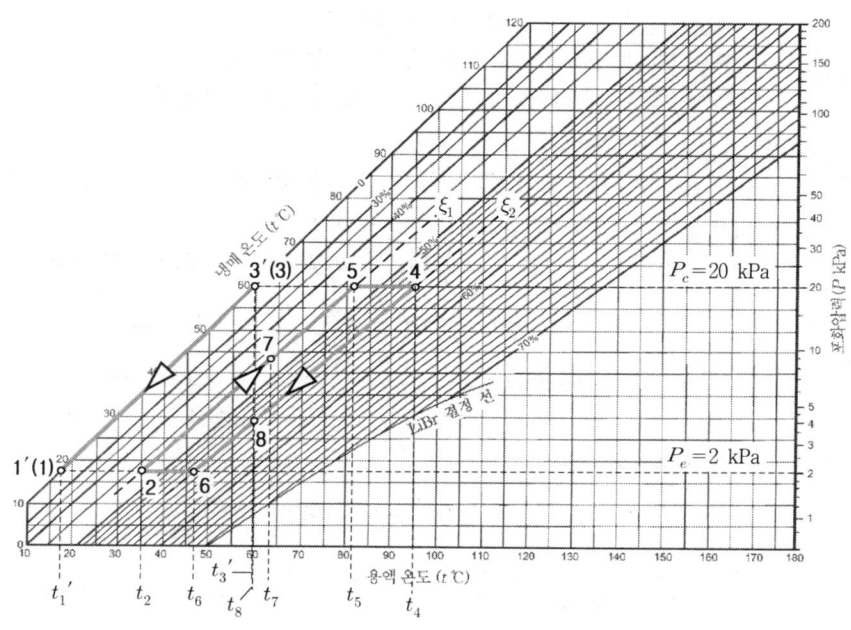

[그림 10-10] H_2O-LiBr 단효용 흡수식 냉동사이클의 한 예

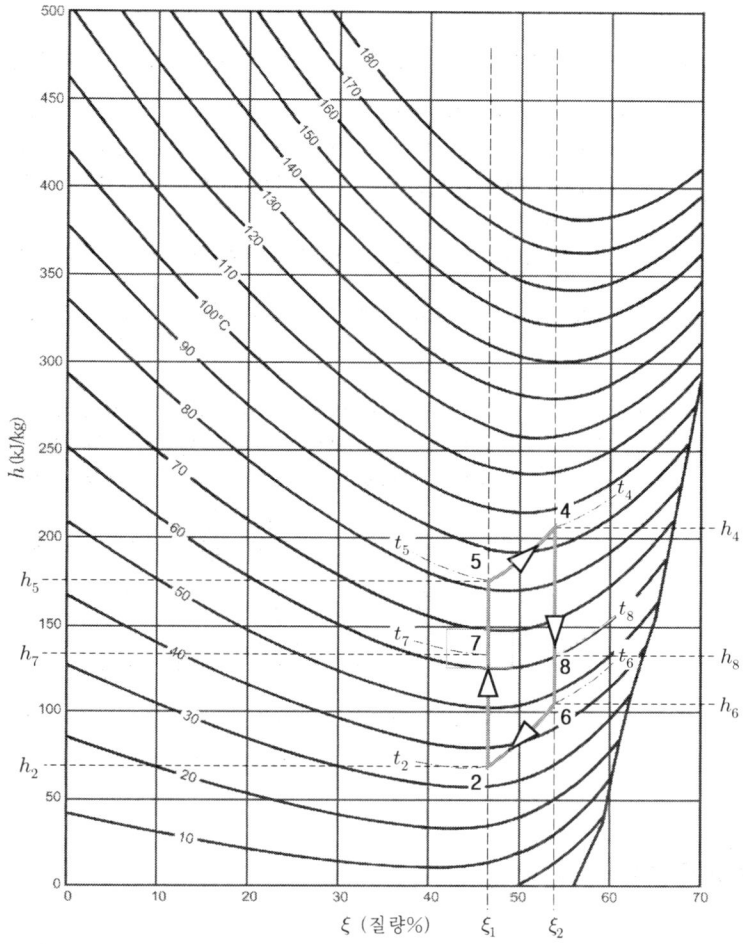

[그림 10-11] H_2O-LiBr 단효용 흡수식 냉동사이클의 한 예

5-2-2 재생기에서 증발, 압축되는 냉매증기(수증기)의 비엔탈피

재생기에서 묽은 용액으로부터 냉매(물)가 증발하는 과정 5-4에서 냉매증기가 증발하는 비율이 일정하다고 가정하면 냉매증기의 비엔탈피(h_3')는 최초로 증발하는 냉매증기의 비엔탈피(h_5)와 최후로 증발하는 냉매증기의 비엔탈피(h_4)의 평균값으로 하는 것이 타당하다. 즉

$$h_3' = \frac{h_5 + h_4}{2} \tag{10-5-3}$$

> **예제 10-3** 앞의 예제 10-2와 같은 경우 재생기에서 재생되는 냉매증기의 비엔탈피를 구하여라.
>
> **풀이** (1) 최초로 재생되는 냉매증기의 비엔탈피 : h_5'
> 예제 10-2의 풀이 (3)에서 재생이 시작되는 묽은 용액의 온도가 $t_5=81.7℃$이고 농도가 $\xi_1=46.7\%$ 이므로 표 10-2에서 최초로 재생되는 냉매증기의 온도를 구하면 $t_5'=59.9℃$이다.
> 따라서 부록 (R-718 포화증기표 온도기준)에서 보간법으로 비엔탈피를 계산하면
>
> $$h_5' = 2607 + (2609-2607) \times \frac{59.9-59}{60-59} = 2608.8 \text{ kJ/kg}$$
>
> (2) 최후로 재생되는 냉매증기의 비엔탈피 : h_4'
> 예제 10-2의 풀이 (5)에서 재생이 완료된 진한 용액의 농도가 $\xi_2=54\%$이고 온도가 $t_4=95℃$ 이므로 표 10-2에서 최후로 재생되는 냉매증기의 온도(t_4')를 구하면 $t_4'=59.8℃$이다. 그러므로 역시 부록을 이용하여 냉매증기의 비엔탈피를 계산하면
>
> $$h_4' = 2607 + (2609-2607) \times \frac{59.8-59}{60-59} = 2608.6 \text{ kJ/kg}$$
>
> 따라서 재생기에서 재생되는 냉매증기의 비엔탈피 h_3'은 식 (10-5-3)에서
>
> $$h_3' = \frac{h_5+h_4}{2} = \frac{2608.8+2608.6}{2} = 2608.7 \text{ kJ/kg}$$
>
> ※ 참고로 h_3'은 부록 (R-718 포화증기표 온도기준)에서 응축압력 $P_c=20$ kPa에 해당하는 포화증기의 비엔탈피와 같음을 알 수 있다.

5-2-3 재생기에서의 가열량

재생기로 유입되는 묽은 용액($\dot{m}$ kg/h)의 비엔탈피가 h_7 kJ/kg, 재생기를 나가는 진한 용액($\dot{m}-\dot{m}_v$ kg/h)의 엔탈피가 h_4 kJ/kg, 재생되는 냉매증기($\dot{m}_v$ kg/h)의 비엔탈피가 h_3'이므로 재생기에서의 열손실이 없다고 가정하면 재생기에 공급해야 할 열량(Q_g kJ/h)은

$$\dot{m}h_7 + Q_g = \dot{m}_v h_3' + (\dot{m}-\dot{m}_v)h_4$$

의 관계로부터

$$Q_g = \dot{m}_v(h_3'-h_4) + \dot{m}(h_4-h_7) \tag{10-5-4}$$

그러므로 재생기에서 증발하는 냉매증기 1 kg당 가열량(q_g kcal/kg)은 식 (10-5-2)와 식 (10-5-4)에서

$$q_g = h_3' + (f-1)h_4 - fh_7 \tag{10-5-5}$$

5-2-4 열교환기에서의 교환열량

그림 10-6에서 열교환기 입구의 상태가 2′이므로 재생기 펌프의 소요일은 $(h_2{'}-h_2)$로 나타낼 수 있으나 소요일이 매우 작아 무시하여도 좋다. 따라서 그림 10-10과 같이 열교환기 입구의 상태를 2라 한다. 흡수기로부터 재생기로 가는 묽은 용액 측의 열교환기 입, 출구 비엔탈피가 각각 h_2, h_7, 유량이 $\dot{m}$ kg/h이고, 재생기로부터 흡수기로 가는 진한 용액 측의 입, 출구 비엔탈피가 각각 h_4, h_8, 유량이 $(\dot{m}-\dot{m}_v)$ kg/h 이므로 열교환기에서의 교환열량(Q_{he} kJ/h)은 다음 식과 같다.

$$Q_{he} = \dot{m}(h_7 - h_2) = (\dot{m}-\dot{m}_v)(h_4 - h_8) \tag{10-5-6}$$

그러므로 재생기에서 증발하는 냉매증기 1 kg당 열교환기에서의 교환열량(q_{he} kJ/kg)은 아래와 같다.

$$q_{he} = f(h_7 - h_2) = (f-1)(h_4 - h_8) \tag{10-5-7}$$

> **예제 10-4** 앞의 예제 10-2에서 혼합용액의 순환비를 구하여라.
>
> **[풀이]** 예제 10-2의 풀이에서 묽은 용액과 진한 용액의 농도가 각각 $\xi_1 = 46.7\%$, $\xi_2 = 54\%$ 이므로 식 (10-5-2)로부터 순환비는
>
> $$f = \frac{\xi_2}{\xi_2 - \xi_1} = \frac{54}{54 - 46.7} = 7.397 \text{ (kg/kg)}$$

> **예제 10-5** 앞의 예제 10-2와 같은 조건하에서 열교환기 출구에서의 진한 용액 온도가 60℃일 때 다음을 구하여라.
> (1) 냉매증기 1 kg당 열교환기에서의 교환열량
> (2) 열교환기 출구에서 묽은 용액의 비엔탈피
> (3) 열교환기 출구에서 묽은 용액의 온도
> (4) 냉매증기 1 kg당 재생기에서의 가열량
>
> **[풀이]** (1) 재생 냉매증기 1 kg당 열교환기에서의 교환열량
> $t_8 = 60℃$이고 예제 10-2의 풀이에서 $\xi_2 = 54\%$ 이므로 열교환기 출구에서 진한 용액의 비엔탈피(h_8)를 표 10-2를 이용하여 구하면
>
> $$h_8 = 125.8 + (134.7 - 125.8) \times \frac{54-50}{55-50} = 132.9 \text{ kJ/kg}$$
>
> 한편, 예제 10-4에서 순환비가 $f = 7.397$ 이고 예제 10-2에서 $h_4 = 206.9$ kJ/kg 이므로 열교환기에서의 교환열량 q_{he}는 식 (10-5-7)에서
>
> $$q_{he} = (f-1)(h_4 - h_8) = (7.397-1) \times (206.9 - 132.9) = 473.4 \text{ kJ/kg}$$

(2) 열교환기 출구에서 묽은 용액의 비엔탈피
 식 (10-5-7)에서 h_7은
$$h_7 = h_2 + \frac{f-1}{f}(h_4 - h_8) = 69.4 + \frac{7.397-1}{7.397} \times (206.9 - 132.9) = 133.4 \text{ kJ/kg}$$

(3) 열교환기 출구에서 묽은 혼합용액의 온도
 $\xi_1 = 46.7\%$이고 $h_7 = 133.4$ kJ/kg 이므로 표 10-2에서 보간법으로 온도를 구하면

용액온도	용액의 농도(질량%)		
(t ℃)	45	$\xi_1 = 46.7$	50
60	125.8	125.8	125.8
t_7		$h_7 = 133.4$	
70	148.9	148.6	148.0

$\dfrac{t_7 - 60}{70 - 60} = \dfrac{133.4 - 125.8}{148.6 - 125.8}$ 에서 t_7은

$$t_7 = 60 + (70 - 60) \times \frac{133.4 - 125.8}{148.6 - 125.8} = 63.3 \text{℃}$$

(4) 냉매증기 1 kg당 재생기에서의 가열량
 예제 10-3에서 $h_3' = 2608.7$ kJ/kg 이므로 식 (10-5-5)에서 가열량은
$$\begin{aligned}q_g &= h_3' + (f-1)h_4 - fh_7 = 2608.7 + (7.397 - 1) \times 206.9 - 7.397 \times 133.4 \\ &= 2945.5 \text{ kJ/kg}\end{aligned}$$

5-2-5 흡수기에서의 방열량(제거열량)

재생기에서 흡수기로 유입되는 $(\dot{m} - \dot{m}_v)$ kg/h의 진한 용액(상태점 8)의 비엔탈피가 h_8, 증발기에서 흡수기로 유입되는 $\dot{m}_v$ kg/h의 냉매증기(수증기)의 비엔탈피가 h_1'이며 흡수기에서 재생기로 유출되는 $\dot{m}$ kg/h의 묽은 용액의 비엔탈피가 h_2이므로 냉각수에 의해 흡수기에서 제거되는 열량(Q_a kJ/h)은

$$(\dot{m} - \dot{m}_v)h_8 + \dot{m}_v h_1' = \dot{m} h_2 + Q_a$$

의 관계로부터

$$Q_a = (\dot{m} - \dot{m}_v)h_8 + \dot{m}_v h_1' - \dot{m} h_2 \tag{10-5-8}$$

식 (10-5-8)의 양변을 $\dot{m}_v$로 나누면 재생기에서 증발하는 냉매증기 1kg당 흡수기에서의 제거열량(q_a kJ/kg)은 다음과 같다.

$$q_a = (f-1)h_8 + h_1' - fh_2 \tag{10-5-9}$$

5-2-6 응축기에서의 방열량

응축기로 유입되는 $\dot{m}_v$ kg/h의 냉매증기(수증기)의 비엔탈피가 $h_3{'}$이고 응축기에서 유출되는 냉매액(물)의 비엔탈피가 h_3이므로 응축기에서의 방열량(Q_H kJ/h)은

$$Q_H = \dot{m}_v(h_3{'} - h_3) = \frac{\dot{m}}{f}(h_3{'} - h_3) \tag{10-5-10}$$

따라서 재생기에서 증발하는 냉매증기 1 kg당 응축기의 방열량(q_H kJ/kg)은 다음과 같다.

$$q_H = h_3{'} - h_3 \tag{10-5-11}$$

식 (10-5-10)과 (10-5-11)에서 h_3은 부록의 R-718(H_2O) 포화증기표를 이용하여 구한다.

> **≫ 예제 10-6** 앞의 예제 10-2에서 응축냉매 1kg당 응축기에서의 방열량을 구하여라.
>
> **풀이** 응축압력이 $P_c = 20$ kPa이므로 부록 (R-718 포화증기표 압력기준)에서 응축 후 냉매액의 비엔탈피가 $h_3 = 251.4$ kJ/kg이고 예제 10-3에서 냉매증기의 비엔탈피가 $h_3{'} = 2608.8$ kJ/kg 이므로 응축냉매 1 kg당 응축기에서의 방열량은 식 (10-5-11)에 의해
> $$q_H = h_3{'} - h_3 = 2608.8 - 251.4 = 2357.4 \text{ kJ/kg}$$

5-2-7 증발기(냉각기)에서의 흡열량

응축된 냉매액(물)이 3의 상태(응축압력)로 증발기(냉각기)로 유입되어 그 중 일부가 증발하며 열을 흡수하므로 압력과 온도가 감소하며 엔탈피도 감소하여 1의 상태로 된다. 따라서 감압으로 인해 방출해야 할 열량은 $(h_3 - h_1)$ kJ/kg이다. 이와 같이 감압된 냉매액(상태 1)은 냉각물에서 온 온도가 높은 brine이나 주위로부터 흡열하여 상태 1$'$의 수증기로 증발하며 이 과정에서 흡수하는 열량은 $(h_1{'} - h_1)$ kJ/kg이다. 따라서 증발기 안에서 냉매가 흡수하는 열량(Q_L kJ/h)은 증발에 필요한 열량$(h_1{'} - h_1)$에서 감압에 필요한 방열량$(h_3 - h_1)$을 뺀 것과 같다. 증발기에서 냉매의 유량이 $\dot{m}_v$ kg/h 이므로 Q_L은 다음 식으로 된다.

$$Q_L = \dot{m}_v(h_1{'} - h_1) - \dot{m}_v(h_3 - h_1) = \dot{m}_v(h_1{'} - h_3) \tag{10-5-12}$$

냉매증기 1 kg당 증발기에 흡수하는 열량, 즉 냉동효과(q_L kJ/kg)는 다음과 같다.

$$q_L = h_1{'} - h_3 \tag{10-5-13}$$

이 식에서 냉매증기의 비엔탈피 $h_1{'}$은 부록의 H_2O 포화증기표에서 구한다. 상태점 1$'$, 상태점 1 및 상태점 3은 순수한 냉매만의 상태이므로 듀링 선도에서 용액의 농도가 $\xi = 0$인 선 위에 존재한다(5-1-3절 참조).

> **예제 10-7** 예제 10-2와 예제 10-5와 같은 조건에서 다음을 구하여라.
> (1) 증발 전, 후 냉매의 비엔탈피
> (2) 냉동효과
> (3) 냉매증기 1 kg당 흡수기에서의 방열량
>
> **풀이** (1) 증발 전, 후 냉매의 비엔탈피
> 증발압력이 $P_e = 2$ kPa이므로 부록 (R-718 포화증기표 압력기준)에서 증발 전, 후의 비엔탈피는 각각 $h_1 = 73.43$ kJ/kg, $h_1' = 2399$ kJ/kg
>
> (2) 냉동효과
> 예제 10-6에서 $h_3 = 251.4$ kJ/kg 이므로 식 (10-5-13)에 의해 냉동효과는
> $$q_L = h_1' - h_3 = 2399 - 251.4 = 2147.6 \text{ kJ/kg}$$
>
> (3) 냉매증기 1 kg당 흡수기에서의 방열량
> 예제 10-4에서 순환비가 $f = 7.397$, 예제 10-2에서 $h_2 = 69.4$ kJ/kg이고 예제 10-5에서 $h_8 = 132.9$ kJ/kg 이므로 식 (10-5-9)로부터 흡수기에서의 방열량은
> $$q_a = (f-1)h_8 + h_1' - fh_2 = (7.397 - 1) \times 132.9 + 2399 - 7.397 \times 69.4$$
> $$= 2735.8 \text{ kJ/kg}$$

5-2-8 단효용 흡수식 냉동사이클의 열균형과 성적률

열손실이 없다면 흡수식 냉동기에서 흡수하는 열량과 방출하는 열량의 합이 같아야 한다.

$$Q_L + Q_g = Q_H + Q_a \tag{10-5-14}$$

냉매증기 1 kg에 대해서는

$$q_L + q_g = q_H + q_a \tag{10-5-15}$$

한편, 흡수식 냉동기는 증기압축식 냉동기와 달리 열에너지를 공급하여 냉동작용을 하므로 구별할 필요가 있어 성적계수 대신 **성적률**(ratio of performance)이라 하며 **열효율**이라고 부르기도 한다. 흡수식 냉동기의 성적률을 ζ로 표기하면 다음의 식과 같다.

$$\zeta = \frac{Q_L}{Q_g} = \frac{q_L}{q_g} = \frac{h_1' - h_3}{h_3' + (f-1)h_4 - fh_7} \tag{10-5-16}$$

예제 10-8

예제 10-2에서 예제 10-7까지의 결과에 대한 열균형을 검토하고 이 냉동기의 성적률을 구하여라.

[풀이] 위의 예제들의 풀이에서

$q_L = 2147.6$ kJ/kg, $q_g = 2945.5$ kJ/kg, $q_H = 2357.4$ kJ/kg, $q_a = 2735.8$ kJ/kg

냉동기 전체 흡열량은 $q_L + q_g = 2147.6 + 2945.5 = 5093.1$ kJ/kg

냉동기 전체 방열량은 $q_H + q_a = 2357.4 + 2735.8 = 5093.2$ kJ/kg

따라서 흡열량과 방열량이 서로 같음을 알 수 있다.

그리고 성적률 ζ는 식 (10-5-16)에 의해

$$\zeta = \frac{q_L}{q_g} = \frac{2147.6}{2945.5} = 0.729$$

예제 10-9

냉동능력이 10 kW인 H_2O-LiBr 단효용 흡수냉동기의 조건이 아래와 같을 때 다음을 구하여라. 단, 펌프일은 모두 무시한다.

[조건] 1. 흡수기 입구와 출구에서 혼합용액의 온도가 각각 54℃, 30℃
2. 재생기 출구에서 혼합용액의 온도가 94℃
3. 증발압력과 응축압력이 각각 1 kPa, 10kPa

(1) 재생기 입구와 출구에서 용액의 농도 (2) 재생기 출구에서 용액의 비엔탈피
(3) 흡수기 입구에서 용액의 비엔탈피 (4) 냉매를 흡수하기 직전 용액의 비엔탈피
(5) 흡수기 출구에서 용액의 비엔탈피 (6) 재생기에서 증발 직전 용액의 비엔탈피
(7) 순환비 (8) 재생기 입구에서 용액의 비엔탈피
(9) 재생기에서 증발하는 수증기 비엔탈피 (10) 응축 후 비엔탈피
(11) 증발기에서 감압 후 비엔탈피 (12) 증발기에서 증발하는 수증기 비엔탈피
(13) 냉동효과 (14) 증발기에서 증발하는 냉매의 양
(15) 흡수기의 냉각열량 (16) 재생기의 가열량
(17) 응축기의 방열량 (18) 흡수기로 환원하는 용액의 양
(19) 성적률

[풀이] 모든 풀이는 앞의 예제 10-2~10-8과 같은 방법을 이용한다.

(1) 재생기 입구와 출구에서 용액의 농도(ξ_1, ξ_2)

그림 10-8에서 $P_e = 1$ kPa 선과 $t_2 = 30$℃ 선의 교점이 흡수기 출구인 상태점 2이고 상태점 2의 농도가 재생기 입구의 농도와 같으므로 묽은 용액의 농도는 $\xi_1 = 51.2\%$

$P_c = 10$ kPa 선과 $t_4 = 94$℃ 선의 교점이 흡수기 출구인 상태점 4이므로 재생기 출구의 진한 용액의 농도는 $\xi_2 = 60.9\%$

(2) 재생기 출구에서 용액의 비엔탈피(h_4)

표 10-2에서 $t_4 = 94$℃, $\xi_2 = 60.9\%$ 일 때 비엔탈피를 구하면 $h_4 = 224.0$ kJ/kg

(3) 흡수기 입구에서 용액의 비엔탈피(h_8)

표 10-2에서 $t_8 = 54$℃, $\xi_2 = 60.9\%$ 일 때 비엔탈피를 구하면 $h_8 = 147.3$ kJ/kg

(4) 냉매를 흡수하기 직전 용액의 비엔탈피(h_6)
 $P_e = 1$ kPa, $\xi_2 = 60.9\%$ 이므로 그림 10-8에서 먼저 상태점 6의 온도를 구하면 $t_6 = 48.8℃$ 이므로 표 10-2에서 $t_6 = 48.8℃$, $\xi_2 = 60.9\%$ 일 때 비엔탈피를 구하면 $h_6 = 137.5$ kJ/kg

(5) 흡수기 출구에서 용액의 비엔탈피(h_2)
 표 10-2에서 $t_2 = 30℃$, $\xi_1 = 51.2\%$ 일 때 비엔탈피를 구하면 $h_2 = 63.6$ kJ/kg

(6) 재생기에서 증발 직전 용액의 비엔탈피(h_5)
 $P_c = 10$ kPa, $\xi_1 = 51.2\%$ 이므로 그림 10-8에서 먼저 상태점 5의 온도를 구하면 $t_5 = 72.8℃$ 이므로 표 10-2에서 $t_5 = 72.8℃$, $\xi_1 = 51.2\%$ 일 때 비엔탈피를 구하면 $h_5 = 155.9$ kJ/kg

(7) 순환비(f) : 식 (10-5-2)에 의해
$$f = \frac{\xi_2}{\xi_2 - \xi_1} = \frac{60.9}{60.9 - 51.2} = 6.278 \text{ (kg/kg)}$$

(8) 재생기 입구에서 용액의 비엔탈피(h_7)
 열교환기에서의 교환열을 나타내는 식 (10-5-7)에서
$$h_7 = h_2 + \frac{f-1}{f}(h_4 - h_8) = 63.6 + \frac{6.278 - 1}{6.278} \times (224.0 - 147.3) = 128.1 \text{ kJ/kg}$$

(9) 재생기에서 증발하는 수증기 비엔탈피(h_3')
 ① 재생기에서 증발이 개시되는 혼합용액(상태 5) 중 물의 온도(t_5')는 표 10-2에서 용액의 온도가 $t_5 = 72.8℃$이고 농도가 $\xi_1 = 51.2\%$ 일 때 $t_5' = 44.9℃$이다. 따라서 부록(R-718 포화증기표 온도기준)에서 증발이 개시되는 물의 엔탈피는 $h_5' = 2581.9$ kJ/kg
 ② 재생기에서 마지막으로 증발하는 용액(상태 4) 중 물의 온도(t_4')는 용액의 온도가 $t_4 = 94℃$이고 농도가 $\xi_2 = 60.9\%$ 이므로 표 10-2에서 $t_4' = 45.7℃$이다. 따라서 부록에서 마지막으로 증발하는 물의 엔탈피는 $h_4' = 2583.4$ kJ/kg이다. 그러므로 재생기에서 증발하는 수증기 비엔탈피(h_3')는 식 (10-5-3)에 의해
$$h_3' = \frac{h_5 + h_4}{2} = \frac{2581.9 + 2583.4}{2} = 2582.7 \text{ kJ/kg}$$

 ※ 이 값은 부록 (R-718 포화증기표 압력기준)에서 $P_c = 10$ kPa일 때 포화증기의 비엔탈피 2584 kJ/kg과 차이가 없으므로 응축압력에 해당하는 증기의 엔탈피로 대체하여도 좋다.

(10) 응축 후 비엔탈피(h_3)
 $P_c = 10$ kPa 이므로 부록 (R-718 포화증기표 압력기준)에서 $h_3 = 191.8$ kJ/kg

(11) 증발기에서 감압 후 비엔탈피(h_1)
 $P_e = 1$ kPa 이므로 부록 (R-718 포화증기표 압력기준)에서 $h_1 = 29.3$ kJ/kg

(12) 증발기에서 증발하는 수증기 비엔탈피(h_1')
 $P_e = 1$ kPa 이므로 부록 (R-718 포화증기표 압력기준)에서 $h_1' = 2514$ kJ/kg

(13) 냉동효과(q_L) : 식 (10-5-13)에 의해
 $q_L = h_1' - h_3 = 2514 - 191.8 = 2322.2$ kJ/kg

(14) 증발기에서 증발하는 냉매의 양($\dot{m}_v$)

   냉동능력이 $Q_L = 10$ kW $= 36{,}000$ kJ/h 이므로 증발기에서 증발하는 냉매의 양 $\dot{m}_v$는

   $$\dot{m}_v = Q_L/q_l = 36{,}000/2322.2 = 15.503 \text{ kg/h}$$

(15) 흡수기의 냉각열량(Q_a) : 식 (10-5-8)을 변형하여 이용하면

   $$Q_a = (\dot{m} - \dot{m}_v)h_8 + \dot{m}_v h_1' - \dot{m} h_2 = \dot{m}_v\{(f-1)h_8 + h_1' - fh_2\}$$
   $$= 15.503 \times \{(6.278-1) \times 147.3 + 2514 - 6.278 \times 63.6\} = 44{,}837 \text{ kJ/h}$$

(16) 재생기의 가열량(Q_g) : 식 (10-5-5)를 변형하여 이용하면

   $$Q_g = \dot{m}_v q_g = \dot{m}_v\{h_3' + (f-1)h_4 - fh_7\}$$
   $$= 15.503 \times \{2582.7 + (6.278-1) \times 224.0 - 6.278 \times 128.1\} = 45{,}901 \text{ kJ/h}$$

(17) 응축기의 방열량(Q_H) : 식 (10-5-10)으로부터

   $$Q_H = \dot{m}_v(h_3' - h_3) = 15.503 \times (2582.7 - 191.8) = 37{,}066 \text{ kJ/h}$$

(18) 흡수기로 환원하는 용액의 양($m - m_v$)

   $$\dot{m} - \dot{m}_v = \dot{m}_v(f-1) = 15.503 \times (6.278-1) = 81.825 \text{ kg/h}$$

(19) 성적률(ζ) : 식 (10-5-16)에 의해

   $$\zeta = \frac{Q_L}{Q_g} = \frac{36{,}000}{45{,}901} = 0.784$$

이상의 결과를 듀링 선도에 사이클로 나타내면 아래 그림 10-12와 같다.

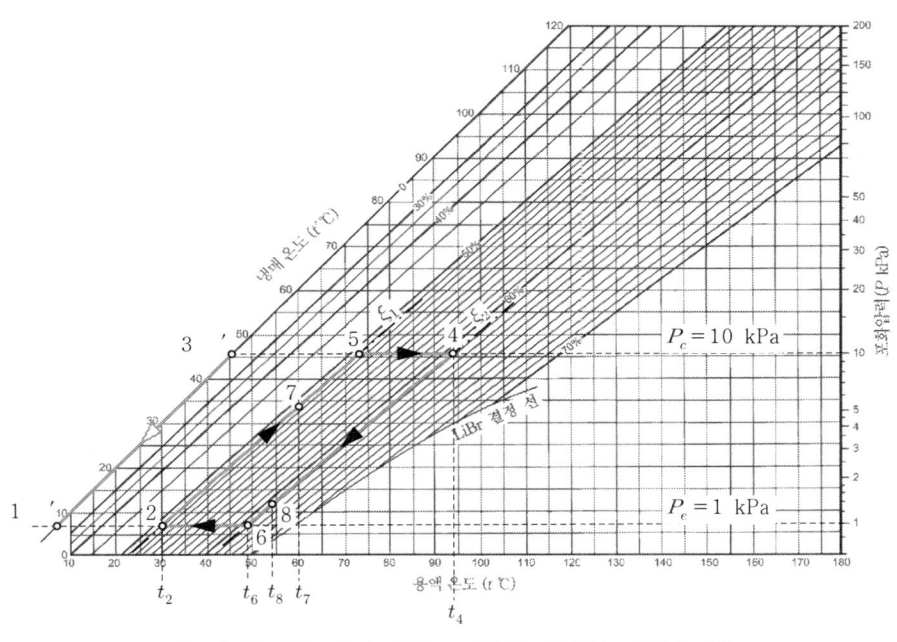

[그림 10-12] H_2O-LiBr 단효용 흡수식 냉동사이클

6 다중효용 흡수식 냉동기

단효용 흡수식 냉동기의 실질적인 성적률은 최대 0.7~0.8로 매우 낮은 편으로 성적률을 높이기 위해서는 재생기에 공급하는 열량을 줄이거나 응축기에서 버리는 열량을 줄여야 한다. 이를 위해 응축기에서 버리는 열을 일부 회수하여 재생기에 공급할 수 있도록 응축열을 회수하는 재생기를 하나 더 설치하면 성적률을 높일 수 있다. 즉 재생기에서 발생하는 수증기를 응축기로 바로 보내지 않고 열회수용 재생기에서 일차 농축된 혼합용액이나 따로 공급되는 일부의 묽은 용액을 가열하여 진한 용액으로 재생하도록 하는 방법이 제안되었다. 이 방법을 이용하면 성적률이 1.1 이상으로 높아진다. 이렇게 재생기를 2개 이상 설치한 것을 **다중효용 흡수식 냉동기**(multi effect absorption refrigerator)라 하며 열교환기도 재생기 수만큼 설치된다. 재생기를 설치하는 방법에 따라 혼합용액의 사이클이 결정되며 직렬형(series type), 병렬형(parallel type), 혼합형(combination type), 역류형(reverse flow type) 등이 있다.

6-1 H_2O-LiBr 2중효용 흡수식 냉동기

단효용 흡수식 냉동기에 응축열 회수를 위한 재생기와 열교환기를 하나씩 더 설치한 것을 **2중효용 흡수식 냉동기**(double effect absorption refrigerator)라 하며 온도가 높은 쪽을 고온재생기, 고온열교환기라 한다.

6-1-1 직렬형 2중효용 흡수식 냉동기의 작동원리

직렬형 2중효용 흡수식 냉동기는 그림 10-13과 같이 고온열교환기를 사이에 두고 고온재생기와 저온재생기가 직렬로 연결된 것으로 병렬형보다 먼저 개발되어 아직도 많이 사용하고 있는 형식이다. 이 형식은 구조가 단순하며 운전조작이 비교적 쉬운 반면 흡수제인 LiBr이 결정화(結晶化, crystallization) 가능성이 높은 저온열교환기에서 용액의 농도가 높고 저온열교환기에 비해 고온열교환기 용량이 커지는 단점이 있다.

그림 10-13은 직렬형 2중효용 흡수식 냉동사이클을 듀링 선도에 나타낸 것으로 작동원리는 다음과 같다.

A. 혼합용액 사이클

(1) 과정 11-2 : 진한 혼합용액(농도 ξ_2)이 흡수기에서 정압(P_e)하에 냉매(수증기)를 흡수하여 묽은 용액(농도 ξ_1)으로 되는 과정으로 냉각수로 냉각한다.

(2) 과정 2-3 : 묽은 용액(ξ_1)이 저온열교환기에서 흡열하여 온도가 상승하는 과정

(3) 과정 3-4 : 묽은 용액(ξ_1)이 고온열교환기에서 흡열하여 온도가 상승하는 과정

(4) 과정 4-5 : 묽은 용액(ξ_1)이 고온재생기로 유입되어 가열용 증기관과 뜨거운 혼합용액으로부터 흡열하여 비등점까지 가열되는 과정

(5) 과정 5-6 : 고온재생기로 유입되어 비등점에 이른 묽은 용액(ξ_1)이 정압($P_{he,h}$)하에 계속 흡열하여 용액 속의 물을 증발시키며 농도가 점점 증가하여 중간 농도(ξ_3)의 진한 용액으로 농축되는 과정

(6) 과정 6-7 : 중간 농도(ξ_3)의 진한 용액이 고온열교환기에서 방열, 냉각되어 온도가 강하하는 과정

(7) 과정 7-8 : 중간 농도(ξ_3)의 진한 용액이 저온재생기에 유입되어 방열하는 과정으로 감압장치에 의해 응축압력(P_c)까지 압력이 강하한다.

(8) 과정 8-9 : 중간 농도(ξ_3)의 진한 용액이 정압(P_c)하에 고온재생기로부터 오는 수증기로부터 응축열을 흡수하며 용액 속의 물을 증발시켜 농도(ξ_2)가 진한 용액으로 농축되는 과정

(9) 과정 9-10 : 농도(ξ_2)가 진한 용액이 저온열교환기에서 방열, 냉각되어 온도가 강하하는 과정

(10) 과정 10-11 : 흡수기로 유입된 농도(ξ_2)가 진한 용액이 냉각되어 온도가 강하하고 감압장치에 의해 증발압력(P_e)까지 감압되는 과정

B. 냉매(H_2O)만의 사이클

(1) 과정 12′-12 : 고온재생기에서 묽은 용액으로부터 증발한 수증기가 저온재생기에서 중간 농도(ξ_3)의 진한 용액에 의해 방열(증발열)하며 포화수로 응축되는 과정으로 이론적으로 등압($P_{he,h}$), 등온(t_{12})하에 이루어지므로 $\xi=0$인 선 위에서는 두 점이 겹친다.

(2) 과정 13′-13 : 저온재생기에서 중간 농도(ξ_3)의 진한 용액으로부터 증발된 수증기가 응축기에서 응축되는 과정

(3) 과정 12-13 : 저온재생기에서 응축된 포화수가 감압되어 응축압력(P_c)으로 되는 과정

(4) 과정 13-1 : 응축된 냉매액(물)이 증발기에서 증발압력으로 감압된 후 정압(P_e)하에 흡열하여 증발하는 과정으로 이론적으로 5-1-3절의 과정 (2)와 (3)이 동시에 이루어진다.

6-1-2 직렬형 2중효용 흡수식 냉동사이클의 열계산

A. 순환비

직렬형 2중효용 흡수식 냉동사이클의 순환비(f)는 응축냉매 1 kg을 증발시키기 위해 고온 재생기에 공급하여야 할 혼합용액의 양으로 정의하며 다음의 식과 같다.

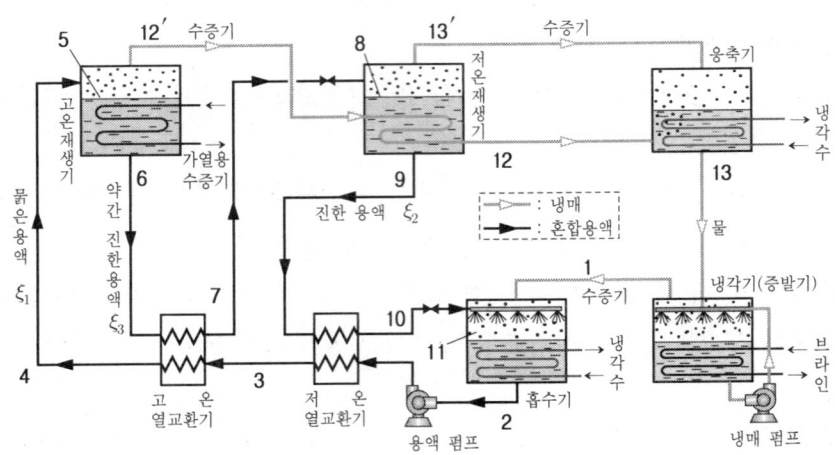

[그림 10-13] H_2O-LiBr 2중효용(직렬형) 흡수식 냉동기 개략도

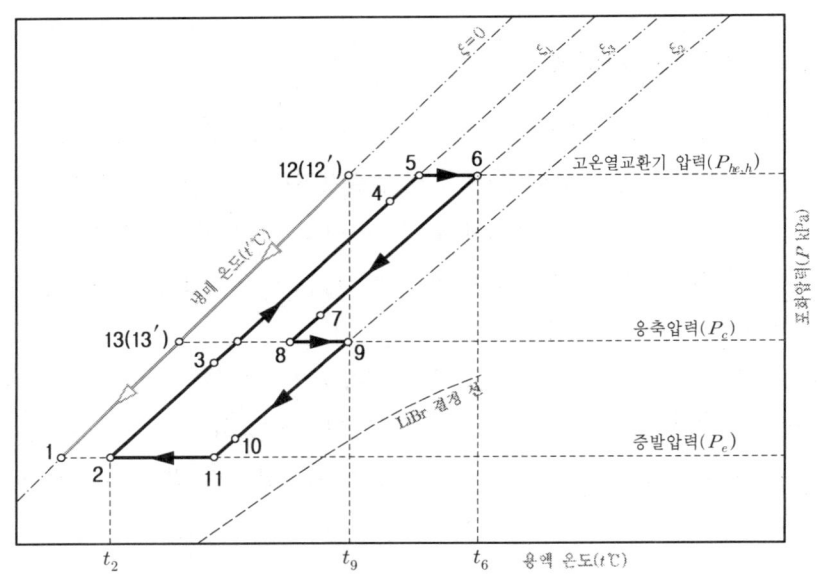

[그림 10-14] H_2O-LiBr 2중효용(직렬형) 흡수식 냉동사이클

$$f = \frac{\dot{m}}{\dot{m}_v} = \frac{\dot{m}}{\dot{m}_{v,h} + \dot{m}_{v,l}} \tag{10-6-1}$$

여기서, $\dot{m}$: 흡수기 출구에서의 묽은 혼합용액의 유량(kg/h)
  $\dot{m}_{v,h}$: 고온재생기에서 증발되는 냉매(수증기)의 유량(kg/h)
  $\dot{m}_{v,l}$: 저온재생기에서 증발되는 냉매(수증기)의 유량(kg/h)

한편, 고온재생기와 저온재생기를 출입하는 LiBr의 양이 같으므로

$$\dot{m}\xi_1 = (\dot{m} - \dot{m}_{v,h})\xi_3 \cdots \text{(a)}$$
$$(\dot{m} - \dot{m}_{v,h})\xi_3 = \{\dot{m} - (\dot{m}_{v,h} + \dot{m}_{v,l})\}\xi_2 \cdots \text{(b)}$$

식 (a)에서 고온재생기에서 증발하는 냉매의 양($\dot{m}_{v,h}$)은

$$\dot{m}_{v,h} = \dot{m}\left(\frac{\xi_3 - \xi_1}{\xi_3}\right) = f\dot{m}_v\left(\frac{\xi_3 - \xi_1}{\xi_3}\right) \tag{10-6-2}$$

식 (a)와 식 (b)에서 저온재생기에서 증발하는 냉매의 양($\dot{m}_{v,l}$)은 아래와 같다.

$$\dot{m}_{v,l} = \dot{m}\left(\frac{\xi_1}{\xi_3}\right)\left(\frac{\xi_2 - \xi_3}{\xi_2}\right) = f\dot{m}_v\left(\frac{\xi_1}{\xi_3}\right)\left(\frac{\xi_2 - \xi_3}{\xi_2}\right) \tag{10-6-3}$$

B. 고온재생기에서의 가열량

고온재생기에서의 열손실이 없다고 가정하면 재생기에 공급해야 할 열량($Q_{g,h}$ kJ/h)은

$$\dot{m}h_4 + Q_{g,h} = \dot{m}_{v,h}h_{12}' + (\dot{m} - \dot{m}_{v,h})h_6$$

의 관계로부터

$$Q_{g,h} = \dot{m}_{v,h}(h_{12}' - h_6) + \dot{m}(h_6 - h_4) \tag{10-6-4}$$

그러므로 응축냉매 1 kg당 고온재생기에서의 가열량(q_g kcal/kg)은

$$q_{g,h} = f\left(\frac{\xi_3 - \xi_1}{\xi_3}\right)(h_{12}' - h_6) + f(h_6 - h_4) \tag{10-6-5}$$

C. 저온재생기에서의 교환열량

고온재생기에서 증발한 수증기($\dot{m}_{v,h}$)가 고온재생기에서 농축되어 저온재생기로 유입되는

혼합용액($\dot{m}-\dot{m}_{v,h}$)에 방열, 응축되며 교환하는 열량($Q_{he,l}$ kJ/h)은

$$Q_{he,l} = (\dot{m}-\dot{m}_{v,h})(h_9 - h_7) = \dot{m}_{v,h}(h_{12}' - h_{12}) \tag{10-6-6}$$

그러므로 응축냉매 1 kg당 저온재생기에서의 교환열량($q_{he,l}$ kcal/kg)은 아래와 같다.

$$q_{he,l} = f\left(\frac{\xi_1}{\xi_3}\right)(h_9 - h_7) = f\left(\frac{\xi_3 - \xi_1}{\xi_3}\right)(h_{12}' - h_{12}) \tag{10-6-7}$$

D. 열교환기에서의 교환열량

고온열교환기와 저온열교환기에서의 교환열량을 각각 $Q_{he,h}$ kJ/h, $Q_{he,l}$ kJ/h라 하면

$$\left.\begin{array}{l} Q_{he,h} = \dot{m}(h_4 - h_3) = (\dot{m}-\dot{m}_{v,h})(h_6 - h_7) \\ Q_{he,l} = \dot{m}(h_3 - h_2) = (\dot{m}-\dot{m}_{v,h}-\dot{m}_{v,l})(h_9 - h_{10}) \end{array}\right\} \tag{10-6-8}$$

응축냉매 1 kg당 고온열교환기에서의 교환열량과 저온열교환기에서의 교환열량을 각각 $q_{he,h}$ kJ/kg, $q_{he,l}$ kJ/kg이라 하면

$$\left.\begin{array}{l} q_{he,h} = f(h_4 - h_3) = f(\xi_1/\xi_3)(h_6 - h_7) \\ q_{he,l} = f(h_3 - h_2) = f(\xi_1/\xi_2)(h_9 - h_{10}) \end{array}\right\} \tag{10-6-9}$$

E. 흡수기에서의 방열량

열손실이 없다고 가정할 때 냉각수에 의해 흡수기에서 제거되는 열량(Q_a kJ/h)은

$$(\dot{m}-\dot{m}_{v,h}-\dot{m}_{v,l})h_{10} + (\dot{m}_{v,h}+\dot{m}_{v,l})h_1 = \dot{m}h_2 + Q_a$$

의 관계로부터

$$Q_a = (\dot{m}-\dot{m}_{v,h}-\dot{m}_{v,l})h_{10} + (\dot{m}_{v,h}+\dot{m}_{v,l})h_1 - \dot{m}h_2 \tag{10-6-10}$$

따라서 응축냉매 1kg당 흡수기에서의 제거열량(q_a kJ/kg)은 다음과 같다.

$$q_a = f(\xi_1/\xi_2)h_{10} + h_1 - fh_2 \tag{10-6-11}$$

F. 응축기에서의 방열량

고온재생기에서 증발한 수증기($\dot{m}_{v,h}$)는 저온재생기에서 혼합용액과 열교환하며 응축됨으

로 저온재생기에서 증발한 수증기($\dot{m}_{v,l}$)만 응축기에서 응축된다. 따라서 냉각수에 의해 응축기에서 방출하는 열량(Q_H kJ/h)은

$$Q_H = \dot{m}_{v,l}(h_{13}' - h_{13}) = \dot{m}\left(\frac{\xi_1}{\xi_3}\right)\left(\frac{\xi_2 - \xi_3}{\xi_2}\right)(h_{13}' - h_{13}) \tag{10-6-12}$$

따라서 응축냉매 1 kg당 응축기의 방열량(q_H kJ/kg)은 다음과 같다.

$$q_H = f\left(\frac{\xi_1}{\xi_3}\right)\left(\frac{\xi_2 - \xi_3}{\xi_2}\right)(h_{13}' - h_{13}) \tag{10-6-13}$$

G. 증발기에서의 흡열량

응축 냉매($\dot{m}_{v,h} + \dot{m}_{v,l}$ kg/h)가 증발기에서 흡수하는 열량(Q_L kg/h)은

$$Q_L = \dot{m}_v(h_{13} - h_1) = (\dot{m}_{v,h} + \dot{m}_{v,l})(h_{13} - h_1) \tag{10-6-14}$$

이며 응축냉매 1 kg당 증발기에서 흡수하는 열량, 즉 냉동효과(q_L kJ/kg)는 다음과 같다.

$$q_L = h_{13} - h_1 \tag{10-6-15}$$

H. 이론 성적률

2중효용(직렬형) 흡수식 냉동기의 성적률(ζ)은 다음과 같다.

$$\zeta = \frac{Q_L}{Q_g} = \frac{q_L}{q_g} = \frac{h_{13} - h_1}{f\{(\xi_3 - \xi_1)/\xi_3\}(h_{12}' - h_6) + f(h_6 - h_4)} \tag{10-6-16}$$

6-1-3 병렬형 2중효용 흡수식 냉동기의 작동원리

그림 10-15와 같이 병렬형은 고온열교환기와 저온열교환기 사이에 저온재생기를 병렬연결한 것이다. 직렬형에 비해 혼합용액의 온도가 낮고 흡수기로 환원되는 진한 용액의 농도가 낮아 흡수제(LiBr)의 결정화 면에서 직렬형보다 유리하다. 그러나 구조가 복잡하고 고온재생기와 저온재생기로의 혼합용액의 균등한 이송의 어려움과 고온재생기 출구온도 상승으로 인한 부식 등의 단점이 있다.

그림 10-16은 병렬형 2중효용 흡수식 냉동사이클을 듀링 선도에 나타낸 것이다. 냉매만의 사이클은 직렬형과 같으므로 생략하고 혼합용액 사이클만 설명한다.

(1) 과정 11-2 : 진한 혼합용액(농도 ξ_2)이 흡수기에서 정압(P_e)하에 냉매(수증기)를 흡수하여 묽은 용액(농도 ξ_1)으로 희석되는 과정으로 냉각수로 냉각한다.

(2) 과정 2-3 : 묽은 용액(ξ_1)이 저온열교환기에서 흡열하여 온도가 상승하는 과정

(3) 과정 3-4 : 묽은 용액(ξ_1) 중 일부(약 1/2)가 고온열교환기에서 흡열하여 온도가 상승하는 과정

(4) 과정 4-5 : 묽은 용액(ξ_1)이 고온재생기로 유입되어 가열용 증기관과 뜨거운 혼합용액으로부터 흡열하여 비등점까지 가열되는 과정

(5) 과정 5-6 : 비등점에 이른 묽은 용액(ξ_1)이 정압($P_{he,h}$)하에 흡열하여 용액 속의 물을 증발시키며 농도가 점점 증가하여 최고 농도(ξ_3)의 진한 용액으로 농축되는 과정

(6) 과정 6-7 : 아주 진한 농도(ξ_3)의 용액이 고온열교환기에서 방열, 냉각되는 과정

(7) 과정 7-9 : 고온열교환기를 나온 아주 진한 용액(농도 ξ_3)이 저온재생기에서 농축된 중간 농도의 진한 용액(농도 ξ_4)과 혼합되며 냉각되는 과정

(8) 과정 9-10 : 농도(ξ_2)가 진한 용액이 저온열교환기에서 방열, 냉각되어 온도가 강하하는 과정

(9) 과정 10-11 : 흡수기로 유입된 농도(ξ_2)가 진한 용액이 냉각되어 온도가 강하하고 감압장치에 의해 증발압력(P_e)까지 감압되는 과정

(10) 과정 3-3$_a$: 나머지 절반의 묽은 용액(ξ_1)이 저온재생기로 유입, 흡열하며 비등점까지 가열되는 과정

(11) 과정 3$_a$-8 : 저온재생기에서 비등점에 이른 묽은 용액이 정압(P_c)하에 흡열하며 용액 속의 물을 증발시켜 농도가 점점 증가하여 중간 농도의 진한 용액(농도 ξ_4)으로 농축되는 과정

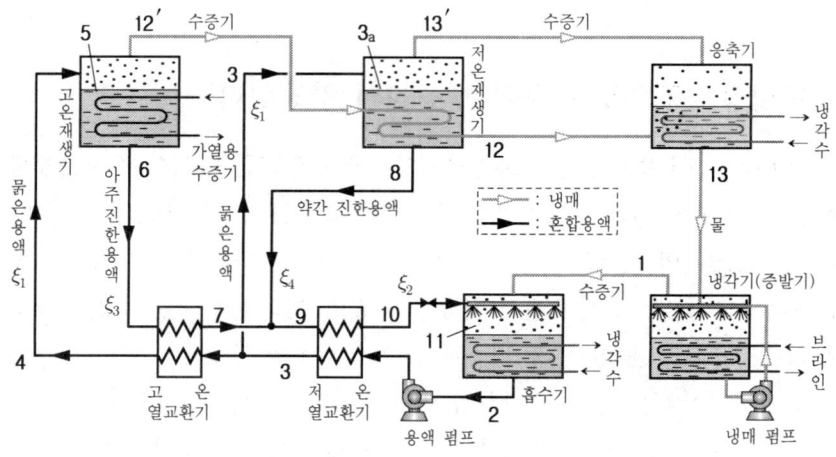

[그림 10-15] H$_2$O-LiBr 2중효용(병렬형) 흡수식 냉동기 개략도

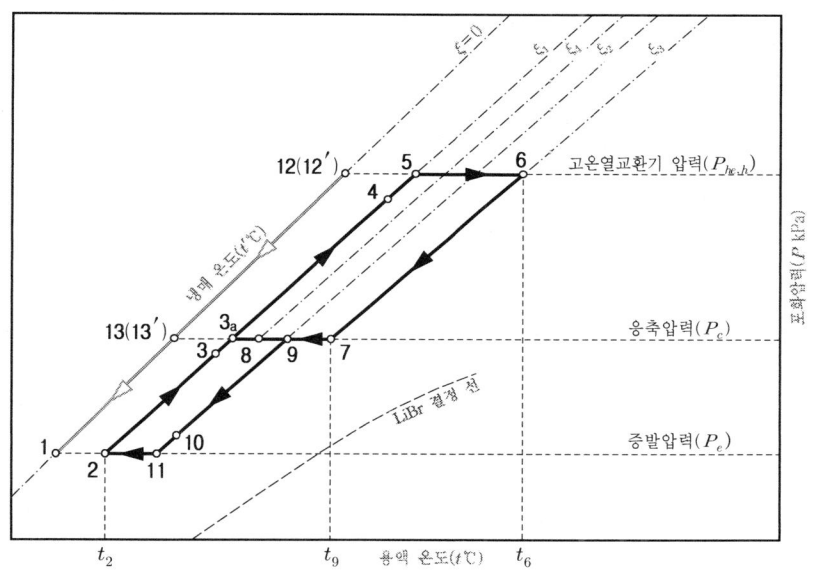

[그림 10-16] H_2O-LiBr 2중효용(병렬형) 흡수식 냉동사이클

(12) 과정 8-9 : 저온재생기에서 재생된 농도가 ξ_4인 용액이 고온열교환기에서 온 절반의 아주 진한 용액(농도 ξ_3)과 혼합되며 열을 흡수하여 온도가 상승하고 농도가 ξ_2로 증가하는 과정

6-1-4 병렬형 2중효용 흡수식 냉동기의 열계산

A. 순환비

병렬형 2중효용 흡수식 냉동사이클의 순환비(f)는 응축냉매 1 kg을 증발시키는데 고온재생기와 저온재생기에 공급하여야 할 혼합용액의 양으로 정의하며 식 (10-6-1)과 같다.

$$f = \frac{\dot{m}}{\dot{m}_v} = \frac{\dot{m}}{\dot{m}_{v,h} + \dot{m}_{v,l}} \tag{10-6-1}$$

한편, 고온재생기와 저온재생기를 출입하는 혼합용액이 정확히 같다고 가정하면 각각의 재생기를 출입하는 LiBr의 양이 같고 흡수기를 출입하는 LiBr의 양도 같아야 하므로

$$(\dot{m}/2)\xi_1 = \{(\dot{m}/2) - \dot{m}_{v,h}\}\xi_3 \cdots \text{(c)}$$
$$(\dot{m}/2)\xi_1 = \{(\dot{m}/2) - \dot{m}_{v,l}\}\xi_4 \cdots \text{(d)}$$
$$\{(\dot{m}/2) - \dot{m}_{v,h}\}\xi_3 + \{(\dot{m}/2) - \dot{m}_{v,l}\}\xi_4 = \dot{m}\xi_2 \cdots \text{(e)}$$

식 (c)와 (d)에서 고온재생기와 저온재생기에서 증발하는 냉매의 양은 각각

$$\dot{m}_{v,h} = \frac{\dot{m}}{2}\left(\frac{\xi_3 - \xi_1}{\xi_3}\right) = \frac{f\dot{m}_v}{2}\left(\frac{\xi_3 - \xi_1}{\xi_3}\right) \tag{10-6-17}$$

$$\dot{m}_{v,l} = \frac{\dot{m}}{2}\left(\frac{\xi_4 - \xi_1}{\xi_4}\right) = \frac{f\dot{m}_v}{2}\left(\frac{\xi_4 - \xi_1}{\xi_4}\right) \tag{10-6-18}$$

B. 고온재생기에서의 가열량

고온재생기에서의 열손실이 없다고 가정하면 재생기에 공급해야 할 열량($Q_{g,h}$ kJ/h)은

$$\frac{\dot{m}}{2}h_4 + Q_{g,h} = \dot{m}_{v,h}h_{12}' + \left(\frac{\dot{m}}{2} - \dot{m}_{v,h}\right)h_6$$

으로부터

$$Q_{g,h} = \dot{m}_{v,h}(h_{12}' - h_6) + \frac{\dot{m}}{2}(h_6 - h_4) \tag{10-6-19}$$

그러므로 응축냉매 1 kg당 고온재생기에서의 가열량($q_{g,h}$ kcal/kg)은

$$q_{g,h} = \frac{f}{2}\left(\frac{\xi_3 - \xi_1}{\xi_3}\right)(h_{12}' - h_6) + \frac{f}{2}(h_6 - h_4) \tag{10-6-20}$$

C. 저온재생기에서의 교환열량

고온재생기에서 증발한 수증기($\dot{m}_{v,h}$)가 저온재생기에서 혼합용액($\dot{m}/2$)에 방열, 응축되며 교환하는 열량($Q_{he,l}$ kJ/h)은

$$Q_{he,l} = \frac{\dot{m}}{2}(h_8 - h_3) = \dot{m}_{v,h}(h_{12}' - h_{12}) \tag{10-6-21}$$

그러므로 응축냉매 1 kg당 저온재생기에서의 교환열량($q_{he,l}$ kcal/kg)은 아래와 같다.

$$q_{he,l} = \frac{f}{2}(h_8 - h_3) = \frac{f}{2}\left(\frac{\xi_3 - \xi_1}{\xi_3}\right)(h_{12}' - h_{12}) \tag{10-6-22}$$

D. 열교환기에서의 교환열량

고온열교환기와 저온열교환기에서의 교환열량을 각각 $Q_{he,h}$ kJ/h, $Q_{he,l}$ kJ/h라 하면

$$Q_{he,h} = \frac{\dot{m}}{2}(h_4 - h_3) = \left(\frac{\dot{m}}{2} - \dot{m}_{v.h}\right)(h_6 - h_7) \\ Q_{he,l} = \dot{m}(h_3 - h_2) = (\dot{m} - \dot{m}_{v.h} - \dot{m}_{v.l})(h_9 - h_{10}) \Big\}$$ (10-6-23)

응축냉매 1 kg당 고온열교환기에서의 교환열량과 저온열교환기에서의 교환열량을 각각 $q_{he,h}$ kJ/kg, $q_{he,l}$ kJ/kg이라 하면

$$q_{he,h} = \frac{f}{2}(h_4 - h_3) = \frac{f}{2}\left(\frac{\xi_1}{\xi_3}\right)(h_6 - h_7) \\ q_{he,l} = \frac{f}{2}(h_3 - h_2) = \frac{f}{2}\left(\frac{\xi_1}{\xi_2}\right)(h_9 - h_{10}) \Big\}$$ (10-6-24)

E. 흡수기에서의 방열량

열손실이 없다고 가정할 때 냉각수에 의해 흡수기에서 제거되는 열량(Q_a kJ/h)은

$$(\dot{m} - \dot{m}_{v,h} - \dot{m}_{v,l})h_{10} + (\dot{m}_{v,h} + \dot{m}_{v,l})h_1 = \dot{m} h_2 + Q_a$$

의 관계로부터

$$Q_a = (\dot{m} - \dot{m}_{v,h} - \dot{m}_{v,l})h_{10} + (\dot{m}_{v,h} + \dot{m}_{v,l})h_1 - \dot{m} h_2$$ (10-6-25)

따라서 응축냉매 1kg당 흡수기에서의 제거열량(q_a kJ/kg)은 다음과 같다.

$$q_a = \frac{f}{2}\xi_1\left(\frac{\xi_3 + \xi_4}{\xi_3 \xi_4}\right)h_{10} + h_1 - f h_2$$ (10-6-26)

F. 응축기에서의 방열량

저온재생기에서 증발한 수증기($\dot{m}_{v,l}$)만 응축기에서 응축됨으로 냉각수에 의해 응축기에서 방출하는 열량(Q_H kJ/h)은

$$Q_H = \dot{m}_{v,l}(h_{13}' - h_{13}) = \frac{\dot{m}}{2}\left(\frac{\xi_4 - \xi_1}{\xi_4}\right)(h_{13}' - h_{13})$$ (10-6-27)

그러므로 응축냉매 1 kg당 응축기의 방열량(q_H kJ/kg)은 다음과 같다.

$$q_H = \frac{f}{2}\left(\frac{\xi_4 - \xi_1}{\xi_4}\right)(h_{13}' - h_{13})$$ (10-6-28)

G. 증발기에서의 흡열량

응축 냉매($\dot{m}_{v,h} + \dot{m}_{v,l}$ kg/h)가 증발기에서 흡수하는 열량(Q_L kg/h)은

$$Q_L = \dot{m}_v(h_{13} - h_1) = (\dot{m}_{v,h} + \dot{m}_{v,l})(h_{13} - h_1) \tag{10-6-29}$$

이며 냉동효과(q_L kJ/kg)는 다음과 같다.

$$q_L = h_{13} - h_1 \tag{10-6-30}$$

H. 이론 성적률

2중효용(병렬형) 흡수식 냉동기의 성적률(ζ)은 다음과 같다.

$$\zeta = \frac{Q_L}{Q_g} = \frac{q_L}{q_g} = \frac{2(h_{13} - h_1)}{f\{(\xi_3 - \xi_1)/\xi_3\}(h_{12}' - h_6) + f(h_6 - h_4)} \tag{10-6-31}$$

6-2 H_2O-LiBr 3중효용 흡수식 냉동기

H_2O-LiBr 단효용 흡수식 냉동기에 재생기와 열교환기를 각각 2개씩 더 설치한 형식을 **3중효용 흡수식 냉동기**(triple effect absorption refrigerator)라 한다. 재생기를 배열하는 방법에 따라 직렬형, 병렬형 및 직병렬형(혼합형) 등으로 나누며 증기의 흐름 방향을 거꾸로 하는 역류형도 있다.

온도가 높은 재생기와 열교환기부터 온도 순으로 고온재생기(고온열교환기), 중온재생기(중온열교환기), 저온재생기(저온열교환기)라 부른다. 그림 10-16은 직렬형 3중효용 흡수식 냉동기의 개략도이며 고온 열교환기와 중온열교환기를 사이에 두고 고온재생기, 중온재생기 및 저온재생기가 직렬로 연결되어 있다.

직렬형 3중효용 흡수식 냉동기도 2중효용 냉동기와 마찬가지로 저온재생기에서 가장 진한 농도의 용액으로 재생됨으로 LiBr이 결정화되기 쉬운 단점이 있다. 따라서 직렬형과 병렬형의 장점만을 이용한 직병렬형(혼합형)이 유리하다.

그림 10-17은 3중효용(직렬형) 흡수식 냉동기의 개략도이며 그림 10-18은 듀링 선도에 냉동사이클을 나타낸 것으로 작동원리와 열계산은 생략한다.

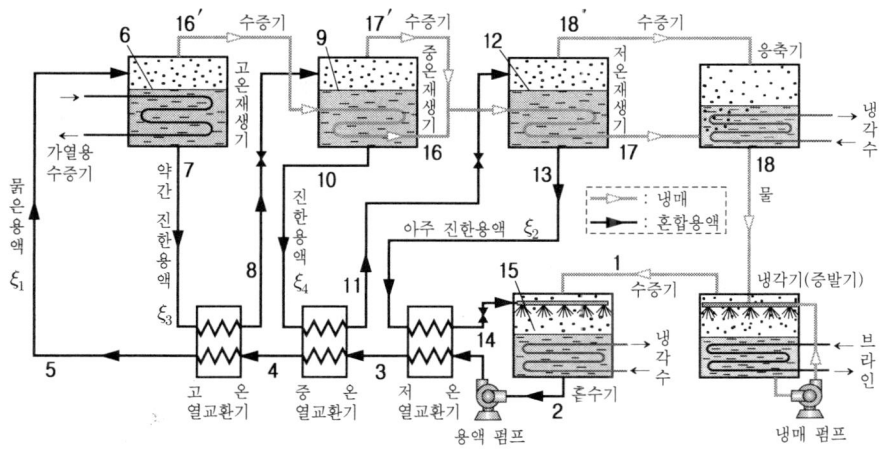

[그림 10-17] H_2O-LiBr 3중효용(직렬형) 흡수식 냉동기 개략도

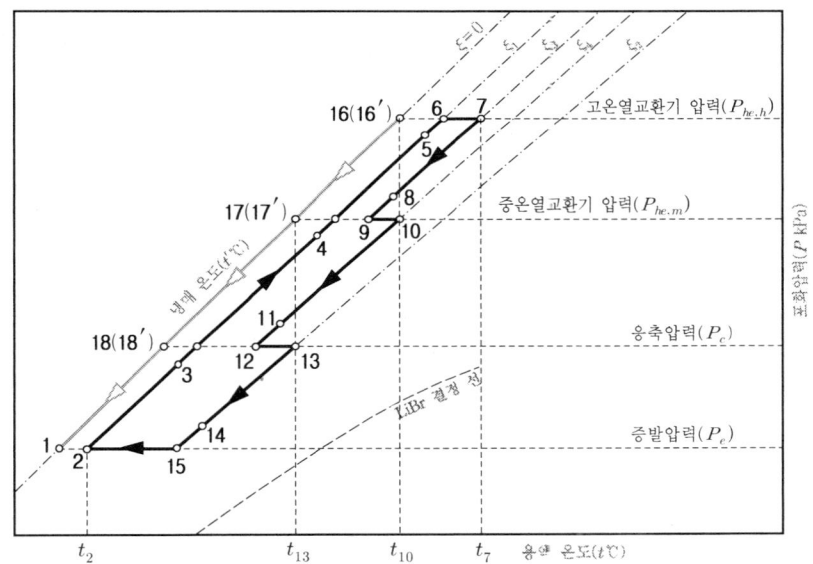

[그림 10-18] H_2O-LiBr 3중효용(직렬형) 흡수식 냉동사이클

연습문제

10-1 농도가 65%인 물질 A 2.8 kg과 농도가 20%인 물질 B 3 kg이 균일하게 혼합되는 경우 농도는 몇 %로 되는가?

답 $\xi = 41.7\ \%$

10-2 농도가 48%, 질량이 1.2 kg인 A용액의 엔탈피가 450 kJ이고 농도가 63%, 질량이 4 kg인 B용액의 비엔탈피가 720 kJ/kg이다. 혼합용액의 비엔탈피는 얼마인가?

답 $h = 639.5\ \mathrm{kJ/kg}$

10-3 H_2O-LiBr 용액의 압력이 1.5 kPa일 때 LiBr이 결정을 개시하는 농도와 온도는 얼마인가?

답 (1) $\xi = 66.5\%$ (2) $t = 67.3\,℃$

10-4 농도가 50%, 온도가 50℃인 H_2O-LiBr 용액이 증발할 때 수증기의 온도는 얼마인가?

답 $t' = 26.5\,℃$

10-5 단효용 H_2O-LiBr 흡수냉동기의 조건이 아래와 같다.

〈조건〉 ⓐ 증발압력과 응축압력이 각각 1.2 kPa, 15 kPa
ⓑ 재생기 입, 출구에서 용액의 온도가 각각 60℃, 95℃
ⓒ 흡수기 출구에서 용액의 온도가 27℃

(1) 재생기 입구에서 용액의 농도
(2) 재생기 출구에서 용액의 농도
(3) 재생기 입구에서 용액의 비엔탈피
(4) 재생기에서 증발 직전인 용액의 비엔탈피
(5) 재생기 출구에서 용액의 비엔탈피
(6) 순환비
(7) 냉매를 흡수하기 직전 용액의 비엔탈피
(8) 흡수기 출구에서 용액의 비엔탈피
(9) 흡수기 입구에서 용액의 비엔탈피
(10) 흡수기 입구에서 용액의 온도
(11) 재생기에서 증발하는 수증기의 비엔탈피
(12) 응축 후 냉매의 비엔탈피
(13) 증발기에서 감압 후 냉매의 비엔탈피
(14) 증발기에서 증발하는 수증기의 비엔탈피
(15) 냉동효과
(16) 응축냉매 1 kg당 흡수기의 방열량
(17) 응축냉매 1 kg당 재생기의 가열량
(18) 응축냉매 1 kg당 응축기의 방열량
(19) 열교환기에서의 교환열량
(20) 성적률

답   (1) $\xi_1 = 46.8\%$ (2) $\xi_2 = 47.2\%$ (3) $h_7 = 125.8$ kJ/kg
    (4) $h_5 = 160.2$ kJ/kg   (5) $h_4 = 213.9$ kJ/kg   (6) $f = 5.5$ (kg/kg)
    (7) $h_6 = 111.5$ kJ/kg   (8) $h_2 = 51.3$ kJ/kg   (9) $h_8 = 122.8$ kJ/kg
    (10) $t_8 = 49.9℃$ (11) $h_3' = 2597.7$ kJ/kg   (12) $h_3 = 225.9$ kJ/kg
    (13) $h_1 = 39.5$ kJ/kg   (14) $h_1' = 2518.4$ kJ/kg   (15) $q_L = 2292.5$ kJ/kg
    (16) $q_a = 2788.9$ kJ/kg   (17) $q_g = 2868.4$ kJ/kg   (18) $q_H = 2371.8$ kJ/kg
    (19) $q_g = 409.8$ kJ/kg   (20) $\zeta = 0.799$

연습문제 풀이

제 1 장 냉동의 기초이론

1-1 $m=5$ kg, $t_1=20$℃, $t_2=90$℃, $c=4.186$ kJ/kgK, $h_{fg}=2283$ kJ/kg이므로 가열량 Q는

$Q=$ 현열량 $+$ 잠열량
$= mc(t_2-t_1)+mh_{fg}=5\times 4.186\times(90-20)+5\times 2283=12{,}880$ kJ

1-2 $P_g=150$ kPa, $P_a=1013$ hPa $=101.3$ kPa이므로 절대압력 P는

$P=P_g+P_a=150+101.3=251.3$ kPa,abs

1-3 식 (1-6-20)에서 압력이 일정하므로

$$Q=(U_2-U_1)+\int_1^2 PdV = \Delta U + P(V_2-V_1)=\Delta U+P\Delta V$$

에서 $P=1.8$ bar $=180$ kPa, $Q=600$ kJ, $\Delta U=U_2-U_1=120$ kJ 이므로 체적의 변화량 ΔV는

$$\Delta V=\frac{Q-\Delta U}{P}=\frac{600-120}{180}=2.67 \text{ m}^3 \text{(증가한다)}$$

1-4 (1) 절대일 : 식 (1-6-7)에서 $Q=600$ kJ, $\Delta U=U_2-U_1=120$ kJ 이므로 절대일 W는

$W=Q-\Delta U=600-120=480$ kJ

(2) 엔탈피 변화량 : 엔탈피 정의식 (1-6-2)를 변화 전, 후에 적용하면 압력이 일정하므로

$H_1=U_1+PV_1 \cdots$ ⓐ, $H_2=U_2+PV_2 \cdots$ ⓑ

식 ⓑ에서 식 ⓐ를 빼면

$\Delta H=H_2-H_1=(U_2-U_1)+P(V_2-V_1)=\Delta U+W=120+480=600$ kJ

1-5 엔탈피 정의식 (1-6-2) $H=U+PV$를 전미분하고 $\delta Q=dU+PdV$를 대입하여 정리하면
$dH=dU+PdV+VdP=\delta Q+VdP$ 이므로 이 식을 적분하면

$H_2-H_1=Q+V(P_2-P_1) \Rightarrow V\Delta P=\Delta H-Q$

여기서 $V=0.4$ m³, $Q=500$ kJ, $\Delta H=450$ kJ 이므로 압력 변화량 ΔP는

$$\Delta P=\frac{\Delta H-Q}{V}=\frac{450-500}{0.4}=-125 \text{ kPa (감소)}$$

1-6 (1) 성적계수 : $Q_H=(108$ MJ$)/(1$ h$)=30$ kW, $W=6$ kW 이므로 $Q_L=Q_H-W=30-6=24$ kW이다. 그러므로 식 (1-6-42)에서 성적계수는

$$cop_c=\frac{Q_L}{W}=\frac{24}{6}=4$$

(2) 저열원의 온도 : $T_H=(30+273)$ K 이므로 식 (1-6-42)에서 저열원의 온도 T_L은

$$T_L=T_H\frac{cop_c}{cop_c+1}=(30+273)\times\frac{4}{4+1}=242.4 \text{ K } (-30.6℃)$$

1-7 (1) 습증기의 건도 : $s_x = 2$ kJ/kgK 이므로 식 (1-7-3)에서 습증기의 건도 x는

$$x = \frac{s_x - s_f}{s_g - s_f} = \frac{2 - 0.5677}{5.9784 - 0.5677} = 0.2647 \text{ (또는 26.47\%)}$$

(2) 비엔탈피 : 식 (1-7-3)에서 습증기의 비엔탈피 h_x는

$$h_x = h_f + x(h_g - h_f) = 86.98 + 0.2647 \times (1429.64 - 86.98) = 442.38 \text{ kJ/kg}$$

1-8 $m = 4.2$ kg이고 $V_1 = 0.126$ m³, $H_2 = 2067.03$ kJ 이므로 비체적과 비엔탈피는 각각 $v_1 = V_1/m = 0.126/4.2 = 0.03$ m³/kg, $h_2 = H_2/m = 2067.03/4.2 = 492.15$ kJ/kg이며, $-20°C$인 R-152a 냉매의 물성값은 다음과 같다.

온도 $t(°C)$	포화압력 P(kPa)	비체적 (m³/kg) 액	비체적 (m³/kg) 증기	비엔탈피 (kJ/kg) 액	비엔탈피 (kJ/kg) 증기	비엔탈피 (kJ/kg) 증발열	비엔트로피 (kJ/kgK) 액	비엔트로피 (kJ/kgK) 증기
-20	124.85	0.0009992	0.24509	173.09	489.37	316.27	0.8983	2.1477

그런데 ($v_f = 0.0009992$ m³/kg) < ($v_1 = 0.03$ m³/kg) < ($v_g = 0.24509$ m³/kg) 이므로 흡열 전 냉매의 상태는 습증기이다. 따라서 흡열 전 습증기의 비체적 $v_1 = v_f + x(v_g - v_f)$에서 건도 x를 구하여 비엔탈피를 구하면

$$h_1 = h_f + x(h_g - h_f) = h_f + \frac{v_1 - v_f}{v_g - v_f}(h_g - h_f)$$

$$= 173.09 + \frac{0.03 - 0.0009992}{0.24509 - 0.0009992} \times (489.37 - 173.09) = 210.67 \text{ kJ/kg}$$

그러므로 식 (1-7-15)를 이용하여 흡열량 Q를 구하면

$$Q = mq = m(h_2 - h_1) = 4.2 \times (492.15 - 210.67) = 1182.22 \text{ kJ}$$

1-9 $-20°C$에서 $s_{1f} < s_1 < s_{1g}$ 이므로 압축 전 냉매의 상태는 습증기이다. 따라서 문제 1-8의 풀이와 유사한 방법으로 $s_1 = s_{1f} + x_1(s_{1g} - s_{1f}) = 1.750$ kJ/kgK에서 건도 x_1을 구하여 엔탈피 h_1을 구하면

$$h_1 = h_{1f} + x_1 h_{1fg} = h_{1f} + \frac{s_1 - s_{1f}}{s_{1g} - s_{1f}} h_{1fg}$$

$$= 169.82 + \frac{1.750 - 0.8946}{1.7615 - 0.8946} \times 219.45 = 386.36 \text{ kJ/kg}$$

$h_2 = 424.13$ kJ/kg 이므로 식 (1-7-27)과 부호 약속에 의해 압축기의 소요일(공업일) w는 $-w = h_1 - h_2$에서

$$w = h_2 - h_1 = 424.13 - 386.36 = 37.77 \text{ kJ/kg}$$

1-10 $h_1 = h_2 = 248.75$ kJ/kg, $h_3 = 382.21$ kJ/kg, $h_4 = 426.04$ kJ/kg, $Q_L = 5$ kW 이므로

(1) 냉동효과 : 식 (1-8-1)로부터

$$q_L = h_3 - h_1 = 382.21 - 248.75 = 133.46 \text{ kJ/kg}$$

(2) 냉매순환량 : 증발기에서 증발하는 냉매의 양($\dot{m}_e$)과 같으므로 식 (1-8-4)에서 $\dot{m}$은

$$\dot{m} = \dot{m}_e = \frac{Q_L}{q_L} = \frac{5}{133.46} = 0.0374644 \text{ kg/s} = 2.248 \text{ kg/min}$$

(3) 압축기 소요일 : 식 (1-7-27)을 이용하면
$$w = h_4 - h_3 = 426.04 - 382.21 = 43.83 \text{ kJ/kg}$$

(4) 소요동력 : 식 (1-8-8)로부터
$$\dot{W} = \dot{m}_e w = \dot{m} w = 0.03746 \times 43.83 = 1.642 \text{ kW}$$

(5) 성적계수 : 식 (1-6-42)를 이용하면
$$cop_c = \frac{Q_L}{W} = \frac{5}{1.642} = 3.045 \text{ (또는 } cop_c = \frac{q_L}{w} = \frac{133.46}{43.83} = 3.045)$$

1-11 $t_w = 20℃$, $t_i = -12℃$, $Q = 50$ kW 이므로 식 (1-8-5)를 kW 단위로 고치면
$$Q_L = \frac{1.2\,m}{3600}(4.2t_w - 2.1t_i + 333.6) \text{ kW 에서 얼음의 양 } m \text{은}$$

$$m = \frac{3600\,Q_L}{1.2(4.2t_w - 2.1t_i + 333.6)} = \frac{3600 \times 50}{1.2\{4.2 \times 20 - 2.1 \times (-12) + 333.6\}}$$
$$= 338.75 \text{ kg/h} = 8130 \text{ kg/day} = 8.13 \text{ ton/day}$$

제 4 장 증기압축 냉동사이클

4-1 (1) 성적계수 : $T_H = (50 + 273)$ K, $T_L = \{(-50) + 273\}$ K 이므로 성적계수는 식 (4-1-2)에서
$$cop = \frac{T_L}{T_H - T_L} = \frac{(-50) + 273}{(50 + 273) - \{(-50) + 273\}} = 2.23$$

(2) 이론 소요동력 : 냉동능력이 $Q_L = 25$ kW 이므로 식 (4-1-2)를 이용하면
$$W = \frac{Q_L}{cop} = \frac{25}{2.23} = 11.211 \text{ kW}$$

4-2 (1) 팽창기의 팽창과정은 단열팽창(역카르노 사이클)이 아닌 교축팽창(이론 냉동사이클)을 한다.
(2) 증발기의 증발과정은 등온(역카르노 사이클)이 아닌 정압 하에 증발(이론 냉동사이클)한다.
(3) 응축기의 응축과정은 등온(역카르노 사이클)이 아닌 정압 하에 응축(이론 냉동사이클)한다.

4-3 부록의 증기표만을 이용하여 각 상태점의 비엔탈피를 구하여 성적계수를 계산한다.
(1) R-134a 냉동기
① $t_c = 30℃$ 일 때 $h_1 = h_2 = 241.46$ kJ/kg, $h_4 = 413.47$ kJ/kg
② $t_c = 30℃$ 일 때 $s_4 = s_3 = 1.7100$ kJ/kgK이고, $t_e = -30℃$ 일 때
$h_f = 161.91$ kJ/kg, $h_g = 379.11$ kJ/kg, $s_f = 0.8530$ kJ/kg, $s_g = 1.7463$ kJ/kg
이므로 식 (4-3-3)에서 압축기 입구에서 냉매의 비엔탈피 h_3은

$$h_3 = h_f + (h_g - h_f) \times \frac{s_4 - s_f}{s_g - s_f} = 161.91 + (379.11 - 161.91) \times \frac{1.7100 - 0.8530}{1.7463 - 0.8530}$$
$$= 370.28 \text{ kJ/kg}$$

③ 식 (4-3-2)에서

$$cop = \frac{q_L}{w} = \frac{h_3 - h_1}{h_4 - h_3} = \frac{370.28 - 241.46}{413.47 - 370.28} = 2.983$$

(2) R-717 냉동기

① $t_c = 30℃$ 일 때 $h_1 = h_2 = 339.04$ kJ/kg, $h_4 = 1485.16$ kJ/kg

② $t_c = 30℃$ 일 때 $s_4 = s_3 = 5.2594$ kJ/kgK이고, $t_e = -30℃$ 일 때
$h_f = 64.64$ kJ/kg, $h_g = 1422.46$ kJ/kg, $s_f = 0.4770$ kJ/kg, $s_g = 6.0613$ kJ/kg
이므로 식 (4-3-3)에서 압축기 입구에서 냉매의 비엔탈피 h_3은

$$h_3 = h_f + (h_g - h_f) \times \frac{s_4 - s_f}{s_g - s_f} = 64.64 + (1422.46 - 64.64) \times \frac{5.2594 - 0.4770}{6.0613 - 0.4770}$$
$$= 1227.48 \text{ kJ/kg}$$

③ 식 (4-3-2)에서

$$cop = \frac{q_L}{w} = \frac{h_3 - h_1}{h_4 - h_3} = \frac{1227.48 - 339.04}{1485.16 - 1227.48} = 3.448$$

4-4 R-134a 증기표와 Mollier 선도를 이용하여 각 상태점의 비엔탈피를 구하면 아래와 같다.
$h_1 = h_2 = 241.46$ kJ/kg, $h_3 = 379.11$ kJ/kg, $h_4 = 424.62$ kJ/kg(선도)

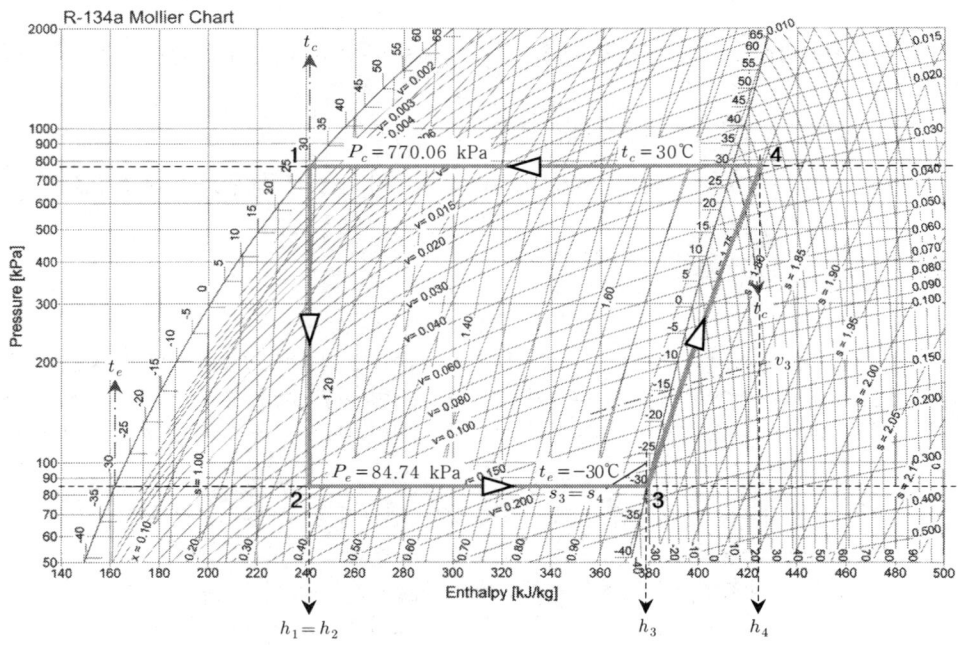

[그림 1] −30~30℃ 사이에서 작동하는 R-134a 건압축 냉동사이클

(1) 소요동력 : 냉동능력이 $Q_L = 10$ kW 이므로 냉매순환량은 식 (4-3-8)에서

$$\dot{m} = \frac{Q_L}{h_3 - h_1} = \frac{10}{379.11 - 241.46} = 72.648 \times 10^{-3} \text{ kg/s}$$

그러므로 소요동력은 식 (4-3-8)에서

$$W = \dot{m}w = \dot{m}(h_4 - h_3) = (72.648 \times 10^{-3}) \times (424.62 - 379.11) = 3.306 \text{ kW}$$

(2) 성적계수 : 위의 값을 이용하여 식 (4-3-7)을 이용하여 계산하면

$$cop = \frac{Q_L}{W} = \frac{10}{3.306} = 3.025$$

4-5 R-717 증기표와 Mollier 선도를 이용하여 각 상태점의 비엔탈피를 구하면 아래와 같다.

$h_1 = h_2 = 339.04$ kJ/kg, $h_3' = 1443.07$ kJ/kg, $h_3 = 1454.55$ kJ/kg, $h_4 = 1690.91$ kJ/kg

(1) 증발기에서 과열되는 경우 : 식 (4-3-13)에서

$$cop = \frac{q_L}{w_c} = \frac{h_3 - h_1}{h_4 - h_3} = \frac{1454.55 - 339.04}{1690.91 - 1454.55} = 4.720$$

(2) 배관에서 과열되는 경우 : 식 (4-3-12)에서

$$cop' = \frac{q_L'}{w_c} = \frac{h_3' - h_1}{h_4 - h_3} = \frac{1443.07 - 339.04}{1690.91 - 1454.55} = 4.671$$

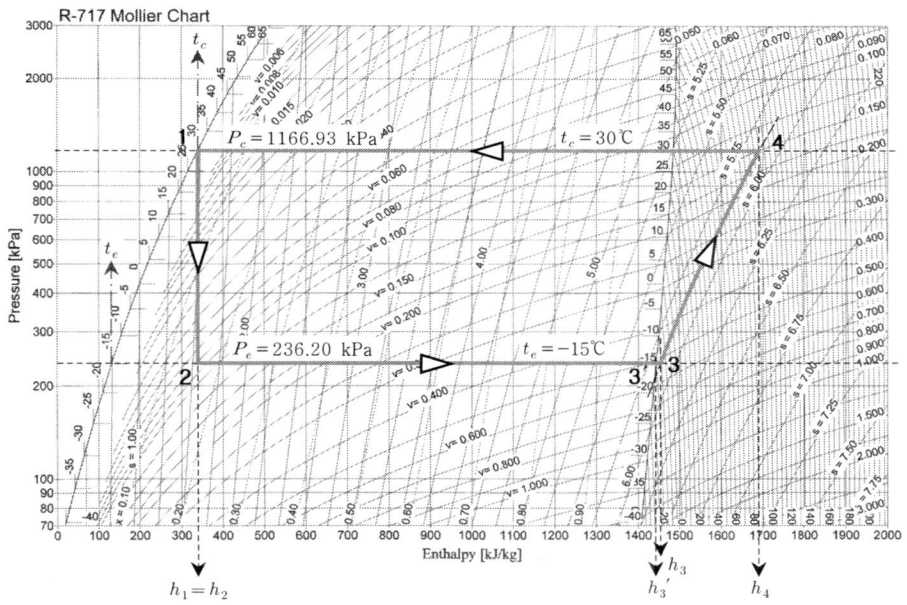

[그림 2] −15~30℃ 사이에서 작동하는 R-717 과열압축 냉동사이클

4-6 표준냉동사이클 이므로 증발온도 $t_e = -15℃$, 응축온도 $t_c = 30℃$, 응축기에서의 과냉각도가 $\Delta t_{sc} = 5℃$이다. R-717 증기표와 Mollier 선도를 이용하여 각 상태점의 비엔탈피를 구하면 $h_1 = h_2 = 315.54$ kJ/kg, $h_3 = 1443.07$ kJ/kg, $h_4 = 1674.55$ kJ/kg

(1) 냉동효과 : 식 (4-4-4)에서
$$q_L = h_3 - h_1 = 1443.07 - 315.54 = 1127.53 \text{ kJ/kg}$$

(2) 냉매순환량 : $Q_L = 10$ kW 이므로 식 (4-3-8)에서
$$\dot{m} = \frac{Q_L}{q_L} = \frac{Q_L}{h_3 - h_1} = \frac{10}{1127.53} = 8.869 \times 10^{-3} \text{ kg/s}$$

(3) 소요동력 : 식 (4-3-8)에서
$$W = \dot{m}w = \dot{m}(h_4 - h_3) = (8.869 \times 10^{-3}) \times (1674.55 - 1443.07) = 2.053 \text{ kW}$$

(4) 성적계수 : 위에서 구한 값을 이용하여 계산하면
$$cop = \frac{q_L}{w} = \frac{\dot{m}q_L}{\dot{m}w} = \frac{Q_L}{W} = \frac{10}{2.053} = 4.871$$

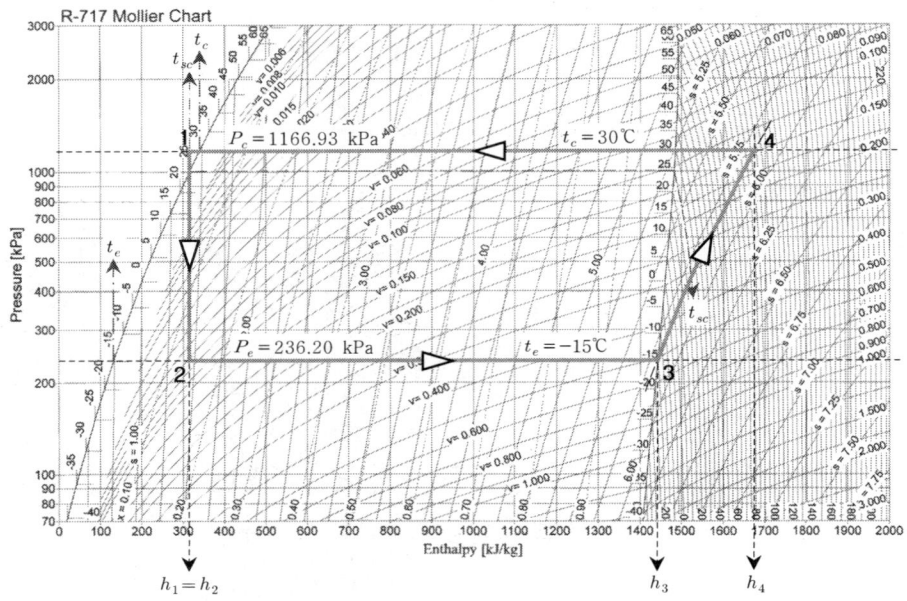

[그림 3] R-717 표준냉동사이클

4-7 $P_e = 66.55$ kPa($-35℃$ 일 때), $P_c = 886.82$ kPa($35℃$ 일 때) 이므로 식 (4-5-2)에서 중간압력은
$$P_i = \sqrt{P_e P_c} = \sqrt{66.55 \times 886.82} = 242.94 \text{ kPa}$$

R-134a Mollier chart에 사이클을 그리고 상태점 1, 5, 8의 비엔탈피를 증기표, 상태점 6과 10의 비엔탈피를 중간압력을 이용하여 증기표에서 보간법, 상태점 4와 7의 비엔탈피를 선도에서 구하면 다음과 같다.
$h_1 = h_2 = 241.46$ kJ/kg, $h_3 = 375.99$ kJ/kg, $h_4 = 401.54$ kJ/kg
$h_6 = 394.25$ kJ/kg, $h_7 = 420.92$ kJ/kg, $h_8 = h_9 = 248.75$ kJ/kg

(1) 냉동효과 : 식 (4-5-11)에서

$$q_L = \beta(h_3 - h_1) = \frac{h_6 - h_8}{h_4 - h_1}(h_3 - h_1) = \frac{394.25 - 248.75}{401.54 - 241.46} \times (375.99 - 241.46)$$
$$= 0.908920539 \times 151.88 = 122.28 \text{ kJ/kg}$$

(2) 냉매순환량 : $Q_L = 10$ kW 이므로 식 (4-5-12)에서

$$\dot{m} = \frac{Q_L}{q_L} = \frac{10}{122.28} = 81.780 \times 10^{-3} \text{ kg/s}$$

(3) 저압압축기 소요동력 : 먼저 증발하는 냉매의 양을 계산하고 식 (4-5-11)을 이용하면

$$\dot{m}_e = \beta \dot{m} = 0.908920539 \times (81.780 \times 10^{-3}) = 74.331 \times 10^{-3} \text{ kg/s}$$
$$\therefore W_1 = \dot{m} w_1 = \dot{m} \beta (h_4 - h_3) = \dot{m}_e (h_4 - h_3)$$
$$= (74.331 \times 10^{-3}) \times (401.54 - 375.99) = 1.899 \text{ kW}$$

(4) 저압압축기 피스톤배출량

증기표에서 $-35℃$일 때 포화증기의 비체적이 $v_3 = 0.28128$ m³/kg 이므로

$$\dot{V}_1 = \dot{m}_e v_3 = (74.331 \times 10^{-3}) \times 0.28128 = 0.02091 \text{ m}^3/\text{s} = 75.268 \text{ m}^3/\text{h}$$

(5) 저압압축 후 냉매온도 : 선도에서 보간법으로 계산하면

$$t_4 = 0 + (10 - 0) \times \frac{0.9}{2.9} = 3.1℃$$

(6) 고압압축기 소요동력 : 식 (4-5-11)을 이용하면

$$W_2 = \dot{m} w_2 = \dot{m}(h_7 - h_6) = (81.780 \times 10^{-3}) \times (420.92 - 394.25) = 2.181 \text{ kW}$$

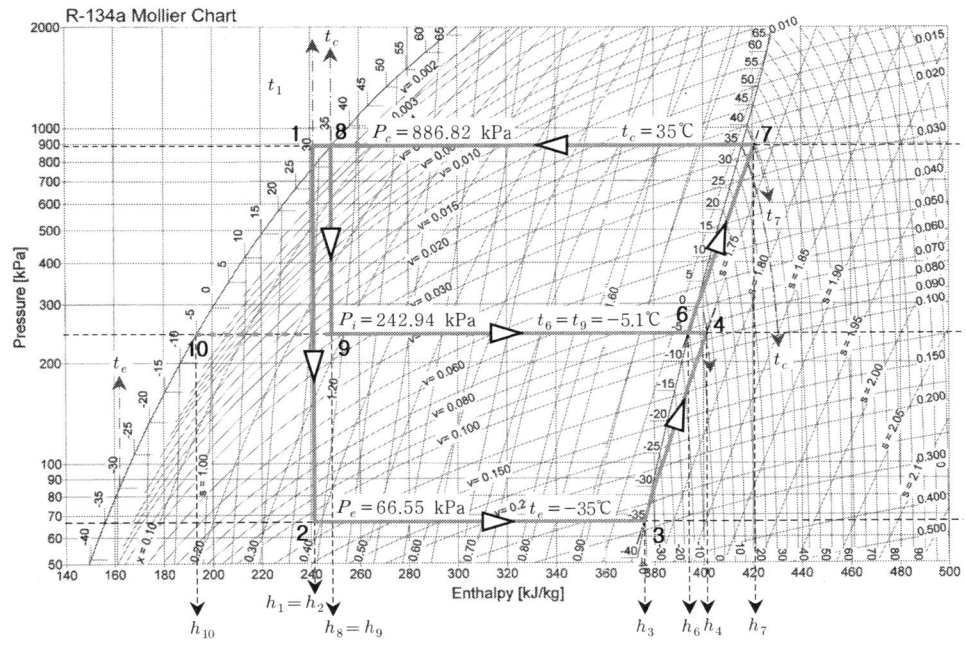

[그림 4] $-35 \sim 35℃$ 사이에서 작동하는 중간냉각이 완전한 R-134a 2단압축 1단팽창사이클

(7) 고압압축기 피스톤배출량 : 증기표를 이용하여 보간법으로 v_6를 구하여 계산하면

$$v_6 = 0.08230 + (0.08535 - 0.08230) \times \frac{242.94 - 243.41}{234.36 - 243.41} = 0.08246 \text{ m}^3/\text{kg}$$

$$V_2 = \dot{m}v_6 = (81.780 \times 10^{-3}) \times 0.08246 = 6.744 \times 10^{-3} \text{ m}^3/\text{s} = 24.277 \text{ m}^3/\text{h}$$

(8) 고압압축 후 냉매온도 : 선도에서 보간법으로 계산하면

$$t_7 = 35 + (45 - 35) \times \frac{1.6}{3.4} = 39.7 ℃$$

(9) 응축기 총방열량 : 식 (4-5-11)을 이용하면

$$Q_H = \dot{m}q_H = \dot{m}(h_7 - h_8) = (81.780 \times 10^{-3}) \times (420.92 - 248.75) = 14.08 \text{ kW}$$

(10) 성적계수 : 식 (4-5-13)을 이용하여 계산하면

$$cop = \frac{q_L}{w} = \frac{q_L}{w_1 + w_2} = \frac{(h_6 - h_8)(h_3 - h_1)}{(h_6 - h_8)(h_4 - h_3) + (h_4 - h_1)(h_7 - h_6)}$$

$$= \frac{(394.25 - 248.75)(375.99 - 241.46)}{(394.25 - 248.75)(401.54 - 375.99) + (401.54 - 241.46)(420.92 - 394.25)}$$

$$= 2.451$$

또는 위의 계산결과를 이용하면

$$cop = \frac{Q_L}{W} = \frac{Q_L}{W_1 + W_2} = \frac{10}{1.899 + 2.181} = 2.451$$

4-8 저압압축 후 냉매증기의 온도가 응축온도보다 낮으므로 중간냉각기가 필요없다.
$P_e = 66.55$ kPa($-35℃$일 때), $P_c = 1016.40$ kPa($35℃$일 때) 이므로 식 (4-5-2)에서 중간압력은

$$P_i = \sqrt{P_e P_c} = \sqrt{66.55 \times 1016.40} = 260.08 \text{ kPa}$$

예제 4-16과 같은 방법으로 R-134a Mollier 선도에 사이클을 그리고 증기표와 선도로부터 각 부의 비엔탈피를 구한다.

㉮ 상태점 1과 5의 비엔탈피를 증기표, 상태점 3과 10의 비엔탈피를 증기표에서 보간법, 상태점 6의 비엔탈피를 선도에서 보간법으로 구하면 아래와 같다.

$$h_1 = h_2 = 256.16 \text{ kJ/kg}, \quad h_3 = h_4 = 195.73 \text{ kJ/kg}, \quad h_5 = 375.99 \text{ kJ/kg}$$
$$h_6 = 403.08 \text{ kJ/kg}, \quad h_{10} = 395.32 \text{ kJ/kg}$$

㉯ 상태점 8의 비엔탈피(h_8) : 식 (4-5-19)에 의해 습도와 건도를 구한 후 식 (4-5-20)을 이용하여 h_8을 구한다.

$$(1 - x_2) = \frac{h_{10} - h_1}{h_{10} - h_3} = \frac{395.32 - 256.16}{395.32 - 195.73} = 0.69722932, \quad x_2 = 0.302770679$$

$$\therefore h_8 = x_2 h_{10} + (1 - x_2) h_6 = 0.302770679 \times 395.32 + 0.69722932 \times 403.08$$
$$= 400.73 \text{ kJ/kg}$$

㉰ Mollier 선도에서 $h_8 = 400.73$ kJ/kg이 되도록 P_i선 위에 상태점 8을 잡고 이점을 통과하는 등엔트로피선을 그어 P_c선과의 교점(상태점 9)을 구하여 보간법으로 엔탈피 h_9를 구하면

$$h_9 = 420 + (440 - 420) \times \frac{3.2}{6.5} = 429.85 \text{ kJ/kg}$$

(1) 냉동효과 : 식 (4-5-21)에서
$$q_L = (1-x_2)(h_5 - h_3) = 0.69722932 \times (375.99 - 195.73) = 125.68 \text{ kJ/kg}$$

(2) 냉매순환량 : 냉동능력이 $Q_L = 10$ kW 이므로 식 (4-5-22)로부터
$$\dot{m} = \frac{Q_L}{q_L} = \frac{10}{125.68} = 79.567 \times 10^{-3} \text{ kg/s}$$

(3) 증발기에서 증발하는 냉매의 양 : 식 (4-5-22)에서
$$\dot{m}_e = \frac{Q_L}{h_5 - h_3} = \frac{10}{375.99 - 195.73} = 55.475 \times 10^{-3} \text{ kg/s (정확한 값임)}$$
$$※ \ \dot{m}_e = (1-x_2)\dot{m} = 0.69722932 \times (79.567 \times 10^{-3}) = 55.477 \times 10^{-3} \text{ kg/s}$$

(4) 저압압축기 소요동력 : 식 (4-5-21)을 이용하면
$$W_1 = \dot{m} w_1 = (1-x_2)\dot{m}(h_6 - h_5) = \dot{m}_e (h_6 - h_5)$$
$$= (55.475 \times 10^{-3}) \times (403.08 - 375.99) = 1.503 \text{ kW}$$

(5) 저압압축 후 냉매의 온도 : 선도에서 보간법으로 계산하면
$$t_6 = 0 + (10-0) \times \frac{1.6}{2.9} = 5.5 \text{°C}$$

(6) 고압압축기 소요동력 : 식 (4-5-21)을 이용하면
$$W_2 = \dot{m} w_2 = \dot{m}(h_9 - h_8) = (7.567 \times 10^{-3}) \times (429.85 - 400.73) = 2.317 \text{ kW}$$

(7) 고압압축 후 냉매의 온도 : 선도에서 보간법으로 계산하면
$$t_9 = 45 + (55-45) \times \frac{1.7}{3.4} = 50 \text{°C}$$

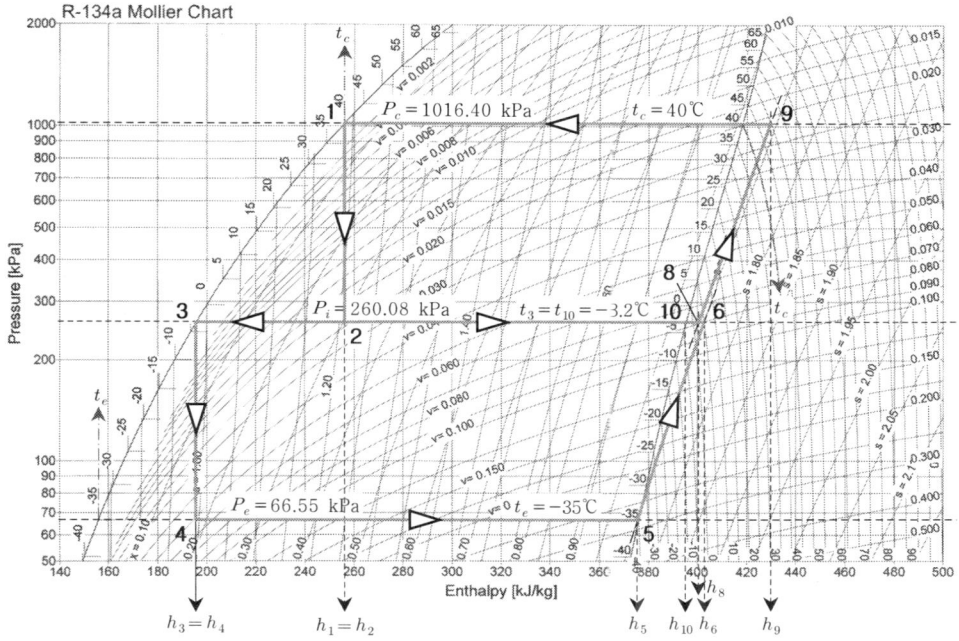

[그림 5] −35∼40℃ 사이에서 작동하는 중간냉각이 불완전한 R-134a 2단압축 2단팽창사이클

(8) 응축기 총방열량 : 식 (4-5-21)을 이용하면

$$Q_H = \dot{m} q_H = \dot{m}(h_9 - h_1) = (7.567 \times 10^{-3}) \times (429.85 - 256.16) = 13.820 \text{ kW}$$

(9) 성적계수 : 식 (4-5-23)에서

$$cop = \frac{q_L}{w} = \frac{q_L}{w_1 + w_2} = \frac{(h_{10} - h_1)(h_5 - h_3)}{(h_{10} - h_1)(h_6 - h_5) + (h_{10} - h_3)(h_9 - h_8)}$$

$$= \frac{(395.32 - 256.16)(375.99 - 195.73)}{(395.32 - 256.16)(403.08 - 375.99) + (395.32 - 195.73)(429.85 - 400.73)}$$

$$= 2.618$$

또는 위의 계산결과를 이용하면

$$cop = \frac{Q_L}{W} = \frac{Q_L}{W_1 + W_2} = \frac{10}{1.503 + 2.317} = 2.618$$

4-9 R-717 Mollier 선도 상에 사이클을 그리고 증기표와 선도로부터 각 부의 비엔탈피를 구한다. 상태점 1과 5의 비엔탈피를 증기표, 상태점 3과 8의 비엔탈피를 증기표에서 보간법, 상태점 6, 7 및 9의 비엔탈피를 선도에서 보간법으로 구하면 아래와 같다.

$h_1 = h_2 = 386.43$ kJ/kg, $h_3 = h_4 = 185.44$ kJ/kg, $h_5 = 1414.99$ kJ/kg
$h_6 = 1603.64$ kJ/kg, $h_7 = 1563.64$ kJ/kg, $h_8 = 1457.19$ kJ/kg, $h_9 = 1661.82$ kJ/kg

(1) 냉동효과 : 식 (4-5-26)을 이용하면

$$q_L = \gamma(1 - x_2)(h_5 - h_3) = \frac{h_8 - h_1}{h_7 - h_3}(h_5 - h_3)$$

$$= \frac{1457.19 - 386.43}{1563.64 - 185.44} \times (1414.99 - 185.44) = 0.776926425 \times 1229.55$$

$$= 955.27 \text{ kJ/kg}$$

(2) 냉매순환량 : 냉동능력이 $Q_L = 10$ kW 이므로 식 (4-5-27)에서

$$\dot{m} = \frac{Q_L}{q_L} = \frac{10}{955.27} = 10.468 \times 10^{-3} \text{ kg/s}$$

(3) 증발기에서 증발하는 냉매의 양 : 식 (4-5-27)에서

$$\dot{m}_e = \frac{Q_L}{h_5 - h_3} = \frac{10}{1414.99 - 185.44} = 8.133 \times 10^{-3} \text{ kg/s}$$

※ $\dot{m}_e = \gamma(1 - x_2)\dot{m} = 0.776926425 \times (10.468 \times 10^{-3}) = 8.133 \times 10^{-3}$ kg/s

(4) 저압압축기 소요동력 : 식 (4-5-26)을 이용하면

$$W_1 = \dot{m} w_1 = \gamma(1 - x_2)\dot{m}(h_6 - h_5) = \dot{m}_e(h_6 - h_5)$$

$$= (8.133 \times 10^{-3}) \times (1603.64 - 1414.99) = 1.534 \text{ kW}$$

(5) 저압압축 후 냉매의 온도 : 선도에서 보간법으로 계산하면

$$t_6 = 50 + (60 - 50) \times \frac{0.9}{1.3} = 56.9 \text{℃}$$

(6) 중간냉각기 총방열량 : 식 (4-5-26)을 이용하면

$$Q_{Hi} = \dot{m} q_{Hi} = \dot{m}\gamma(1 - x_2)(h_6 - h_7) = \dot{m}_e(h_6 - h_7)$$

$$= (8.133 \times 10^{-3}) \times (1603.64 - 1563.64) = 0.325 \text{ kW}$$

(7) 고압축기 소요동력 : 식 (4-5-26)을 이용하면

$$W_2 = \dot{m} w_2 = \dot{m}(h_9 - h_8) = (10.468 \times 10^{-3}) \times (1661.82 - 1457.19) = 2.142 \text{ kW}$$

(8) 고압압축 후 냉매의 온도 : 선도에서 보간법으로 계산하면

$$t_9 = 90 + (100 - 90) \times \frac{1.2}{1.4} = 98.6 \text{℃}$$

(9) 응축기 총방열량 : 식 (4-5-26)을 이용하면

$$Q_{Hc} = \dot{m} q_{Hc} = \dot{m}(h_9 - h_1) = (10.468 \times 10^{-3}) \times (1661.82 - 386.43) = 13.351 \text{ kW}$$

(10) 성적계수 : 식 (4-5-28)에서

$$cop = \frac{q_L}{w} = \frac{q_L}{w_1 + w_2} = \frac{(h_8 - h_1)(h_5 - h_3)}{(h_8 - h_1)(h_6 - h_5) + (h_7 - h_3)(h_9 - h_8)}$$
$$= \frac{(1457.19 - 386.43)(1414.99 - 185.44)}{(1457.19 - 386.43)(1603.64 - 1414.99) + (1563.64 - 185.44)(1661.82 - 1457.19)}$$
$$= 2.72004 \text{ (더 정확한 값)}$$

또는 위의 계산결과를 이용하면

$$cop = \frac{Q_L}{W} = \frac{Q_L}{W_1 + W_2} = \frac{10}{1.534 + 2.142} = 2.72035$$

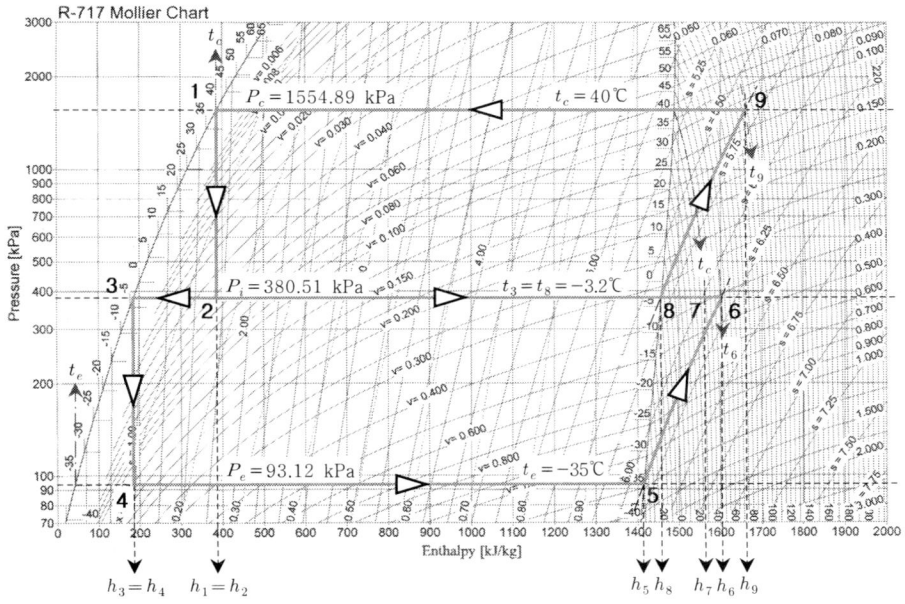

[그림 6] −35~40℃ 사이에서 작동하는 중간냉각이 완전한 R-717 2단압축 2단팽창사이클

4-10 R-717 Mollier 선도 상에 사이클을 그리고 증기표와 선도로부터 각 부의 비엔탈피를 구한다. 상태점 1과 5의 비엔탈피를 증기표, 상태점 3과 8의 비엔탈피를 증기표에서 보간법, 상태점 6과 9의 비엔탈피를 선도에서 보간법으로 구하면 아래와 같다.

$h_1 = h_2 = 256.16$ kJ/kg, $\quad h_3 = h_4 = 200.08$ kJ/kg, $\quad h_5 = 379.11$ kJ/kg
$h_6 = 404.0$ kJ/kg, $h_8 = 397.24$ kJ/kg, $\quad h_9 = 422.77$ kJ/kg

(1) 냉동효과 : 식 (4-5-31)에서

$$q_L = \delta(1-x_2)(h_5 - h_3) = \frac{h_8 - h_1}{h_6 - h_3}(h_5 - h_3)$$
$$= \frac{397.24 - 256.16}{404.0 - 200.08} \times (379.11 - 200.08) = 0.691839937 \times 179.03 = 123.86 \text{ kJ/kg}$$

(2) 냉매순환량 : 냉동능력이 $Q_L = 10$ kW 이므로 식 (4-5-32)에서

$$\dot{m} = \frac{Q_L}{q_L} = \frac{10}{123.86} = 80.736 \times 10^{-3} \text{ kg/s}$$

(3) 증발기에서 증발하는 냉매의 양 : 식 (4-5-32)에서

$$\dot{m}_e = \frac{Q_L}{h_5 - h_3} = \frac{10}{379.11 - 200.08} = 55.857 \times 10^{-3} \text{ kg/s}$$
$$※\ \dot{m}_e = \delta(1-x_2)\dot{m} = 0.691839937 \times (80.736 \times 10^{-3}) = 55.857 \times 10^{-3} \text{ kg/s}$$

(4) 저압압축기 소요동력 : 식 (4-5-31)을 이용하면

$$\dot{W}_1 = \dot{m}w_1 = \delta(1-x_2)\dot{m}(h_6 - h_5) = \dot{m}_e(h_6 - h_5)$$
$$= (55.857 \times 10^{-3}) \times (404.0 - 379.11) = 1.390 \text{ kW}$$

(5) 저압압축 후 냉매의 온도 : 선도에서 보간법으로 계산하면

$$t_6 = 5 + (15-5) \times \frac{0.7}{3} = 7.3℃$$

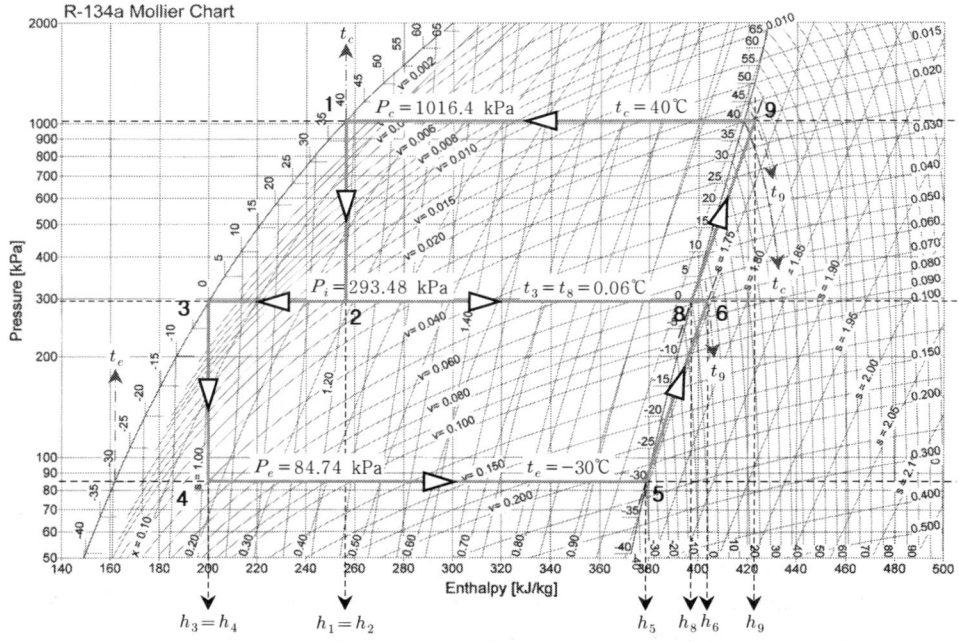

[그림 7] −30~40℃ 사이에서 작동하는 중간냉각이 완전한 R-134a 2단압축 2단팽창사이클

(6) 고압압축기 소요동력 : 식 (4-5-31)을 이용하면
$$W_2 = \dot{m}\,w_2 = \dot{m}\,(h_9 - h_8) = (80.736 \times 10^{-3}) \times (422.77 - 397.24) = 2.061 \text{ kW}$$

(7) 고압압축 후 증기온도 : 선도에서 보간법으로 계산하면
$$t_9 = 40 + (50-40) \times \frac{1.4}{3.4} = 44.1\,\text{℃}$$

(8) 응축기 총방열량 : 식 (4-5-31)을 이용하면
$$Q_H = \dot{m}\,q_H = \dot{m}\,(h_9 - h_1) = (80.736 \times 10^{-3}) \times (422.77 - 256.16) = 13.451 \text{ kW}$$

(9) 성적계수 : 식 (4-5-33)을 이용하면
$$cop = \frac{q_L}{w} = \frac{q_L}{w_1 + w_2} = \frac{(h_8-h_1)(h_5-h_3)}{(h_8-h_1)(h_6-h_5)+(h_6-h_3)(h_9-h_8)}$$
$$= \frac{(397.24-256.16)(379.11-200.08)}{(397.24-256.16)(404.0-379.11)+(404.0-200.08)(422.77-397.24)}$$
$$= 2.8973 \text{ (더 정확한 값)}$$

또는 위의 계산결과를 이용하면
$$cop = \frac{Q_L}{W} = \frac{Q_L}{W_1 + W_2} = \frac{10}{1.390+2.061} = 2.8977$$

4-11 R-717 Mollier 선도 상에 사이클을 그리고 증기표와 선도로부터 각 부의 비엔탈피를 구한다. 상태점 1, 3, 5, 8의 비엔탈피를 증기표, 상태점 6, 7, 9의 비엔탈피를 선도에서 구하면 다음과 같다.

$h_1 = h_2 = h_2' = 386.43$ kJ/kg, $h_3 = h_4 = 177.21$ kJ/kg, $h_5 = 1414.99$ kJ/kg
$h_6 = 1592.73$ kJ/kg, $h_7 = 1565.45$ kJ/kg, $h_8 = 1455.16$ kJ/kg, $h_9 = 1670.91$ kJ/kg

(1) 고온증발기의 냉동효과

고온 및 저온증발기의 냉동능력이 각각 $Q_{L,h} = 200$ kW, $Q_{L,l} = 500$ kW 이므로 냉동효과비는 $\omega = 200/500 = 0.4$이다. 그러므로 식 (4-5-54)로 z를 구하여 식 (4-5-51)에서 $q_{L,h}$를 구하면

$$z = \frac{\omega(h_5-h_3)}{(h_7-h_3)+\omega(h_5-h_3)} = \frac{0.4 \times (1414.99-177.21)}{(1565.45-177.21)+0.4 \times (1414.99-177.21)}$$
$$= 0.262888721$$
$$q_{L,h} = z(h_8 - h_1) = 0.262888721 \times (1455.16 - 386.43) = 280.96 \text{ kJ/kg}$$

(2) 저온증발기의 냉동효과

식 (4-5-50)에서 γ, 식 (4-5-52)에서 $(1-x_2)$를 구하여 식 (4-5-51)에서 $q_{L,l}$를 구하면

$$\gamma = \frac{h_8-h_3}{h_7-h_3} = \frac{1455.16-177.21}{1565.45-177.21} = 0.920554082$$
$$(1-x_2) = \frac{h_8-h_1}{h_8-h_3} = \frac{1455.16-386.43}{1455.16-177.21} = 0.836284674$$
$$q_{L,l} = \gamma(1-z)(1-x_2)(h_5-h_3)$$
$$= 0.920554082 \times (1-0.262888721) \times 0.836284674 \times (1414.99-177.21)$$
$$= 702.39 \text{ kJ/kg}$$

(3) 냉매순환량 : 식 (4-5-58)에서

$$\dot{m} = \frac{Q_{L,h}}{z(h_8 - h_1)} = \frac{200}{0.262888721 \times (1455.16 - 386.43)} = 0.71185 \text{ kg/s}$$

또는

$$\dot{m} = \frac{Q_{L,l}}{\gamma(1-z)(1-x_2)(h_5 - h_3)}$$
$$= \frac{500}{0.920554082 \times (1 - 262888721) \times 0.836284674 \times (1414.99 - 177.21)}$$
$$= 0.71185 \text{ kg/s}$$

(4) 고온증발기에서 증발하는 냉매의 양 : 식 (4-5-57)에서

$$\dot{m}_{e,h} = \frac{Q_{L,h}}{h_8 - h_1} = \frac{200}{1455.16 - 386.43} = 0.18714 \text{ kg/s}$$

(5) 저온증발기에서 증발하는 냉매의 양 : 식 (4-5-57)에서

$$\dot{m}_{e,l} = \frac{Q_{L,l}}{h_5 - h_3} = \frac{500}{1414.99 - 177.21} = 0.40395 \text{ kg/s}$$

(6) 저압압축기 소요동력 : 식 (4-5-56)을 이용하면

$$W_1 = \dot{m} w_1 = \dot{m} \gamma(1-z)(1-x_2)(h_6 - h_5) = \dot{m}_{e,l}(h_6 - h_5)$$
$$= 0.40395 \times (1592.73 - 1414.99) = 71.798 \text{ kW}$$

(7) 고압압축기 소요동력 : 식 (4-5-56)을 이용하면

$$W_2 = \dot{m} w_2 = \dot{m}(h_9 - h_8) = 0.71185 \times (1670.91 - 1455.16) = 153.582 \text{ kW}$$

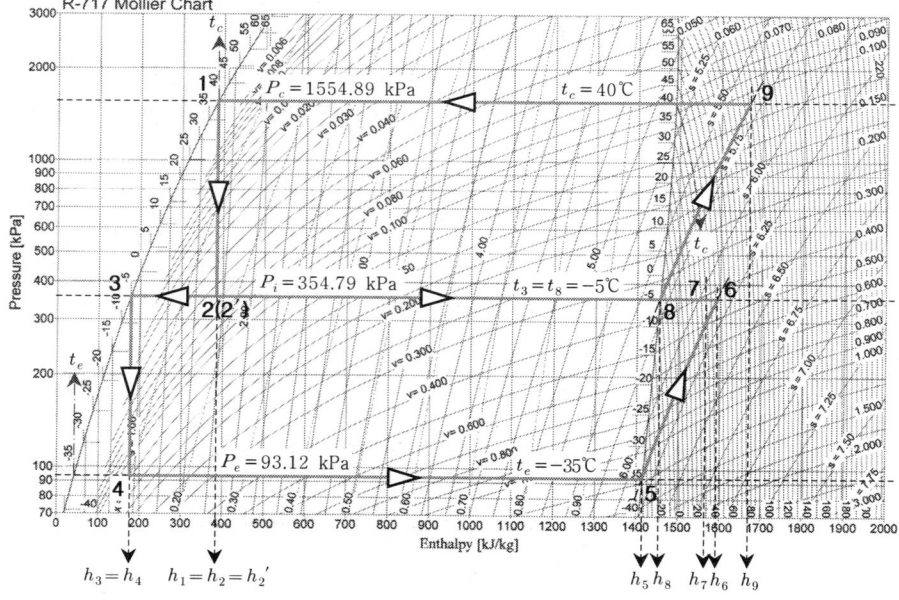

[그림 8] −35~40℃ 사이에서 작동하는 중간냉각이 완전한 R-717 2단압축 2단증발사이클

(8) 중간냉각기 총방열량 : 식 (4-5-56)을 이용하면

$$Q_{Hi} = \dot{m} q_{Hi} = \dot{m} \gamma (1-z)(1-x_2)(h_6 - h_7) = \dot{m}_{e,l}(h_6 - h_7)$$
$$= 0.40395 \times (1592.73 - 1565.45) = 11.020 \text{ kW}$$

(9) 응축기 총방열량 : 식 (4-5-56)을 이용하면

$$Q_{Hc} = \dot{m} q_{Hc} = \dot{m}(h_9 - h_1) = 0.71185 \times (1670.91 - 386.43) = 914.36 \text{ kW}$$

(10) 성적계수 : 식 (4-5-59)에서

$$cop = \frac{z(h_8 - h_1) + \gamma(1-z)(1-x_2)(h_5 - h_3)}{\gamma(1-z)(1-x_2)(h_6 - h_5) + (h_9 - h_8)}$$
$$= \frac{0.26\cdots \times (1455.16 - 386.43) + 0.92\cdots \times (1-0.26\cdots) \times 0.83\cdots \times (1414.99 - 177.21)}{0.92\cdots \times (1-0.26\cdots) \times 0.83\cdots \times (1592.73 - 1414.99) + (1670.91 - 1455.16)}$$
$$= 3.106$$

또는 위의 계산결과를 이용하면

$$cop = \frac{Q_L}{W} = \frac{Q_{L,h} + Q_{L,l}}{W_1 + W_2} = \frac{200 + 500}{71.798 + 153.582} = 3.106$$

4-12 R-170(Ethane) Mollier 선도와 R-134a Mollier 선도 상에 각각 저온측 사이클과 고온측 사이클을 그리고 저온측의 상태점 1과 3 및 고온측의 상태점 1′과 3′의 비엔탈피를 각각의 증기표, 저온측의 상태점 4와 고온측의 상태점 4′의 비엔탈피를 각각의 선도에서 구하면 아래와 같다.

$h_1 = h_2 = 152.09$ kJ/kg, $\quad h_3 = 455.27$ kJ/kg, $\quad h_4 = 583.08$ kJ/kg

$h_1' = h_2' = 234.29$ kJ/kg, $\quad h_3' = 382.21$ kJ/kg, $\quad h_4' = 422.92$ kJ/kg

(1) 저온측 냉매순환량 : 냉동능력이 $Q_{L,l} = 100$ kW 이므로 식 (4-6-1)에서

$$\dot{m}_l = \frac{Q_{L,l}}{h_3 - h_1} = \frac{100}{455.27 - 152.09} = 0.32984 \text{ kg/s}$$

(2) 저온측 압축기의 소요동력

$$W_l = \dot{m}_l w_l = \dot{m}_l (h_4 - h_3) = 0.32984 \times (583.08 - 455.27) = 42.157 \text{ kW}$$

(3) 고온측 냉매순환량 : 식 (4-6-4)로부터

$$\dot{m}_h = \frac{Q_{L,l}(h_4 - h_1)}{(h_3 - h_1)(h_3' - h_1')} = \frac{100 \times (583.08 - 152.09)}{(455.27 - 152.09) \times (382.21 - 234.29)}$$
$$= 0.96104 \text{ kg/s}$$

또는

$$\dot{m}_h = (Q_{L,h})/(h_3' - h_1') = (Q_{L,l} + W_l)/(h_3' - h_1')$$
$$= (100 + 42.157)/(382.21 - 234.29) = 0.96104 \text{ kg/s}$$

(4) 고온측 압축기의 소요동력

$$W_h = \dot{m}_h w_h = \dot{m}_h (h_4' - h_3') = 0.96104 \times (422.92 - 382.21) = 39.124 \text{ kW}$$

(5) 응축기의 총방열량

$$Q_{H,h} = \dot{m}_h q_{H,h} = \dot{m}_h (h_4' - h_1') = 0.96104 \times (422.92 - 234.29) = 181.281 \text{ kW}$$

※ 또는 $Q_{H,h} = Q_{L,l} + W_l + W_h$로 구하여도 좋다.

(6) 저온측 성적계수

$$cop_l = \frac{Q_{L,l}}{W_l} = \frac{100}{42.157} = 2.372$$

(7) 고온측 성적계수

$$cop_h = \frac{Q_{L,h}}{W_h} = \frac{Q_{L,l} + W_l}{W_h} = \frac{100 + 42.157}{39.124} = 3.633$$

(8) 2원 냉동사이클의 성적계수 : 식 (4-6-7)을 이용하면

$$cop = \frac{cop_l \cdot cop_h}{cop_l + cop_h + 1} = \frac{2.372 \times 3.633}{2.372 + 3.633 + 1} = 1.2302$$

또는

$$cop = \frac{Q_{L,l}}{W_l + W_h} = \frac{100}{42.157 + 39.124} = 1.2303$$

제 5 장 압 축 기

5-1 $v_3 = 0.14641$ m^3/kg, $V = 300$ m^3/h, $\eta_v = 0.82$ 이고 식 (5-3-1)에서 실제 흡수하는 냉매증기의 체적은 $V_{act} = \dot{m} v_3$ 이므로 $V_{act} = \dot{m} v_3 = V \eta_v$의 관계로부터 냉매순환량 $\dot{m}$은

$$\dot{m} = \frac{V \eta_v}{v_3} = \frac{300 \times 0.82}{0.14641} = 1680.21 \text{ kg/h}$$

5-2 응축기와 증발기 출구온도가 각각 $t_{sc} = 25$℃, $t_e = -20$℃ 이므로 부록의 R-134a 포화증기표에서 증발기 입, 출구에서 냉매의 엔탈피는 각각 $h_1 = 234.29$ kJ/kg, $h_3 = 385.28$ kJ/kg 이므로 냉동능력 Q_L은 식 (4-3-8)로부터

$$Q_L = \dot{m}(h_3 - h_1) = 1680.21 \times (385.28 - 234.29) = 253{,}694.91 \text{ kJ/h} = 70.47 \text{ kW}$$

5-3 예제 4-4의 조건은 $t_e = -15$℃, $t_c = 30$℃, $Q_L = 10$ kW이며 각 상태점의 이론 비엔탈피는 $h_1 = h_2 = 241.46$ kJ/kg, $h_3 = 388.32$ kJ/kg, $h_4 = 420.31$ kJ/kg

(1) 압축기의 피스톤배출량(V)

먼저 식 (4-3-8)에서 냉매순환량 $\dot{m}$은

$$\dot{m} = \frac{Q_L}{q_L} = \frac{Q_L}{h_3 - h_1} = \frac{10}{146.86} = 68.092 \times 10^{-3} \text{ kg/s} = 245.131 \text{ m}^3/\text{h}$$

압축기 입구에서 냉매의 비체적이 $v_3 = 0.11991$ m^3/kg 이므로 피스톤배출량 V는 식 (5-3-6)에서

$$V_{act} = \dot{m} v_3 = (68.092 \times 10^{-3}) \times 0.11991 = 8.1649 \times 10^{-3} \text{ m}^3/\text{s} = 29.394 \text{ m}^3/\text{h}$$

(2) 이론 피스톤배출량(V) : 식 (5-3-1)에서 이론 피스톤배출량 V는 $\eta_v = 0.78$ 이므로

$$V = \frac{V_{act}}{\eta_v} = \frac{29.394}{0.78} = 37.685 \text{ m}^3/\text{h}$$

(3) 압축기의 실제 소요동력(W_{act})

압축기의 이론 소요동력은 식 (4-3-8)에서 $W = \dot{m}w = \dot{m}(h_4 - h_3)$이고 $\eta_c = 0.8$ 이므로 식 (5-3-10)에서 실제 소요동력 W_{act}는

$$W_{act} = \frac{W}{\eta_c} = \frac{\dot{m}(h_4 - h_3)}{\eta_c} = \frac{(68.092 \times 10^{-3}) \times (420.31 - 388.32)}{0.8} = 2.723 \text{ kW}$$

(4) 압축기를 구동시키는 전동기의 동력(W_m) : 기계효율이 $\eta_m = 0.8$ 이므로 식 (5-3-12)에서

$$W_m = \frac{W_{act}}{\eta_m} = \frac{2.723}{0.85} = 3.204 \text{ kW}$$

제 6 장 응 축 기

6-1 $\delta = 0.005$ mm, $T_H = 20℃$, $T_L = 5℃$, $A = 5$ m^2, $k = 1.4$ W/mK이므로 전열량 Q는 식 (6-3-1)로부터

$$Q = qA = -kA\left(\frac{T_L - T_H}{\delta}\right) = -1.4 \times 5 \times \frac{5 - 20}{0.005} = 21,000 \text{ W} = 21 \text{ kW}$$

6-2 $A = 5$ m^2, $\delta = 0.02$ m, $Q = 3000$ W, $T_H = 300℃$, $k = 0.2$ W/mK 이므로 식 (6-3-1)에서 외부표면온도 T_L은

$$T_L = T_H + \left(-\frac{\delta}{kA}\right)Q = 300 + \left(-\frac{0.02}{0.2 \times 5}\right) \times 3000 = 240℃$$

6-3 $C_b = 5.67 \times 10^{-8}$ W/m^{2}K^4, $\varepsilon = 0.8$, $T = 100℃$, $A = 0.5$ m^2 이므로 식 (6-3-6)에서 전열량 E_b는

$$E_b = C_b \varepsilon A T^4 = (5.67 \times 10^{-8}) \times 0.8 \times 0.5 \times (150 + 273)^4 = 726.11 \text{ W}$$

6-4 $\alpha_L = \alpha_H = 60$ W/m^{2}K, $\delta_1 = 0.01$ m, $\delta_2 = 0.09$ m, $\delta_3 = 0.05$ m, $\delta_4 = 0.1$ m, $k_1 = 0.17$ W/mK, $k_2 = 2$ W/mK, $k_3 = 0.12$ W/mK, $k_4 = 2.1$ W/mK 이므로 다층벽의 열관류율 K는 식 (6-3-10)에서

$$K = \frac{1}{\frac{1}{\alpha_H} + \frac{\delta_1}{k_1} + \frac{\delta_2}{k_2} + \cdots + \frac{\delta_n}{k_n} + \frac{1}{\alpha_L}} = \frac{1}{\frac{1}{60} + \frac{0.01}{0.17} + \frac{0.09}{2} + \frac{0.05}{0.12} + \frac{0.1}{2.1} + \frac{1}{60}}$$

$$= 1.66 \text{ W/m}^2\text{K}$$

6-5 (1) 열관류율

$k=35$ W/mK, $D_H=0.04$ m, $D_1=0.05$ m, $D_L=0.09$ m, $\alpha_H=350$ W/m²K, $\alpha_L=300$ W/m²K 이므로 식 (6-3-14)에서 원형벽의 열관류율 K_t는

$$K_t = \cfrac{1}{\cfrac{1}{\alpha_H}\cfrac{D_L}{D_H}+\cfrac{D_L}{2k_1}\ln\left(\cfrac{D_H}{D_1}\right)+\cfrac{D_L}{2k_2}\ln\left(\cfrac{D_1}{D_L}\right)+\cfrac{1}{\alpha_L}}$$

$$= \cfrac{1}{\cfrac{1}{350}\times\cfrac{0.09}{0.04}+\cfrac{0.09}{2\times 25}\times\ln\left(\cfrac{0.04}{0.05}\right)+\cfrac{0.09}{2\times 2.5}\times\ln\left(\cfrac{0.05}{0.09}\right)+\cfrac{1}{300}}$$

$=-819.73$ W/m²K

(2) 단위면적당 방열량 : 식 (6-3-12)에서 $T_{fH}=60℃$, $T_{fL}=32℃$, $A=1$ m²이므로 방열량 Q는

$Q=K_t A(T_{f,H}-T_{f,L})=-819.73\times 1\times(60-32)$

$=-22952.45$ W/m² $=-22.95$ kW/m²

제 7 장 증 발 기

7-1 $t_i=-4℃$, $t_o=-11℃$, $c_p=3.18$ kJ/kg℃, $Q_L=100$ kW 이므로 식 (7-2-1)에서 브라인의 순환량 $\dot{m}_b$는

$$\dot{m}_b=\frac{Q_L}{c_p(t_i-t_o)}=\frac{100\times 60}{3.18\times\{(-4)-(-11)\}}=269.54 \text{ kg/min}$$

그런데 밀도가 $\rho=1180$ kg/m³ 이므로 브라인의 분당 순환체적 $\dot{V}_b$는

$$\dot{V}_b=\frac{\dot{m}_b}{\rho}=\frac{269.54}{1180}=0.2284 \text{ m}^3/\text{min}=228.4 \text{ L/min}$$

7-2 (1) 냉각관의 냉동능력 : 물의 밀도가 1 kg/L $=1000$ kg/m³ 이므로 냉각수량은

$\dot{m}_b=200$ L/min $=200$ kg/min

그리고 $t_i=16℃$, $t_o=6℃$ 이고 물의 비열이 $c_p=4.186$ kJ/kg℃ 이므로 식 (7-2-1)에서 Q_L은

$$Q_L=\dot{m}_b c_p(t_i-t_o)=\frac{200}{60}\times 4.186\times(16-6)=139.53 \text{ kW}$$

(2) 냉각관의 길이 : 증발온도가 $t_e=-15℃$ 이므로 $\Delta t_i=t_i-t_e=16-(-15)=31℃$, $\Delta t_o=t_o-t_e=6-(-15)=21℃$ 이다.

그러므로 식 (7-2-5)에서 대수평균 온도차는

$$\Delta t_m=\frac{\Delta t_i-\Delta t_o}{\ln\left(\dfrac{\Delta t_i}{\Delta t_o}\right)}=\frac{31-21}{\ln\left(\dfrac{31}{21}\right)}=25.68℃$$

따라서 전열면적은 식 (7-2-3)에서 $A = Q_L/K\Delta_m$이다. 여기서 냉각관의 안지름을 d_i, 관길이를 L이라 하면 전열면적은 $A = \pi d_i L = \pi(d_o - 2t)L$이므로

$$A = Q_L/K\Delta_m = \pi d_i L = \pi(d_o - 2t)L$$

여기서 $K = 930.23$ W/m²℃, 냉각관의 바깥지름이 $d_o = 0.015$ m, 두께가 $t = 0.0013$ m 이므로 냉각관의 길이 L은

$$L = \frac{Q_L}{K\Delta t_m \pi(d_o - 2t)} = \frac{139.53}{0.93023 \times 25.68 \times \pi \times (0.015 - 2 \times 0.0013)} = 149.9 \text{ m}$$

제10장 흡수식 냉동기

10-1 $m_1 = 2.8$ kg, $\xi_1 = 0.65$, $m_2 = 3$ kg, $\xi_2 = 0.2$ 이므로 혼합 후 질량은 $m = 5.8$ kg이다. 따라서 식 (10-3-1)로부터 혼합 후 농도 ξ는

$$\xi = \frac{m_1\xi_1 + m_2\xi_2}{m} = \frac{2.8 \times 0.65 + 3 \times 0.2}{5.8} = 0.417 \text{ (41.7\%)}$$

10-2 $m_1 = 1.2$ kg, $\xi_1 = 0.48$, $m_2 = 4$ kg, $\xi_2 = 0.63$, $m = 5.2$ kg 이므로 먼저 식 (10-3-1)에서 혼합용액의 농도(ξ)를 구하면

$$\xi = \frac{m_1\xi_1 + m_2\xi_2}{m} = \frac{1.2 \times 0.48 + 4 \times 0.63}{5.2} = 0.595 \text{ (59.5\%)}$$

한편 A용액의 엔탈피가 $H_1 = 450$ kJ 이므로 비엔탈피는 $h_1 = H_1/m_1 = 375$ kJ/kg이다. 그러므로 식 (10-3-3)으로부터 혼합용액의 비엔탈피 h는

$$h = h_1 + \frac{\xi - \xi_1}{\xi_2 - \xi_1}(h_2 - h_1) = 375 + \frac{0.595 - 0.48}{0.63 - 0.48} \times (720 - 375) = 639.5 \text{ kJ/kg}$$

10-3 그림 10-8 H₂O-LiBr 용액의 P-t선도(듀링 선도)에서 $P = 1.5$ kPa 선과 리튬브로마이드 결정선의 교점을 구하여 용액의 농도와 온도를 계산하면

$$\xi = 66 + (67 - 66) \times \frac{1}{2} = 66.5\% \text{ (1/2은 비교 측정한 길이)}$$

$$t = 65 + (70 - 65) \times \frac{1.5}{3.2} = 67.34375℃$$

10-4 표 10-2에서 용액의 온도가 $t = 50℃$, 용액의 농도가 $\xi = 50\%$ 일 때 H₂O의 온도를 찾으면 $t' = 26.5℃$ 이다.
또는 그림 10-8 H₂O-LiBr 듀링 선도에서 $\xi = 50\%$ 선과 $t = 50℃$ 선의 교점을 찾아 냉매온도를 보간법으로 구하면

$$t' = 20 + (30 - 20) \times \frac{3.8}{6} = 26.33℃$$

10-5 (1) 재생기 입구에서 용액의 농도(ξ_1) : 그림 10-8 듀링 선도에서 $P_e = 1.2$ kPa 선과 $t_2 = 27℃$ 선의 교점이 흡수기 출구(상태점 2)이며 상태점 2, 7 및 5의 농도가 같다. 그러므로 묽은 용액의 농도(ξ_1)는

$$\xi_1 = 45 + (50-45) \times \frac{1.2}{3.3} = 46.8\%$$

(2) 재생기 입구에서 용액의 농도(ξ_2) : $P_c = 15$ kPa 선과 $t_4 = 95℃$ 선의 교점이 흡수기 출구(상태점 4)이며 상태점 4, 8 및 6의 농도가 같다. 그러므로 진한 용액의 농도(ξ_2)는

$$\xi_2 = 57 + (58-57) \times \frac{0.2}{0.9} = 57.2\%$$

(3) 재생기 입구에서 용액의 비엔탈피(h_7) : $t_7 = 60℃$, $\xi_1 = 46.8\%$ 이므로 표 10-2에서 비엔탈피를 구하면

용액온도 ($t℃$)	용액의 비엔탈피(kJ/kg)		
	45%	$\xi_1 = 46.8\%$	50%
60	125.8	h_7	125.8

$h_7 = 125.8$ kJ/kg

(4) 재생기에서 증발 직전인 용액의 비엔탈피(h_5)

$P_c = 15$ kPa, $\xi_1 = 46.8\%$ 이므로 그림 10-8에서 먼저 상태점 5의 온도를 구하면 $t_5 = 75℃$ 이다. 그러므로 표 10-2에서 $t_5 = 75℃$, $\xi_1 = 46.8\%$ 일 때 비엔탈피를 구하면

용액온도 ($t℃$)	용액의 비엔탈피(kJ/kg)		
	45%	$\xi_1 = 46.8\%$	50%
70	148.9		148.0
$t_5 = 75$	(160.9)	h_5	(159.0)
80	172.8		170.0

$$\frac{h_5 - 160.9}{159.0 - 160.9} = \frac{46.8 - 45}{50 - 45}$$ 으로부터

$$h_5 = 160.9 + (159.0 - 160.9) \times \frac{46.8-45}{50-45} = 160.2 \text{ kJ/kg}$$

(5) 재생기 출구에서 용액의 비엔탈피(h_4)

표 10-2에서 $t_4 = 95℃$, $\xi_2 = 57.2\%$ 일 때 비엔탈피를 구하면

용액온도 ($t℃$)	용액의 비엔탈피(kJ/kg)		
	55%	$\xi_2 = 57.2\%$	60%
90	197.1		212.2
$t_4 = 95$	(207.7)	h_4	(221.9)
100	218.2		231.5

$$\frac{h_4 - 207.7}{221.9 - 207.7} = \frac{57.2 - 55}{60 - 55}$$ 으로부터

$$h_4 = 207.7 + (221.9 - 207.7) \times \frac{57.2 - 55}{60 - 55} = 213.9 \text{ kJ/kg}$$

(6) 순환비(f) : 식 (10-5-2)에 의해

$$f = \frac{\xi_2}{\xi_2 - \xi_1} = \frac{57.2}{57.2 - 46.8} = 5.5 \text{ (kg/kg)}$$

(7) 냉매를 흡수하기 직전 용액의 비엔탈피(h_6)

$P_e = 1.2$ kPa, $\xi_2 = 57.2\%$ 이므로 그림 10-8에서 먼저 상태점 6의 온도를 구하면

$$t_6 = 40 + (45-40) \times \frac{2.5}{3} = 44.2℃$$

그러므로 표 10-2에서 $t_6 = 44.2℃$, $\xi_2 = 57.2\%$ 일 때 비엔탈피를 구하면

용액온도	용액의 비엔탈피(kJ/kg)		
(t℃)	55%	$\xi_2 = 57.2\%$	60%
40	93.5		115.4
$t_6 = 44.2$	(102.1)	h_6	(123.4)
50	114.0		134.5

$\dfrac{h_6 - 102.1}{123.4 - 102.1} = \dfrac{57.2 - 55}{60 - 55}$ 으로부터

$h_6 = 102.1 + (123.4 - 102.1) \times \dfrac{57.2 - 55}{60 - 55} = 111.5 \text{ kJ/kg}$

(8) 흡수기 출구에서 용액의 비엔탈피(h_2)

표 10-2에서 $t_2 = 27$℃, $\xi_1 = 46.8\%$ 일 때 비엔탈피를 구하면

용액온도	용액의 비엔탈피(kJ/kg)		
(t℃)	45%	$\xi_1 = 46.8\%$	50%
20	33.5		38.9
$t_2 = 27$	(49.8)	h_2	(54.0)
30	56.8		60.5

$\dfrac{h_2 - 49.8}{54.0 - 49.8} = \dfrac{46.8 - 45}{50 - 45}$ 으로부터

$h_2 = 49.8 + (54.0 - 49.8) \times \dfrac{46.8 - 45}{50 - 45} = 51.3 \text{ kJ/kg}$

(9) 흡수기 입구에서 용액의 비엔탈피(h_8)

열교환기에서 교환열량을 나타내는 식 (10-5-7)에서

$h_8 = h_4 - \dfrac{f}{f-1}(h_7 - h_2) = 213.9 - \dfrac{5.5}{5.5 - 1} \times (125.8 - 51.3) = 122.8 \text{ kJ/kg}$

(10) 흡수기 입구에서 용액의 온도(t_8)

표 10-2에서 $h_8 = 122.8$ kJ/kg, $\xi_2 = 57.2\%$ 일 때 용액의 온도를 구하면

용액온도	용액의 비엔탈피(kJ/kg)		
(t℃)	55%	$\xi_1 = 57.2\%$	60%
40	93.5	(103.1)	115.4
t_8		$h_8 = 122.8$	
50	114.0	(123.0)	134.5

$\dfrac{t_8 - 40}{50 - 40} = \dfrac{122.8 - 103.1}{123.0 - 103.1}$ 으로부터

$t_8 = 40 + (50 - 40) \times \dfrac{122.8 - 103.1}{123.0 - 103.1} = 49.9$℃

(11) 재생기에서 증발하는 수증기의 비엔탈피(h_3')

① 재생기에서 증발이 개시되는 혼합용액(상태 5) 중 물의 온도(t_5')는 표 10-2에서 용액의 온도가 $t_5 = 75$℃이고 농도가 $\xi_1 = 46.8\%$ 일 때 이므로

용액온도	냉매온도(℃)		
(t℃)	45%	$\xi_1 = 46.8\%$	50%
70	51.6		44.4
$t_5 = 75$	(56.2)	t_5'	(48.9)
80	60.8		53.4

$\dfrac{t_5' - 56.2}{48.9 - 56.2} = \dfrac{46.8 - 45}{50 - 45}$ 으로부터

$t_5' = 56.2 + (48.9 - 56.2) \times \dfrac{46.8 - 45}{50 - 45} = 53.6$℃

이므로 부록(R-718 포화증기표 온도기준)에서 증발이 개시되는 물의 엔탈피 h_5' 은

온도	비엔탈피 (kJ/kg)	
(℃)	액(h_f)	증기(h_g)
53	221.9	2597
$t_5' = 53.6$	—	h_5'
54	226.1	2598

$\dfrac{h_5' - 2597}{2598 - 2597} = \dfrac{53.6 - 53}{54 - 53}$ 에서

$$h_5' = 2597 + (2598-2597) \times \frac{53.6-53}{54-53} = 2597.6 \text{ kJ/kg}$$

② 재생기에서 마지막으로 증발하는 용액 중 물의 온도는 용액의 온도가 $t_4 = 95°C$ 이고 농도가 $\xi_2 = 57.2\%$ 이므로 표 10-2에서

용액온도	냉매온도(°C)		
(t °C)	55%	$\xi_2 = 57.2\%$	60%
90	53.6		44.1
$t_4 = 95$	(58.0)	t_4'	(48.4)
100	62.4		52.7

$\dfrac{t_4' - 58.0}{48.4 - 58.0} = \dfrac{57.2 - 55}{60 - 55}$ 으로부터

$$t_4' = 58.0 + (48.4 - 58.0) \times \frac{57.2 - 55}{60 - 55} = 53.8°C$$

이므로 부록(R-718 포화증기표 온도기준)에서 마지막으로 증발하는 물의 엔탈피 h_4' 은

온도 (°C)	비엔탈피 (kJ/kg)	
	액(h_f)	증기(h_g)
53	221.9	2597
$t_5' = 53.8$	—	h_4'
54	226.1	2598

$\dfrac{h_4' - 2597}{2598 - 2597} = \dfrac{53.8 - 53}{54 - 53}$ 에서

$$h_4' = 2597 + (2598 - 2597) \times \frac{53.8 - 53}{54 - 53} = 2597.8 \text{ kJ/kg}$$

따라서 재생기에서 증발하는 수증기 비엔탈피(h_3')는 식 (10-5-3)에 의해

$$h_3' = \frac{h_5 + h_4}{2} = \frac{2597.6 + 2597.8}{2} = 2597.7 \text{ kJ/kg}$$

※ 이 값은 부록(R-718 포화증기표 압력기준)에서 $P_c = 15$ kPa일 때 포화증기의 비엔탈피 2598 kJ/kg과 차이가 없음을 알 수 있다.

(12) 응축 후 냉매의 비엔탈피(h_3)

$P_c = 15$ kPa 이므로 부록(R-718 포화증기표 압력기준)에서 $h_3 = 225.9$ kJ/kg

(13) 증발기에서 감압 후 냉매의 비엔탈피(h_1)

$P_e = 1.2$ kPa 이므로 부록(R-718 포화증기표 압력기준)에서 h_1은

압력 (kPa)	비엔탈피 (kJ/kg)	
	액(h_f)	증기(h_g)
1.0	29.30	2514
$P_e = 1.2$	h_1	h_1'
1.5	54.68	2525

$\dfrac{h_1 - 29.30}{54.68 - 29.30} = \dfrac{1.2 - 1.0}{1.5 - 1.0} = \dfrac{h_1' - 2514}{2525 - 2514}$ 에서

$$h_1 = 29.30 + (54.68 - 29.30) \times \frac{1.2 - 1.0}{1.5 - 1.0} = 39.5 \text{ kJ/kg}$$

(14) 증발기에서 증발하는 수증기의 비엔탈피(h_1')

앞의 풀이 (13)의 관계식으로부터 h_1'은

$$h_1' = 2514 + (2525 - 2514) \times \frac{1.2 - 1.0}{1.5 - 1.0} = 2518.4 \text{ kJ/kg}$$

(15) 냉동효과(q_L)

식 (10-5-13)에 의해

$$q_L = h_1' - h_3 = 2518.4 - 225.9 = 2292.5 \text{ kJ/kg}$$

(16) 응축냉매 1 kg당 흡수기의 방열량(q_a)

식 (10-5-9)로부터

$$q_a = (f-1)h_8 + h_1' - fh_2 = (5.5-1) \times 122.8 + 2518.4 - 5.5 \times 51.3 = 2788.9 \text{ kJ/kg}$$

(17) 응축냉매 1 kg당 재생기의 가열량(q_g)

식 (10-5-5)로부터

$$q_g = h_3' + (f-1)h_4 - fh_7 = 2597.7 + (5.5-1) \times 213.9 - 5.5 \times 125.8 = 2868.4 \text{ kJkg}$$

(18) 응축냉매 1 kg당 응축기의 방열량(q_H)

식 (10-5-11)로부터

$$q_H = h_3' - h_3 = 2597.7 - 225.9 = 2371.8 \text{ kJ/kg}$$

(19) 열교환기에서의 교환열량(q_{he})

식 (10-5-7)로부터

$$q_{he} = f(h_7 - h_2) = 5.5 \times (125.8 - 51.3) = 409.8 \text{ kJ/kg}$$

$$q_{he} = (f-1)(h_4 - h_8) = (5.5-1) \times (213.9 - 122.8) = 410.0 \text{ kJ/kg}$$

※ 위의 결과가 약간 오차가 있는 것은 비엔탈피를 계산할 때 반올림에 의한 것임.

(20) 성적률(ζ)

식 (10-5-16)으로부터

$$\zeta = \frac{q_L}{q_g} = \frac{2292.5}{2868.4} = 0.799$$

위의 단효용 사이클을 듀링 선도에 그리면 아래와 같다.

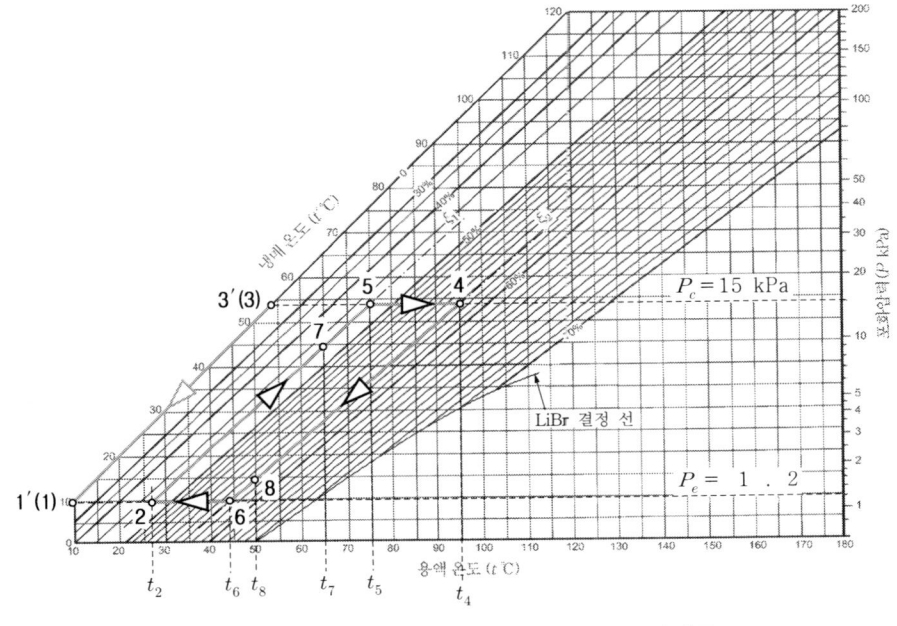

[그림 9] 단효용 H_2O-LiBr 흡수식 냉동사이클

부 록

부록 1. 포화액의 열적 성질

종류	온도 t K	밀도 ρ (kg/m³)	비열 c_p (kJ/kgK)	점성 $\mu \cdot 10^2$ (Ns/m²)	동점성 $\nu \cdot 10^6$ (m²/s)	열전도률 $k \cdot 10^3$ (W/mK)	온도전도율 $\alpha \cdot 10^7$ (m²/s)	프란틀수 Pr
엔진오일	273	889.1	1.796	385	4280	147	0.910	47000
	280	895.3	1.827	217	2430	144	0.880	27500
	290	890.0	1.868	99.9	1120	145	0.872	12900
	300	884.1	1.909	48.6	550	145	0.859	6400
	310	877.9	1.951	25.3	288	145	0.847	3400
	320	871.8	1.993	14.1	161	143	0.823	1965
	330	865.8	2.035	8.36	96.6	141	0.800	1205
	340	859.9	2.076	5.31	61.7	139	0.779	793
	350	853.9	2.118	3.56	41.7	138	0.763	546
	360	847.8	2.161	2.52	29.7	138	0.753	395
	370	841.8	2.206	1.86	22.0	137	0.738	300
	380	836.0	2.250	1.41	16.9	136	0.723	233
	390	830.6	2.294	1.10	13.3	135	0.709	187
	400	825.1	2.337	0.874	10.6	134	0.695	152
	410	818.9	2.381	0.698	8.52	133	0.682	125
	420	812.1	2.427	0.564	6.94	133	0.675	103
	430	806.5	2.471	0.470	5.83	132	0.662	88
에틸렌그리콜	273	1130.8	2.294	6.51	57.6	242	0.933	617
	280	1125.8	2.323	4.20	37.3	244	0.933	400
	290	1118.8	2.368	2.47	22.1	248	0.936	236
	300	1114.4	2.415	1.57	14.1	252	0.939	151
	310	1103.7	2.460	1.07	9.65	255	0.939	103
	320	1096.2	2.505	0.757	6.91	258	0.940	73.5
	330	1089.5	2.549	0.561	5.15	260	0.936	55.0
	340	1083.8	2.592	0.431	3.98	261	0.929	42.8
	350	1079.0	2.637	0.342	3.17	261	0.917	34.6
	360	1074.0	2.682	0.278	2.59	261	0.906	28.6
	370	1066.7	2.728	0.228	2.14	262	0.900	23.7
	373	1058.5	2.742	0.215	2.03	263	0.906	22.4
프레온 (R-12)	230	1528.4	0.8816	0.0457	0.299	68	0.505	5.9
	240	1498.0	0.8923	0.0385	0.257	69	0.516	5.0
	250	1469.5	0.9037	0.0354	0.241	70	0.527	4.6
	260	1439.0	0.9163	0.0322	0.224	73	0.554	4.0
	270	1407.2	0.9301	0.0304	0.216	73	0.558	3.9
	280	1374.4	0.9450	0.0283	0.206	73	0.562	3.7
	290	1340.5	0.9609	0.0265	0.198	73	0.567	3.5
	300	1305.8	0.9781	0.0254	0.195	72	0.564	3.5
	310	1268.9	0.9963	0.0244	0.192	69	0.546	3.4
	320	1128.6	1.0155	0.0233	0.190	68	0.545	3.5
글리세린	273	1276.0	2.261	1060	8310	282	0.977	85000
	280	1271.9	2.298	534	4200	284	0.972	43200
	290	1265.8	2.367	185	1460	286	0.955	15300
	300	1259.9	2.427	79.9	634	286	0.935	6780
	310	1253.9	2.490	35.2	281	286	0.916	3060
	320	1247.2	2.564	21.0	168	287	0.897	1870
수은	273	13595	0.1404	0.1688	0.1240	8180	42.85	0.0290
	300	13529	0.1393	0.1523	0.1125	8540	45.30	0.0248
	350	13407	0.1377	0.1309	0.0976	9180	49.75	0.0196
	400	13287	0.1365	0.1171	0.0882	9800	54.05	0.0163
	450	13167	0.1357	0.1075	0.0816	10400	58.10	0.0140
	500	13048	0.1353	0.1007	0.0771	10950	61.90	0.0125
	550	12929	0.1352	0.0953	0.0737	11450	65.55	0.0112
	600	12809	0.1355	0.0911	0.0711	11950	68.80	0.0103

Data from : Fundamental of Heat and Mass Transfer, F. P. Incropera & D. P. Witt, 2002, Wiley

부록 2. 기체의 열적 성질

종류	온도 $t\ K$	밀도 ρ (kg/m³)	비열 c_p(kJ/kgK)	점성 $\mu \cdot 10^7$(Ns/m²)	동점성 $v \cdot 10^6$ (m²/s)	열전도율 $k \cdot 10^3$ (W/mK)	온도전도율 $\alpha \cdot 10^6$ (m²/s)	프란틀수 Pr
수소	250	0.09693	14.06	78.9	81.4	157	115	0.707
	300	0.08078	14.31	89.6	111.0	183	158	0.701
	350	0.06924	14.43	98.6	143.0	204	204	0.700
	400	0.06059	14.48	108.2	179.0	226	258	0.695
	450	0.05386	14.50	117.2	218.0	247	316	0.689
	500	0.04848	14.52	126.4	261.0	266	378	0.691
	550	0.04407	14.53	134.3	305.0	285	445	0.685
질소	250	1.3488	1.042	154.9	11.48	22.2	15.8	0.727
	300	1.1233	1.041	178.2	15.86	25.9	22.1	0.716
	350	0.9625	1.042	200.0	20.78	29.3	29.2	0.711
	400	0.8425	1.045	220.4	26.16	32.7	37.1	0.704
	450	0.7485	1.050	239.6	32.01	35.8	45.6	0.703
	500	0.6739	1.056	257.7	38.24	38.9	54.7	0.700
	550	0.6124	1.065	274.7	44.86	41.7	63.9	0.702
이산화탄소	280	1.9022	0.830	140	7.36	15.20	9.63	0.765
	300	1.7730	0.851	149	8.40	16.55	11.00	0.766
	340	1.5618	0.891	165	10.60	19.70	14.20	0.746
	380	1.3961	0.926	181	13.00	22.75	17.60	0.737
	400	1.3257	0.942	190	14.30	24.30	19.50	0.737
	450	1.1782	0.981	210	17.80	28.30	24.50	0.728
	500	1.0594	1.020	213	21.80	32.50	30.10	0.725
산소	250	1.542	0.915	178.6	11.58	22.6	16.0	0.723
	300	1.284	0.920	207.2	16.14	26.8	22.7	0.711
	350	1.100	0.929	233.5	21.23	29.6	29.0	0.733
	400	0.9620	0.942	258.2	26.84	33.0	36.4	0.737
	450	0.8554	0.956	281.4	32.90	36.3	44.4	0.741
	500	0.7698	0.972	303.3	39.40	41.2	55.1	0.716
	550	0.6998	0.988	324.0	46.30	44.1	63.8	0.726
일산화탄소	280	1.2038	1.042	166	13.8	23.6	18.8	0.733
	300	1.1233	1.043	175	15.6	25.0	21.3	0.730
	340	0.9909	1.044	193	19.5	27.8	26.9	0.725
	380	0.8864	1.047	210	23.7	30.5	32.9	0.729
	400	0.8421	1.049	218	25.9	31.8	36.0	0.719
	450	0.7483	1.055	237	31.7	35.0	44.3	0.714
	500	0.67352	1.065	254	37.7	38.1	53.1	0.710
암모니아	300	0.6894	2.158	101.5	14.7	24.7	16.6	0.887
	320	0.6448	2.170	109.0	16.9	27.2	19.4	0.870
	340	0.6059	2.192	116.5	19.2	29.3	22.1	0.872
	360	0.5716	2.221	124.0	21.7	31.6	24.9	0.872
	380	0.5410	2.254	131.0	24.2	34.0	27.9	0.869
	400	0.5136	2.287	138.0	26.9	37.0	31.5	0.853
	500	0.4101	2.467	173.0	42.2	52.5	51.9	0.813
헬륨	220	0.2216	5.193	160	72.2	123.1	107	0.675
	260	0.1875	5.193	180	96.0	137	141	0.682
	300	0.1625	5.193	199	122.0	152	180	0.682
	350	–	5.193	221	–	170	–	–
	400	0.1219	5.193	243	199.0	187	295	0.675
	450	–	5.193	263	–	204	–	–
	500	0.09754	5.193	283	290	220	434	0.668
산소	250	1.542	0.915	178.6	11.58	22.6	16.0	0.723
	300	1.284	0.920	207.2	16.14	26.8	22.7	0.711
	350	1.100	0.929	233.5	21.23	29.6	29.0	0.733
	400	0.9620	0.942	258.2	26.84	33.0	36.4	0.737
	450	0.8554	0.956	281.4	32.90	36.3	44.4	0.741
	500	0.7698	0.972	303.3	39.40	41.2	55.1	0.716
	550	0.6998	0.988	324.0	46.30	44.1	63.8	0.726
공기	250	1.3947	1.006	159.6	11.44	22.3	15.9	0.720
	300	1.1614	1.007	184.6	15.89	26.3	22.5	0.707
	350	0.9950	1.009	208.2	20.92	30.0	29.9	0.700
	400	0.8711	1.014	230.1	26.41	33.8	38.3	0.690
	450	0.7740	1.021	250.7	32.39	37.3	47.2	0.686
	500	0.6964	1.030	270.1	38.79	40.7	56.7	0.684
	550	0.6329	1.040	288.4	45.57	43.9	66.7	0.683

Data from : Fundamental of Heat and Mass Transfer, F. P. Incropera & D. P. Witt, 2002, Wiley

부록 3. 물의 열적 성질

온도 t K	비체적 v(m³/kg)	비열 c_p(kJ/kgK)	점성 $\mu \cdot 10^6$(Ns/m²)	열전도률 $k \cdot 10^3$ (W/mK)	팽창계수 $\beta \cdot 10^6$ (K⁻¹)	프란틀수 Pr
273.15	1.000	4.217	1750	569	−68.05	12.99
280	1.000	4.198	1422	582	46.04	10.26
290	1.001	4.184	1080	598	174.0	7.56
300	1.003	4.179	855	613	276.1	5.83
310	1.007	4.178	695	628	361.9	4.62
320	1.011	4.180	577	640	436.7	3.77
330	1.016	4.184	489	650	504.0	3.15
340	1.021	4.188	420	660	566.0	2.66
350	1.027	4.195	365	668	624.2	2.29
360	1.034	4.203	324	674	697.9	2.02
370	1.041	4.214	289	679	728.7	1.80
373.15	1.044	4.217	279	680	750.1	1.76
380	1.049	4.226	260	683	788.0	1.61
390	1.058	4.239	237	686	841.0	1.47
400	1.067	4.256	217	688	896.0	1.34
410	1.077	4.278	200	688	952.0	1.24
420	1.088	4.302	185	688	1010.0	1.16
430	1.099	4.331	173	685	−	1.09
440	1.110	4.360	162	682	−	1.04
450	1.123	4.400	152	678	−	0.99
460	1.137	4.440	143	673	−	0.95
470	1.152	4.480	136	667	−	0.92
480	1.167	4.530	129	660	−	0.89
490	1.184	4.590	124	651	−	0.87
500	1.203	4.660	118	642	−	0.86

Data from : Fundamental of Heat and Mass Transfer, F. P. Incropera & D. P. Witt, 2002, Wiley

부록 4. 금속의 열적 성질

재료	300 K에서 물성값			
	융해점(K)	밀도(kg/m^3)	정압비열(J/kgK)	열전도율(W/mK)
구리	1358	8933	385	401
구리합금(10%Al)	1293	8800	420	52
구리합금(11%Su)	1104	8780	355	54
구리합금(30%Zn)	1188	8530	380	110
구리합금(45%Ni)	1493	8920	384	23
금	1336	19300	129	317
납	601	11340	129	138
니켈	1728	8900	444	90.7
마그네슘	923	1740	1024	156
몰리부덴	2894	10240	251	138
백금	2045	21450	113	71.6
붕소	2573	2500	1107	27.0
스테인레스강(AISI302)	1670	8055	480	15.1
스테인레스강(AISI304)	1670	7900	477	14.9
스테인레스강(AISI316)	1670	8238	468	13.4
스테인레스강(AISI347)	1670	7978	480	14.2
실리콘	1685	2330	712	148
아연	693	7140	389	116
알루미늄	933	2702	903	237
우라늄	1406	1906	116	27.6
은	1235	10500	235	429
이리듐	2720	22500	130	147
주석	505	7310	227	66.6
철	1810	7870	447	80.2
카드뮴	594	8650	231	96.8
카드뮴	594	8650	231	96.8
코발트	1769	8862	421	99.2
크롬	2118	7160	449	93.7
탄소강	7854	434	60.5	17.7
텅스텐	3360	19300	132	174
티타늄	1953	4500	522	21.9
팔라듐	1827	12020	244	71.8

Data from : Fundamental of Heat and Mass Transfer, F. P. Incropera & D. P. Witt, 2002, Wiley

부록 5. 비금속의 열적 성질

재료	300 K에서 물성값		
	밀도(kg/m³)	정압비열(J/kgK)	열전도율(W/mK)
가죽	998	-	0.159
경화고무 (고밀도)	1190	-	0.16
경화고무 (저밀도)	1100	2010	0.13
다공유리판	145	1000	0.058
단열점토벽돌	2645	960	1.0
모래	1515	800	0.27
목재(단풍나무, 오크)	720	1255	0.16
목재(전나무, 소나무)	510	1380	0.12
미네랄섬유판	265	-	0.049
바나나 (수분함유율 75.7%)	980	3350	0.481
사과 (수분함유율 75%)	840	3600	0.513
사람 근육	-	-	0.41
사람 지방층	-	-	0.2
사람 피부	-	-	0.37
석고보드	800	-	0.17
석면-시멘트 보드	1920	-	0.58
솜, 목화	80	1300	0.06
시멘트 몰탈	1860	780	0.72
시멘트 벽돌	1920	835	0.72
아스팔트	2115	920	0.062
외장 벽돌	2083	-	1.3
유리섬유 (종이마감)	16	-	0.046
유리섬유 (코팅마감)	32	-	0.038
유리판	2500	750	1.4
점토	1460	880	1.3
종이	930	1340	0.180
콘크리트	2300	880	1.4
콜크	120	1800	0.039
타일, 방음	290	1340	0.058
프라스틱보드 (고밀도)	1000	1300	0.170
프라스틱보드 (저밀도)	590	1300	0.078
하드보드(톱밥압착, 고밀도)	1010	1380	0.15
하드보드(톱밥압착, 일반)	640	1170	0.094
합판	545	1215	0.12

Data from : Fundamental of Heat and Mass Transfer, F. P. Incropera & D. P. Witt, 2002, Wiley

부록 6. 냉매 일람표(Ⅰ)

냉매번호	화 학 명	화 학 식	분자량	비등점 (°C)	독성
할로카본(할로겐화 탄화수소)					
11	Trichlorofluoromethane	CCl_3F	137.4	24	A1
12	Dichlorodifluoromethane	CCl_2F_2	120.9	-30	A1
12B1	Bromochlorodifluoromethane	$CBrClF_2$	165.4	-4	
13	Chlorotrifluoromethane	$CClF_3$	104.5	-81	A1
14	Tetrafluoromethane(carbon tetrafluoride)	CF_4	88.0	-128	A1
21	Dichlorofluoromethane	$CHCl_2F$	102.9	9	B1
22	Chlorodifluoromethane	$CHClF_2$	86.5	-41	A1
23	Trifluoromethane	CHF_3	70.0	-82	A1
30	Dichloromethane (methylene chloride)	CH_2Cl_2	84.9	40	B2
31	Chlorofluoromethane	CH_2ClF	68.5	-9	
32	Difluoromethane (methylene fluoride)	CH_2F_2	52.0	-52	A2
40	Chloromethane (methyl chloride)	CH_3Cl	50.4	-24	B2
41	Fluoromethane (methyl fluoride)	CH_3F	34.0		
113	1,1,2-trichloro-1,2,2-trifluoroethane	CCl_2FCClF_2	187.4	48	A1
114	1,2-dichloro-1,1,2,2-tetrafluoroethane	$CClF_2CClF_2$	170.9	4	A1
115	Chloropentafluoroethane	$CClF_2CF_3$	154.5	-39	A1
116	Hexafluoroethane	CF_3CF_3	138.0	-78	A1
123	2,2-dichloro-1,1,1-trifluoroethane	$CHCl_2CF_3$	153.0	27	B1
124	2-chloro-1,1,1,2-tetrafluoroethane	$CHClFCF_3$	136.5	-12	A1
125	Pentafluoroethane	CHF_2CF_3	120.0	-49	A1
134a	1,1,1,2-tetrafluoroethane	CH_2FCF_3	102.0	-26	A1
141b	1,1-dichloro-1-fluoroethane	CH_3CCl_2F	117.0	32	
142b	1-chloro-1,1-difluoroethane	CH_3CClF_2	100.5	-10	A2
143a	1,1,1-trifluoroethane	CH_3CF_3	84.0	-47	A2
152a	1,1-difluoroethane	CH_3CHF_2	66.0	-25	A2
E170	Dimethyl ether	CH_3OCH_3	46.0	-25	A3
218	Octafluoropropane	$CH_3CF_2CF_3$	188.0	-37	A1
236fa	1,1,1,3,3,3-hexafluoropropane	$CF_3CH_2CF_3$	152.0	-1	A1
245a	1,1,1,3,3-pentafluoropropane	$CF_3CH_2CHF_2$	134.0	15	B1
환식 유기 화합물					
C316	Dichlorohexafluorocyclobutane	$C_4Cl_2F_6$	233.0	60	
C317	Monochloroheptafluorocyclobutane	C_4ClF_7	216.5	25	
C318	Octafluorocyclobutane	C_4F_8	200.0	-6	A1
탄화 수소					
50	Methane	CH_4	16.0	-161	A3
170	Ethane	CH_3CH_3	30.0	-89	A3
290	Propane	$CH_3CH_2CH_3$	44.0	-42	A3
600	Butane	$CH_3CH_2CH_2CH_3$	58.1	0	A3
600a	Isobutane	$CH(CH_3)_2CH_3$	58.1	-12	A3
산소 화합물					
610	Ethyl ether	$CH_3CH_2OCH_2CH_3$	74.1	35	
611	Methyl formate	$HCOOCH_3$	60.0	32	B2
유황 화합물					
620	Sulfur Hexafluoride	SF_6	126.0	64	
질소 화합물					
630	Methyl amine	CH_3NH_2	31.1	-7	
631	Ethyl amine	$CH_3CH_2NH_2$	45.1	17	
무기 화합물					
702	Hydrogen	H_2	2.0	-253	A3
704	Helium	He	4.0	-269	A1
717	Ammonia	NH_3	17.0	-33	B2
718	Water	H_2O	18.0	100	A1
720	Neon	Ne	20.2	-246	A1
728	Nitrogen	N_2	28.1	-196	A1
732	Oxygen	O_2	32.0	-183	

부록 6. 냉매 일람표(II)

냉매번호	화학명	화학식	분자량	비등점(°C)	독성
무기 화합물					
740	Argon	Ar	39.9	-186	A1
744	Carbon dioxide	CO_2	44.0	-78	A1
744A	Nitrous oxide	N_2O	44.0	-90	
764	Sulfur dioxide	SO_2	64.1	-10	B1
불포화 유기화합물					
1150	Ethene (ethylene)	$CH_2=CH_2$	28.1	-104	A3
1270	Propane (propylene)	$CH_3CH=CH_2$	42.1	-48	A3
비공비혼합물		조성성분 오차범위			
401A	R-22/152a/124 (53.0/13.0/34.0)	(±2/+0.5,-1.5/±1)			A1
401B	R-22/152a/124 (61.0/11.0/28.0)	(±2/+0.5,-1.5/±1)			A1
401C	R-22/152a/124 (33.0/15.0/52.0)	(±2/+0.5,-1.5/±1)			A1
402A	R-125/290/22 (60.0/2.0/38.0)	(±2/±0.1,-1/±2)			A1
402B	R-125/290/22 (38.0/2.0/60.0)	(±2/±0.1,-1/±2)			A1
403A	R-290/22/218 (5.0/75.0/20.0)	(+0.2,-2/±2/±2)			A1
403B	R-290/22/218 (5.0/56.0/39.0)	(+0.2,-2/±2/±2)			A1
404A	R-125/143a/134a (44.0/52.0/4.0)	(±2/±1/±2)			A1
405A	R-22/152a/142b/C318 (45.0/7.0/5.5/42.5)	(±2/±1/±1/±2)			
406A	R-22/600a/142b (55.0/4.0/41.0)	(±2/±1/±1)			A2
407A	R-32/125/134a (20.0/40.0/40.0)	(±2/±2/±2)			A1
407B	R-32/125/134a (10.0/70.0/20.0)	(±2/±2/±2)			A1
407C	R-32/125/134a (23.0/25.0/52.0)	(±2/±2/±2)			A1
407D	R-32/125/134a (15.0/15.0/70.0)	(±2/±2/±2)			A1
407E	R-32/125/134a (25.0/15.0/60.0)	(±2/±2/±2)			A1
408A	R-125/143a/22 (7.0/46.0/47.0)	(±2/±1/±2)			A1
409A	R-22/124/142b (60.0/25.0/15.0)	(±2/±2/±1)			A1
409B	R-22/124/142b (65.0/25.0/10.0)	(±2/±2/±1)			A1
410A	R-32/125 (50.0/50.0)	(+0.5,-1.5/+1.5,-0.5)			A1
410B	R-32/125 (45.0/55.0)	(±1/±1)			A1
411A	R-1270/22/152a (1.5/87.5/11.0)	(+0,-1/+2,-0/+0,-1)			A2
411B	R-1270/22/152a (3.0/94.0/3.0)	(+0,-1/+2,-0/+0,-1)			A2
412A	R-22/218/142b (70.0/5.0/25.0)	(±2/±1/±1)			A2
413A	R-218/134a/600a (9.0/88.0/3.0)	(±1/±2/±0,-1)			A2
414A	R-22/124/600a/142b (51.0/28.5/4.0/16.5)	(±2/±2/±0.5/+0.5,-1)			A1
414B	R-22/124/600a/142b (50.0/39.0/1.5/9.5)	(±2/±2/±0.5/+0.5,-1)			A1
415A	R-22/152a (82.0/18.0)	(±1/±1)			A2
415B	R-22/152a (25.0/75.0)	(±1/±1)			A2
416A	R-134a/124/600 (59.0/39.5/1.5)	(+0.5,-1/+1,-0.5/+1,-0.2)			A1
417A	R-125/134a/600 (46.6/50.0/3.4)	(±1/±1/+0.1,-0.4)			A1
418A	R-290/22/152a (1.5/96.0/2.5)	(±0.5/±1/±0.5)			A2
419A	R-125/134a/E170 (77.0/19.0/4.0)	(±1/±1/±1)			A2
420A	R-134a/142b (88.0/12.0)	(+1,-0/+0,-1)			A1
공비혼합물		공융점			
500	R-12/152a (73.8/26.2)	0	99.3	-33	A1
501	R-22/12 (75.0/25.0)c	-41	93.1	-41	A1
502	R-22/115 (48.8/51.2)	19	112.0	-45	A1
503	R-23/13 (40.1/59.9)	88	87.5	-88	
504	R-32/115 (48.2/51.8)	17	79.2	-57	
505	R-12/31 (78.0/22.0)c	115	103.5	-30	
506	R-31/114 (55.1/44.9)	18	93.7	-12	
507	R-125/143a (50.0/50.0)	-40	98.9	-46.7	A1
508A	R-23/116 (39.0/61.0)	-86	100.1	-86	A1
508B	R-23/116 (46.0/54.0)	-45.6	95.4	-88.3	A1
509A	R-22/218 (44.0/56.0)	0	124.0	-47	A1

부록 7. 냉매의 특성값 ($t_e = -15℃$, $t_c = 30℃$, $\Delta t_{sc} = 5℃$, $\Delta t_{sh} = 0℃$)

냉 매	화학명	화학식	임계온도 (℃)	임계압력 kPa	표준냉동사이클 냉동능력 1 kW당 m (kg/h)	V (m³/h)	N (kW)	성적계수 (cop)
R-11	Trichlorofluoromethane	CCl_3F	198.01	4402.6	22.535	17.173	0.194	5.168
R-12	Dichlorodifluoromethane	CCl_2F_2	112.0	4157.6	29.683	2.702	0.204	4.902
R-13(1)	Chlorotrifluoromethane	$CClF_3$	28.8	3865	42.990	1.603	0.309	3.241
R-14(2)	Tetrafluoromethane	CF_4	-45.7	3741	60.464	1.654	0.496	2.016
R-21	Dichlorofluoromethane	$CHCl_2F$	178.5	5168	16.882	9.606	0.195	5.125
R-22	Chlorodifluoromethane	$CHClF_2$	96.0	4977.4	21.272	1.652	0.206	4.844
R-23(1)	Trifluoromethane	CHF_3	25.9	4830	24.785	1.208	0.302	3.315
R-50(3)	Methane	CH_4	-82.59	4598.8	11.773	2.948	0.629	1.589
R-113	1,1,2-trichloro-1,2,2-trifluoroethane	CCl_2FCClF_2	214.1	3437	27.810	46.838	0.197	5.084
R-114	1,2-dichloro-1,1,2,2-tetrafluoroethane	$CClF_2CClF_2$	145.7	3259	34.796	9.181	0.208	4.817
R-123	2,2-dichloro-1,1,1-trifluoroethane	$CHCl_2CF_3$	183.68	3668	24.438	21.199	0.195	5.120
R-134a	1,1,1,2-tetrafluoroethane	CH_2FCF_3	101.1	4067	23.374	2.803	0.207	4.830
R-152a	1,1-difluoroethane	CH_3CHF_2	113.26	4516.8	14.155	2.874	0.198	5.039
R-170	Ethane	CH_3CH_3	32.73	5010.2	18.091	0.597	0.298	3.358
R-290	Propane	$CH_3CH_2CH_3$	96.67	4235.93	12.280	1.894	0.209	4.790
R-C318	Octafluorocyclobutane	C_4F_8	115.3	2781	82.380	12.465	0.384	2.603
R-600	Butane	$CH_3CH_2CH_2CH_3$	150.8	3718.1	11.953	7.585	0.201	4.964
R-600a	Isobutane	$CH(CH_3)_3$	135.92	3684.55	12.988	5.167	0.204	4.905
R-717	Ammonia	NH_3	132.35	11353	3.193	1.622	0.205	4.878
R-718	Water	H_2O	374.15	22089				
R-729	Air	air	-140.65	3774.36				
R-744	Carbon dioxide	CO_2	31.06	7383.4	22.265	0.366	0.304	3.294
R-1150(1)	Ethene(ethylene)	C_2H_4	9.5	5075	15.128	0.780	0.351	2.846
R-1270	Propene(propylene)	$CH_3CH=CH_2$	91.75	4613	11.970	1.536	0.209	4.774

냉 매	조성성분 (질량%)	조성 오차범위	임계온도 (℃)	임계압력 kPa	표준냉동사이클 냉동능력 1 kW당 m (kg/h)	V (m³/h)	N (kW)	성적계수 (cop)
R-401A	R-22/R-152a/R-124 (53/13/34%)	±2 / +0.5~1.5 / ±1	96.67	4235.93	20.696	2.684	0.205	4.881
R-401B	R-22/R-152a/R-124 (61/11/28%)	±2 / +0.5~1.5 / ±1	103.68	4647.05	20.633	2.502	0.206	4.863
R-401C	R-22/R-152a/R-124 (33/15/52%)	±2 / +0.5~1.5 / ±1	110.07	4348.12	21.523	3.201	0.203	4.931
R-402A	R-125/R-290/R-22 (60/2/38%)	±2 / +0.1~1 / ±2	75.5	4134.7	29.696	1.490	0.220	4.542
R-402B	R-125/R-290/R-22 (38/2/60%)	±2 / +0.1~1 / ±2	87.05	4531.64	25.849	1.530	0.214	4.673
R-404A	R-125/R-143a/R-134a (44/52/4%)	±2 / ±1 / ±2	72.07	3731.5	29.431	1.613	0.224	4.467
R-406A	R-22/R-142b/R-600a (55/41/4%)	±2 / ±1 / ±1	114.49	4581	18.245	2.918	0.188	5.317
R-407A	R-32/R-125/R-134a (20/40/40%)	±2 / ±2 / ±2	82.36	4532.15	22.362	1.756	0.214	4.670
R-407B	R32/R125/R134a (10/70/20%)	±2 / ±2 / ±2	75.36	4130.29	28.405	1.657	0.222	4.507
R-407C	R32/R125/R134a (23/25/52%)	±2 / ±2 / ±2	86.74	4619.1	20.480	1.850	0.210	4.752
R-408A	R-22/R-143a/R-125 (47/46/7%)	±2 / ±1 / ±2	83.68	4341.83	23.194	1.598	0.257	3.889
R-409A	R-22/R-124/R-142b (60/25/15%)	±2 / ±2 / ±1	106.8	4621.76	21.268	2.681	0.244	4.102
R-410A	R-32/R-125 (50/50%)	+0.5~1.5 / +0.5~+1.5	74.67	5173.7	20.375	1.122	0.217	4.618
R-410B	R-32/R-125 (45/55%)	±1 / ±1	71.03	4779.5	21.389	1.123	0.216	4.620
R-500	R-12/R-152a (73.8/26.2%)		105.5	4423	24.488	2.295	0.205	4.884
R-502	R-22/R-115 (48.8/51.2%)		82.2	4081.8	32.544	1.628	0.217	4.609
R-507	R-125/R143a (50/50%)		70.9	3793.56	28.635	1.459	0.217	4.617
R-508A(1)	R-23/R116 (39.0/61.0%)				49.573	1.437	0.365	2.740

※ 아래첨자 1-팽창 전, 2-팽창 후, 3-압축 전, 4-압축 후
※ 위첨자 (1) $t_e = -50℃$, $t_c = 0℃$, $\Delta t_{sc} = 5℃$ (2) $t_e = -100℃$, $t_c = -50℃$, $\Delta t_{sc} = 5℃$ (3) $t_e = -150℃$, $t_c = -100℃$, $\Delta t_{sc} = 5℃$
※ 위첨자 *: 승화온도

부록 8. R-12 (CCl_2F_2, Dichlorodifluoromethane) 포화증기표

온도 $t\ ℃$	압력 P kPa	비체적 (m^3/kg)		비엔탈피 (kJ/kg)			비엔트로피 (kJ/kgK)	
		액(v_f)	증기(v_g)	액(h_f)	증기(h_g)	증발열(h_{fg})	액(s_f)	증기(s_g)
−89	3.09	0.000609	4.08980	121.51	310.87	189.35	0.6540	1.6822
−85	4.24	0.000612	3.03780	124.94	312.68	187.75	0.6724	1.6702
−80	6.17	0.000617	2.13869	129.22	314.97	185.75	0.6948	1.6565
−75	8.79	0.000622	1.53790	133.51	317.27	183.76	0.7168	1.6442
−70	12.27	0.000627	1.12746	137.81	319.59	181.77	0.7382	1.6330
−65	16.80	0.000632	0.84130	142.13	321.91	179.78	0.7592	1.6229
−60	22.62	0.000637	0.63801	146.46	324.24	177.79	0.7797	1.6138
−55	29.98	0.000642	0.49108	150.80	326.57	175.77	0.7998	1.6056
−50	39.15	0.000648	0.38316	155.16	328.90	173.74	0.8196	1.5982
−48	43.39	0.000650	0.34820	156.91	329.83	172.92	0.8274	1.5954
−46	47.99	0.000652	0.31704	158.66	330.76	172.10	0.8351	1.5928
−44	52.98	0.000655	0.28920	160.42	331.69	171.27	0.8428	1.5902
−42	58.36	0.000657	0.26429	162.18	332.62	170.44	0.8504	1.5878
−40	64.17	0.000660	0.24195	163.94	333.55	169.61	0.8580	1.5855
−38	70.43	0.000662	0.22187	165.71	334.47	168.76	0.8655	1.5832
−36	77.16	0.000664	0.20379	167.48	335.39	167.92	0.8730	1.5811
−34	84.38	0.000667	0.18748	169.25	336.32	167.07	0.8804	1.5790
−32	92.13	0.000669	0.17274	171.03	337.23	166.21	0.8878	1.5770
−30	100.41	0.000672	0.15940	172.80	338.15	165.35	0.8951	1.5751
−28	109.27	0.000675	0.14730	174.59	339.06	164.48	0.9024	1.5733
−26	118.72	0.000677	0.13630	176.37	339.97	163.60	0.9096	1.5716
−24	128.80	0.000680	0.12630	178.17	340.88	162.72	0.9168	1.5699
−22	139.53	0.000683	0.11718	179.96	341.79	161.83	0.9240	1.5683
−20	150.93	0.000685	0.10886	181.76	342.69	160.93	0.9311	1.5668
−18	163.05	0.000688	0.10126	183.56	343.59	160.02	0.9381	1.5653
−16	175.89	0.000691	0.09429	185.37	344.48	159.11	0.9452	1.5639
−15	182.60	0.000693	0.09103	186.28	344.93	158.65	0.9487	1.5632
−14	189.50	0.000694	0.08791	187.18	345.37	158.19	0.9521	1.5626
−12	203.90	0.000697	0.08204	189.00	346.26	157.26	0.9591	1.5613
−10	219.12	0.000700	0.07666	190.82	347.14	156.32	0.9660	1.5600
−8	235.19	0.000703	0.07170	192.64	348.02	155.37	0.9729	1.5588
−6	252.14	0.000706	0.06712	194.48	348.89	154.42	0.9797	1.5577
−4	270.01	0.000709	0.06290	196.31	349.76	153.45	0.9865	1.5566
−2	288.82	0.000713	0.05900	198.15	350.63	152.47	0.9933	1.5556
0	308.61	0.000716	0.05540	200.00	351.48	151.48	1.0000	1.5546
2	329.40	0.000719	0.05205	201.85	352.34	150.48	1.0067	1.5536
4	351.24	0.000723	0.04895	203.71	353.19	149.47	1.0134	1.5527
6	374.14	0.000726	0.04608	205.58	354.03	148.45	1.0200	1.5518
8	398.15	0.000730	0.04340	207.45	354.86	147.42	1.0266	1.5510
10	423.30	0.000733	0.04092	209.33	355.69	146.37	1.0332	1.5502
12	449.62	0.000737	0.03860	211.21	356.52	145.30	1.0398	1.5494
14	477.14	0.000741	0.03644	213.10	357.33	144.23	1.0463	1.5486
16	505.91	0.000745	0.03443	215.00	358.14	143.14	1.0529	1.5479
18	535.94	0.000748	0.03254	216.91	358.94	142.03	1.0594	1.5472
20	567.29	0.000752	0.03078	218.83	359.73	140.91	1.0658	1.5465
22	599.98	0.000757	0.02914	220.74	360.52	139.78	1.0723	1.5459
24	634.05	0.000761	0.02759	222.67	361.30	138.63	1.0787	1.5452
26	669.54	0.000765	0.02615	224.62	362.07	137.45	1.0851	1.5446
28	706.47	0.000769	0.02479	226.57	362.82	136.26	1.0915	1.5440
30	744.90	0.000774	0.02351	228.53	363.57	135.04	1.0979	1.5434
32	784.85	0.000778	0.02231	230.51	364.31	133.80	1.1043	1.5428
34	826.36	0.000783	0.02118	232.49	365.04	132.55	1.1107	1.5423
36	869.48	0.000788	0.02012	234.49	365.76	131.26	1.1171	1.5417
38	914.23	0.000793	0.01912	236.50	366.46	129.96	1.1235	1.5411
40	960.66	0.000798	0.01817	238.53	367.15	128.63	1.1298	1.5406
45	1084.32	0.000811	0.01603	243.65	368.82	125.17	1.1458	1.5392
50	1219.32	0.000826	0.01417	248.88	370.40	121.53	1.1617	1.5378
55	1366.30	0.000841	0.01254	254.21	371.87	117.66	1.1777	1.5363
60	1525.92	0.000858	0.01111	259.68	373.22	113.53	1.1938	1.5346
65	1698.84	0.000877	0.00985	265.30	374.41	109.11	1.2101	1.5328
70	1885.78	0.000897	0.00873	271.09	375.43	104.34	1.2267	1.5307
80	2304.60	0.000946	0.00682	283.34	376.78	93.45	1.2607	1.5253
90	2788.50	0.001012	0.00526	296.77	376.76	79.99	1.2969	1.5172
100	3344.06	0.001113	0.00390	312.26	374.08	61.82	1.3373	1.5030
110	3978.46	0.001364	0.00246	333.49	361.95	28.45	1.3914	1.4657
112	4157.60	0.001792	0.00179	347.37	347.37	0.00	1.4270	1.4270

Data from : McLinden, M.O., S.A.Kelin, E.W.Lemmon, and A.P. Peskin. 2000. NIST standard reference database

부록 9. R-22 ($CHClF_2$, Chlorodifluoromethane) 포화증기표[I]

온도 t ℃	압력 P kPa	비체적 (m^3/kg) 액(v_f)	증기(v_g)	비엔탈피 (kJ/kg) 액(h_f)	증기(h_g)	증발열(h_{fg})	비엔트로피 (kJ/kgK) 액(s_f)	증기(s_g)
-140	0.015	0.000600	861.443	58.55	340.93	282.38	0.2853	2.4061
-130	0.069	0.000608	201.017	67.96	345.42	277.45	0.3535	2.2917
-120	0.253	0.000617	58.2972	77.29	350.02	272.73	0.4165	2.1973
-110	0.779	0.000627	20.1289	86.63	354.73	268.10	0.4757	2.1189
-100	2.075	0.000637	8.00939	96.03	359.53	263.51	0.5316	2.0534
-95	3.233	0.000642	5.28543	100.74	361.96	261.22	0.5584	2.0247
-90	4.899	0.000647	3.58123	105.48	364.41	258.93	0.5846	1.9984
-85	7.242	0.000653	2.48562	110.24	366.86	256.62	0.6103	1.9742
-80	10.46	0.000658	1.76347	115.05	369.32	254.27	0.6355	1.9519
-75	14.80	0.000664	1.27648	119.90	371.78	251.89	0.6603	1.9314
-70	20.52	0.000670	0.94109	124.79	374.24	249.45	0.6846	1.9125
-65	27.97	0.000676	0.70558	129.74	376.69	246.95	0.7087	1.8951
-60	37.48	0.000682	0.53724	134.75	379.12	244.38	0.7324	1.8789
-58	41.96	0.000685	0.48369	136.77	380.09	243.32	0.7419	1.8728
-56	46.86	0.000687	0.43643	138.80	381.06	242.26	0.7512	1.8669
-55	49.48	0.000689	0.41489	139.81	381.54	241.72	0.7559	1.8640
-54	52.21	0.000690	0.39462	140.84	382.02	241.18	0.7606	1.8611
-52	58.04	0.000693	0.35755	142.88	382.98	240.09	0.7699	1.8555
-50	64.39	0.000695	0.32461	144.94	383.93	238.99	0.7791	1.8501
-49	67.76	0.000697	0.30951	145.98	384.40	238.43	0.7837	1.8474
-48	71.28	0.000698	0.29526	147.01	384.88	237.86	0.7883	1.8448
-47	74.94	0.000699	0.28180	148.05	385.35	237.30	0.7929	1.8422
-46	78.75	0.000701	0.26907	149.09	385.82	236.73	0.7975	1.8397
-45	82.71	0.000702	0.25703	150.14	386.29	236.15	0.8021	1.8372
-44	86.82	0.000704	0.24564	151.19	386.76	235.57	0.8066	1.8347
-43	91.10	0.000705	0.23485	152.24	387.23	234.99	0.8112	1.8322
-42	95.55	0.000706	0.22464	153.29	387.69	234.40	0.8157	1.8298
-41	100.16	0.000708	0.21496	154.34	388.16	233.81	0.8203	1.8275
-40	104.95	0.000709	0.20578	155.40	388.62	233.22	0.8248	1.8251
-39	109.92	0.000711	0.19707	156.46	389.08	232.62	0.8293	1.8228
-38	115.07	0.000712	0.18881	157.52	389.54	232.01	0.8339	1.8205
-37	120.41	0.000714	0.18096	158.59	390.00	231.41	0.8384	1.8183
-36	125.94	0.000715	0.17351	159.66	390.45	230.79	0.8429	1.8161
-35	131.68	0.000717	0.16642	160.73	390.91	230.18	0.8474	1.8139
-34	137.61	0.000718	0.15969	161.80	391.36	229.55	0.8518	1.8117
-33	143.75	0.000720	0.15329	162.88	391.81	228.93	0.8563	1.8096
-32	150.11	0.000721	0.14719	163.96	392.26	228.30	0.8608	1.8075
-31	156.68	0.000723	0.14139	165.04	392.70	227.66	0.8652	1.8054
-30	163.48	0.000725	0.13586	166.13	393.15	227.02	0.8697	1.8034
-29	170.50	0.000726	0.13060	167.22	393.59	226.37	0.8741	1.8013
-28	177.76	0.000728	0.12558	168.31	394.03	225.72	0.8786	1.7993
-27	185.25	0.000729	0.12080	169.40	394.47	225.07	0.8830	1.7974
-26	192.99	0.000731	0.11623	170.50	394.91	224.41	0.8874	1.7954
-25	200.98	0.000733	0.11187	171.60	395.34	223.74	0.8918	1.7935
-24	209.22	0.000734	0.10772	172.70	395.77	223.07	0.8963	1.7916
-23	217.72	0.000736	0.10374	173.80	396.20	222.40	0.9007	1.7897
-22	226.48	0.000738	0.09995	174.91	396.63	221.72	0.9050	1.7879
-21	235.52	0.000739	0.09632	176.02	397.05	221.03	0.9094	1.7860
-20	244.83	0.000741	0.09286	177.13	397.48	220.34	0.9138	1.7842
-19	254.42	0.000743	0.08954	178.25	397.90	219.65	0.9182	1.7824
-18	264.29	0.000744	0.08637	179.37	398.31	218.95	0.9226	1.7807
-17	274.46	0.000746	0.08333	180.49	398.73	218.24	0.9269	1.7789
-16	284.93	0.000748	0.08042	181.61	399.14	217.53	0.9313	1.7772
-15	295.70	0.000750	0.07763	182.74	399.55	216.81	0.9356	1.7755
-14	306.78	0.000751	0.07497	183.87	399.96	216.09	0.9399	1.7738
-13	318.17	0.000753	0.07241	185.00	400.37	215.36	0.9443	1.7721
-12	329.89	0.000755	0.06996	186.14	400.77	214.63	0.9486	1.7705
-11	341.93	0.000757	0.06760	187.28	401.17	213.89	0.9529	1.7688
-10	354.30	0.000759	0.06535	188.42	401.56	213.14	0.9572	1.7672
-9	367.01	0.000761	0.06318	189.57	401.96	212.39	0.9615	1.7656
-8	380.06	0.000763	0.06110	190.71	402.35	211.64	0.9658	1.7640
-7	393.47	0.000764	0.05911	191.86	402.74	210.87	0.9701	1.7624
-6	407.23	0.000766	0.05719	193.02	403.12	210.11	0.9744	1.7609
-5	421.35	0.000768	0.05534	194.17	403.51	209.33	0.9787	1.7593
-4	435.84	0.000770	0.05357	195.33	403.88	208.55	0.9830	1.7578
-3	450.70	0.000772	0.05187	196.50	404.26	207.77	0.9872	1.7563

Data from : McLinden, M.O., S.A.Kelin, E.W.Lemmon, and A.P. Peskin. 2000. NIST standard reference database

부록 9. R-22 (CHClF$_2$, Chlorodifluoromethane) 포화증기표[II]

온도 $t\ ℃$	압력 P kPa	비체적 (m^3/kg)		비엔탈피 (kJ/kg)			비엔트로피 (kJ/kgK)	
		액(v_f)	증기(v_g)	액(h_f)	증기(h_g)	증발열(h_{fg})	액(s_f)	증기(s_g)
-2	465.94	0.000774	0.05023	197.66	404.63	206.97	0.9915	1.7548
-1	481.57	0.000776	0.04866	198.83	405.00	206.17	0.9957	1.7533
0	497.59	0.000778	0.04714	200.00	405.37	205.37	1.0000	1.7519
1	514.01	0.000780	0.04568	201.17	405.73	204.56	1.0042	1.7504
2	530.83	0.000783	0.04427	202.35	406.09	203.74	1.0085	1.7490
3	548.06	0.000785	0.04292	203.53	406.45	202.92	1.0127	1.7475
4	565.71	0.000787	0.04162	204.72	406.80	202.09	1.0169	1.7461
5	583.78	0.000789	0.04036	205.90	407.15	201.25	1.0212	1.7447
6	602.28	0.000791	0.03915	207.09	407.50	200.41	1.0254	1.7433
7	621.22	0.000793	0.03798	208.29	407.84	199.55	1.0296	1.7419
8	640.59	0.000796	0.03685	209.48	408.18	198.70	1.0338	1.7405
9	660.42	0.000798	0.03576	210.68	408.51	197.83	1.0380	1.7392
10	680.70	0.000800	0.03472	211.88	408.84	196.96	1.0422	1.7378
11	701.44	0.000802	0.03370	213.09	409.17	196.08	1.0464	1.7365
12	722.65	0.000805	0.03273	214.30	409.49	195.19	1.0506	1.7351
13	744.33	0.000807	0.03179	215.49	409.81	194.32	1.0547	1.7338
14	766.50	0.000809	0.03087	216.70	410.13	193.42	1.0589	1.7325
15	789.15	0.000812	0.02999	217.92	410.44	192.52	1.0631	1.7312
16	812.29	0.000814	0.02914	219.15	410.75	191.60	1.0672	1.7299
17	835.93	0.000817	0.02832	220.37	411.05	190.68	1.0714	1.7286
18	860.08	0.000819	0.02752	221.60	411.35	189.74	1.0756	1.7273
19	884.75	0.000822	0.02675	222.83	411.64	188.81	1.0797	1.7260
20	909.93	0.000824	0.02601	224.07	411.93	187.86	1.0839	1.7247
21	935.64	0.000827	0.02529	225.31	412.21	186.90	1.0880	1.7234
22	961.89	0.000830	0.02459	226.56	412.49	185.94	1.0922	1.7221
23	988.67	0.000832	0.02391	227.80	412.77	184.96	1.0963	1.7209
24	1016.01	0.000835	0.02326	229.05	413.03	183.98	1.1005	1.7196
25	1043.89	0.000838	0.02263	230.31	413.30	182.99	1.1046	1.7183
26	1072.34	0.000840	0.02201	231.57	413.56	181.99	1.1087	1.7171
27	1101.36	0.000843	0.02142	232.83	413.81	180.98	1.1129	1.7158
28	1130.95	0.000846	0.02084	234.10	414.06	179.96	1.1170	1.7146
29	1161.12	0.000849	0.02029	235.37	414.30	178.93	1.1211	1.7133
30	1191.88	0.000852	0.01974	236.65	414.54	177.89	1.1253	1.7121
31	1223.24	0.000855	0.01922	237.93	414.77	176.84	1.1294	1.7108
32	1255.20	0.000858	0.01871	239.22	415.00	175.78	1.1335	1.7096
33	1287.78	0.000861	0.01822	240.51	415.22	174.71	1.1377	1.7083
34	1320.97	0.000864	0.01774	241.80	415.43	173.63	1.1418	1.7071
35	1354.79	0.000867	0.01727	243.10	415.64	172.54	1.1459	1.7058
36	1389.24	0.000871	0.01682	244.41	415.84	171.43	1.1500	1.7046
37	1424.33	0.000874	0.01638	245.71	416.03	170.32	1.1542	1.7033
38	1460.06	0.000877	0.01595	247.03	416.22	169.19	1.1583	1.7021
39	1496.46	0.000881	0.01554	248.35	416.40	168.05	1.1624	1.7008
40	1533.52	0.000884	0.01514	249.67	416.57	166.90	1.1666	1.6995
41	1571.24	0.000887	0.01475	251.00	416.74	165.73	1.1707	1.6983
42	1609.65	0.000891	0.01437	252.34	416.89	164.55	1.1748	1.6970
43	1648.74	0.000895	0.01400	253.68	417.04	163.36	1.1790	1.6957
44	1688.53	0.000898	0.01364	255.03	417.18	162.15	1.1831	1.6944
45	1729.02	0.000902	0.01329	256.38	417.32	160.93	1.1873	1.6931
46	1770.23	0.000906	0.01295	257.74	417.44	159.70	1.1914	1.6918
47	1812.15	0.000910	0.01261	259.11	417.56	158.45	1.1956	1.6905
48	1854.80	0.000914	0.01229	260.49	417.66	157.18	1.1998	1.6892
49	1898.18	0.000918	0.01198	261.87	417.76	155.90	1.2039	1.6878
50	1942.31	0.000922	0.01167	263.25	417.85	154.60	1.2081	1.6865
52	2032.84	0.000930	0.01108	266.05	417.99	151.94	1.2165	1.6838
54	2126.46	0.000939	0.01052	268.88	418.09	149.21	1.2249	1.6810
55	2174.45	0.000944	0.01025	270.31	418.13	147.82	1.2291	1.6796
56	2223.23	0.000949	0.00999	271.74	418.15	146.40	1.2333	1.6781
58	2323.24	0.000959	0.00948	274.64	418.15	143.51	1.2418	1.6752
60	2426.57	0.000969	0.00900	277.58	418.10	140.52	1.2504	1.6722
65	2699.92	0.000997	0.00789	285.13	417.70	132.56	1.2721	1.6641
70	2995.90	0.001030	0.00689	293.03	416.82	123.79	1.2944	1.6551
75	3316.07	0.001069	0.00598	301.40	415.31	113.91	1.3176	1.6448
80	3662.29	0.001118	0.00515	310.42	412.91	102.49	1.3422	1.6325
85	4036.81	0.001183	0.00436	320.50	409.11	88.61	1.3694	1.6168
90	4442.53	0.001282	0.00357	332.60	402.67	70.07	1.4015	1.5945
95	4883.48	0.001521	0.00255	351.76	386.72	34.96	1.4522	1.5472

Data from : McLinden, M.O., S.A.Kelin, E.W.Lemmon, and A.P. Peskin. 2000. NIST standard reference database

부록 10. R-23 (CHF_3, Trifluoromethane) 포화증기표

온도 $t\,℃$	압력 P kPa	비체적 (m^3/kg)		비엔탈피 (kJ/kg)			비엔트로피 (kJ/kgK)	
		액(v_f)	증기(v_g)	액(h_f)	증기(h_g)	증발열(h_{fg})	액(s_f)	증기(s_g)
-90	62.49	0.000683	0.33756	77.02	322.49	245.47	0.4685	1.8088
-80	113.83	0.000698	0.19245	88.65	326.74	238.09	0.5302	1.7629
-70	194.10	0.000716	0.11635	100.66	330.62	229.96	0.5905	1.7225
-65	248.09	0.000725	0.09217	106.86	332.40	225.54	0.6205	1.7040
-60	313.04	0.000736	0.07382	113.20	334.07	220.87	0.6504	1.6866
-55	390.34	0.000747	0.05971	119.69	335.62	215.93	0.6802	1.6700
-50	481.39	0.000759	0.04873	126.32	337.03	210.71	0.7100	1.6542
-45	587.65	0.000772	0.04009	133.10	338.31	205.21	0.7396	1.6391
-40	710.63	0.000786	0.03323	139.98	339.44	199.46	0.7690	1.6245
-38	764.84	0.000792	0.03088	142.78	339.85	197.07	0.7808	1.6189
-36	822.08	0.000798	0.02872	145.59	340.23	194.63	0.7925	1.6133
-35	851.86	0.000801	0.02771	147.01	340.40	193.40	0.7984	1.6105
-34	882.44	0.000804	0.02674	148.42	340.58	192.15	0.8042	1.6077
-32	946.02	0.000811	0.02492	151.28	340.90	189.62	0.8159	1.6022
-30	1012.94	0.000818	0.02324	154.14	341.18	187.04	0.8275	1.5968
-28	1083.31	0.000825	0.02169	157.03	341.44	184.41	0.8391	1.5913
-26	1157.22	0.000832	0.02025	159.94	341.66	181.73	0.8507	1.5859
-25	1195.55	0.000836	0.01957	161.39	341.76	180.37	0.8564	1.5833
-24	1234.81	0.000840	0.01892	162.86	341.85	178.99	0.8622	1.5806
-22	1316.18	0.000848	0.01769	165.80	341.99	176.20	0.8737	1.5752
-20	1401.45	0.000857	0.01655	168.76	342.10	173.34	0.8851	1.5698
-19	1445.60	0.000861	0.01601	170.25	342.13	171.89	0.8908	1.5671
-18	1490.77	0.000866	0.01549	171.74	342.16	170.42	0.8965	1.5644
-17	1536.98	0.000870	0.01498	173.24	342.17	168.93	0.9022	1.5617
-16	1584.25	0.000875	0.01450	174.74	342.17	167.43	0.9079	1.5590
-15	1632.59	0.000880	0.01403	176.25	342.16	165.91	0.9136	1.5563
-14	1682.03	0.000885	0.01357	177.77	342.13	164.36	0.9193	1.5536
-13	1732.58	0.000890	0.01313	179.29	342.09	162.80	0.9250	1.5508
-12	1784.26	0.000895	0.01271	180.82	342.03	161.21	0.9307	1.5480
-11	1837.09	0.000900	0.01230	182.36	341.96	159.60	0.9364	1.5452
-10	1891.09	0.000906	0.01190	183.91	341.88	157.97	0.9421	1.5424
-9	1946.28	0.000912	0.01152	185.46	341.77	156.31	0.9478	1.5396
-8	2002.68	0.000917	0.01115	187.03	341.65	154.62	0.9535	1.5367
-7	2060.31	0.000923	0.01079	188.60	341.51	152.91	0.9593	1.5338
-6	2119.19	0.000930	0.01044	190.19	341.35	151.16	0.9650	1.5309
-5	2179.35	0.000936	0.01010	191.79	341.17	149.39	0.9708	1.5279
-4	2240.81	0.000943	0.00977	193.40	340.97	147.57	0.9766	1.5249
-3	2303.59	0.000949	0.00945	195.02	340.75	145.72	0.9824	1.5218
-2	2367.72	0.000956	0.00914	196.67	340.50	143.83	0.9882	1.5187
-1	2433.23	0.000964	0.00884	198.32	340.22	141.90	0.9941	1.5155
0	2500.14	0.000971	0.00855	200.00	339.92	139.92	1.0000	1.5123
1	2568.47	0.000979	0.00826	201.70	339.59	137.89	1.0060	1.5089
2	2638.27	0.000987	0.00799	203.41	339.23	135.81	1.0120	1.5056
3	2709.54	0.000995	0.00772	205.16	338.83	133.67	1.0180	1.5021
4	2782.34	0.001004	0.00745	206.92	338.40	131.47	1.0241	1.4985
5	2856.68	0.001013	0.00720	208.72	337.93	129.21	1.0304	1.4949
6	2932.60	0.001023	0.00695	210.55	337.41	126.86	1.0366	1.4911
7	3010.14	0.001033	0.00670	212.41	336.85	124.44	1.0430	1.4872
8	3089.33	0.001043	0.00646	214.32	336.24	121.91	1.0495	1.4832
9	3170.21	0.001054	0.00623	216.26	335.58	119.32	1.0561	1.4790
10	3252.80	0.001066	0.00600	218.24	334.86	116.62	1.0628	1.4747
11	3337.17	0.001078	0.00577	220.29	334.06	113.78	1.0697	1.4701
12	3423.33	0.001091	0.00555	222.39	333.20	110.81	1.0768	1.4654
13	3511.35	0.001105	0.00534	224.56	332.25	107.70	1.0840	1.4604
14	3601.25	0.001119	0.00512	226.80	331.21	104.42	1.0915	1.4551
15	3693.09	0.001135	0.00491	229.12	330.07	100.95	1.0992	1.4495
16	3786.91	0.001152	0.00470	231.54	328.80	97.26	1.1072	1.4436
17	3882.77	0.001171	0.00449	234.07	327.39	93.32	1.1156	1.4372
18	3980.71	0.001192	0.00428	236.73	325.81	89.08	1.1243	1.4303
19	4080.79	0.001214	0.00407	239.55	324.02	84.48	1.1336	1.4227
20	4183.06	0.001240	0.00386	242.55	321.98	79.43	1.1434	1.4143
21	4287.59	0.001270	0.00364	245.79	319.60	73.81	1.1540	1.4049
22	4394.42	0.001304	0.00342	249.33	316.78	67.45	1.1655	1.3941
23	4503.63	0.001347	0.00318	253.31	313.32	60.01	1.1785	1.3811
24	4615.28	0.001404	0.00292	257.97	308.79	50.83	1.1937	1.3647
25.9	4830.00	0.001905	0.00191	281.32	281.32	0.00	1.2708	1.2708

Data from : McLinden, M.O., S.A.Kelin, E.W.Lemmon, and A.P. Peskin. 2000. NIST standard reference database

부록 11. R-32 (CH_2F_2, Difluoromethane or Methylene fluoride) 포화증기표

온도 $t\ ℃$	압력 P kPa	비체적 (m^3/kg)		비엔탈피 (kJ/kg)			비엔트로피 (kJ/kgK)	
		액(v_f)	증기(v_g)	액(h_f)	증기(h_g)	증발열(h_{fg})	액(s_f)	증기(s_g)
-130	0.00013	0.000708	174.360	-8.26	448.77	457.03	-0.0276	3.1651
-120	0.00048	0.000720	51.1840	7.52	455.33	447.81	0.0790	3.0030
-110	0.00145	0.000733	17.9070	23.20	461.86	438.66	0.1782	2.8668
-100	0.00381	0.000747	7.22200	38.83	468.31	429.48	0.2711	2.7515
-90	0.00887	0.000761	3.27210	54.42	474.61	420.19	0.3586	2.6529
-80	0.01865	0.000776	1.63160	70.02	480.72	410.70	0.4415	2.5679
-70	0.03607	0.000792	0.88072	85.66	486.57	400.91	0.5204	2.4939
-60	0.06496	0.000809	0.50786	101.38	492.11	390.73	0.5958	2.4289
-50	0.11014	0.000828	0.30944	117.22	497.27	380.05	0.6683	2.3714
-40	0.17741	0.000847	0.19743	133.23	502.02	368.79	0.7382	2.3200
-38	0.19409	0.000851	0.18134	136.45	502.91	366.46	0.7519	2.3103
-36	0.21197	0.000856	0.16680	139.69	503.78	364.09	0.7655	2.3008
-34	0.23111	0.000860	0.15365	142.93	504.63	361.70	0.7791	2.2916
-32	0.25159	0.000864	0.14173	146.18	505.47	359.29	0.7926	2.2824
-30	0.27344	0.000869	0.13091	149.45	506.27	356.82	0.8060	2.2735
-28	0.29675	0.000873	0.12107	152.72	507.06	354.34	0.8193	2.2647
-26	0.32157	0.000878	0.11211	156.01	507.83	351.82	0.8326	2.2561
-24	0.34796	0.000883	0.10393	159.31	508.57	349.26	0.8458	2.2476
-22	0.37600	0.000888	0.09646	162.62	509.28	346.66	0.8589	2.2392
-20	0.40575	0.000892	0.08963	165.94	509.97	344.03	0.8720	2.2310
-18	0.43728	0.000897	0.08337	169.28	510.64	341.36	0.8850	2.2229
-16	0.47067	0.000903	0.07762	172.63	511.28	338.65	0.8979	2.2149
-14	0.50597	0.000908	0.07234	175.99	511.89	335.90	0.9109	2.2070
-12	0.54327	0.000913	0.06749	179.37	512.47	333.10	0.9237	2.1992
-10	0.58263	0.000918	0.06301	182.76	513.02	330.26	0.9365	2.1915
-8	0.62414	0.000924	0.05889	186.18	513.54	327.36	0.9493	2.1839
-6	0.66786	0.000930	0.05508	189.60	514.03	324.43	0.9620	2.1764
-4	0.71388	0.000936	0.05155	193.05	514.49	321.44	0.9747	2.1690
-2	0.76226	0.000942	0.04829	196.52	514.91	318.39	0.9874	2.1616
0	0.81310	0.000948	0.04527	200.00	515.30	315.30	1.0000	2.1543
2	0.86647	0.000954	0.04246	203.50	515.65	312.15	1.0126	2.1471
4	0.92245	0.000960	0.03986	207.03	515.96	308.93	1.0252	2.1399
6	0.98113	0.000967	0.03743	210.58	516.24	305.66	1.0377	2.1327
8	1.0426	0.000974	0.03518	214.15	516.47	302.32	1.0503	2.1256
10	1.1069	0.000981	0.03308	217.74	516.66	298.92	1.0628	2.1185
12	1.1742	0.000988	0.03112	221.36	516.80	295.44	1.0753	2.1114
14	1.2445	0.000995	0.02929	225.01	516.90	291.89	1.0878	2.1043
16	1.3179	0.001003	0.02758	228.68	516.95	288.27	1.1003	2.0972
18	1.3946	0.001011	0.02598	232.39	516.95	284.56	1.1128	2.0902
20	1.4746	0.001019	0.02448	236.12	516.90	280.78	1.1253	2.0831
22	1.5579	0.001027	0.02307	239.89	516.79	276.90	1.1378	2.0760
24	1.6448	0.001036	0.02175	243.69	516.62	272.93	1.1503	2.0688
26	1.7353	0.001045	0.02051	247.53	516.39	268.86	1.1629	2.0616
28	1.8295	0.001055	0.01935	251.40	516.09	264.69	1.1755	2.0544
30	1.9275	0.001064	0.01826	255.32	515.72	260.40	1.1881	2.0471
32	2.0294	0.001074	0.01722	259.28	515.29	256.01	1.2007	2.0397
34	2.1353	0.001085	0.01625	263.28	514.77	251.49	1.2134	2.0322
36	2.2454	0.001096	0.01533	267.34	514.17	246.83	1.2262	2.0246
38	2.3597	0.001108	0.01447	271.45	513.49	242.04	1.2391	2.0169
40	2.4783	0.001120	0.01365	275.61	512.71	237.10	1.2520	2.0091
42	2.6014	0.001133	0.01287	279.84	511.82	231.98	1.2650	2.0011
44	2.7292	0.001146	0.01214	284.13	510.83	226.70	1.2781	1.9929
46	2.8616	0.001160	0.01144	288.50	509.72	221.22	1.2914	1.9845
48	2.9989	0.001175	0.01078	292.95	508.48	215.53	1.3048	1.9759
50	3.1412	0.001191	0.01015	297.49	507.10	209.61	1.3183	1.9670
52	3.2887	0.001209	0.00955	302.12	505.57	203.45	1.3321	1.9578
54	3.4415	0.001227	0.00897	306.87	503.86	196.99	1.3461	1.9482
56	3.5997	0.001247	0.00843	311.74	501.95	190.21	1.3603	1.9382
58	3.7635	0.001269	0.00790	316.75	499.82	183.07	1.3749	1.9277
60	3.9332	0.001293	0.00740	321.93	497.44	175.51	1.3898	1.9166
62	4.1089	0.001320	0.00691	327.30	494.76	167.46	1.4052	1.9048
64	4.2909	0.001349	0.00644	332.90	491.73	158.83	1.4211	1.8922
66	4.4793	0.001383	0.00598	338.78	488.26	149.48	1.4377	1.8785
68	4.6745	0.001422	0.00553	345.02	484.25	139.23	1.4553	1.8634
70	4.8768	0.001469	0.00508	351.73	479.52	127.79	1.4740	1.8464
75	5.4168	0.001650	0.00391	372.39	461.72	89.33	1.5314	1.7880

Data from : McLinden, M.O., S.A.Kelin, E.W.Lemmon, and A.P. Peskin. 200C. NIST standard reference database

부록 12. R-124 ($CHClFCF_3$, 2-Chloro-1,1,1,2-Tetrafluoroethane) 포화증기표

온도 t ℃	압력 P kPa	비체적 (m^3/kg)		비엔탈피 (kJ/kg)			비엔트로피 (kJ/kgK)	
		액(v_f)	증기(v_g)	액(h_f)	증기(h_g)	증발열(h_{fg})	액(s_f)	증기(s_g)
-100	0.00024	0.000583	44.375	98.87	302.29	203.42	0.5417	1.7165
-90	0.00067	0.000592	16.531	108.45	307.68	199.23	0.5954	1.6832
-80	0.00169	0.000602	6.96450	118.13	313.21	195.08	0.6469	1.6569
-70	0.00379	0.000611	3.25230	127.91	318.86	190.95	0.6962	1.6362
-60	0.00779	0.000621	1.65600	137.80	324.62	186.82	0.7437	1.6202
-50	0.01482	0.000632	0.90713	147.81	330.46	182.65	0.7896	1.6081
-40	0.02642	0.000643	0.52863	157.95	336.36	178.41	0.8340	1.5993
-30	0.04452	0.000655	0.32470	168.23	342.29	174.06	0.8772	1.5930
-20	0.07145	0.000668	0.20856	178.66	348.23	169.57	0.9191	1.5890
-18	0.07813	0.000671	0.19180	180.76	349.42	168.66	0.9274	1.5884
-16	0.08529	0.000673	0.17665	182.87	350.61	167.74	0.9356	1.5879
-14	0.09296	0.000676	0.16293	184.99	351.79	166.80	0.9438	1.5874
-12	0.10117	0.000679	0.15048	187.11	352.97	165.86	0.9519	1.5870
-10	0.10993	0.000681	0.13917	189.24	354.15	164.91	0.9600	1.5867
-8	0.11928	0.000684	0.12888	191.38	355.33	163.95	0.9681	1.5864
-6	0.12923	0.000687	0.11950	193.52	356.51	162.99	0.9761	1.5862
-4	0.13983	0.000690	0.11093	195.68	357.68	162.00	0.9841	1.5860
-2	0.15108	0.000693	0.10310	197.83	358.86	161.03	0.9921	1.5859
0	0.16303	0.000696	0.09593	200.00	360.02	160.02	1.0000	1.5858
2	0.1757	0.000699	0.08936	202.17	361.19	159.02	1.0079	1.5858
4	0.18911	0.000702	0.08333	204.35	362.35	158.00	1.0158	1.5858
6	0.20331	0.000705	0.07779	206.54	363.51	156.97	1.0236	1.5859
8	0.2183	0.000708	0.07268	208.74	364.67	155.93	1.0314	1.5860
10	0.23414	0.000712	0.06798	210.94	365.82	154.88	1.0392	1.5861
12	0.25084	0.000715	0.06364	213.15	366.97	153.82	1.0469	1.5863
14	0.26844	0.000718	0.05964	215.37	368.11	152.74	1.0546	1.5865
16	0.28696	0.000722	0.05593	217.60	369.25	151.65	1.0623	1.5868
18	0.30644	0.000725	0.05250	219.84	370.38	150.54	1.0700	1.5870
20	0.32692	0.000729	0.04932	222.09	371.51	149.42	1.0776	1.5873
22	0.34842	0.000732	0.04636	224.34	372.63	148.29	1.0852	1.5876
24	0.37097	0.000736	0.04362	226.60	373.75	147.15	1.0928	1.5880
26	0.39462	0.000740	0.04107	228.88	374.85	145.97	1.1004	1.5883
28	0.41938	0.000743	0.03870	231.16	375.96	144.80	1.1079	1.5887
30	0.4453	0.000747	0.03648	233.45	377.05	143.60	1.1154	1.5891
32	0.47241	0.000751	0.03442	235.75	378.14	142.39	1.1229	1.5895
34	0.50075	0.000755	0.03249	238.07	379.22	141.15	1.1304	1.5900
36	0.53034	0.000760	0.03069	240.39	380.29	139.90	1.1379	1.5904
38	0.56123	0.000764	0.02901	242.72	381.36	138.64	1.1453	1.5909
40	0.59345	0.000768	0.02743	245.07	382.41	137.34	1.1528	1.5913
42	0.62704	0.000773	0.02596	247.43	383.45	136.02	1.1602	1.5918
44	0.66202	0.000777	0.02457	249.79	384.49	134.70	1.1676	1.5923
46	0.69845	0.000782	0.02327	252.17	385.51	133.34	1.1750	1.5928
48	0.73635	0.000787	0.02205	254.56	386.52	131.96	1.1824	1.5933
50	0.77577	0.000792	0.02090	256.97	387.53	130.56	1.1897	1.5937
52	0.81675	0.000797	0.01982	259.39	388.51	129.12	1.1971	1.5942
54	0.85931	0.000802	0.01880	261.82	389.49	127.67	1.2044	1.5947
56	0.9035	0.000807	0.01784	264.26	390.45	126.19	1.2118	1.5951
58	0.94937	0.000813	0.01693	266.73	391.39	124.66	1.2191	1.5956
60	0.99695	0.000818	0.01607	269.20	392.33	123.13	1.2265	1.5960
62	1.0463	0.000824	0.01527	271.69	393.24	121.55	1.2338	1.5965
64	1.0974	0.000830	0.01450	274.20	394.14	119.94	1.2411	1.5969
66	1.1504	0.000837	0.01378	276.72	395.01	118.29	1.2485	1.5972
68	1.2052	0.000843	0.01309	279.27	395.87	116.60	1.2558	1.5976
70	1.2620	0.000850	0.01244	281.83	396.71	114.88	1.2631	1.5979
75	1.4129	0.000868	0.01097	288.32	398.69	110.38	1.2815	1.5986
80	1.5764	0.000887	0.00965	294.95	400.52	105.57	1.3001	1.5990
85	1.7540	0.000909	0.00849	301.75	402.14	100.39	1.3187	1.5990
90	1.9462	0.000934	0.00746	308.74	403.51	94.77	1.3376	1.5986
95	2.1542	0.000964	0.00653	315.97	404.56	88.59	1.3568	1.5975
100	2.3787	0.000998	0.00569	323.50	405.20	81.70	1.3766	1.5955
110	2.8831	0.001096	0.00419	339.99	404.46	64.47	1.4188	1.5870
120	3.4739	0.001335	0.00267	361.94	395.71	33.77	1.4734	1.5593
122.3	3.6243	0.001786	0.00179	378.79	378.79	0.00	1.5156	1.5156

Data from : McLinden, M.O., S.A.Kelin, E.W.Lemmon, and A.P. Peskin. 2000. NIST standard reference database

부록 13. R-125 (CHF_2CF_3, Pentafluoroethane) 포화증기표

온도 t ℃	압력 P kPa	비체적 (m^3/kg) 액(v_f)	증기(v_g)	비엔탈피 (kJ/kg) 액(h_f)	증기(h_g)	증발열(h_{fg})	비엔트로피 (kJ/kgK) 액(s_f)	증기(s_g)
-100	0.00309	0.000592	3.87090	87.78	277.74	189.96	0.4940	1.5911
-90	0.00729	0.000604	1.73030	98.18	283.36	185.18	0.5524	1.5634
-80	0.01547	0.000616	0.85534	108.70	289.06	180.36	0.6082	1.5421
-70	0.03008	0.000629	0.45942	119.36	294.83	175.47	0.6620	1.5257
-60	0.05432	0.000643	0.26432	130.19	300.60	170.41	0.7140	1.5135
-58	0.06066	0.000646	0.23836	132.38	301.75	169.37	0.7242	1.5114
-56	0.06758	0.000649	0.21542	134.57	302.91	168.34	0.7343	1.5095
-54	0.07511	0.000652	0.19510	136.78	304.06	167.28	0.7444	1.5077
-52	0.08329	0.000655	0.17706	138.99	305.20	166.21	0.7544	1.5060
-50	0.09216	0.000658	0.16100	141.21	306.35	165.14	0.7644	1.5044
-48	0.10177	0.000661	0.14668	143.44	307.49	164.05	0.7743	1.5029
-46	0.11214	0.000664	0.13387	145.68	308.63	162.95	0.7842	1.5016
-44	0.12332	0.000667	0.12240	147.92	309.77	161.85	0.7940	1.5003
-42	0.13536	0.000671	0.11209	150.18	310.90	160.72	0.8037	1.4991
-40	0.1483	0.000674	0.10283	152.44	312.03	159.59	0.8134	1.4980
-38	0.16218	0.000677	0.09448	154.71	313.16	158.45	0.8231	1.4969
-36	0.17705	0.000681	0.08693	157.00	314.28	157.28	0.8327	1.4960
-34	0.19295	0.000684	0.08011	159.29	315.40	156.11	0.8423	1.4951
-32	0.20994	0.000688	0.07393	161.59	316.51	154.92	0.8519	1.4943
-30	0.22806	0.000692	0.06831	163.90	317.61	153.71	0.8614	1.4935
-28	0.24735	0.000695	0.06321	166.22	318.71	152.49	0.8708	1.4928
-26	0.26787	0.000699	0.05855	168.56	319.80	151.24	0.8802	1.4922
-24	0.28968	0.000703	0.05431	170.90	320.88	149.98	0.8896	1.4916
-22	0.31281	0.000707	0.05043	173.26	321.96	148.70	0.8990	1.4911
-20	0.33733	0.000711	0.04688	175.62	323.03	147.41	0.9083	1.4906
-18	0.36328	0.000715	0.04363	178.00	324.09	146.09	0.9176	1.4901
-16	0.39072	0.000719	0.04064	180.39	325.14	144.75	0.9268	1.4897
-14	0.4197	0.000724	0.03789	182.80	326.19	143.39	0.9361	1.4894
-12	0.45028	0.000728	0.03536	185.21	327.22	142.01	0.9453	1.4890
-10	0.48252	0.000733	0.03303	187.64	328.24	140.60	0.9544	1.4887
-8	0.51646	0.000738	0.03088	190.08	329.25	139.17	0.9636	1.4884
-6	0.55218	0.000742	0.02890	192.54	330.25	137.71	0.9727	1.4882
-4	0.58972	0.000747	0.02706	195.01	331.23	136.22	0.9818	1.4879
-2	0.62915	0.000752	0.02535	197.50	332.20	134.70	0.9909	1.4877
0	0.67052	0.000758	0.02377	200.00	333.16	133.16	1.0000	1.4875
2	0.7139	0.000763	0.02230	202.52	334.10	131.58	1.0091	1.4873
4	0.75935	0.000769	0.02093	205.05	335.02	129.97	1.0181	1.4870
6	0.80694	0.000774	0.01966	207.60	335.92	128.32	1.0272	1.4868
8	0.85672	0.000780	0.01848	210.17	336.80	126.63	1.0362	1.4866
10	0.90875	0.000786	0.01737	212.76	337.66	124.90	1.0452	1.4863
12	0.96312	0.000793	0.01634	215.37	338.50	123.13	1.0542	1.4860
14	1.0199	0.000799	0.01537	218.00	339.31	121.31	1.0633	1.4857
16	1.0791	0.000806	0.01447	220.65	340.10	119.45	1.0723	1.4854
18	1.1408	0.000813	0.01362	223.32	340.85	117.53	1.0813	1.4850
20	1.2052	0.000821	0.01283	226.02	341.58	115.56	1.0904	1.4846
22	1.2722	0.000829	0.01208	228.74	342.28	113.54	1.0995	1.4842
24	1.3420	0.000837	0.01138	231.49	342.95	111.46	1.1085	1.4836
26	1.4146	0.000845	0.01072	234.26	343.57	109.31	1.1176	1.4831
28	1.4901	0.000854	0.01010	237.07	344.16	107.09	1.1268	1.4824
30	1.5685	0.000863	0.00951	239.91	344.71	104.80	1.1359	1.4817
32	1.6501	0.000873	0.00895	242.78	345.22	102.44	1.1452	1.4809
34	1.7347	0.000883	0.00843	245.69	345.67	99.98	1.1544	1.4799
36	1.8226	0.000895	0.00793	248.64	346.07	97.43	1.1637	1.4789
38	1.9138	0.000906	0.00746	251.63	346.42	94.79	1.1731	1.4778
40	2.0085	0.000919	0.00702	254.67	346.69	92.02	1.1826	1.4764
42	2.1067	0.000932	0.00659	257.76	346.90	89.14	1.1921	1.4750
44	2.2084	0.000947	0.00619	260.92	347.02	86.10	1.2018	1.4733
46	2.3140	0.000963	0.00580	264.14	347.05	82.91	1.2116	1.4714
48	2.4234	0.000980	0.00543	267.44	346.96	79.52	1.2216	1.4692
50	2.5368	0.000999	0.00507	270.83	346.75	75.92	1.2318	1.4667
52	2.6544	0.001020	0.00472	274.33	346.38	72.05	1.2422	1.4638
54	2.7763	0.001044	0.00439	277.95	345.82	67.87	1.2529	1.4604
56	2.9027	0.001072	0.00406	281.75	345.00	63.25	1.2641	1.4563
58	3.0339	0.001106	0.00373	285.77	343.85	58.08	1.2758	1.4512
60	3.1703	0.001147	0.00340	290.10	342.21	52.11	1.2884	1.4448
62	3.3121	0.001201	0.00305	294.95	339.79	44.84	1.3024	1.4362
64	3.4602	0.001286	0.00265	300.86	335.77	34.91	1.3195	1.4230

Data from : McLinden, M.O., S.A.Kelin, E.W.Lemmon, and A.P. Peskin. 2000. NIST standard reference database

부록 14. R-134a (CH_2FCF_3, 1,1,1,2-tetrafluoroethane) 포화증기표[I]

온도 t ℃	압력 P kPa	비체적 (m^3/kg) 액(v_f)	증기(v_g)	비엔탈피 (kJ/kg) 액(h_f)	증기(h_g)	증발열(h_{fg})	비엔트로피 (kJ/kgK) 액(s_f)	증기(s_g)
-100	0.64	0.000634	21.9456	86.47	335.58	249.11	0.4899	1.9286
-99	0.71	0.000635	19.9412	87.42	336.18	248.75	0.4954	1.9238
-98	0.79	0.000636	18.1426	88.38	336.77	248.39	0.5009	1.9190
-97	0.87	0.000637	16.5265	89.34	337.36	248.03	0.5063	1.9144
-96	0.96	0.000638	15.0726	90.30	337.96	247.66	0.5118	1.9098
-95	1.05	0.000639	13.7630	91.26	338.56	247.29	0.5172	1.9053
-94	1.16	0.000640	12.5818	92.23	339.16	246.93	0.5226	1.9009
-93	1.27	0.000641	11.5151	93.20	339.76	246.56	0.5280	1.8966
-92	1.40	0.000642	10.5508	94.18	340.36	246.18	0.5334	1.8924
-91	1.53	0.000643	9.67784	95.16	340.96	245.81	0.5388	1.8883
-90	1.68	0.000644	8.88679	96.14	341.57	245.43	0.5442	1.8842
-89	1.83	0.000645	8.16911	97.12	342.18	245.05	0.5495	1.8803
-88	2.00	0.000646	7.51725	98.11	342.78	244.67	0.5549	1.8764
-87	2.18	0.000647	6.92453	99.10	343.39	244.29	0.5602	1.8726
-86	2.38	0.000648	6.38500	100.10	344.00	243.91	0.5656	1.8688
-85	2.59	0.000649	5.89337	101.10	344.61	243.52	0.5709	1.8652
-84	2.82	0.000651	5.44490	102.10	345.23	243.13	0.5762	1.8616
-83	3.06	0.000652	5.03539	103.10	345.84	242.74	0.5815	1.8581
-82	3.33	0.000653	4.66107	104.11	346.46	242.34	0.5868	1.8546
-81	3.61	0.000654	4.31859	105.13	347.07	241.95	0.5921	1.8512
-80	3.91	0.000655	4.00491	106.14	347.69	241.55	0.5974	1.8479
-79	4.23	0.000656	3.71735	107.16	348.31	241.15	0.6026	1.8447
-78	4.58	0.000657	3.45347	108.19	348.93	240.74	0.6079	1.8415
-77	4.95	0.000658	3.21111	109.22	349.55	240.33	0.6131	1.8384
-76	5.34	0.000660	2.98830	110.25	350.17	239.92	0.6184	1.8354
-75	5.76	0.000661	2.78327	111.28	350.80	239.51	0.6236	1.8324
-74	6.21	0.000662	2.59445	112.32	351.42	239.10	0.6289	1.8294
-73	6.69	0.000663	2.42039	113.36	352.04	238.68	0.6341	1.8266
-72	7.20	0.000664	2.25981	114.41	352.67	238.26	0.6393	1.8238
-71	7.74	0.000665	2.11153	115.46	353.29	237.83	0.6445	1.8210
-70	8.31	0.000667	1.97450	116.52	353.92	237.41	0.6497	1.8183
-69	8.92	0.000668	1.84776	117.57	354.55	236.97	0.6549	1.8157
-68	9.57	0.000669	1.73045	118.64	355.18	236.54	0.6601	1.8131
-67	10.26	0.000670	1.62177	119.70	355.80	236.10	0.6653	1.8106
-66	10.99	0.000671	1.52100	120.77	356.43	235.66	0.6704	1.8081
-65	11.76	0.000673	1.42751	121.85	357.06	235.22	0.6756	1.8056
-64	12.57	0.000674	1.34070	122.92	357.69	234.77	0.6808	1.8033
-63	13.43	0.000675	1.26004	124.00	358.32	234.32	0.6859	1.8009
-62	14.34	0.000676	1.18502	125.09	358.96	233.87	0.6911	1.7987
-61	15.30	0.000678	1.11521	126.18	359.59	233.41	0.6962	1.7964
-60	16.32	0.000679	1.05020	127.27	360.22	232.95	0.7014	1.7942
-59	17.39	0.000680	0.98961	128.37	360.85	232.48	0.7065	1.7921
-58	18.51	0.000681	0.93310	129.47	361.48	232.01	0.7116	1.7900
-57	19.70	0.000683	0.88037	130.58	362.11	231.54	0.7167	1.7879
-56	20.95	0.000684	0.83113	131.68	362.75	231.06	0.7218	1.7859
-55	22.26	0.000685	0.78511	132.80	363.38	230.58	0.7270	1.7839
-54	23.64	0.000686	0.74209	133.91	364.01	230.10	0.7321	1.7820
-53	25.10	0.000688	0.70182	135.04	364.65	229.61	0.7372	1.7801
-52	26.62	0.000689	0.66413	136.16	365.28	229.12	0.7423	1.7783
-51	28.22	0.000690	0.62881	137.29	365.91	228.62	0.7473	1.7765
-50	29.90	0.000692	0.59570	138.42	366.54	228.12	0.7524	1.7747
-49	31.66	0.000693	0.56464	139.56	367.18	227.62	0.7575	1.7730
-48	33.50	0.000694	0.53549	140.70	367.81	227.11	0.7626	1.7713
-47	35.43	0.000696	0.50812	141.85	368.44	226.59	0.7676	1.7696
-46	37.45	0.000697	0.48239	142.99	369.07	226.08	0.7727	1.7680
-45	39.56	0.000699	0.45820	144.15	369.70	225.55	0.7778	1.7664
-44	41.77	0.000700	0.43545	145.30	370.33	225.03	0.7828	1.7648
-43	44.08	0.000701	0.41403	146.47	370.96	224.50	0.7879	1.7633
-42	46.50	0.000703	0.39385	147.63	371.59	223.96	0.7929	1.7618
-41	49.01	0.000704	0.37484	148.80	372.22	223.43	0.7979	1.7604
-40	51.64	0.000706	0.35692	149.97	372.85	222.88	0.8030	1.7589
-39	54.38	0.000707	0.34001	151.15	373.48	222.33	0.8080	1.7575
-38	57.24	0.000708	0.32405	152.33	374.11	221.78	0.8130	1.7562
-37	60.22	0.000710	0.30898	153.51	374.74	221.23	0.8180	1.7548
-36	63.32	0.000711	0.29474	154.70	375.37	220.66	0.8231	1.7535
-35	66.55	0.000713	0.28128	155.89	375.99	220.10	0.8281	1.7523
-34	69.91	0.000714	0.26855	157.09	376.62	219.53	0.8331	1.7510
-33	73.40	0.000716	0.25651	158.29	377.24	218.95	0.8381	1.7498
-32	77.04	0.000717	0.24511	159.49	377.87	218.37	0.8431	1.7486

부록 14. R-134a (CH_2FCF_3, 1,1,1,2-tetrafluoroethane) 포화증기표[II]

온도 t ℃	압력 P kPa	비체적 (m^3/kg) 액(v_f)	증기(v_g)	비엔탈피 (kJ/kg) 액(h_f)	증기(h_g)	증발열(h_{fg})	비엔트로피 (kJ/kgK) 액(s_f)	증기(s_g)
-31	80.81	0.000719	0.23431	160.70	378.49	217.79	0.8480	1.7474
-30	84.74	0.000720	0.22408	161.91	379.11	217.20	0.8530	1.7463
-29	88.81	0.000722	0.21438	163.13	379.73	216.61	0.8580	1.7452
-28	93.05	0.000723	0.20518	164.35	380.35	216.01	0.8630	1.7441
-27	97.44	0.000725	0.19645	165.57	380.97	215.40	0.8679	1.7430
-26	101.99	0.000726	0.18817	166.80	381.59	214.79	0.8729	1.7420
-25	106.71	0.000728	0.18030	168.03	382.21	214.18	0.8778	1.7410
-24	111.60	0.000730	0.17282	169.26	382.82	213.56	0.8828	1.7400
-23	116.67	0.000731	0.16571	170.50	383.44	212.94	0.8877	1.7390
-22	121.92	0.000733	0.15896	171.74	384.05	212.31	0.8927	1.7380
-21	127.36	0.000735	0.15253	172.99	384.67	211.68	0.8976	1.7371
-20	132.99	0.000736	0.14641	174.24	385.28	211.04	0.9025	1.7362
-19	138.81	0.000738	0.14059	175.49	385.89	210.40	0.9075	1.7353
-18	144.83	0.000739	0.13504	176.75	386.50	209.75	0.9124	1.7345
-17	151.05	0.000741	0.12975	178.01	387.11	209.10	0.9173	1.7336
-16	157.48	0.000743	0.12471	179.27	387.71	208.44	0.9222	1.7328
-15	164.13	0.000745	0.11991	180.54	388.32	207.78	0.9271	1.7320
-14	170.99	0.000746	0.11533	181.81	388.92	207.11	0.9320	1.7312
-13	178.08	0.000748	0.11095	183.09	389.52	206.44	0.9369	1.7304
-12	185.40	0.000750	0.10678	184.36	390.12	205.76	0.9418	1.7297
-11	192.95	0.000752	0.10279	185.65	390.72	205.08	0.9467	1.7289
-10	200.73	0.000753	0.09898	186.93	391.32	204.39	0.9515	1.7282
-9	208.76	0.000755	0.09534	188.22	391.92	203.69	0.9564	1.7275
-8	217.04	0.000757	0.09186	189.52	392.51	202.99	0.9613	1.7269
-7	225.57	0.000759	0.08853	190.82	393.10	202.29	0.9661	1.7262
-6	234.36	0.000761	0.08535	192.12	393.70	201.58	0.9710	1.7255
-5	243.41	0.000763	0.08230	193.42	394.28	200.86	0.9758	1.7249
-4	252.74	0.000764	0.07938	194.73	394.87	200.14	0.9807	1.7243
-3	262.33	0.000766	0.07659	196.04	395.46	199.42	0.9855	1.7237
-2	272.21	0.000768	0.07391	197.36	396.04	198.68	0.9903	1.7231
-1	282.37	0.000770	0.07135	198.68	396.62	197.95	0.9952	1.7225
0	292.82	0.000772	0.06889	200.00	397.20	197.20	1.0000	1.7220
1	303.57	0.000774	0.06653	201.33	397.78	196.45	1.0048	1.7214
2	314.62	0.000776	0.06427	202.66	398.36	195.70	1.0096	1.7209
3	325.98	0.000778	0.06210	203.99	398.93	194.94	1.0144	1.7204
4	337.65	0.000780	0.06001	205.33	399.50	194.17	1.0192	1.7199
5	349.63	0.000782	0.05801	206.67	400.07	193.40	1.0240	1.7194
6	361.95	0.000784	0.05609	208.02	400.64	192.62	1.0288	1.7189
7	374.58	0.000786	0.05425	209.37	401.21	191.84	1.0336	1.7184
8	387.56	0.000788	0.05248	210.72	401.77	191.05	1.0384	1.7179
9	400.88	0.000791	0.05077	212.08	402.33	190.25	1.0432	1.7175
10	414.55	0.000793	0.04913	213.44	402.89	189.45	1.0480	1.7170
11	428.57	0.000795	0.04756	214.80	403.44	188.64	1.0527	1.7166
12	442.94	0.000797	0.04604	216.17	404.00	187.83	1.0575	1.7162
13	457.69	0.000799	0.04458	217.54	404.55	187.01	1.0623	1.7158
14	472.80	0.000802	0.04318	218.92	405.10	186.18	1.0670	1.7154
15	488.29	0.000804	0.04183	220.30	405.64	185.34	1.0718	1.7150
16	504.16	0.000806	0.04052	221.68	406.18	184.50	1.0765	1.7146
17	520.42	0.000809	0.03927	223.07	406.72	183.66	1.0813	1.7142
18	537.08	0.000811	0.03806	224.44	407.26	182.82	1.0859	1.7139
19	554.13	0.000813	0.03690	225.84	407.80	181.96	1.0907	1.7135
20	571.60	0.000816	0.03577	227.23	408.33	181.09	1.0954	1.7132
21	589.48	0.000818	0.03469	228.64	408.86	180.22	1.1001	1.7128
22	607.78	0.000821	0.03365	230.05	409.38	179.34	1.1049	1.7125
23	626.50	0.000823	0.03264	231.46	409.91	178.45	1.1096	1.7122
24	645.66	0.000826	0.03166	232.87	410.42	177.55	1.1143	1.7118
25	665.26	0.000828	0.03072	234.29	410.94	176.65	1.1190	1.7115
26	685.30	0.000831	0.02982	235.72	411.45	175.73	1.1237	1.7112
27	705.80	0.000834	0.02894	237.15	411.96	174.81	1.1285	1.7109
28	726.75	0.000836	0.02809	238.58	412.47	173.89	1.1332	1.7106
29	748.17	0.000839	0.02727	240.02	412.97	172.95	1.1379	1.7103
30	770.06	0.000842	0.02648	241.46	413.47	172.00	1.1426	1.7100
31	792.43	0.000844	0.02572	242.91	413.96	171.05	1.1473	1.7097
32	815.28	0.000847	0.02498	244.36	414.45	170.09	1.1520	1.7094
33	838.63	0.000850	0.02426	245.82	414.94	169.12	1.1567	1.7091
34	862.47	0.000853	0.02357	247.28	415.42	168.14	1.1614	1.7088
35	886.82	0.000856	0.02290	248.75	415.90	167.15	1.1661	1.7085
36	911.68	0.000859	0.02225	250.22	416.37	166.15	1.1708	1.7082
37	937.07	0.000862	0.02162	251.70	416.84	165.14	1.1755	1.7079

부록 14. R-134a (CH_2FCF_3, 1,1,1,2-tetrafluoroethane) 포화증기표[III]

온도 $t\ ℃$	압력 P kPa	비체적 (m^3/kg)		비엔탈피 (kJ/kg)			비엔트로피 (kJ/kgK)	
		액(v_f)	증기(v_g)	액(h_f)	증기(h_g)	증발열(h_{fg})	액(s_f)	증기(s_g)
38	962.98	0.000865	0.02102	253.18	417.30	164.12	1.1802	1.7077
39	989.42	0.000868	0.02043	254.67	417.76	163.09	1.1849	1.7074
40	1016.40	0.000871	0.01986	256.16	418.21	162.05	1.1896	1.7071
41	1043.94	0.000875	0.01930	257.66	418.66	161.00	1.1943	1.7068
42	1072.02	0.000878	0.01877	259.16	419.11	159.94	1.1990	1.7065
43	1100.67	0.000881	0.01825	260.67	419.54	158.87	1.2037	1.7062
44	1129.90	0.000885	0.01774	262.19	419.98	157.79	1.2084	1.7059
45	1159.69	0.000888	0.01726	263.71	420.40	156.69	1.2131	1.7056
46	1190.08	0.000892	0.01678	265.24	420.83	155.59	1.2178	1.7053
47	1221.05	0.000895	0.01632	266.77	421.24	154.47	1.2225	1.7050
48	1252.63	0.000899	0.01588	268.32	421.65	153.33	1.2273	1.7047
49	1284.82	0.000903	0.01544	269.86	422.05	152.19	1.2320	1.7044
50	1317.62	0.000906	0.01502	271.42	422.44	151.03	1.2367	1.7041
51	1351.05	0.000910	0.01461	272.98	422.83	149.85	1.2414	1.7037
52	1385.10	0.000914	0.01421	274.55	423.21	148.66	1.2462	1.7034
53	1419.80	0.000918	0.01383	276.13	423.59	147.46	1.2509	1.7030
54	1455.15	0.000922	0.01345	277.71	423.95	146.24	1.2557	1.7027
55	1491.16	0.000927	0.01309	279.30	424.31	145.01	1.2604	1.7023
56	1527.83	0.000931	0.01273	280.90	424.66	143.75	1.2652	1.7019
57	1565.17	0.000935	0.01239	282.51	424.99	142.49	1.2700	1.7015
58	1603.20	0.000940	0.01205	284.13	425.32	141.20	1.2747	1.7011
59	1641.92	0.000944	0.01172	285.75	425.64	139.89	1.2795	1.7007
60	1681.34	0.000949	0.01141	287.39	425.96	138.57	1.2843	1.7003
61	1721.47	0.000954	0.01110	289.03	426.26	137.23	1.2892	1.6998
62	1762.33	0.000959	0.01079	290.68	426.54	135.86	1.2940	1.6994
63	1803.90	0.000964	0.01050	292.35	426.82	134.47	1.2988	1.6989
64	1846.22	0.000969	0.01021	294.02	427.09	133.07	1.3037	1.6983
65	1889.29	0.000974	0.00993	295.71	427.34	131.63	1.3085	1.6978
66	1933.11	0.000979	0.00966	297.40	427.58	130.18	1.3134	1.6973
67	1977.70	0.000985	0.00940	299.11	427.81	128.70	1.3183	1.6967
68	2023.07	0.000991	0.00914	300.83	428.02	127.19	1.3232	1.6961
69	2069.24	0.000997	0.00888	302.57	428.22	125.65	1.3282	1.6954
70	2116.20	0.001003	0.00864	304.31	428.40	124.08	1.3331	1.6947
71	2163.97	0.001009	0.00840	306.07	428.56	122.49	1.3381	1.6940
72	2212.56	0.001016	0.00816	307.85	428.71	120.86	1.3431	1.6933
73	2261.99	0.001022	0.00793	309.64	428.84	119.19	1.3482	1.6925
74	2312.27	0.001029	0.00770	311.45	428.94	117.49	1.3532	1.6917
75	2363.40	0.001036	0.00748	313.27	429.03	115.76	1.3583	1.6908
76	2415.41	0.001044	0.00727	315.11	429.09	113.98	1.3635	1.6899
77	2468.30	0.001051	0.00706	316.97	429.13	112.16	1.3686	1.6889
78	2522.08	0.001060	0.00685	318.86	429.15	110.29	1.3738	1.6879
79	2576.78	0.001068	0.00665	320.77	429.13	108.36	1.3791	1.6868
80	2632.41	0.001077	0.00645	322.69	429.09	106.40	1.3844	1.6857
81	2688.98	0.001086	0.00625	324.63	429.01	104.38	1.3897	1.6844
82	2746.51	0.001095	0.00606	326.60	428.91	102.31	1.3951	1.6831
83	2805.02	0.001105	0.00587	328.61	428.75	100.14	1.4005	1.6817
84	2864.51	0.001116	0.00569	330.64	428.56	97.92	1.4061	1.6802
85	2925.02	0.001127	0.00550	332.71	428.33	95.62	1.4116	1.6786
86	2986.56	0.001139	0.00532	334.81	428.05	93.24	1.4173	1.6769
87	3049.15	0.001152	0.00514	336.95	427.71	90.75	1.4231	1.6751
88	3112.81	0.001165	0.00497	339.14	427.31	88.17	1.4289	1.6731
89	3177.58	0.001179	0.00479	341.37	426.84	85.46	1.4349	1.6709
90	3243.47	0.001195	0.00462	343.66	426.29	82.63	1.4410	1.6685
91	3310.52	0.001212	0.00444	346.01	425.65	79.64	1.4472	1.6659
92	3378.75	0.001230	0.00427	348.44	424.91	76.47	1.4537	1.6631
93	3448.22	0.001250	0.00410	350.95	424.04	73.09	1.4603	1.6599
94	3518.95	0.001273	0.00392	353.56	423.03	69.46	1.4672	1.6564
95	3591.01	0.001298	0.00375	356.30	421.83	65.53	1.4744	1.6524
96	3664.44	0.001328	0.00356	359.21	420.38	61.17	1.4820	1.6477
97	3739.35	0.001362	0.00337	362.33	418.62	56.29	1.4902	1.6422
98	3815.83	0.001405	0.00317	365.77	416.41	50.64	1.4992	1.6356
99	3894.03	0.001461	0.00295	369.72	413.48	43.77	1.5095	1.6271
100	3974.24	0.001544	0.00268	374.70	409.10	34.40	1.5225	1.6147
101	4057.05	0.001758	0.00221	384.42	398.59	14.18	1.5482	1.5861
101.1	4067.00	0.001952	0.00195	391.16	391.16	0.00	1.5661	1.5661

Data from : McLinden, M.O., S.A.Kelin, E.W.Lemmon, and A.P. Peskin. 2000. NIST standard reference database

부록 15. R-143a (CH_3CF_3, 1,1,1-Trifluoroethane) 포화증기표

온도 t ℃	압력 P kPa	비체적 (m^3/kg) 액(v_f)	증기(v_g)	비엔탈피 (kJ/kg) 액(h_f)	증기(h_g)	증발열(h_{fg})	비엔트로피 (kJ/kgK) 액(s_f)	증기(s_g)
-111.8	0.0011	0.000752	14.807	52.52	319.59	267.07	0.3142	1.9695
-110	0.0013	0.000754	12.430	54.71	320.68	265.97	0.3277	1.9579
-100	0.0033	0.000768	5.1127	66.87	326.81	259.94	0.4000	1.9012
-90	0.0076	0.000783	2.3596	79.13	333.06	253.93	0.4688	1.8553
-80	0.0157	0.000799	1.1971	91.55	339.40	247.85	0.5348	1.8180
-70	0.0299	0.000815	0.65675	104.16	345.80	241.64	0.5984	1.7879
-60	0.0531	0.000833	0.38446	116.99	352.21	235.22	0.6599	1.7635
-50	0.0887	0.000852	0.23754	130.05	358.58	228.53	0.7197	1.7438
-48	0.0977	0.000856	0.21695	132.69	359.85	227.16	0.7314	1.7403
-47	0.1013	0.000857	0.20971	133.70	360.33	226.63	0.7359	1.7391
-46	0.1074	0.000860	0.19849	135.35	361.11	225.76	0.7431	1.7370
-44	0.1179	0.000864	0.18191	138.01	362.37	224.36	0.7548	1.7339
-42	0.1291	0.000868	0.16697	140.69	363.62	222.93	0.7664	1.7308
-40	0.1411	0.000872	0.15350	143.38	364.86	221.48	0.7779	1.7279
-38	0.1540	0.000877	0.14133	146.08	366.10	220.02	0.7894	1.7251
-36	0.1678	0.000881	0.13031	148.79	367.34	218.55	0.8008	1.7224
-34	0.1825	0.000885	0.12032	151.52	368.56	217.04	0.8122	1.7198
-32	0.1982	0.000890	0.11124	154.25	369.78	215.53	0.8236	1.7173
-30	0.2149	0.000895	0.10297	157.00	370.99	213.99	0.8348	1.7149
-28	0.2327	0.000899	0.09544	159.77	372.19	212.42	0.8461	1.7126
-26	0.2516	0.000904	0.08857	162.54	373.39	210.85	0.8573	1.7104
-24	0.2716	0.000909	0.08228	165.33	374.57	209.24	0.8685	1.7083
-22	0.2929	0.000914	0.07652	168.13	375.74	207.61	0.8796	1.7062
-20	0.3154	0.000919	0.07125	170.95	376.91	205.96	0.8907	1.7043
-18	0.3392	0.000924	0.06640	173.78	378.06	204.28	0.9018	1.7024
-16	0.3643	0.000929	0.06194	176.63	379.20	202.57	0.9128	1.7005
-14	0.3908	0.000935	0.05784	179.49	380.33	200.84	0.9238	1.6987
-12	0.4188	0.000940	0.05405	182.37	381.44	199.07	0.9347	1.6970
-10	0.4482	0.000946	0.05056	185.27	382.54	197.27	0.9457	1.6953
-8	0.4792	0.000952	0.04733	188.18	383.63	195.45	0.9566	1.6937
-6	0.5118	0.000958	0.04434	191.11	384.70	193.59	0.9675	1.6921
-4	0.5461	0.000964	0.04158	194.05	385.75	191.70	0.9783	1.6906
-2	0.5820	0.000970	0.03901	197.02	386.79	189.77	0.9892	1.6890
0	0.6197	0.000976	0.03662	200.00	387.81	187.81	1.0000	1.6876
2	0.6592	0.000983	0.03440	203.00	388.81	185.81	1.0108	1.6861
4	0.7005	0.000990	0.03234	206.03	389.79	183.76	1.0216	1.6846
6	0.7438	0.000997	0.03042	209.07	390.75	181.68	1.0324	1.6832
8	0.7890	0.001004	0.02862	212.13	391.68	179.55	1.0432	1.6818
10	0.8363	0.001011	0.02695	215.22	392.60	177.38	1.0539	1.6804
12	0.8856	0.001019	0.02538	218.33	393.48	175.15	1.0647	1.6790
14	0.9371	0.001026	0.02392	221.47	394.35	172.88	1.0755	1.6775
16	0.9909	0.001035	0.02255	224.63	395.18	170.55	1.0863	1.6761
18	1.0468	0.001043	0.02126	227.81	395.98	168.17	1.0970	1.6747
20	1.1052	0.001052	0.02005	231.02	396.76	165.74	1.1078	1.6732
22	1.1659	0.001061	0.01892	234.27	397.50	163.23	1.1186	1.6717
24	1.2290	0.001070	0.01785	237.54	398.20	160.66	1.1295	1.6701
26	1.2947	0.001080	0.01685	240.84	398.87	158.03	1.1403	1.6685
28	1.3630	0.001090	0.01591	244.18	399.49	155.31	1.1512	1.6669
30	1.4340	0.001101	0.01501	247.56	400.07	152.51	1.1621	1.6652
32	1.5077	0.001112	0.01417	250.97	400.61	149.64	1.1730	1.6634
34	1.5842	0.001124	0.01338	254.42	401.09	146.67	1.1840	1.6616
36	1.6636	0.001136	0.01262	257.91	401.52	143.61	1.1951	1.6596
38	1.7460	0.001149	0.01191	261.45	401.89	140.44	1.2062	1.6575
40	1.8314	0.001162	0.01123	265.04	402.19	137.15	1.2174	1.6553
42	1.9200	0.001177	0.01059	268.68	402.42	133.74	1.2286	1.6530
44	2.0117	0.001192	0.00998	272.39	402.56	130.17	1.2400	1.6505
46	2.1068	0.001209	0.00940	276.15	402.62	126.47	1.2515	1.6478
48	2.2053	0.001226	0.00884	279.98	402.58	122.60	1.2631	1.6448
50	2.3073	0.001245	0.00831	283.90	402.43	118.53	1.2748	1.6416
52	2.4130	0.001266	0.00780	287.90	402.15	114.25	1.2868	1.6381
54	2.5224	0.001288	0.00731	292.00	401.72	109.72	1.2989	1.6343
56	2.6357	0.001313	0.00684	296.22	401.12	104.90	1.3113	1.6300
58	2.7530	0.001341	0.00639	300.57	400.31	99.74	1.3240	1.6252
60	2.8744	0.001372	0.00594	305.09	399.24	94.15	1.3371	1.6197
65	3.1977	0.001474	0.00486	317.45	394.94	77.49	1.3726	1.6018
70	3.5527	0.001664	0.00370	333.19	385.42	52.23	1.4172	1.5694
72.71	3.7610	0.002320	0.00232	358.91	358.91	0.00	1.4906	1.4906

Data from : McLinden, M.O., S.A.Kelin, E.W.Lemmon, and A.P. Peskin. 2000. NIST standard reference database

부록 16. R-152a (CH_3CHF_2, 1,1-Difluoroethane) 포화증기표

온도 $t\ ℃$	압력 P kPa	비체적 (m^3/kg)		비엔탈피 (kJ/kg)			비엔트로피 (kJ/kgK)	
		액(v_f)	증기(v_g)	액(h_f)	증기(h_g)	증발열(h_{fg})	액(s_f)	증기(s_g)
-100	1.03	0.000872	21.08582	95.45	425.88	330.43	0.5361	2.4444
-90	2.36	0.000885	9.73157	103.27	433.37	330.10	0.5800	2.3823
-80	4.97	0.000899	4.87661	111.47	441.07	329.59	0.6235	2.3299
-70	9.71	0.000913	2.61985	120.14	448.93	328.79	0.6673	2.2857
-65	13.24	0.000921	1.96452	124.68	452.92	328.24	0.6893	2.2662
-60	17.81	0.000928	1.49340	129.36	456.93	327.58	0.7115	2.2483
-55	23.62	0.000936	1.14972	134.19	460.98	326.79	0.7339	2.2319
-50	30.94	0.000944	0.89558	139.18	465.03	325.85	0.7565	2.2167
-45	40.04	0.000953	0.70524	144.35	469.10	324.75	0.7793	2.2028
-40	51.26	0.000961	0.56099	149.70	473.18	323.48	0.8025	2.1899
-38	56.42	0.000965	0.51329	151.89	474.81	322.92	0.8118	2.1851
-36	61.99	0.000969	0.47032	154.12	476.44	322.32	0.8212	2.1804
-35	64.94	0.000970	0.45045	155.24	477.25	322.01	0.8259	2.1781
-34	68.01	0.000972	0.43156	156.37	478.06	321.69	0.8307	2.1758
-32	74.50	0.000976	0.39654	158.66	479.69	321.03	0.8402	2.1714
-30	81.48	0.000980	0.36485	160.98	481.31	320.33	0.8497	2.1671
-28	88.99	0.000983	0.33612	163.34	482.93	319.60	0.8593	2.1630
-26	97.05	0.000987	0.31004	165.72	484.55	318.82	0.8690	2.1590
-25	101.30	0.000989	0.29791	166.93	485.35	318.42	0.8738	2.1570
-24	105.69	0.000991	0.28634	168.14	486.16	318.01	0.8787	2.1551
-22	114.95	0.000995	0.26476	170.60	487.76	317.16	0.8885	2.1513
-20	124.85	0.000999	0.24509	173.09	489.37	316.27	0.8983	2.1477
-18	135.44	0.001003	0.22713	175.62	490.96	315.34	0.9082	2.1441
-16	146.73	0.001008	0.21072	178.18	492.55	314.37	0.9182	2.1407
-15	152.65	0.001010	0.20305	179.47	493.34	313.86	0.9232	2.1390
-14	158.77	0.001012	0.19570	180.78	494.13	313.35	0.9282	2.1374
-12	171.58	0.001016	0.18194	183.41	495.70	312.29	0.9383	2.1341
-10	185.22	0.001020	0.16931	186.08	497.26	311.18	0.9484	2.1309
-8	199.70	0.001025	0.15771	188.79	498.81	310.02	0.9586	2.1279
-6	215.08	0.001029	0.14704	191.54	500.36	308.82	0.9689	2.1249
-5	223.11	0.001032	0.14203	192.92	501.12	308.20	0.9740	2.1234
-4	231.38	0.001034	0.13722	194.32	501.89	307.57	0.9792	2.1219
-2	248.66	0.001039	0.12816	197.14	503.41	306.27	0.9896	2.1191
0	266.94	0.001044	0.11981	200.00	504.91	304.91	1.0000	2.1163
2	286.27	0.001048	0.11209	202.90	506.41	303.51	1.0105	2.1136
4	306.69	0.001053	0.10496	205.83	507.89	302.05	1.0210	2.1109
5	317.32	0.001056	0.10159	207.32	508.62	301.30	1.0263	2.1096
6	328.24	0.001058	0.09835	208.81	509.35	300.54	1.0317	2.1083
8	350.96	0.001064	0.09223	211.82	510.80	298.98	1.0423	2.1057
10	374.91	0.001069	0.08655	214.87	512.23	297.35	1.0531	2.1032
12	400.12	0.001074	0.08128	217.96	513.64	295.67	1.0638	2.1007
14	426.64	0.001080	0.07638	221.09	515.03	293.94	1.0747	2.0983
15	440.40	0.001082	0.07407	222.67	515.72	293.04	1.0801	2.0971
16	454.51	0.001085	0.07183	224.26	516.40	292.14	1.0856	2.0959
18	483.78	0.001091	0.06759	227.47	517.75	290.28	1.0965	2.0935
20	514.50	0.001097	0.06364	230.72	519.08	288.36	1.1075	2.0912
22	546.71	0.001103	0.05995	234.01	520.38	286.38	1.1186	2.0888
24	580.46	0.001109	0.05651	237.33	521.66	284.33	1.1297	2.0865
25	597.93	0.001112	0.05488	239.01	522.30	283.29	1.1352	2.0854
26	615.81	0.001115	0.05330	240.70	522.92	282.22	1.1408	2.0842
28	652.79	0.001122	0.05030	244.10	524.15	280.04	1.1520	2.0819
30	691.46	0.001128	0.04749	247.52	525.35	277.83	1.1632	2.0797
32	731.87	0.001135	0.04486	251.00	526.52	275.52	1.1745	2.0774
34	774.07	0.001142	0.04240	254.52	527.65	273.13	1.1858	2.0751
35	795.86	0.001145	0.04122	256.30	528.21	271.91	1.1915	2.0739
36	818.11	0.001149	0.04008	258.08	528.76	270.68	1.1972	2.0728
38	864.05	0.001156	0.03791	261.68	529.83	268.15	1.2087	2.0705
40	911.92	0.001164	0.03587	265.33	530.86	265.54	1.2202	2.0681
45	1040.44	0.001184	0.03129	274.61	533.28	258.68	1.2491	2.0622
50	1182.24	0.001205	0.02735	284.14	535.44	251.30	1.2783	2.0559
55	1338.14	0.001228	0.02394	293.94	537.29	243.35	1.3078	2.0494
60	1508.98	0.001253	0.02098	304.02	538.81	234.79	1.3376	2.0424
65	1695.60	0.001281	0.01840	314.40	539.93	225.54	1.3679	2.0348
70	1898.83	0.001312	0.01614	325.11	540.60	215.49	1.3985	2.0265
80	2358.51	0.001387	0.01235	347.82	540.17	192.35	1.4620	2.0066
90	2894.69	0.001489	0.00925	373.43	535.95	162.52	1.5313	1.9788

Data from : McLinden, M.O., S.A.Kelin, E.W.Lemmon, and A.P. Peskin. 2000. NIST standard reference database

부록 17. R-170 (CH_3CH_3, Ethane) 포화증기표

온도 $t\ ℃$	압력 P kPa	비체적 (m^3/kg) 액(v_f)	증기(v_g)	비엔탈피 (kJ/kg) 액(h_f)	증기(h_g)	증발열(h_{fg})	비엔트로피 (kJ/kgK) 액(s_f)	증기(s_g)
-180	0.0018	0.001468	14629.71140	-266.08	332.06	598.14	-1.6356	4.7856
-170	0.0169	0.001506	1689.54269	-257.85	344.02	601.87	-1.5530	4.2819
-160	0.1080	0.001544	289.94003	-238.69	356.03	594.72	-1.3763	3.8797
-150	0.4973	0.001584	68.49213	-213.51	368.12	581.63	-1.1634	3.5596
-140	1.7649	0.001624	20.84396	-185.85	380.26	566.11	-0.9474	3.3043
-130	5.1008	0.001665	7.73430	-157.54	392.42	549.96	-0.7425	3.0994
-120	12.5393	0.001706	3.35204	-129.82	404.51	534.33	-0.5554	2.9336
-110	27.1158	0.001749	1.64067	-102.90	416.42	519.33	-0.3852	2.7979
-100	52.9219	0.001793	0.88392	-76.63	428.06	504.70	-0.2292	2.6856
-90	95.0603	0.001838	0.51404	-50.69	439.32	490.01	-0.0840	2.5915
-85	124.0955	0.001861	0.40146	-37.75	444.78	482.52	-0.0146	2.5500
-80	159.5202	0.001884	0.31788	-24.79	450.09	474.88	0.0531	2.5117
-75	202.1945	0.001909	0.25484	-11.78	455.27	467.05	0.1191	2.4762
-70	253.0145	0.001933	0.20660	1.27	460.28	459.01	0.1837	2.4432
-65	312.9085	0.001959	0.16918	14.37	465.12	450.74	0.2469	2.4123
-60	382.8352	0.001985	0.13980	27.54	469.77	442.23	0.3087	2.3834
-58	413.8356	0.001996	0.12984	32.83	471.58	438.75	0.3331	2.3724
-56	446.6638	0.002007	0.12073	38.12	473.35	435.23	0.3573	2.3616
-54	481.3852	0.002018	0.11240	43.43	475.09	431.66	0.3813	2.3510
-52	518.0661	0.002029	0.10476	48.75	476.79	428.04	0.4051	2.3406
-50	556.7735	0.002041	0.09774	54.08	478.46	424.38	0.4288	2.3305
-48	597.5756	0.002053	0.09129	59.43	480.09	420.66	0.4523	2.3206
-46	640.5410	0.002064	0.08535	64.79	481.67	416.88	0.4756	2.3108
-44	685.7395	0.002077	0.07987	70.18	483.22	413.05	0.4988	2.3013
-42	733.2418	0.002089	0.07482	75.53	484.73	409.20	0.5216	2.2919
-40	783.1193	0.002102	0.07014	80.95	486.20	405.24	0.5445	2.2826
-38	835.4446	0.002115	0.06581	86.40	487.61	401.21	0.5673	2.2735
-36	890.2909	0.002128	0.06179	91.88	488.98	397.11	0.5900	2.2645
-34	947.7328	0.002141	0.05806	97.39	490.30	392.92	0.6126	2.2556
-32	1007.8454	0.002155	0.05459	102.93	491.57	388.64	0.6352	2.2468
-30	1070.7050	0.002169	0.05136	108.51	492.79	384.27	0.6577	2.2381
-28	1136.3887	0.002184	0.04835	114.14	493.94	379.80	0.6802	2.2294
-26	1204.9747	0.002199	0.04554	119.82	495.04	375.22	0.7026	2.2208
-24	1276.5422	0.002214	0.04291	125.55	496.08	370.53	0.7250	2.2122
-22	1351.1712	0.002230	0.04046	131.33	497.05	365.72	0.7475	2.2037
-20	1428.9430	0.002247	0.03816	137.18	497.95	360.77	0.7700	2.1951
-18	1509.9402	0.002264	0.03600	143.09	498.78	355.68	0.7926	2.1866
-16	1594.2465	0.002282	0.03398	149.08	499.53	350.45	0.8152	2.1780
-15	1637.6672	0.002291	0.03301	152.09	499.87	347.77	0.8265	2.1737
-14	1681.9473	0.002300	0.03208	155.13	500.19	345.06	0.8379	2.1694
-12	1773.1297	0.002319	0.03029	161.27	500.77	339.50	0.8606	2.1607
-10	1867.8831	0.002339	0.02861	167.49	501.26	333.76	0.8835	2.1519
-8	1966.2995	0.002360	0.02702	173.80	501.64	327.84	0.9065	2.1430
-6	2068.4742	0.002382	0.02552	180.20	501.91	321.71	0.9297	2.1339
-4	2174.5064	0.002405	0.02410	186.70	502.07	315.37	0.9530	2.1247
-2	2284.5004	0.002429	0.02276	193.30	502.10	308.80	0.9764	2.1153
0	2398.5666	0.002455	0.02149	200.00	501.99	301.99	1.0000	2.1056
2	2516.8231	0.002482	0.02029	206.81	501.72	294.91	1.0238	2.0956
4	2639.3973	0.002511	0.01914	213.75	501.28	287.54	1.0478	2.0853
6	2766.4281	0.002542	0.01805	220.81	500.66	279.84	1.0720	2.0745
8	2898.0683	0.002575	0.01700	228.01	499.81	271.80	1.0965	2.0633
10	3034.4880	0.002610	0.01600	235.38	498.72	263.35	1.1214	2.0514
12	3175.8777	0.002649	0.01505	242.92	497.35	254.43	1.1466	2.0389
14	3322.4528	0.002691	0.01412	250.71	495.64	244.93	1.1725	2.0254
16	3474.4585	0.002738	0.01323	258.70	493.56	234.86	1.1988	2.0110
18	3632.1755	0.002790	0.01236	267.08	490.97	223.89	1.2262	1.9951
20	3795.9271	0.002849	0.01151	275.87	487.79	211.92	1.2547	1.9776
22	3966.0868	0.002917	0.01067	285.24	483.85	198.61	1.2848	1.9578
24	4143.0878	0.002996	0.00983	295.40	478.88	183.48	1.3174	1.9348
25	4234.3080	0.003042	0.00941	300.88	475.88	175.00	1.3349	1.9218
26	4327.4335	0.003093	0.00898	306.71	472.44	165.73	1.3534	1.9074
28	4519.7108	0.003218	0.00808	319.82	463.69	143.87	1.3951	1.8728
30	4720.6040	0.003396	0.00708	336.06	450.64	114.58	1.4466	1.8246
32	4930.9128	0.003747	0.00572	360.36	425.24	64.88	1.5241	1.7367
32.73	5010.2000	0.004596	0.00460	393.57	393.57	0.00	1.6317	1.6317

Data from : McLinden, M.O., S.A.Kelin, E.W.Lemmon, and A.P. Peskin. 2000. NIST standard reference database

부록 18. R-401A (R-22/152a/124 : 53.0/13.0/34.0%) 포화증기표[I]

온도 $t\ ℃$	압력 P kPa	비체적 (m³/kg) 액(v_f)	증기(v_g)	비엔탈피 (kJ/kg) 액(h_f)	증기(h_g)	증발열(h_{fg})	비엔트로피 (kJ/kgK) 액(s_f)	증기(s_g)
-99	0.71	0.000651	21.58937	88.42	353.46	265.03	0.5257	2.0475
-95	1.06	0.000654	14.76693	92.11	355.41	263.29	0.5453	2.0232
-90	1.70	0.000659	9.45036	96.78	357.89	261.11	0.5696	1.9953
-85	2.66	0.000664	6.22550	101.52	360.43	258.91	0.5939	1.9700
-80	4.03	0.000669	4.21075	106.32	363.02	256.70	0.6179	1.9469
-75	5.96	0.000675	2.91750	111.18	365.65	254.47	0.6417	1.9260
-70	8.62	0.000680	2.06648	116.11	368.32	252.22	0.6654	1.9070
-65	12.20	0.000686	1.49352	121.10	371.03	249.93	0.6889	1.8897
-60	16.94	0.000692	1.09956	126.16	373.77	247.61	0.7123	1.8740
-58	19.22	0.000694	0.97751	128.20	374.88	246.67	0.7216	1.8681
-56	21.75	0.000696	0.87128	130.26	375.99	245.73	0.7309	1.8625
-54	24.54	0.000699	0.77857	132.32	377.10	244.78	0.7401	1.8570
-52	27.62	0.000701	0.69742	134.40	378.22	243.82	0.7493	1.8518
-50	31.00	0.000704	0.62621	136.49	379.34	242.85	0.7585	1.8468
-49	32.82	0.000705	0.59389	137.53	379.90	242.36	0.7631	1.8443
-48	34.72	0.000707	0.56356	138.59	380.46	241.87	0.7677	1.8419
-47	36.71	0.000708	0.53507	139.64	381.02	241.38	0.7722	1.8396
-46	38.79	0.000709	0.50830	140.70	381.58	240.89	0.7768	1.8373
-45	40.96	0.000711	0.48312	141.75	382.15	240.39	0.7814	1.8350
-44	43.24	0.000712	0.45943	142.82	382.71	239.89	0.7859	1.8328
-43	45.61	0.000713	0.43713	143.88	383.28	239.39	0.7905	1.8306
-42	48.09	0.000715	0.41612	144.95	383.84	238.89	0.7950	1.8285
-41	50.67	0.000716	0.39632	146.02	384.41	238.38	0.7996	1.8264
-40	53.36	0.000717	0.37765	147.09	384.97	237.88	0.8041	1.8244
-39	56.17	0.000719	0.36003	148.17	385.54	237.36	0.8086	1.8224
-38	59.10	0.000720	0.34340	149.25	386.10	236.85	0.8132	1.8204
-37	62.15	0.000722	0.32769	150.33	386.67	236.33	0.8177	1.8185
-36	65.32	0.000723	0.31284	151.42	387.23	235.81	0.8222	1.8166
-35	68.62	0.000724	0.29879	152.51	387.80	235.29	0.8267	1.8147
-34	72.05	0.000726	0.28551	153.60	388.37	234.77	0.8312	1.8129
-33	75.61	0.000727	0.27293	154.70	388.93	234.24	0.8357	1.8111
-32	79.32	0.000729	0.26102	155.79	389.50	233.71	0.8402	1.8093
-31	83.16	0.000730	0.24974	156.89	390.06	233.17	0.8447	1.8076
-30	87.16	0.000732	0.23904	158.00	390.63	232.63	0.8492	1.8059
-29	91.30	0.000733	0.22889	159.11	391.20	232.09	0.8536	1.8043
-28	95.60	0.000735	0.21926	160.22	391.76	231.55	0.8581	1.8026
-27	100.06	0.000736	0.21012	161.33	392.33	231.00	0.8626	1.8010
-26	104.68	0.000738	0.20144	162.45	392.89	230.44	0.8671	1.7995
-25	109.47	0.000740	0.19319	163.57	393.46	229.89	0.8715	1.7979
-24	114.43	0.000741	0.18535	164.69	394.02	229.33	0.8760	1.7964
-23	119.57	0.000743	0.17789	165.82	394.58	228.77	0.8804	1.7950
-22	124.88	0.000744	0.17080	166.95	395.15	228.20	0.8849	1.7935
-21	130.38	0.000746	0.16404	168.08	395.71	227.63	0.8893	1.7921
-20	136.06	0.000747	0.15761	169.22	396.27	227.05	0.8938	1.7907
-19	141.94	0.000749	0.15148	170.36	396.83	226.48	0.8982	1.7893
-18	148.02	0.000751	0.14564	171.50	397.39	225.89	0.9026	1.7880
-17	154.30	0.000752	0.14007	172.65	397.95	225.31	0.9071	1.7867
-16	160.78	0.000754	0.13476	173.80	398.51	224.71	0.9115	1.7854
-15	167.47	0.000756	0.12969	174.95	399.07	224.12	0.9159	1.7841
-14	174.38	0.000757	0.12485	176.11	399.63	223.53	0.9203	1.7829
-13	181.51	0.000759	0.12023	177.27	400.19	222.92	0.9248	1.7816
-12	188.86	0.000761	0.11582	178.43	400.74	222.31	0.9292	1.7804
-11	196.45	0.000763	0.11160	179.60	401.29	221.70	0.9336	1.7793
-10	204.26	0.000764	0.10756	180.77	401.85	221.08	0.9380	1.7781
-9	212.32	0.000766	0.10370	181.94	402.40	220.45	0.9424	1.7770
-8	220.62	0.000768	0.10001	184.02	402.95	218.93	0.9502	1.7759
-7	229.17	0.000770	0.09648	185.19	403.50	218.31	0.9545	1.7748
-6	237.98	0.000772	0.09310	186.36	404.04	217.68	0.9588	1.7737
-5	247.04	0.000774	0.08986	187.53	404.59	217.05	0.9632	1.7726
-4	256.37	0.000775	0.08675	188.71	405.13	216.42	0.9675	1.7716
-3	265.96	0.000777	0.08378	189.89	405.67	215.78	0.9718	1.7706
-2	275.83	0.000779	0.08093	191.08	406.21	215.13	0.9761	1.7695
-1	285.98	0.000781	0.07819	192.27	406.75	214.48	0.9805	1.7685
0	296.42	0.000783	0.07557	193.46	407.29	213.82	0.9848	1.7676
1	307.15	0.000785	0.07305	194.66	407.82	213.16	0.9891	1.7666
2	318.17	0.000787	0.07063	195.86	408.35	212.49	0.9934	1.7657

부록 18. R-401A (R-22/152a/124 : 53.0/13.0/34.0%) 포화증기표[II]

온도 $t\,℃$	압력 P kPa	비체적 (m³/kg) 액(v_f)	증기(v_g)	비엔탈피 (kJ/kg) 액(h_f)	증기(h_g)	증발열(h_{fg})	비엔트로피 (kJ/kgK) 액(s_f)	증기(s_g)
3	329.49	0.000789	0.06831	197.07	408.88	211.82	0.9977	1.7647
4	341.12	0.000791	0.06608	197.94	409.42	211.49	1.0008	1.7639
5	353.06	0.000793	0.06393	199.16	409.95	210.79	1.0051	1.7630
6	365.32	0.000795	0.06187	200.38	410.48	210.09	1.0095	1.7621
7	377.90	0.000797	0.05989	201.61	411.00	209.39	1.0138	1.7612
8	390.81	0.000799	0.05799	202.85	411.52	208.67	1.0182	1.7604
9	404.05	0.000801	0.05615	204.08	412.04	207.95	1.0225	1.7595
10	417.64	0.000803	0.05439	205.92	412.55	206.64	1.0289	1.7587
11	431.57	0.000805	0.05269	207.15	413.07	205.91	1.0332	1.7579
12	445.85	0.000808	0.05106	208.39	413.58	205.19	1.0375	1.7571
13	460.49	0.000810	0.04948	209.63	414.08	204.45	1.0418	1.7563
14	475.49	0.000812	0.04796	210.88	414.59	203.70	1.0461	1.7555
15	490.86	0.000814	0.04650	212.14	415.09	202.95	1.0504	1.7547
16	506.60	0.000817	0.04509	213.40	415.59	202.19	1.0547	1.7539
17	522.73	0.000819	0.04373	214.66	416.09	201.42	1.0590	1.7532
18	539.24	0.000821	0.04242	215.93	416.58	200.65	1.0633	1.7524
19	556.15	0.000823	0.04116	217.20	417.07	199.86	1.0676	1.7517
20	573.46	0.000826	0.03994	218.48	417.55	199.07	1.0719	1.7509
21	591.17	0.000828	0.03876	219.77	418.04	198.27	1.0762	1.7502
22	609.30	0.000831	0.03762	221.05	418.52	197.46	1.0805	1.7495
23	627.84	0.000833	0.03652	222.35	418.99	196.65	1.0848	1.7488
24	646.81	0.000835	0.03546	223.65	419.47	195.82	1.0891	1.7481
25	666.20	0.000838	0.03444	224.95	419.94	194.98	1.0934	1.7474
26	686.04	0.000840	0.03344	226.26	420.40	194.14	1.0977	1.7467
27	706.32	0.000843	0.03249	227.58	420.86	193.28	1.1020	1.7460
28	727.05	0.000846	0.03156	228.90	421.32	192.42	1.1063	1.7453
29	748.24	0.000848	0.03066	230.23	421.77	191.54	1.1107	1.7446
30	769.89	0.000851	0.02980	231.56	422.22	190.66	1.1150	1.7439
31	792.01	0.000853	0.02896	232.90	422.66	189.76	1.1193	1.7432
32	814.61	0.000856	0.02815	234.25	423.10	188.86	1.1237	1.7426
33	837.69	0.000859	0.02736	235.60	423.54	187.94	1.1280	1.7419
34	861.27	0.000862	0.02660	236.96	423.97	187.01	1.1324	1.7412
35	885.34	0.000864	0.02587	238.32	424.40	186.07	1.1367	1.7406
36	909.92	0.000867	0.02515	239.70	424.82	185.12	1.1411	1.7399
37	935.01	0.000870	0.02446	241.07	425.23	184.16	1.1455	1.7392
38	960.62	0.000873	0.02379	242.46	425.64	183.18	1.1498	1.7386
39	986.76	0.000876	0.02314	243.85	426.05	182.20	1.1542	1.7379
40	1013.43	0.000879	0.02251	245.25	426.45	181.20	1.1586	1.7372
41	1040.64	0.000882	0.02190	246.66	426.84	180.19	1.1630	1.7366
42	1068.40	0.000885	0.02131	248.07	427.23	179.16	1.1674	1.7359
43	1096.72	0.000888	0.02073	249.49	427.61	178.12	1.1718	1.7352
44	1125.60	0.000891	0.02018	250.92	427.99	177.07	1.1762	1.7345
45	1155.06	0.000894	0.01964	252.36	428.36	176.00	1.1806	1.7339
46	1185.09	0.000897	0.01911	253.80	428.72	174.92	1.1851	1.7332
47	1215.71	0.000901	0.01860	255.26	429.08	173.83	1.1895	1.7325
48	1246.92	0.000904	0.01811	256.72	429.43	172.71	1.1940	1.7318
49	1278.74	0.000907	0.01762	258.19	429.78	171.59	1.1985	1.7311
50	1311.17	0.000911	0.01716	259.67	430.11	170.44	1.2029	1.7304
52	1377.89	0.000917	0.01626	262.66	430.76	168.11	1.2119	1.7289
54	1447.15	0.000925	0.01541	265.68	431.38	165.70	1.2210	1.7275
56	1519.03	0.000932	0.01461	268.74	431.96	163.22	1.2301	1.7260
58	1593.58	0.000939	0.01385	271.85	432.51	160.66	1.2393	1.7244
60	1670.88	0.000947	0.01314	275.00	433.03	158.02	1.2485	1.7228
65	1876.63	0.000968	0.01150	283.09	434.12	151.04	1.2719	1.7186
70	2101.17	0.000991	0.01006	291.51	434.92	143.41	1.2959	1.7138
75	2345.74	0.001016	0.00878	300.34	435.36	135.02	1.3206	1.7084
80	2611.66	0.001044	0.00764	309.65	435.35	125.69	1.3463	1.7022
85	2900.32	0.001077	0.00662	319.58	434.77	115.20	1.3732	1.6948
90	3213.21	0.001116	0.00570	330.29	433.44	103.15	1.4018	1.6858
95	3551.92	0.001164	0.00485	342.11	431.05	88.94	1.4328	1.6744
100	3918.16	0.001230	0.00404	355.59	426.96	71.37	1.4677	1.6590
105	4313.75	0.001350	0.00324	371.94	419.70	47.76	1.5095	1.6358
108	4565.99	0.001807	0.00275	383.89	412.61	28.72	1.5398	1.6152
108.01	4603.80	0.001960	0.00196	389.11	389.11	0.00	1.5529	1.5529

Data from : McLinden, M.O., S.A.Kelin, E.W.Lemmon, and M.L.Hubber 2002. NIST standard reference database

부록 19. R-401B (R-22/152a/124 : 61.0/11.0/28.0%) 포화증기표

온도 t ℃	압력 P kPa	비체적 (m³/kg)		비엔탈피 (kJ/kg)			비엔트로피 (kJ/kgK)	
		액(v_f)	증기(v_g)	액(h_f)	증기(h_g)	증발열(h_{fg})	액(s_f)	증기(s_g)
-90	1.94	0.000658	8.44559	96.82	359.19	262.36	0.5703	2.0028
-80	4.54	0.000666	3.79776	106.42	364.31	257.89	0.6187	1.9539
-70	9.64	0.000676	1.87889	116.25	369.58	253.33	0.6664	1.9134
-60	18.81	0.000686	1.00683	126.34	374.99	248.65	0.7133	1.8798
-50	34.20	0.000698	0.57692	136.69	380.49	243.80	0.7595	1.8520
-45	45.06	0.000704	0.44631	141.96	383.26	241.29	0.7824	1.8400
-40	58.54	0.000710	0.34976	147.31	386.04	238.73	0.8051	1.8290
-35	75.09	0.000717	0.27736	152.73	388.82	236.08	0.8276	1.8190
-30	95.16	0.000725	0.22235	158.23	391.59	233.36	0.8501	1.8098
-28	104.29	0.000728	0.20412	160.45	392.70	232.25	0.8590	1.8064
-26	114.10	0.000731	0.18767	162.68	393.81	231.12	0.8680	1.8031
-24	124.62	0.000734	0.17280	164.93	394.91	229.98	0.8769	1.7999
-22	135.89	0.000737	0.15934	167.19	396.01	228.82	0.8858	1.7969
-20	147.95	0.000740	0.14713	169.46	397.11	227.65	0.8946	1.7939
-19	154.28	0.000742	0.14146	170.60	397.65	227.05	0.8991	1.7924
-18	160.82	0.000744	0.13605	171.75	398.20	226.45	0.9035	1.7910
-17	167.58	0.000745	0.13088	172.90	398.74	225.85	0.9079	1.7896
-16	174.56	0.000747	0.12596	174.05	399.29	225.24	0.9123	1.7883
-15	181.77	0.000749	0.12125	175.20	399.83	224.63	0.9168	1.7869
-14	189.18	0.000751	0.11677	176.36	400.38	224.02	0.9212	1.7856
-13	196.83	0.000753	0.11250	177.52	400.93	223.41	0.9256	1.7843
-12	204.71	0.000754	0.10841	178.68	401.46	222.78	0.9300	1.7831
-11	212.84	0.000756	0.10450	179.85	402.00	222.16	0.9344	1.7818
-10	221.22	0.000758	0.10076	181.02	402.54	221.52	0.9388	1.7806
-9	229.84	0.000760	0.09718	183.24	403.08	219.83	0.9472	1.7794
-8	238.73	0.000762	0.09375	184.40	403.61	219.21	0.9515	1.7782
-7	247.88	0.000764	0.09047	185.57	404.14	218.58	0.9558	1.7770
-6	257.30	0.000766	0.08733	186.73	404.67	217.94	0.9601	1.7759
-5	267.00	0.000768	0.08432	187.90	405.20	217.30	0.9644	1.7747
-4	276.97	0.000770	0.08143	189.08	405.73	216.65	0.9687	1.7736
-3	287.23	0.000772	0.07866	190.26	406.25	216.00	0.9730	1.7725
-2	297.80	0.000774	0.07600	191.44	406.77	215.33	0.9773	1.7714
-1	308.66	0.000776	0.07345	192.63	407.29	214.66	0.9816	1.7704
0	319.83	0.000778	0.07100	193.82	407.81	213.99	0.9859	1.7693
1	331.31	0.000780	0.06865	195.02	408.33	213.31	0.9902	1.7683
2	343.10	0.000782	0.06639	196.22	408.84	212.62	0.9945	1.7672
3	355.21	0.000785	0.06422	197.13	409.36	212.22	0.9977	1.7662
4	367.62	0.000787	0.06214	198.35	409.88	211.52	1.0021	1.7653
5	380.34	0.000789	0.06014	199.57	410.38	210.82	1.0064	1.7643
6	393.39	0.000791	0.05822	200.79	410.89	210.10	1.0107	1.7634
7	406.78	0.000794	0.05637	202.01	411.39	209.38	1.0150	1.7624
8	420.51	0.000796	0.05460	203.24	411.90	208.66	1.0193	1.7615
9	434.60	0.000798	0.05289	204.97	412.39	207.43	1.0254	1.7606
10	449.05	0.000801	0.05124	206.19	412.89	206.70	1.0297	1.7597
11	463.86	0.000803	0.04965	207.42	413.38	205.96	1.0339	1.7588
12	479.04	0.000806	0.04812	208.66	413.87	205.21	1.0382	1.7579
13	494.60	0.000808	0.04665	209.90	414.36	204.46	1.0425	1.7570
14	510.54	0.000811	0.04523	211.15	414.84	203.69	1.0468	1.7561
15	526.87	0.000813	0.04386	212.40	415.33	202.92	1.0511	1.7553
16	543.60	0.000816	0.04254	213.66	415.80	202.15	1.0553	1.7544
17	560.72	0.000819	0.04127	214.92	416.28	201.36	1.0596	1.7536
18	578.26	0.000822	0.04004	216.19	416.75	200.56	1.0639	1.7528
19	596.21	0.000824	0.03886	217.46	417.22	199.76	1.0682	1.7519
20	614.58	0.000827	0.03771	218.74	417.68	198.95	1.0725	1.7511
22	652.61	0.000833	0.03554	221.31	418.60	197.29	1.0811	1.7495
24	692.41	0.000839	0.03351	223.90	419.50	195.60	1.0897	1.7479
26	734.01	0.000845	0.03161	226.52	420.39	193.87	1.0983	1.7463
28	777.49	0.000851	0.02984	229.15	421.25	192.10	1.1069	1.7448
30	822.90	0.000858	0.02818	231.82	422.10	190.29	1.1156	1.7432
35	945.18	0.000875	0.02448	238.59	424.15	185.56	1.1373	1.7394
40	1080.74	0.000895	0.02131	245.53	426.05	180.52	1.1591	1.7356
45	1230.51	0.000916	0.01859	252.66	427.81	175.15	1.1812	1.7317
50	1395.44	0.000939	0.01625	260.01	429.39	169.39	1.2036	1.7277
60	1774.91	0.000994	0.01243	275.43	431.93	156.50	1.2493	1.7190
70	2227.87	0.001066	0.00951	292.09	433.36	141.27	1.2971	1.7087
80	2764.20	0.001164	0.00721	310.50	433.20	122.69	1.3481	1.6955

Data from : McLinden, M.O., S.A.Kelin, E.W.Lemmon, and M.L.Hubber 2002. NIST standard reference database

부록 20. R-407C (R-32/125/134a (23.0/25.0/52.0%) 포화증기표

온도 $t\ ℃$	압력 P kPa	비체적 (m³/kg) 액(v_f)	증기(v_g)	비엔탈피 (kJ/kg) 액(h_f)	증기(h_g)	증발열(h_{fg})	비엔트로피 (kJ/kgK) 액(s_f)	증기(s_g)
-90	3.03	0.000645	5.81818	77.54	356.64	279.10	0.4864	2.0103
-80	6.96	0.000659	2.66681	88.92	362.95	274.03	0.5451	1.9638
-70	14.52	0.000675	1.34069	100.51	369.36	268.86	0.6022	1.9256
-65	20.33	0.000682	0.97929	106.39	372.60	266.21	0.6302	1.9091
-60	27.94	0.000690	0.72800	112.34	375.84	263.50	0.6579	1.8942
-55	37.74	0.000699	0.54997	118.37	379.10	260.73	0.6854	1.8806
-50	50.18	0.000707	0.42164	124.46	382.35	257.90	0.7126	1.8683
-45	65.75	0.000716	0.32764	130.62	385.61	254.98	0.7395	1.8571
-40	84.99	0.000725	0.25776	136.87	388.85	251.98	0.7663	1.8470
-38	93.85	0.000729	0.23493	139.39	390.14	250.75	0.7769	1.8432
-36	103.43	0.000733	0.21450	141.93	391.43	249.50	0.7875	1.8396
-35	108.50	0.000735	0.20509	143.21	392.08	248.87	0.7928	1.8378
-34	113.77	0.000737	0.19617	144.48	392.72	248.24	0.7981	1.8361
-32	124.92	0.000740	0.17971	147.05	394.00	246.95	0.8087	1.8327
-30	136.92	0.000744	0.16488	149.63	395.28	245.65	0.8192	1.8295
-28	149.81	0.000748	0.15150	152.53	396.55	244.03	0.8309	1.8264
-26	163.64	0.000752	0.13942	155.13	397.82	242.69	0.8414	1.8233
-25	170.92	0.000754	0.13381	156.44	398.45	242.02	0.8466	1.8219
-24	178.46	0.000757	0.12848	157.75	399.08	241.33	0.8518	1.8204
-22	194.32	0.000761	0.11855	160.38	400.34	239.95	0.8622	1.8176
-20	211.26	0.000765	0.10954	162.63	401.58	238.95	0.8710	1.8149
-18	229.33	0.000769	0.10134	165.32	402.82	237.50	0.8815	1.8123
-16	248.59	0.000774	0.09387	168.02	404.06	236.03	0.8919	1.8098
-15	258.69	0.000776	0.09038	169.36	404.67	235.31	0.8970	1.8086
-14	269.10	0.000778	0.08705	170.72	405.28	234.55	0.9023	1.8073
-12	290.89	0.000782	0.08082	173.47	406.49	233.03	0.9127	1.8050
-10	314.04	0.000787	0.07511	176.23	407.69	231.47	0.9231	1.8027
-8	338.59	0.000792	0.06988	179.01	408.89	229.88	0.9335	1.8005
-6	364.60	0.000796	0.06508	181.81	410.07	228.26	0.9439	1.7983
-5	378.18	0.000799	0.06283	183.22	410.66	227.43	0.9491	1.7973
-4	392.14	0.000801	0.06066	184.50	411.24	226.74	0.9538	1.7962
-2	421.26	0.000806	0.05660	187.38	412.40	225.02	0.9643	1.7942
0	452.02	0.000811	0.05286	190.25	413.54	223.29	0.9748	1.7922
2	484.48	0.000816	0.04940	193.15	414.67	221.52	0.9852	1.7903
4	518.71	0.000821	0.04621	196.06	415.78	219.73	0.9956	1.7884
5	536.51	0.000824	0.04471	197.53	416.33	218.80	1.0008	1.7875
6	554.78	0.000826	0.04326	199.01	416.88	217.87	1.0061	1.7866
8	592.74	0.000832	0.04053	201.99	417.96	215.98	1.0166	1.7847
10	632.66	0.000837	0.03799	204.99	419.03	214.03	1.0271	1.7830
12	674.62	0.000843	0.03564	208.02	420.07	212.05	1.0376	1.7812
14	718.68	0.000848	0.03345	211.09	421.09	210.01	1.0481	1.7795
15	741.52	0.000851	0.03242	212.63	421.60	208.97	1.0534	1.7786
16	764.92	0.000854	0.03142	214.18	422.10	207.92	1.0587	1.7777
18	813.40	0.000860	0.02953	217.31	423.08	205.77	1.0693	1.7760
20	864.20	0.000866	0.02776	220.46	424.04	203.57	1.0799	1.7743
22	917.39	0.000872	0.02612	223.66	424.97	201.31	1.0906	1.7726
24	973.06	0.000879	0.02458	226.89	425.88	198.99	1.1013	1.7709
25	1001.84	0.000882	0.02385	228.51	426.32	197.81	1.1066	1.7701
26	1031.28	0.000885	0.02314	230.15	426.76	196.61	1.1120	1.7692
28	1092.12	0.000892	0.02179	233.46	427.61	194.15	1.1228	1.7675
30	1155.68	0.000899	0.02053	236.80	428.43	191.62	1.1337	1.7658
32	1222.04	0.000906	0.01935	240.19	429.21	189.02	1.1446	1.7640
34	1291.27	0.000913	0.01824	243.63	429.96	186.34	1.1556	1.7622
35	1327.00	0.000917	0.01771	245.36	430.33	184.96	1.1611	1.7613
36	1363.47	0.000920	0.01720	247.11	430.68	183.57	1.1666	1.7604
38	1438.73	0.000928	0.01622	250.64	431.35	180.71	1.1777	1.7585
40	1517.14	0.000936	0.01530	254.23	431.98	177.76	1.1889	1.7566
45	1727.54	0.000957	0.01322	263.44	433.36	169.92	1.2174	1.7515
50	1959.72	0.000980	0.01142	273.07	434.40	161.34	1.2466	1.7458
55	2215.28	0.001005	0.00985	283.18	435.04	151.86	1.2767	1.7395
60	2495.94	0.001034	0.00847	293.88	435.17	141.29	1.3080	1.7321
65	2803.52	0.001068	0.00725	305.33	434.66	129.33	1.3409	1.7234
70	3139.97	0.001109	0.00617	317.77	433.29	115.52	1.3761	1.7128
80	3908.00	0.001238	0.00428	347.84	426.33	78.49	1.4592	1.6814
86.74	4619.10	0.001900	0.00190	378.41	378.41	0.00	1.5403	1.5403

Data from : McLinden, M.O., S.A.Kelin, E.W.Lemmon, and M.L.Hubber 2002. NIST standard reference database

부록 21. R-410B (R-32/125 : 45.0/55.0%) 포화증기표

온도 t ℃	압력 P kPa	비체적 (m³/kg) 액(v_f)	비체적 증기(v_g)	비엔탈피 (kJ/kg) 액(h_f)	비엔탈피 증기(h_g)	비엔탈피 증발열(h_{fg})	비엔트로피 (kJ/kgK) 액(s_f)	비엔트로피 증기(s_g)
-99	4.01	0.000653	4.75732	66.74	363.80	297.06	0.4014	2.1072
-95	5.72	0.000659	3.41086	71.49	366.13	294.63	0.4277	2.0816
-90	8.67	0.000665	2.30911	77.51	369.04	291.53	0.4605	2.0522
-85	12.78	0.000672	1.60437	83.60	371.96	288.35	0.4930	2.0255
-80	18.39	0.000679	1.14111	89.78	374.86	285.08	0.5252	2.0012
-75	25.88	0.000687	0.82893	96.04	377.76	281.71	0.5572	1.9789
-70	35.69	0.000694	0.61374	102.38	380.62	278.24	0.5888	1.9584
-65	48.31	0.000702	0.46232	108.81	383.45	274.64	0.6202	1.9397
-60	64.28	0.000710	0.35373	115.31	386.24	270.93	0.6513	1.9223
-58	71.75	0.000714	0.31910	117.94	387.34	269.41	0.6636	1.9158
-56	79.89	0.000717	0.28848	120.57	388.44	267.86	0.6759	1.9094
-55	84.23	0.000719	0.27451	121.90	388.98	267.08	0.6820	1.9063
-54	88.75	0.000721	0.26135	123.22	389.52	266.30	0.6881	1.9032
-52	98.37	0.000724	0.23724	125.89	390.60	264.71	0.7003	1.8972
-50	108.80	0.000728	0.21578	128.56	391.66	263.10	0.7124	1.8914
-48	120.08	0.000731	0.19662	131.25	392.72	261.46	0.7245	1.8858
-46	132.27	0.000735	0.17948	133.96	393.76	259.80	0.7365	1.8802
-45	138.72	0.000737	0.17160	135.31	394.28	258.96	0.7425	1.8776
-44	145.41	0.000738	0.16412	136.67	394.79	258.12	0.7485	1.8749
-42	159.55	0.000742	0.15033	139.40	395.81	256.41	0.7604	1.8697
-40	174.74	0.000746	0.13791	142.15	396.82	254.67	0.7723	1.8646
-38	191.04	0.000750	0.12672	144.90	397.81	252.91	0.7841	1.8596
-36	208.51	0.000754	0.11660	147.67	398.79	251.12	0.7959	1.8548
-35	217.70	0.000756	0.11191	149.06	399.28	250.21	0.8018	1.8524
-34	227.19	0.000758	0.10744	150.46	399.76	249.30	0.8076	1.8501
-32	247.15	0.000762	0.09914	153.25	400.71	247.46	0.8193	1.8455
-30	268.45	0.000766	0.09160	156.07	401.65	245.58	0.8309	1.8409
-28	291.13	0.000770	0.08474	158.89	402.57	243.68	0.8425	1.8365
-26	315.27	0.000775	0.07849	161.73	403.47	241.74	0.8541	1.8322
-25	327.91	0.000777	0.07557	163.15	403.92	240.76	0.8598	1.8301
-24	340.93	0.000779	0.07279	164.58	404.36	239.78	0.8656	1.8280
-22	368.17	0.000784	0.06757	167.45	405.23	237.78	0.8771	1.8238
-20	397.04	0.000788	0.06280	170.33	406.08	235.75	0.8885	1.8197
-18	427.63	0.000793	0.05842	173.23	406.91	233.68	0.8998	1.8157
-16	459.99	0.000798	0.05440	176.14	407.73	231.59	0.9112	1.8118
-15	476.86	0.000800	0.05252	177.60	408.13	230.52	0.9168	1.8098
-14	494.20	0.000803	0.05071	179.07	408.52	229.45	0.9225	1.8079
-12	530.31	0.000808	0.04731	182.01	409.29	227.28	0.9337	1.8041
-10	568.41	0.000813	0.04417	184.97	410.04	225.08	0.9450	1.8003
-8	608.55	0.000818	0.04129	187.94	410.78	222.83	0.9562	1.7966
-6	650.82	0.000823	0.03861	190.93	411.48	220.55	0.9673	1.7929
-5	672.78	0.000826	0.03735	192.43	411.83	219.39	0.9729	1.7911
-4	695.29	0.000829	0.03614	193.94	412.16	218.23	0.9784	1.7892
-2	742.03	0.000835	0.03385	196.96	412.82	215.86	0.9895	1.7856
0	791.11	0.000840	0.03173	200.00	413.45	213.45	1.0006	1.7820
2	842.61	0.000846	0.02976	203.06	414.06	211.00	1.0116	1.7785
4	896.62	0.000853	0.02793	206.14	414.64	208.50	1.0226	1.7749
5	924.58	0.000856	0.02706	207.69	414.92	207.23	1.0281	1.7732
6	953.20	0.000859	0.02622	209.24	415.19	205.95	1.0336	1.7714
8	1012.45	0.000865	0.02464	212.36	415.71	203.35	1.0446	1.7679
10	1074.43	0.000872	0.02316	215.50	416.20	200.70	1.0555	1.7644
12	1139.23	0.000879	0.02178	218.66	416.65	198.00	1.0665	1.7608
14	1206.94	0.000886	0.02049	221.84	417.07	195.23	1.0774	1.7573
15	1241.91	0.000890	0.01988	223.44	417.27	193.83	1.0829	1.7556
16	1277.64	0.000893	0.01928	225.05	417.46	192.41	1.0883	1.7538
18	1351.42	0.000901	0.01815	228.28	417.81	189.53	1.0993	1.7502
20	1428.36	0.000909	0.01710	231.54	418.12	186.58	1.1102	1.7466
25	1635.15	0.000930	0.01473	239.81	418.71	178.89	1.1375	1.7375
30	1863.72	0.000954	0.01271	248.30	418.99	170.70	1.1650	1.7281
35	2115.57	0.000980	0.01097	257.04	418.94	161.90	1.1928	1.7182
40	2392.29	0.001011	0.00946	266.10	418.46	152.36	1.2210	1.7076
45	2695.54	0.001046	0.00814	275.58	417.45	141.87	1.2500	1.6959
50	3027.09	0.001089	0.00698	285.63	415.74	130.11	1.2802	1.6828
55	3388.84	0.001142	0.00595	296.56	413.02	116.47	1.3124	1.6673
60	3782.82	0.001213	0.00501	308.90	408.57	99.68	1.3482	1.6474
71.03	4779.50	0.002018	0.00202	237.23	237.23	0.00	1.1373	1.1373

Data from : McLinden, M.O., S.A.Kelin, E.W.Lemmon, and M.L.Hubber 2002. NIST standard reference database

부록 22. R-50 (CH_4, Methane) 포화증기표

온도 t ℃	압력 P kPa	비체적 (m^3/kg) 액(v_f)	증기(v_g)	비엔탈피 (kJ/kg) 액(h_f)	증기(h_g)	증발열(h_{fg})	비엔트로피 (kJ/kgK) 액(s_f)	증기(s_g)
-182	12.47	0.002218	3.75827	90.09	632.48	542.39	-0.0262	5.9243
-180	15.98	0.002231	2.99173	96.64	636.38	539.74	0.0447	5.8390
-178	20.26	0.002244	2.40669	103.24	640.23	536.99	0.1148	5.7584
-176	25.41	0.002258	1.95510	109.89	644.04	534.15	0.1838	5.6820
-175	28.36	0.002265	1.76827	113.24	645.93	532.69	0.2180	5.6454
-174	31.56	0.002272	1.60281	116.59	647.81	531.22	0.2519	5.6096
-172	38.85	0.002286	1.32524	123.33	651.53	528.19	0.3191	5.5410
-170	47.40	0.002301	1.10448	130.11	655.19	525.08	0.3852	5.4757
-168	57.37	0.002315	0.92736	136.93	658.79	521.87	0.4505	5.4135
-166	68.91	0.002331	0.78405	143.78	662.34	518.56	0.5148	5.3543
-165	75.32	0.002338	0.72271	147.22	664.09	516.87	0.5466	5.3258
-164	82.19	0.002346	0.66721	150.67	665.82	515.15	0.5782	5.2978
-162	97.37	0.002362	0.57123	157.59	669.23	511.64	0.6407	5.2438
-160	114.62	0.002379	0.49184	164.56	672.57	508.01	0.7024	5.1922
-158	134.12	0.002395	0.42574	171.56	675.83	504.27	0.7634	5.1426
-156	156.06	0.002413	0.37036	178.60	679.01	500.40	0.8236	5.0950
-155	168.00	0.002422	0.34604	182.14	680.56	498.42	0.8534	5.0720
-154	180.62	0.002430	0.32368	185.69	682.10	496.41	0.8831	5.0493
-152	207.99	0.002449	0.28413	192.82	685.10	492.28	0.9418	5.0052
-150	238.39	0.002467	0.25042	200.00	688.00	488.00	1.0000	4.9627
-148	271.99	0.002487	0.22157	207.23	690.81	483.58	1.0575	4.9215
-146	309.00	0.002507	0.19674	214.51	693.50	479.00	1.1145	4.8817
-145	328.86	0.002517	0.18562	218.17	694.81	476.65	1.1428	4.8622
-144	349.64	0.002527	0.17528	221.84	696.09	474.25	1.1709	4.8430
-142	394.10	0.002548	0.15665	229.23	698.56	469.33	1.2268	4.8054
-140	442.60	0.002570	0.14041	236.68	700.91	464.23	1.2823	4.7688
-138	495.35	0.002593	0.12619	244.19	703.12	458.93	1.3372	4.7330
-136	552.56	0.002617	0.11371	251.77	705.20	453.43	1.3918	4.6979
-135	582.91	0.002629	0.10804	255.59	706.19	450.60	1.4190	4.6807
-134	614.46	0.002641	0.10270	259.42	707.14	447.72	1.4460	4.6635
-132	681.26	0.002666	0.09297	267.15	708.93	441.78	1.4999	4.6297
-130	753.17	0.002693	0.08434	274.90	710.56	435.66	1.5531	4.5965
-128	830.44	0.002720	0.07664	282.79	712.02	429.24	1.6064	4.5635
-126	913.27	0.002749	0.06977	290.76	713.31	422.55	1.6594	4.5309
-125	956.85	0.002764	0.06660	294.79	713.88	419.10	1.6858	4.5147
-124	1001.90	0.002779	0.06361	298.84	714.41	415.57	1.7122	4.4985
-122	1096.56	0.002810	0.05808	307.01	715.31	408.29	1.7649	4.4661
-120	1197.49	0.002843	0.05309	315.30	715.99	400.69	1.8175	4.4338
-118	1304.92	0.002878	0.04859	323.71	716.45	392.75	1.8700	4.4014
-116	1419.09	0.002915	0.04451	332.25	716.67	384.42	1.9226	4.3688
-115	1478.79	0.002934	0.04261	336.57	716.68	380.11	1.9489	4.3524
-114	1540.27	0.002954	0.04080	340.93	716.62	375.70	1.9752	4.3359
-112	1668.68	0.002995	0.03742	349.77	716.29	366.53	2.0281	4.3025
-110	1804.61	0.003039	0.03434	358.78	715.66	356.88	2.0811	4.2685
-108	1948.31	0.003087	0.03152	367.99	714.68	346.70	2.1345	4.2338
-106	2100.07	0.003138	0.02892	377.41	713.33	335.93	2.1884	4.1981
-105	2179.07	0.003165	0.02770	382.21	712.51	330.30	2.2155	4.1798
-104	2260.18	0.003193	0.02653	387.08	711.57	324.49	2.2429	4.1612
-102	2428.94	0.003253	0.02433	397.02	709.34	312.31	2.2981	4.1229
-100	2606.66	0.003320	0.02228	407.30	706.57	299.27	2.3544	4.0828
-98	2793.70	0.003393	0.02037	417.96	703.17	285.21	2.4120	4.0404
-96	2990.42	0.003477	0.01859	429.09	699.04	269.94	2.4714	3.9952
-95	3092.54	0.003523	0.01774	434.84	696.66	261.82	2.5018	3.9714
-94	3197.23	0.003572	0.01690	440.82	694.00	253.18	2.5331	3.9463
-92	3414.57	0.003684	0.01531	453.31	687.80	234.49	2.5981	3.8925
-90	3642.98	0.003820	0.01376	466.86	680.06	213.20	2.6677	3.8318
-88	3883.07	0.003994	0.01225	481.99	670.06	188.06	2.7448	3.7606
-86	4135.66	0.004235	0.01068	499.88	656.20	156.32	2.8354	3.6706
-85	4267.00	0.004406	0.00983	510.73	646.62	135.89	2.8901	3.6124
-84	4401.99	0.004651	0.00886	524.21	633.35	109.14	2.9583	3.5354
-82.59	4598.80	0.006233	0.00623	579.17	579.17	0.00	3.2422	3.2422

Data from : McLinden, M.O., S.A.Kelin, E.W.Lemmon, and A.P. Peskin. 2000. NIST standard reference database

부록 23. R-502 (R-22/R-115 : 48.8%/51.2%) 포화증기표

온도 $t\,℃$	압력 P kPa	비체적 (m³/kg)		비엔탈피 (kJ/kg)			비엔트로피 (kJ/kgK)	
		액(v_f)	증기(v_g)	액(h_f)	증기(h_g)	증발열(h_{fg})	액(s_f)	증기(s_g)
−69	29.26	0.000643	0.51137	132.48	313.65	181.17	0.7189	1.6063
−65	36.92	0.000648	0.41197	135.77	315.67	179.90	0.7349	1.5991
−60	48.72	0.000655	0.31834	140.00	318.20	178.20	0.7549	1.5909
−55	63.39	0.000662	0.24915	144.35	320.73	176.38	0.7750	1.5835
−50	81.42	0.000668	0.19729	148.82	323.24	174.42	0.7952	1.5768
−45	103.32	0.000676	0.15794	153.41	325.73	172.32	0.8155	1.5708
−40	129.64	0.000683	0.12771	158.12	328.21	170.09	0.8358	1.5654
−38	141.53	0.000686	0.11761	160.04	329.19	169.15	0.8440	1.5633
−36	154.26	0.000689	0.10847	161.98	330.17	168.19	0.8522	1.5614
−35	160.95	0.000691	0.10422	162.95	330.66	167.70	0.8563	1.5604
−34	167.87	0.000694	0.10017	163.93	331.14	167.21	0.8604	1.5595
−32	182.39	0.000696	0.09264	165.91	332.11	166.20	0.8685	1.5577
−30	197.86	0.000699	0.08578	167.91	333.07	165.17	0.8767	1.5560
−28	214.33	0.000702	0.07953	169.92	334.03	164.11	0.8849	1.5544
−26	231.84	0.000706	0.07383	171.95	334.98	163.03	0.8932	1.5528
−25	241.00	0.000707	0.07116	172.98	335.45	162.48	0.8973	1.5520
−24	250.43	0.000709	0.06862	174.01	335.93	161.92	0.9014	1.5513
−22	270.14	0.000713	0.06384	176.08	336.86	160.79	0.9096	1.5498
−20	291.01	0.000716	0.05947	178.16	337.79	159.63	0.9178	1.5484
−18	313.09	0.000720	0.05545	180.27	338.72	158.45	0.9260	1.5470
−16	336.41	0.000724	0.05176	182.39	339.63	157.24	0.9343	1.5457
−15	348.55	0.000725	0.05003	183.46	340.09	156.63	0.9384	1.5451
−14	361.02	0.000727	0.04836	184.54	340.54	156.01	0.9425	1.5445
−12	386.97	0.000731	0.04523	186.69	341.44	154.75	0.9507	1.5433
−10	414.30	0.000735	0.04235	188.87	342.33	153.46	0.9589	1.5421
−8	443.04	0.000739	0.03968	191.06	343.21	152.15	0.9672	1.5410
−6	473.26	0.000743	0.03721	193.27	344.09	150.81	0.9754	1.5399
−5	488.93	0.000745	0.03605	194.38	344.52	150.13	0.9795	1.5394
−4	504.98	0.000747	0.03493	195.50	344.95	149.45	0.9836	1.5389
−2	538.26	0.000752	0.03281	197.74	345.80	148.06	0.9918	1.5378
0	573.13	0.000756	0.03084	200.00	346.64	146.64	1.0000	1.5369
2	609.65	0.000761	0.02901	202.27	347.47	145.20	1.0082	1.5359
4	647.86	0.000765	0.02732	204.55	348.29	143.74	1.0163	1.5350
5	667.61	0.000768	0.02651	205.70	348.70	143.00	1.0204	1.5345
6	687.80	0.000770	0.02574	206.85	349.10	142.25	1.0245	1.5341
8	729.51	0.000775	0.02426	209.17	349.89	140.72	1.0327	1.5332
10	773.05	0.000780	0.02289	211.50	350.67	139.17	1.0408	1.5323
12	818.46	0.000785	0.02160	213.85	351.44	137.59	1.0490	1.5315
14	865.78	0.000790	0.02040	216.22	352.19	135.98	1.0571	1.5306
15	890.17	0.000793	0.01983	217.40	352.56	135.16	1.0611	1.5302
16	915.06	0.000796	0.01928	218.59	352.93	134.34	1.0652	1.5298
18	966.35	0.000801	0.01822	220.99	353.65	132.67	1.0733	1.5290
20	1019.69	0.000807	0.01724	223.39	354.36	130.97	1.0814	1.5281
22	1075.13	0.000813	0.01631	225.81	355.05	129.23	1.0895	1.5273
24	1132.72	0.000819	0.01544	228.25	355.72	127.47	1.0975	1.5265
25	1162.34	0.000822	0.01502	229.47	356.04	126.57	1.1016	1.5261
26	1192.51	0.000825	0.01462	230.70	356.37	125.67	1.1056	1.5257
28	1254.55	0.000832	0.01385	233.16	357.00	123.84	1.1136	1.5248
30	1318.89	0.000839	0.01312	235.63	357.61	121.97	1.1216	1.5240
32	1385.58	0.000846	0.01244	238.13	358.19	120.07	1.1296	1.5231
34	1454.68	0.000853	0.01179	240.63	358.75	118.12	1.1376	1.5222
35	1490.15	0.000857	0.01148	241.89	359.03	117.13	1.1416	1.5218
36	1526.24	0.000860	0.01118	243.15	359.29	116.14	1.1456	1.5213
38	1600.32	0.000868	0.01060	245.69	359.80	114.11	1.1536	1.5203
40	1676.98	0.000877	0.01005	248.25	360.28	112.03	1.1616	1.5193
45	1880.33	0.000899	0.00880	254.71	361.33	106.62	1.1815	1.5166
50	2101.29	0.000925	0.00770	261.30	362.14	100.84	1.2014	1.5135
55	2341.12	0.000954	0.00672	268.07	362.64	94.57	1.2215	1.5097
60	2601.37	0.000990	0.00584	275.07	362.73	87.67	1.2419	1.5050
65	2884.02	0.001033	0.00504	282.41	362.26	79.85	1.2629	1.4991
70	3191.75	0.001091	0.00429	290.40	360.90	70.50	1.2854	1.4909
75	3528.46	0.001175	0.00355	299.62	357.95	58.33	1.3110	1.4785
80	3900.43	0.001342	0.00271	312.75	350.61	37.87	1.3471	1.4543
82.2	4081.80	0.001783	0.00178	331.77	331.77	0.00	1.4000	1.4000

Data from : McLinden, M.O., S.A.Kelin, E.W.Lemmon, and A.P. Peskin. 2000. NIST standard reference database

부록 24. R-600a ($CH(CH_3)_2CH_3$, Isobutane) 포화증기표

온도 $t\ ℃$	압력 P kPa	비체적 (m^3/kg) 액(v_f)	증기(v_g)	비엔탈피 (kJ/kg) 액(h_f)	증기(h_g)	증발열(h_{fg})	비엔트로피 (kJ/kgK) 액(s_f)	증기(s_g)
-159	0.00000	0.001343	-1.10E+38	1.72E+34	364.59	-1.72E+34	-1.10E+35	-1.10E+35
-155	0.00002	0.001351	-1.10E+38	5.99E+34	369.09	-5.99E+34	-1.09E+35	-1.10E+35
-150	0.00006	0.001361	-1.10E+38	2.41E+35	374.65	-2.41E+35	-1.08E+35	-1.10E+35
-145	0.00024	0.001371	77402.1649	-198.37	380.15	578.52	-1.2058	3.3085
-140	0.00076	0.001381	25103.7887	-172.85	385.61	558.46	-1.0104	3.1838
-135	0.00216	0.001391	9170.96206	-149.40	391.06	540.46	-0.8375	3.0746
-130	0.00552	0.001402	3709.26777	-127.82	396.50	524.32	-0.6840	2.9787
-125	0.01294	0.001412	1637.36491	-107.89	401.95	509.85	-0.5472	2.8942
-120	0.02811	0.001422	779.53314	-89.45	407.43	496.88	-0.4248	2.8196
-115	0.05708	0.001433	396.32234	-72.32	412.93	485.26	-0.3147	2.7536
-110	0.10937	0.001444	213.39217	-56.35	418.48	474.83	-0.2153	2.6951
-105	0.19908	0.001454	120.82160	-41.36	424.08	465.43	-0.1247	2.6433
-100	0.34632	0.001465	71.50416	-27.16	429.72	456.89	-0.0415	2.5972
-95	0.57874	0.001476	44.01251	-13.68	435.43	449.12	0.0353	2.5563
-90	0.93307	0.001487	28.05459	-0.81	441.20	442.02	0.1065	2.5199
-85	1.45682	0.001498	18.44838	11.60	447.04	435.44	0.1734	2.4877
-80	2.20981	0.001509	12.47725	23.57	452.95	429.38	0.2361	2.4592
-75	3.26571	0.001520	8.65444	35.20	458.92	423.72	0.2956	2.4340
-70	4.71335	0.001532	6.14134	46.51	464.96	418.39	0.3523	2.4118
-65	6.65792	0.001543	4.44902	57.75	471.07	413.32	0.4066	2.3923
-60	9.22190	0.001555	3.28418	68.77	477.25	408.48	0.4589	2.3753
-55	12.54576	0.001567	2.46620	79.68	483.49	403.81	0.5095	2.3605
-50	16.78840	0.001579	1.88115	90.53	489.79	399.27	0.5586	2.3478
-45	22.12742	0.001591	1.45559	101.33	496.16	394.83	0.6064	2.3370
-40	28.75906	0.001604	1.14119	112.12	502.58	390.46	0.6532	2.3279
-35	36.89802	0.001617	0.90555	122.91	509.06	386.15	0.6989	2.3204
-30	46.77715	0.001630	0.72659	133.73	515.59	381.85	0.7438	2.3143
-25	58.64690	0.001643	0.58897	144.60	522.16	377.56	0.7880	2.3095
-20	72.77472	0.001657	0.48194	155.52	528.78	373.26	0.8315	2.3059
-15	89.44445	0.001671	0.39779	166.51	535.44	368.93	0.8743	2.3035
-10	108.95557	0.001686	0.33098	177.57	542.13	364.56	0.9167	2.3020
-5	131.62245	0.001701	0.27743	188.74	548.85	360.12	0.9585	2.3015
0	157.77360	0.001717	0.23414	200.00	555.60	355.60	1.0000	2.3019
5	187.75092	0.001733	0.19886	211.38	562.37	350.99	1.0411	2.3030
10	221.90896	0.001750	0.16988	222.88	569.16	346.28	1.0819	2.3048
15	260.61417	0.001767	0.14590	234.52	575.95	341.43	1.1224	2.3073
20	304.24427	0.001786	0.12594	246.31	582.75	336.44	1.1627	2.3103
25	353.18755	0.001805	0.10920	258.26	589.54	331.29	1.2028	2.3139
30	407.84235	0.001826	0.09509	270.38	596.33	325.95	1.2428	2.3180
35	468.61656	0.001847	0.08312	282.68	603.09	320.41	1.2826	2.3224
40	535.92723	0.001870	0.07291	295.18	609.83	314.64	1.3225	2.3272
45	610.20024	0.001894	0.06417	307.86	616.53	308.67	1.3622	2.3324
50	691.87013	0.001920	0.05663	320.80	623.17	302.38	1.4021	2.3378
55	781.37995	0.001948	0.05011	333.98	629.76	295.79	1.4420	2.3434
60	879.18101	0.001979	0.04444	347.42	636.27	288.85	1.4821	2.3491
65	985.73260	0.002012	0.03949	361.15	642.69	281.54	1.5224	2.3549
70	1101.50130	0.002048	0.03514	375.20	648.99	273.79	1.5629	2.3608
75	1226.95968	0.002088	0.03132	389.60	655.15	265.55	1.6038	2.3666
80	1362.58390	0.002132	0.02794	404.39	661.14	256.74	1.6452	2.3722
85	1508.84988	0.002182	0.02493	419.64	666.92	247.28	1.6872	2.3776
90	1666.22699	0.002238	0.02225	435.41	672.46	237.05	1.7299	2.3827
95	1835.16863	0.002303	0.01985	451.79	677.69	225.91	1.7737	2.3873
100	2016.09832	0.002379	0.01768	468.88	682.54	213.66	1.8187	2.3912
105	2209.38998	0.002470	0.01572	486.85	686.92	200.07	1.8652	2.3943
110	2415.34049	0.002580	0.01394	505.87	690.67	184.80	1.9138	2.3961
115	2634.13260	0.002718	0.01229	526.23	693.59	167.36	1.9651	2.3963
120	2865.78566	0.002901	0.01075	548.36	695.34	146.98	2.0201	2.3940
125	3110.09165	0.003161	0.00929	573.06	695.29	122.22	2.0807	2.3877
130	3366.53364	0.003580	0.00782	602.31	691.89	89.58	2.1515	2.3737
135	3634.18419	0.004578	0.00601	645.74	677.61	31.87	2.2559	2.3340
135.9	3684.54700	0.005141	0.00514	662.45	662.45	0.00	2.2962	2.2962

Data from : McLinden, M.O., S.A.Kelin, E.W.Lemmon, and M.L.Hubber 2002. NIST standard reference database

부록 25. R-717 (NH_3, Ammonia) 포화증기표[I]

온도 $t\ ℃$	압력 P kPa	비체적 (m^3/kg) 액(v_f)	증기(v_g)	비엔탈피 (kJ/kg) 액(h_f)	증기(h_g)	증발열(h_{fg})	비엔트로피 (kJ/kgK) 액(s_f)	증기(s_g)
-77	6.41	0.001363	14.86265	-140.94	1343.24	1484.19	-0.4613	7.1053
-76	6.94	0.001365	13.80109	-136.64	1345.09	1481.73	-0.4394	7.0763
-75	7.50	0.001368	12.82650	-132.34	1346.93	1479.27	-0.4177	7.0478
-74	8.10	0.001370	11.93092	-128.03	1348.77	1476.80	-0.3960	7.0196
-73	8.75	0.001372	11.10720	-123.72	1350.61	1474.33	-0.3744	6.9917
-72	9.43	0.001374	10.34890	-119.41	1352.43	1471.84	-0.3529	6.9642
-71	10.16	0.001376	9.65020	-115.09	1354.26	1469.35	-0.3315	6.9371
-70	10.94	0.001378	9.00587	-110.78	1356.08	1466.85	-0.3102	6.9103
-69	11.77	0.001381	8.41117	-106.46	1357.89	1464.34	-0.2890	6.8839
-68	12.65	0.001383	7.86181	-102.13	1359.69	1461.83	-0.2679	6.8578
-67	13.58	0.001385	7.35392	-97.81	1361.49	1459.30	-0.2468	6.8320
-66	14.57	0.001387	6.88398	-93.48	1363.29	1456.76	-0.2259	6.8065
-65	15.63	0.001389	6.44881	-89.15	1365.07	1454.22	-0.2050	6.7814
-64	16.74	0.001392	6.04553	-84.81	1366.85	1451.66	-0.1843	6.7565
-63	17.92	0.001394	5.67150	-80.47	1368.63	1449.10	-0.1636	6.7320
-62	19.17	0.001396	5.32434	-76.13	1370.40	1446.53	-0.1430	6.7077
-61	20.50	0.001398	5.00187	-71.78	1372.16	1443.94	-0.1225	6.6838
-60	21.90	0.001401	4.70212	-67.44	1373.91	1441.35	-0.1020	6.6601
-59	23.38	0.001403	4.42328	-63.09	1375.66	1438.74	-0.0817	6.6367
-58	24.94	0.001405	4.16371	-58.73	1377.40	1436.13	-0.0614	6.6136
-57	26.58	0.001408	3.92191	-54.37	1379.13	1433.50	-0.0412	6.5908
-56	28.32	0.001410	3.69649	-50.01	1380.85	1430.86	-0.0211	6.5682
-55	30.15	0.001412	3.48621	-45.65	1382.57	1428.21	-0.0010	6.5459
-54	32.08	0.001415	3.28992	-41.28	1384.27	1425.55	0.0190	6.5239
-53	34.11	0.001417	3.10656	-36.91	1385.97	1422.88	0.0388	6.5021
-52	36.24	0.001419	2.93517	-32.53	1387.66	1420.19	0.0587	6.4805
-51	38.49	0.001422	2.77486	-28.15	1389.35	1417.50	0.0784	6.4592
-50	40.85	0.001424	2.62482	-23.77	1391.02	1414.79	0.0981	6.4382
-49	43.32	0.001427	2.48431	-19.38	1392.68	1412.07	0.1177	6.4173
-48	45.92	0.001429	2.35264	-14.99	1394.34	1409.33	0.1372	6.3967
-47	48.65	0.001432	2.22917	-10.60	1395.99	1406.59	0.1567	6.3764
-46	51.51	0.001434	2.11333	-6.20	1397.63	1403.83	0.1760	6.3562
-45	54.50	0.001436	2.00458	-1.80	1399.25	1401.06	0.1953	6.3363
-44	57.64	0.001439	1.90242	2.60	1400.87	1398.27	0.2146	6.3166
-43	60.93	0.001441	1.80641	7.01	1402.48	1395.47	0.2338	6.2971
-42	64.36	0.001444	1.71612	11.42	1404.08	1392.66	0.2529	6.2778
-41	67.96	0.001447	1.63116	15.84	1405.67	1389.83	0.2719	6.2587
-40	71.71	0.001449	1.55117	20.25	1407.25	1387.00	0.2909	6.2398
-39	75.63	0.001452	1.47582	24.68	1408.82	1384.14	0.3098	6.2211
-38	79.73	0.001454	1.40480	29.10	1410.38	1381.27	0.3286	6.2026
-37	84.01	0.001457	1.33783	33.53	1411.93	1378.39	0.3474	6.1843
-36	88.47	0.001459	1.27465	37.97	1413.46	1375.50	0.3661	6.1662
-35	93.12	0.001462	1.21501	42.40	1414.99	1372.59	0.3847	6.1483
-34	97.97	0.001465	1.15868	46.84	1416.51	1369.66	0.4033	6.1305
-33	103.02	0.001467	1.10545	51.29	1418.01	1366.72	0.4218	6.1130
-32	108.28	0.001470	1.05513	55.74	1419.50	1363.77	0.4403	6.0956
-31	113.76	0.001473	1.00753	60.19	1420.99	1360.80	0.4587	6.0783
-30	119.46	0.001476	0.96249	64.64	1422.46	1357.81	0.4770	6.0613
-29	125.38	0.001478	0.91984	69.10	1423.92	1354.81	0.4953	6.0444
-28	131.54	0.001481	0.87945	73.57	1425.36	1351.80	0.5135	6.0277
-27	137.95	0.001484	0.84117	78.03	1426.80	1348.77	0.5316	6.0111
-26	144.60	0.001487	0.80488	82.50	1428.22	1345.72	0.5497	5.9947
-25	151.50	0.001489	0.77046	86.98	1429.64	1342.66	0.5677	5.9784
-24	158.67	0.001492	0.73779	91.45	1431.04	1339.58	0.5857	5.9623
-23	166.11	0.001495	0.70678	95.93	1432.42	1336.49	0.6036	5.9464
-22	173.82	0.001498	0.67733	100.42	1433.80	1333.38	0.6214	5.9305
-21	181.82	0.001501	0.64934	104.91	1435.16	1330.25	0.6392	5.9149
-20	190.11	0.001504	0.62274	109.40	1436.51	1327.11	0.6570	5.8994
-19	198.70	0.001507	0.59744	113.89	1437.85	1323.95	0.6746	5.8840
-18	207.60	0.001509	0.57338	118.39	1439.17	1320.78	0.6923	5.8687
-17	216.81	0.001512	0.55047	122.90	1440.48	1317.59	0.7098	5.8536
-16	226.34	0.001515	0.52866	127.40	1441.78	1314.38	0.7273	5.8386
-15	236.20	0.001518	0.50789	131.91	1443.07	1311.15	0.7448	5.8238
-14	246.41	0.001521	0.48810	136.43	1444.34	1307.91	0.7622	5.8091
-13	256.95	0.001524	0.46923	140.94	1445.59	1304.65	0.7795	5.7945
-12	267.85	0.001528	0.45123	145.46	1446.84	1301.38	0.7968	5.7800
-11	279.12	0.001531	0.43407	149.99	1448.07	1298.08	0.8140	5.7657
-10	290.75	0.001534	0.41769	154.52	1449.29	1294.77	0.8312	5.7514

부록 25. R-717 (NH_3, Ammonia) 포화증기표[II]

온도 t ℃	압력 P kPa	비체적 (m^3/kg)		비엔탈피 (kJ/kg)			비엔트로피 (kJ/kgK)	
		액(v_f)	증기(v_g)	액(h_f)	증기(h_g)	증발열(h_{fg})	액(s_f)	증기(s_g)
−9	302.77	0.001537	0.40205	159.05	1450.49	1291.44	0.8483	5.7373
−8	315.17	0.001540	0.38712	163.58	1451.68	1288.09	0.8653	5.7233
−7	327.97	0.001543	0.37285	168.12	1452.85	1284.73	0.8824	5.7094
−6	341.17	0.001546	0.35921	172.66	1454.01	1281.35	0.8993	5.6957
−5	354.79	0.001550	0.34618	177.21	1455.16	1277.95	0.9162	5.6820
−4	368.83	0.001553	0.33371	181.76	1456.29	1274.53	0.9331	5.6685
−3	383.31	0.001556	0.32178	186.32	1457.40	1271.09	0.9499	5.6550
−2	398.22	0.001559	0.31037	190.87	1458.51	1267.63	0.9666	5.6417
−1	413.59	0.001563	0.29944	195.43	1459.59	1264.16	0.9833	5.6284
0	429.41	0.001566	0.28898	200.00	1460.66	1260.66	1.0000	5.6153
1	445.71	0.001569	0.27895	204.57	1461.72	1257.15	1.0166	5.6022
2	462.48	0.001573	0.26935	209.14	1462.76	1253.62	1.0332	5.5893
3	479.74	0.001576	0.26014	213.72	1463.79	1250.07	1.0497	5.5764
4	497.50	0.001580	0.25131	218.30	1464.80	1246.50	1.0661	5.5637
5	515.76	0.001583	0.24284	222.89	1465.79	1242.91	1.0825	5.5510
6	534.54	0.001587	0.23471	227.47	1466.77	1239.30	1.0989	5.5384
7	553.85	0.001590	0.22692	232.07	1467.73	1235.66	1.1152	5.5259
8	573.70	0.001594	0.21943	236.67	1468.68	1232.01	1.1315	5.5135
9	594.09	0.001597	0.21224	241.27	1469.61	1228.34	1.1477	5.5012
10	615.04	0.001601	0.20533	245.87	1470.52	1224.65	1.1639	5.4890
11	636.55	0.001604	0.19870	250.48	1471.42	1220.94	1.1800	5.4768
12	658.64	0.001608	0.19232	255.10	1472.30	1217.21	1.1961	5.4647
13	681.32	0.001612	0.18619	259.72	1473.17	1213.45	1.2121	5.4527
14	704.59	0.001616	0.18029	264.34	1474.02	1209.67	1.2281	5.4408
15	728.48	0.001619	0.17462	268.97	1474.85	1205.88	1.2441	5.4290
16	752.98	0.001623	0.16916	273.60	1475.66	1202.06	1.2600	5.4172
17	778.11	0.001627	0.16391	278.24	1476.46	1198.21	1.2759	5.4055
18	803.88	0.001631	0.15885	282.89	1477.24	1194.35	1.2917	5.3939
19	830.30	0.001635	0.15398	287.53	1478.00	1190.46	1.3075	5.3823
20	857.38	0.001639	0.14929	292.19	1478.74	1186.55	1.3232	5.3708
21	885.13	0.001643	0.14477	296.85	1479.47	1182.62	1.3390	5.3594
22	913.56	0.001647	0.14041	301.51	1480.17	1178.66	1.3546	5.3481
23	942.69	0.001651	0.13621	306.18	1480.86	1174.68	1.3703	5.3368
24	972.52	0.001655	0.13216	310.86	1481.53	1170.68	1.3859	5.3255
25	1003.07	0.001659	0.12826	315.54	1482.19	1166.65	1.4014	5.3144
26	1034.34	0.001663	0.12449	320.23	1482.82	1162.59	1.4169	5.3033
27	1066.35	0.001667	0.12085	324.92	1483.43	1158.51	1.4324	5.2922
28	1099.11	0.001671	0.11734	329.62	1484.03	1154.41	1.4479	5.2812
29	1132.64	0.001676	0.11396	334.32	1484.60	1150.28	1.4633	5.2703
30	1166.93	0.001680	0.11069	339.04	1485.16	1146.12	1.4787	5.2594
31	1202.01	0.001684	0.10753	343.76	1485.70	1141.94	1.4940	5.2485
32	1237.88	0.001689	0.10447	348.48	1486.21	1137.73	1.5093	5.2377
33	1274.56	0.001693	0.10153	353.22	1486.71	1133.49	1.5246	5.2270
34	1312.06	0.001698	0.09867	357.96	1487.19	1129.23	1.5398	5.2163
35	1350.38	0.001702	0.09593	362.58	1487.65	1125.07	1.5547	5.2058
36	1389.55	0.001707	0.09327	367.33	1488.09	1120.75	1.5699	5.1952
37	1429.58	0.001712	0.09069	372.09	1488.50	1116.41	1.5850	5.1846
38	1470.47	0.001716	0.08820	376.86	1488.89	1112.03	1.6002	5.1741
39	1512.24	0.001721	0.08578	381.64	1489.26	1107.62	1.6153	5.1636
40	1554.89	0.001726	0.08345	386.43	1489.61	1103.19	1.6303	5.1532
41	1598.45	0.001731	0.08119	391.22	1489.94	1098.72	1.6454	5.1428
42	1642.93	0.001736	0.07900	396.02	1490.25	1094.22	1.6604	5.1325
43	1688.33	0.001740	0.07688	400.84	1490.53	1089.69	1.6754	5.1222
44	1734.67	0.001745	0.07483	405.66	1490.79	1085.13	1.6904	5.1119
45	1781.96	0.001751	0.07284	410.49	1491.02	1080.53	1.7053	5.1016
46	1830.22	0.001756	0.07092	415.34	1491.23	1075.90	1.7203	5.0914
47	1879.45	0.001761	0.06905	420.19	1491.42	1071.23	1.7352	5.0812
48	1929.68	0.001766	0.06724	425.06	1491.59	1066.53	1.7501	5.0711
49	1980.90	0.001771	0.06548	429.93	1491.73	1061.79	1.7650	5.0609
50	2033.14	0.001777	0.06378	434.82	1491.84	1057.02	1.7798	5.0508
51	2086.41	0.001782	0.06213	439.72	1491.93	1052.21	1.7947	5.0407
52	2140.72	0.001788	0.06053	444.63	1491.99	1047.36	1.8095	5.0307
53	2196.09	0.001793	0.05898	449.56	1492.03	1042.47	1.8243	5.0206
54	2252.52	0.001799	0.05747	454.50	1492.04	1037.54	1.8391	5.0106
55	2310.03	0.001805	0.05600	459.45	1492.02	1032.57	1.8539	5.0006
56	2368.64	0.001810	0.05458	464.42	1491.98	1027.56	1.8687	4.9906
57	2428.35	0.001816	0.05320	469.40	1491.91	1022.51	1.8835	4.9806
58	2489.19	0.001822	0.05186	474.39	1491.81	1017.42	1.8983	4.9707

부록 25. R-717 (NH_3, Ammonia) 포화증기표[III]

온도 t ℃	압력 P kPa	비체적 (m^3/kg) 액(v_f)	비체적 증기(v_g)	비엔탈피 (kJ/kg) 액(h_f)	비엔탈피 증기(h_g)	증발열(h_{fg})	비엔트로피 (kJ/kgK) 액(s_f)	비엔트로피 증기(s_g)
59	2551.15	0.001828	0.05056	479.40	1491.68	1012.28	1.9131	4.9607
60	2614.27	0.001834	0.04929	484.43	1491.52	1007.09	1.9278	4.9508
61	2678.55	0.001840	0.04806	489.48	1491.33	1001.86	1.9426	4.9408
62	2744.01	0.001847	0.04687	494.54	1491.12	996.58	1.9573	4.9309
63	2810.65	0.001853	0.04571	499.61	1490.87	991.25	1.9721	4.9209
64	2878.50	0.001860	0.04458	504.71	1490.58	985.87	1.9869	4.9110
65	2947.57	0.001866	0.04348	509.83	1490.27	980.44	2.0016	4.9011
66	3017.86	0.001873	0.04241	514.96	1489.93	974.96	2.0164	4.8911
67	3089.41	0.001880	0.04137	520.12	1489.55	969.43	2.0312	4.8812
68	3162.22	0.001886	0.04036	525.29	1489.13	963.84	2.0460	4.8713
69	3236.30	0.001893	0.03937	530.49	1488.68	958.19	2.0608	4.8613
70	3311.68	0.001900	0.03841	535.71	1488.20	952.49	2.0756	4.8513
71	3388.35	0.001908	0.03748	540.95	1487.68	946.72	2.0905	4.8414
72	3466.35	0.001915	0.03657	546.22	1487.12	940.90	2.1053	4.8314
73	3545.69	0.001922	0.03568	551.51	1486.52	935.01	2.1202	4.8213
74	3626.38	0.001930	0.03482	556.83	1485.89	929.06	2.1351	4.8113
75	3708.43	0.001937	0.03398	562.17	1485.21	923.04	2.1500	4.8012
76	3791.86	0.001945	0.03316	567.54	1484.49	916.95	2.1649	4.7912
77	3876.70	0.001953	0.03236	572.94	1483.74	910.79	2.1799	4.7810
78	3962.94	0.001961	0.03158	578.37	1482.93	904.56	2.1949	4.7709
79	4050.62	0.001969	0.03083	583.83	1482.09	898.26	2.2099	4.7607
80	4139.74	0.001978	0.03009	589.32	1481.19	891.87	2.2250	4.7505
81	4230.32	0.001986	0.02936	594.84	1480.26	885.41	2.2401	4.7402
82	4322.38	0.001995	0.02866	600.40	1479.27	878.87	2.2553	4.7299
83	4415.94	0.002004	0.02797	606.00	1478.23	872.24	2.2705	4.7195
84	4511.00	0.002013	0.02730	611.63	1477.14	865.52	2.2857	4.7091
85	4607.60	0.002022	0.02665	617.29	1476.00	858.71	2.3010	4.6986
86	4705.74	0.002032	0.02601	623.00	1474.81	851.81	2.3164	4.6881
87	4805.45	0.002041	0.02538	628.75	1473.56	844.81	2.3318	4.6775
88	4906.74	0.002051	0.02477	634.54	1472.25	837.70	2.3473	4.6668
89	5009.63	0.002061	0.02418	640.38	1470.88	830.50	2.3628	4.6561
90	5114.13	0.002071	0.02359	646.26	1469.45	823.18	2.3785	4.6453
91	5220.28	0.002082	0.02302	652.20	1467.95	815.76	2.3942	4.6343
92	5328.07	0.002093	0.02247	658.18	1466.39	808.21	2.4100	4.6233
93	5437.54	0.002104	0.02192	664.22	1464.76	800.55	2.4258	4.6122
94	5548.71	0.002115	0.02139	670.31	1463.06	792.75	2.4418	4.6010
95	5661.58	0.002127	0.02087	676.46	1461.28	784.82	2.4579	4.5897
96	5776.19	0.002138	0.02036	682.67	1459.43	776.76	2.4741	4.5783
97	5892.56	0.002151	0.01986	688.94	1457.49	768.55	2.4904	4.5667
98	6010.69	0.002163	0.01937	695.29	1455.47	760.19	2.5068	4.5550
99	6130.63	0.002176	0.01889	701.70	1453.37	751.67	2.5234	4.5432
100	6252.37	0.002189	0.01842	708.18	1451.16	742.98	2.5401	4.5312
101	6375.96	0.002203	0.01796	714.75	1448.87	734.12	2.5569	4.5190
102	6501.41	0.002217	0.01751	721.39	1446.47	725.08	2.5739	4.5066
103	6628.74	0.002231	0.01707	728.12	1443.96	715.84	2.5910	4.4941
104	6757.97	0.002246	0.01663	734.94	1441.34	706.40	2.6084	4.4814
105	6889.14	0.002262	0.01621	741.86	1438.60	696.74	2.6259	4.4684
106	7022.27	0.002278	0.01579	748.88	1435.73	686.85	2.6437	4.4552
107	7157.37	0.002295	0.01537	756.02	1432.74	676.72	2.6616	4.4418
108	7294.48	0.002312	0.01497	763.35	1429.55	666.21	2.6801	4.4279
109	7433.63	0.002330	0.01457	770.68	1426.28	655.59	2.6984	4.4140
110	7574.83	0.002348	0.01418	778.14	1422.84	644.70	2.7171	4.3997
111	7718.13	0.002368	0.01379	785.74	1419.24	633.49	2.7360	4.3851
112	7863.54	0.002388	0.01341	793.58	1415.40	621.81	2.7555	4.3700
113	8011.10	0.002409	0.01303	801.55	1411.38	609.83	2.7752	4.3545
114	8160.85	0.002432	0.01266	809.69	1407.14	597.44	2.7954	4.3386
115	8312.81	0.002455	0.01229	818.04	1402.66	584.63	2.8159	4.3221
116	8467.01	0.002480	0.01193	826.59	1397.92	571.33	2.8370	4.3051
117	8623.51	0.002506	0.01157	835.38	1392.90	557.51	2.8585	4.2875
118	8782.33	0.002533	0.01121	844.43	1387.55	543.12	2.8807	4.2692
119	8943.51	0.002563	0.01086	853.77	1381.84	528.07	2.9035	4.2501
120	9107.10	0.002594	0.01050	863.44	1375.74	512.30	2.9270	4.2301
125	9962.94	0.002796	0.00870	918.54	1336.69	418.15	3.0604	4.1107
130	10888.47	0.003186	0.00659	999.04	1263.91	264.87	3.2544	3.9114
132	11282.16	0.003656	0.00510	1065.59	1183.18	117.58	3.4157	3.7059
132.3	11353.00	0.004274	0.00427	1122.77	1122.77	0.00	3.5561	3.5561

Data from : McLinden, M.O., S.A.Kelin, E.W.Lemmon, and A.P. Peskin. 2000. NIST standard reference database

부록 26. R-718(H_2O) 포화증기표(온도기준 I)

온도 $t\ ℃$	압력 P kPa	비체적 (m^3/kg) 액(v_f)	증기(v_g)	비내부에너지 (kJ/kg) 액(u_f)	증기(u_g)	비엔탈피(kJ/kg) 액(h_f)	증기(h_g)	증발열(h_{fg})	비엔트로피(kJ/kgK) 액(s_f)	증기(s_g)
0.01	0.6117	0.001	206.0	0	2375	0	2501	2501	0	9.155
1	0.6571	0.001	192.4	4.176	2376	4.177	2503	2498.823	0.01526	9.129
2	0.7060	0.001	179.8	8.391	2378	8.392	2505	2496.608	0.03061	9.103
3	0.7581	0.001	168.0	12.60	2379	12.60	2506	2493.400	0.04589	9.076
4	0.8135	0.001	157.1	16.81	2380	16.81	2508	2491.19	0.06110	9.051
5	0.8726	0.001	147.0	21.02	2382	21.02	2510	2488.98	0.07625	9.025
6	0.9354	0.001	137.6	25.22	2383	25.22	2512	2486.78	0.09134	8.999
7	1.002	0.001	128.9	29.43	2385	29.43	2514	2484.57	0.1064	8.974
8	1.073	0.001	120.8	33.63	2386	33.63	2516	2482.37	0.1213	8.949
9	1.148	0.001	113.3	37.82	2387	37.82	2517	2479.18	0.1362	8.924
10	1.228	0.001	106.3	42.02	2389	42.02	2519	2476.98	0.1511	8.900
11	1.313	0.001000	99.79	46.21	2390	46.22	2521	2474.78	0.1659	8.875
12	1.403	0.001001	93.72	50.41	2391	50.41	2523	2472.59	0.1806	8.851
13	1.498	0.001001	88.06	54.60	2393	54.60	2525	2470.4	0.1953	8.827
14	1.599	0.001001	82.79	58.79	2394	58.79	2527	2468.21	0.2099	8.804
15	1.706	0.001001	77.88	62.98	2395	62.98	2528	2465.02	0.2245	8.780
16	1.819	0.001001	73.29	67.17	2397	67.17	2530	2462.83	0.2390	8.757
17	1.938	0.001001	69.00	71.36	2398	71.36	2532	2460.64	0.2534	8.734
18	2.065	0.001001	65.00	75.54	2400	75.54	2534	2458.46	0.2678	8.711
19	2.198	0.001002	61.26	79.73	2401	79.73	2536	2456.27	0.2822	8.688
20	2.339	0.001002	57.76	83.91	2402	83.91	2537	2453.09	0.2965	8.666
21	2.488	0.001002	54.48	88.10	2404	88.10	2539	2450.9	0.3107	8.644
22	2.645	0.001002	51.42	92.28	2405	92.28	2541	2448.72	0.3249	8.622
23	2.811	0.001003	48.55	96.46	2406	96.46	2543	2446.54	0.3391	8.600
24	2.986	0.001003	45.86	100.6	2408	100.6	2545	2444.40	0.3532	8.578
25	3.170	0.001003	43.34	104.8	2409	104.8	2547	2442.20	0.3672	8.557
26	3.364	0.001003	40.97	109.0	2410	109.0	2548	2439.0	0.3812	8.535
27	3.568	0.001004	38.75	113.2	2412	113.2	2550	2436.8	0.3952	8.514
28	3.783	0.001004	36.67	117.4	2413	117.4	2552	2434.6	0.4091	8.493
29	4.009	0.001004	34.72	121.5	2415	121.6	2554	2432.4	0.4229	8.473
30	4.247	0.001004	32.88	125.7	2416	125.7	2556	2430.3	0.4368	8.452
31	4.497	0.001005	31.15	129.9	2417	129.9	2557	2427.1	0.4505	8.432
32	4.760	0.001005	29.53	134.1	2419	134.1	2559	2424.9	0.4642	8.411
33	5.035	0.001005	28.00	138.3	2420	138.3	2561	2422.7	0.4779	8.391
34	5.325	0.001006	26.56	142.4	2421	142.5	2563	2420.5	0.4915	8.371
35	5.629	0.001006	25.21	146.6	2423	146.6	2565	2418.4	0.5051	8.352
36	5.948	0.001006	23.93	150.8	2424	150.8	2566	2415.2	0.5187	8.332
37	6.282	0.001007	22.73	155.0	2425	155.0	2568	2413.0	0.5322	8.313
38	6.633	0.001007	21.59	159.2	2427	159.2	2570	2410.8	0.5456	8.294
39	7.000	0.001008	20.52	163.3	2428	163.4	2572	2408.6	0.5590	8.274
40	7.385	0.001008	19.52	167.5	2429	167.5	2574	2406.5	0.5724	8.256
41	7.788	0.001008	18.56	171.7	2431	171.7	2575	2403.3	0.5857	8.237
42	8.210	0.001009	17.66	175.9	2432	175.9	2577	2401.1	0.5990	8.218
43	8.651	0.001009	16.81	180.1	2433	180.1	2579	2398.9	0.6123	8.200
44	9.112	0.001010	16.01	184.2	2435	184.3	2581	2396.7	0.6255	8.181
45	9.595	0.001010	15.25	188.4	2436	188.4	2582	2393.6	0.6386	8.163
46	10.10	0.001010	14.53	192.6	2437	192.6	2584	2391.4	0.6517	8.145
47	10.63	0.001011	13.85	196.8	2439	196.8	2586	2389.2	0.6648	8.128
48	11.18	0.001011	13.21	201.0	2440	201.0	2588	2387.0	0.6779	8.110
49	11.75	0.001012	12.60	205.1	2441	205.2	2590	2384.8	0.6908	8.092
50	12.35	0.001012	12.03	209.3	2443	209.3	2591	2381.7	0.7038	8.075
51	12.98	0.001013	11.48	213.5	2444	213.5	2593	2379.5	0.7167	8.058
52	13.63	0.001013	10.96	217.7	2445	217.7	2595	2377.3	0.7296	8.040
53	14.31	0.001014	10.47	221.9	2447	221.9	2597	2375.1	0.7425	8.023
54	15.02	0.001014	10.01	226.1	2448	226.1	2598	2371.9	0.7553	8.007
55	15.76	0.001015	9.564	230.3	2449	230.3	2600	2369.7	0.7680	7.990
56	16.53	0.001015	9.145	234.4	2451	234.4	2602	2367.6	0.7808	7.973
57	17.34	0.001016	8.747	238.6	2452	238.6	2604	2365.4	0.7934	7.957
58	18.17	0.001016	8.368	242.8	2453	242.8	2605	2362.2	0.8061	7.940
59	19.04	0.001017	8.009	247.0	2455	247.0	2607	2360.0	0.8187	7.924
60	19.95	0.001017	7.667	251.2	2456	251.2	2609	2357.8	0.8313	7.908
61	20.89	0.001018	7.342	255.3	2457	255.4	2611	2355.6	0.8438	7.892
62	21.87	0.001018	7.033	259.5	2459	259.6	2612	2352.4	0.8563	7.876
63	22.88	0.001019	6.740	263.7	2460	263.7	2614	2350.3	0.8688	7.861
64	23.94	0.001019	6.460	267.9	2461	267.9	2616	2348.1	0.8813	7.845
65	25.04	0.00102	6.194	272.1	2462	272.1	2618	2345.9	0.8937	7.830

부록 26. R-718(H_2O) 포화증기표(온도기준 II)

온도 $t\ ℃$	압력 P kPa	비체적 (m³/kg)		비내부에너지 (kJ/kg)		비엔탈피(kJ/kg)			비엔트로피(kJ/kgK)	
		액(v_f)	증기(v_g)	액(u_f)	증기(u_g)	액(h_f)	증기(h_g)	증발열(h_{fg})	액(s_f)	증기(s_g)
66	26.18	0.001020	5.940	276.3	2464	276.3	2619	2342.7	0.9060	7.814
67	27.37	0.001021	5.698	280.5	2465	280.5	2621	2340.5	0.9183	7.799
68	28.60	0.001022	5.468	284.7	2466	284.7	2623	2338.3	0.9306	7.784
69	29.88	0.001022	5.249	288.8	2468	288.9	2624	2335.1	0.9429	7.769
70	31.20	0.001023	5.040	293.0	2469	293.1	2626	2332.9	0.9551	7.754
71	32.58	0.001023	4.84	297.2	2470	297.3	2628	2330.7	0.9673	7.739
72	34.00	0.001024	4.65	301.4	2471	301.4	2630	2328.6	0.9795	7.725
73	35.48	0.001025	4.468	305.6	2473	305.6	2631	2325.4	0.9916	7.710
74	37.01	0.001025	4.295	309.8	2474	309.8	2633	2323.2	1.0040	7.696
75	38.6	0.001026	4.129	314.0	2475	314.0	2635	2321.0	1.0160	7.681
76	40.24	0.001026	3.971	318.2	2477	318.2	2636	2317.8	1.028	7.667
77	41.94	0.001027	3.820	322.4	2478	322.4	2638	2315.6	1.040	7.653
78	43.70	0.001028	3.675	326.6	2479	326.6	2640	2313.4	1.052	7.639
79	45.53	0.001028	3.537	330.8	2480	330.8	2641	2310.2	1.064	7.625
80	47.41	0.001029	3.405	335.0	2482	335.0	2643	2308.0	1.076	7.611
81	49.37	0.001030	3.279	339.2	2483	339.2	2645	2305.8	1.087	7.597
82	51.39	0.001030	3.158	343.4	2484	343.4	2646	2302.6	1.099	7.584
83	53.48	0.001031	3.042	347.6	2485	347.6	2648	2300.4	1.111	7.570
84	55.64	0.001032	2.932	351.8	2487	351.8	2650	2298.2	1.123	7.557
85	57.87	0.001032	2.826	356.0	2488	356.0	2651	2295.0	1.135	7.543
86	60.17	0.001033	2.724	360.2	2489	360.2	2653	2292.8	1.146	7.530
87	62.56	0.001034	2.627	364.4	2490	364.4	2655	2290.6	1.158	7.517
88	65.02	0.001035	2.534	368.6	2492	368.6	2656	2287.4	1.170	7.504
89	67.56	0.001035	2.445	372.8	2493	372.8	2658	2285.2	1.181	7.491
90	70.18	0.001036	2.359	377.0	2494	377.0	2660	2283	1.193	7.478
91	72.89	0.001037	2.277	381.2	2495	381.2	2661	2279.8	1.204	7.465
92	75.68	0.001037	2.198	385.4	2496	385.5	2663	2277.5	1.216	7.453
93	78.57	0.001038	2.123	389.6	2498	389.7	2664	2274.3	1.227	7.440
94	81.54	0.001039	2.050	393.8	2499	393.9	2666	2272.1	1.239	7.428
95	84.61	0.001040	1.981	398.0	2500	398.1	2668	2269.9	1.250	7.415
96	87.77	0.001040	1.914	402.2	2501	402.3	2669	2266.7	1.262	7.403
97	91.03	0.001041	1.850	406.4	2502	406.5	2671	2264.5	1.273	7.390
98	94.39	0.001042	1.788	410.6	2504	410.7	2672	2261.3	1.285	7.378
99	97.85	0.001043	1.729	414.8	2505	414.9	2674	2259.1	1.296	7.366
100	101.4	0.001043	1.672	419.1	2506	419.2	2676	2256.8	1.307	7.354
102	108.9	0.001045	1.564	427.5	2508	427.6	2679	2251.4	1.330	7.330
104	116.8	0.001047	1.465	435.9	2511	436	2682	2246.0	1.352	7.307
106	125.1	0.001048	1.373	444.4	2513	444.5	2685	2240.5	1.374	7.284
108	134.0	0.001050	1.288	452.8	2515	453.0	2688	2235.0	1.397	7.261
110	143.4	0.001052	1.209	461.3	2518	461.4	2691	2229.6	1.419	7.238
112	153.3	0.001053	1.1360	469.7	2520	469.9	2694	2224.1	1.441	7.216
114	163.7	0.001055	1.0680	478.2	2522	478.4	2697	2218.6	1.463	7.194
116	174.8	0.001057	1.0050	486.6	2524	486.8	2700	2213.2	1.485	7.172
118	186.4	0.001059	0.9460	495.1	2527	495.3	2703	2207.7	1.506	7.150
120	198.7	0.001060	0.8912	503.6	2529	503.8	2706	2202.2	1.528	7.129
122	211.6	0.001062	0.8402	512.1	2531	512.3	2709	2196.7	1.549	7.108
124	225.2	0.001064	0.7926	520.6	2533	520.8	2712	2191.2	1.571	7.087
126	239.5	0.001066	0.7482	529.1	2535	529.3	2715	2185.7	1.592	7.067
128	254.5	0.001068	0.7067	537.6	2537	537.9	2717	2179.1	1.613	7.046
130	270.3	0.001070	0.6680	546.1	2540	546.4	2720	2173.6	1.635	7.026
132	286.8	0.001072	0.6318	554.6	2542	554.9	2723	2168.1	1.656	7.007
134	304.2	0.001074	0.5979	563.1	2544	563.5	2726	2162.5	1.677	6.987
136	322.4	0.001076	0.5661	571.7	2546	572.0	2728	2156.0	1.698	6.968
138	341.5	0.001078	0.5364	580.2	2548	580.6	2731	2150.4	1.718	6.948
140	361.5	0.001080	0.5085	588.8	2550	589.2	2733	2143.8	1.739	6.929
142	382.5	0.001082	0.4823	597.3	2552	597.7	2736	2138.3	1.760	6.910
144	404.4	0.001084	0.4577	605.9	2553	606.3	2739	2132.7	1.780	6.892
146	427.3	0.001086	0.4346	614.5	2555	614.9	2741	2126.1	1.801	6.873
148	451.2	0.001088	0.4129	623.1	2557	623.6	2744	2120.4	1.821	6.855
150	476.2	0.001091	0.3925	631.7	2559	632.2	2746	2113.8	1.842	6.837
152	502.2	0.001093	0.3732	640.3	2561	640.8	2748	2107.2	1.862	6.819
154	529.5	0.001095	0.3551	648.9	2563	649.5	2751	2101.5	1.882	6.801
156	557.8	0.001097	0.3381	657.5	2564	658.1	2753	2094.9	1.902	6.784
158	587.4	0.001100	0.3220	666.1	2566	666.8	2755	2088.2	1.923	6.766
160	618.2	0.001102	0.3068	674.8	2568	675.5	2757	2081.5	1.943	6.749

Data from : McLinden, M.O., S.A.Kelin, E.W.Lemmon, and A.P. Peskin. 2000. NIST standard reference database

부록 26. R-718(H_2O) 포화증기표(압력기준)

압력 P kPa	온도 t ℃	비체적 (m^3/kg) 액(v_f)	증기(v_g)	비내부에너지 (kJ/kg) 액(u_f)	증기(u_g)	비엔탈피(kJ/kg) 액(h_f)	증기(h_g)	증발열(h_{fg})	비엔트로피(kJ/kgK) 액(s_f)	증기(s_g)
1.0	6.97	0.001000	129.20	29.30	2384	29.30	2514	2484.70	0.1059	8.975
1.5	13.02	0.001001	87.96	54.68	2393	54.68	2525	2470.32	0.1956	8.827
2.0	17.49	0.001001	66.99	73.43	2399	73.43	2533	2459.57	0.2606	8.723
2.5	21.08	0.001002	54.24	88.42	2404	88.42	2539	2450.58	0.3118	8.642
3.0	24.08	0.001003	45.65	101.00	2408	101.00	2545	2444.00	0.3543	8.576
3.5	26.67	0.001003	39.47	111.80	2411	111.80	2550	2438.20	0.3906	8.521
4.0	28.96	0.001004	34.79	121.40	2415	121.40	2554	2432.60	0.4224	8.473
4.5	31.01	0.001005	31.13	130.00	2417	130.00	2557	2427.00	0.4507	8.431
5.0	32.87	0.001005	28.19	137.70	2420	137.70	2561	2423.30	0.4762	8.394
5.5	34.58	0.001006	25.76	144.9	2422	144.9	2564	2419.1	0.4994	8.360
6.0	36.16	0.001006	23.73	151.5	2424	151.5	2567	2415.5	0.5208	8.329
6.5	37.63	0.001007	22.01	157.6	2426	157.6	2569	2411.4	0.5406	8.301
7.0	39.00	0.001008	20.52	163.3	2428	163.4	2572	2408.6	0.5590	8.274
7.5	40.29	0.001008	19.23	168.7	2430	168.7	2574	2405.3	0.5763	8.250
8.0	41.51	0.001008	18.10	173.8	2431	173.8	2576	2402.2	0.5925	8.227
8.5	42.66	0.001009	17.09	178.7	2433	178.7	2578	2399.3	0.6078	8.206
9.0	43.76	0.001009	16.20	183.2	2434	183.3	2580	2396.7	0.6223	8.186
9.5	44.81	0.001010	15.40	187.6	2436	187.6	2582	2394.4	0.6361	8.167
10	45.81	0.001010	14.67	191.8	2437	191.8	2584	2392.2	0.6492	8.149
15	53.97	0.001014	10.02	225.9	2448	225.9	2598	2372.1	0.7549	8.007
20	60.06	0.001017	7.648	251.4	2456	251.4	2609	2357.6	0.8320	7.907
25	64.96	0.001020	6.203	271.9	2462	272.0	2617	2345.0	0.8932	7.830
30	69.10	0.001022	5.228	289.2	2468	289.3	2625	2335.7	0.9441	7.767
35	72.68	0.001024	4.525	304.3	2472	304.3	2631	2326.7	0.9877	7.715
40	75.86	0.001026	3.993	317.6	2476	317.6	2636	2318.4	1.0260	7.669
45	78.71	0.001028	3.576	329.6	2480	329.6	2641	2311.4	1.0600	7.629
50	81.32	0.001030	3.240	340.5	2483	340.5	2645	2304.5	1.0910	7.593
55	83.71	0.001032	2.963	350.5	2486	350.6	2649	2298.4	1.119	7.561
60	85.93	0.001033	2.732	359.8	2489	359.9	2653	2293.1	1.145	7.531
65	87.99	0.001035	2.535	368.5	2492	368.6	2656	2287.4	1.170	7.504
70	89.93	0.001036	2.365	376.7	2494	376.8	2659	2282.2	1.192	7.479
75	91.76	0.001037	2.217	384.4	2496	384.4	2662	2277.6	1.213	7.456
80	93.49	0.001039	2.087	391.6	2498	391.7	2665	2273.3	1.233	7.434
85	95.13	0.001040	1.972	398.5	2500	398.6	2668	2269.4	1.252	7.414
90	96.69	0.001041	1.869	405.2	2502	405.2	2670	2264.8	1.270	7.394
95	98.18	0.001042	1.777	411.4	2504	411.5	2673	2261.5	1.287	7.376
100	99.61	0.001043	1.694	417.4	2506	417.5	2675	2257.5	1.303	7.359
125	106.0	0.001048	1.375	444.2	2513	444.4	2685	2240.6	1.374	7.284
150	111.3	0.001053	1.159	467.0	2519	467.1	2693	2225.9	1.434	7.223
175	116.0	0.001057	1.004	486.8	2524	487.0	2700	2213.0	1.485	7.171
200	120.2	0.001061	0.8857	504.5	2529	504.7	2706	2201.3	1.530	7.127
225	124.0	0.001064	0.7932	520.5	2533	520.7	2712	2191.3	1.571	7.088
250	127.4	0.001067	0.7187	535.1	2537	535.3	2716	2180.7	1.607	7.052
275	130.6	0.001070	0.6573	548.6	2540	548.9	2721	2172.1	1.641	7.021
300	133.5	0.001073	0.6058	561.1	2543	561.4	2725	2163.6	1.672	6.992
325	136.3	0.001076	0.5619	572.8	2546	573.2	2729	2155.8	1.700	6.965
350	138.9	0.001079	0.5242	583.9	2548	584.3	2732	2147.7	1.727	6.940
375	141.3	0.001081	0.4913	594.3	2551	594.7	2735	2140.3	1.753	6.917
400	143.6	0.001084	0.4624	604.2	2553	604.7	2738	2133.3	1.776	6.895
425	145.8	0.001086	0.4368	613.6	2555	614.1	2741	2126.9	1.799	6.875
450	147.9	0.001088	0.4139	622.6	2557	623.1	2743	2119.9	1.820	6.856
475	149.9	0.001090	0.3934	631.3	2559	631.8	2746	2114.2	1.841	6.838
500	151.8	0.001093	0.3748	639.5	2561	640.1	2748	2107.9	1.860	6.821
525	153.7	0.001095	0.3580	647.5	2562	648.1	2750	2101.9	1.879	6.804
550	155.5	0.001097	0.3426	655.2	2564	655.8	2752	2096.2	1.897	6.789
575	157.2	0.001099	0.3285	662.6	2565	663.2	2754	2090.8	1.914	6.774
600	158.8	0.001101	0.3156	669.7	2567	670.4	2756	2085.6	1.931	6.759
625	160.4	0.001102	0.3036	676.6	2568	677.3	2758	2080.7	1.947	6.745
650	162.0	0.001104	0.2926	683.4	2569	684.1	2760	2075.9	1.962	6.732
675	163.5	0.001106	0.2823	689.9	2571	690.6	2761	2070.4	1.977	6.719
700	164.9	0.001108	0.2728	696.2	2572	697.0	2763	2066.0	1.992	6.707
725	166.4	0.001110	0.2639	702.4	2573	703.2	2764	2060.8	2.006	6.695
750	167.7	0.001111	0.2555	708.4	2574	709.2	2766	2056.8	2.019	6.684
775	169.1	0.001113	0.2477	714.3	2575	715.1	2767	2051.9	2.033	6.672
800	170.4	0.001115	0.2403	720.0	2576	720.9	2768	2047.1	2.046	6.662

Data from : McLinden, M.O., S.A.Kelin, E.W.Lemmon, and A.P. Peskin. 2000. NIST standard reference database

부록 27. R-744 (CO_2, Carbon dioxide) 포화증기표

온도 $t\ ℃$	압력 P bar	비체적 (m^3/kg)		비엔탈피 (kJ/kg)			비엔트로피 (kJ/kgK)	
		액(v_f)	증기(v_g)	액(h_f)	증기(h_g)	증발열(h_{fg})	액(s_f)	증기(s_g)
-50	6.836	0.000865	0.05568	92.00	432.53	340.54	0.5750	2.1010
-48	7.410	0.000871	0.05151	96.23	433.15	336.92	0.5936	2.0900
-46	8.018	0.000877	0.04771	100.46	433.72	333.26	0.6121	2.0792
-45	8.336	0.000880	0.04594	102.57	433.99	331.42	0.6212	2.0739
-44	8.663	0.000883	0.04424	104.68	434.25	329.57	0.6303	2.0686
-42	9.346	0.000889	0.04108	108.88	434.74	325.86	0.6483	2.0581
-40	10.067	0.000895	0.03819	113.07	435.19	322.13	0.6661	2.0477
-38	10.828	0.000902	0.03553	117.24	435.59	318.36	0.6836	2.0374
-36	11.631	0.000908	0.03310	121.36	435.95	314.59	0.7007	2.0273
-35	12.048	0.000912	0.03196	123.43	436.11	312.68	0.7093	2.0223
-34	12.477	0.000915	0.03086	125.51	436.26	310.75	0.7179	2.0172
-32	13.367	0.000922	0.02880	129.66	436.51	306.85	0.7348	2.0073
-30	14.303	0.000929	0.02690	133.83	436.71	302.89	0.7516	1.9973
-28	15.286	0.000937	0.02514	138.00	436.86	298.86	0.7684	1.9875
-26	16.318	0.000944	0.02352	142.20	436.95	294.75	0.7850	1.9776
-25	16.852	0.000948	0.02275	144.31	436.97	292.66	0.7934	1.9727
-24	17.400	0.000952	0.02201	146.42	436.97	290.55	0.8016	1.9678
-22	18.533	0.000961	0.02061	150.67	436.94	286.26	0.8182	1.9580
-20	19.720	0.000969	0.01932	154.95	436.83	281.88	0.8347	1.9482
-19	20.334	0.000973	0.01870	157.10	436.75	279.65	0.8430	1.9433
-18	20.961	0.000978	0.01811	159.26	436.65	277.39	0.8512	1.9384
-17	21.603	0.000982	0.01754	161.43	436.54	275.11	0.8594	1.9334
-16	22.259	0.000987	0.01699	163.61	436.40	272.80	0.8677	1.9285
-15	22.929	0.000992	0.01645	165.79	436.25	270.46	0.8759	1.9236
-14	23.614	0.000997	0.01594	167.99	436.07	268.09	0.8841	1.9186
-13	24.313	0.001001	0.01544	170.19	435.88	265.69	0.8923	1.9136
-12	25.028	0.001006	0.01496	172.40	435.66	263.25	0.9005	1.9086
-11	25.758	0.001012	0.01450	174.63	435.42	260.79	0.9088	1.9036
-10	26.504	0.001017	0.01405	176.86	435.16	258.29	0.9170	1.8985
-9	27.265	0.001022	0.01361	179.11	434.87	255.76	0.9252	1.8934
-8	28.042	0.001028	0.01319	181.37	434.56	253.19	0.9335	1.8883
-7	28.835	0.001033	0.01278	183.64	434.22	250.58	0.9417	1.8832
-6	29.644	0.001039	0.01239	185.93	433.86	247.93	0.9500	1.8780
-5	30.470	0.001045	0.01201	188.23	433.46	245.23	0.9582	1.8728
-4	31.313	0.001051	0.01163	190.55	433.04	242.50	0.9665	1.8675
-3	32.173	0.001057	0.01128	192.88	432.59	239.71	0.9749	1.8622
-2	33.050	0.001063	0.01093	195.23	432.11	236.88	0.9832	1.8568
-1	33.944	0.001070	0.01059	197.61	431.60	233.99	0.9916	1.8514
0	34.857	0.001077	0.01026	200.00	431.05	231.05	1.0000	1.8459
1	35.787	0.001084	0.00994	202.42	430.47	228.06	1.0085	1.8403
2	36.735	0.001091	0.00963	204.86	429.85	225.00	1.0170	1.8347
3	37.702	0.001098	0.00933	207.32	429.19	221.87	1.0255	1.8290
4	38.688	0.001106	0.00904	209.82	428.49	218.68	1.0342	1.8232
5	39.693	0.001114	0.00875	212.34	427.75	215.41	1.0428	1.8173
6	40.716	0.001122	0.00847	214.89	426.96	212.07	1.0516	1.8113
7	41.760	0.001131	0.00820	217.48	426.13	208.65	1.0604	1.8052
8	42.823	0.001139	0.00794	220.11	425.24	205.13	1.0694	1.7990
9	43.906	0.001149	0.00768	222.77	424.30	201.53	1.0784	1.7926
10	45.010	0.001158	0.00743	225.47	423.30	197.83	1.0875	1.7861
11	46.134	0.001168	0.00719	228.21	422.24	194.02	1.0967	1.7795
12	47.279	0.001179	0.00695	231.03	421.09	190.06	1.1061	1.7726
13	48.446	0.001190	0.00671	233.86	419.90	186.04	1.1155	1.7657
14	49.634	0.001202	0.00648	236.74	418.62	181.89	1.1251	1.7585
15	50.844	0.001214	0.00626	239.67	417.26	177.60	1.1348	1.7511
16	52.077	0.001227	0.00604	242.70	415.79	173.09	1.1447	1.7434
17	53.332	0.001241	0.00582	245.78	414.22	168.44	1.1548	1.7354
18	54.611	0.001256	0.00561	248.94	412.54	163.60	1.1652	1.7271
19	55.914	0.001271	0.00540	252.19	410.73	158.54	1.1757	1.7184
20	57.242	0.001289	0.00519	255.53	408.76	153.24	1.1866	1.7093
22	59.973	0.001328	0.00478	262.59	404.30	141.71	1.2093	1.6895
24	62.812	0.001376	0.00436	270.32	398.86	128.54	1.2342	1.6667
25	64.274	0.001404	0.00415	274.56	395.65	121.09	1.2477	1.6539
27	67.289	0.001477	0.00371	284.23	387.64	103.41	1.2786	1.6231
28	68.846	0.001526	0.00348	290.02	382.42	92.39	1.2971	1.6039
30	72.065	0.001690	0.00289	306.21	366.06	59.85	1.3489	1.5464
31.06	73.834	0.002155	0.00216	335.68	335.68	0.00	1.4449	1.4449

Data from : McLinden, M.O., S.A.Kelin, E.W.Lemmon, and A.P. Peskin. 2000. NIST standard reference database

부록 28. 에틸렌그리콜과 프로필렌그리콜의 특성

특 성	Ethylene Glycol	Propylene Glycol
비몰질량	62.07	76.1
20°C에서 밀도 (kg/m3)	1113	1036
비등점 (°C) 101.3 kPa 6.67 kPa 1.33 kPa	198 123 89	187 116 85
20°C에서 증발압 (Pa)	6.7	9.3
빙점 (°C)	−12.7	Sets to glass below −51°C
점도(mPa·s) 0°C 20°C 40°C	57.4 20.9 9.5	243 60.5 18
20°C에서 비열 (kJ/kg·K)	2.347	2.481
101.3 kPa에서 증발열 (kJ/kg)	846	688

Data from : Dow Chemical USA. 1998, 2001, 1989. Midlland, MI.

부록 29. 염화나트륨 브라인의 특성

NaCl의 농도 (%)	15°C에서 비열 (J/kg·K)	결정온도 (°C)	16°C에서 밀도 (kg/m³)		밀도 (kg/m³)			
			NaCl	Brine	-10°C	0°C	10°C	20°C
0	4184	0.0	0.0	1000				
5	3925	-2.9	51.7	1035		1038.1	1036.5	1034.0
6	3879	-3.6	62.5	1043		1045.8	1043.9	1041.2
7	3836	-4.3	73.4	1049		1053.7	1051.4	1048.5
8	3795	-5.0	84.6	1057		1061.2	1058.9	1055.8
9	3753	-5.8	95.9	1065		1069.0	1066.4	1063.2
10	3715	-6.6	107.2	1072		1076.8	1074.0	1070.6
11	3678	-7.3	118.8	1080		1084.8	1081.6	1078.1
12	3640	-8.2	130.3	1086		1092.4	1089.6	1085.6
13	3607	-9.1	142.2	1094		1100.3	1097.0	1093.2
14	3573	-10.1	154.3	1102		1108.2	1104.7	1100.8
15	3544	-10.9	166.5	1110	1119.4	1116.2	1112.5	1108.5
16	3515	-11.9	178.9	1118	1127.6	1124.2	1120.4	1116.2
17	3485	-13.0	191.4	1126	1135.8	1132.2	1128.3	1124.0
18	3456	-14.1	204.1	1134	1144.1	1140.3	1136.2	1131.8
19	3427	-15.3	217.0	1142	1153.4	1148.5	1144.3	1139.7
20	3402	-16.5	230.0	1150	1160.7	1156.7	1154.1	1147.7
21	3376	-17.8	243.2	1158	1169.1	1165.0	1160.5	1155.8
22	3356	-19.1	256.6	1166	1177.6	1173.3	1168.7	1163.9
23	3330	-20.6	270.0	1174	1186.1	1181.7	1177.0	1172.0
24	3310	-15.7	283.7	1182	1194.7	1190.1	1185.3	1180.3
25	3289	-8.8	297.5	1190				
25.2		0						

Data from : Dow Chemical USA. 1998, 2001, 1989. Midlland, MI.

부록 30. 염화칼슘 브라인의 특성

CaCl₂의 농도 (%)	15°C에서 비열 (J/kg·K)	결정온도 (°C)	16°C에서 밀도 (kg/m³)		밀도 (kg/m³)			
			CaCl₂	Brine	-20°C	-10°C	0°C	10°C
0	4184	0.00	0.0	999				
5	3866	-2.40	52.2	1044			1042	1041
6	3824	-2.90	63.0	1049			1051	1050
7	3757	-3.40	74.2	1059			1060	1059
8	3699	-4.10	85.5	1068			1070	1068
9	3636	-4.70	96.9	1078			1079	1077
10	3577	-5.40	108.6	1087			1088	1086
11	3523	-6.20	120.5	1095			1097	1095
12	3464	-7.10	132.5	1104			1107	1104
13	3414	-8.00	144.8	1113			1116	1114
14	3364	-9.20	157.1	1123			1126	1123
15	3318	-10.30	169.8	1132		1140	1136	1133
16	3259	-11.60	182.6	1141		1150	1145	1142
17	3209	-13.00	195.7	1152		1160	1155	1152
18	3163	-14.50	209.0	1161		1170	1165	1162
19	3121	-16.20	222.7	1171		1179	1175	1172
20	3084	-18.00	236.0	1180		1189	1185	1182
21	3050	-19.90	249.6	1189				
22	2996	-22.10	264.3	1201	1214	1210	1206	1202
23	2958	-24.40	278.7	1211				
24	2916	-26.80	293.5	1223	1235	1231	1227	1223
25	2882	-29.40	308.2	1232				
26	2853	-32.10	323.1	1242				
27	2816	-35.10	338.5	1253				
28	2782	-38.80	354.0	1264				
29	2753	-45.20	369.9	1275				
29.87	2741	-55.00	378.8	1289				
30	2732	-46.00	358.4	1294				
32	2678	-28.60	418.1	1316				
34	2636	-15.40	452.0	1339				

Data from : Dow Chemical USA. 1998, 2001, 1989. Midlland, MI.

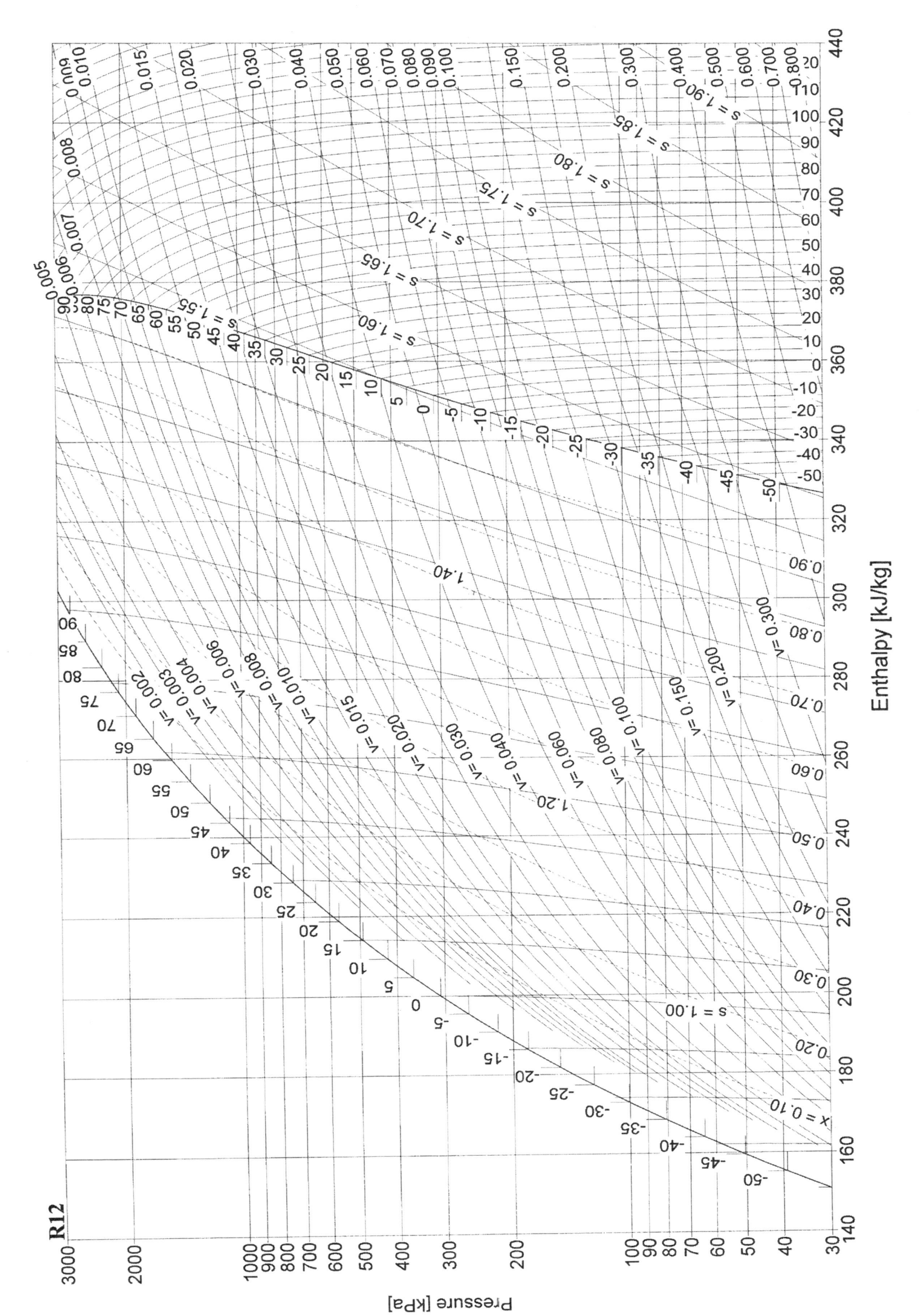

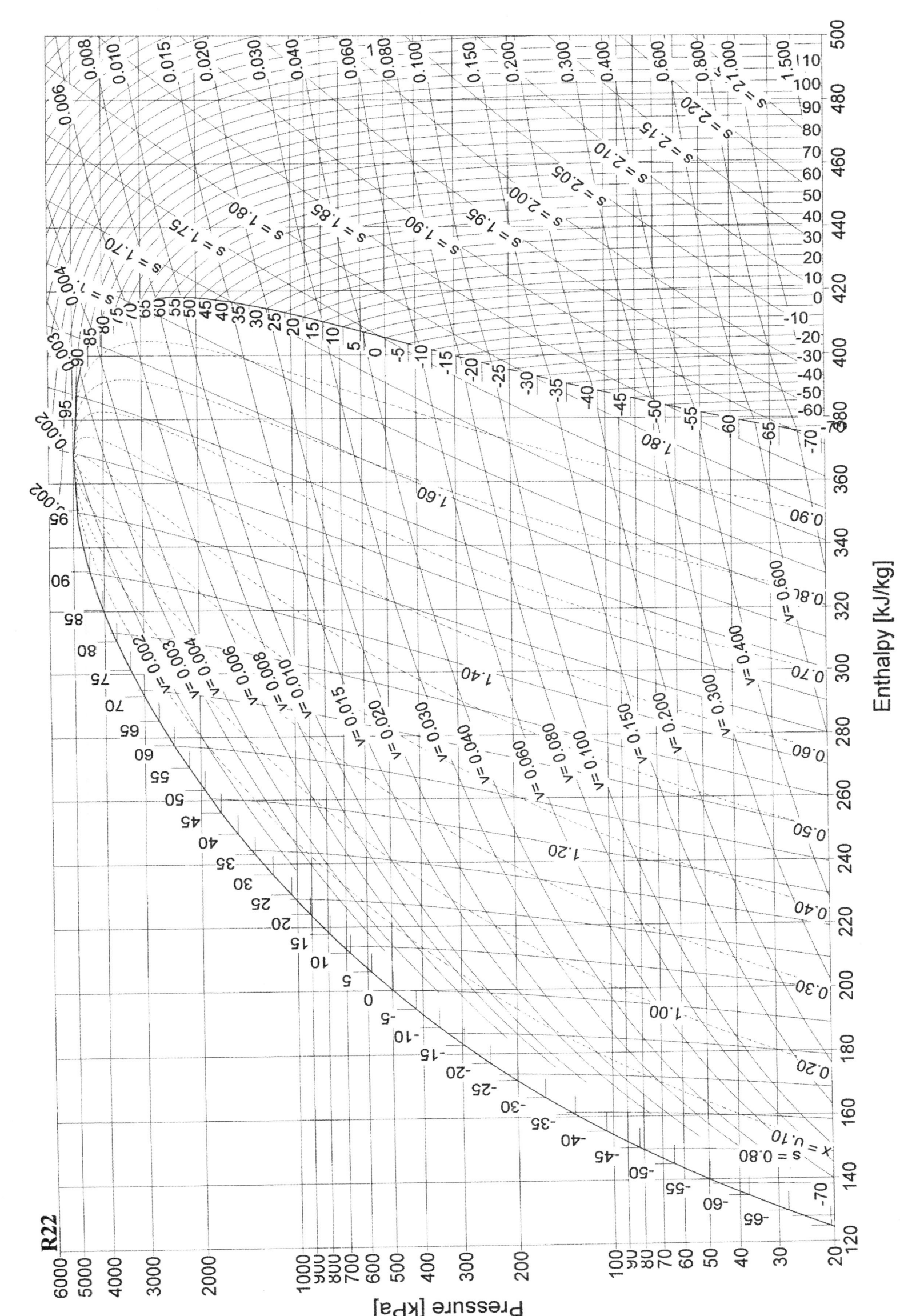

부록 32. R22 Mollier 선도

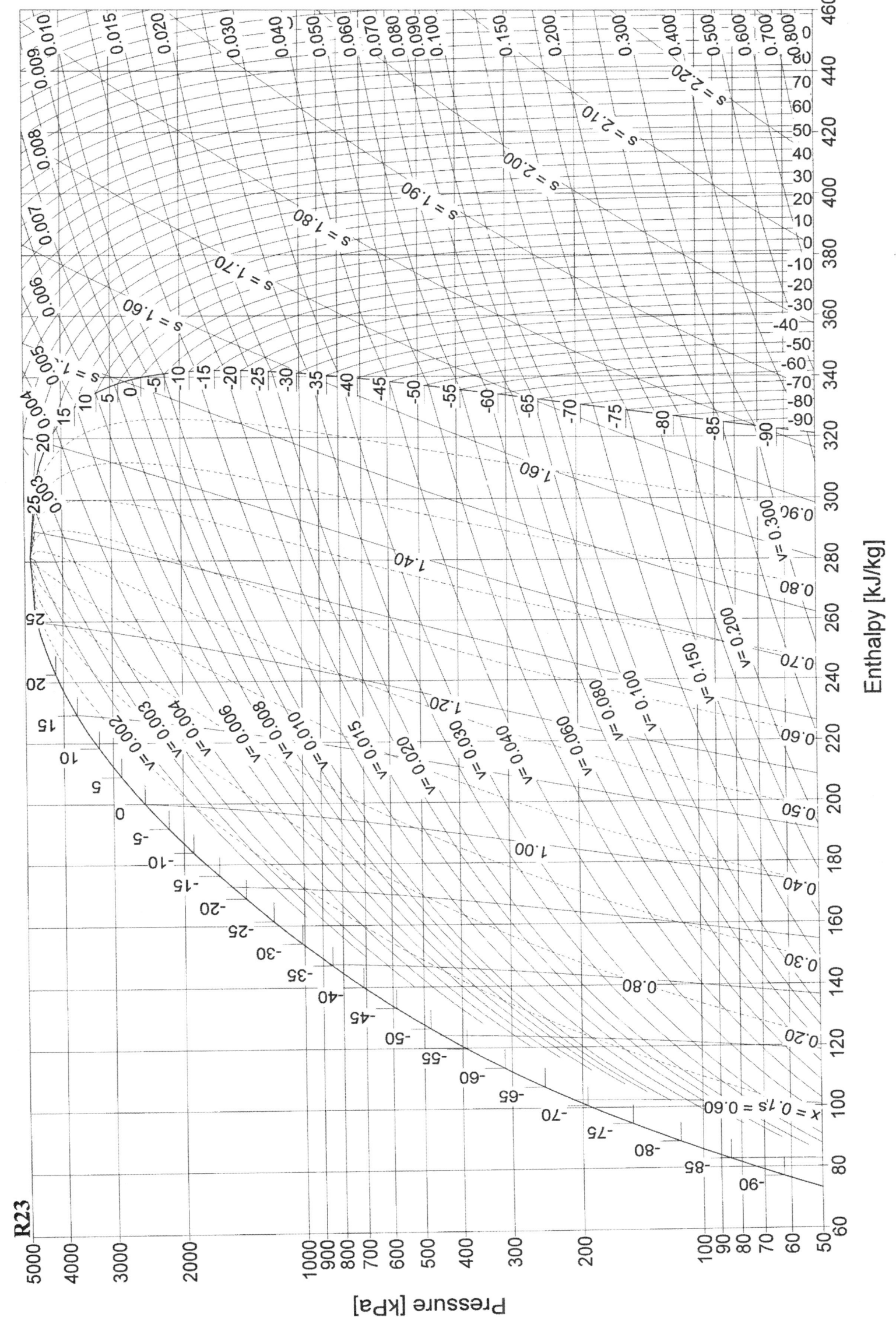

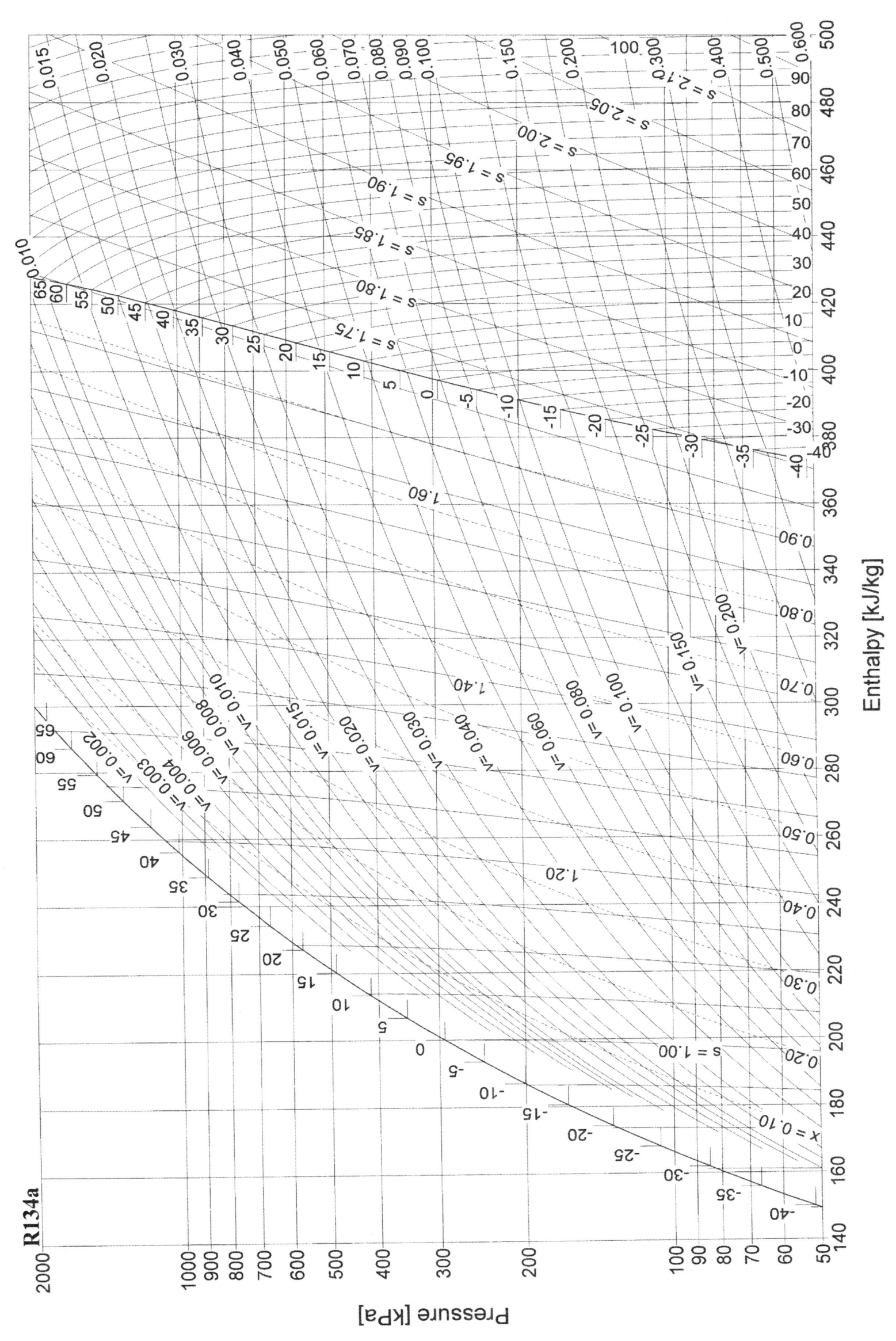

부록 34. R134a Mollier 선도

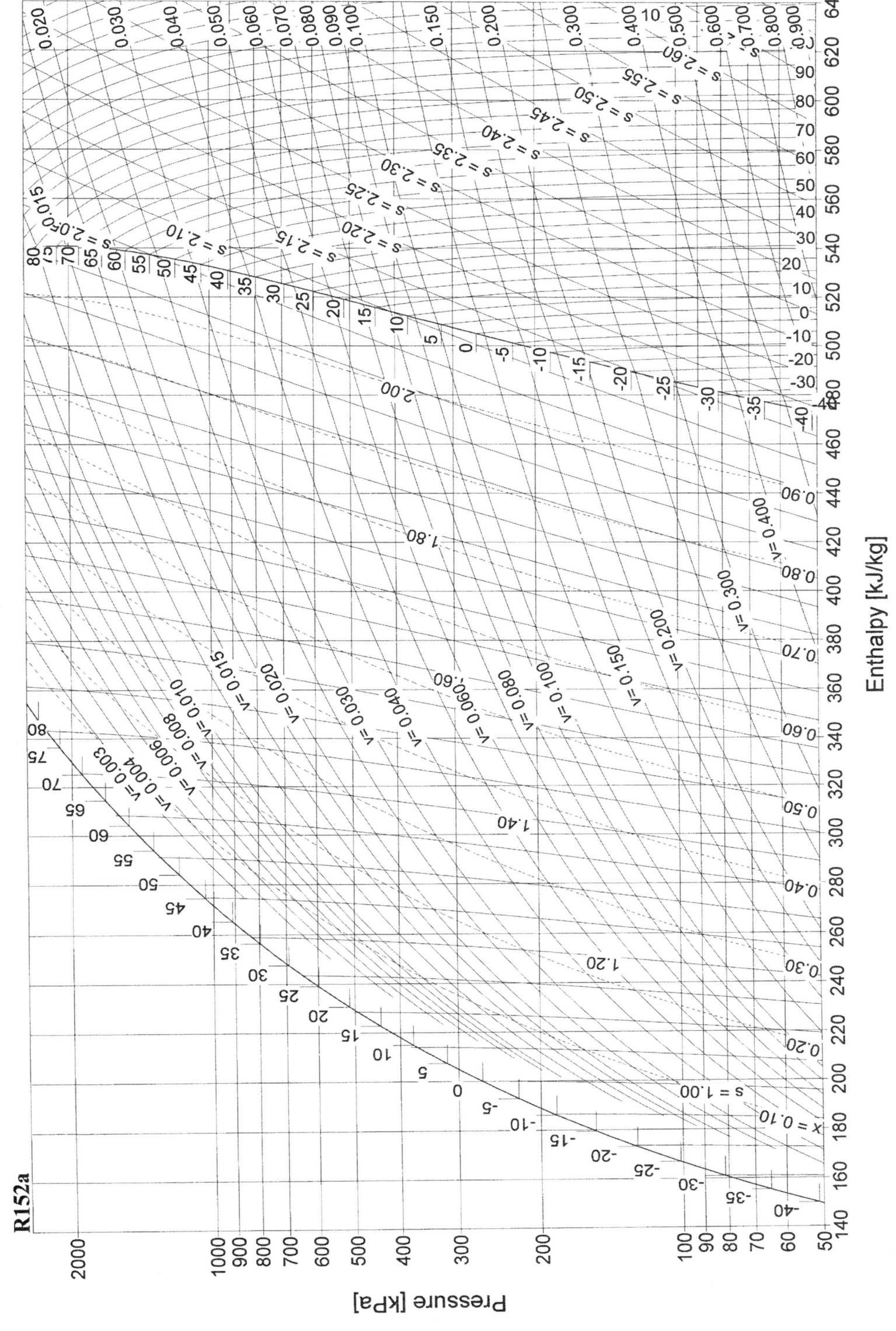

부록 35. R152a Mollier 선도

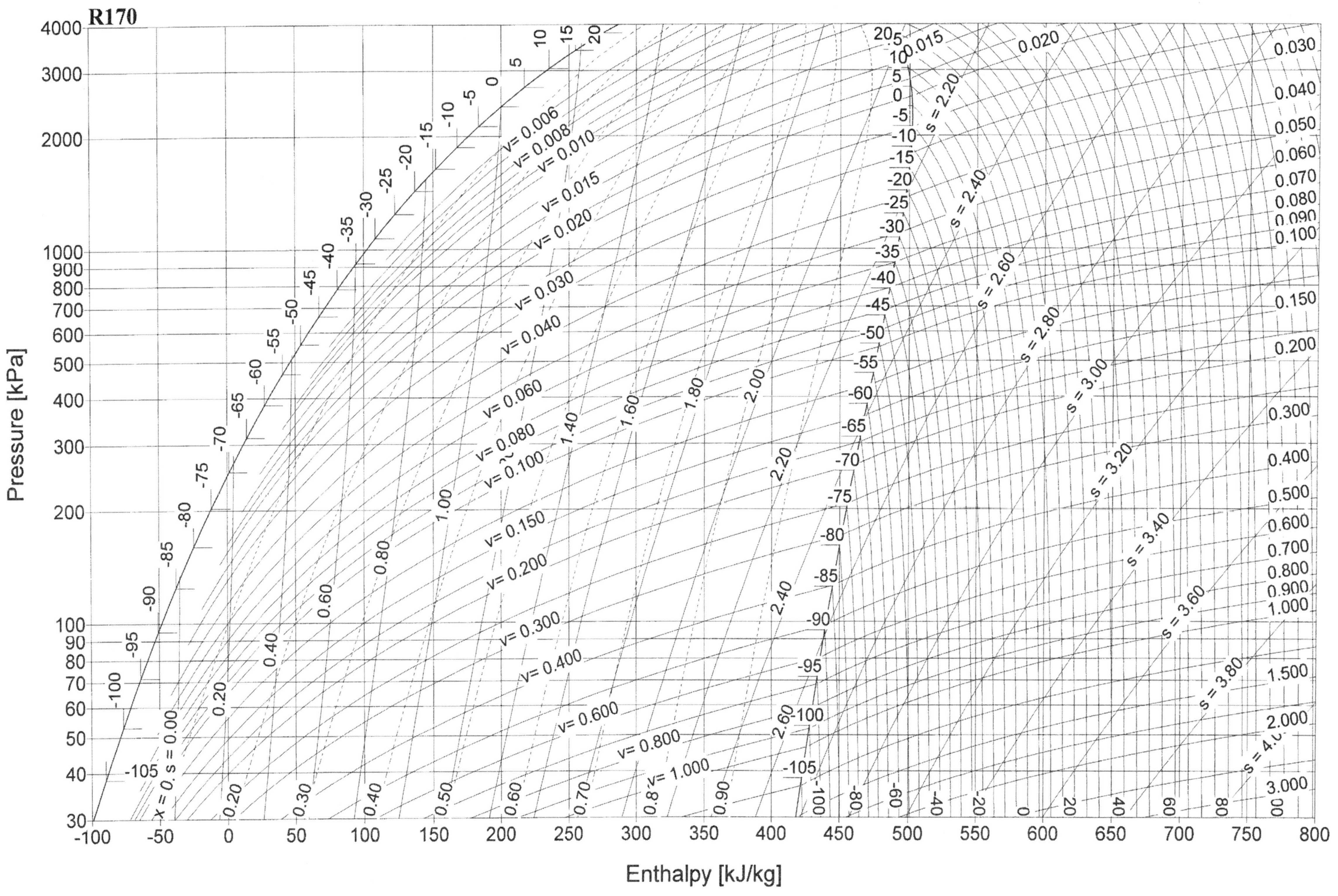
R170
Pressure [kPa]
Enthalpy [kJ/kg]
x = 0, s = 0.00

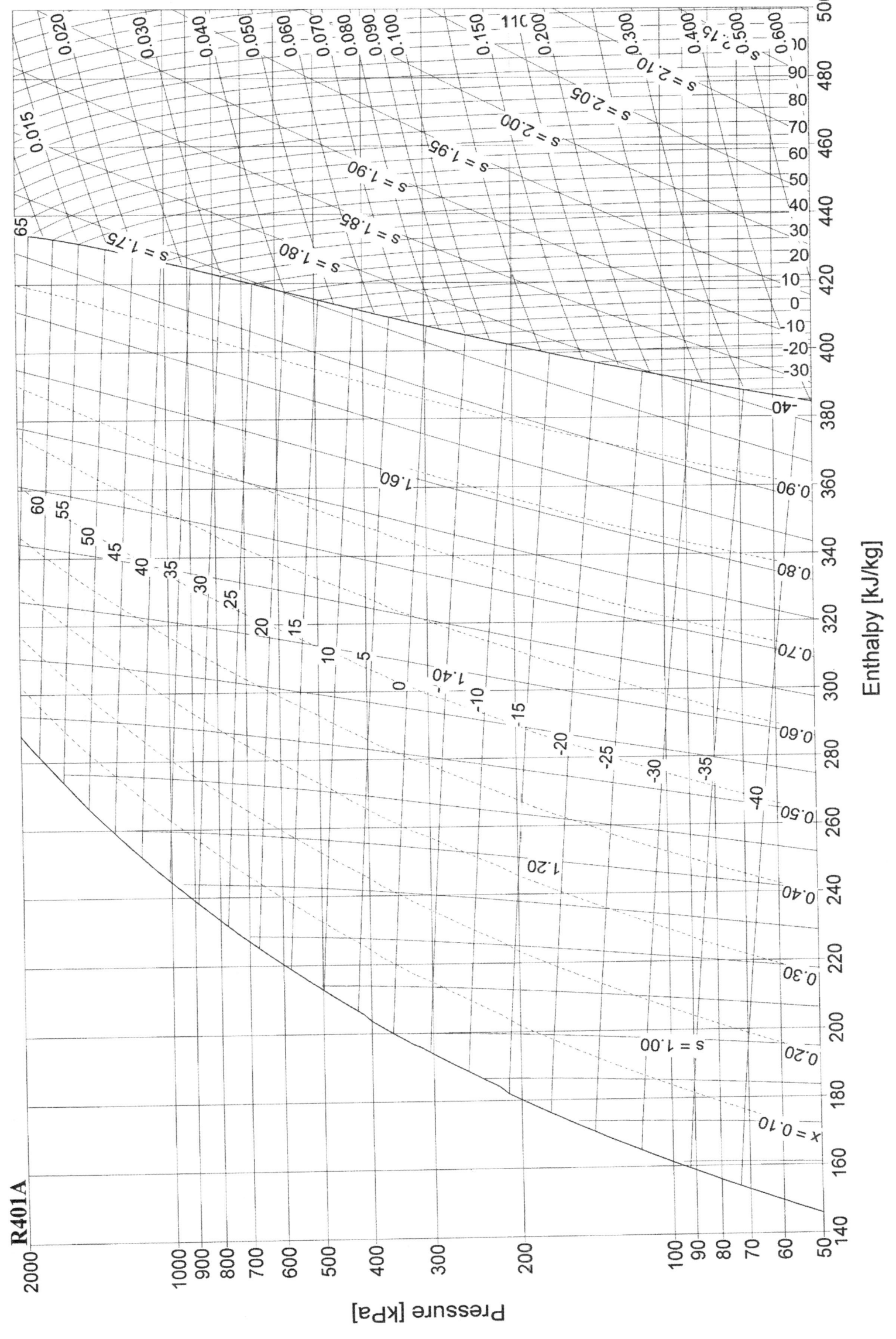

부록 37. R401A Mollier 선도

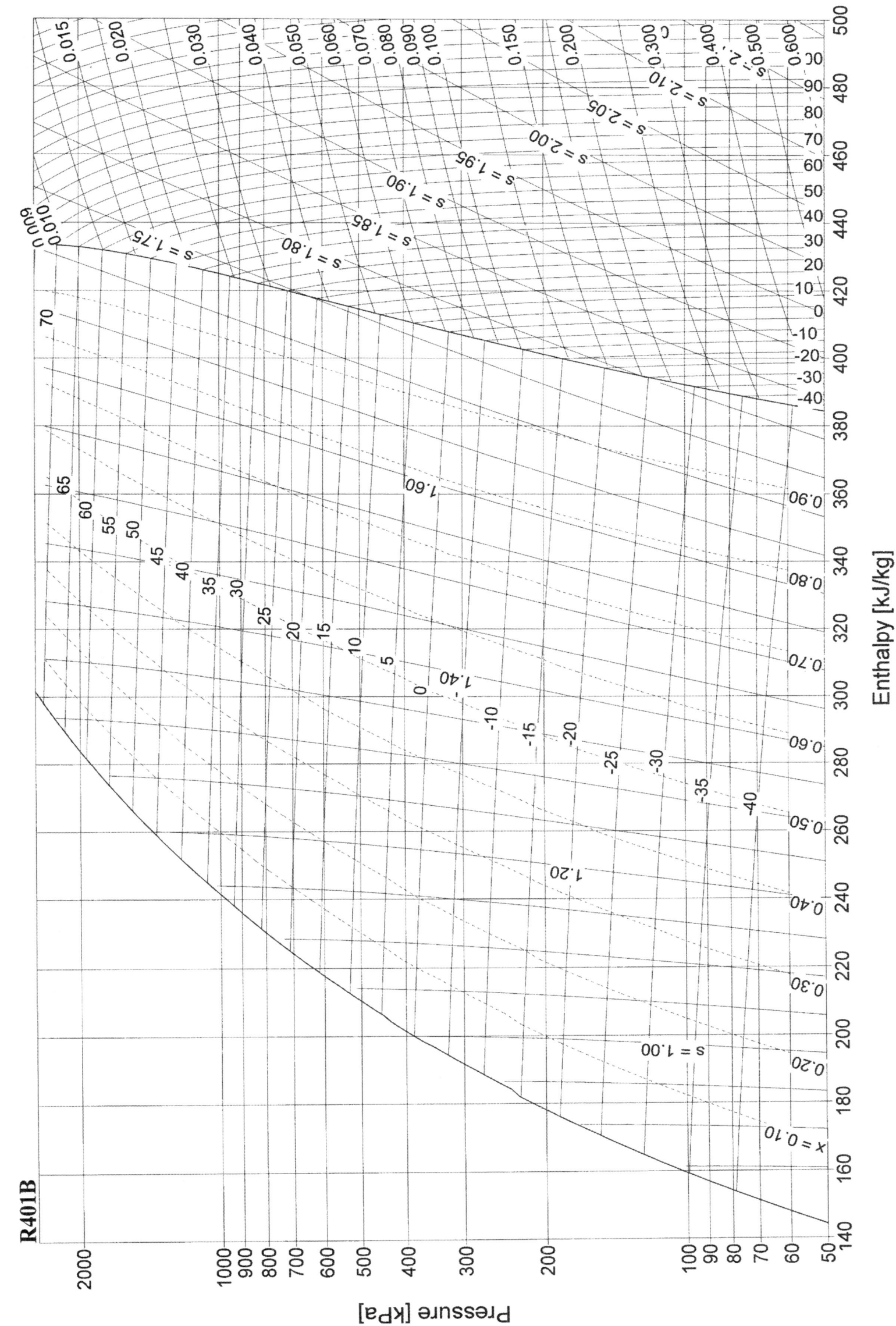

부록 38. R401B Mollier 선도

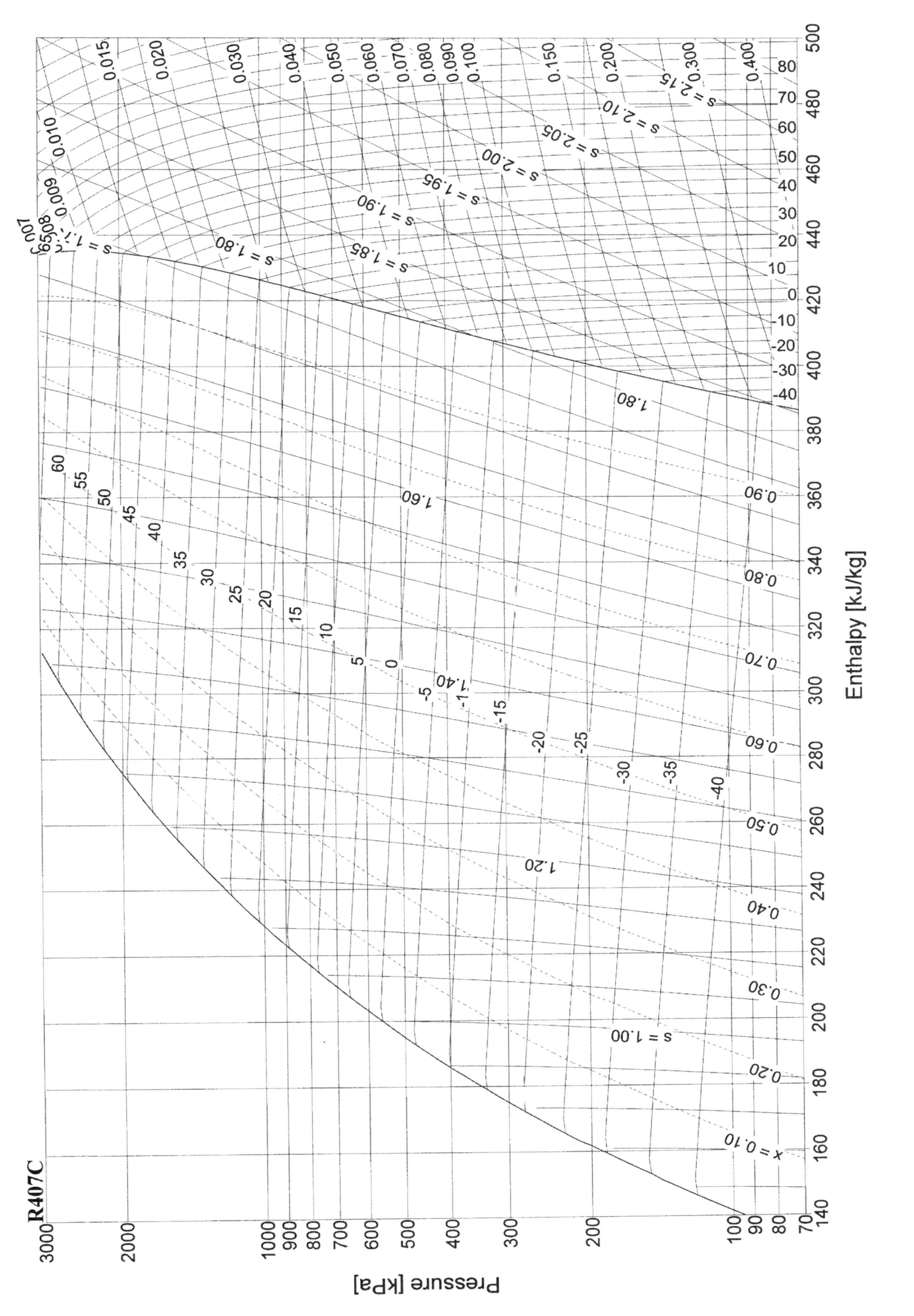

부록 39. R407C Mollier 선도

부록 40. R410B Mollier 선도

부록 41. R50 Mollier 선도

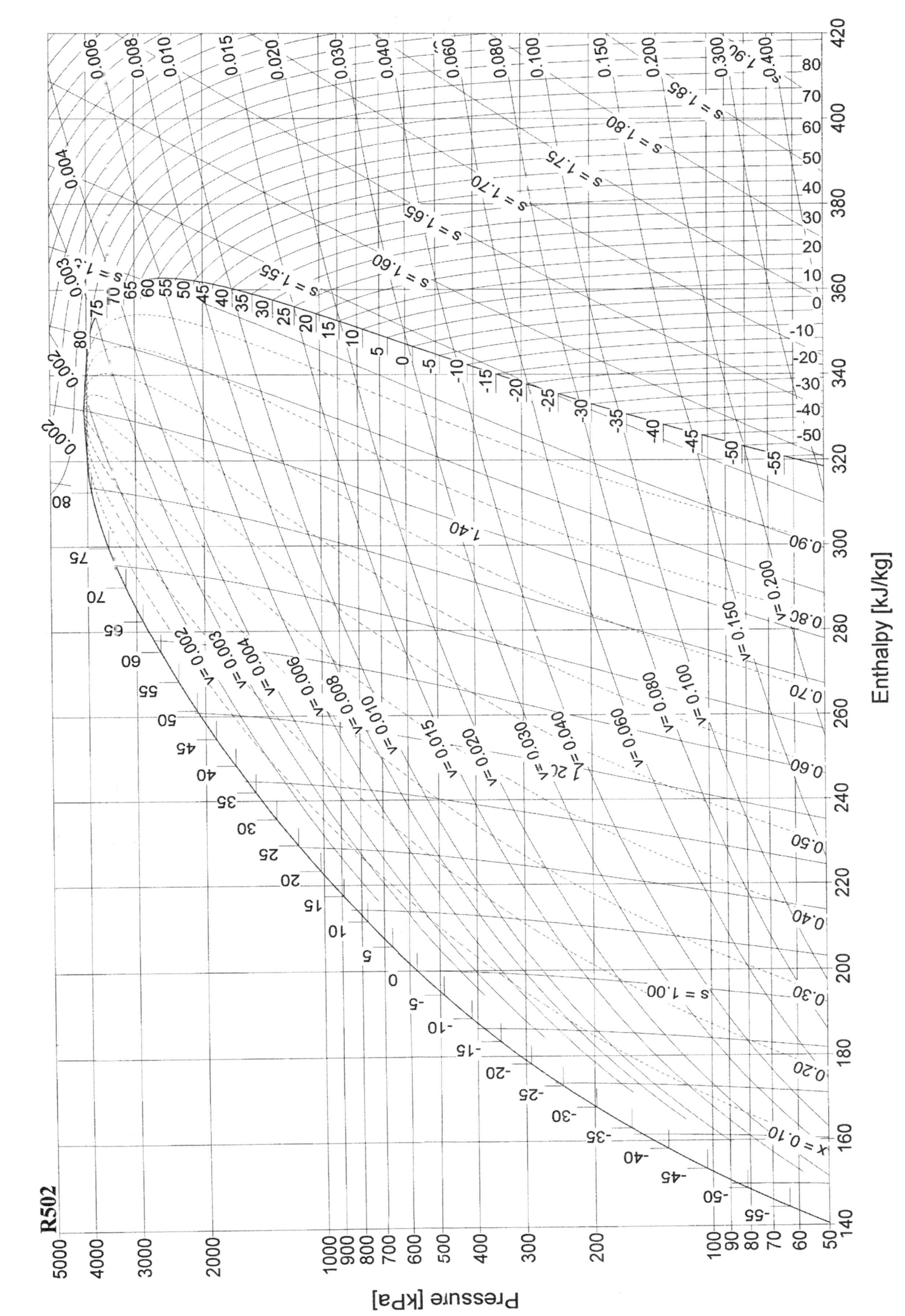

부록 43. R600a Mollier 선도

부록 44. R717 Mollier 선도

부록 45. R744 Mollier 선도

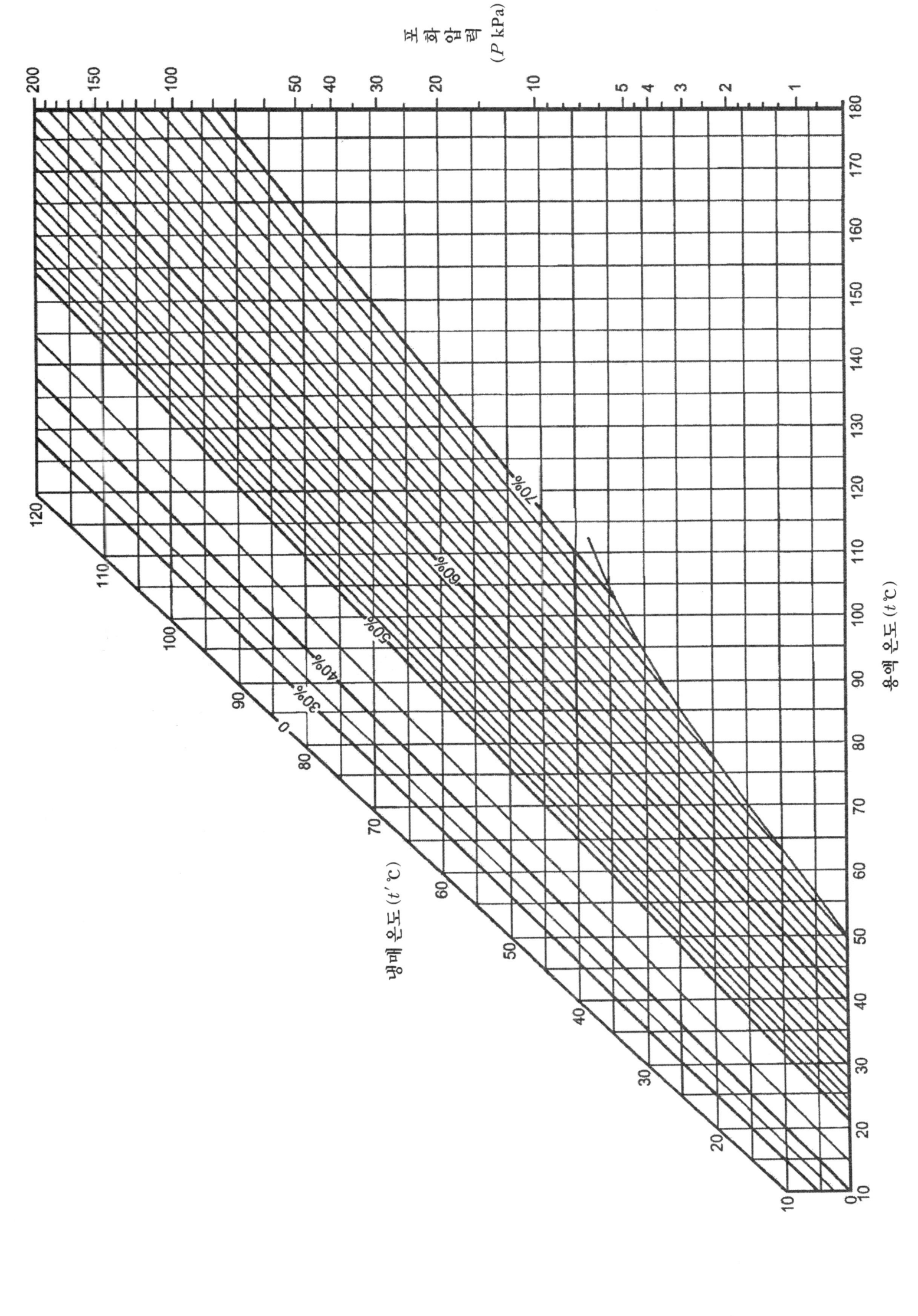

부록 46. 물-리튬브로마이드 Dühring 선도

찾아보기(index)

ㄱ

가스 ··· 36
가스정수 ·· 37
가스 퍼어져 ····································· 378
가역변화 ·· 24
가역사이클 ·· 25
간극체적 ·· 238
간극체적효율 ·································· 242
감열 ··· 16
감온통 ··· 347
강제대류 ··· 290
건조기 ··· 368
건증기 ··· 48
건포화증기 ······································· 48
겉보기 체적효율 ···························· 242
Gay-Lussac의 법칙 ························ 37
경계 ··· 24
계 ··· 24
계기압력 ··· 20
고압측 플로우트 팽창밸브 ··········· 352
공비혼합물 ····································· 112
공업일 ··· 34
공융농도 ··· 117
공융온도 ··· 117
공융혼합물 ····································· 117
과냉 ··· 49
과냉각 ··· 49
과냉각 냉동사이클 ························ 153
과냉각도 ··································· 49, 152
과냉각사이클 ·································· 153
과냉각액 ··· 152
과냉사이클 ····································· 153
과열 ··· 48
과열각 ··· 130

과열도 ······································ 48, 144
과열의 열 ··· 52
과열증기 ··· 48
과열증기 구역 ································· 48
과열증기표 ······································· 55
과정 ··· 24
교축 ··· 83
교축변화 ··· 25
교축열량계 ······································· 69
교축현상 ··· 68
극간체적 ··· 238
근공비혼합물 ·································· 113
기계냉동법 ································ 81, 82
기계적 에너지 ································· 22
기계효율 ··· 246
기-액 분리기 ·································· 183
기체상수 ··· 37
기체의 탈착을 이용한 냉동법 ······· 89
기한제 ··· 83

ㄴ

내부균압형 ····································· 348
내부에너지 ······································· 27
내부증발열 ······································· 51
냉각 ··· 81
냉각기 ··· 321
냉동 ··· 81
냉동기 ··· 82
냉동능력 ··· 71
냉동톤 ··· 71
냉동효과 ··· 69
냉매 ·· 82, 97
냉매선도 ··· 58
냉매순환량 ······································· 71

냉매에 대한 몰리어 선도 ·········· 58
넓은 의미의 냉동 ·················· 80
Nernst의 열정리 ···················· 27

■ ㄷ ■

다단압축 냉동사이클 ············165
다원(多元) 냉동사이클 ········ 165, 225
다이어프램식 ······················· 347
다중효용 흡수식 냉동기 ········ 410
단순압축 냉동사이클 ············ 133
단열탈자법 ··························· 89
단효용 흡수식 냉동기 ············ 393
대기식(大氣式) 응축기 ············ 310
대기압 ································· 20
듀링 선도 ···························· 395
등성곡선 ······························ 57
등엔탈피 과정 ······················ 68
등엔트로피변화 ··············· 25, 66
디퓨저 ································· 87

■ ㄹ ■

레이저냉각법 ························ 89

■ ㅁ ■

만유기체상수 ······················· 37
메카니컬 시일 ····················· 266
모세관 ······························· 354
몰리어 선도 ···················· 57, 58
무차원수 ···························· 22
물-리튬브로마이드 흡수식 냉동기 ······ 392
밀도 ··································· 21
밀폐형 압축기 ····················· 101

■ ㅂ ■

van der Waals 상태식 ··········· 53
베이퍼 록 ···························· 354
베인식 회전압축기 ··············· 272

벨로우즈식 ························· 347
변위 ··································· 22
보간법 ································ 55
Boyle-Charles의 법칙 ············ 37
Boyle의 법칙 ······················ 36
복수기 ································ 87
부탄계 ······························· 105
분리기 ······························· 165
불포화액 ······························ 47
불포화액 구역 ······················ 48
브라인 ······························· 116
v 전개형 비리알 상태식 ·········· 54
블리더 ······························· 310
블리더형 대기식 응축기 ········ 310
비가역변화 ·························· 24
비가역사이클 ······················· 25
비내부(比內部)에너지 ············· 27
비등점 ································ 15
비리알 상태식 ······················ 54
비말급유법 ························· 267
비엔탈피 ····························· 28
비엔탈피-농도 선도 ········ 389, 394
비엔트로피 ·························· 29
비열 ··································· 17
비열비 ························· 17, 101
비유동과정 ·························· 26
비유동과정에 대한 열역학 제1법칙의 식 30
비중 ··································· 21
비체적 ································ 21
빙점 ··································· 15

■ ㅅ ■

4원 냉동사이클 ···················· 225
사이클 ································ 25
사이클론형 유분리기 ············ 360
산소화합물 ························· 105
3원 냉동사이클 ············ 225, 228

3중점	15	압력	19
3중효용 흡수식 냉동기	393, 420	압력기준 포화증기표	55
상변화	16, 97	압력-온도 선도	395
상태변화	24	압축계수	54
상태식	24, 37	압축기	237
Charles의 법칙	37	압축액	47
섭씨온도	15	압축효율	245
성적계수	44	액격	361
성적률	406	액면식 가스퍼어져	379
세미메탈릭 패킹	265	액반송장치	364
셸 코일 응축기	312	액분리기	361
속도형 압축기	247	액회수장치	364
수동식 팽창밸브	346	어큐뮬레이터	361
수증기에 대한 몰리어 선도	58	에너지 보존의 원리	26
순환비	398	SI단위계	12
스케일 트랩	372	HCFC 냉매	106
스크류 압축기	275	HFC 냉매	106
슬러지	102	엔탈피	28
습(濕)압축 냉동사이클	134	엔트로피	29
습압축사이클	134	엔트로피 선도	35
습증기	48	역카르노 사이클	46, 126
습증기 구역	48	역학적 에너지	22
습증기의 건도	50	연속적 냉동	82
습증기의 습도	50	연속적 냉동법	81
습증기의 질	50	열	14
습포화증기	48	열관류	292
승화	18	열교환기	392
승화열	19, 82	열구배	285
승화의 잠열	19	열대류	290
CFC 냉매	106	열량	14
실용국제상태식	54	열복사	290
실제가스	36	열선도	35, 57
실제 피스톤배출량	244	열압축	86
		열에너지	14
		열역학 제0법칙	25
암모니아-물 흡수식 냉동기	392	열역학 제1법칙	26
암스트롱형 가스퍼어져	379	열역학 제2법칙	26

열역학 제3법칙	27
열역학적 상태	24
열역학적 상태량	24
열저항	285
열전냉동법	88
열전달	291
열전달계수	101
열전도	285
열전도계수	101
열통과	292
열평형	18, 25
열화	102
열효율	44, 406
오일 포밍	102, 254
오존파괴지수	98
온도	14
온도계	15
온도기준 포화증기표	55
온도-농도 선도	389
온도눈금	15
온도식 자동팽창밸브	347
온도정점	15
완전가스	36
완전진공	21
외부균압형	348
외부증발열	51
요우크식 가스퍼어져	378
운동에너지	22
원심식 압축기	247, 274
위치에너지	22
유닛 쿨러	336
유동에너지	28
유분리기	357
유황화합물	105
윤활유 반송장치	367
윤활유 회수장치	367
융해	18

융해열	18, 82
융해의 잠열	18
응고	18
응고열	18
응고의 잠열	18
응축	18
응축기	392
응축열	18
응축의 잠열	18
이론 피스톤배출량	243
이상기체	36
이젝터	87
2단압축 2단증발사이클	205
273.16 캘빈	15
2원 냉동사이클	225
2중효용 흡수식 냉동기	393
2차냉매	97
일	22
일단압축 냉동사이클	133
일반가스정수	37
일반에너지 식	30, 31
일선도	32, 57
1섭씨도	15
일시적 냉동	81
일시적 냉동법	81
일에너지	22
1제빙톤	72
1중효용 흡수식 냉동기	393
1차냉매	97
1화씨도	15
임계비체적	49
임계압력	49
임계압력 이상에서의 증기압축 냉동사이클	147
임계온도	49
임계점	49
입형 압축기	253

ㅈ

자기냉각법	89
자연냉동법	81
자연대류	290
자유대류	290
작동유체	24
잠열	18
재생기	385, 392
저압측 플로우트 팽창밸브	352
전(全)체적효율	243
전자냉동법	88
절대압력	21
절대영도	15
절대일	33
절대진공	21
정상유동과정	26
정상유동과정에 대한 열역학 제1법칙의 식	31
정압비열	17
정압식 자동팽창밸브	351
정온변화	25
정적비열	17
제빙능력	72
제상장치	379
좁은 의미의 냉동	80
주둘	16
주우	24
줄-톰슨의 효과	69
중간냉각	165
중간냉각기	165, 375
중간냉각이 불완전한 냉동사이클	167
중간냉각이 불완전한 2단압축 2단증발사이클	205, 206
중간냉각이 불완전한 2단압축 2단팽창사이클	184
중간냉각이 완전한 냉동사이클	172
중간냉각이 완전한 2단압축 2단팽창사이클	194
중간압력	168
증기	36
증기선도	55, 56
증기압축식 냉동기	85
증기표	55
증발	18
증발기	392
증발식 응축기	312
증발열	18, 51, 82
증발의 잠열	18
지구온난화지수	98
지수식 응축기	312
지압선도	238
진공압력	21
질소화합물	105

ㅊ

철망형 유분리기	360
체적냉동효과	69
체적효율	241
축봉장치	100, 264
충전효율	241
7통로식 응축기	309

ㅋ

카르노 사이클	45, 126
캐스케이드 사이클	225
클리어런스 포켓	270

ㅌ

터보 압축기	247, 274
특성식	24, 37
T-S 선도	35

ㅍ

| 팽창밸브 | 343 |
| 펠티어 효과 | 87 |

포화상태	16, 47
포화압력	47
포화액	47
포화액선	48
포화온도	47
포화증기	48
포화증기선	48
포화증기표	55
폴리트로픽 변화	43
폴리트로픽 비열	43
표준냉동사이클	157
표준대기압	20
표준사이클	157
표준응축온도	157
표준증발온도	157
플래시 가스	373
플로우트식 팽창밸브	352
P-V 선도	32
P-v 선도	32
피스톤 배출량	101, 242
피스톤식 회전압축기	272
P 전개형 비리알 상태식	54

ㅎ

할로카본	103
halon 냉매	107
현열	16
혼합냉각제	83
화씨온도	15
회전식 압축기	272
회전자식 회전압축기	272
회전피스톤식 압축기	272
횡형 셸 튜브식 응축기	305
횡형 압축기	252
흡수기	385, 392
흡수식 냉동기	86
흡수제	385

보고 싶은 **냉동공학**

정가 ‖ 25,000원

지은이 ‖ **최상곤 · 홍성은**
펴낸이 ‖ **차 승 녀**
펴낸곳 ‖ 도서출판 건기원

2009년 2월 20일 제1판 제1인쇄발행
2011년 2월 25일 제2판 제1인쇄발행
2014년 2월 25일 제3판 제1인쇄발행
2020년 9월 25일 제3판 제2인쇄발행

주소 ‖ 경기도 파주시 연다산길 244(연다산동 186-16)
전화 ‖ (02)2662-1874~5
팩스 ‖ (02)2665-8281
등록 ‖ 제11-162호, 1998. 11. 24

• 건기원은 여러분을 책의 주인공으로 만들어 드리며 출판 윤리 강령을 준수합니다
• 본 교재를 복제 · 변형하여 판매 · 배포 · 전송하는 일체의 행위를 금하며, 이를 위반할 경우 상표법, 저작권법 등에 따라 처벌받을 수 있습니다.

ISBN 979-11-85490-27-4 13550